MOTORES
DE COMBUSTÃO INTERNA

Blucher

Franco Brunetti

MOTORES
DE COMBUSTÃO INTERNA

Volume 2

Motores de Combustão Interna – Volume 2

5ª reimpressão – 2018
Editora Edgard Blücher Ltda.

Blucher

Rua Pedroso Alvarenga, 1245, 4º andar
04531-934 – São Paulo – SP – Brasil
Tel.: 55 11 3078-5366
contato@blucher.com.br
www.blucher.com.br

Segundo o Novo Acordo Ortográfico, conforme 5. ed. do *Vocabulário Ortográfico da Língua Portuguesa*, Academia Brasileira de Letras, março de 2009.

FICHA CATALOGRÁFICA

Brunetti, Franco
Motores de Combustão Interna: volume 2 / Franco Brunetti. – São Paulo: Blucher, 2012.

Bibliografia
ISBN 978-85-212-0709-2

1. Motores. 2. Motor diesel. 3. Automóveis – motores I. Título

12-0267 CDD 629.287

Índices para catálogo sistemático:
1. Motores
2. Motor diesel

Agradecimentos

Agradeço a todos aqueles que se empenharam para a elaboração deste livro, em especial ao Prof. Eng. Fernando Luiz Windlin, que incentivou o projeto e não mediu esforços na coordenação dos trabalhos, abdicando horas de convívio familiar. A sua esposa e filhos minha gratidão e respeito.

Ana Maria Brunetti

Apresentação

O Instituto Mauá de Tecnologia sente-se honrado por incentivar esta merecida homenagem ao saudoso Prof. Eng. Franco Brunetti. Dos 47 renomados profissionais que atuar neste projeto, muitos foram seus alunos, alguns desfrutaram do privilégio de atuar como seus colegas de trabalho e todos guardam pelo Mestre uma imensa admiração.

Sob a incansável coordenação do Prof. Eng. Fernando Luiz Windlin, os dois volumes desta obra reúnem, sem perder a docilidade acadêmica das aulas do Prof. Brunetti, o que de mais atual existe na área de motores de combustão interna.

O leitor, maior beneficiário deste trabalho, tem em suas mãos o mais amplo tratado sobre o tema já publicado no Brasil. Rico em ilustrações, com uma moderna diagramação e um grande número de exercícios, o material tem sua leitura recomendada para os estudantes de curso de engenharia, mas também encontra aplicação em cursos técnicos e na atualização profissional daqueles que atuam na área.

Prof. Dr. José Carlos de Souza Jr.

Reitor do Centro Universitário do Instituto Mauá de Tecnologia

Prefácio da 3ª Edição

No final de 2009, a Engenharia ficou mais triste com a perda do Prof. Franco Brunetti, reconhecido como um dos mais importantes professores de Engenharia do Brasil.

O Prof. Brunetti, nestas quatro décadas de magistério em diversas Universidades, participou da formação da grande maioria dos engenheiros que hoje atuam na indústria nacional e dos professores (ex-alunos) que continuam seu trabalho.

Seu nome sempre estará associado às disciplinas: Mecânica dos Fluidos, para a qual deixou um livro que revolucionou a forma de ministrar essa matéria, e, Motores de Combustão Interna, sua grande paixão.

Nascido em Bolonha, Itália, desde os 12 anos de idade no Brasil, graduado em Engenharia Mecânica pela Escola Politécnica da Universidade de São Paulo, POLI/USP – turma de 1967. Sua realização era a lousa de uma sala de aula, e durante toda vida uniu a experimentação com a didática.

Professor impecável e amigo para todas as horas, deixou saudades, porém estará sempre presente:

- Presente pela cultura que transmitiu;
- Presente pela amizade que conquistou;
- Presente pelo exemplo que legou;
- Sempre presente porque mais que um professor foi um educador.

Como gratidão pelos diversos anos de trabalho conjunto, resolvemos transformar sua apostila em um livro, de forma a perpetuar seu nome. Nos capítulos que compõem esta obra, mantivemos a marca singela do Educador, com algumas atualizações decorrentes dos avanços tecnológicos.

Cabe aqui ressaltar o companheirismo do Prof. Oswaldo Garcia que sempre apoiou ao Prof. Brunetti nas apostilas anteriormente editadas.

Não podemos deixar de agradecer à esposa e às filhas, que permitiram este trabalho.

Nossos agradecimentos ao Instituto Mauá de Tecnologia pelo apoio e confiança incondicionais.

À todos aqueles que ajudaram na atualização, por simples amizade e/ou pelo tributo ao grande Mestre Brunetti, e que encontram-se citados em cada capítulo, minha eterna gratidão.

São Paulo

Fernando Luiz Windlin

Coordenador desta Edição

Prefácio da 2ª Edição

Finalmente consegui roubar do dia a dia o tempo necessário para realizar uma revisão e uma ampliação da 1ª edição desta publicação.

Muitas das imperfeições foram corrigidas e acrescentei assuntos importantes como: sobrealimentação, combustíveis e emissões.

Todos os assuntos tratados devem ser compreendidos como uma exposição didática apenas de conceitos fundamentais.

Cada assunto poderia ser desenvolvido em muitos livros e não apenas em algumas páginas como foi feito. Entenda-se que o objetivo da obra é o de criar uma base e despertar o interesse do leitor que futuramente, se quiser se desenvolver neste ramo da tecnologia, deverá ler obras mais especializadas de cada um dos assuntos.

A grande dificuldade numa publicação deste tipo é exatamente esta: conseguir extrair, de um imenso universo de conhecimentos, o que é básico e atual, de maneira compreensível para o leitor iniciante. Este objetivo eu acho que foi atingido e creio que seja o grande valor deste trabalho.

Eu e o Prof. Oswaldo Garcia agradecemos os subsídios de alunos e colegas que apontaram os erros da 1ª edição e sugeriram modificações, e espero que continuem com essa contribuição.

Mas, agradecemos principalmente a Ana Maria, Claudia e Ângela, cujo trabalho de digitação, revisão e composição foram fundamentais para esta nova edição.

São Paulo, fevereiro de 1992

Prof. Eng. Franco Brunetti

Prefácio da 1ª Edição

Após muitos anos lecionando Motores de Combustão Interna na Faculdade de Engenharia Mecânica, consegui organizar, neste livro, os conhecimentos básicos da matéria, ministrados durante as aulas.

Com muita honra vejo o meu nome ao lado do meu grande Mestre no assunto, o Prof. Oswaldo Garcia, que muito contribuiu com seus conhecimentos e com publicações anteriores, para a realização desta obra.

Se bem que reconheça que não esteja completa e que muita coisa ainda possa ser melhorada, creio que este primeiro passo será de muita utilidade, para os estudantes e amantes do assunto.

Aproveito para agradecer à minha esposa, Ana Maria, e à minha filha Claudia, que, com paciência e perseverança, executaram a datilografia e as revisões necessárias.

São Paulo, março de 1989

Prof. Eng. Franco Brunetti

Conteúdo

Volume 1

2 | CICLOS

3 | PROPRIEDADES E CURVAS CARACTERÍSTICAS DOS MOTORES

6 | COMBUSTÍVEIS

Volume 2

13 | EMISSÕES 137

14 | LUBRIFICAÇÃO 175

20 | PROJETO DE MOTORES 425

21 | VEÍCULOS HÍBRIDOS 455

10

Sistemas de injeção para motores Diesel

Atualização:
Mario A. Massagardi
Fernando C. Trolesi
Fernando Luiz Windlin
Mario E. S. Martins
Maurício Assumpção Trielli

10.1 Requisitos do sistema e classificação

Conforme visto anteriormente, no motor Diesel, o combustível deve ser injetado diretamente na câmara de combustão, finamente nebulizado a alta pressão (acima de 200 bar, podendo chegar a valores superiores a 2.000 bar), no fim do tempo de compressão e mesmo durante o de expansão.

Como a nebulização e a distribuição do combustível na câmara de combustão são fatores decisivos no processo de combustão, deve-se imaginar a importância do desempenho do sistema de injeção no desempenho do motor. Diante do exposto, os requisitos do sistema injetor são:

- Dosar a quantidade correta de combustível em cada cilindro, em função da carga e da rotação desejadas.
- Distribuir o combustível, finamente nebulizado, para facilitar sua mistura com o ar.
- Iniciar a injeção no instante correto.
- Injetar o combustível com a velocidade de injeção desejada (taxa de injeção).
- Dosar o combustível com taxas de injeção adequadas.
- Finalizar a injeção instantaneamente, sem provocar gotejamento ou pós-injeção.

Para atingir esses requisitos, os motores Diesel utilizam um dos seguintes tipos de sistema de injeção:

a) Sistema de bombeamento individual, em três configurações básicas:

   a.1) elementos bombeadores montados conjuntamente em uma mesma estrutura que possui um eixo de ressaltos comum para seus acionamentos (bomba em linha).

   a.2) elementos bombeadores associados à linha de injeção e porta-injetor formando conjuntos completos para cada cilindro do motor, acionados por um eixo de ressaltos comum montado no bloco do motor (bomba–tubo–bico).

   a.3) com uma unidade integrada de elemento bombeador e bico injetor para cada cilindro do motor, acionada por eixo de ressaltos montado no cabeçote (bomba–bico).

b) Sistema de bomba distribuidora ou rotativa com regulagem mecânica ou eletrônica que utiliza uma bomba de um único elemento bombeador acoplado a um sistema distribuidor rotativo para dosar o combustível para cada cilindro do motor.

c) Sistema acumulador que utiliza uma bomba única para a compressão do combustível e elementos dosadores individuais para cada cilindro do motor.

O método introduzido no item c) é o mais usual na atualidade e, portanto, será descrito com mais detalhes neste capítulo. Entretanto, para conhecimento básico, serão também descritos, sucintamente outros sistemas.

10.2 Sistema de bomba em linha

É constituído por uma bomba com eixo de ressaltos e um elemento dosador para cada cilindro. Acoplado à bomba injetora fica o regulador de débito e velocidade, disponível nas versões mecânica ou eletrônica. A Figura 10.1 mostra o sistema de bomba em linha para um motor de seis cilindros.

Os principais componentes são: o tanque de combustível (1), o regulador (2), a bomba alimentadora ou de transferência (3), a bomba injetora (4), o avanço de ponto de injeção (5), acionado pelo eixo do motor (6), o filtro de combustível (7), o dreno de ar (8), o conjunto porta-injetor (9) e as linhas de retorno do conjunto porta-injetor (10) e da bomba (11).

O regulador (2) é um componente do sistema de injeção que regula automaticamente as condições de injeção e estabelece a rotação máxima de rotação do motor, evitando a ocorrência de sobrevelocidades. Nele são montadas as alavancas que fazem a interface com o operador do motor–veículo.

A bomba injetora tem a função de acrescentar pressão ao combustível e enviá-lo ao injetor no instante mais oportuno e na quantidade desejada para cada ciclo. Essas bombas têm seus componentes lubrificados por óleo lubrificante do motor, o que lhes atribui características de robustez e durabilidade.

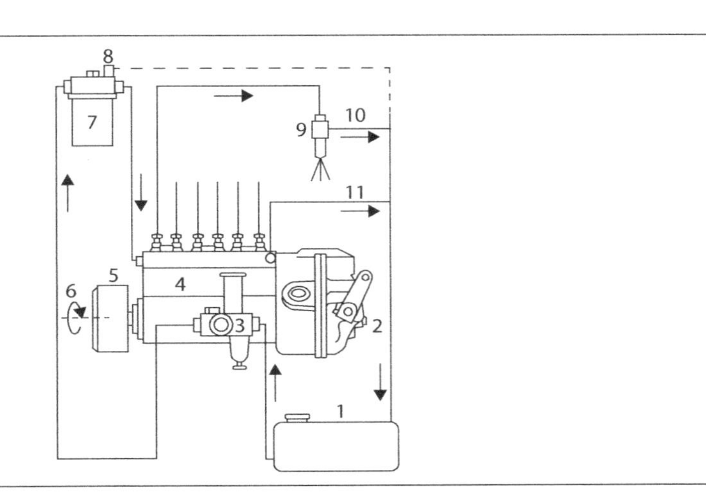

Figura 10.1 – Sistema individual de injeção [A].

A Figura 10.2 traz a representação esquemática de uma bomba tipo P fabricada pela Bosch.

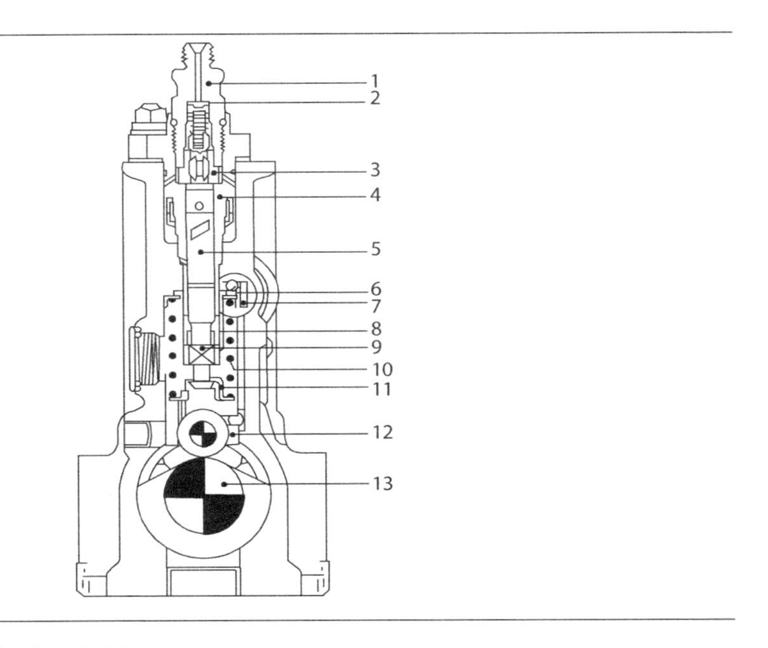

Figura 10.2 – Bomba Bosch, tipo P [A].

A variação do débito ("quantidade" de combustível injetado por ciclo), para a variação da carga e da rotação do motor, é feita girando-se o pistão do elemento injetor (5) sobre seu eixo.

O pistão tem um curso constante definido pelo excêntrico (13) da Figura 10.2. Durante o movimento descendente do pistão da bomba, o combustível da galeria, fornecido pela bomba de transferência preenche o volume formado no cilindro (4). Movido pelo excêntrico (13), o pistão ultrapassa o orifício de comando no cilindro (4) e estabelece o escoamento do combustível através da válvula (3) e do porta-válvula (1), dirigindo-o para o injetor. Em um certo instante do deslocamento, o sulco helicoidal do pistão coloca a câmara de combustível pressurizado em comunicação com um conduto de retorno, cessando a injeção; o combustível em excesso retorna para o tanque.

Girando o pistão injetor (5) por meio da haste de regulagem ou cremalheira (7), o rasgo helicoidal de controle descobrirá o orifício de comando em posições diferentes de seu curso, variando o débito de combustível.

A válvula de entrega ou de alívio de pressão (3) tem a função de manter o conduto de injeção cheio de combustível, de tal forma que a injeção resulte praticamente imediata. Quando o rasgo helicoidal do pistão injetor atinge a posição de fim de injeção, o alívio da pressão faz com que a válvula (3) inicie seu processo de fechamento. Em primeiro lugar a parte cilíndrica da válvula fecha o furo de passagem e em seguida ela recua em direção à sua sede. Isso produz uma rápida queda da pressão, evitando o gotejamento de bico injetor no cilindro do motor mantendo, entretanto, uma pressão residual na linha de injeção que impede a ocorrência de cavitação.

10.3 Sistema modular de bombas individuais

Os sistemas modulares de bombas individuais controladas eletronicamente incluem as unidades bomba–bico e bomba–tubo–bico. Esse tipo de sistema modular tem como vantagens a sua construção robusta e compacta, facilitando a obtenção de pressões de injeção superiores a 2.000 bar. O seu circuito de alta pressão é bastante reduzido, o que contribui para a obtenção de uma dinâmica de injeção mais otimizada, alta durabilidade e menores problemas decorrentes da contaminação do combustível. Mapas de calibração existentes na unidade de comando eletrônico determinam suas condições de funcionamento.

10.3.1 Unidades injetoras tipo bomba–bico

Trata-se de um módulo injetor de um cilindro com bomba de alta pressão, bico injetor e válvula eletromagnética integrados. Sua montagem é feita diretamente no cabeçote sendo acionado por meio de um balancim, o qual é acionado por um ressalto existente no eixo de comando do motor.

A Figura 10.3 mostra a representação esquemática de uma unidade injetora do tipo bomba–bico. Com a válvula magnética desenergizada, o combustível entra pelo orifício de admissão (16) e flui através dos dutos internos diretamente para o orifício de retorno (15) o que possibilita o enchimento da câmara da bomba durante o curso de retorno do pistão (3) impulsionado pela mola de retorno (1).

No ciclo seguinte, com o pistão (3) impulsionado pelo eixo de ressaltos e seu balancim para bombear o combustível e com a energização da válvula magnética, o circuito de retorno se fecha e o combustível à alta pressão é bombeado ao bico (20). Quando a intensidade da onda de pressão ultrapassa os valores de pré-tensão da mola do bico (18), o injetor se abre e permite a nebulização do combustível na câmara de combustão do motor. Com a desenergização da válvula, abre-se novamente o canal de retorno de combustível, a pressão de injeção diminui rapidamente e a injeção se encerra.

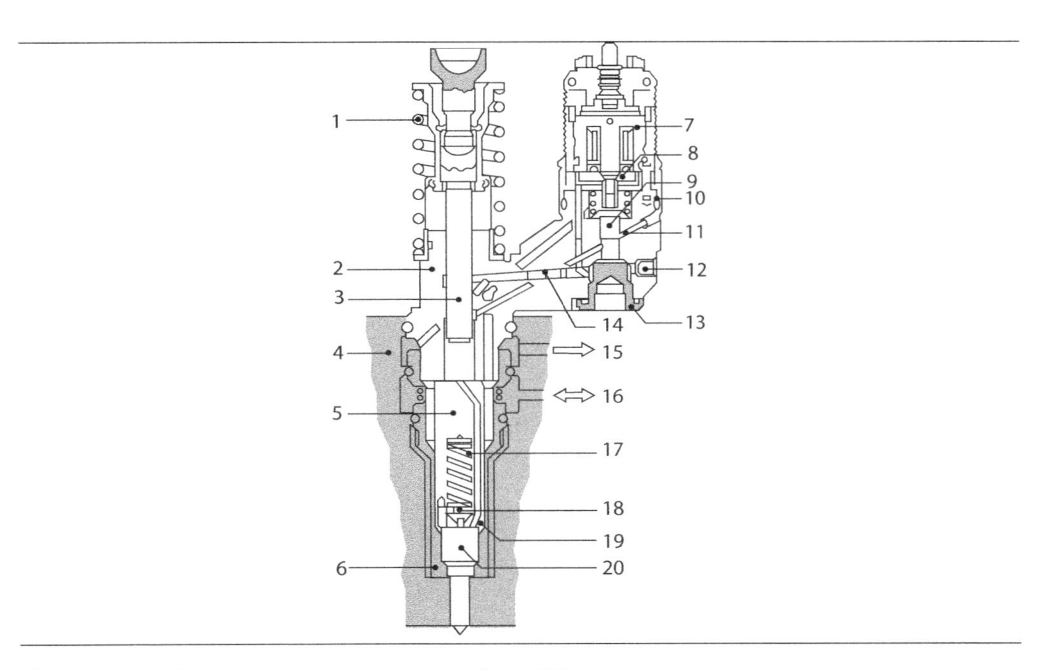

Figura 10.3 – Unidade injetora, tipo bomba-bico [A].

10.3.2 Unidades injetoras tipo bomba–tubo–bico

Outro tipo de sistema modular de bombas individuais por cilindro é a unidade bombeadora tipo bomba–tubo–bico. De funcionamento semelhante ao das unidades bomba–bico, ele se diferencia na construção. Nesse caso, o bico e bomba não são integrados em um único componente.

A Figura 10.4 ilustra a montagem dos componentes do sistema no motor. Esse sistema tem a bomba de alta pressão (6) montada no bloco do motor, onde existe também o eixo de comando com os ressaltos de injeção (7).

O conjunto porta-injetor (1), que contém o bico injetor, (3) é montado numa posição centrada no cabeçote do motor (2). Bomba e injetor são unidos por um curto tubo de alta pressão.

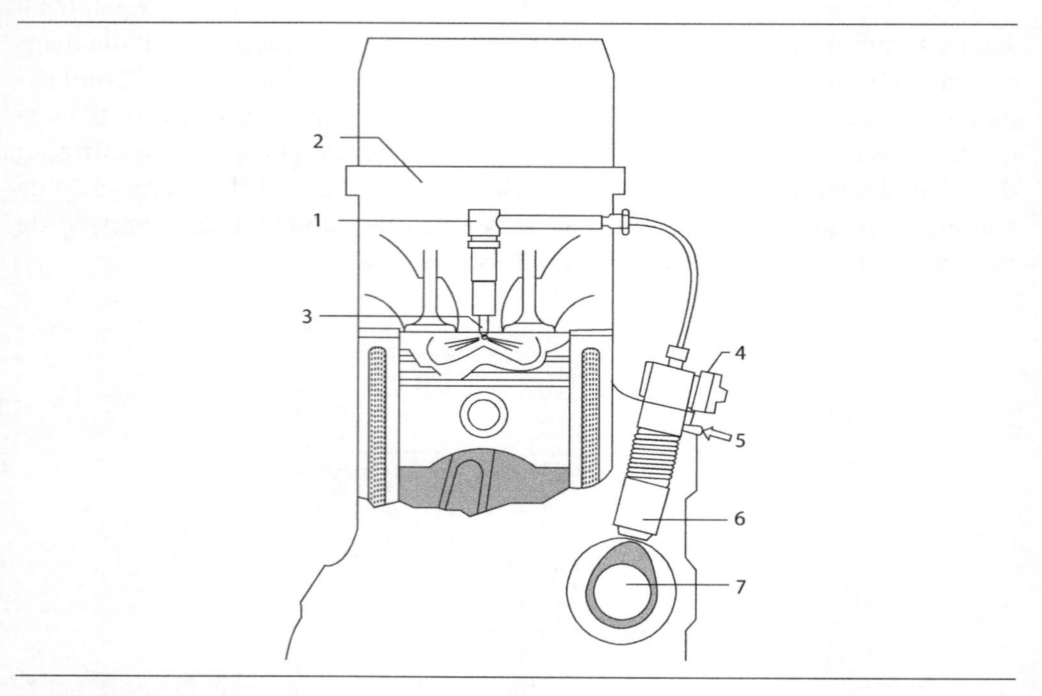

Figura 10.4 – Unidade injetora, tipo bomba–tubo–bico [A].

10.4 Unidade de comando eletrônica

O acionamento da válvula magnética das unidades injetoras modulares é feito pela unidade de comando eletrônica. Essa unidade recebe todos os sinais vindos dos sensores instalados no sistema, tais como os de posição do pedal do acelerador, de rotação e posição do virabrequim do motor, de pressão e temperatura do óleo e da água. Por meio de seus mapas de calibração, define a energização adequada da válvula magnética de forma a promover o início e a duração da injeção otimizada, sincronizada com a posição do pistão do motor.

No processador da unidade de comando eletrônica está armazenado o programa que inclui, além das funções básicas para a partida e funcionamento do motor, outras diversas funções.

A função de pré-injeção, ou seja, a criação de uma injeção de pequeno volume de combustível pouco antes da injeção principal, tem como uma das suas funções reduzir o ruído e a vibração do motor.

Os sistemas modulares, embora acionados por eixos de ressaltos, já apresentam a possibilidade de se calibrar, com alguma liberdade, o ponto de início de injeção, o que traz vantagens na busca do melhor ponto para a redução das emissões de gases de escapamento e de material particulado. O ponto de início de injeção não dependerá mais exclusivamente do encadeamento das tolerâncias dos componentes mecânicos, mas poderá ser regulado de forma sincronizada, pelo sensoriamento da posição do pistão do motor e pelo início do acionamento da válvula magnética.

Diversas outras funções de segurança, diagnose e monitoramento, assim como funções visando à economia de combustível, podem ser integradas às unidades de comando eletrônicas. Elas também podem se comunicar com outros sistemas do motor e veículo, enviando e recebendo sinais para o painel e sistemas de transmissão e de freio do veículo, entre outros.

10.5 Bicos injetores

Os bicos injetores são componentes de extrema precisão, responsáveis por nebulizar finamente o combustível na câmara de combustão do motor. Quanto melhor for a pulverização, maior será a eficiência térmica do motor (ver Capítulo 3, "Propriedades e curvas características dos motores"). Em consequência, se obtém mais economia de combustível com menor emissão de gases poluentes.

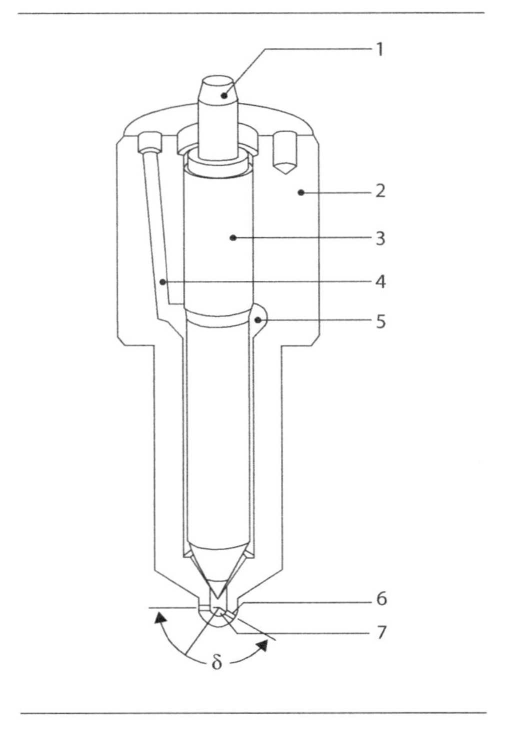

Figura 10.5 – Bico injetor, tipo agulha [A].

Os modernos motores Diesel estão equipados com bicos injetores que devem injetar combustível sob pressão em ambientes submetidos a pressões e temperaturas elevadas, tudo para que o motor obtenha melhor desempenho.

Os bicos de pino são mais utilizados em motores de injeção indireta (ver Capítulo 7, "A combustão nos motores alternativos") e têm a vantagem de exigirem manutenções menos frequentes, pois o próprio movimento do pino promove a limpeza dos depósitos.

Os bicos de agulha são utilizados em motores de injeção direta (ver Capítulo 7) por causa da necessidade de melhor nebulização do combustível. Podem ser utilizados um ou mais orifícios de pequeno diâmetro, conhecendo-se casos de 12 furos de 0,2 a 0,3 mm.

10.6 Sistema distribuidor ou de bomba rotativa

Essas bombas compactas e com um regulador acoplado foram, e ainda são, utilizadas em pequenos tratores e motores de geradores. Sua construção compacta e o fato de serem lubrificadas pelo próprio combustível traz vantagens de custo, porém as torna muito sensíveis à exposição de combustível contaminado e/ou mal filtrado.

Tem-se como exemplo a bomba tipo rotativa, apresentada na Figura 10.6, de regulador mecânico.

Nessa bomba injetora, a bomba de transferência (de palhetas) alimenta um distribuidor constituído de um cabeçote hidráulico por meio de uma válvula de medição ou dosadora, que controla o débito em função da carga desejada. O volume existente entre os êmbolos, apontados na Figura 10.6, é alimentado por um canal do cabeçote que, ao girar, coloca outro canal de comunicação com os injetores de cada cilindro; simultaneamente os êmbolos são empurrados para o centro, pelo anel excêntrico.

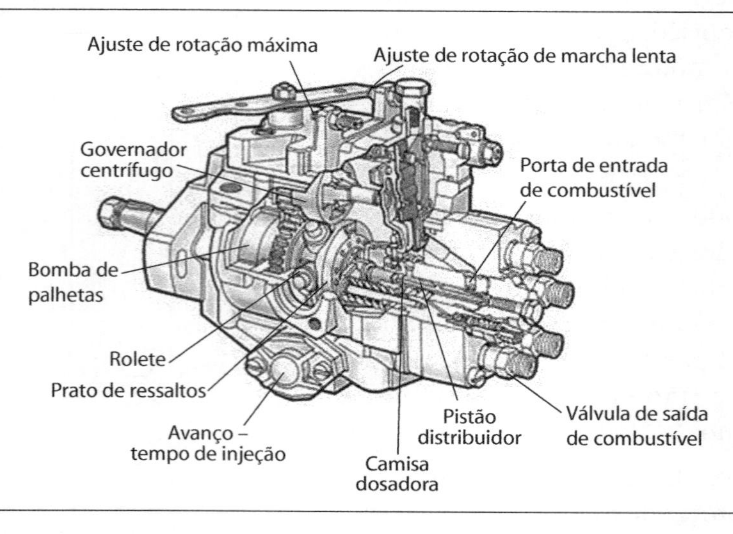

Figura 10.6 – Bomba rotativa (C).

A Figura 10.6 mostra o cabeçote hidráulico, que funciona simultaneamente como bomba injetora e como distribuidor.

O combustível provém da bomba de palhetas ao mesmo tempo em que o cabeçote gira. Passa pela válvula de admissão onde é dosada a quantidade. Em um certo instante o canal de admissão coincide com um dos canais de alimentação do rotor central, fazendo o combustível escoar pelo canal central entre os pistões bombeadores.

Em seguida, o rotor, ao girar, coloca o canal central em comunicação com um dos canais que alimentará um injetor. Ao mesmo tempo, os pistões injetores são empurrados para o centro pelos ressaltos do anel de ressaltos.

No caso da Figura 10.6, mostra-se o cabeçote de uma bomba para motor de quatro cilindros, onde se observam quatro canais de admissão, quatro canais de alimentação dos injetores e quatro ressaltos no anel.

10.7 Sistema acumulador ou tipo *Common Rail*

Sistemas desse tipo foram inicialmente usados em motores de grandes potências, de baixa rotação, e recentemente, com o advento do comando eletrônico, o seu uso se expandiu para diversas aplicações, desde motores para carros de passeio e utilitários (leves, médios e pesados) até locomotivas e navios.

A principal vantagem é aliar alta pressão de injeção, de mais de 2.000 bar, com a possibilidade de realizar injeções múltiplas (pré-injeção, injeção principal e pós injeção) e com flexibilidade para ajustar o início de injeção, de modo a adaptá-los a cada regime de funcionamento do motor, realizando essas funções com pequenas tolerâncias e alta precisão durante toda a vida útil.

Os elementos básicos são: uma bomba principal (1) que fornece combustível em alta pressão a uma galeria comum (2) que, por sua vez, disponibiliza combustível para todos os injetores (4).

O processo de injeção é comandado pela programação e mapas armazenados na unidade eletrônica de comando (3) que aciona eletricamente cada um dos injetores.

No sistema de injeção *Common Rail*, a produção de pressão e a injeção são fenômenos independentes. A bomba fornece combustível sobre pressão mesmo em baixas rotações do motor. Por outro lado, o instante e a quantidade de injeção são calculados na unidade de comando eletrônico, e o acionamento elétrico dos injetores permite injeções com precisão, independentemente das tolerâncias dos componentes mecânicos do motor.

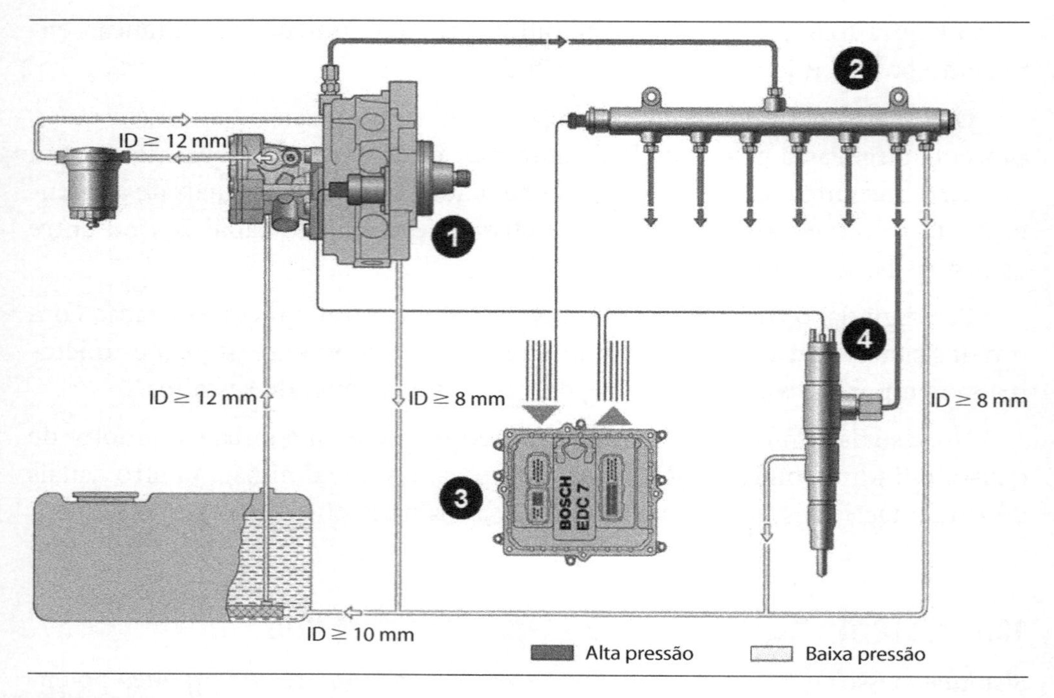

Figura 10.7 – Sistema *Common Rail* [A].

10.7.1 Bomba de alta pressão

A bomba de alta pressão (Figura 10.8) tem a função de disponibilizar combustível suficientemente pressurizado em todas as faixas de funcionamento e por toda vida útil do motor. Isso inclui a disponibilização de reserva de combustível, necessária para um processo rápido de partida e um rápido aumento da pressão da galeria comum. A bomba de alta pressão é montada ao motor Diesel preferencialmente no mesmo lado que a bomba injetora distribuidora convencional. Ela é acionada pelo motor por meio de acoplamento, engrenagem, corrente ou correia dentada, com no máximo 3.000 rpm. A sua lubrificação é feita pelo combustível ou pelo óleo lubrificante do motor.

A bomba de engrenagens (13) alimenta o circuito de lubrificação, refrigeração e câmara do pistão da bomba de alta pressão. O eixo de acionamento (1) com seu ressalto excêntrico (2) movimenta os três pistões da bomba (3). Quando o PMI é ultrapassado, a válvula de admissão (5) fecha e o combustível na câmara de elemento (4) não pode escapar. Ele pode então ser comprimido pela pressão de débito da bomba de pré-alimentação. A pressão que se forma abre a válvula de escape (6) assim que a pressão no *Rail* é atingida, o combustível comprimido entra no circuito de alta pressão (7). Modernas versões dessas bombas admitem combustível na quantidade requerida pelo motor para a

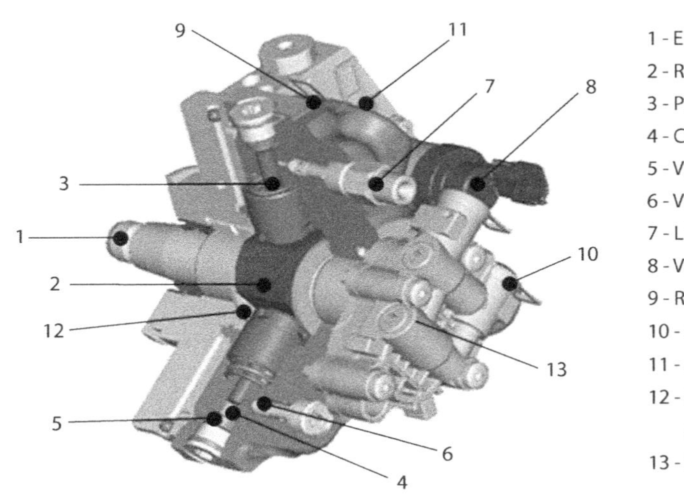

Figura 10.8 – Bomba de alta pressão [A].

carga e rotação do momento. Isso é feito eletronicamente, quando o combustível é admitido na bomba pelo canal apropriado (11) e daí passa para a válvula volumétrica (8). Esta recebe o sinal eletrônico e reduz o orifício de retorno para vazar todo o excesso de combustível para o retorno (9), admitindo para o canal de baixa pressão (12) e para o elemento somente a quantidade necessária. Com isso se evita pressurizar combustível em excesso e, consequentemente, gerar seu aquecimento desnecessário. O combustível frio permite que o veículo se utilize de tanque de combustível plástico em vez de metálico.

10.7.2 Injetor

O instante do início e o volume de injeção são ajustados por intermédio do injetor de comando elétrico. Ele substitui o conjunto injetor (bico e porta-injetor) dos sistemas convencionais de injeção Diesel.

Semelhantes aos porta-injetores existentes nos motores de injeção direta Diesel DI (*Direct Injection*) apresentado na Figura 10.9, os injetores são fixados com garras no cabeçote do cilindro. Com isso os injetores *Common rail* são adequados para instalação nos motores Diesel DI sem modificações significativas no cabeçote do cilindro.

O injetor pode ser dividido em diversos blocos de função, injetor de orifício com agulha do injetor, sistema servo hidráulico, válvula magnética e as ligações pertinentes e canais de combustível.

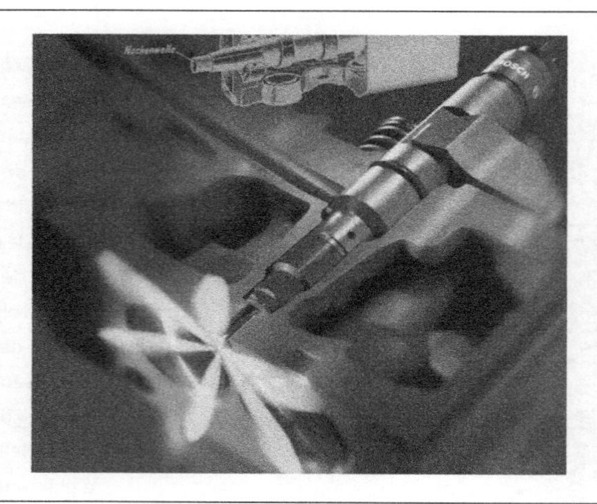

Figura 10.9 – Injetor – DI [A].

O combustível (Figura 10.10) é conduzido da ligação de alta pressão (4) através de um canal (10) para o bico, bem como através do estrangulador de admissão (7) para a câmara de controle da válvula (8). A câmara de controle é ligada ao retorno de combustível (1) através do estrangulador de saída (6), que pode ser aberto pela válvula magnética.

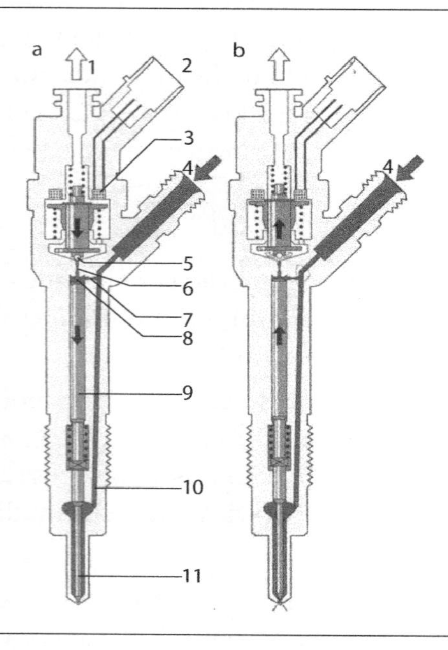

Figura 10.10 – Injetor [A].

Quando o estrangulador de saída está fechado, predomina a força hidráulica sobre o pistão de comando da válvula (9) sobre aquela do estágio de pressão da agulha do injetor (11). Consequentemente, a agulha é pressionada no assento e veda o canal de alta pressão em relação ao compartimento do motor. O combustível não pode fluir para a câmara de combustão. Na ativação da válvula magnética o estrangulador de saída é aberto. Isso faz com que a pressão na câmara de comando da válvula caia, diminuindo também a força hidráulica sobre o pistão de comando da válvula. Assim que a força hidráulica se apresenta inferior àquela sobre o estágio de pressão da agulha do injetor, a agulha se abre para que o combustível possa passar pelos furos de injeção para dentro da câmara de combustão (Figura 10.10). A quantidade injetada, portanto, será proporcional ao tempo de abertura do bico, e por consequência, ao de ativação da válvula magnética.

10.7.3 Injeção modulada *Common Rail*

No sistema de injeção modulada *Common Rail* existe a possibilidade de realização de pré e pós-injeção (Figura 10.11) em significativo número de injeções parciais.

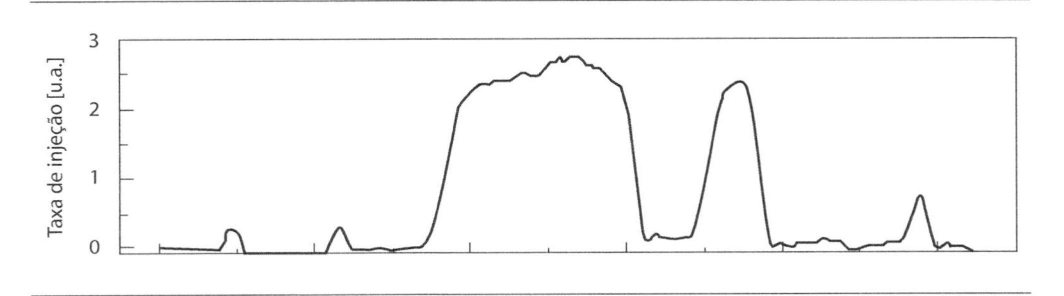

Figura 10.11 – Injeção modulada [A].

A pré-injeção pode ser anteposta ao PMS em até 90°. Para o início da pré-injeção em 40°APMS (antes do PMS), o combustível pode atingir a superfície do pistão e da parede do cilindro e provocar uma diluição inadmissível da lubrificação. Na pré-injeção é introduzida uma pequena quantidade de óleo diesel (1... 4 mm^3) no cilindro, provocando um "pré-acondicionamento" da câmara de combustão, podendo melhorar o grau de eficiência da queima, produzindo os seguintes efeitos: compressão ligeiramente elevada por uma pré-reação ou queima parcial, reduzindo o atraso da ignição da injeção principal e reduzindo a pressão de combustão, tornando-a mais suave (menos ruidosa). Esses efeitos reduzem os ruídos da combustão, o consumo de combustível e, consequentemente, a emissão de poluentes.

A injeção principal está diretamente ligada à capacidade do motor de absorver a carga desejada. Mas, a sua modulação para acontecer o mais tarde possível traz vantagens na redução da temperatura de pico de combustão e na possibilidade de acontecerem reações químicas que formam gases tóxicos como os óxidos de nitrogênio. A modulação da injeção principal significa a capacidade do sistema *common rail* de gerar uma taxa de elevação de pressão de forma trapezoidal, com valor menor no início e maior em seu final, retardando a injeção como um todo. A pós-injeção normalmente está ligada à necessidade de se aumentar a temperatura dos gases de escapamento a fim de permitir a queima de contaminantes e consequentemente a regeneração de filtros de pós-tratamento instalados no escapamento ou promover condições ideais de operação eficiente de redutores catalíticos. Portanto, sua função está diretamente ligada à função e regeneração de dispositivos de controle de emissões instalados no escapamento do motor.

A capacidade de gerar injeções múltiplas e controladas, com alta precisão e baixas tolerâncias somente é possível em sistemas *common rail* que tenham injetores com válvulas eletromagnéticas de respostas rápidas ou, em vez delas, tenham seu controle feito com pilhas de cristais piezoelétricos.

EXERCÍCIOS

1) O esquema a seguir mostra um dos elementos de uma bomba injetora instalada em um motor 2T de seis cilindros. O curso útil "y" varia com o ângulo de rotação θ, segundo a expressão:

   $y = 5 \cdot 10^{-2}\theta - 2 \cdot 10^{-4}\theta^2$ com "y" em mm e θ em graus.

   Considerando-se o motor a 2.600 rpm e θ = 60° a partir da posição de débito nulo, pede-se:

   a) O volume injetado num ciclo, sendo D = 6 mm;
   b) Estimar a potência do motor, admitindo-se que 0,2 kg/CV h é um consumo específico razoável para um motor de ignição espontânea, cujo combustível é de massa específica ρ = 0,84 kg/L;

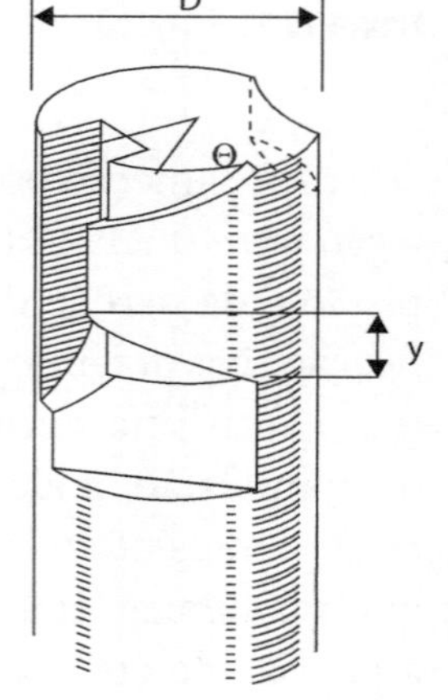

c) Qual o curso da cremalheira, sabendo-se que o diâmetro primitivo de seu setor de engrenagens acionado por esta é de 20 mm?

(Para a realização deste exercício, faz-se necessário buscar mais informações sobre bombas injetoras em linha.)

Respostas:

a) 386,8 mm^3; b) 253,4 CV; c) 10,5 mm.

---

2) Um motor Diesel no banco de provas apresenta um consumo de 400 g em 40 s, à rotação de 2.800 rpm. Sendo o motor 4T, de seis cilindros. Qual o débito por cilindro da bomba injetora? (ρ_{comb} = 0,84 kg/L)

Resposta:

85 mm^3/ inj x cil.

---

3) Como é feito o controle da pressão de injeção no motor Diesel?

Resposta:

Pela tensão da mola do bico injetor.

---

4) Um motor Diesel a 4T, de locomotiva, tem oito cilindros e uma potência de 1.200 CV a 600 rpm. Utiliza como combustível um óleo pesado de PCi = 10.000 kcal/kg e ρ_{comb} = 0,9 kg/L e tem uma eficiência global de 42%. Quanto deve ser o volume em mm^3 de combustível injetado por cilindro, por ciclo?

Resposta:

1.399,5 mm^3 /inj x cil.

---

5) Um motor Diesel a 4T de seis cilindros, na rotação de 1.800 rpm, a plena carga, tem um consumo específico de 0,2 kg/CV.h de óleo diesel de massa específica 0,82 kg/L e desenvolve uma potência de 100 CV. Utiliza-se uma bomba Bosch em linha (de elementos injetores individuais). Qual deve ser o débito em mm^3 por cilindro?

Resposta:

75,3 mm^3 /inj x cil.

---

6) Um motor Diesel de seis cilindros a 4T, em certa condição de funcionamento a 2.000 rpm, apresenta potência de 100 CV e seu consumo específico é 0,18 kg/CV.h. Sabendo-se que o óleo diesel tem massa específica 0,82 kg/L, qual o débito em mm^3/injeção x cilindro?

Resposta:

61 mm^3 /inj x cil.

---

7) Em uma bomba injetora Diesel em linha (elementos injetores individuais), para um motor de seis cilindros a 4T, os pistões injetores têm um diâmetro de 5 mm e, para dada posição do acelerador, têm um curso útil de 3 mm. Quando o motor está a 2.000 rpm, qual o consumo de combustível em L/h?

Resposta:

21,2 L/h.

---

8) Em um motor Diesel a 4T, a 2.000 rpm, o avanço da injeção é 15°, o ângulo de injeção é 30°, o retardamento é 1 ms, e supõe-se que após o início da combustão, o crescimento da pressão seja linear. Supondo que a pressão máxima aconteça 2° após o fim da injeção e que o gradiente da pressão seja 3 kgf/cm^2/grau. Qual a pressão máxima atingida, se no início da combustão a pressão é 30 kgf/cm^2?

Resposta:

90 kgf/cm^2.

---

9) Cite três diferenças fundamentais entre o funcionamento do motor Otto e o do Diesel.

Resposta:

Diferenças fundamentais:

	Ciclo Otto	**Ciclo Diesel**
Na admissão:	Mistura Combustível–Ar	Só Ar
Ignição:	Por faísca	Espontânea
Combustão:	Por propagação de chama	Por autoignição

10) Por que no ciclo padrão ar–Diesel, que procura representar o ciclo real do motor Diesel, o fornecimento do calor da fonte quente é imaginado isobárico?

Resposta:

Em virtude da injeção progressiva do combustível.

---

11) Em um motor Diesel, ao passar de um combustível de NC = 45 para outro de NC diferente, observa-se uma variação do retardamento de 2,08 ms para 1,60 ms a 2.000 rpm.

O NC do novo combustível é maior ou menor que o do original? Justifique.

De quanto deverá ser variado o ângulo de avanço da injeção para manter o mesmo ponto de início da combustão?

Respostas:

a) A diminuição do tempo de retardamento, indica menor resistência à autoignição, portanto combustível de maior NC.

b) Variação do ângulo de avanço: 5,76 graus.

---

12) Como é feito o controle da pressão de injeção no *Common Rail*?

Resposta:

Pela válvula de escape da bomba de alta pressão, mantendo a pressão no "Rail".

---

13) O fluxo na bomba de pressão em regime de trabalho a 2.500 rpm em um motor quatro cilindros para aplicação comercial consome o equivalente à injeção de 140 mm^3/curso em cada cilindro.

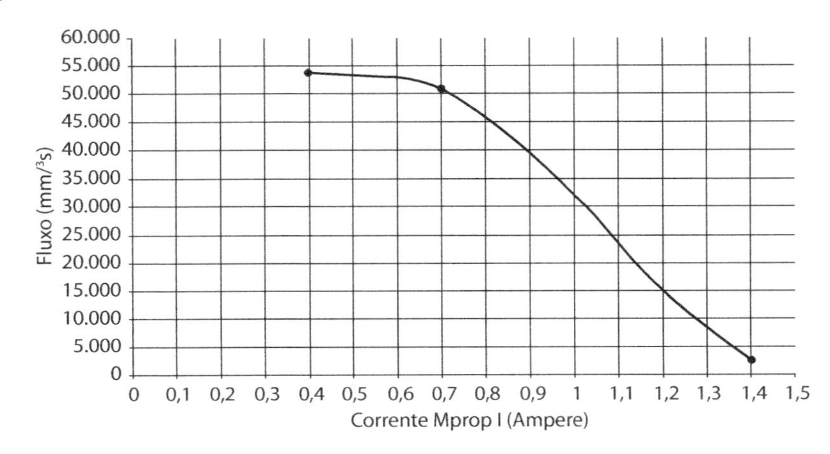

Nesta condição o sistema *Common Rail* opera à pressão de trabalho 1.800 bar com fluxos de comando e retorno dos injetores totais correspondentes a 3% do volume injetado. Calcule a corrente de atuação da válvula volumétrica *Mprop* esperada para ajuste de fluxo da bomba CP.

---

14) Em dado regime de operação, um motor seis cilindros recebe 160 mm^3/injeção do sistema *Common Rail* em operação à pressão de *rail* 2.200 bar. Considerando que nesse regime a calibração do motor alcance 1.620 Nm de torque, qual seria o tempo de energização esperado para esse mesmo injetor.

Considere:

Q_inj = trq, / (1,5*n_cyl)

Curva de injeção do injetor CRI:

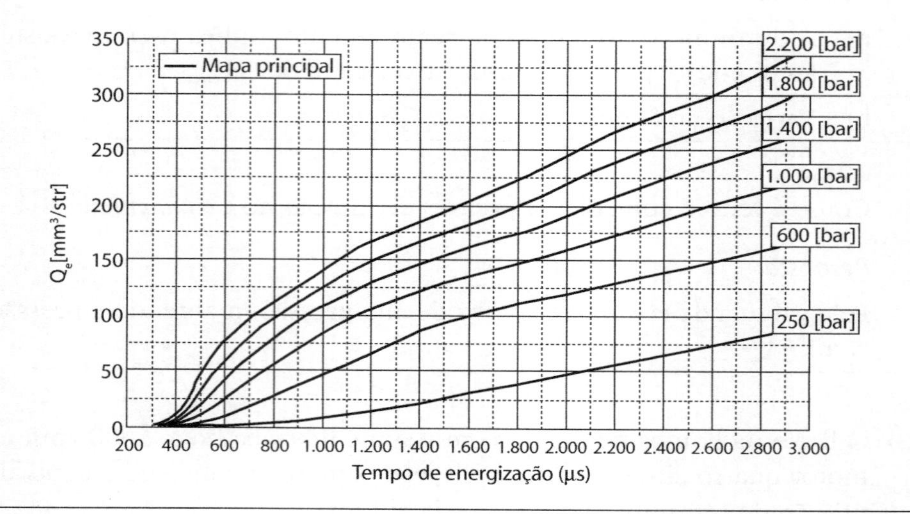

---

15) Identificar a câmara de combustão representada na figura abaixo.

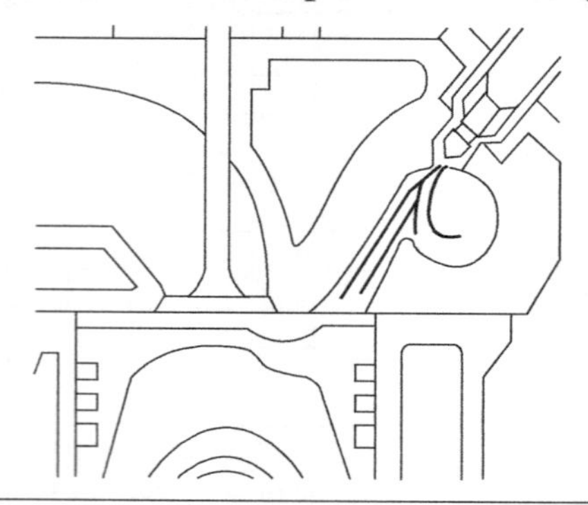

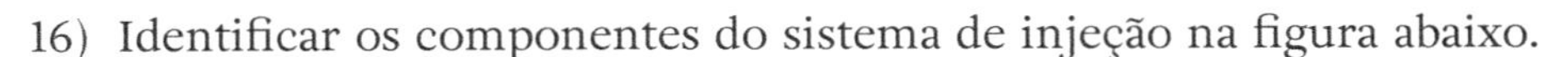

16) Identificar os componentes do sistema de injeção na figura abaixo.

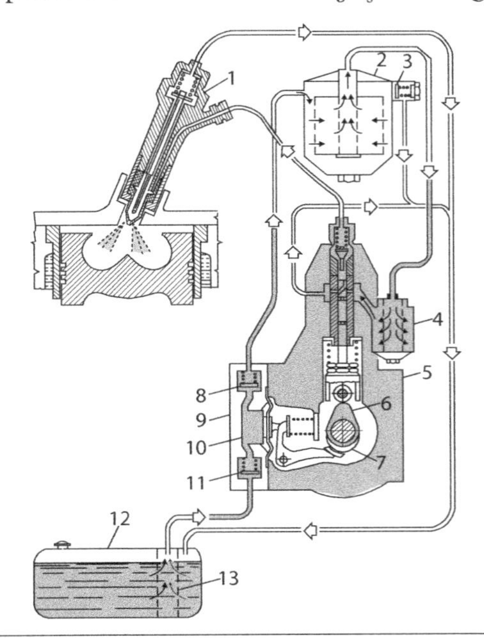

Referências bibliográficas

1. BRUNETTI, F. *Motores de combustão interna*. Apostila, 1992.
2. GIACOSA, D. *Motori endotermici*. Ulrico Hoelpi Editores SPA, 1968.
3. JÓVAJ, M. S. et al. *Motores de automóvel*. Editorial Mir, 1982.
4. OBERT, E. F. *Motores de combustão interna*. Porto Alegre: Globo, 1971.
5. TAYLOR, C. F. *Análise dos motores de combustão interna*. São Paulo: Blucher, 1988.
6. HEYWOOD, J. B. *Internal combustion engine fundamentals*. M. G. H. International Editions, 1988.
7. VAN WYLEN, G. J.; SONNTAG, R. E. *Fundamentos da termodinâmica clássica*. São Paulo: Blucher, 1976.
8. STONE, R. *Introduction to internal combustion engines*. SAE, 1995.

Figuras

Agradecimentos às empresas/aos sites:

A. Bosch – Sistemas de Injeção.

B. *Automotive Engineering International*. Várias edições.

C. Delphi Automotivo.

11

Consumo de ar nos motores a quatro tempos

Atualização:
Celso Samea
Thomas Moura
Christian Streck
Guilherme Alegre
Fernando Luiz Windlin

11.1 Introdução

A potência indicada de um motor pode ser expressa pela Equação 11.1:

$$N_i = \dot{m}_a \; F \; PCi \; \eta_t \qquad \text{Eq. 11.1}$$

Sendo:

N_i: Potência indicada.

$\dot{m}_a$: Vazão mássica de ar seco que escoa para dentro dos cilindros.

F: Relação combustível–ar estequiométrica.

η_t: Eficiência térmica do motor.

PCi: Poder calorífico inferior.

A Equação 11.1 mostra que a potência indicada de um motor é proporcional à vazão mássica de ar desde que se mantenha:

- O mesmo combustível.
- A relação combustível–ar constante.
- A relação de compressão e o melhor avanço da faísca na vela – MIF.

Com essas condições, a eficiência térmica permanece aproximadamente constante e a potência indicada é diretamente proporcional à vazão mássica de ar.

Nos MIF, a variação da potência é feita variando-se a pressão de admissão e, portanto, pela variação da vazão mássica de ar. Essa dependência é verdadeira e tem sido verificada com muitos tipos e dimensões de motores, já nos MIE, a variação da potência é feita mudando-se a relação combustível–ar, o que faz variar a eficiência térmica. Mesmo admitindo-se que a relação combustível–ar se mantenha constante, não se pode afirmar que a eficiência térmica seja constante, porque ela é afetada pela pressão e temperatura ambiente e pela rotação do motor.

É evidente, porém, que, também para os motores Diesel – MIE, a máxima potência sob um conjunto de condições determinadas, é limitada pela massa de ar, pois, o máximo valor de F é aquele que pode ser usado sem dificuldades de formação de fumaça no escapamento, depósitos excessivos de carbono ou excessiva pressão de combustão.

Observação:

A Equação 11.1 só é válida para F muito próximo ao valor estequiométrico, pois a potência é afetada de forma não linear pela relação F.

11.2 Eficiência volumétrica – η_v

A eficiência volumétrica é definida como sendo a relação entre a massa de mistura nova que entra para o cilindro durante o curso de admissão e a massa que encheria o volume deslocado pelo pistão, com a massa específica da atmosfera (veja novamente o Capítulo 3, "Propriedades e curvas características dos motores").

$$\eta_v = \frac{2\dot{m}_e}{\rho_e \; V_{cilindros} \; n}, \text{ onde} \qquad \text{Eq. 11.2}$$

$\dot{m}_e$: Vazão mássica de mistura fresca que escoa para dentro dos cilindros.

$V_{cilindros}$: Cilindrada total do motor.

ρ_e: Densidade (ou massa específica) de mistura fresca que escoa para dentro dos cilindros nas condições de entrada (ambiente do vão motor).

n: Rotação do motor.

η_v: Eficiência volumétrica.

O fator 2 aparece na Equação 11.2 por se tratar de motores a quatro tempos nos quais tem-se um tempo motor para duas voltas do virabrequim.

11.2.1 Densidade ou massa específica de entrada – ρ_e

A eficiência volumétrica é de grande interesse como medida do desempenho do conjunto do cilindro como elemento de bombeamento. Para avaliar esse desempenho é necessário definir a densidade de entrada como a densidade da mistura fresca na entrada da válvula ou próximo dela. Quando ρ_e é determinado dessa maneira, a eficiência volumétrica resultante mede as condições de bombeamento do cilindro e perdas na válvula somente.

Nem sempre é conveniente ou também possível a medida de ρ_e na entrada da válvula. Entretanto, a densidade da atmosfera próxima da tomada de ar do motor pode sempre ser medida sem maiores dificuldades. Quando a densidade é medida nesse ponto, a eficiência volumétrica resultante mede o desempenho de escoamento de todo o sistema de admissão do motor, bem como as condições dos cilindros e as perdas nas válvulas.

A eficiência volumétrica assim determinada é chamada eficiência volumétrica global.

Nos motores de aspiração natural – NA, com pequenas variações na temperatura e pressão no filtro de ar, corpo de borboleta (ou carburador) e tubulação de admissão, a eficiência volumétrica global não difere muito daquela medida na entrada da válvula. Em razão disso e da conveniência da medida da eficiência volumétrica global, esta é comumente usada nos motores de aspiração natural – NA.

A eficiência volumétrica global nos motores sobrealimentados é de pequeno significado, uma vez que esta não diferencia o desempenho do sobrealimentador e o dos cilindros. Nesse caso, é mais significativo medir a pressão e a temperatura na saída do compressor.

11.2.2 Eficiência volumétrica baseada na massa de ar seco – η_v

Dada a correlação existente entre a potência indicada do motor e a massa de ar seco que entra para os cilindros na unidade de tempo, é conveniente definir a eficiência volumétrica baseada nessa massa de ar.

Como as massas de combustível, de vapor de água e de ar seco ocupam o mesmo volume, tem-se:

$$\frac{\dot{m}_a}{\rho_a} = \frac{\dot{m}_e}{\rho_e} \qquad \text{Eq. 11.3}$$

Sendo:

ρ_a : Massa específica do ar seco.

A Equação 11.2 pode ser escrita da seguinte forma:

$$\eta_v = \frac{2\dot{m}_a}{n\ V_{cilindro}\ \rho_a} \qquad \text{Eq. 11.4}$$

Em função da velocidade do pistão, tem-se:

$$\eta_v = \frac{4\dot{m}_a}{A_p\ v_p\ \rho_a} \qquad \text{Eq. 11.5}$$

Sendo:

A_p: Área dos pistões.

v_p: Velocidade do pistão.

Na Equação 11.5, verifica-se que a eficiência volumétrica de um motor fica determinada para quaisquer condições de operação, desde que se possa determinar $\dot{m}_a$ e ρ_a.

Não há dificuldades para a medida de $\dot{m}_a$ desde que se disponha de equipamento e o medidor de ar seja protegido das pulsações no escoamento, por exemplo, por meio de *damper* (câmara de amortecimento) localizado entre o motor e o medidor de ar (*vide* Capítulo 3, "Propriedades e curvas características dos motores").

A massa específica do ar seco pode ser determinada conhecendo-se p_e e T_e.

Para a mistura de ar, vapor de água e combustível vaporizado ou gasoso, usa-se a lei de Dalton para as pressões parciais:

$$p_e = p_a + p_c + p_v \qquad \text{Eq. 11.6}$$

Onde:

p_e : Pressão da mistura fresca (total).

p_a : Pressão parcial do ar.

p_c : Pressão parcial do combustível.

p_v : Pressão parcial do vapor de água (umidade do ar).

Como cada constituinte comporta-se aproximadamente como um gás perfeito, pode-se escrever:

$$\frac{p_a}{p_e} = \frac{p_a}{p_a + p_c + p_v} = \frac{n_a}{n_a + n_c + n_v} \qquad \text{Eq. 11.7}$$

Onde $n = \frac{m}{M}$ = número de moles, sendo:

n_a : Número de moles do ar.

n_c : Número de moles do combustível.

n_v : Número de moles do vapor de água.

M_a : Massa molecular do ar.

M_v : Massa molecular do vapor.

M_c : Massa molecular do combustível.

Com $M_a = 29$, $M_v = 18$ e chamando de M_c a massa molecular do combustível, tem-se:

$$\frac{p_a}{p_e} = \frac{m_a/29}{\frac{m_a}{29} + \frac{m_c}{M_c} + \frac{m_v}{18}} \qquad \text{Eq. 11.8}$$

Ou ainda:

$$\frac{p_a}{p_e} = \frac{1}{1 + F_v \frac{29}{M_c} + 1{,}6g} \qquad \text{Eq. 11.9}$$

Onde:

$$F_v = \frac{m_c}{m_a}$$

$$g = \frac{m_v}{m_a}$$

No ponto de tomada de p_e e T_e, da equação dos gases perfeitos:

$$\rho_a = \frac{p_a}{R\ T_a} = \frac{p_e}{R\ T_e}\left(\frac{1}{1 + F_v \frac{29}{M} + 1{,}6g}\right) \qquad \text{Eq. 11.10}$$

Onde:

$T_a = T_e$.

T_e : Temperatura da mistura fresca nas condições de entrada.

T_a : Temperatura do ar.

R : Constante universal dos gases perfeitos.

A Equação 11.10 mostra que a massa específica da mistura é igual à densidade do ar a p_e e T_e multiplicada por um fator de correção. O valor do fator de correção depende:

a) Da porcentagem de combustível vaporizado no ponto onde se mede p_e e T_e.

b) Da massa molecular do combustível.

c) Da umidade absoluta do ar.

A umidade absoluta do ar em geral não ultrapassa 2%, sendo normalmente inferior a esse valor. Com as tubulações de admissão usuais F_v é pequeno e a massa molecular dos combustíveis usuais em motores não é baixa. Nessas circunstâncias, o fator de correção será da ordem de 98%, o que está dentro da precisão das medidas de ensaios de motores. No caso dos motores Diesel, F_v é igual a zero.

Dessa forma, para os MIF, que usam combustível líquido, e para os MIE, despreza-se o fator de correção e comumente se expressa a eficiência volumétrica da seguinte maneira:

$$\eta_v \cong \frac{\dot{m}_a}{\frac{p_e}{RT_e} \cdot \frac{A_p V_p}{4}} \qquad \text{Eq. 11.11}$$

Para regiões de alta umidade ou para os MIF com carburadores que usam combustíveis de baixa massa molecular (ou gasosos), o fator de correção não pode ser ignorado.

Quando se utilizam combustíveis de baixa massa molecular, em motores com carburador, a massa de ar será consideravelmente reduzida por conta da diminuição de ρ_a a uma dada pressão de admissão.

11.2.2.1 ESTIMATIVA DO F_V

Quando o combustível está gasoso no ponto em que se mede ρ_e, F_v é a relação combustível–ar total (F). Entretanto, quando a evaporação de um combustível líquido é incompleta, no ponto considerado, não existe método fácil para determinar F_v. Já que geralmente existe combustível líquido na tubulação de admissão e junto à válvula de admissão, utiliza-se a aproximação indicada na Equação 11.11.

11.2.2.2 MEDIÇÃO DE p_e E T_e

As flutuações de pressão na tubulação de admissão introduzem dificuldades para a medição de p_e e T_e. A presença de combustível líquido dificulta a medida de T_e, em virtude da temperatura da fração vaporizada.

Em laboratórios essas dificuldades são superadas, usando-se reservatórios "grandes" entre o motor e o sistema de admissão. Esses reservatórios são mantidos a uma temperatura que garante a vaporização total do combustível da mistura, antes desta atingir o termômetro que mede T_e.

Se o termômetro e o manômetro forem colocados no reservatório, as medidas resultantes darão p_e e T_e especificados na definição da eficiência volumétrica.

Para testes de motores de um cilindro, esse processo atende muito bem.

No caso de motores com carburador e de aspiração natural, p_e e T_e frequentemente são medidos antes da entrada no carburador e registra-se a eficiência volumétrica global.

Para motores com sistema PFI ou GDI, esses cuidados são desnecessários, uma vez que o resultado lido na sonda instalada no duto de escapamento irá realizar as correções da mistura.

11.3 Potência e pressão média em função da eficiência volumétrica

Substituindo $\dot{m}_a$ por $\frac{\eta_v v_p A_p \rho_a}{4}$ na Equação 11.01 tem-se:

$$N_i = \frac{v_p A_p \rho_a \eta_v}{4} F\ PCi\ \eta_t \qquad \text{Eq.11.12}$$

A pressão média indicada será a potência indicada, dividida pelo deslocamento do pistão:

$$p_{mi} = \frac{4N_i}{A_p v_p} = \rho_a\ \eta_v\ F\ PCi\ \eta_t \qquad \text{Eq.11.13}$$

11.4 Processo de admissão ideal

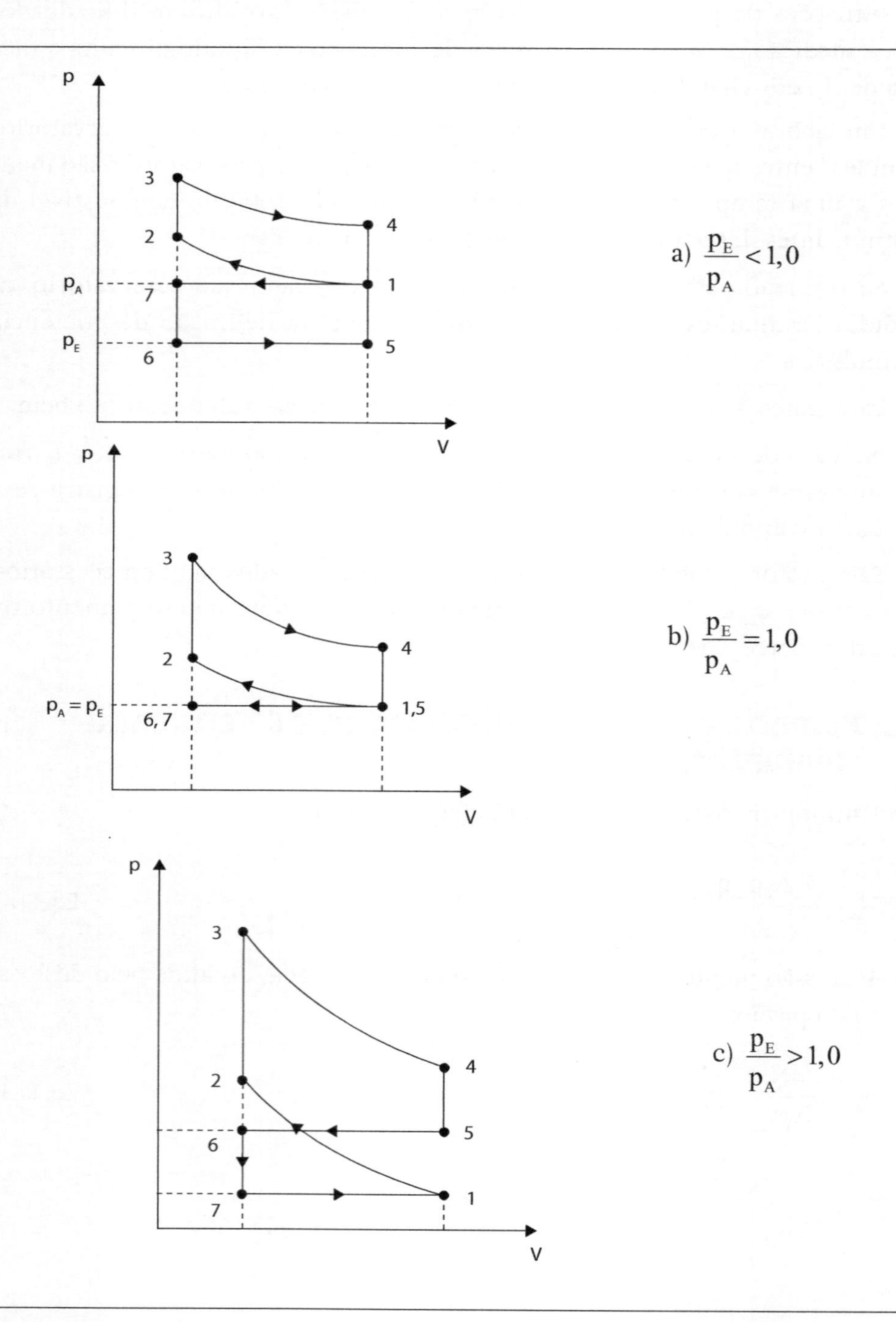

Figura 11.1 – Processo de admissão ideal [1].

Como introdução ao estudo do processo real de admissão e sua eficiência volumétrica, será considerado o processo de admissão ideal.

Pode-se ter três casos:

$p_E / p_A < 1,0$ Quando se tratar de motor sobrealimentado.

$p_E / p_A = 1,0$ Motor a plena carga.

$p_E / p_A > 1,0$ Motor em carga parcial.

Sendo:

p_A : Pressão de admissão.

p_E : Pressão de escape.

Ao processo de admissão representado por 6-7-1, serão introduzidas as seguintes simplificações:

a) A mistura nova e os gases residuais serão considerados como gases perfeitos com a mesma massa molecular e mesmo calor específico.
b) Não há transferência de calor (processo adiabático).
c) A pressão de admissão é constante.
d) A temperatura de admissão é constante.
e) A pressão de escape é constante.

No ponto 6, no fim do tempo de escape, a câmara de combustão de volume V_2 fica cheia de gases residuais à temperatura T_r e pressão p_E. Nesse ponto, a válvula de escapamento fecha e, logo em seguida, a de admissão abre.

Antes de o pistão iniciar seu movimento, se $p_A < p_E$ a mistura nova entra para o cilindro, comprimindo os gases residuais para p_A. Se $p_A < p_E$, os gases residuais escoam para a tubulação de admissão até que a pressão no cilindro seja p_A.

O pistão então se move de V_2 a V_1 no curso de admissão (7-1), mantendo a pressão no cilindro igual a p_A constante durante todo o curso. Se qualquer porção de gás residual escoou para a tubulação de admissão, retorna ao cilindro durante esse processo.

Com as simplificações impostas e utilizando-se as equações dos gases perfeitos, pode-se deduzir a expressão para a eficiência volumétrica do ciclo ideal.

$$\eta_{v_i} = \frac{k-1}{k} + \frac{r_v - p_E/p_A}{k(r_v - 1)} \qquad \text{Eq. 11.14}$$

Onde:

η_{v_i}: Eficiência volumétrica do ciclo ideal.

r_v: Relação de compressão do motor.

k: Relação c_p / c_v .

c_p: Calor específico à pressão constante.

c_v: Calor específico a volume constante.

Para esse processo, quando $p_E / p_A = 1{,}0$ e o $\eta_{v_i} = 1{,}0$. A Figura 11.2 mostra eficiências volumétricas desse ciclo para vários valores de p_E / p_A e r_v.

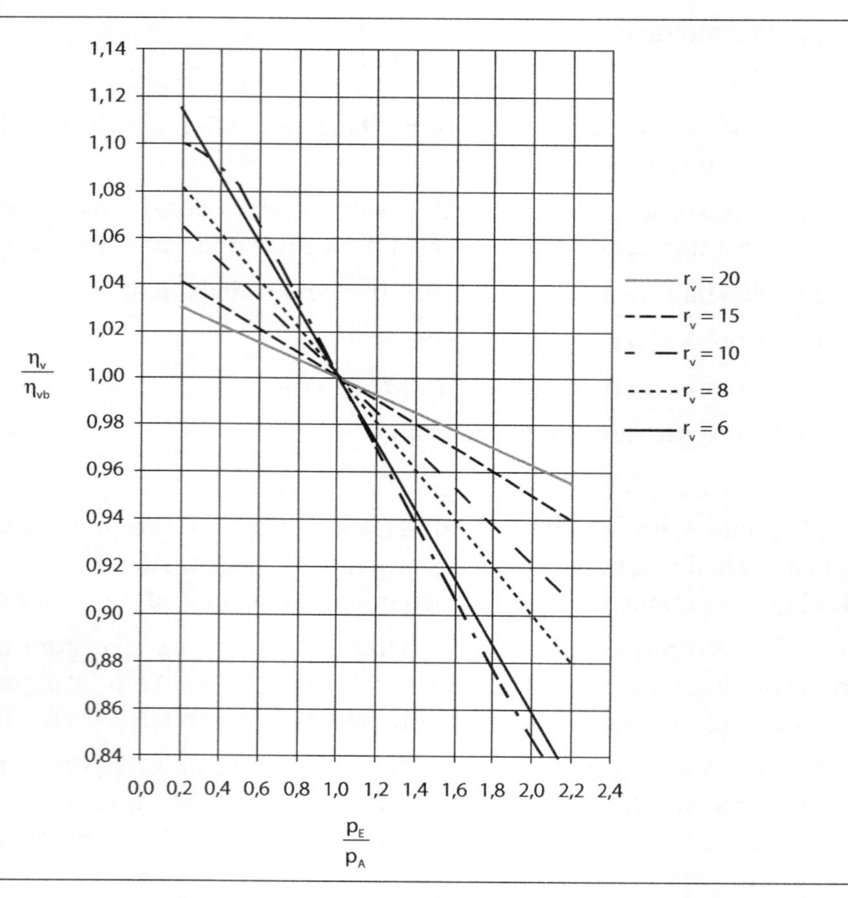

Figura 11.2 – Efeito de p_E / p_A sobre a eficiência volumétrica em motores com pequeno *overlap* (η_{v_b} é a eficiência volumétrica básica quando $p_E / p_A = 1$) [6].

Observando-se a Equação 11.14, verifica-se o não aparecimento de T_A e de T_r isso porque no processo de admissão ideal a temperatura não afeta a eficiência volumétrica. Em virtude das simplificações feitas, com o mesmo calor específico e mesma massa molecular, quando os dois gases misturam-se à pressão constante, a contração do gás residual, quando resfriado pela mistura nova, iguala a expansão da mistura nova quando é aquecida pelo gás residual.

Essa invariância no volume ocorre no processo de mistura e nenhuma quantidade de gás move-se para dentro ou para fora do cilindro, não alterando a eficiência volumétrica.

11.5 Eficiência volumétrica pelo diagrama indicado

Antes de outras considerações sobre fatores que influem na eficiência volumétrica, convém examinar e discutir o processo de admissão por meio de um diagrama indicado (recorra ao Capítulo 2, "Ciclos", se necessário).

A Figura 11.3 mostra o diagrama indicado, com a válvula de admissão abrindo em x e fechando em y. Para a determinação da expressão analítica da eficiência volumétrica desse processo, é necessário fazer-se duas simplificações:

1) A mistura nova e os gases residuais são gases perfeitos de mesmo calor específico e mesma massa molecular.
2) Não há apreciável escoamento através da válvula de escapamento depois que a válvula de admissão começa a abrir.

Aplicando-se o Primeiro Princípio da Termodinâmica, ao processo x–y, resulta:

$$(m_e + m_r)E_y - m_e E_e - m_r E_r = Q - W \qquad \text{Eq. 11.15}$$

Sendo:

m_e: Massa da mistura nova que entra para o cilindro.

m_r: Massa de gás residual no cilindro, durante o processo de admissão.

E_y: Energia interna, por unidade de massa de gás, no final do processo de admissão.

E_e: Energia interna da mistura nova, por unidade de massa, no início do processo de admissão.

E_r: Energia interna do gás residual, por unidade de massa, no início do processo de admissão.

Q: Calor transferido para os gases durante o processo.

W: Trabalho fornecido pelos gases sobre o pistão; menos trabalho por conta da pressão de admissão, sobre os gases.

$$W = \int_x^y p\ dV - p_A\ \eta_v\ V \qquad \text{Eq. 11.16}$$

Sendo p a pressão instantânea no cilindro durante o processo de admissão, e V o deslocamento do pistão $V_1 - V_2$, a Equação 11.15 pode ser escrita da seguinte forma:

$$m_e = \rho_e\ V\ \eta_v \qquad m_r = \rho_x\ V_x \qquad m_e + m_r = \rho_g\ V_g$$

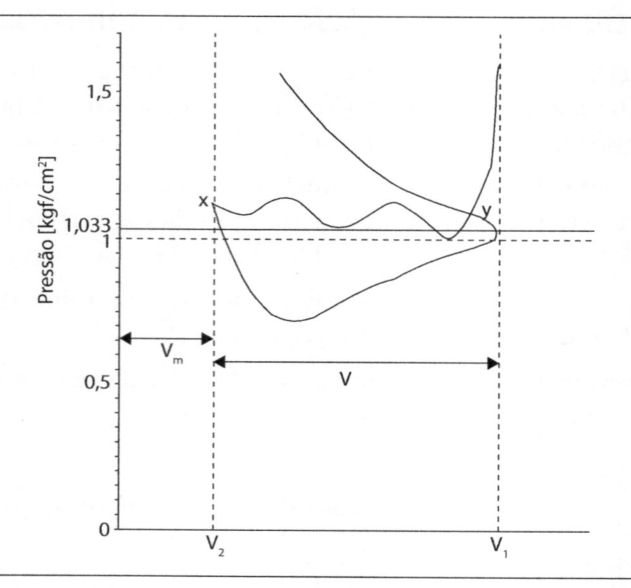

Figura 11.3 – Diagrama indicado [6].

Observação:

$$\rho = \frac{p}{RT}\ ;\ E = c_v T \ \text{e}\ Q = m_e c_p \Delta T\,.$$

A Equação 11.15 pode ser escrita da seguinte forma:

$$V_y p_y \frac{c_v}{R} - (V\ p_A\ \eta_v)\frac{c_v}{R} - V_x p_x \frac{c_v}{R} = V\ \rho_e\ \eta_v\ c_p\ \Delta T + \eta_v\ p_A\ V - \int_x^y p\ dV$$

Simplificando resulta:

$$V_y p_y - V_x p_x = V\ \rho_e\ \eta_v\ + \frac{R}{c_v}\left[V\rho_e \eta_v c_p \Delta T + \eta_v p_A V - \int_x^y p\ dV\right] \qquad \text{Eq. 10.17}$$

Para os gases perfeitos, têm-se as seguintes relações:

$$\frac{R}{c_v} = k - 1 \qquad \frac{c_p}{c_v} = k$$

Lembrando que: $\rho_e = \dfrac{p_A}{R\ T_a}$

$$r_v = \frac{V_1}{V_2} \qquad e \qquad V_2 + V = V_1$$

Chamando: $\alpha = \dfrac{\int_x^y p\ dV}{p_A\ V}$ e $y = \dfrac{V_y}{V_1}$

Desenvolvendo-se a expressão acima, resulta:

$$V_y p_y - V_x p_x = V\ \rho_e\ \eta_v\ + \frac{R}{c_v} V \frac{p_A}{RT_a} c_p \Delta T + (k-1)\eta_v p_A V - (k-1)\int_x^y pdV$$

$$V_y p_y - V_x p_x + (k-1)\int_x^y pdV = V\ p_A\ \eta_v \left[1 + k\frac{\Delta T}{T_a} + (k-1)\right]$$

$$\frac{V_y p_y}{Vp_A} - \frac{V_x p_x}{Vp_A} + (k-1)\int_x^y \frac{pdV}{p_i V} = k\eta_v \left[1 + \frac{\Delta T}{T_a}\right] \qquad \text{Eq. 11.18}$$

$$\frac{V + V_x}{V_x} = r_v \quad \text{ou} \quad \frac{V_x}{V} = \frac{1}{r_v - 1}$$

$$\frac{V_y}{V} = \frac{y\ V_1}{V};\ \frac{V_1}{V_2} = r_v;\ \text{ou}\ \frac{V_1}{V_1 - V} = r_v\ \text{ou}\ \frac{V_1}{V} = \frac{r_v}{r_v - 1}$$

Logo, $\dfrac{V_y}{V} = \dfrac{y\ r_v}{r_v - 1}$

Substituindo na Equação 11.18, resulta:

$$\eta_v = \frac{1}{1 + \dfrac{\Delta T}{T_a}}\left[\frac{k-1}{k}\alpha + \frac{(p_y y / p_A) r_v - p_x / p_A}{k(r_v - 1)}\right] \qquad \text{Eq. 11.19}$$

Fazendo-se:

$y = 1;\ \Delta T = 0;\ p_y = p_A = 1;\ p_x = p_E;\ \alpha = 1$

Que corresponde às hipóteses simplificadoras do processo de indução ideal, resultando em:

$$\eta_v = \frac{k-1}{k} + \frac{r_v - p_E / p_A}{k(r_v - 1)} \qquad \text{Eq. 11.20}$$

A diferença entre o calor específico e a massa molecular da mistura fresca e gases residuais não afetam muito a validade da Equação 11.19, que foi desenvolvida com base na igualdade de calores específicos e massas moleculares dos dois gases.

Assim sendo, a Equação 11.19 pode ser muito útil para a análise de superposição de abertura de válvulas (*overlap*).

Todas as quantidades da Equação 11.19, exceto ΔT, podem ser medidas por meio de equipamentos existentes, o que permite a determinação de ΔT por meio daquela equação.

Outro uso quantitativo da Equação 11.19 é determinar a importância relativa do trabalho de indução e os efeitos da pressão na eficiência volumétrica.

O índice de Mach dos gases escoando através da válvula de admissão também exerce influência na eficiência volumétrica. Para um determinado cilindro e projeto de válvula, o índice de Mach Z é proporcional à velocidade do pistão, e a velocidade da massa escoando aumenta com esse parâmetro.

A Figura 11.4 mostra a influência dos vários parâmetros sobre a eficiência volumétrica, com $p_E / p_A = 1{,}0$.

11.6 Efeito das condições de operação sobre a eficiência volumétrica

11.6.1 Índice de Mach na entrada

Por conveniência, a relação da velocidade típica do escoamento para a velocidade do som nas condições de entrada, v_c / c (c = velocidade do som), é chamado índice de Mach na entrada.

A velocidade típica do escoamento é a da menor seção do escoamento. Nos motores, a menor seção do sistema de indução é usualmente a chamada área de cortina da válvula de admissão.

Desde que a velocidade através da válvula de admissão é uma variável e é raramente conhecida, é conveniente encontrar-se uma velocidade conhecida, da qual dependa a velocidade com a válvula.

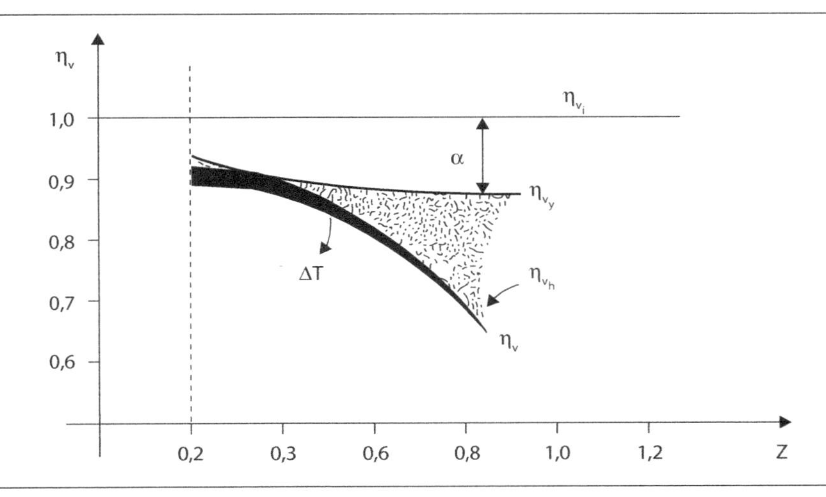

Figura 11.4 – Eficiência volumétrica em função do índice de Mach e efeito da transmissão de calor (ΔT). η_{v_y}: eficiência volumétrica determinada pela Equação 11.18 com:

$\Delta T = 0$ e $p_y p / p_A = 1{,}0$;

η_{v_h}: Eficiência volumétrica determinada pela Equação 11.18 com ΔT admitido igual a zero;

η_v: Eficiência volumétrica medida [6].

Se os fluidos envolvidos fossem incompressíveis, a velocidade média através da válvula de admissão, em qualquer instante, seria dada por:

$$v_v = \frac{v_p \, A_p}{A_v} \qquad \text{Eq. 11.21}$$

Onde:

v_p: Velocidade média do pistão.

A_p: Área do pistão.

A_v: Área da abertura da válvula de admissão.

E o correspondente número de Mach seria:

$$Z = \frac{v_p \, A_p}{A_v \; c} \qquad \text{Eq. 11.22}$$

Tratando-se de escoamento de fluidos compressíveis, deve ser conhecido o coeficiente médio de escoamento, para que se possa estabelecer a correlação entre a velocidade média do pistão e a do escoamento na válvula.

Ensaios feitos no MIT (Massachusetts Institute of Technology), com diversas válvulas com vários levantamentos permitiram a determinação de seus coeficientes de escoamento, em velocidades baixas e condições estabilizadas do escoamento. Desses testes, foi determinado um coeficiente médio de escoamento, C_i.

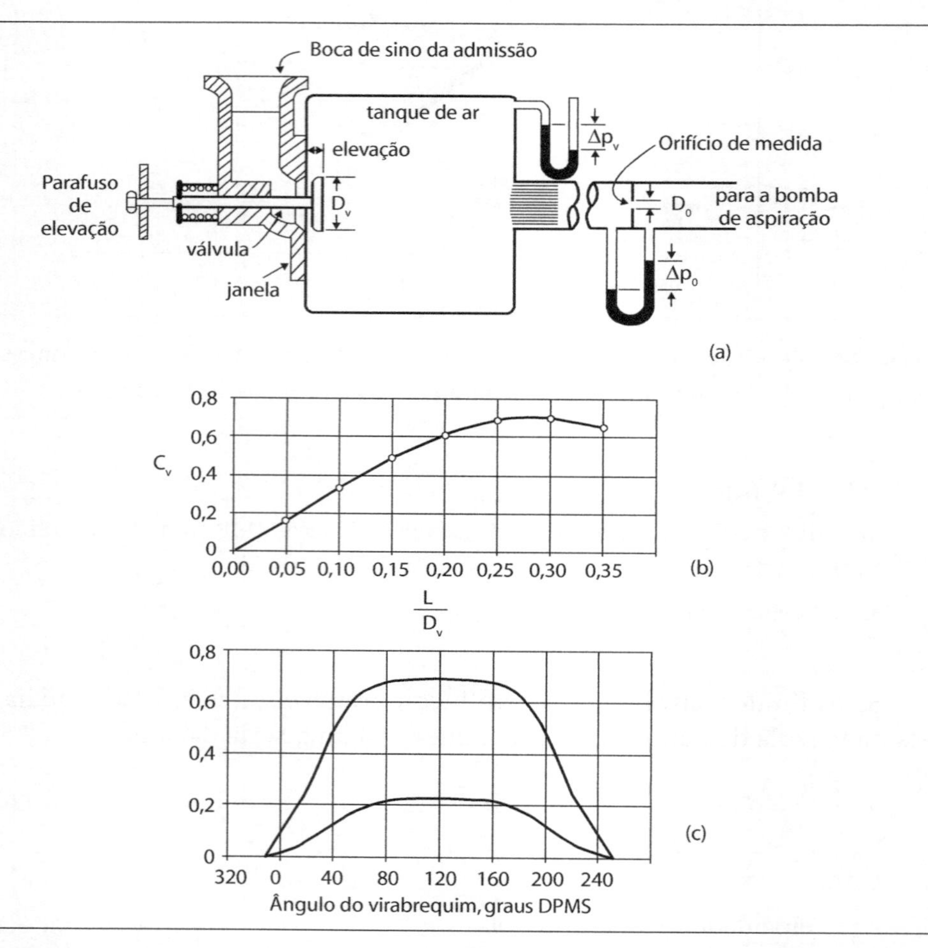

Figura 11.5 – (a) Arranjo esquemático experimental para a determinação do coeficiente de escoamento na válvula; (b) Variação de C_v com L/D_v dos resultados experimentais; (c) Variação de C_v com o ângulo do virabrequim [6].

Com o esquema indicado na Figura 11.5 (a), o coeficiente médio pode ser determinado pela média dos coeficientes obtidos em cada levantamento, por intermédio da curva de levantamento em função dos ângulos do virabrequim usado nos testes. Em cada levantamento o coeficiente foi baseado na área $\pi D_v^2/4$. Foi observado que se a área fosse multiplicada pelo coeficiente médio de escoamento C_i obtinha-se a melhor correlação.

O coeficiente de escoamento na válvula é obtido pela expressão:

$$C_v = C_o (D_o / D_v)^2 \sqrt{\frac{\Delta p_o}{\Delta p_v}}$$ Eq. 11.23

Sendo:

C_o : Coeficiente de escoamento no orifício de medida.

D_o: Diâmetro do orifício de medida.

D_v: Diâmetro da válvula.

Δp_v: Perda de carga da válvula.

Δp_o: Perda de carga do orifício de medida.

O C_i foi obtido como valor médio dos valores de C_v na Figura 11.5.

A Figura 11.6 mostra a eficiência volumétrica em função do índice de Mach da válvula de admissão, definido por:

$$Z = \left(\frac{D}{D_v}\right)^2 \frac{v_p}{C_i c}$$ Eq. 11.24

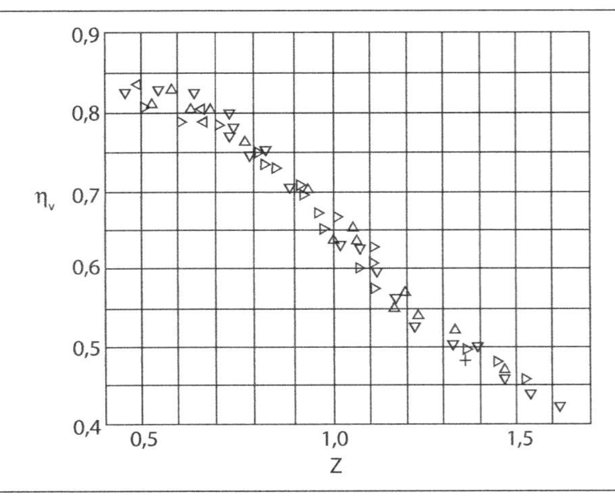

Figura 11.6 – Eficiência volumétrica em função do índice de Mach [6].

A curva mostra que η_v é uma função única de Z dentro dos limites de medidas de operação do motor sobre uma larga faixa de rotações e diâmetros das válvulas de admissão, levantamento e formas. Foram mantidos constantes o instante de fechamento e a abertura da válvula.

Como mais um comprovante da validade de Z como um parâmetro da eficiência volumétrica, a Figura 11.7 mostra η_v em função de Z para diversos instantes de abertura e fechamento da válvula e diferentes valores de p_E / p_A.

Observação:

Quando os valores básicos de η_{vb} são escolhidos para um particular valor de Z, e os outros valores são divididos pelo valor base apropriado, $\eta_v / \eta_{vb} = f(Z)$ reduz-se a uma única curva.

Da Figura 11.6 conclui-se que:

a) A eficiência volumétrica η_v começa a cair bastante quando Z excede o valor de 0,5.

b) Na Figura 11.4 nota-se que a perda devida ao reduzido p_y (área pontilhada) aumenta rapidamente quando Z aumenta além de 0,5. Isso evidencia que quando Z > 0,5 o efeito da queda da relação de pressão $p_y y / p_A$ torna-se dominante.

Do exposto verifica-se que no projeto de motores é interessante manter $Z \leq 0{,}5$.

11.6.2 Efeito das dimensões do motor na eficiência volumétrica

A Figura 11.7 mostra a eficiência volumétrica em função da velocidade média do pistão, de motores geometricamente semelhantes, operando em condições semelhantes:

$$Z = 0{,}000315 \text{, velocidade do pistão, } r_v = 5{,}74,\ F_R = 1{,}10,\ p_A = 13{,}8 \text{ psia,}$$

$$p_E = 15{,}7 \text{ psia, } T_A = 610\ °R.$$

Verifica-se que motores semelhantes, quando tem mesmos valores de velocidade média do pistão, a mesma pressão de admissão e de escapamento, mesma temperatura de entrada, mesma temperatura do fluido de arrefecimento e mesma relação combustível–ar terão a mesma eficiência volumétrica, não importando o tamanho.

A Tabela 11.1 mostra alguns valores conhecidos de motores fabricados.

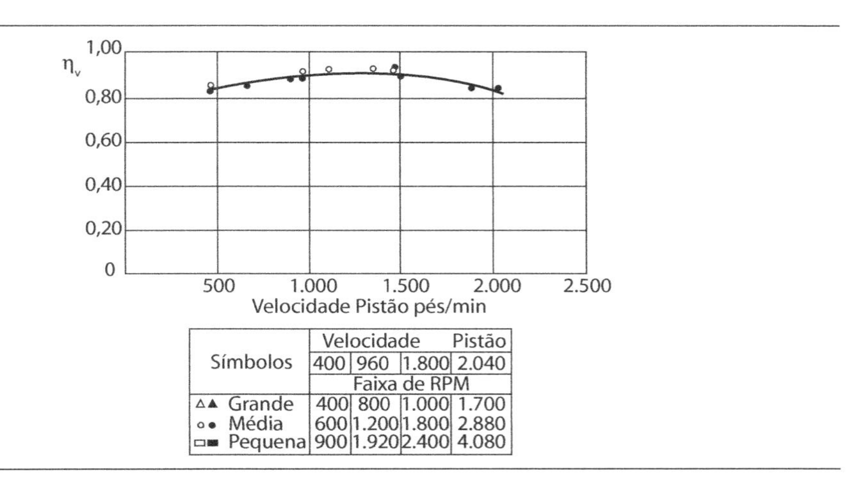

Símbolos	Velocidade Pistão			
	400	960	1.800	2.040
	Faixa de RPM			
△▲ Grande	400	800	1.000	1.700
○● Média	600	1.200	1.800	2.880
□■ Pequena	900	1.920	2.400	4.080

Figura 11.7 – Eficiência volumétrica em função da velocidade média do pistão [6].

Tabela 11.1 – Índices de Mach na admissão dos motores comerciais de quatro tempos, com máxima potência.

Nome	Modelo 1958	Serviço	Nº de cilindros, Diâm. dos cilindros e Curso pol.	Potência máxima, hp-rpm	Diâmetro da válv. de adm. pol.	Elevação, pol.	C_i	$\left(\frac{b}{D}\right)^2$	$\frac{s}{a}$	Z
American Motors	Rebel 5820	AP	8—3,5 · 3,25	215—4900	1,487	0,375	0,304	3,85	0,038	0,48
Chrysler	300-D	AP	8—4,0 · 3,91	380—5200	2,00	0,389	0,282	4,0	0,0484	0,685
Plymouth	Fury	AP	8—3,91 · 3,31	290—5200	1,84	0,405	0,319	4,5	0,041	0,578
Ford	Thun-derbird	AP	8—4,0 · 3,5	300—4600	2,027	0,399	0,285	3,9	0,0383	0,525
Buick	Century	AP	8—4,125 · 3,41	300—4800	1,875	0,423	0,327	4,85	0,0390	0,578
Chevrolet	Corvette	AP	8—3,875 · 3,0	230—4800	1,72	0,399	0,336	5,1	0,0343	0,521
Stude-baker	Golden H	AP	8—3,56 · 3,625	275—4800	1,656	0,359	0,314	4,63	0,0415	0,612
Edsel	Ranger	AP	8—4,047 · 3,5	303—4600	2,025	0,411	0,294	3,97	0,0384	0,518
Willys	F-head (1954)	"Jeep"	6—3,125 · 3,5	90—4200	1,75	0,26	0,19	3,17	0,0352	0,535
Alco	Diesel	LOCO	16—9 · 10,5	2400—1000	4,0 (2)	0,94	0,34	5,10	0,025	0,186
Wright	R-1820	Ar	16—6,125 · 6,875	1525—2800	3,1	0,625	0,32*	3,94	0,043	0,53
Pratt and Whitney	2800	Ar	18—5,75 · 6,0	2400—2800	2,97	0,70	0,38	3,76	0,037	0,363
Rolls--Royce	Merlin (1946)	Ar	12—4,5 · 6,0	2200—3000	1,88(2)	0,58	0,49	5,0	0,040	0,234
Bristol	Hercules (1946)	Ar	18—5,75 · 6,5	2000—2900	vc	—	⊕	—	0,042	0,52

C_i estimado da forma abaixo, exceto quando observado:
para motores de automóvel $C_i = 1{,}45$ L/D
para motores de avião $C_i = 1{,}60$ L/D
* valor medido
⊕ Ci medido · área de janela = 2,1
(2) duas válvulas de admissão
AP — automóvel de passeio
vc — válvula de camisa

11.6.3 Efeito da relação combustível–ar

Nos MIF, a variação da relação combustível–ar afeta o índice de Mach, por conta da sua influência na velocidade do som no fluido. A Tabela 11.2, a seguir, mostra essa influência.

Tabela 11.2 – Efeito da relação combustível–ar sobre as propriedades da mistura octana–ar.

F_R	F	M	c_p	$\frac{c}{\sqrt{T}}$	$\frac{c - mistura}{c - ar}$	$\frac{k-1}{k}$	k
0,0	0,0000	29,0	0,240	20,05	1,000	0,286	1,400
0,8	0,0533	30,1	0,248	19,39	0,970	0,266	1,362
1,0	0,0667	30,4	0,250	19,26	0,960	0,262	1,353
1,2	0,0800	30,6	0,253	19,09	0,952	0,256	1,345
1,4	0,0933	30,9	0,254	18,98	0,947	0,253	1,339
1,6	0,1067	31,2	0,256	18,83	0,939	0,249	1,330

Onde M:

Do estudo dos ciclos teóricos e real (*vide* Capítulo 2, "Ciclos"), sabe-se que aumentando a relação combustível–ar até a mistura estequiométrica, tem-se:

Aumento da pressão e da temperatura no cilindro no instante da abertura da válvula de escape.

Aumento da temperatura do gás durante a expansão.

Quando $F_R > 1$, o seu aumento causa redução da temperatura de escape e do gás durante a expansão, mas isso tem pequeno efeito sobre a pressão de escape dentro da faixa de misturas normalmente empregadas.

Na faixa de misturas, compreendida entre $F_R = 0,8$ e 1,5, os efeitos da pressão e a influência de F_R sobre a eficiência volumétrica são desprezíveis.

11.6.4 Efeito da temperatura de admissão – T_A

Aumentando T_A será reduzido Z em virtude da relação entre temperatura e velocidade do som. Se Z for menor do que 0,6 esse efeito será pequeno como pode ser visto na Figura 11.8.

Com o aumento de T_A reduz a diferença $T_g - T_x$ entre a temperatura do gás durante o processo de admissão e as temperaturas da tubulação de admissão, válvula de admissão e paredes do cilindro. Disso resulta que o calor transferido será menor quando T_A aumenta, e a eficiência volumétrica aumentará. A Figura 11.8 ilustra esse fato.

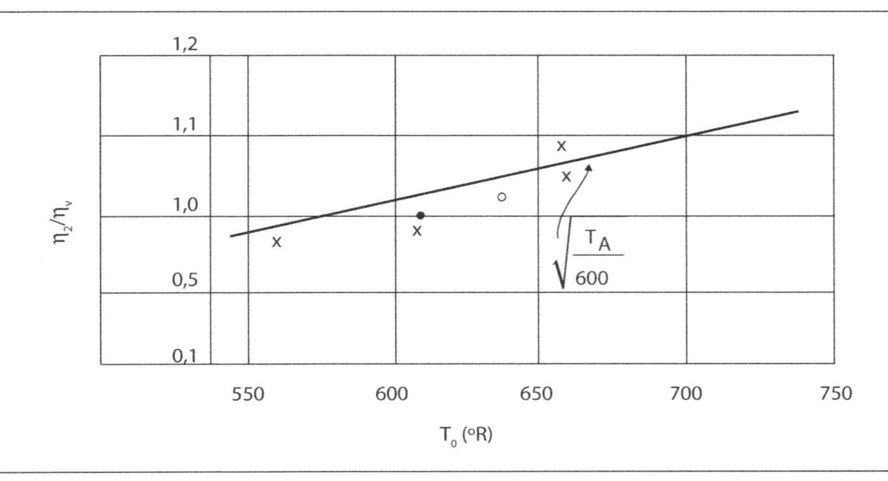

Figura 11.8 – Efeito da temperatura de admissão sobre a eficiência volumétrica [6].

η_{vb} : Eficiência volumétrica básica, quando T_A = 600 °R.

11.6.5 Efeito da temperatura do fluido de arrefecimento

Aumentando a temperatura do fluido de arrefecimento, aumentam as temperaturas das paredes do sistema de admissão. Isso aumenta o calor transferido para os gases durante o processo e reduz-se a eficiência volumétrica. A redução no escoamento do fluido de arrefecimento tende a reduzir a eficiência volumétrica, pela mesma razão.

11.6.6 Efeito do ângulo de superposição de abertura das válvulas (*overlap*)

O objetivo de usar um ângulo de superposição considerável é melhorar a eficiência volumétrica. No caso de motores sobrealimentados, isso pode ter o propósito complementar de reduzir a temperatura do gás de escape na entrada da turbina.

Uma válvula de admissão abrindo antes do PMS implica que ela estará toda aberta no início do curso de admissão e oferecerá menor resistência ao escoamento, naquele ponto. Isso reduzirá a depressão no cilindro, evidente na Figura 11.3.

A válvula de escapamento, ao fechar depois do PMS, deixa a válvula aberta no fim do curso de escape. Isto reduz ou elimina a elevação de pressão no cilindro mostrada em x na Figura 11.3. Esses dois efeitos tendem a melhorar a eficiência volumétrica.

Quando um motor está em cargas parciais, $p_E / p_A > 1$, haverá escoamento de gás de escape para dentro da tubulação de admissão durante o *overlap*. Esse gás retorna ao cilindro durante a admissão, deslocando a mistura nova. Entretanto, como nesses regimes a redução da capacidade de ar é intencional, esse fato parece não provocar grandes prejuízos, como é evidenciado pelo fato dos motores dos automóveis modernos, que trabalham a maior parte do tempo em cargas parciais, possuir *overlap* de até 60° ou 70°.

Com motores sobrealimentados, por outro lado, $p_E / p_A < 1$ e a mistura nova escoa para fora do cilindro durante o período de superposição de abertura das válvulas.

A tendência é favorecer o enchimento do volume da câmara de combustão com mistura nova, a expensas de perder parte da mistura nova através da válvula de escapamento.

Por isso o *overlap* das válvulas deve ser conservado dentro de limites razoáveis com MIF sobrealimentados. Nos MIE somente o ar é envolvido não resultando prejuízo de combustível.

A possibilidade de escoamento para fora da válvula de escape durante o processo de admissão significa que o ar retido no cilindro pode ser menos que o ar fornecido durante o processo. Pode-se então definir a eficiência de retenção como:

$$\frac{\eta'_v}{\eta_v} = r \qquad \text{Eq. 11.25}$$

Representando a relação entre a massa retida e a massa fornecida.

Nos MIF, $F' \neq F$ e $\eta_v' \neq \eta_v$, onde F é a relação combustível/ar fornecida, F' é a relação combustível/ar na combustão e η_v' é a eficiência baseada na mistura retida. Nos MIE, $\eta_v' = \eta_v$ e $F' = F$.

A Figura 11.9 mostra a eficiência volumétrica, a eficiência volumétrica de retenção e a eficiência de retenção para um motor com dois ângulos diferentes de superposição de abertura de válvulas, comparado com as características de um motor com *overlap* desprezível (cerca de 6°). Pode ser notado que com 90° de superposição, ganhos apreciáveis são conseguidos em η_v' / η_v com altos valores de Z, quando $p_E / p_A = 1$.

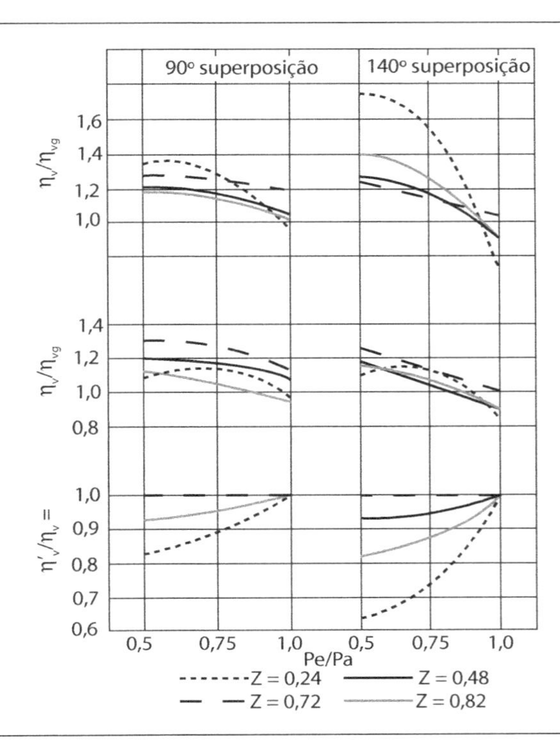

Figura 11.9 – Efeito do ângulo de superposição de abertura das válvulas, η_{v6} = rendimento volumétrico com 6° de overlap, η_v' = rendimento volumétrico baseado no ar retido [6].

Esses ganhos são – é provável – devidos principalmente ao fato de que a abertura antecipada da válvula de admissão resulta em maior área efetiva desta durante o curso de sucção, com consequente menor queda de pressão através dela durante esse tempo. Com 140° de superposição, não se apresenta tal ganho com $p_E / p_A = 1$.

Altas eficiências volumétricas aparecem com valores baixos de p_E / p_A e Z por causa da grande fração de ar que escoa através das válvulas durante o período de superposição nessas circunstâncias. O efeito de p_E / p_A com superposição de abertura das válvulas é muito diferente daquele mostrado na Figura 11.9 onde essa superposição é pequena.

11.6.7 Influência do ângulo de fechamento da válvula de admissão

A Figura 11.10 mostra o efeito do ângulo de fechamento da válvula de admissão sobre a eficiência volumétrica, quando a tubulação de admissão é tão curta que os efeitos de inércia são muito pequenos.

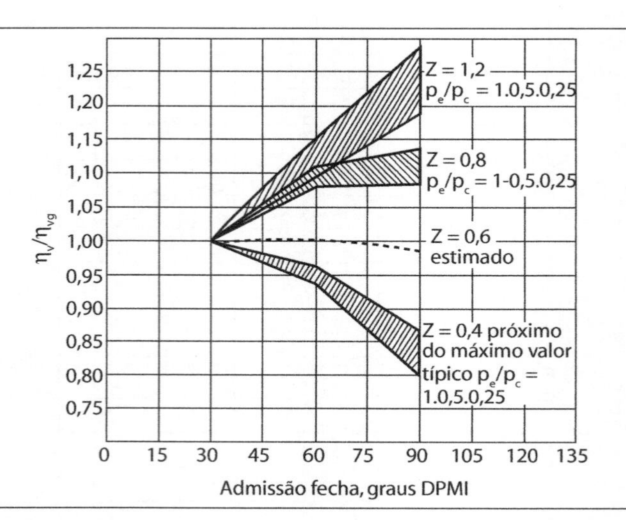

Figura 11.10 – Efeito do ângulo de fechamento sobre a eficiência volumétrica – motor com tubulação de admissão curta, η_{vb} = rendimento volumétrico básico, quando a válvula fecha a 30° após o PMI [6].

Com baixos valores de Z, a pressão no cilindro no fim do curso de admissão é igual à pressão de admissão. Nessas condições, a demora no fechamento da válvula de admissão, após o PMI, permite que parte da mistura nova volte para o sistema de admissão.

Com valores altos de Z, a pressão no cilindro no PMI pode ser bem abaixo da pressão de admissão. Nesse caso, a demora no fechamento da válvula de admissão, após o PMI, permite tais escoamentos de mistura nova para dentro do cilindro, até que se estabeleça o equilíbrio da pressão no cilindro com a de entrada.

11.6.8 Influência da relação de compressão

Em trabalho feito por Roensch e Hughes é mostrado que, quando p_E / p_A está próximo de 1,0, a mudança na relação de compressão tem pequena influência na eficiência volumétrica.

A relação de compressão, porém, é diretamente ligada ao volume da câmara de combustão, isto é, quanto menor a razão de compressão, maior será o volume da câmara. Portanto, maior volume de gases residuais estará confinado dentro do cilindro. Isso afeta a eficiência volumétrica de duas formas:

- Primeiramente com o volume de gás residual em alta temperatura e pressão razoável que ocupa o espaço da mistura fresca.
- Em segundo lugar, a temperatura desses gases também afeta a mistura que está sendo admitida, aquecendo-a e reduzindo sua densidade.

11.7 Coletores de admissão

Os elementos de ligação entre o corpo de borboleta (ou carburador) e o motor propriamente dito são os tubos de admissão, comumente chamados de coletores de admissão dentro da indústria automotiva. É o componente responsável por transportar o ar do exterior do motor até os dutos de admissão do cabeçote do motor.

Como a velocidade dos gases deve ser elevada para evitar o retorno da chama e para obter uma seção dos tubos não demasiadamente grande, aparecem forças de inércia razoáveis quando o ar passa pelas curvas da tubulação.

O coletor pode ter a forma de simples dutos (Figura 11.11), ter a adição de um volume chamado *plenum* (Figura 11.12) até formar sistemas complexos com várias câmaras, dutos de diferentes comprimentos e borboletas para desviar o fluxo (coletores de admissão variáveis).

Figura 11.11 – Coletor de admissão elementar com carburadores Weber DCOE [2].

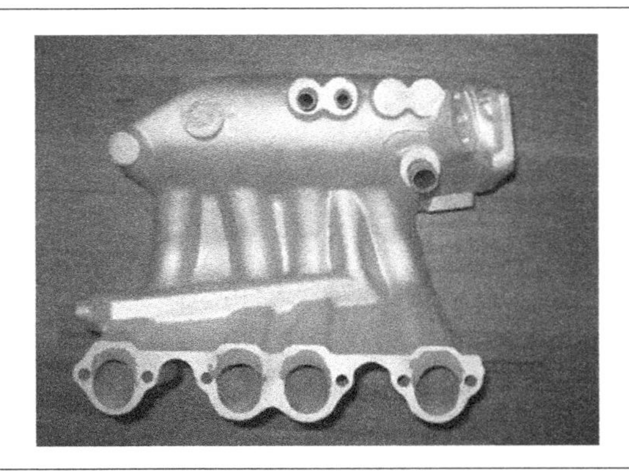

Figura 11.12 – Coletor de admissão com *plenum* [2].

Quando a adição de combustível ao ar é efetuada através de carburadores ou pelo sistema PFI, o coletor se posiciona entre o carburador e o cabeçote do motor, transportando assim a mistura ar–combustível. Em motores com injeção de combustível GDI, o coletor conduz apenas ar. De qualquer modo, é sua função garantir uma distribuição igualitária de mistura entre os cilindros do motor.

O coletor de admissão é um componente no qual ocorrem vários fenômenos aerodinâmicos e acústicos. Esses fenômenos, em conjunção com o tempo de abertura e fechamento de válvulas, determinam o desempenho do motor. A eficiência volumétrica de um motor pode ser aumentada se o coletor de admissão for configurado para aperfeiçoar os pulsos de pressão no sistema de admissão, ou seja, para certas rotações ou faixa de rotação do motor o ponto de maior pressão dentro do coletor de admissão se situará próximo às válvulas de admissão, garantindo assim maior suprimento de ar aos cilindros.

O trabalho de dimensionar os componentes de um coletor (diâmetro e comprimento dos condutos, volume do *plenum* etc.) de forma a obter seu melhor desempenho chama-se sintonização do coletor de admissão. Abaixo, está descrito de que forma esses parâmetros afetam de um modo geral seu desempenho.

11.7.1 Influência do diâmetro e comprimento dos dutos

Um dos fenômenos que ocorre no sistema de admissão é a ressonância tipo "tubo de órgão". Esse fenômeno consiste no fato de a coluna de ar confinado em um tubo vibrar em uma frequência inversamente proporcional ao seu comprimento.

No motor, isso ocorre da seguinte forma: o ar que está sendo admitido forma uma onda de pressão negativa (sendo aspirado pelo pistão); quando a válvula de admissão se fecha, a onda de pressão reflete com mesmo sinal e volta pelo duto, mas, ao encontrar a entrada deste aberta, reflete com sinal oposto. Essa onda refletida, ao encontrar a válvula de admissão novamente aberta, aumenta a eficiência volumétrica.

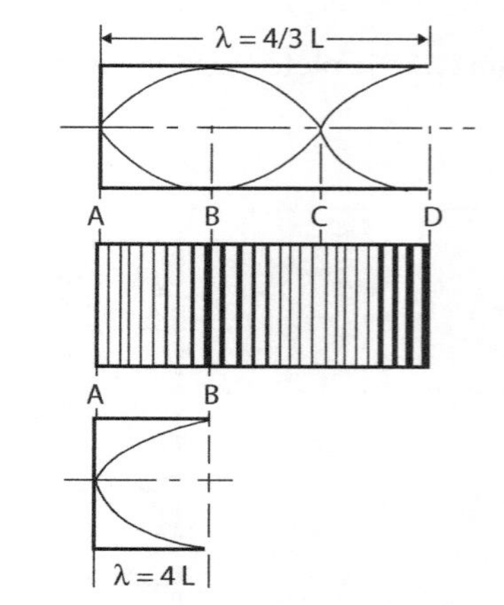

Figura 11.13 – Ondas de pressão em um tubo com uma de suas extremidades aberta, exemplificando o comprimento de onda [B].

A seguir, estão as Equações 11.26, 11.27 e 11.28 para cálculo do comprimento dos dutos de admissão para uma determinada rotação. Deve-se lembrar que o comprimento do duto no cabeçote deve ser levado em conta nesse cálculo.

Da Figura 11.13:

$$t = \frac{2 \cdot L}{1.000\ C} \quad [s]$$ Eq. 11.26

$$\theta_t = t \cdot \frac{360}{60} \cdot N \quad [deg]$$ Eq. 11.27

$$L = \frac{\theta_t \cdot c}{0{,}012 \cdot n} \quad [mm]$$ Eq. 11.28

$$80° < \theta_t < 90\ °$$

Onde:

t : Tempo para a onda ir e voltar dentro do duto.

θ_t : Deslocamento angular do virabrequim.

c : Velocidade do som.

n : Rotação do motor.

L : Comprimento do duto.

Assim, quanto mais longo o tubo, menor será a rotação do motor onde ocorrerá o pico de torque.

Outro fenômeno é o chamado enchimento inercial, também conhecido como efeito *Ram* (do inglês, impulsionar). O princípio desse fenômeno baseia-se no fato de que o ar possui massa e, portanto, energia cinética. De acordo com a Equação de Bernoulli, apresentado na Equação 11.29, a energia de uma coluna de fluido é a soma das parcelas das energias potencial, cinética e pressão. A pressão, na verdade, é uma forma de energia potencial.

$$\frac{p}{\gamma} + \frac{v^2}{2g} + z = C$$ Eq. 11.29

A Equação 11.29 indica que a energia total de uma coluna de fluido é constante, isto é, para aumentar uma das parcelas, a outra precisa diminuir.

A aplicação desse princípio em um motor ocorre da seguinte forma, como a coluna de ar possui certa massa (inércia) esta não consegue mudar de velocidade instantaneamente. O ar entra no motor em decorrência do movimento descendente do pistão e, por causa de sua inércia, quando o pistão reverte o movimento e começa a subir do PMI em direção ao PMS o ar continua entrando. Isso aumenta a pressão do ar no cilindro e, por conseguinte, a sua densidade. Portanto é interessante manter a válvula de admissão aberta depois de o pistão ter atingido o PMI.

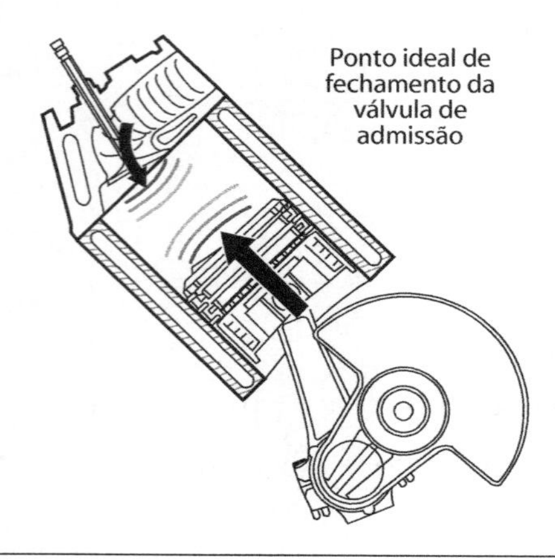

Figura 11.14 – Ilustração do efeito *Ram*. O ar continua a adentrar no pistão, enquanto este está em movimento ascendente PMI – PMS [B].

Mas, para que este fenômeno ocorra, a coluna de ar necessita de certa velocidade. Caso contrário, como a coluna não tem inércia suficiente, o movimento ascendente do pistão expulsará o ar já admitido.

Para maximizar a velocidade da coluna de ar os dutos devem ser longos com diâmetro reduzido. Isso se explica pelo fato de que para uma determinada vazão, quanto menor o diâmetro do duto, maior será a velocidade do escoamento. E, quanto mais longo for o conduto, mais tempo a coluna de ar terá para ser acelerada, por causa da depressão gerada pelo pistão.

Em contrapartida, se essas características favorecem a eficiência volumétrica em baixas rotações, atrapalha o enchimento do cilindro em rotações mais altas. Pois como o diâmetro do conduto é pequeno, ao aumentar-se a vazão de ar, aumenta-se a perda de carga por atrito no duto.

11.7.2 Influência do volume do *plenum*

Os coletores de admissão mais modernos possuem um volume ligado aos dutos. Esse volume é chamado de *plenum*, e tem a função de promover uma ressonância diferente além da ressonância de tubo de órgão que foi tratada na seção anterior. O conjunto tubo mais volume trata-se do ressonador de Helmholtz.

Quando um duto é ligado a uma câmara ou um volume, esse sistema se comporta analogamente a um sistema massa–mola. A coluna de ar dentro do tubo age como a massa do sistema e o ar contido no volume age como uma mola. Assim a frequência de ressonância desse sistema é ditada pela área e comprimento do tubo assim como pelo volume da câmara, conforme ilustrado na Figura 11.15.

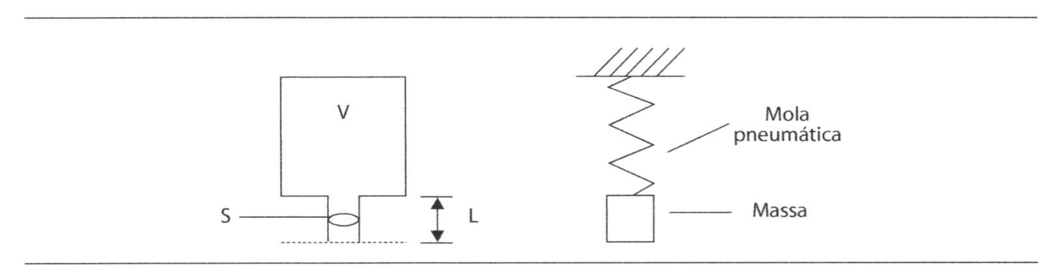

Figura 11.15 – Analogia do ressonador de Helmholtz com um sistema massa mola [B].

Da Figura 11.15:

$$f = \frac{c}{2.\pi}\sqrt{\frac{A}{V.L'}} \qquad \text{Eq. 11.30}$$

$$L' = L + 0{,}85A + 0{,}6A \qquad \text{Eq. 11.31}$$

Onde:

f : Frequência [Hz].

c : Velocidade do som [m/s].

V : Volume da câmara [m^3].

A : Área da entrada [m^2].

L : Comprimento do duto.

O ressonador elementar clássico para qual as Equações 11.30 e 11.31 foram deduzidas tem apenas uma câmara ligada a um conduto. No motor, porém, o sistema aumenta de complexidade, pois, além do conduto ligando ao *plenum* e ao cilindro (duto secundário), há o conduto que liga o corpo de borboleta ao *plenum* (duto primário) e, em adição ao volume do *plenum*, o volume do cilindro também tem atuação (Figura 11.16).

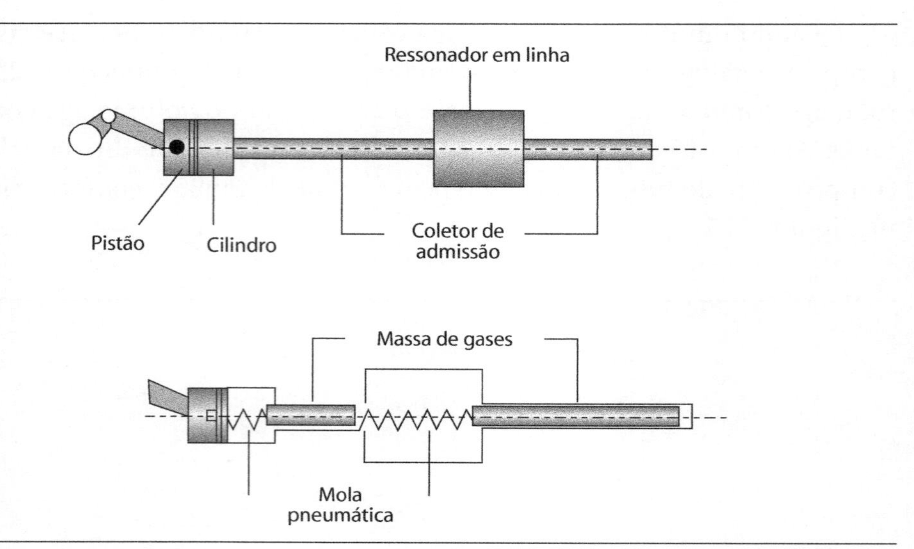

Figura 11.16 – Analogia do sistema de dutos e câmaras de um motor com um sistema massa mola [B].

Assim o sistema passa a ter duas frequências de ressonância, de acordo com a Equação 11.32, abaixo:

$$f_1^2 = \frac{1}{8\pi^2}\frac{C^2}{V}\left(\frac{1}{L_1}+\frac{R_v}{L_2}+\frac{R_v}{L_1}-\sqrt{\left(\frac{1}{L_1}+\frac{R_v}{L_2}+\frac{R_v}{L_1}\right)^2-4\frac{R_v}{L_1L_2}}\right)$$
$$f_2^2 = \frac{1}{8\pi^2}\frac{C^2}{V}\left(\frac{1}{L_1}+\frac{R_v}{L_2}+\frac{R_v}{L_1}+\sqrt{\left(\frac{1}{L_1}+\frac{R_v}{L_2}+\frac{R_v}{L_1}\right)^2-4\frac{R_v}{L_1L_2}}\right) \quad \text{Eq. 11.32}$$

O volume do *plenum* pode ser calculado e otimizado para que a ressonância ocorra em uma rotação de forma a melhorar o torque nessa condição desejada. Esse cálculo, porém, é somente aproximado em razão da natureza não permanente do funcionamento do motor, como, por exemplo:

- Abertura e fechamento da válvula de admissão.
- Variação do volume do cilindro *x* ângulo do virabrequim.
- Válvulas de mais de um cilindro abertas simultaneamente.

Adicionalmente, esse sistema de dutos e câmaras fica ainda mais complexo quando se leva em consideração que o mesmo fenômeno de ressonância de Helmholtz também ocorre nos condutos de escapamento. Assim, o sistema acima equacionado que é de segunda ordem terá sua ordem aumentada para um sistema de n-ésima ordem, dependendo da geometria dos coletores de escapamento.

Em decorrência da complexidade resultante quando se leva em conta os fatores acima mencionados, o cálculo analítico do desempenho de um sistema de admissão se torna quase impossível. O cálculo do sistema de equações que descreve esse sistema se torna possível apenas com o uso de ferramentas computacionais.

11.7.3 Interferência entre cilindros

Para a maioria dos MCI existe interferência entre os pulsos de pressão nos cilindros. Isso ocorre, porque, em motores de mais de três cilindros, tanto as válvulas de admissão como as de escapamento de dois cilindros poderão estar abertas simultaneamente. A Figura 11.17 ilustra um exemplo de como, em determinados instantes do ciclo de um motor, isso ocorre para as válvulas de admissão.

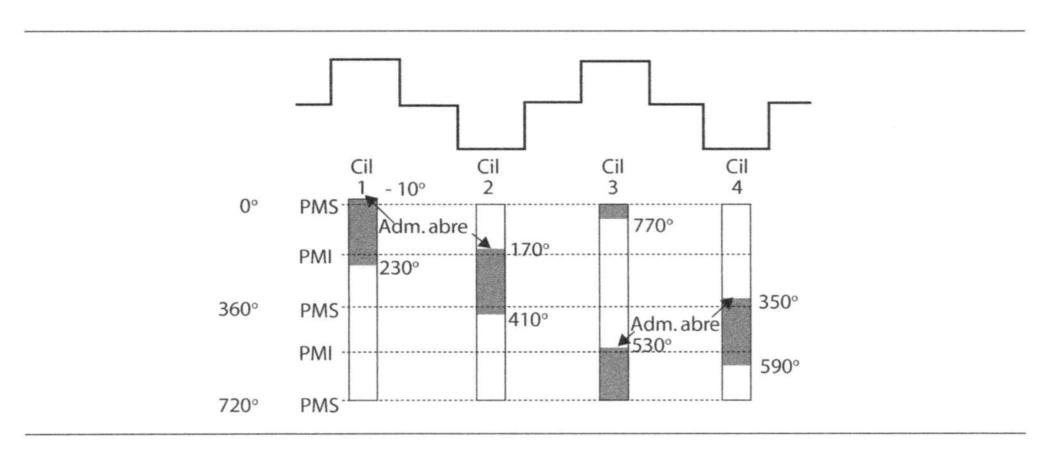

Figura 11.17 – Gráfico da duração de abertura das válvulas de admissão de um motor [B].

Graças a essa simultaneidade de eventos, o fenômeno que estiver ocorrendo em um cilindro afetará o outro. Essa interferência ocorre da seguinte forma: ao ocorrer o fechamento da válvula de admissão de um cilindro, surgirá um pulso de pressão negativa em razão da reflexão da onda de pressão na válvula fechada. Esse pulso negativo de pressão exercerá influência no cilindro que estiver com a válvula de admissão abrindo. Os pulsos de pressão também podem agir como uma excitação que atuará no sistema vibracional acima descrito, trabalhando de forma a gerar uma vibração forçada em uma frequência proporcional à rotação do motor.

11.8 Influência do período de exaustão

O período de exaustão nos motores alternativos tem grande influência na eficiência volumétrica. Os gases queimados possuem uma energia considerável, pois estão em altas temperatura (entre 300 °C e 800 °C) e pressão (3 a 5 bar) e essa energia pode ser utilizada para auxiliar na admissão de mistura fresca.

Existem dois fenômenos no período de exaustão que atuam no fluxo de gases:

- O primeiro, em virtude do pulso de pressão positiva dos gases de escape liberados de dentro do cilindro pela válvula de escape, se desloca pelo pórtico e pelo coletor de escapamento. Esse pulso, ao encontrar um ponto de descontinuidade como uma restrição, ou o ponto onde há uma súbita expansão de área (o ponto de junção dos condutos), será refletido de volta pelo conduto com sinal negativo, ou seja, uma onda de depressão. Essa onda de depressão, se atingir a válvula de escapamento durante o período de sobreposição das válvulas de admissão e escapamento, ajudará a admitir a mistura fresca para dentro do cilindro.
- Outro fenômeno é o chamado efeito Kadenacy. A abertura da válvula de escapamento após o fim do tempo de combustão, mas ainda próximo a este, causa a liberação dos produtos de combustão que estão ainda com grande pressão. Essa súbita expulsão de gás sob pressão de dentro do cilindro para o conduto de escape desloca velozmente a coluna de gás que ocupa o conduto, fazendo-o atingir grande velocidade. Em outras palavras, a onda de compressão dos gases expulsos da câmara de combustão transfere sua energia para a coluna de gás à sua frente em forma de energia cinética. Consequentemente, enquanto a onda de compressão viaja em direção à saída do escapamento surge uma onda de expansão a montante, reduzindo a pressão no conduto. No momento em que o pistão estiver se deslocado para o PMS no início do ciclo de admissão (e fim do ciclo de exaustão), a onda de compressão terá atingido o fim do conduto de escape. Essa onda negativa gerada pelo deslocamento da frente positiva da onda também auxilia a admitir mais mistura fresca para dentro do cilindro.

Para atingir melhores resultados na escorva dos gases, o comprimento dos condutos de escapamento deve ser escolhido de forma que a onda de pressão tenha tempo de ir e voltar no conduto durante um ângulo de virabrequim de cerca de 120° para uma dada velocidade rotacional do motor. Isso garantirá que o primeiro pulso de expansão que retornou refletido do fim do conduto irá gerar maior depressão no momento em que o pistão houver passado a pouco pelo PMS no fim do tempo de exaustão. Essas condições permitem que os gases residuais da combustão sejam mais eficientemente eliminados de dentro do cilindro.

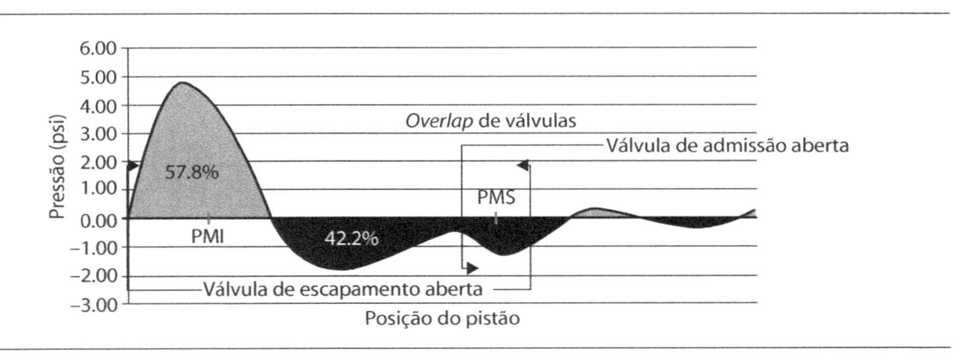

Figura 11.18 – Gráfico da pressão no pórtico de escapamento [2].

Os mesmos princípios utilizados para calcular o efeito *Ram* ou indução inercial são utilizados aqui, levando em conta a velocidade do som, que em razão de os gases estarem aquecidos é bem maior. Deve ser notado que o comprimento calculado para os condutos de escapamento são mais longos que os calculados para o coletor de admissão por causa da maior velocidade do som dos gases de exaustão. A Figura 11.18, mostra a depressão no conduto de escapamento desejável que ocorra ao redor PMS.

A Equação 11.33 é utilizada para calcular o comprimento ideal para maximizar a eliminação dos gases de exaustão para uma dada rotação.

$$L = \frac{\theta_t \cdot c}{12 \cdot n} \qquad \text{Eq. 11.33}$$

Onde:

θ_t: Deslocamento angular do virabrequim (valor sugerido 120°).

c: Velocidade do som [m/s].

n: Rotação do motor [rpm].

L: Comprimento do duto [m].

Contudo, às velocidades rotacionais menores ou maiores do que a velocidade para qual o comprimento dos condutos foi calculada, o pulso de pressão negativa estará deslocado do ponto ideal de fechamento da válvula de escapamento. Quando isso ocorrer, a depressão criada pela onda de expansão não conseguirá extrair os gases residuais. Na verdade, poderá ocorrer de pulsos de pressão positivos secundários refletidos (gerados da reflexão do primeiro pulso negativo), que prejudicarão a eliminação dos gases quando encontrarem a válvula de escape aberta.

11.9 Sobrealimentação

Já foi discutido o fato de que o potencial de produção de potência de um motor é proporcional ao seu consumo de ar, isto é: $N_e = \dot{m}_a \; F \; PCi \; \eta_g$ ou $N_e \propto \dot{m}_a$.

Já foi visto também que: $\dot{m}_a = \frac{\rho_e \; V \; n}{x} \eta_v$.

Logo, fixadas a cilindrada e a rotação e supondo-se uma mesma eficiência volumétrica: $N_e \propto \rho_e$, pode-se então aumentar a potência do motor, aumentando a densidade do ar na entrada.

Como: $\rho_e = \frac{p_e}{RT_e}$, a densidade pode ser aumentada pelo aumento da pressão (uso de um compressor ou sobrealimentação) e/ou pela redução da temperatura.

Pelo exposto, é possível se obterem motores de alta potência, mantida a cilindrada, substituindo-se o método de "aspiração natural" por uma "sobrealimentação", em que a massa do ar é introduzida no cilindro com maior densidade (massa específica). O objetivo principal da "sobrealimentação" é o aumento de potência do motor, no entanto, o aumento de potência é comumente acompanhado de um aumento de eficiência térmica do motor.

Dessa forma, podem ser obtidos motores com grande potência específica, nos quais a única limitação são as cargas térmicas e mecânicas, isto é, a resistência dos materiais. A sobrealimentação pode ser efetuada de duas maneiras apresentadas nos itens seguintes.

11.9.1 Sobrealimentação mecânica

O compressor é acionado mecanicamente pelo próprio motor, do qual consome uma parte da potência.

Esse efeito parasita é a maior desvantagem desse método. Como referência, a potência consumida pelo compressor pode chegar a aproximadamente 15% da potência efetiva em aplicações automotivas, variando de modo significativo em função da eficiência do compressor utilizado. A vantagem fundamental é o fato de que, se o compressor for de deslocamento positivo, o aumento de pressão do ar independeria da rotação, o que seria verdade se a eficiência fosse constante.

Os principais tipos de compressores para essa aplicação são os de palhetas, o de lóbulos (tipo *Roots*) e o *Lysholm* (Figura 11.19).

O de palhetas tem como maior desvantagem a necessidade de uma lubrificação interna cujo óleo incorpora-se ao fluxo de ar, sendo queimado no motor.

O de lóbulos apresenta rendimentos baixos, às vezes menores que 50%, tendo que retirar do motor muita potência para o seu acionamento.

O *Lysholm* tem rendimentos altos de até 90%, entretanto é muito grande e caro, não sendo indicado para aplicações automotivas.

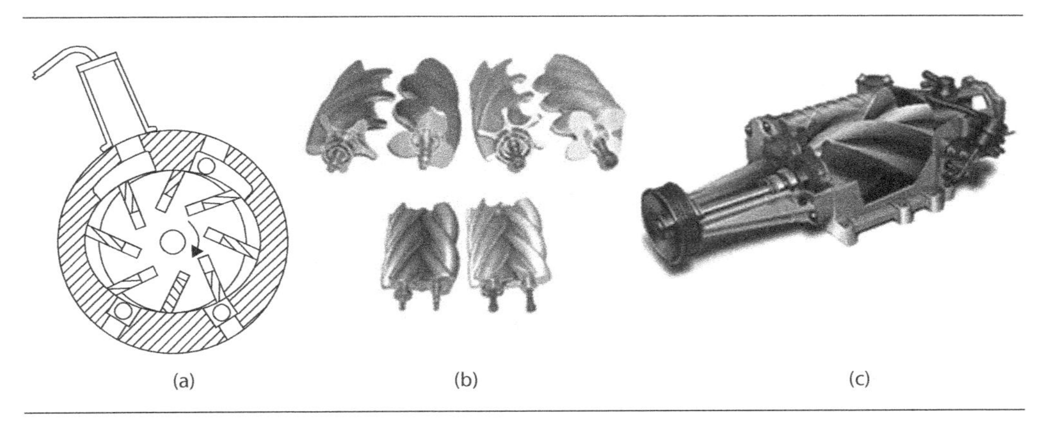

Figura 11.19 – Compressores de deslocamento positivo. (a) Palhetas. (b) Lóbulos (Roots). (c) Lysholm.

O leitor deverá buscar, em publicações especializadas, mais informações sobre esse tipo de sobrealimentação.

11.9.2 Turbocompressor

O compressor é movido por uma turbina, que é acionada pelos gases de escapamento do motor. A energia presente nos gases de escape não é aproveitada em um motor naturalmente aspirado, ou que utilize sobrealimentação mecânica, sendo desperdiçada. A utilização da energia dos gases de escape altera o balanço energético do motor, possibilitando um aumento de sua eficiência térmica. Neste caso o compressor não tem ligações mecânicas com o motor, não consumindo potência de seu eixo. Diz-se que o turbocompressor é apenas "termodinamicamente" acoplado ao motor. Tem como maior desvantagem o fato de que tanto o compressor quanto a turbina normalmente possuem uma faixa de operação com altas eficiências, ligeiramente mais restrita que a faixa de operação do motor, isto é, o turbocompressor opera de maneira mais efetiva em médias e altas rotações e cargas do motor.

Como em aplicações automotivas, principalmente para motores Diesel e mais recentemente em motores Otto, a turboalimentação é o método mais usual, nesse tópico será dedicada atenção apenas a ele (Figura 11.20).

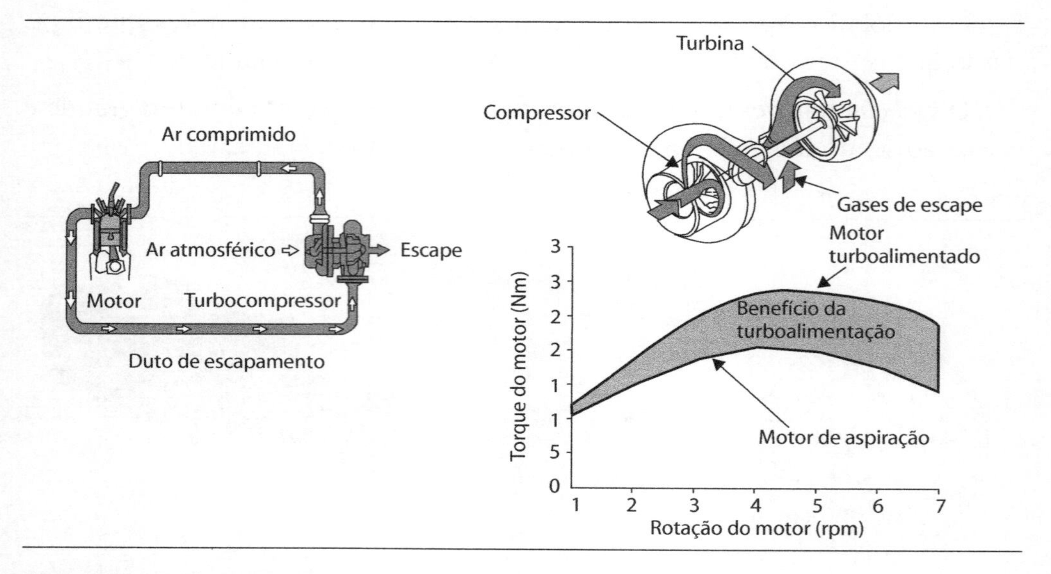

Figura 11.20 – Turbocompressor [A].

De maneira independente do método de sobrealimentação considerado, praticamente todos os motores sobrealimentados utilizados hoje em aplicações automotivas possuem um resfriador de ar de admissão (*intercooler* ou *aftercooler* ou ainda *charge air cooler* – Figura 11.21). Durante o trabalho de compressão, ocorre um aumento de temperatura do ar, assim o trocador de calor reduz a temperatura do ar em relação aos valores observados na saída do compressor, ou seja, ele viabiliza um aumento de densidade de ar no coletor de admissão do motor e, como consequência, um aumento de sua potência. Adicionalmente, o resfriador de ar ajuda a reduzir as temperaturas do processo de combustão do motor e dos gases de escapamento, trazendo benefícios significativos em termos de consumo de combustível e emissões de poluentes.

11.9.3 O ciclo ideal

Por meio do ciclo padrão a ar, é possível compreender as bases do funcionamento do turbocompressor.

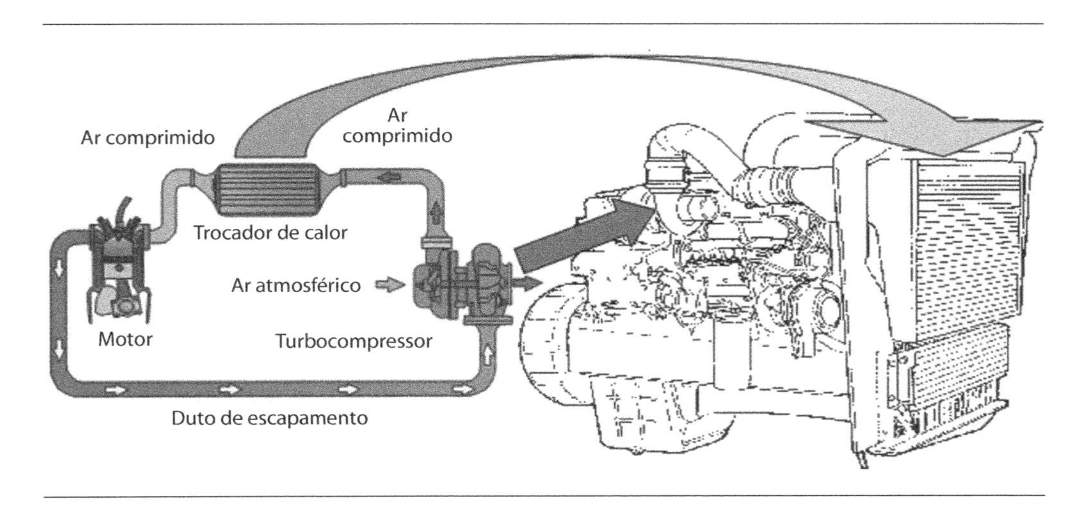

Figura 11.21 – *Intercooler* [A].

A Figura 11.22 mostra um ciclo misto, que será adotado como exemplo teórico.

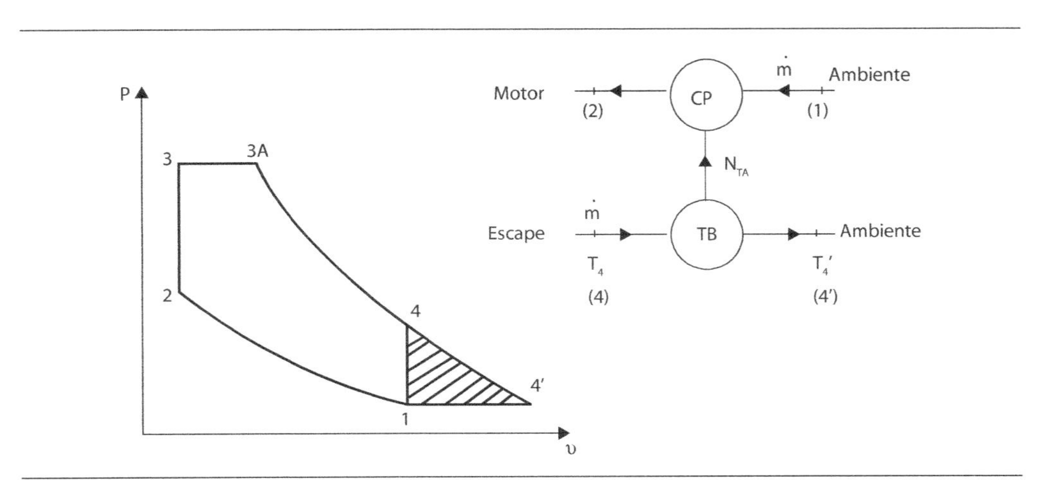

Figura 11.22 – Energia disponível nos gases de escapamento [1].

Quando o pistão atinge o ponto 4, no motor real abre a válvula de escapamento e a pressão cai para 1. Se na saída da válvula for instalada uma turbina e os gases se expandirem isentropicamente por meio desta, tem-se uma potência disponível dada por:

$$\dot{W}_{TB} = N_{TB} = \dot{m}(h_4 - h_{4'}) = \dot{m}c_p(T_4 - T_{4'}) \quad \text{Eq. 11.34}$$

Essa potência pode ser fornecida ao compressor para a alimentação do motor. Supondo máquinas ideais:

$$N_{TB} = N_{CP}$$

O ciclo, com essa nova alimentação produzirá um trabalho maior (Figura 11.23), apresentando-se como na linha pontilhada.

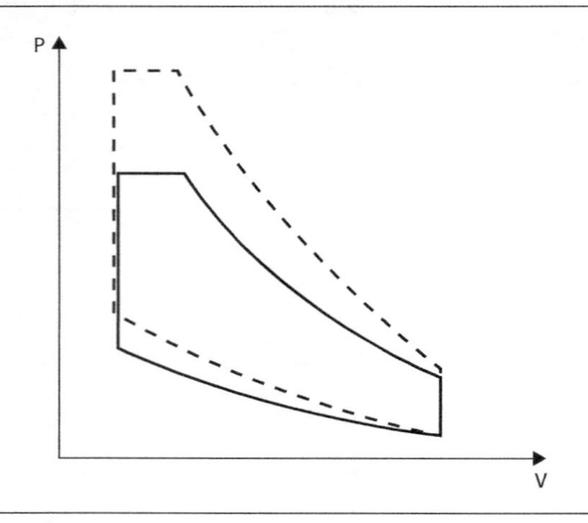

Figura 11.23 – Ciclo com sobrealimentação [1].

Se não quiser atingir pressões muito elevadas no novo ciclo, para atenuar as cargas mecânicas e térmicas, pode-se reduzir a taxa de compressão, para manter a máxima pressão. De qualquer forma, a área irá aumentar e o motor fornecerá maior potência.

O ciclo real apresentaria considerações semelhantes.

11.9.4 O turbocompressor

O turbocompressor é constituído basicamente por um compressor centrífugo, responsável por fornecer ar com maior densidade ao motor, acionado por uma turbina radial, que aproveita a energia presente nos gases de escapamento. O turbocompressor é uma máquina que opera em altas rotações, significativamente mais elevadas que as do motor. O rotor do compressor é ligado ao rotor de turbina por meio de um eixo, suportado por um sistema de mancais. O sistema de mancais, montado na carcaça central do turbo, é constituído normalmente por mancais radiais flutuantes em filme de óleo, e pelo mancal axial ou mancal de encosto, também hidrodinâmico. O óleo lubrificante é exatamente o mesmo utilizado pelo motor, em geral oriundo de sua galeria principal, que, após lubrificar e arrefecer o conjunto, retorna ao cárter pela ação da gravidade. No intuito de manter o óleo lubrificante dentro da carcaça central, evitando que ele atinja o estágio do compressor (e consequentemente o motor) ou o estágio de turbina (e por sua vez o sistema de exaustão), o turboalimentador conta com sistemas de vedação. Normalmente são utilizadas vedações dinâmicas associadas com anéis de pistão, que utilizam as pressões e rotação características da operação do turboalimentador para correto funcionamento. A descrição acima reflete os componentes e sistemas de operação de um turbocompressor básico como apresentado na Figura 11.24.

Figura 11.24 – Corte transversal de um turbocompressor [A].

Atualmente, na indústria automotiva, existem inúmeras opções para cada subsistema do turbocompressor, como, por exemplo, estágio de turbina de geometria variável, mancais de rolamento, materiais para rotores com maior vida à fadiga ou de menor inércia, atuadores de controle comandados pelo módulo de controle eletrônico do motor, sistemas de dois estágios em diferentes arranjos (dois turboalimentadores em série ou em paralelo, diretos ou sequenciais, usados em um único motor), entre outros.

11.9.4.1 ESTUDO SUCINTO DO COMPRESSOR RADIAL OU CENTRÍFUGO

O estágio do compressor, ou estágio frio, é constituído por um rotor, por um difusor e por uma carcaça em forma de voluta. O compressor adiciona energia ao fluido, resultado do trabalho de compressão.

Os compressores centrífugos são praticamente os únicos utilizados atualmente em aplicações automotivas. O rotor do compressor radial é um caso particular de compressor centrífugo, onde o ângulo de saída das pás é de 90°. No rotor centrífugo, as pás são curvadas para trás na região de saída, visando aumentar a faixa de operação do compressor. O rotor gira em altíssima rotação, impelido pela turbina. A velocidade periférica do rotor do compressor atinge atualmente valores da ordem de até 600 m/s, impondo acentuado carregamento centrífugo ao componente.

O ar (ou raramente a mistura) entra no compressor na direção axial, é acelerado pelas pás e deixa o rotor na direção radial. Em seguida, passa pelo difusor, formado pela própria carcaça e pelo prato do compressor, onde é desacelerado "suavemente", transformando a energia cinética em pressão. O processo de difusão, que tem início ainda nos canais do rotor, termina na carcaça do compressor, que ainda conduz o ar para a saída do estágio. A Figura 11.25 mostra tipos de rotores.

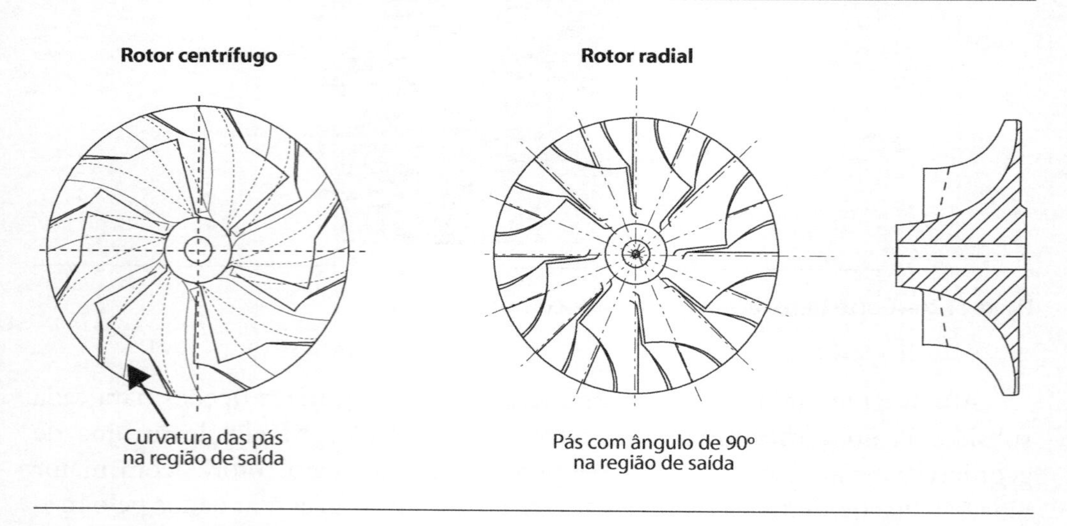

Figura 11.25 – Tipos de rotores [A].

Aplicando na Figura 11.26 o Primeiro Princípio da Termodinâmica, supondo o escoamento isentrópico, tem-se, em módulo:

$$N_{CP_S} = \dot{m}(h_{2_S} - h_1) = \dot{m}c_p(T_{2_S} - T_1) \qquad \text{Eq. 11.35}$$

Onde o índice S significa isentrópico.

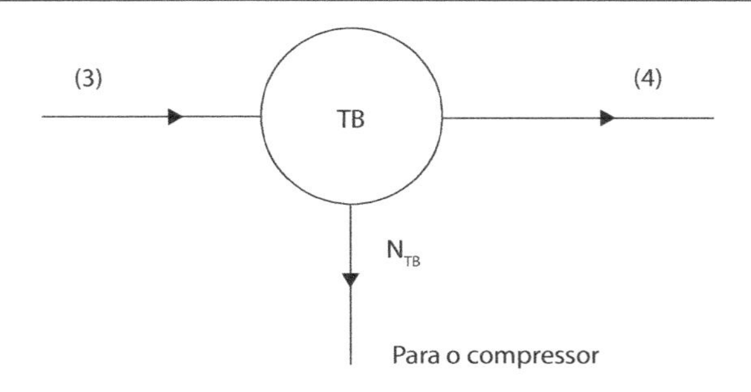

Figura 11.26 – Primeiro princípio da termodinâmica [1].

A potência real para comprimir o fluido será:

$$N_{CP_S} = \dot{m}(h_{2_S} - h_1) = \dot{m}c_p(T_{2_S} - T_1) \qquad \text{Eq. 11.36}$$

Nesse caso, o processo não é considerado isentrópico, mas supõem-se adiabático em virtude da grande vazão e da pequena área de superfície de troca.

Define-se eficiência isentrópica do compressor (η_{CP_S}), como:

$$\eta_{CP_S} = \frac{N_{CP_S}}{N_{CP}} \qquad \text{Eq. 11.37}$$

Logo:

$$\eta_{CP_S} = \frac{h_{2_S} - h_1}{h_2 - h_1} = \frac{T_{2_S} - T_1}{T_2 - T_1} \qquad \text{Eq. 11.38}$$

Portanto:

$$T_2 - T_1 = \Delta T = T_1\left(\frac{(T_{2_S} / T_1) - 1}{\eta_c}\right) \qquad \text{Eq. 11.39}$$

Mas, como o processo (1) – (2S) é isentrópico, então:

$$\frac{T_{2_S}}{T_1} = \left(\frac{p_2}{p_1}\right)^{\frac{k-1}{k}} \qquad \text{Eq. 11.40}$$

Logo: $\Delta T = \frac{T_1}{\eta_c}\left[(p_2 / p_1)^{\frac{k-1}{k}} - 1\right]$ Eq. 11.41

Observação:

Na realidade, todos os cálculos deveriam ser efetuados com os estados de estagnação, já que existem energias cinéticas consideráveis. Entretanto, os resultados obtidos pelo equacionamento com as propriedades de estado são bastante precisos, em particular para turbocompressores, pois o ar será fornecido ao motor por meio do coletor de admissão, ou seja, de um volume relativamente grande sem aproveitamento significativo da energia cinética do fluido.

A densidade (massa específica) do ar na saída do compressor é dada então pela equação de estado, utilizando a temperatura obtida pela Equação 11.41.

No estado da arte, para aplicações veiculares, relações de compressão P2/P1 da ordem de 3,4 podem ser atingidas em um único estágio, com valores aceitáveis de eficiência adiabática e alta confiabilidade, lembrando ainda que esse valor varia em função do tamanho do compressor. Nessas condições, o aumento de temperatura do ar, inerente ao trabalho de compressão, pode atingir valores extremos da ordem de até 230 °C. Para relações de compressão acima de 3,4, opta-se pela utilização de dois compressores montados em série. Em aplicações para automóveis, o material usado no estágio do compressor normalmente é o alumínio (ligas de alumínio tratadas termicamente). Para veículos comerciais, dependendo das temperaturas e severidade da aplicação, além do alumínio, pode ser usado titânio no rotor do compressor, em casos extremos.

O compressor é uma máquina de fluxo e pode-se construir para as mesmas curvas características como uma bomba ou ventilador, conforme apresentado na Figura 11.27.

Deve-se corrigir os valores de vazão de ar medidos em motor para as condições de referência do mapa do compressor ao "plotar" os dados (eixo das abscissas). Também se recomenda usar pressões de estagnação no cálculo da relação de compressão (eixo das ordenadas), visando maior precisão nas diversas avaliações que essa "plotagem" permite como leitura da rotação do turbo, avaliação da eficiência adiabática do compressor e distância em relação ao *surge*.

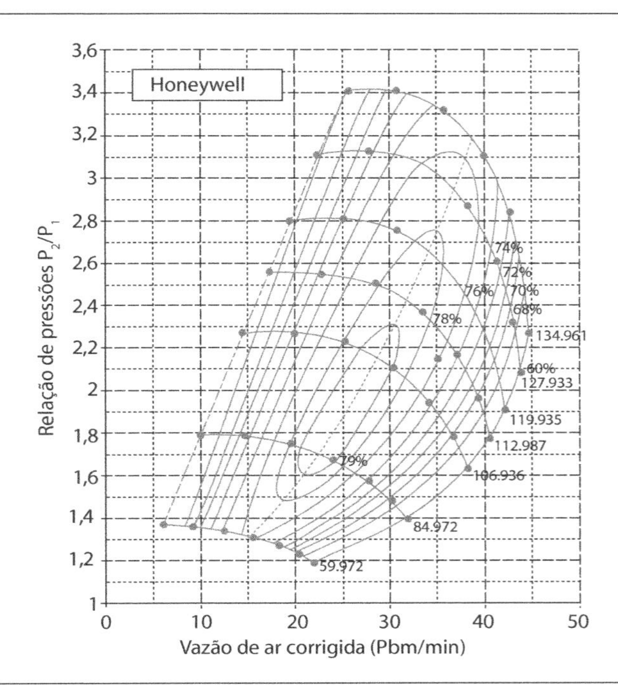

Figura 11.27 – Curvas características ou mapa de um compressor centrífugo [A].

A Figura 11.27 mostra os limites de aplicação de um dado compressor.

Na parte superior, o compressor é limitado pela resistência dos materiais, pois a elevada rotação (*overspeed*) impõe grandes forças centrífugas no rotor.

Observação:

Eventualmente, a limitação da rotação máxima do turbocompressor pode não ocorrer no compressor, mas no sistema de mancais ou no estágio de turbina.

O lado direito (Figura 11.27) é limitado pelo bloqueio (*choke*), isto é, atinge-se $M = 1$ na seção mínima de passagem da máquina, não se conseguindo ulteriores aumentos na pressão e vazão.

A linha à esquerda (Figura 11.27) do mapa define o limite de bombeamento, de instabilidade ou *surge*. Nessa região o escoamento de ar fornecido pelo compressor se caracteriza por acentuada instabilidade e por variação de pressão. O compressor, portanto, não consegue fornecer ar de maneira constante gerando elevada variação de carga no motor. O funcionamento na zona de *surge* põe em perigo o sistema de mancais do turbocompressor, assim como o próprio motor.

No centro (Figura 11.28) do mapa, encontram-se ilhas ou contornos de eficiência isentrópica de compressão.

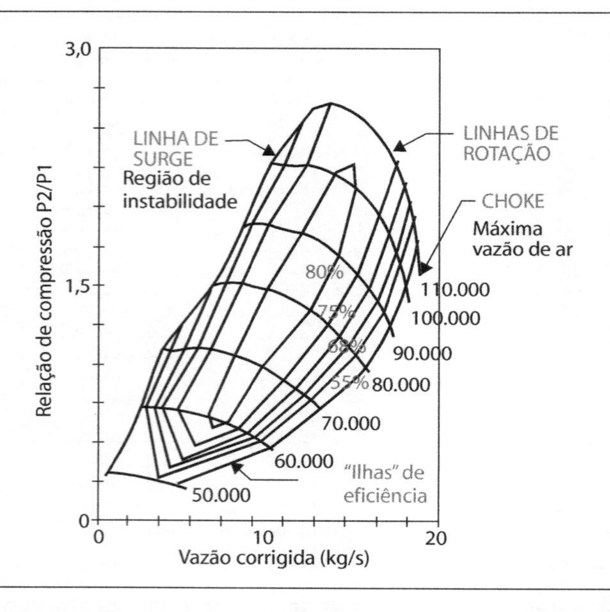

Figura 11.28 – Limites de um compressor centrífugo e região de melhor utilização [A].

Observa-se então que o uso do compressor centrífugo é possível apenas em uma faixa relativamente estreita de operação, que obviamente pode não atender a largas gamas de cilindradas e rotações características dos motores.

Há diversos parâmetros que influem no mapa do compressor, entre eles:

a) Diâmetro do rotor (diâmetro maior do rotor).

b) Número de pás do rotor.

c) Configuração das pás (espessuras ao longo do comprimento da pá, geometria e ângulo de ataque, geometria e ângulo de saída, comprimento "meridional" das pás etc.).

d) Geometria do cubo (centro) do rotor.

e) Diâmetro de entrada das pás (*TRIM*) – Figura 11.29

f) Alturas e áreas de difusão.

g) Forma da voluta e suas dimensões $\left(\frac{A}{R}\right)$.

h) Formato dos bocais de entrada e saída na carcaça.

i) Folgas etc.

É interessante ressaltar que o projeto tanto de compressores quanto de turbinas leva em consideração parâmetros visando otimização de escoamento e eficiências das máquinas. Uma vez definidos estes parâmetros, o projeto ainda precisa ser avaliado do ponto de vista de carregamentos centrífugos e térmico-mecânicos, além dos harmônicos de vibração nas pás, a fim de assegurar a operação com alta confiabilidade em todas as condições de rotações e temperaturas dentro do envelope de funcionamento, ao longo da vida do turbocompressor.

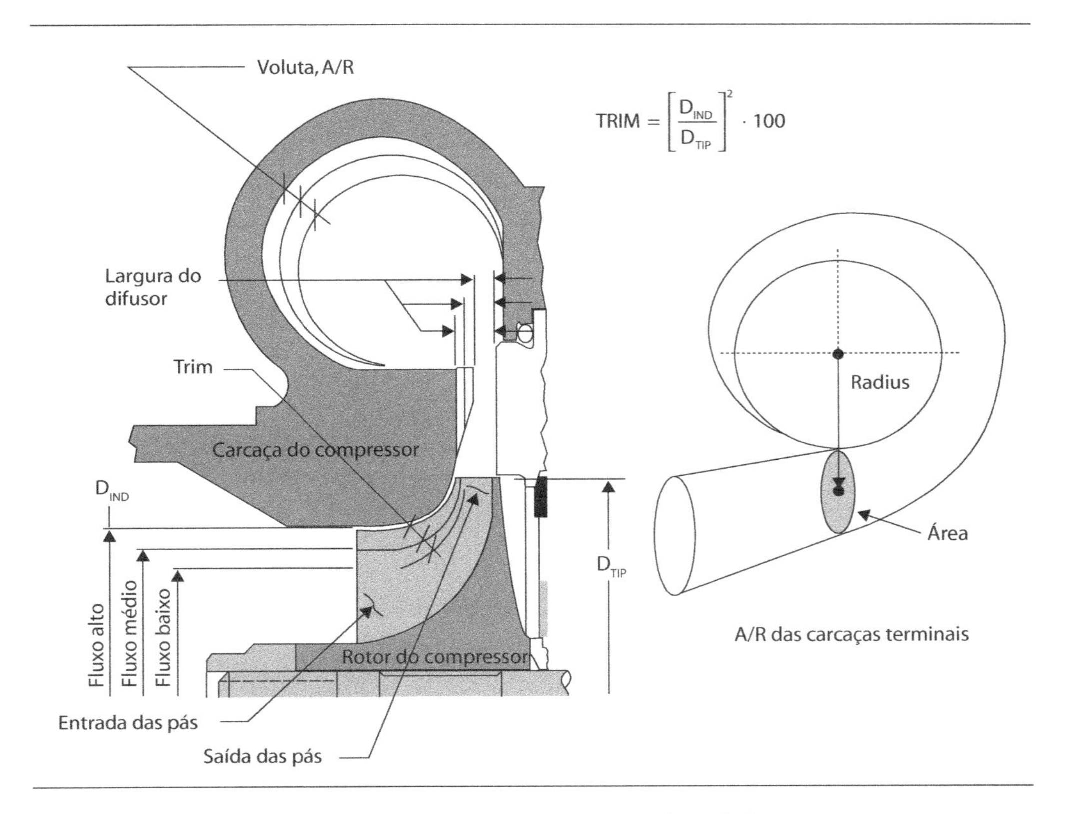

Figura 11.29 – Corte esquemático de um compressor centrífugo [A].

Pela variação desses parâmetros e pelo tamanho do compressor, é possível atender a uma larga faixa de potências dos motores (veja a Figura 11.30).

Uma vez definida a característica de consumo de ar de um dado motor, seleciona-se o modelo do compressor, sua carcaça (A/R) e seu rotor (*trim*, um ajuste mais fino) de maneira a maximizar sua eficiência por toda a faixa de operação do motor.

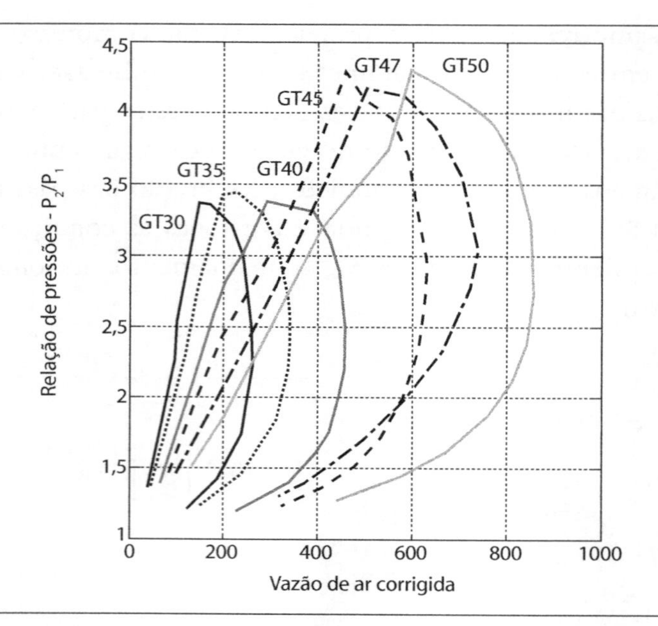

Figura 11.30 – Diagrama de seleção dos modelos de compressores produzidos por um fabricante [A].

11.9.4.2 A TURBINA

A turbina usada em turbocompressores para aplicações automotivas é geralmente radial. O estudo da turbina é, portanto, muito semelhante ao estudo do compressor.

A função da turbina é fornecer ao eixo do compressor a potência necessária para que este possa executar o trabalho de compressão na zona de melhor eficiência atendendo a característica de consumo de ar de um dado motor, ainda assim impondo a menor restrição possível à exaustão dos gases de escape do motor.

Para atingir esse objetivo, o fabricante possui diversos modelos de rotores e carcaças, em diversas escalas (diâmetros do rotor e tamanhos de carcaças – A/R) podendo variá-los, como no compressor, para chegar ao ajuste ideal tanto com o compressor quanto com o motor – *matching* (veja Figura 11.31).

Para a turbina, que retira energia do fluido no trabalho de expansão, a potência real produzida é menor que a isentrópica, logo:

$$\eta_{TB_S} = \frac{N_{TB}}{N_{TBS}} \qquad \text{Eq. 11.42}$$

Aplicando-se as mesmas equações que foram utilizadas para o compressor, obtém-se:

$$\Delta T = \eta_{TB_S} T_S \left[1 - \left(\frac{p_4}{p_3} \right)^{\frac{k-1}{k}} \right]$$

Eq. 11.43

No caso da turbina, costuma-se incluir as perdas mecânicas do turbocompressor, já que a separação de ambas não é imediata. A Figura 11.32 mostra o mapa característico de uma turbina.

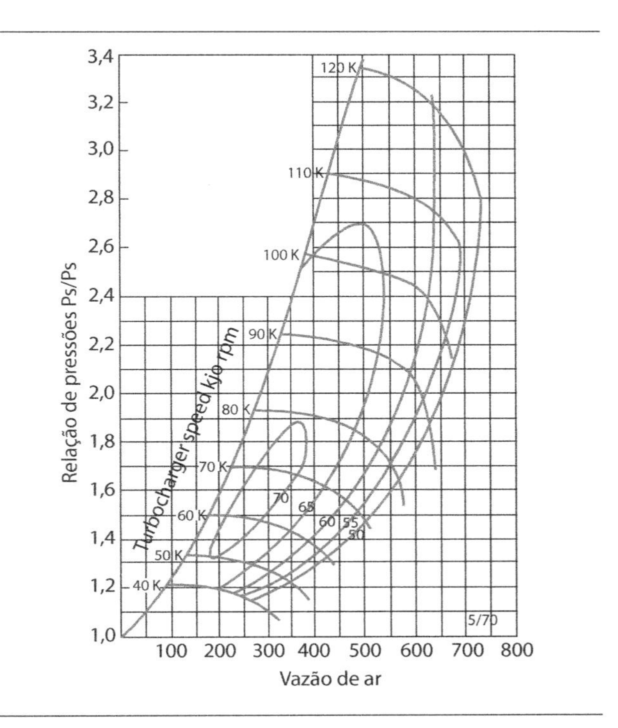

Figura 11.31 – Primeira lei da termodinâmica [A].

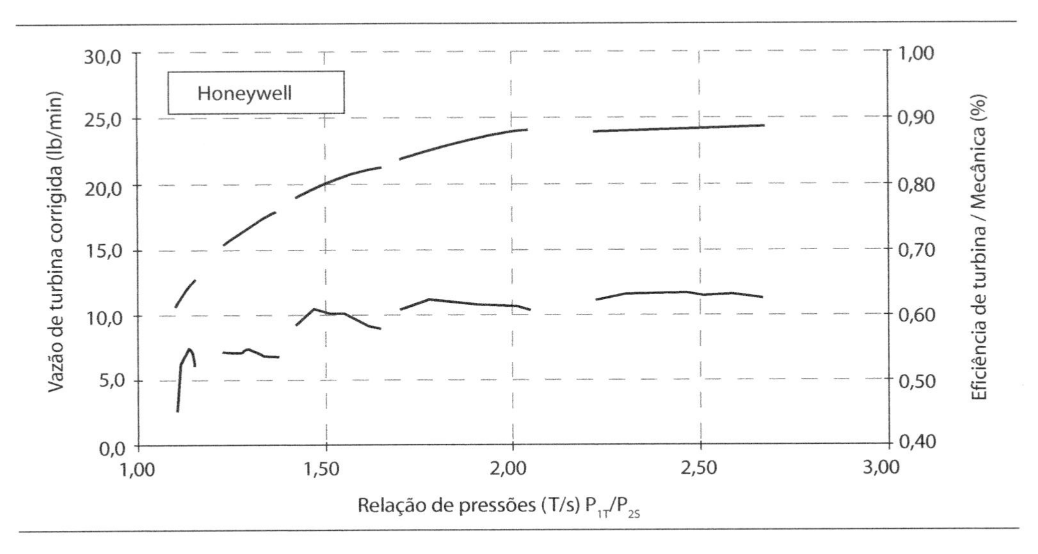

Figura 11.32 – Mapa característico de uma turbina de turbocompressor [A].

11.9.5 Ajuste do turbocompressor ao motor *(matching)*

Um dos maiores desafios na seleção do turbocompressor para um dado motor é a adequação de uma máquina de fluxo (turbocompressor), caracterizada por uma faixa de operações com elevada eficiência, relativamente restrita, a uma máquina de deslocamento positivo (motor), que tem por característica a operação em uma ampla gama de vazões. No projeto de turbocompressores busca-se, portanto, o melhor compromisso entre objetivos conflitantes para uma máquina de fluxo: eficiência elevada em uma ampla faixa de vazões.

A adequação (ou *matching*) do turbocompressor ao motor se inicia pela seleção de um compressor que atenda às necessidades de consumo de ar e pressões de sobrealimentação do motor, atingindo os objetivos de potência, torque, consumo de combustível e emissões, entre outros. Uma vez selecionado o compressor (rotor, diâmetro, carcaça e *trim*), é necessário definir-se uma turbina para acioná-lo. Como a turbina está montada no mesmo eixo que o compressor, a seleção da turbina é feita considerando-se que a potência da turbina é igual à potência do compressor, o que é válido em condição estabilizada de funcionamento (não transiente). Via de regra, os fabricantes de turbocompressores ajustam o compressor à turbina de maneira que esta opere próxima ao seu pico de eficiência. Por consequência, há uma relação otimizada entre o diâmetro maior do rotor do compressor e o diâmetro maior do rotor de turbina. Especificamente no caso de compressores centrífugos associados a turbinas radias (maioria das aplicações de turbocompressores automotivos), diâmetros máximos de rotores de compressor e de turbina similares resultam em altas eficiências. Ajustes nas características de escoamento da turbina visando atender às necessidades de pressão de sobrealimentação do motor em toda a gama de operações podem ser feitos pela variação do rotor de turbina, do *trim* ou do A/R da carcaça.

O processo é interativo até se chegar a um conjunto de compressor e turbina que satisfaça as exigências do motor. Existem formas de se fazer a previsão do comportamento do motor com um dado turbocompressor, mas fogem ao escopo deste texto, em vez disso, será mostrada a superposição da curva de pressão e vazão de ar do motor no mapa do compressor, que é o que realmente se almeja.

O que se precisa fazer é lançar os dados do motor sobre o mapa do compressor como apresentado na Figura 11.33.

As linhas de rotação constante correspondem aos *loops* e a linha mais alta de carga constante corresponde à plena carga.

A presença do *intercooler* cria um mapa mais inclinado para o lado das maiores vazões e, portanto, mais potência com menor rotação.

O objetivo é criar um *matching* no qual não se chegue às condições limite do compressor, utilizando-se as áreas do mapa de maiores eficiências.

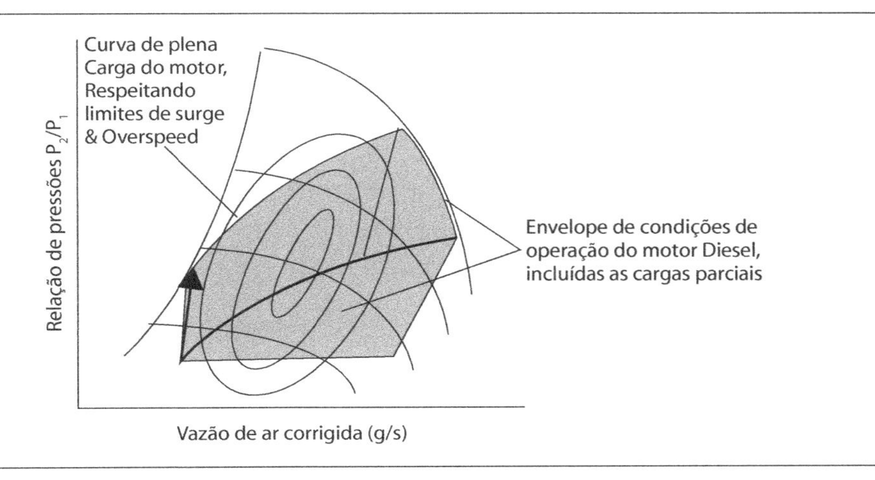

Figura 11.33 – Mapa do motor lançado sobre o mapa do compressor [A].

No motor Diesel, essa adaptação é relativamente fácil, trocando-se um compressor por um maior ou menor e fazendo-se os ajustes finais variando o *trim* ou o A/R.

No motor Otto, a presença da borboleta aceleradora cria grandes dificuldades, por causa da grande faixa de vazões de ar, desde extremamente pequenas até tão grandes como em alguns exemplos de motor Diesel.

Para aplicações que não sejam competições, normalmente utiliza-se um compressor pequeno para atender relativamente bem às condições de baixas cargas e rotações (baixas vazões).

Para evitar-se que nas altas cargas e rotações seja ultrapassada a parte superior do mapa do compressor ou que as pressões no motor sejam muito altas, costuma-se usar uma válvula limitadora de pressão denominada *waste-gate* que, ao atingir o limite desejado, desvia uma parte dos gases de escapamento para que o turbo compressor tenha a sua rotação limitada. O desvio de parte da vazão de gases do rotor da turbina modula a potência que esta gera, limitando assim a potência disponível para o compressor, conforme mostra a Figura 11.34.

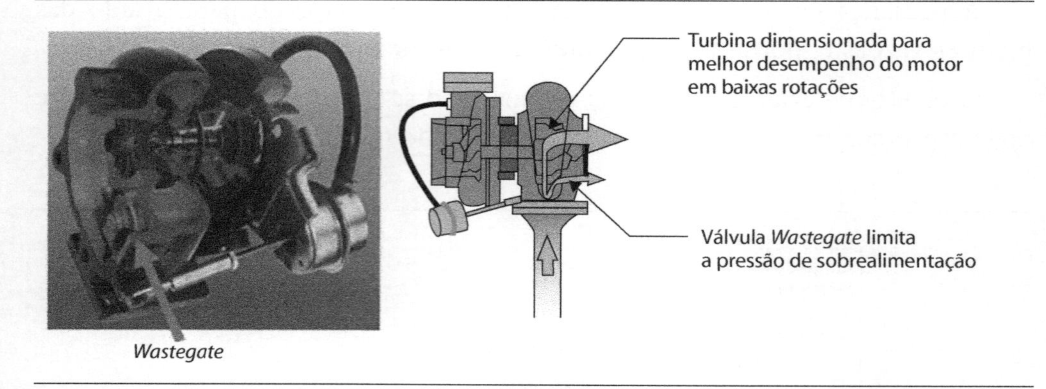

Figura 11.34 – Esquema de funcionamento da válvula *wastegate* [A].

11.9.6 Considerações sobre o motor turboalimentado

No Capítulo 7, "A combustão nos motores alternativos", verificou-se que a turboalimentação é conveniente no motor Diesel, onde a elevação das pressões e temperaturas auxilia a autoignição.

Sobrealimentando-se um motor para aumentar até 20% a sua potência, normalmente não há necessidade de reprojetá-lo. Acima disso, mancais, pistões, lubrificação e arrefecimento deverão ser revistos para garantir a durabilidade.

Praticamente, todos os projetos de motores Diesel hoje em dia já nascem turboalimentados. Para que os motores atuais atendam às exigências de desempenho, emissões e consumo de combustível o turbocompressor é obrigatório e, portanto, todos os cuidados necessários, em relação das maiores cargas mecânicas e térmicas, já foram tomados no projeto. O turbocompressor também pode ser um ótimo aliado na estratégia de emissões, ajudando, por exemplo, no controle da quantidade de gás de escape que é recirculado.

A sobrealimentação visa ao aumento da potência específica, mas, em geral, no motor Diesel acaba implicando um aumento da eficiência global por três razões básicas:

- As perdas mecânicas não aumentam proporcionalmente ao aumento da potência, propiciando uma melhor eficiência mecânica.
- As perdas de calor seguem a mesma observação, principalmente quando se utiliza o *aftercooler*.
- Pode haver saldo positivo de trabalho entre a admissão e o escape.

Assim como nos Diesel, nos MIF, a sobrealimentação também implica maiores pressões e temperaturas de combustão, exigindo um controle mais acurado da detonação.

Neste caso, o uso do turbocompressor implica pequena redução de taxa de compressão, assim como diferentes estratégias para os mapas de avanços da faísca e qualidade da mistura. Materiais mais nobres associados à alta capacidade computacional dos módulos de controle, *Engine Control Unit* (ECU), sensores e atuadores permitem que fabricantes hoje trabalhem com misturas próximas da estequiométrica e até mais pobres em algumas situações, o que favorece a redução de consumo de combustível, diferentemente do que ocorria há alguns anos, quando era necessária a utilização de misturas mais ricas para se evitar a detonação. Isso faz com que um veículo equipado com motor turboalimentado tenha desempenho equivalente a um veículo equipado com motor naturalmente aspirado de cilindrada maior, só que com consumo de combustível menor.

EXERCÍCIOS

1) Medidas feitas na tubulação de um motor indicam que metade do combustível está vaporizada no local da medida. A temperatura da porção gasosa da tubulação é estimada em 125 °C. A pressão na tubulação é 0,92 kgf/cm^2 e a umidade do ar é 0,02 kg/kg ar. A relação combustível–ar é 0,08 e o combustível usado tem massa molecular 113. Determine a densidade do ar seco na tubulação.

   Resposta:

   0,76 kg/m^3.

---

2) Um motor a gasolina, com diâmetro de cilindro de 95 mm e curso do pistão 100 mm, desenvolve sua potência máxima a 4.000 rpm e mistura combustível–ar com F_R = 1,2. O coeficiente médio de escoamento da válvula de admissão é 0,31. Determine o diâmetro da válvula de admissão. A temperatura de admissão é 27 °C. (Adote Z convenientemente.)

   Resposta:

   D_v = 49 mm.

---

3) Um motor Diesel com diâmetro de cilindro 100 mm tem uma válvula de admissão com 43 mm de diâmetro e coeficiente médio de escoamento 0,35. Se o curso do pistão é 127 mm, qual é o valor de Z a 2.000 rpm e T_a = 38 °C. Diga se o diâmetro da válvula está adequado.

---

4) Seja um motor 4T de ignição por faísca de seis cilindros, cuja rotação de potência máxima é 4.000 rpm. São dados:

Cilindrada total (V): 4.000 cm^3;

Curso (s): 8 cm;

Diâmetro da válvula (D_v): 40 mm;

Levantamento da válvula (L): 8,3 mm;

Temperatura de entrada (t_e): 60 °C;

Pressão de entrada (p_e): 0,92 atm;

Relação combustível–ar (F): 0,08;

Poder calorífico inferior (PCi): 10.800 kcal/kg;

Eficiência térmica (η_t): 30%;

Eficiência mecânica (η_m): 80%.

Constantes do ar:

R = 29,3 kgm/kg K;

K = 1,4.

Sabe-se que $C_i \approx 1{,}45L / D_v$. Pede-se:

a) Potência indicada;

b) Potência efetiva;

c) Pressão média efetiva;

d) Consumo específico;

e) Supondo válvulas na cabeça e câmara hemisférica, sem alterar cilindrada, curso e comando de válvulas, sugerir uma modificação razoável para o aumento da eficiência volumétrica.

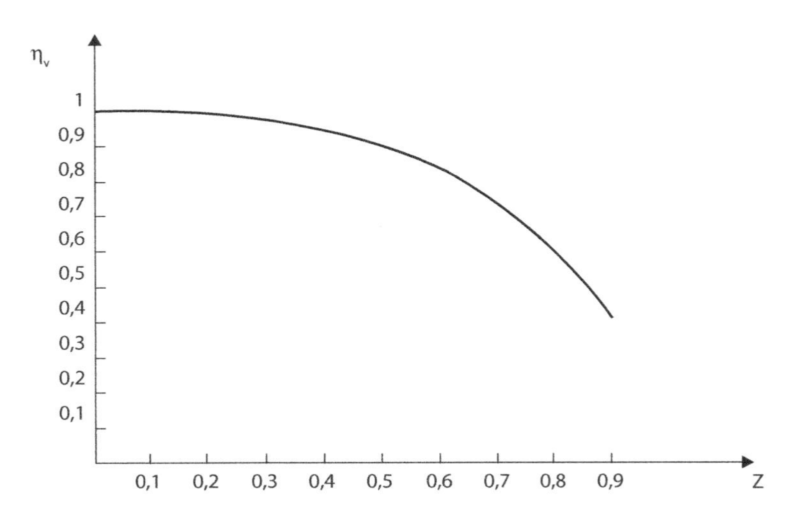

Respostas:

a) 116,6 Cv; b) 93,3; c) 5,2; d) 0,305.

---

5) Nos motores Otto a 4T, na tecnologia atual, no ponto de potência máxima, p_{me} = 9 kgf/cm^2 e a velocidade média do pistão (v_p = 2 sn) é 18 m/s, por razões de durabilidade. Sabe-se que: $Z = \frac{A_p}{A_v}\frac{v_p}{C_i a_0}$, onde: Z = 0,5; C_i = 0,3; k = 1,4; R = 287 m^2/s^2.K; T_0 = 30 °C.

O engenheiro deseja projetar um motor de 2L com quatro cilindros que tenha no ponto de máxima potência a rotação de 6.000 rpm. Baseado nos dados anteriores vai dimensioná-lo com quatro válvulas por cilindro, duas de admissão e duas de escape.

a) Qual o diâmetro das válvulas de admissão?

b) Qual a potência máxima esperada do motor?

---

6) Um motor ciclo Otto, de 1,4 litros de cilindrada e injetores de combustível montados no coletor de admissão, equipado com turboalimentador e *intercooler*, foi testado em dinamômetro. O combustível utilizado foi o etanol hidratado, e os dados de desempenho coletados com o acelerador em 100% (*wide open throttle*) foram os seguintes:

Rotação do motor	n	rpm	1.000	2.000	3.000	4.000	5.000	6.000
Torque	T	N*m	95	201	202	195	182	151
Consumo horário combustível	B	kg/h	64	18,1	27,2	36,6	46,2	53,6
Consumo horário ar observado	$\dot{m}_a$	kg/h	37	134	202	268	322	356
Temp. entrada compressor	T1	C	20	21	21	21	21	22
Temp. saída compressor	T2	C	51	105	102	105	112	120
Temp. coletor admissão	T2S	C	26	33	38	42	47	49
Pressão barométrica	P Baro.	mmHg	700	700	700	700	700	700
Pressão entrada compressor	P1	mbar	–1	–6	–13	–24	–36	–44
Pressão saída compressor	P2	mbar	82	807	800	802	809	810
Pressão coletor admissão	P2S	mbar	80	801	793	782	775	771

Para cada rotação do motor:

a) Calcule a potência do motor, em kW;

b) Calcule a pressão média efetiva, em bar;

c) Calcule o consumo específico de combustível, em g/kWh;

d) Calcule o consumo específico de ar, em kg/kWh;

e) Calcule a eficiência volumétrica do motor;

f) Calcule a relação de compressão (pressões totais ou pressão barométrica + pressão estática) do compressor do turboalimentador;

g) Considerando Cpar = 1.004,5 J/kgK, calcule a potência real do compressor do turboalimentador utilizada no trabalho de compressão, em kW;

h) Considerando Kar = 1,4, calcule a eficiência do compressor do turboalimentador;

i) Utilizando a equação:

maCORR = maOBS*(Raiz(T1/298))/(P1/750)

Calcule a vazão de ar corrigida para condições de entrada do compressor do mapa mostrado a seguir: Temperatura de 298 k e Pressão de 750 mmHg;

j) Plotar, no mapa do compressor a seguir, a curva de vazão corrigida x a relação de compressão característica do motor em questão a plena carga;

k) Com base na curva a plena carga do motor plotada no mapa de compressor, estime a rotação do turboalimentador nas seguintes condições de operação: 3.000 rpm e 6.000 rpm.

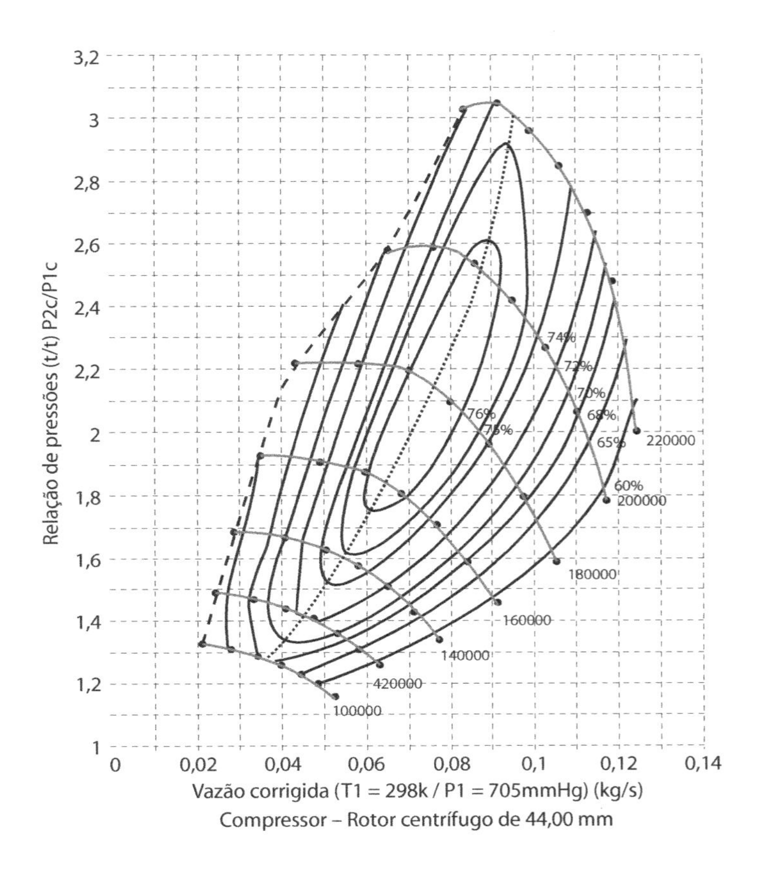

Compressor – Rotor centrífugo de 44,00 mm

Respostas:

Rotação motor	n	rpm	1.000	2.000	3.000	4.000	5.000	6.000
Potência	N	kW	10,0	42,1	63,5	81,7	95,4	94,9
Pressão média efetiva	PME	bar	8,5	18,1	18,1	17,5	16,3	13,6
Consumo específico de comb.	b comb	g/(kWh)	502,3	429,7	428,3	447,8	484,5	564,6
Consumo específico de ar	b ar	kg/(kWh)	3,7	3,2	3,2	3,3	3,4	3,7
Densidade ar coletor admissão	ρ_e	kg/m3	1,2	2,0	1,9	1,9	1,9	1,8
Rendimento volumétrico	ETA_V	%	74,7	80,8	82,9	84,1	82,5	76,6
Relação de compressão	P2/P1	(-)	1,09	1,88	1,88	1,91	1,94	1,96
Potência do compressor	N Comp.	kW	0,3	3,1	4,6	6,3	8,2	9,7
Eficiência do compressor	ETA_C	%	23,3	69,0	72,0	71,0	67,6	63,9
Vazão corrigida 298 k / 750 torr	$\dot{m}_a$ CORR.	kg/s	0,011	0,040	0,061	0,081	0,099	0,111
Rotação do turbocompressor	nturbo	rpm			160.000			198.000

7) Um motor ciclo Diesel, de injeção direta e 11,0 litros de cilindrada, equipado com turboalimentador e *aftercooler*, foi testado em dinamômetro. Os dados de desempenho a plena carga, obtidos durante o teste, estão listados na tabela a seguir:

Rotação do motor	n	rpm	1.900	1.700	1.500	1.300	1.100	900
Torque	T	N*m	1.561,0	1.735,8	1.870,3	1.963,8	1.986,9	1.560,0
Consumo horário combustível	B	kg/h	64	61,2	57	51	43,5	29,3
Consumo horário ar observado	$\dot{m}_a$ OBS	kg/h	1.711,5	1.623,5	1.460,1	1.244,7	981,8	548,2
Temp. entrada compressor	T1	C	16,7	16,5	16,6	16,5	16,4	16,6
Temp. saída compressor	T2	C	176,7	168,2	161	153,8	147,3	100,3
Temp. coletor admissão	T2S	C	42,7	42,4	41,3	40	39,6	40,4
Pressão barométrica	P Baro.	mmHg	750	750	750	750	750	750
Pressão entrada compressor	P1	mbar	–75,6	–69	–55,1	–37,4	–23,3	–7,4
Pressão saída compressor	P2	mbar	1741	1.898	1.930	1.867	1.691	874
Pressão coletor admissão	P2S	mbar	1.718	1.878	1.912	1.852	1.680	869

Para cada rotação do motor:

a) Calcule a potência do motor, em kW;

b) Calcule a pressão média efetiva, em bar;

c) Calcule o consumo específico de combustível, em g/kWh;

d) Calcule o consumo específico de ar, em kg/kWh;

e) Calcule a eficiência volumétrica do motor;

f) Calcule a relação de compressão (pressões totais ou pressão barométrica + pressão estática) do compressor do turboalimentador;

g) Considerando Cpar = 1.004,5 J/kgK, calcule a potência real do compressor do turboalimentador utilizada no trabalho de compressão, em kW;

h) Considerando Kar = 1,4, calcule a eficiência do compressor do turboalimentador.

Respostas:

Rotação do motor	n	rpm	1.900	1.700	1.500	1.300	1.100	900
Potência	N	kW	310,8	309,2	294,0	267,5	229,1	147,1
Pressão média efetiva	PME	bar	17,8	19,8	21,4	22,4	22,7	17,8
Consumo específico de comb.	b comb.	g/(kWh)	205,9	917,9	193,9	190,6	189,9*	199,1
Consumo específico de ar	b ar	kg/(kWh)	5,5	5,3	5,0	4,7	4,3	3,7
Densidade ar coletor admissão	ρ_e	kg/m3	3,0	3,2	3,2	3,2	3,0	2,1
Rendimento volumétrico	ETA_V	%	91,0	91,1	91,4	91,4	90,6	88,9
Relação de compressão	P2/P1	(–)	2,97	3,11	3,10	2,98	2,76	1,89
Potência do compressor	N Comp.	kW	76,4	68,7	58,8	47,7	35,9	12,8
Eficiência do compressor	ETA_C	%	66,0	73,2	6,6	77,2	74,3	68,9

Referências bibliográficas

1. BRUNETTI, F. *Motores de combustão interna*. Apostila, 1992.
2. DOMSCHKE, A. G.; LANDI, F. R. *Motores de combustão interna de embolo*. Departamento de Livros e Publicações do Grêmio Politécnico da USP, 1963.
3. GIACOSA, D. *Motori endotermici*. Ulrico Hoelpi Editores SPA, 1968.
4. JÓVAJ, M. S. et al. *Motores de automóvel*. Editorial Mir, 1982.
5. OBERT, E. F. *Motores de combustão interna*. Porto Alegre: Globo, 1971.
6. TAYLOR, C. F. *Análise dos motores de combustão interna*. São Paulo: Blucher, 1988.
7. HEYWOOD, J. B. *Internal combustion engine fundamentals*. M.G.H. International Editions, 1988.
8. VAN WYLEN, G. J.; SONNTAG, R. E. *Fundamentos da termodinâmica clássica*. São Paulo: Blucher, 1976.
9. ROLLS-ROYCE. *The jet engine*, 1969.
10. WATSON, N.; JANOTA, N. S. *Turbocharging the internal combustion engine*. The Macmillan Press Ltd, 1982.
11. AUTOMOTIVE GASOLINE DIRECT. *Injection engines*. ISBN 0-7680-0882-4.
12 *AUTOMOTIVE* engineering international. Various editions.
13. Bosch Automotive Handbook.
14. Manual Globo do Automóvel.
15. SAE 941873.
16 *Diesel engine reference book*. ISBN 0-7506-2176-1.
17. SAE 2002-01-1672.

Figuras

Agradecimentos às empresas:

A. Honeywell – Garrett.

B. Magneti Marelli.

C. Automotive Engineering International

12

Sistemas de exaustão

Atualização:
André de Oliveira
Sergio Villalva

12.1 Introdução

Qualquer que seja a aplicação do MCI é necessário dispor de um sistema que colete e descarregue os gases de combustão de forma adequada. Os requisitos básicos de um sistema de escapamento são:

- Reduzir o ruído causado pelo motor no ambiente.
- Causar perda mínima de potência do motor.
- Satisfazer exigências operacionais como durabilidade, nível de vibração etc.
- Geometria externa compacta.
- Baixo custo.

Neste capítulo será abordado o processo de descarga de um MCI, avaliando os efeitos:

- Da contrapressão de descarga no desempenho.
- Do comportamento dinâmico.
- Dos sistemas de escapamentos.
- Das noções gerais de como tratar o problema do ruído de descarga.

O dimensionamento mecânico e os problemas de durabilidade e custo do sistema de escapamento não serão abordados.

12.2 O processo de descarga nos motores de combustão interna

De maneira idealizada, pode-se separar o processo de descarga em duas fases. Na primeira, ocorre a "liberação" dos gases de combustão, que se expandem para o coletor de descarga (pois quando a válvula de escapamento é aberta, a pressão no cilindro está muito maior do que a pressão no coletor). Já na segunda fase, o pistão "expulsa" os gases queimados por meio de seu movimento.

O processo de liberação ideal ocorre assumindo-se o pistão estacionário no PMI, ao final do curso de expansão. Os gases que escapam do cilindro sofrem uma expansão livre, sendo este um processo termodinamicamente irreversível. Os gases que permanecem no cilindro sofrem uma expansão adiabática e reversível até a pressão atmosférica, antes que o pistão inicie o curso de exaustão.

A Figura 12.1 mostra um diagrama do processo de liberação dos gases.

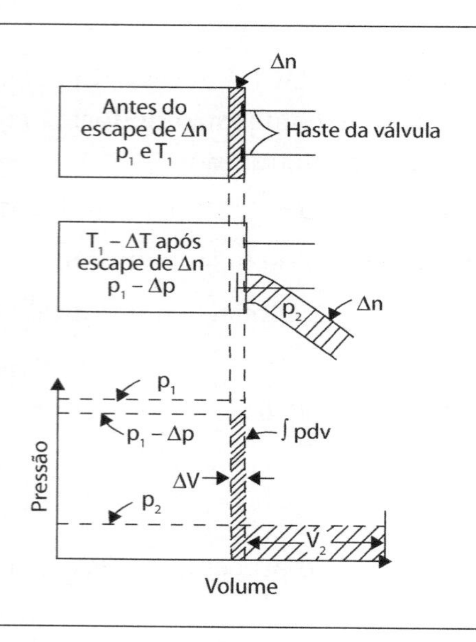

Figura 12.1 – Diagrama do processo de "liberação".

Imediatamente antes de escapar do cilindro, qualquer pequena porção de gases Δn, ocupando o volume de ΔV, tem energia U a uma temperatura T. Os gases restantes no cilindro expandem, realizando trabalho $\int pdv$ sobre Δn, empurrando-os para fora do cilindro. Após escapar do cilindro, o elemento Δn terá energia U_2 e realizará o trabalho $p_2.V_2$, empurrando os outros gases ao longo do coletor de descarga.

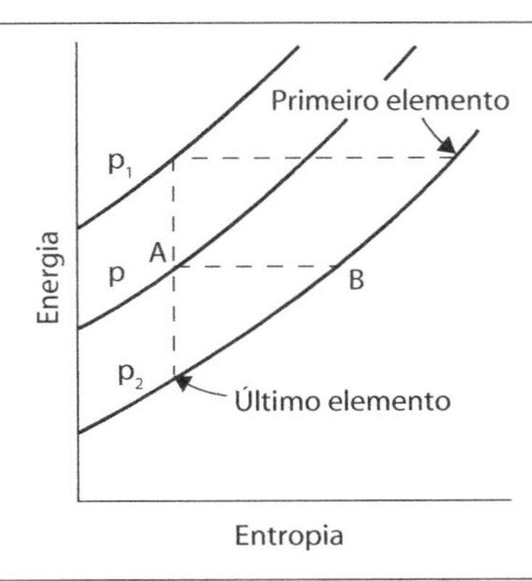

Figura 12.2 – Diagrama de Energia *versus* Entropia para o processo de "liberação".

Considera-se que toda a energia cinética adquirida pelo elemento Δn, ao deixar o cilindro, é dissipada por atrito em energia interna no mesmo elemento e que não ocorra transmissão de calor. Portanto, a equação de energia aplicada a qualquer elemento Δn, originalmente à temperatura T, fornece:

$$U + \int p \cdot dV = U_2 + p_2 \cdot V_2 \qquad \text{Eq. 12.1}$$

Se a porção Δn for infinitamente pequena, o termo $\int pdv$ tende ao produto p.V, onde V é o volume elementar. A Equação 12.1 se torna:

$$U + p \cdot V = U_2 + p_2 \cdot V_2 \qquad \text{Eq. 12.2}$$

ou

$$H = H_2 \qquad \text{Eq. 12.3}$$

A Equação 12.3 mostra que, para um elemento infinitesimal, a entalpia total e a temperatura no coletor de descarga se mantêm as mesmas que no instante imediatamente anterior à expansão livre no cilindro. Portanto, na Figura 12.2, o elemento que escapa à pressão p do cilindro sofre o processo A-B, de tal modo que todas as porções elementares que deixam o cilindro terão as condições finais indicadas pela linha p_2, desde o primeiro até o último elemento. A variação da temperatura dos gases de escape com a posição no coletor, para um dado instante, depende portanto do volume ocupado por cada porção elementar de gás liberado.

Para qualquer porção elementar Δn, que ocupa um volume ΔV no coletor de descarga à pressão p_d, pode-se escrever:

$$p_d \cdot \Delta V = \Delta n \cdot R \cdot T \qquad \text{Eq. 12.4}$$

ou

$$\Delta V = \frac{R}{p_d} \cdot T \cdot \Delta n \qquad \text{Eq. 12.5}$$

Se Δn for infinitamente pequeno, pode-se integrar a Equação 12.5, calculando o volume de gás descarregado no coletor:

$$\int_0^V dV = \frac{R}{p_d} \int_0^n T \cdot dn \qquad \text{Eq. 12.6}$$

A Figura 12.3 ilustra a variação de temperatura dos gases de descarga em função da fração de gases descarregados, calculada a partir da Equação 12.6, e admitindo-se que a fração de gases no cilindro sofre uma expansão adiabática reversível. Nota-se também que, neste caso, 80% dos gases são descarregados durante o processo de liberação, enquanto apenas 20% são "expulsos" pelo movimento do pistão.

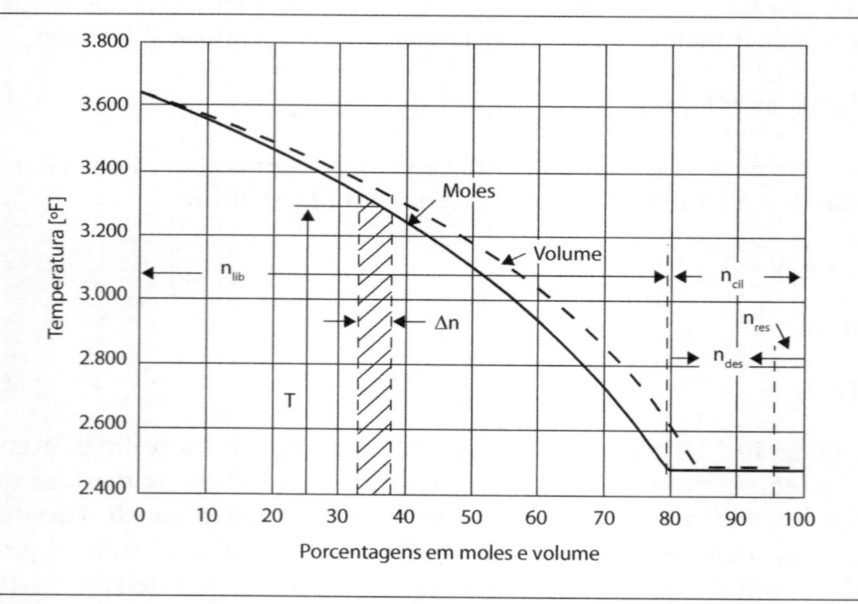

Figura 12.3 – Variação da temperatura nos gases de descarga.

Durante o processo de "liberação", a velocidade do escoamento na válvula de escapamento pode atingir até 800 m/s, o que corresponde à velocidade do som no gás, enquanto na fase de "expulsão" dos gases, a velocidade do escoamento é igual ao produto da velocidade do pistão pela relação entre as áreas do pistão e de passagem na válvula.

Uma vez que o processo de descarga se repete, uma série de gráficos como o da Figura 12.3 representaria a variação da temperatura de escoamento dos gases de descarga, passando por um dado ponto no coletor. Entretanto, ocorrem diversas interações (transmissão de calor entre as porções de gases em seções adjacentes do coletor, transmissão de calor para o coletor, dissipação de energia cinética de um elemento em elemento adjacente, mistura e superposição de descargas), as quais reduzem de maneira apreciável a variação de temperatura dos gases de escapamento nos motores reais.

A temperatura média dos gases de escapamento durante a fase de liberação pode ser obtida utilizando-se a equação da energia para o processo de liberação como um todo. A Figura 12.4 esquematiza o processo, separando o gás em duas partes, n_{cil} e n_{des} que respectivamente permanece no cilindro e é descarregada. Chamando de U a energia total dos gases e lembrando que os gases que deixam o cilindro realizam um trabalho $(p.V)_{des}$ sobre os gases que se encontravam no coletor, tem-se:

$$n_1 \cdot u_1 = n_{cil} \cdot u_{cil} + n_{des} \cdot \left[u_{des} + (p \cdot V)_{des} \right]$$

$$n_{des} \cdot h_{des} = n_1 \cdot u_1 - n_{cil} \cdot u_{cil} \qquad \text{Eq. 12.7}$$

Sendo u_{cil} a energia dos gases que permanecem no cilindro, u_{des} a energia dos gases de escapamento e h_{des} a entalpia total dos gases de escapamento por unidade molar dos gases de descarga.

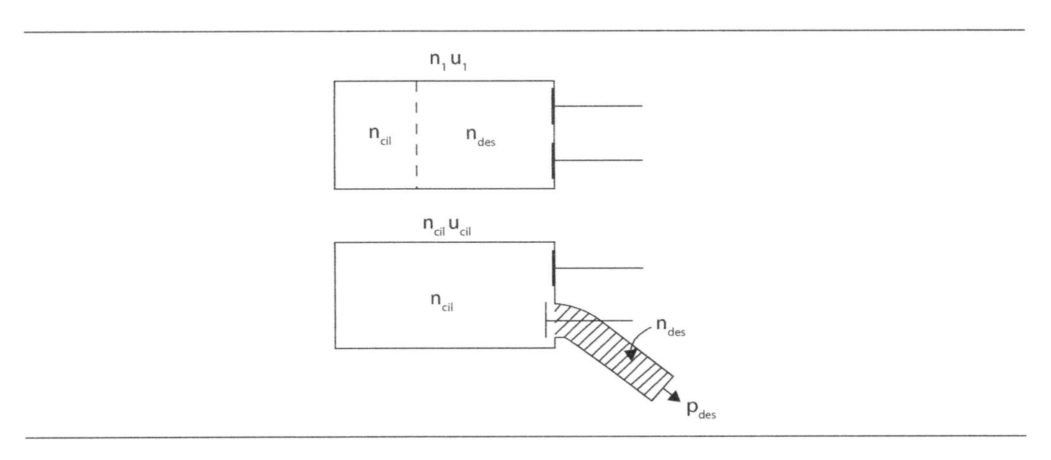

Figura 12.4 – Esquema para análise de temperatura média dos gases liberados.

A Equação 12.7 permite calcular a entalpia dos gases liberados conhecendo-se a condição dos gases no cilindro ao final do curso de expansão.

A temperatura e o número de moles dos gases que permanecem no cilindro são determinados ao admitir-se que sofreram uma expansão adiabática e reversível, a partir da condição 1.

No processo de "expulsão" dos gases, o pistão empurra para fora o volume correspondente à cilindrada unitária. No processo ideal, tal fato ocorre após a pressão no cilindro ter atingido a pressão de descarga e implica simplesmente um deslocamento dos gases queimados no coletor.

A condição dos gases de descarga, incluindo os gases liberados e expulsos, pode ser determinada aplicando-se a conservação de energia para o sistema de gases antes e após a descarga. A Figura 12.5 ilustra esquematicamente o sistema, sendo n_{lib} e n_{res} as unidades molares dos gases liberados e expulsos, respectivamente.

$$n_1 \cdot u_1 + p_{des} \cdot V_d = n_{res} \cdot u_{res} + (n_1 - n_{res}) \cdot u_{des} + (n_1 - n_{res}) \cdot (p \cdot v)_{des}$$

ou

$$h_{des} = \frac{n_1 u_1 + p_{des} \cdot V_d - n_{res} \cdot u_{res}}{(n_1 - n_{res})} \qquad \text{Eq. 12.8}$$

onde V_d é a cilindrada unitária do motor, p_{des} é a pressão dos gases de escapamento e u_{res} a energia dos gases residuais dentro do cilindro.

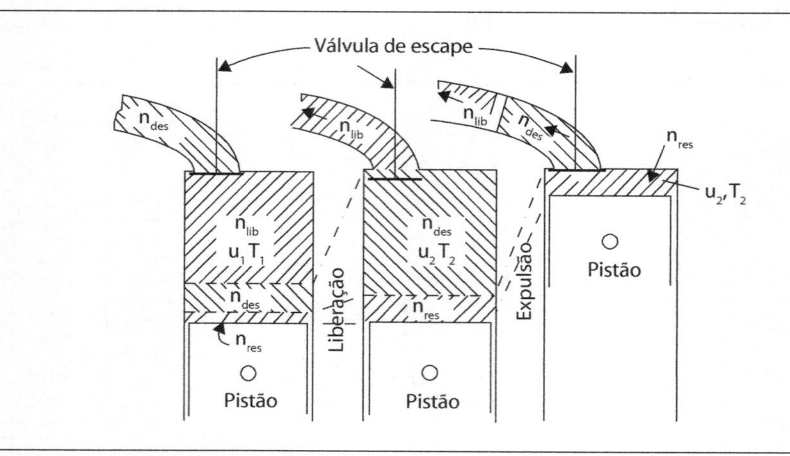

Figura 12.5 – Representação esquemática do processo de descarga.

Conhecendo-se a condição média dos gases de escapamento (Equação 12.8) e sua vazão em massa (número de moles eliminados em um ciclo do motor), pode-se calcular a velocidade média no coletor de escapamento, ou dimensionar o diâmetro do coletor para limitar a velocidade de escoamento e portanto as perdas de descarga.

Deve-se lembrar que no equacionamento desenvolvido anteriormente, admitiu-se que toda a energia cinética dos gases era dissipada em energia interna dos gases de escapamento.

Em um outro processo ideal de descarga, admite-se que não ocorra dissipação alguma da energia cinética, e que essa energia possa ser absorvida por uma turbina de impulso. Neste caso, aplicando-se a conservação de energia ao processo esquematizado na Figura 12.5, considerando as fases de liberação e de expulsão dos gases, obtém-se:

$$n_l \cdot u_l + p_{des} \cdot V_d = (n_l - n_{res}) \cdot (u_{des} + p_{des} \cdot v_{des}) + n_{res} \cdot u_{des} + E_t \qquad \text{Eq. 12.9}$$

E_t é a energia cinética total dos gases de descarga, correspondendo à soma da energia cinética dos gases na fase de liberação, E_{lib}, com a energia cinética dos gases, na fase de expulsão, E_{des}.

A energia cinética pode ser calculada idealmente durante a fase de liberação dos gases, por meio da variação adiabática reversível de entalpia entre as condições do cilindro e as condições no coletor de descarga.

Nessas condições:

$$E_{lib} = (n_l - n_{cil}) \cdot (h_l - h_{cil}) \qquad \text{Eq. 12.10}$$

Na fase de expulsão dos gases, a velocidade de descarga V_{des} é proporcional à velocidade do pistão V_p:

$$V_{des} \propto \frac{A_p}{A_{des}} \cdot V_P \qquad \text{Eq. 12.11}$$

onde A_p e A_{des} são áreas do pistão e da válvula de escapamento respectivamente.

A energia cinética, nessa fase, pode ser obtida por meio da integração:

$$E_{des} = \int \frac{V_{des}^2}{2} dm \qquad \text{Eq. 12.12}$$

onde dm é a massa elementar sendo expulsa do cilindro.

A Figura 12.6 mostra a velocidade ideal de liberação e expulsão dos gases. Deve-se notar que a velocidade ideal de liberação é inicialmente bastante superior à velocidade do som nos gases de descarga, o que implica o caso real em um escoamento bloqueado na válvula de escapamento e uma perda considerável de energia cinética após a válvula.

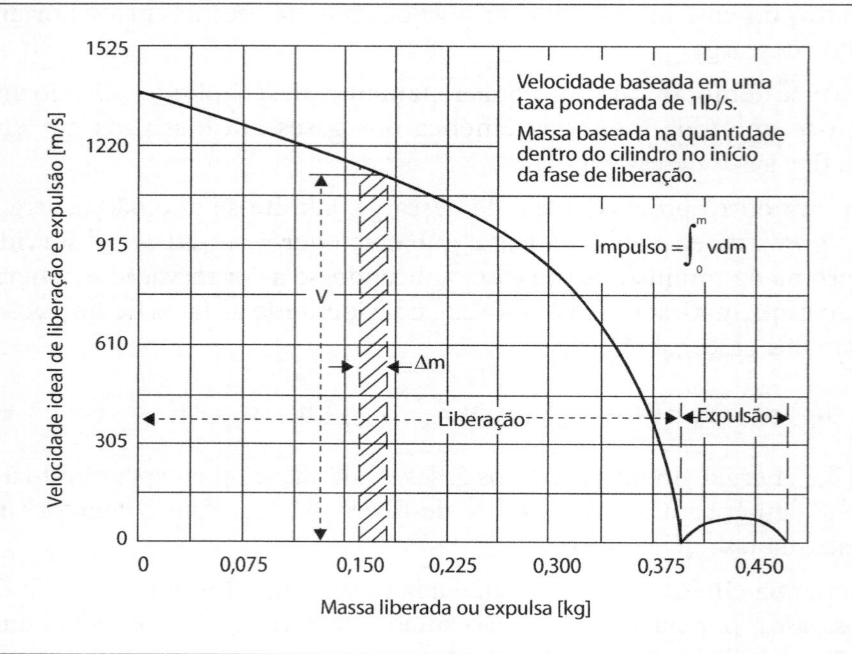

Figura 12.6 – Velocidade ideal de descarga dos gases.

Além disso, a variação de velocidade de descarga dos gases cria dificuldades ao funcionamento da turbina de impulso com alta eficiência. Desse modo, nos motores reais, somente uma fração pequena de energia cinética ideal dos gases (20% a 30%) pode ser transformada em trabalho na turbina.

Uma vez analisado o processo de descarga dos motores, nota-se a influência da contrapressão de escape na eficiência e na potência do motor. Vale mencionar que os sistemas de escapamento são projetados para que se tenha a mínima contrapressão no escapamento durante o período de descarga, uma vez que o trabalho realizado para "expulsar" os gases queimados é diretamente proporcional a essa contrapressão. Além disso, um acréscimo de contrapressão de descarga provoca um aumento da fração de gases residuais no cilindro e diminui a eficiência volumétrica de um MIF de quatro tempos. Nota-se que, para pressões reduzidas no coletor de admissão (cargas parciais), o efeito é mais pronunciado, em decorrência da importância maior da fração dos gases residuais. Embora os dados, a rigor, dependam do projeto particular do motor, podem-se utilizar as curvas da Figura 12.7 como uma indicação para o caso geral.

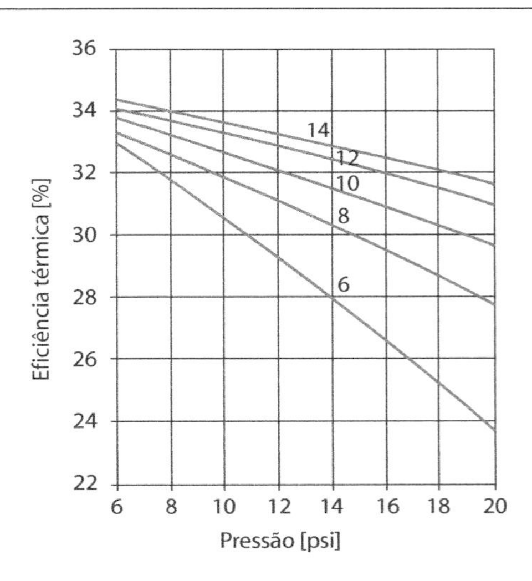

Figura 12.7 – Variação da eficiência térmica com a pressão no coletor de escapamento.

A Figura 12.8 mostra o efeito da pressão de escapamento na pressão média indicada no mesmo MIF.

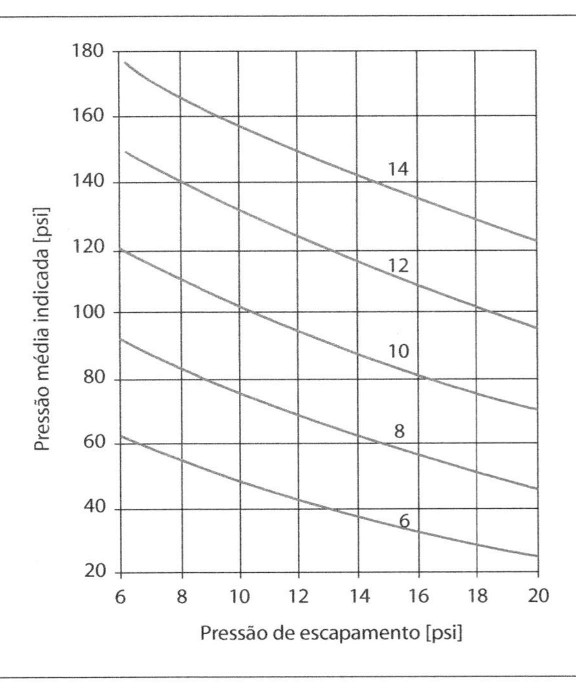

Figura 12.8 – Variação da pressão média indicada com a pressão no coletor de escapamento.

A Figura 12.9 mostra a perda percentual de potência de uma série grande de motores em função da contrapressão de escapamento. Nota-se que existe uma dispersão bastante grande dos resultados que dependem dos efeitos dinâmicos dos coletores, cruzamento de válvulas etc.

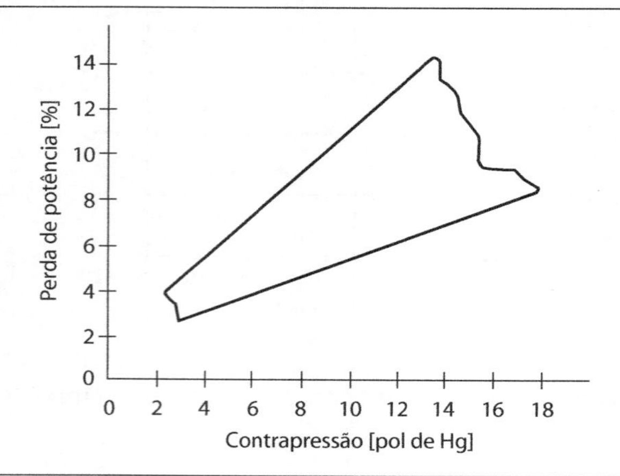

Figura 12.9 – Efeito da contrapressão de escapamento na potência de motores de aspiração natural.

Vê-se, portanto, que o sistema de descarga deve ser projetado para impor restrições mínimas ao escoamento, utilizando curvas suaves e contornos arredondados sempre que possível.

12.3 Efeitos dinâmicos em coletores de escapamentos

12.3.1 Disposição geral dos coletores de escapamento

Já foi mencionado que os sistemas de escapamento são projetados para que se tenha a mínima contrapressão de escapamento durante o período de descarga para reduzir o trabalho necessário para "expulsar" os gases e melhorar a lavagem dos cilindros. Assim, a descarga de vários cilindros em um mesmo coletor pode provocar (dependendo da duração do período de abertura das válvulas de escape) interferência e aumento da contrapressão em momentos críticos, como por exemplo durante o cruzamento das válvulas.

Dessa maneira, o coletor de descarga ideal deverá ter ramos separados para cada cilindro; ramos esses que podem se juntar de maneira suave em um único tubo ou em um grupo de tubos de descarga a alguma distância do bloco do motor.

Supondo em ordem de preferência, seria utilizado um sistema de descarga que dividisse o coletor em vários ramos, de modo a impedir que dois cilindros descarregassem simultaneamente no mesmo ramo. Esse tipo de solução complica o projeto de coletores para motores de quatro cilindros, mas pode ser aplicado facilmente em motores de seis cilindros em linha, uma vez que os primeiros três cilindros podem ser conectados a um dos ramos e os três últimos a outro ramo, e se juntam em um mesmo tubo, a alguma distância do motor.

Para ângulos grandes de cruzamento de válvulas, é necessário utilizar tubos individuais de saída que são juntados de maneira suave no ramo correspondente.

Outra solução interessante, que não considera a disponibilidade do espaço para a instalação do motor, é a utilização de tubos individuais curtos que descarreguem em uma galeria comum.

12.3.2 Sintonia de tubos de escapamento

O tubo de escapamento de um cilindro se comporta, para efeitos dinâmicos, como um tubo de órgão fechado em uma extremidade.

A frequência fundamental natural de vibração longitudinal do gás dentro de um tubo com essa configuração é: $f = C/4L$ Eq. 12.13

Onde:

C: velocidade do som no gás.

L: comprimento do tubo.

A velocidade do som em um gás perfeito é dada por:

$$C = \sqrt{(k\ RT)} \qquad \text{Eq. 12.14}$$

que, nesse caso dos gases de escapamento, pode ser escrito de modo aproximado como:

$$C[m/s] = 19 \cdot \sqrt{(T[K])} \qquad \text{Eq. 12.15}$$

A Figura 12.10 ilustra a amplitude de vibração das partículas e da variação de pressão ao longo do tubo, além de apresentar uma construção gráfica que permite calcular a amplitude e a pressão em qualquer seção do tubo.

Uma maneira de entender a formação de uma onda estacionária no tubo da Figura 12.10 é a seguinte: imagine que, no instante inicial, tem-se uma onda de pressão na extremidade fechada do tubo, a qual caminha ao longo do comprimento do tubo com a velocidade do som, atingido a extremidade livre em um tempo L/C.

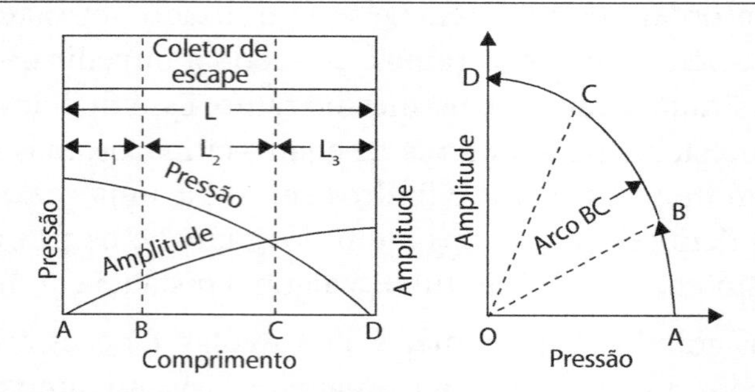

Figura 12.10 – Diagramas para a frequência fundamental da vibração em um tubo fechado em uma extremidade.

Quando essa onda atinge a extremidade livre, tem-se uma onda de depressão refletida, que caminha de volta pelo tubo, atingindo a extremidade fechada no instante 2L/C, como uma depressão. Nesse instante, ela se reflete na extremidade bloqueada como uma onda de depressão, caminha com a velocidade do som no sentido da extremidade aberta, que atinge no instante 3L/C. Atingindo a extremidade aberta, a onda é refletida como uma onda de pressão que retorna no tubo, atingindo a extremidade fechada no instante 4L/C. Se nesse instante existir outra onda de pressão sendo emitida da superfície bloqueada, seus efeitos se somarão, e assim sucessivamente. Desse modo, se estiver emitindo uma onda estacionária com uma frequência f = C/4L, esta se comportará conforme a Figura 12.10.

Se o tubo de escapamento tiver várias seções, como representado na Figura 12.11, pode-se usar o método gráfico aproximado para cálculo da frequência fundamental de vibração, representado na mesma figura.

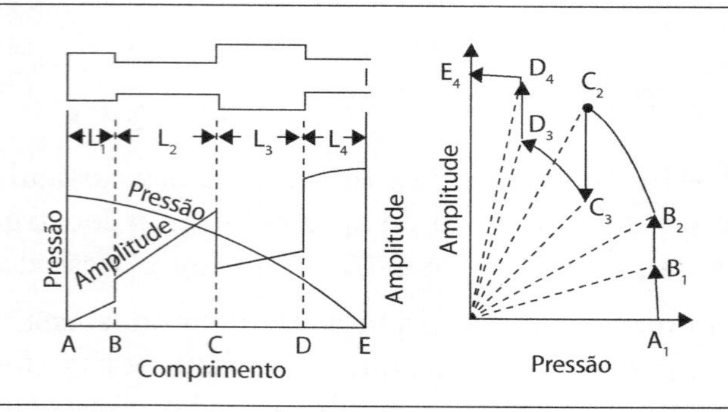

Figura 12.11 – Diagramas para a frequência fundamental de vibração em tubo complexo com uma extremidade fechada.

Deve-se mencionar que a velocidade do som não se altera com a variação de área do tubo, mas a amplitude de vibração do gás apresenta variação. Além disso, essa vibração é inversamente proporcional às áreas das seções:

$$\frac{\text{amplitude 1}}{\text{amplitude 2}} = \frac{\text{área 2}}{\text{área 1}} \qquad \text{Eq. 12.16}$$

Toda vez que a seção muda abruptamente, a amplitude do diagrama polar é deslocada para maior ou menor, conforme a Equação 12.16, sem que ocorra qualquer variação de pressão.

Os arcos no diagrama polar correspondem ao comprimento de cada trecho do tubo.

Assim:

$$\text{arco } \widehat{A_1B_1} = 360\frac{f \cdot L_1}{C} \qquad \text{Eq. 12.17}$$

ou

$$\text{arco } \widehat{B_2C_2} = 360\frac{f \cdot L_2}{C} \qquad \text{Eq. 12.18}$$

Admite-se uma frequência e traça-se o diagrama polar. Se o arco que corresponde à extremidade livre do tubo terminar no eixo das amplitudes, a frequência é a correta. Outras frequências naturais acima da fundamental podem ser obtidas se os diagramas polares fecharem em 270°, 450° etc.

A sintonia do tubo de descarga, para obtenção de uma melhor lavagem ou sobrealimentação em motores de dois tempos, dá resultados consideráveis (aumento de potência de até 30%). Em motores de quatro tempos o efeito é menor, mas não desprezível.

A Figura 12.12 mostra a variação da pressão no cilindro, no coletor de admissão e no coletor de descarga de um MIC.

A análise da Figura 12.12 mostra que é desejável se ter pressão reduzida no coletor de descarga durante o cruzamento das válvulas (entre IO e EC) de modo a assegurar uma melhor lavagem do cilindro. Nesse caso, o comprimento do coletor de descarga deve ser tal que o pulso de pressão que ocorre em seguida a abertura da válvula de descarga (EO) atinja a extremidade do tubo e retorne como uma onda de rarefação que atinja a válvula no instante do cruzamento das válvulas. Por exemplo, se a válvula de escape abre a 60° antes do PMI (pode-se admitir que o pulso de pressão leva cerca de 15° para atingir o máximo valor no coletor), o tempo disponível para a onda de pressão atingir

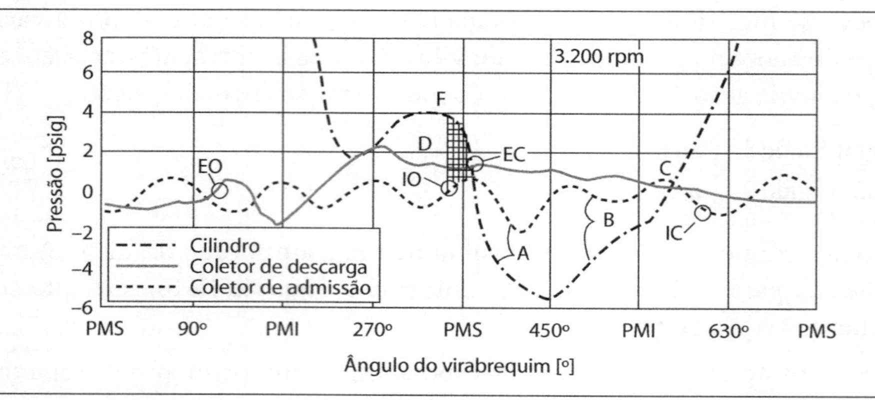

Figura 12.12 – Pressão no cilindro e nos coletores de admissão e descarga de um motor de quatro tempos de ignição por compressão, obtidas experimentalmente.

a extremidade do tubo de descarga e retornar à válvula como uma onda de rarefação será igual ao tempo correspondente à variação angular de 45° + 180°. Portanto, a frequência natural do coletor deve ser:

$$f[\text{Hz}]=\frac{360^\circ}{225^\circ}\cdot\frac{n\,(\text{rpm})}{60}\cdot\frac{1}{2} \qquad \text{Eq.12.19}$$

onde o fator 1/2 foi introduzido pelo fato de o tempo entre a partida da onda de pressão e o retorno da onda de rarefação corresponder a meio período.

Se o tubo de escapamento tem diâmetro constante, seu comprimento pode ser obtido de:

$$f=\frac{360}{225}\cdot\frac{n}{60}\cdot\frac{1}{2}=\frac{C_s}{4L} \qquad \text{Eq. 12.20}$$

onde C é a velocidade do som nos gases de descarga (≈ 500 ~ 550 m/s).

A Figura 12.13 mostra a pressão no cilindro, no coletor de admissão e no coletor de descarga de um motor Diesel sem sintonia e com sintonia de escapamento.

A condição de baixa pressão durante a lavagem é conseguida de maneira análoga à explicada para o motor de quatro tempos, ou seja, ajustando-se o comprimento do tubo de descarga. Já o aumento de pressão após o fechamento da janela de admissão é obtido adicionando-se uma placa de reflexão ao sistema de escapamento ou, no caso de motores multicilindros, por meio do arranjo

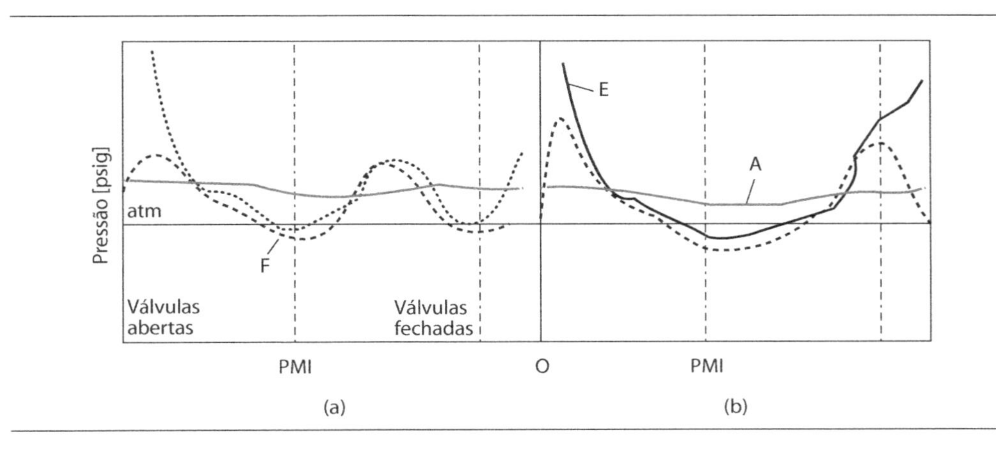

Figura 12.13 – Pressão no cilindro (E), no coletor de descarga (F) e no coletor de admissão (A) para um motor Diesel de dois tempos: (a) sem sintonia (b) com sintonia de escapamento.

dos coletores de escapamento, de modo que o pulso de descarga de outro cilindro aconteça no coletor no instante do fechamento das janelas.

A Figura 12.14 mostra o ganho de potência obtido com a sincronização dos coletores de descarga.

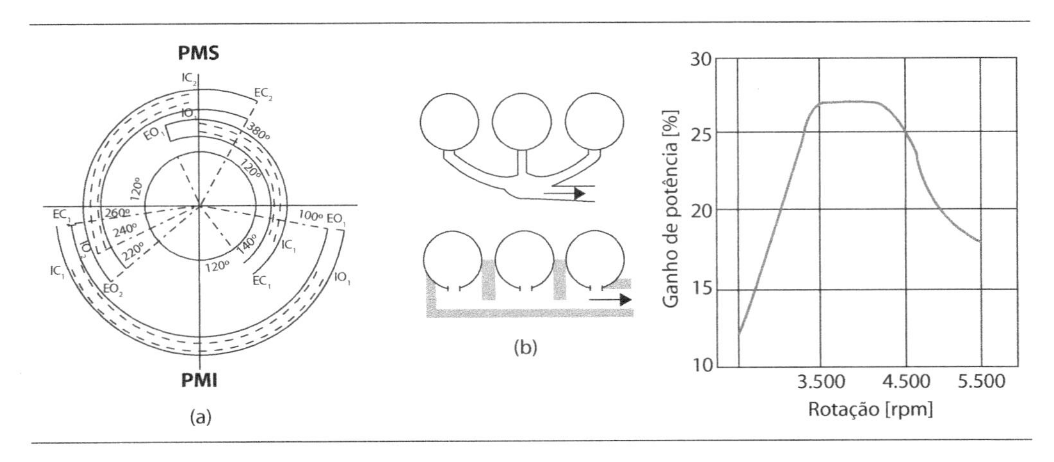

Figura 12.14 – Disposição dos coletores (a) e ganho de potência em virtude da sincronização dos coletores de descarga (b).

12.4 Atenuação de ruído em sistemas de exaustão

Outra função primordial do sistema de escapamento é a atenuação de ruído. Esta função, ainda que intuitiva, não é inteiramente compreendida por alguns grupos de trabalho. Pode-se imaginar um escapamento furado e o nível elevado de ruído que ele emite.

O gráfico da Figura 12.15 mostra a contribuição do ruído de exaustão no ruído interno de um veículo, entre outras fontes relevantes em um sistema automotivo. Percebe-se então a importância do projeto, adequando o sistema de escapamento também sob o ponto de vista acústico. Em altas velocidades, o ruído da cabine é determinado pelos pneus e pelo vento, enquanto, na aceleração, o ruído é determinado por um balanço entre *powertrain*, rolagem (pneus), escapamento e filtro de ar.

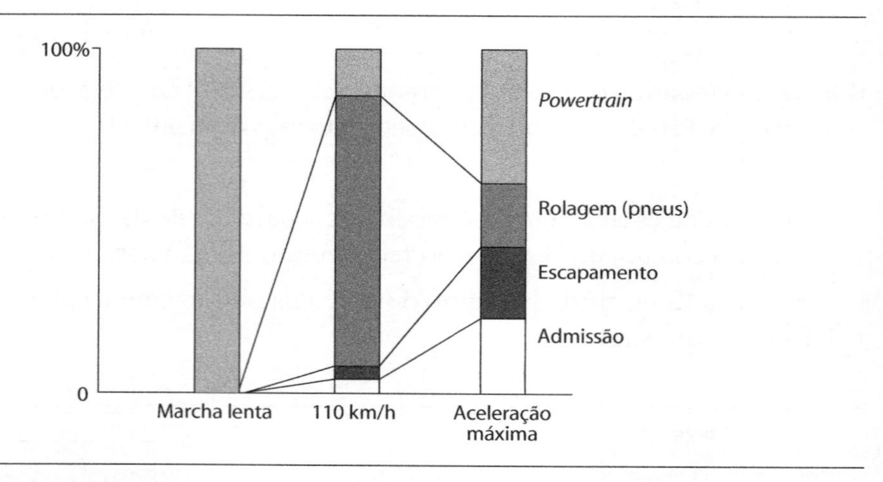

Figura 12.15 – Contribuição de fontes acústicas em uma cabine automotiva típica.

Olhando de forma mais simplista para facilitar a compreensão, as fontes de ruído podem ser divididas conforme apresentado na Figura 12.16.

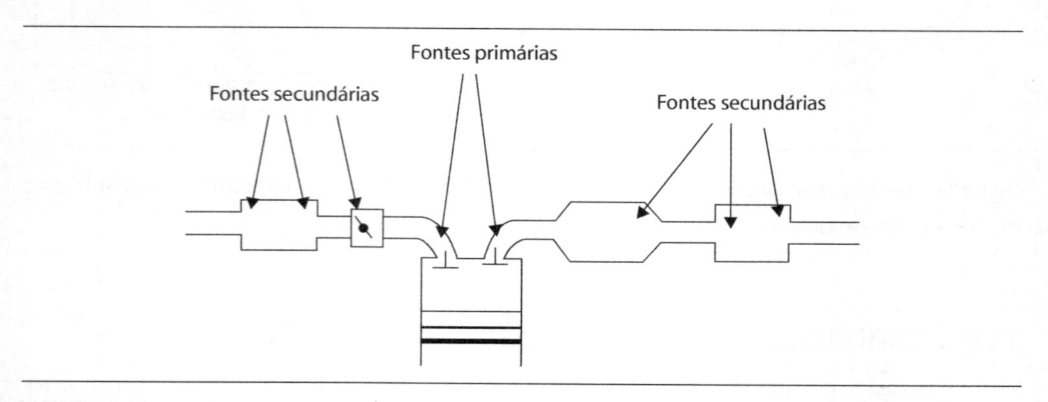

Figura 12.16 – Simplificação das fontes acústicas de um MCI.

Fontes primárias

Relacionadas às flutuações cíclicas de massa e entropia nas válvulas de admissão e descarga, associadas às partes móveis. A ação da onda envolve processos não lineares e é mais bem caracterizada no domínio do tempo.

Fontes secundárias

Relacionadas ao espalhamento dos vórtices com escoamento turbulento, que correspondem a processos não lineares ou quase lineares em alguns casos. Nestes casos, os fenômenos podem ser bem descritos no domínio do tempo ou da frequência.

As emissões de ruído ocorrem primeiramente nas terminações abertas e são representadas como níveis espectrais de pressão sonora. Logicamente, a radiação de ruído é uma interação entre fontes e caminhos de transmissão.

Do ponto de vista acústico, um sistema de escapamento é uma sequência de elementos, conectados por tubos, visando atenuar o ruído proveniente do motor. O *muffler* é um dos principais componentes de atenuação e, portanto, foco deste capítulo.

A Figura 12.17 mostra um sistema de escapamento simplificado, com *muffler*.

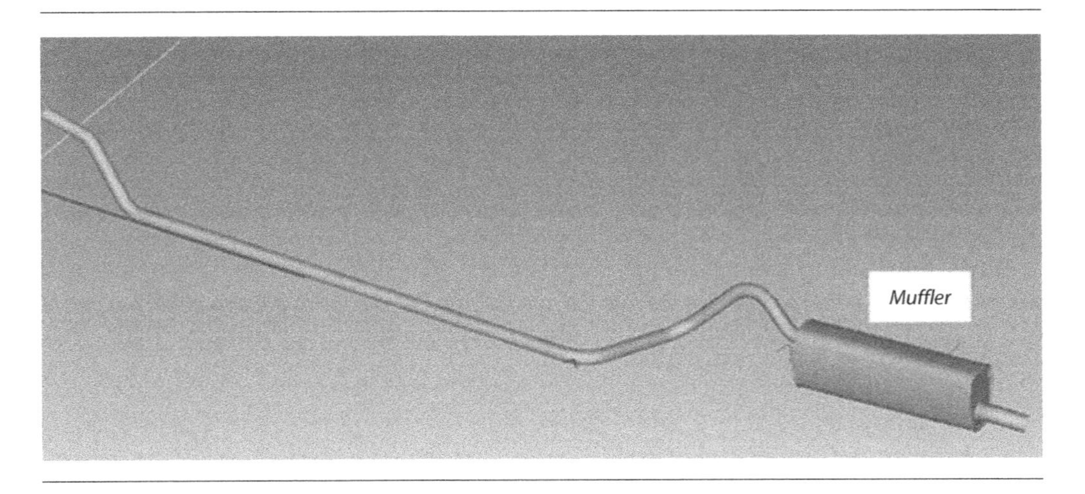

Figura 12.17 – Sistema simplificado de escapamento.

12.4.1 Princípios de acústica em dutos

Seja o duto da Figura 12.18, no qual está posicionada uma fonte sonora na entrada e uma terminação que, por hora, não rígida. A fonte sonora produz uma onda incidente que vai atingir a terminação. Uma parte dessa energia será refletida e outra parte será transmitida.

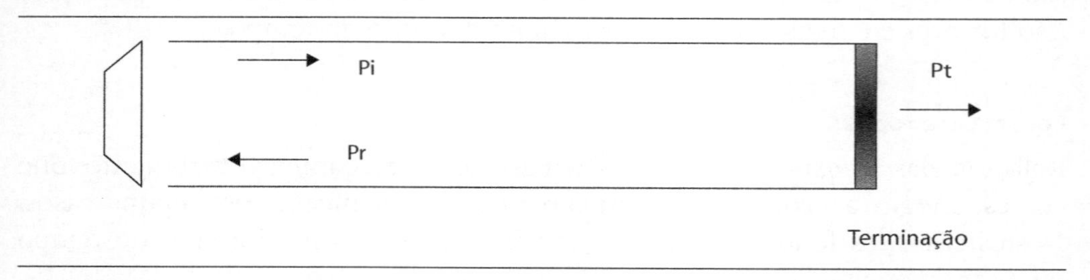

Figura 12.18 – Propagação idealizada de ondas em um duto.

A atenuação de sistemas de exaustão é primordialmente dada pela reflexão das ondas que viajam dentro do sistema de dutos. Esse sistema é denominado reativo. Desta forma, a minimização da potência sonora transmitida é, em essência, o objetivo principal do projeto do escapamento do ponto de vista acústico.

A terminação neste ponto torna-se agora importante para a compreensão dos fenômenos.

A Figura 12.19 mostra um tubo com terminação rígida em x = L, excitada por um pistão móvel com área transversal S, em x = 0, gerando pulsos de pressão e velocidade de partícula.

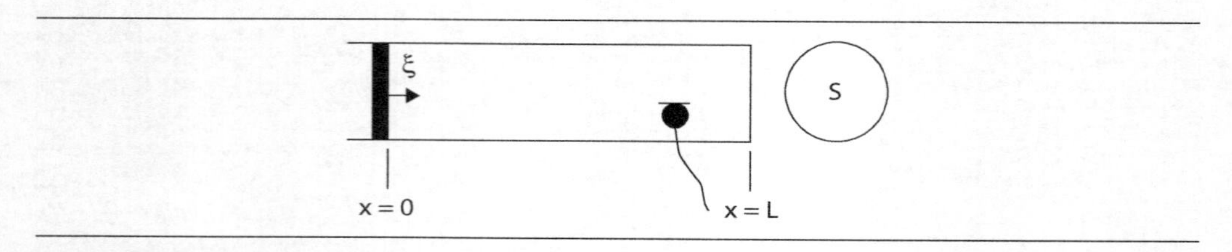

Figura 12.19 – Duto excitado por pistão.

Considerando que a terminação em L está fechada, esse duto possui ressonâncias acústicas em $f_n = \frac{nC}{2L}$, sendo C a velocidade do som no ar, L o comprimento do tubo e n um valor inteiro.

Considera-se, agora, a terminação em x = L aberta. As ressonâncias desse mesmo tubo agora poderão ser obtidas pela expressão $f_n = \frac{2(n-1)C}{4L}$ para n ímpar.

Para um tubo de 1 metro de comprimento (equivalente a um escapamento) são obtidas três ressonâncias até 1 kHz: 85,75, 428,25 e 771,75 Hz.

Dessa breve explicação, podem-se extrair duas informações muito importantes:

- Mesmo que o escapamento tenha a função de atenuar o ruído que passa pelo tubo, ele tem ressonâncias, nas quais ocorrerão as máximas transmissões da potência sonora para fora, ou seja, não só não haverá atenuação como poderá ocorrer magnificação do ruído em algumas frequências. Trabalhar nessas faixas de frequência é a base do projeto de sistemas de escapamento, do ponto de vista acústico.
- A terminação desempenha um papel fundamental no comportamento do duto. A onda produzida pelo pistão gera pulsos de pressão sonora e velocidade de partícula (ver Capítulo 16, "Ruído e Vibrações") que viajará através do duto e encontrará a terminação. O que a onda observa é a impedância acústica da terminação, definida como a razão Z = P/U (pressão sonora sobre velocidade de partícula). A condição de contorno definida pela impedância na entrada e na saída é fundamental para o modelamento correto do sistema de escapamentos.

12.4.2 Desempenho de filtros acústicos

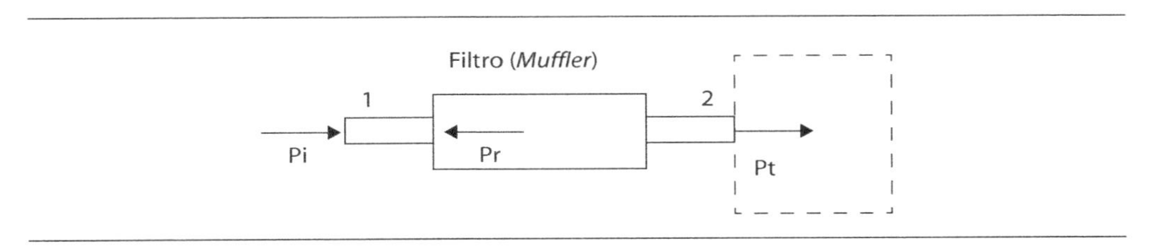

Figura 12.20 – TL, IL, LD.

O desempenho de um filtro acústico é medido por um dos seguintes parâmetros: perda por inserção – IL, perda de transmissão – TL, e a diferença de nível – LD, também denominada redução de ruído – NR (Figura 12.20).

A perda por inserção é definida como a diferença entre a potência acústica irradiada por um sistema sem e com um filtro acústico.

$$IL = L_{W1} - L_{W2} = 10 \log\left(\frac{W1}{W2}\right) \qquad \text{Eq. 12.21}$$

Os índices 1 e 2 na Equação 12.21 representam os sistemas sem e com o filtro acústico, respectivamente. L_W e W correspondem, respectivamente, ao nível de potência sonora em dB e à potência sonora irradiada em W.

A perda de transmissão é independente da fonte e presume uma terminação anecoica na saída. Ela descreve o desempenho da câmara de expansão, sendo definida como a diferença entre o nível de potência sonora incidente na câmara e aquele transmitido para a terminação anecoica.

$$TL = L_{Wi} - L_{Wt} = 10\log\left(\frac{Wi}{Wt}\right) \qquad \text{Eq. 12.22}$$

Diferentemente da perda de transmissão, a redução de ruído faz uso de ondas estacionárias e não requer o uso de uma terminação anecoica, sendo obtida a partir da diferença dos níveis de pressão sonora em dois pontos arbitrários, fixados em cada tubo do ressonador. A redução de ruído corresponde à diferença entre os níveis de pressão sonora em dois pontos arbitrários, na entrada e na saída do filtro.

$$LD = 20\log\left(\frac{P1}{P2}\right) \qquad \text{Eq. 12.23}$$

A curva da Figura 12.21 mostra a perda de transmissão TL de um filtro acústico típico de aplicações de dutos.

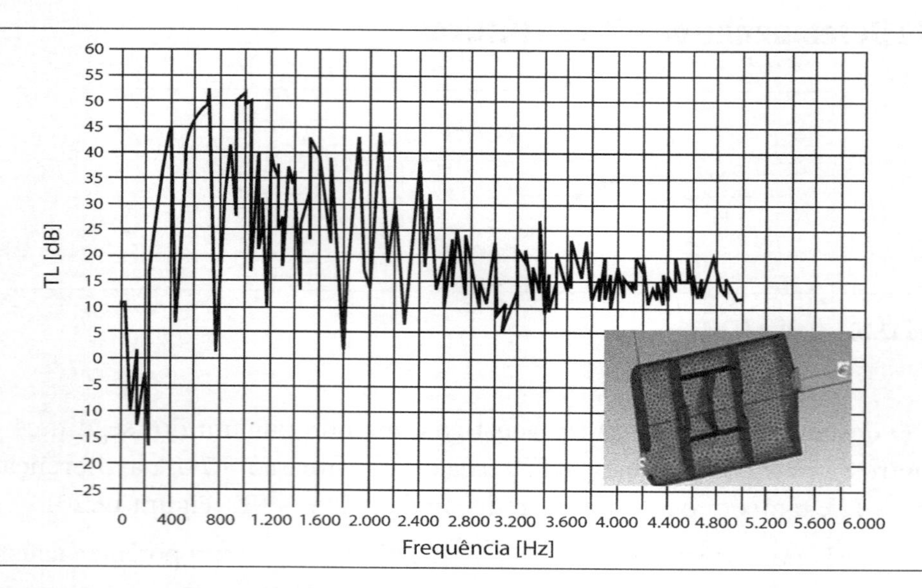

Figura 12.21 – Curva de perda de transmissão de um dado filtro.

A leitura desta curva é simples: quanto maior o valor na curva, melhor é o comportamento do filtro naquela frequência. Quanto menor o valor, tem-se atenuação nula ou então amplificação do ruído que entra no sistema. São nessas faixas de baixa atenuação que podem ser usados alguns elementos acústicos adicionais, que serão descritos a seguir.

12.4.3 Elementos acústicos de atenuação

12.4.3.1 CÂMARA DE EXPANSÃO

O primeiro elemento acústico utilizado para aumentar o desempenho de um *muffler* é a câmara de expansão. A câmara de expansão existe quando há uma descontinuidade na área transversal de S_1 para S_2, tanto na entrada como na saída, conforme ilustrado na Figura 12.22. O comprimento L da câmara é calculado para que contenha, no mínimo, um quarto do comprimento de onda da menor frequência (f_n) que se deseja atenuar.

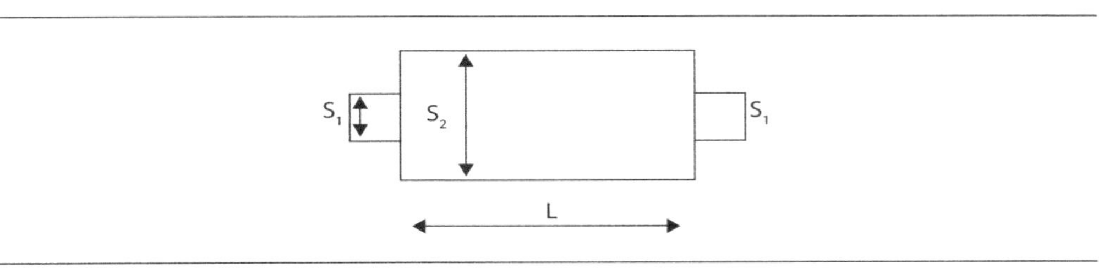

Figura 12.22 – Câmara de expansão simples.

A expressão para a perda de transmissão fica:

$$TL = 10\log\left[\cos 2\left(\frac{\pi}{2}\frac{f}{fn}\right) + 0.25\left(\frac{S_2}{S_1} - \frac{S_1}{S_2}\right)^2 \operatorname{sen}^2\left(\frac{\pi}{2}\frac{f}{fn}\right)\right] \quad \text{Eq. 12.24}$$

$f_n = C/4L$

Para uma série de razões de áreas S_2/S_1, a perda de transmissão fica conforme mostrado na Figura 12.23.

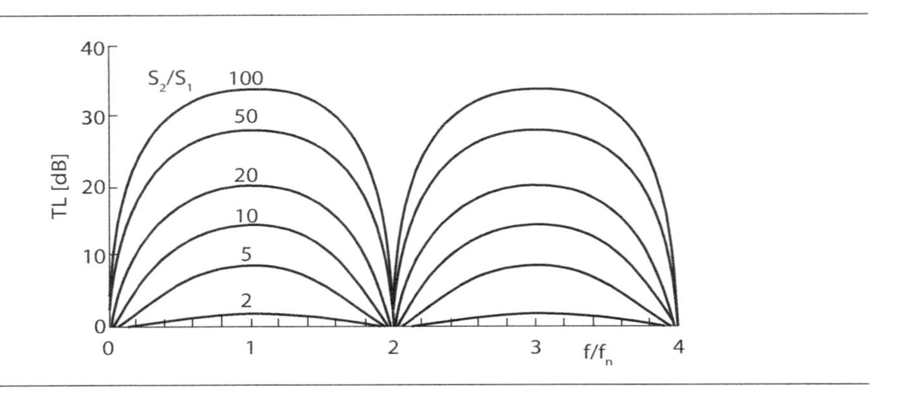

Figura 12.23 – TL em câmara de expansão simples.

12.4.3.2 RESSONADOR DE HELMHOLTZ

Seja um duto que, como já se sabe, apresenta ressonâncias acústicas. Neste duto será acoplado um volume V, com um pescoço de área S e comprimento L, conforme ilustrado na Figura 12.24.

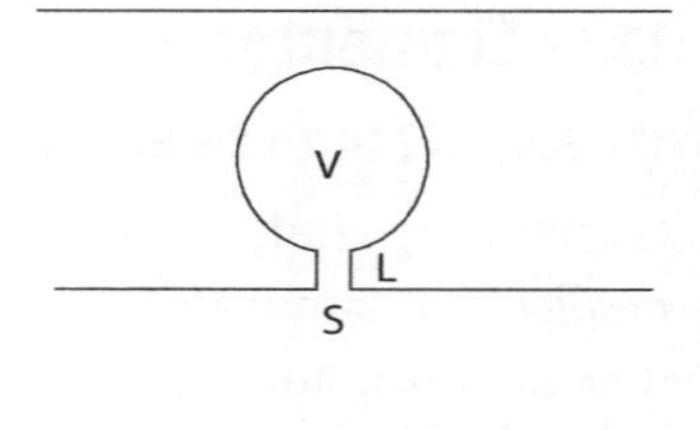

Figura 12.24 – Ressonador de Helmholtz.

Quando as dimensões da cavidade acústica são pequenas, se comparadas ao comprimento de onda, o sistema comporta-se como um sistema mecânico de um grau de liberdade. O volume V está relacionado com a massa, o volume de ar do pescoço assume o comportamento da mola e o amortecimento está ligado à transferência de calor por atrito.

A frequência de ressonância do sistema de Helmholtz deve ser sintonizada com a frequência, que deverá ser atenuada no duto, da mesma forma que um sistema mecânico com neutralizador dinâmico:

$$f = \frac{1}{2\pi}\sqrt{\frac{K}{M}} = \frac{1}{2\pi}\sqrt{\frac{S}{L_{eq}V}} \qquad \text{Eq. 12.25}$$

Onde S é a área do pescoço, V é o volume da cavidade, L_{eq} é o comprimento equivalente do pescoço e a é o raio do duto do pescoço:

$L_{eq} = L + L \cdot 7a$ (terminação flangeada)

$L_{eq} = L + L \cdot 5a$ (terminação não flangeada)

Para uma atenuação de frequência de 250 Hz, uma possibilidade de ressonador de Helmholtz é mostrada na Figura 12.25.

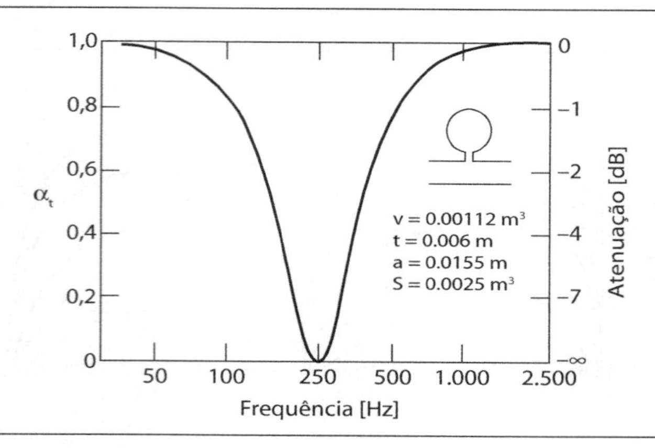

Figura 12.25 – Atenuação do ressonador de Helmholtz em 250 Hz.

Desconsiderando os efeitos de viscosidade e a transferência de energia do tubo para o ressonador, toda a energia é absorvida pelo ressonador. Na ressonância do elemento, a transmissão é nula. Nessa frequência, existem elevadas velocidades de volume dentro do ressonador de Helmholtz, mas toda energia acústica transmitida à cavidade do ressonador pela onda incidente é devolvida ao duto principal com diferença de fase tal que é totalmente devolvida à fonte.

Como exemplo há o sistema de escapamento conceitual da Figura 12.26, onde existem três ressonâncias entre 10 a 1.000 Hz.

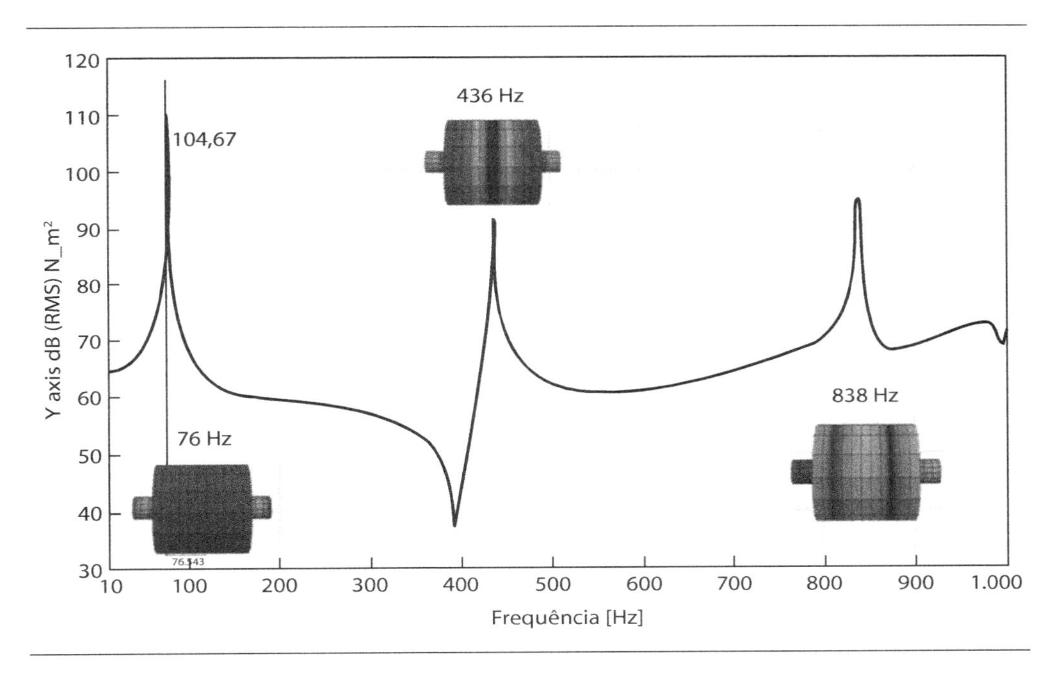

Figura 12.26 – Ressonâncias acústicas de um sistema de escapamento conceitual.

Um ressonador é projetado para atenuar a primeira frequência e, assim que acoplado, a resposta acústica do escapamento sofre uma atenuação, na frequência para a qual o ressonador foi projetado, de aproximadamente 15 dB, conforme mostrado na Figura 12.27.

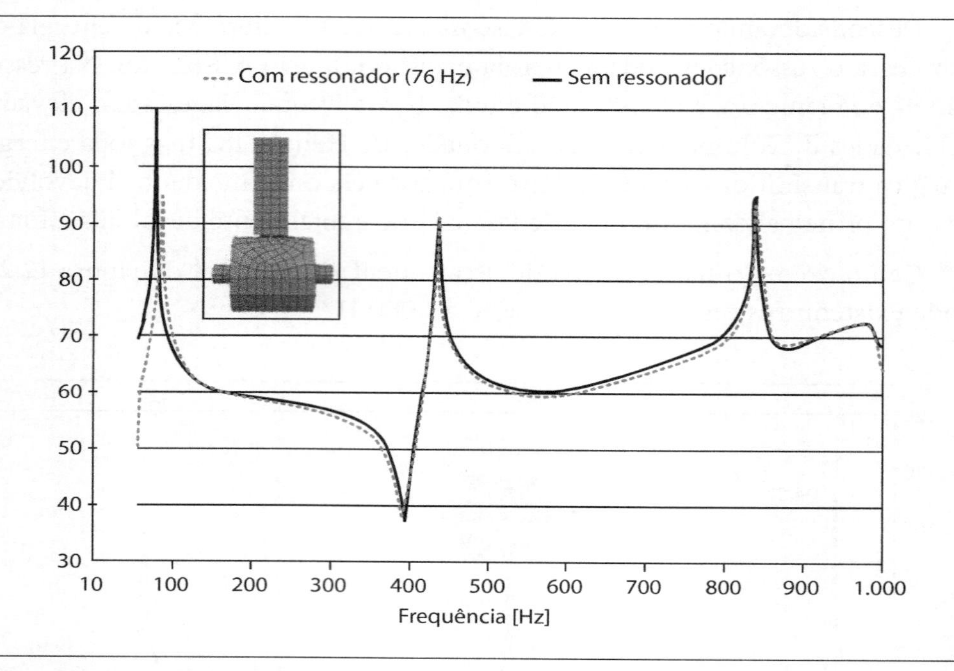

Figura 12.27 – Aplicação de um ressonador sintonizado para 76 Hz.

12.4.3.3 TUBO DE ¼ DE COMPRIMENTO DE ONDA

Neste caso, o princípio é semelhante ao de um ressonador, mas a ramificação é um tubo fechado com L = ¼ do comprimento de onda da frequência que se quer atenuar (Figura 12.28). Essa opção é utilizada preferencialmente para altas frequências, uma vez que as dimensões necessárias são menores.

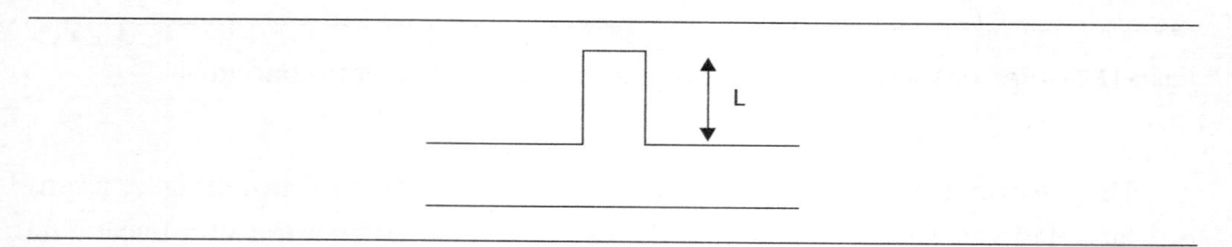

Figura 12.28 – Tubo de ¼ de comprimento de onda.

$$L = C/4f \quad \text{Eq. 12.26}$$

12.4.3.4 MATERIAIS DE ABSORÇÃO

Existem ainda alternativas ao comportamento reativo de atenuação, valendo-se de materiais de absorção acústica. A absorção acústica está relacionada à difusão da energia acústica para dentro dos poros de um material, de forma que haja decaimento da energia incidente. Não é o intuito deste capítulo descrever a teoria de absorção acústica, mas sim mostrar o uso em sistemas de atenuação.

Normalmente, em escapamentos automotivos, uma lã de rocha é usada em alguns volumes internos. Efeitos de absorção geralmente espalham-se na frequência e não podem ser modelados analiticamente. A Figura 12.29 mostra a perda de transmissão de um escapamento automotivo usual, comparando o efeito da adição de um material de absorção.

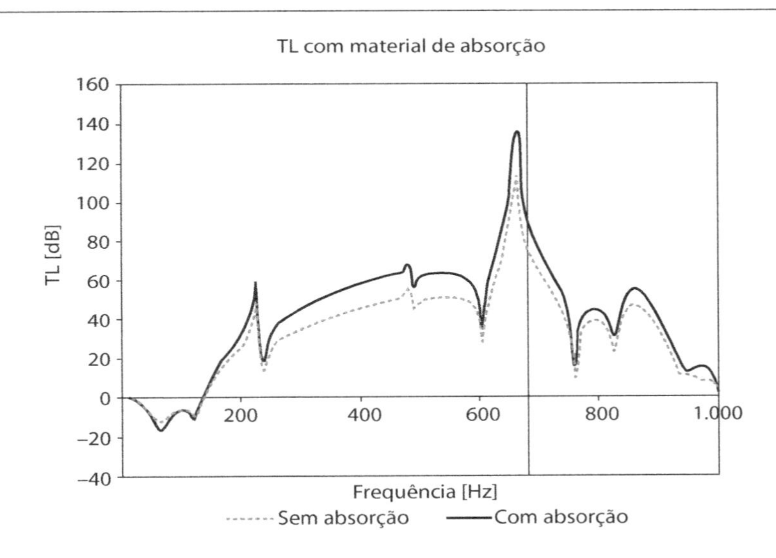

Figura 12.29 – Efeito do uso de materiais de absorção acústica na TL.

12.4.4 Efeitos complexos e considerações acústicas

A seção anterior explica alguns fenômenos de atenuação em sistemas de escapamento usando elementos ainda no campo analítico. Entretanto, efeitos mais complexos são de difícil representação sem a utilização de ferramentas e métodos de simulação numérica. Até então, apenas a parte acústica foi considerada, sem incluir os efeitos do ruído gerado pelo fluxo de ar no interior do sistema de escapamento.

Nesta seção, de maneira informativa, efeitos de fluxo médio e furos serão apresentados, incluindo alguns princípios relevantes de tubos perfurados.

Câmaras de expansão de tubo estendido são sempre melhores que câmaras de expansão simples, conforme mostrado na Figura 12.30.

Efeito do fluxo médio de gás: a inclusão do fluxo médio nos modelos tem um efeito de aumentar os picos da perda de inserção, principalmente em baixas frequências. O fluxo médio tende a aumentar a perda de transmissão quando é obrigado a passar por meio de dutos perfurados, em virtude da introdução de uma linha de resistência aeroacústica. Essa resistência é diretamente proporcional ao quadrado da velocidade do fluxo médio através dos furos e inversamente proporcional ao quadrado da área total de cada seção perfurada. As Figuras 12.31 e 12.32 mostram esse efeito comparando-se, para o mesmo *muffler*, a condição sem escoamento (número de Mach = 0) e a condição com fluxo médio considerado (Mach = 0,2).

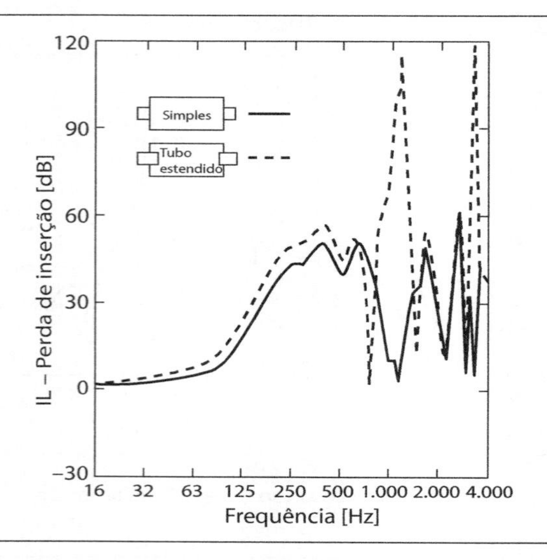

Figura 12.30 – IL comparando câmaras de expansão.

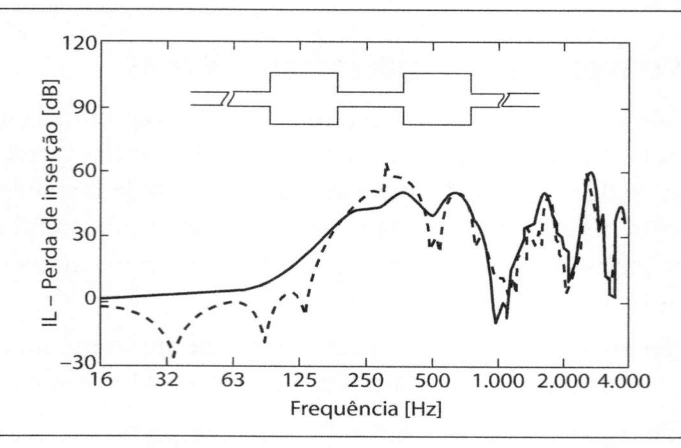

Figura 12.31 – IL comparando fluxo médio de gás no interior do *muffler*.

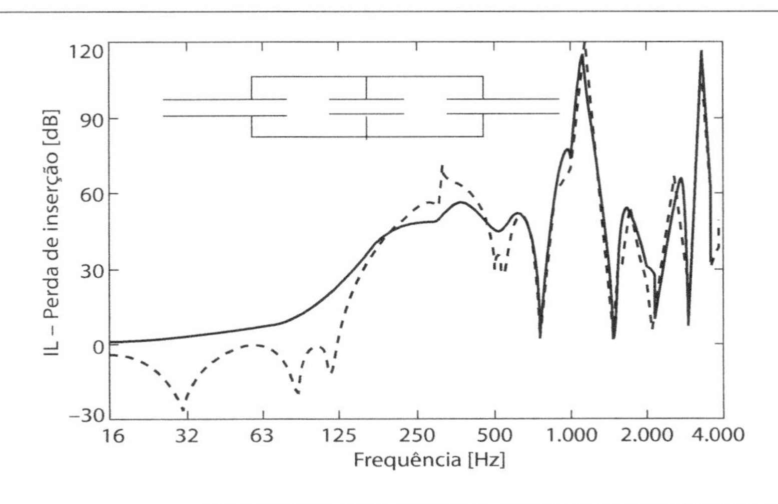

Figura 12.32 – IL comparando fluxo médio de gás no interior do *muffler*.

Tubos perfurados: a resistência aeroacústica é diretamente proporcional ao quadrado da velocidade do fluxo médio através dos furos e inversamente proporcional ao quadrado da área total de cada seção perfurada. Dessa forma, a perda de transmissão TL fica:

$$TL \sim C_1 + 20\log\left(\frac{\text{área da seção transversal do tubo perfurado, } A_{cs}}{\text{área aberta da seção perfurada, } A_{op}}\right)^2 C_2 \quad \text{Eq. 12.27}$$

Onde C_1 e C_2 são funções da geometria.

Para o *muffler* mostrado na Figura 12.33, considerando-se um fluxo médio de número de Mach M = 0,15, para A_{cs}/A_{op} = 0,15 e A_{cs}/A_{op} = 1,31, tem-se as curvas de perda de transmissão (TL) apresentadas na Figura 12.34.

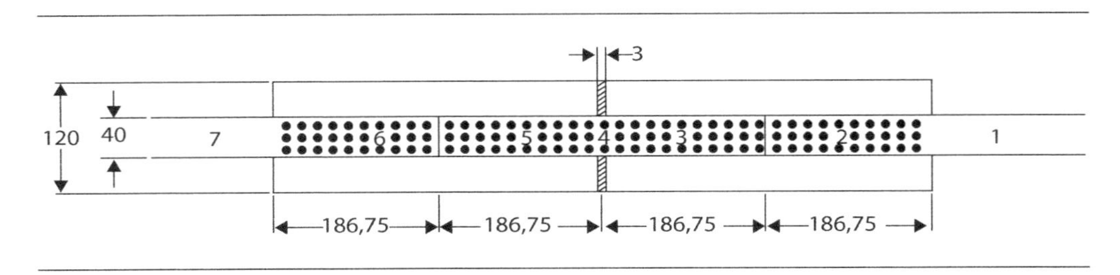

Figura 12.33 – *Muffler* de duas câmaras com tubos perfurados.

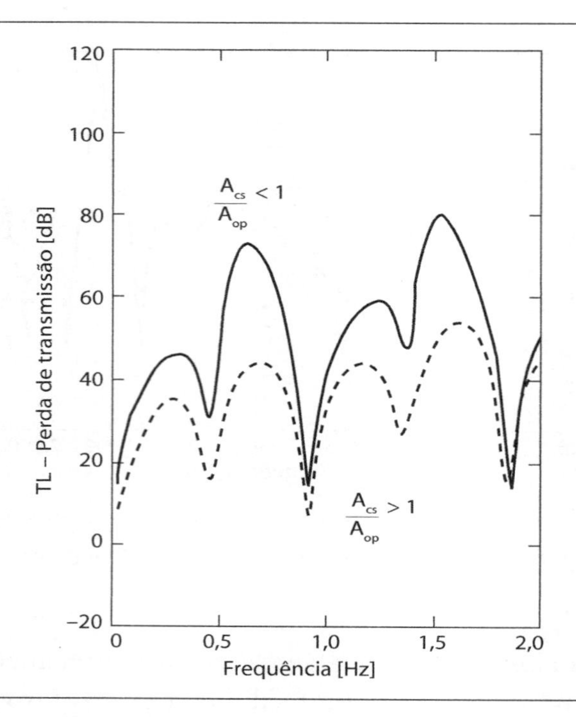

Figura 12.34 – Efeito da razão de área A_{cs}/A_{op} na TL.

Para $A_{cs}/A_{op} > 1$, se A_{op} aumenta, a curva de TL tende à curva de uma câmara de expansão simples. Neste caso limite, a parte perfurada atua como uma transparência acústica para supressão do ruído gerado pelo escoamento.

12.4.5 Simulação numérica

O projeto de sistemas de escapamento, quando da inclusão de todos os detalhes e tubos, precisa lançar mão do uso de ferramentas de simulação numérica para reduzir tempo e incertezas. Existem métodos de simulação 1D e 3D e ferramentas já disponíveis para imediata aplicação. Ferramentas 1D consideram sempre uma onda plana no interior dos sistemas de escapamento, fato negado em frequências, na prática, superiores a 300 Hz.

Os métodos de simulação 3D existentes são: Método dos Elementos Finitos – *FEM*, Método dos Elementos de Contorno – *BEM* e o método híbrido que combina Elementos Finitos com Análise Estatística Energética – *FEM-SEA*. Não é o escopo deste capítulo detalhar esses métodos, mas o uso de uma dessas ferramentas está mostrado a seguir. O método utilizado nesta seção é o método *FEM-SEA*, por ser o mais rápido na execução dos cálculos, dentre os métodos citados.

Sabe-se que a perda de transmissão (TL) é uma maneira de caracterizar o desempenho do filtro acústico, independentemente da fonte de ruído a que ele estará ligado. Uma bancada de testes típica para a medição da TL está mostrada na Figura 12.35. A cavidade com alto-falante é responsável por criar a excitação plana em toda a faixa de frequência, a terminação anecoica é geralmente uma cavidade com absorção acústica total e as medições são feitas por microfones na entrada e na saída do filtro.

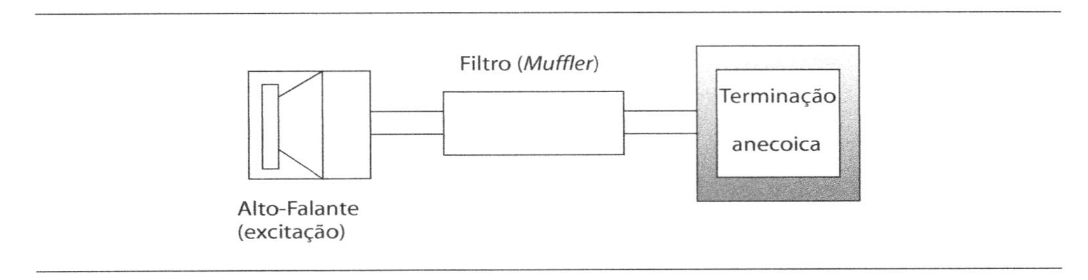

Figura 12.35 – Bancada esquemática de testes de TL.

Para modelar as condições de excitação e terminação anecoica, usam-se os seguintes elementos de modelo (condições de contorno e excitação), ilustrados na Figura 12.36:

- Entrada do *muffler*: Fluido semi-infinito (SIF) e excitação de campo acústico difuso – DAF.
- Saída do *muffler*: Fluido semi-infinito (SIF).

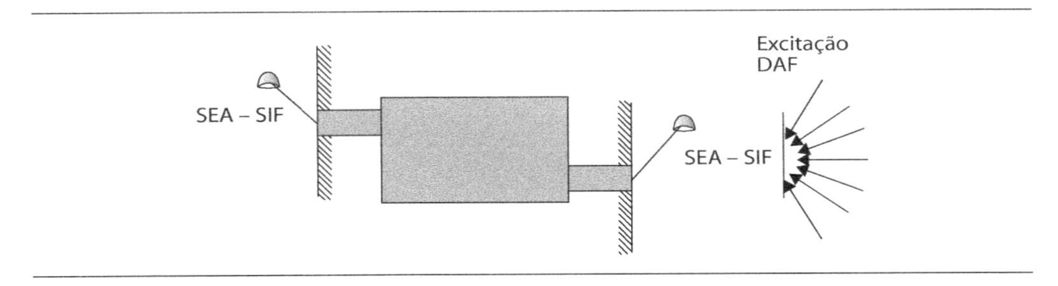

Figura 12.36 – Esquema de aplicação de condições de contorno e excitação.

Excitação

O campo acústico difuso (DAF) é utilizado para modelar uma condição de pressão sonora difusa na entrada do escapamento. Essa condição pode ser encontrada normalmente em ambientes reverberantes. Neste caso, as perturbações de pressão possuem correlação de fase em pontos próximos entre si em uma distância menor do que meio comprimento de onda. É também caracterizado por um espectro RMS de pressão sonora que define a pressão sonora da face de entrada do filtro.

Fluido semi-infinito

Quando um fluido semi-infinito (SIF), definido pela teoria de análise estatística energética (SEA) é acoplado a uma cavidade acústica, a potência sonora radiada na entrada é calculada, bem como a parcela que será irradiada na saída do escapamento.

A partir dessas explicações, o processo de modelamento é bem tradicional:

- Importar a geometria do escapamento.
- Criação da malha de elementos finitos.
- Definição do fluido.
- Aplicação das condições de contorno (SEA SIF).
- Aplicação da excitação (DAF).
- Cálculo dos modos acústicos (Figura 12.37).
- Cálculo da resposta e da perda de transmissão TL (Figura 12.38).

A Figura 12.37 mostra um modelo de escapamento automotivo no qual são aplicadas as condições de contorno e da excitação. Os modos acústicos e a perda de transmissão TL calculados para este modelo estão apresentados nas Figuras 12.38 e 12.39, respectivamente.

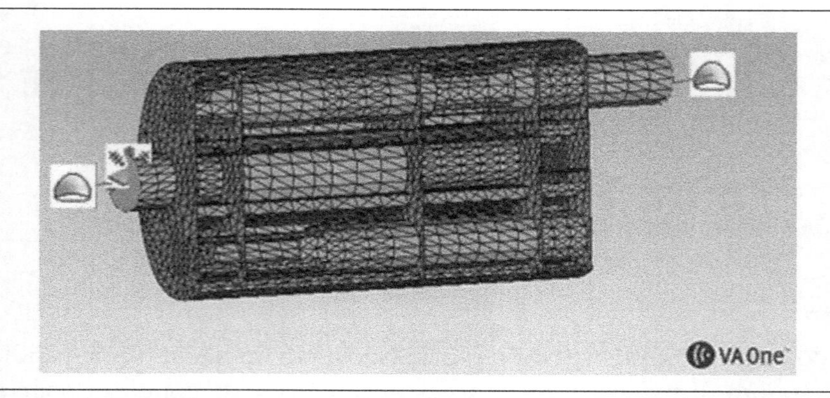

Figura 12.37 – Modelo híbrido FEM-SEA – escapamento automotivo.

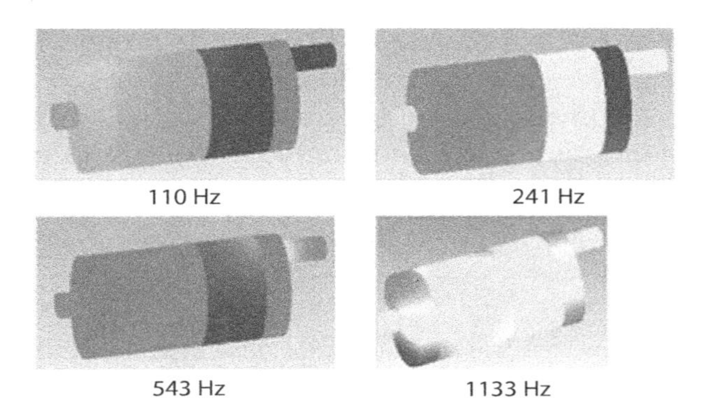

Figura 12.38 – Algumas ressonâncias (ou modos) acústicas calculadas.

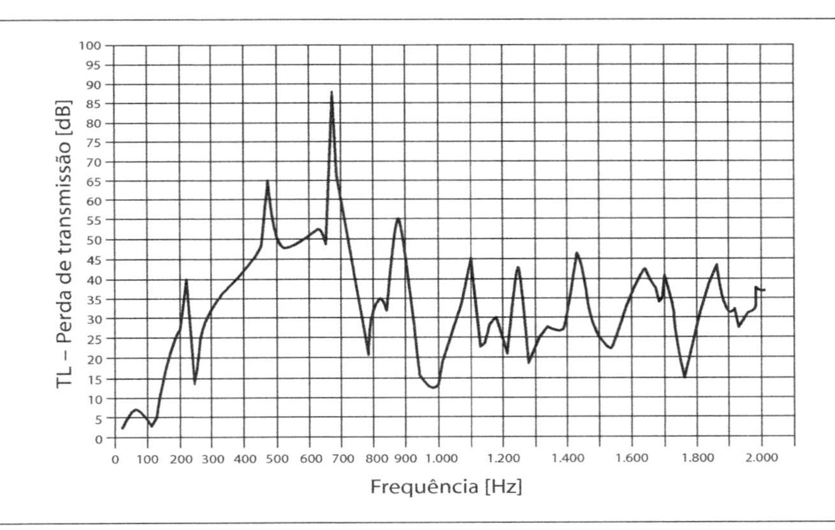

Figura 12.39 – Perda de transmissão do escapamento.

EXERCÍCIOS

1) A condição dos gases em um cilindro ao final do processo de expansão é p_4 = 6,5 bar (absoluta), V_4 = 430 L e T_4 = 3.140 °F. Determine a relação massa/temperatura para os gases que escapam do cilindro, bem como os gases que permanecem em seu interior, durante o processo de liberação.

2) A energia U dos gases ao final da fase de expansão é de 950 kJ e o volume é de 430 L. Ao final da fase de liberação, a proporção dos gases que permanecem no cilindro será a razão entre o volume ao final, na fase de expansão, e o volume V_5, se o processo de expansão ocorrer até a pressão de descarga. Determine a temperatura média dos gases liberados.

Resposta:

1.560 °C.

---

3) Determine a temperatura e a entalpia de descarga (T_{des} e h_{des}) para as condições T_4 = 1.730 °C, V_4 = 430 L e r = 5:1.

Respostas:

1.605 °C, 1.005 kJ.

---

4) Determine a energia cinética ideal dos gases, nas fases de liberação e exaustão, para um processo nas condições V_4 = 430 L, T_4 = 1.730 °C e p_4 = 6,5 bar (absoluta).

Resposta:

202 kJ.

Referências bibliográficas

1. LICHTY, L. C. *Combustion engine processes.* McGraw-Hill Book Company, 1967.
2. OBERT, E. F. *Internal combustion engines and air pollution.* Harper & Row Publishers, 1973.
3. BERANEK, L. L. *Noise and vibration control.* McGraw-Hill Book Company, 1964.
4. MUNJAL, M. L. *Acoustics of ducts and mufflers with applications to exhaust and ventilation system design.* Wiley-Interscience, 1987.
5. ACOUSTICS, Noise and vibration, ISVR Institute of Sound and Vibration Research, Course Notes.
6. FAHY, F. *Foundations of engineering acoustics.* Academic Press, 2001.
7. KINSLER, L. E. et al. *Fundamentals of acoustics.* 3. ed. – Wiley, 1982.
8. CONNELY, T. *Prediction of muffler insertion loss and shell noise by a hybrid FE acoustic-SEA model.* Noise Con, 2010.
9. GERGES, S.N.Y. *Ruído fundamentos e controle,* 2. ed. NR Editora, 2000.
10. ESI VA One – *Software Manual.*

13

Emissões

Atualização:
Celso Argachoy
Celso Ricardo O. Joaquim

13.1 Introdução

A análise dos produtos de combustão é importante no estudo dos motores de combustão interna principalmente para:

- Avaliar a eficiência do processo de combustão, medindo as concentrações de gases como CO, CO_2, O_2 etc.
- Quando não se conhece a vazão de um dos reagentes e procede-se a avaliação dos gases de combustão completa e o balanço de massa.
- Determinar a concentração de gases poluentes, limitados pelas legislações de emissões.

No caso de MCI adotou-se o termo "emissões" para designar os produtos considerados nocivos para o homem e o meio ambiente. Como foi visto no Capítulo 6, "Combustíveis", a reação de combustão completa estequiométrica produz CO_2, H_2O e N_2, cuja composição pode ser obtida em volume ou em massa da própria equação da reação.

A proporção desses gases ao deixarem o cilindro depende do combustível, da condição de funcionamento do motor e da qualidade da mistura.

Na reação real os produtos citados constituem cerca de 98% dos gases de escapamento, sendo 1% formado de O_2, H_2 e gases inertes e aproximadamente 1% de gases nocivos.

Por meio de modelos de previsão do crescimento das fontes de emissões e de modelos de previsão das condições atmosféricas, são estabelecidas projeções das concentrações de poluentes sobre determinada região. Com base nessas projeções e após discussões entre especialistas, são estabelecidas as principais legislações que limitam a emissão dos principais poluentes por motores e veículos.

13.1.1 Monóxido de carbono – CO

Em motores o monóxido de carbono (CO) resulta da combustão incompleta de hidrocarbonetos, representando assim uma relativa redução de eficiência. O CO é um gás inodoro que reage com a hemoglobina, reduzindo a capacidade do sangue de transportar oxigênio. A inalação de uma concentração de 400 ppm de CO por 1 a 2 horas provoca dores de cabeça na região frontal, enquanto respirar em um ambiente com concentração de 1.600 ppm, causa náuseas nos primeiros 20 minutos e provoca a morte em 1 hora (www.afcintl.com). Basicamente, na combustão de um hidrocarboneto ocorre primeiramente a quebra do combustível formando CO, seguida pela oxidação do CO em CO_2. Como se trata de um produto de combustão incompleta, é principalmente função da relação ar–combustível e do nível de homogeneização da mistura. Parte do CO pode ser totalmente oxidada para CO_2 no sistema de escapamento. Certa quantidade pode ser formada pela interrupção da reação junto às paredes da câmara ou pelo resultado da dissociação do CO_2 em altas temperaturas.

Como os motores do ciclo Otto operam frequentemente próximos da estequiometria em cargas parciais e ricos a plena carga, as emissões de CO são significativas e precisam ser controladas, principalmente na marcha lenta. Os motores do ciclo Diesel, por outro lado, que funcionam com excesso de ar, emitem relativamente pouco CO (em geral, menos de 300 ppm a plena carga).

13.1.2 Óxidos de nitrogênio – NO_x

Óxidos de nitrogênio, ou simplesmente NO_x, é o termo geral que identifica a soma de monóxido de nitrogênio (NO) na proporção aproximada de 90% e dióxido de nitrogênio (NO_2). Quando na atmosfera, o NO rapidamente se transforma em NO_2 e as taxas de emissão em massa de NO_x são sempre calculadas considerando-se tanto o NO como o NO_2, como exclusivamente NO_2.

Na atmosfera o NO_x, ao entrar em contato com o vapor de água, forma o ácido nítrico que, em conjunto com o ácido sulfúrico (H_2SO_4), formado a partir da queima de combustíveis com enxofre, forma a chamada chuva ácida. Pela ação dos raios solares ultravioleta (UV) no NO_2, ocorre a formação do ozônio (O_3). O ozônio na estratosfera é benéfico, pois filtra os raios UV, mas, próximo ao solo, causa problemas respiratórios e diminuição da capacidade pulmonar. Pela ação do ozônio, borrachas e plásticos tornam-se ressecados e quebradiços.

Existem basicamente duas fontes de geração do NO_X:

1. NO_X do combustível, formado pela reação entre o nitrogênio presente no combustível e o oxigênio do ar.
2. NO_X do ar, formado pela oxidação do nitrogênio presente no ar, por meio de dois mecanismos de formação: o NO_X térmico, descrito inicialmente por Zeldovich (1947), e o NO_X imediato ou *prompt*, formado na região da frente de chama.

Basicamente, a grandeza determinante para a formação do NO_X é a temperatura. O mecanismo de Zeldovich é descrito de forma simplificada por três equações:

$$O + N_2 \xrightarrow{K_1^+} NO + N$$

$$N + O_2 \xrightarrow{K_2^+} NO + O$$

$$N + OH \xrightarrow{K_3^+} NO + H$$

Tabela 13.1 – Constantes relativas ao mecanismo de Zeldovich.

Reações	Constante energética ($cm^3/mol \cdot s$)	Temperatura (K)
$O + N_2 = NO + N$	$7{,}6 \times 10^{13} \exp[-38.000/T] = K_1$	entre 2.000 e 5.000
$N + O_2 = NO + O$	$6{,}4 \times 10^9\, T \exp[-3150/T] = K_2$	entre 300 e 3.000
$N + OH = NO + H$	$4{,}1 \times 10^{13} = K_3$	entre 300 e 2.500

Essas equações são muito ativas acima de 2.000 K, mas praticamente cessam abaixo desta temperatura. Também se deve considerar que a quantidade de oxigênio e nitrogênio disponíveis na câmara, bem como a temperatura, dependem da proporção entre os reagentes, descrita em cada região da câmara pela razão de equivalência (Φ), que é a razão entre o número de átomos de oxigênio presentes na reação estequiométrica e o número real de átomos de oxigênio na reação. Assim uma combustão com $\Phi > 1$ indica uma combustão rica, com mais combustível que a condição estequiométrica, e com $\Phi < 1$ indica uma combustão pobre, com menos combustível que a condição estequiométrica (excesso de ar).

Dessa forma, as tecnologias empregadas na câmara de combustão para redução de NO_X, sem considerar sistemas de pós-tratamento dos gases de escape, envolvem formas de reduzir a temperatura da chama e controlar a razão de equivalência em determinados pontos da chama, como a recirculação dos gases de escapamento – EGR (*Exhaust Gas Recirculation*), o adequado projeto da geometria da câmara de combustão e o controle do instante de início da combustão.

13.1.3 Hidrocarbonetos – HC

Os hidrocarbonetos não queimados englobam todos os hidrocarbonetos que deixam a câmara de combustão sem serem oxidados, formados pela decomposição térmica do combustível primário em hidrocarbonetos de menor peso molecular, como metano, etano, acetileno, aldeídos (principalmente formaldeído), tolueno, propileno etc.

Formam-se junto às paredes da câmara, onde a temperatura não é suficiente para completar a reação, ou em regiões da câmara onde a mistura é excessivamente rica ou pobre. Existem estudos que mostram a geração de hidrocarbonetos não queimados em motores do ciclo Otto em reentrâncias e cavidades formadas entre os anéis e ainda pela retenção de vapores com hidrocarbonetos pelo filme de óleo junto às paredes dos cilindros e a subsequente liberação desses vapores em condições de baixa temperatura na câmara, quando não serão mais oxidados.

Alguns desses hidrocarbonetos são considerados carcinogênicos. Quando expostos à luz solar e aos óxidos de nitrogênio, ocorrem reações fotoquímicas que produzem oxidantes que causam irritações. São responsáveis pelo *smog*, causando problemas respiratórios e inflamação nos olhos.

A presença de hidrocarbonetos nos gases de escapamento do motor Diesel é uma das responsáveis pelo aparecimento de fumaça branca ou azul e é cerca de dez vezes menor que nos motores Otto pelo fato de os motores Diesel funcionarem com excesso de ar.

13.1.4 Aldeídos

Quando as temperaturas de combustão são relativamente baixas, como em baixas cargas no motor Diesel, formam-se aldeídos, que conferem um mau cheiro aos gases desse motor.

No motor Otto com etanol, principalmente no período de aquecimento, também se formam aldeídos, que irritam os olhos e as mucosas.

13.1.5 Compostos de enxofre – SO_2 e H_2S

Estes gases são formados pela reação do enxofre existente no combustível. A concentração resultante de compostos de enxofre nos produtos de combustão é função da porcentagem de enxofre contida no combustível e da razão ar–combustível. Além de serem danosos por si só, em baixas temperaturas, parte do SO_2 se oxida para SO_3 que reage com o vapor de água formando ácido sulfúrico (H_2SO_4), altamente corrosivo, que compõe a chuva ácida. O enxofre aparece principalmente no óleo diesel e a sua concentração deve ser limitada.

13.1.6 Partículas

Grande parte do material particulado é resultado da combustão incompleta, tendo em vista que a combustão completa de hidrocarbonetos combustíveis puros, resulta em gases como o CO_2 e também vapor de água, mas não partículas.

É geralmente aceito que a temperatura do gás e a disponibilidade de combustível não queimado e oxigênio são os principais fatores que controlam esse processo. Formam-se principalmente no processo de combustão por propagação, nas frações de óleo diesel de alto ponto de ebulição, notadamente a plena carga, quando o excesso de oxigênio é menor. Inicialmente ocorre uma situação de combustão rica, que deixa hidrocarbonetos não queimados e escassez de oxigênio entre os produtos de combustão. A partir desses hidrocarbonetos não queimados, são formados os hidrocarbonetos aromáticos policíclicos, que agem como elementos de iniciação ou precursores das pequenas partículas de fuligem.

O material particulado, ao lado dos óxidos de nitrogênio são as principais emissões dos motores do ciclo Diesel. Nos motores do ciclo Otto as partículas são praticamente desprezíveis. As partículas das emissões de motores Diesel são muito pequenas (90% em massa são menores que 1 μm), fazendo com que sejam respiráveis. Essas partículas têm centenas de substâncias químicas adsorvidas em sua superfície, muita delas cancerígenas.

13.1.7 Compostos de chumbo

São altamente tóxicos e corrosivos. A sua presença nos motores Otto deve-se ao chumbo-tetraetila adicionado para aumentar o número de octanas da gasolina. No Brasil, com a substituição do chumbo pelo etanol anidro, não existe mais esse problema. Em alguns outros países procura-se, aos poucos, eliminar esse contaminante.

13.1.8 Dióxido de carbono – CO_2

O dióxido de carbono é um dos produtos primários de qualquer combustão de hidrocarbonetos. É um gás inodoro e incolor sem efeito direto na saúde humana. Mas, segundo estudos, o acúmulo desse gás na atmosfera é um dos principais responsáveis pelo fenômeno do aquecimento global. Para limitar a emissão de CO_2 o recurso é investir na redução do consumo de combustível fóssil pelos motores, buscando-se sistemas cada vez mais atraentes em termos de eficiência térmica, mecânica e volumétrica.

13.2 Controle das emissões no motor Otto

No motor Otto procura-se controlar CO, NO_x e HC, além de aldeídos, emitidos principalmente pelo motor a etanol.

A qualidade da mistura tem um dos principais efeitos na formação dos poluentes conforme mostra a Figura 13.1.

Misturas ricas aumentam a concentração de CO e HC. Mesmo com mistura estequiométrica a concentração desses poluentes é alta, em razão da falta de homogeneidade da mistura e de sua distribuição para os diversos cilindros.

Empobrecendo a mistura, os óxidos de nitrogênio crescem inicialmente em virtude da maior concentração de oxigênio, mas posteriormente diminuem pela redução da temperatura de combustão. O máximo de formação de NO_x acontece em uma condição ligeiramente pobre, por volta de $\lambda = 1{,}05$ ($F_r = 0{,}95$), o que normalmente corresponde à mistura econômica. Apesar de a temperatura adiabática de chama ser menor do que para a relação estequiométrica, a velocidade da formação de NO é lenta, e na mistura mais pobre, isso é parcialmente compensado pela queda na velocidade de propagação de chama.

A maior estabilidade é atingida com $\lambda \cong 0{,}8$ ($F_r = 1{,}25$), que corresponde também à menor concentração dos HC (combustão mais completa). Entretanto, nessa situação a

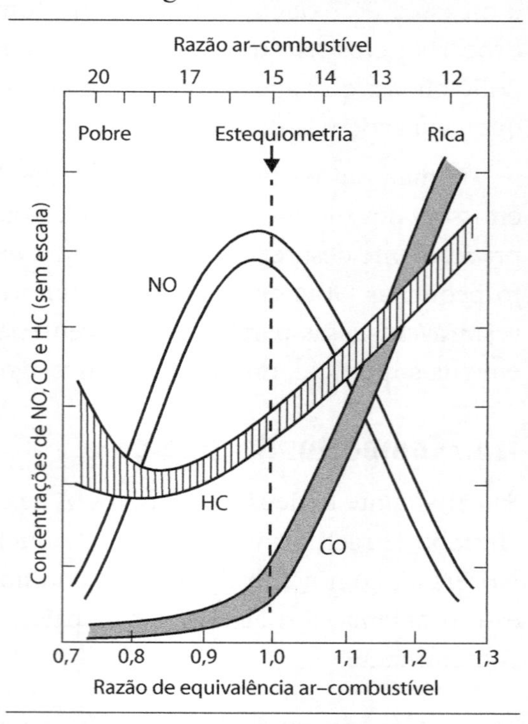

Figura 13.1 – Variação da composição dos gases de escape em função da composição da mistura [9].

concentração de CO atinge 4% a 5%. Empobrecendo a mistura, o CO diminui consideravelmente, mas crescem as oscilações do motor e os HC em razão das falhas de combustão.

A variação do avanço da faísca em relação ao valor ótimo pouco influi na emissão de CO e HC, mas incrementa a formação dos NO_x, principalmente para $\lambda > 1{,}0$ ($F_r < 1$). Atrasar a faísca reduz NO_x, mas aumenta o consumo.

O aumento da taxa de compressão provoca um aumento da temperatura máxima do ciclo e uma redução da relação volume–superfície da câmara. O primeiro fator tende a aumentar NO_x e o segundo a reduzir HC. O que se nota é que, em geral, os fatores geram efeitos antagônicos em relação à formação dos três poluentes básicos.

Um expediente comum para reduzir as emissões de NO_x ainda na câmara de combustão é o uso da recirculação dos gases de escape (do inglês: *Exhaust Gas Recirculation* – EGR). Como o gás de escape é composto principalmente por CO_2, que é um elemento final da combustão, na admissão esse elemento utiliza parte do calor gerado apenas para ser aquecido, sem participar das reações, diminuindo assim a temperatura da chama. Na marcha lenta e em baixas cargas, a válvula de recirculação de gases ERG permanece fechada, porque a presença destes gases nessas condições pode comprometer a estabilidade da chama. À medida que a posição do acelerador eleva a carga, a quantidade de EGR é progressivamente elevada. Próximo da plena carga, a quantidade de EGR volta a ser reduzida, até ser eliminada próximo à condição de plena carga, para maximizar a potência do motor. Em motores que funcionam na condição estequiométrica, o volume de gás recirculado varia geralmente entre 15% e 20%, alcançando, em alguns casos, 30%. O valor máximo é limitado pela estabilidade da chama. A recirculação é, por vezes, utilizada em motores Otto que operam com combustão pobre (*Lean Burn*), mas nesse caso permanece entre 10% e 15%. Apesar de reduzir as emissões de NO_x, o uso da recirculação dos gases de escapamento deteriora a qualidade da combustão, podendo comprometer o consumo de combustível.

Existe ainda a possibilidade de se neutralizar grande parte das emissões a jusante da câmara, isto é, na tubulação de escapamento. O dispositivo mais eficiente para esta tarefa é o conversor catalítico (conhecido por catalisador) apresentado na Figura 13.2. Neste, os gases nocivos CO, HC e NO_x são transformados em CO_2, H_2O e N_2 simultaneamente, numa reação rápida provocada pelos catalisadores paládio e ródio, nos motores a gasolina, e paládio e molibdênio, nos motores a etanol.

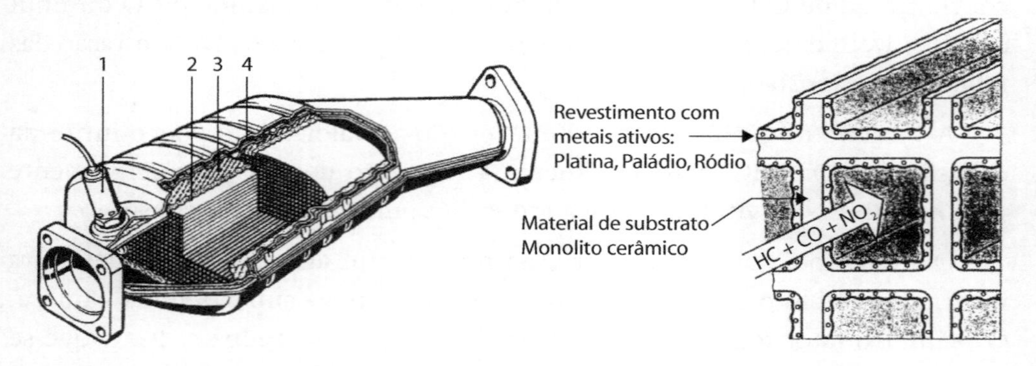

1. Sonda de oxigênio (Hego, Lambda, Uego)

2. Monolito de cerâmica

3. Tela metálica

4. Carcaça de parede dupla resistente ao calor

Figura 13.2 – Catalisador de escape de três vias [6].

Por realizar a conversão dos três poluentes, esse catalisador costuma ser chamado de 3-*way* ou de três vias. As reações básicas podem ser representadas por:

$$4\,HC + 5\,O_2 \rightarrow 4\,CO_2 + 2\,H_2O$$
$$2\,CO + O_2 \rightarrow 2\,CO_2$$
$$2\,NO_2 + 2\,CO \rightarrow N_2 + 2\,CO_2$$

Em decorrência do balanço das reações, esse dispositivo só é eficiente numa faixa muito estreita de emissões, provenientes de uma mistura próxima à estequiométrica ($0{,}99 < \lambda < 1{,}00$). A faixa de atuação eficiente do catalisador é denominada janela (Figura 13.3).

Por causa da janela muito estreita, a mistura precisa ser muito bem controlada na entrada. Essa operação pode ser efetuada por um sistema eletrônico fechado, no qual a unidade de comando do sistema de injeção deve receber um sinal de um sensor instalado no escapamento. Esse sensor, denominado sensor Lambda ou sonda Lambda, corrige a entrada pela análise dos gases de saída. O sensor Lambda envia um sinal de tensão em função da presença de oxigênio nos gases de escapamento (Figura 13.4).

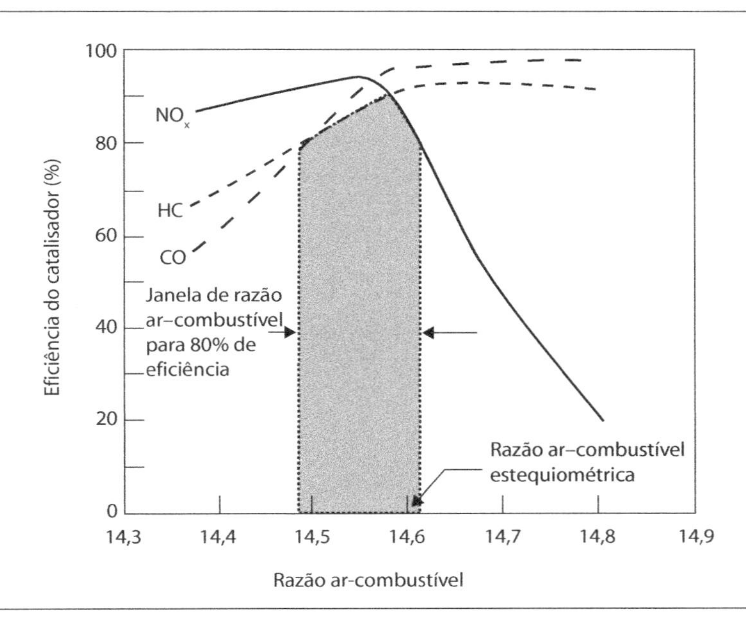

Figura 13.3 – Eficiência da conversão do catalizador em função da razão ar–combustível [9].

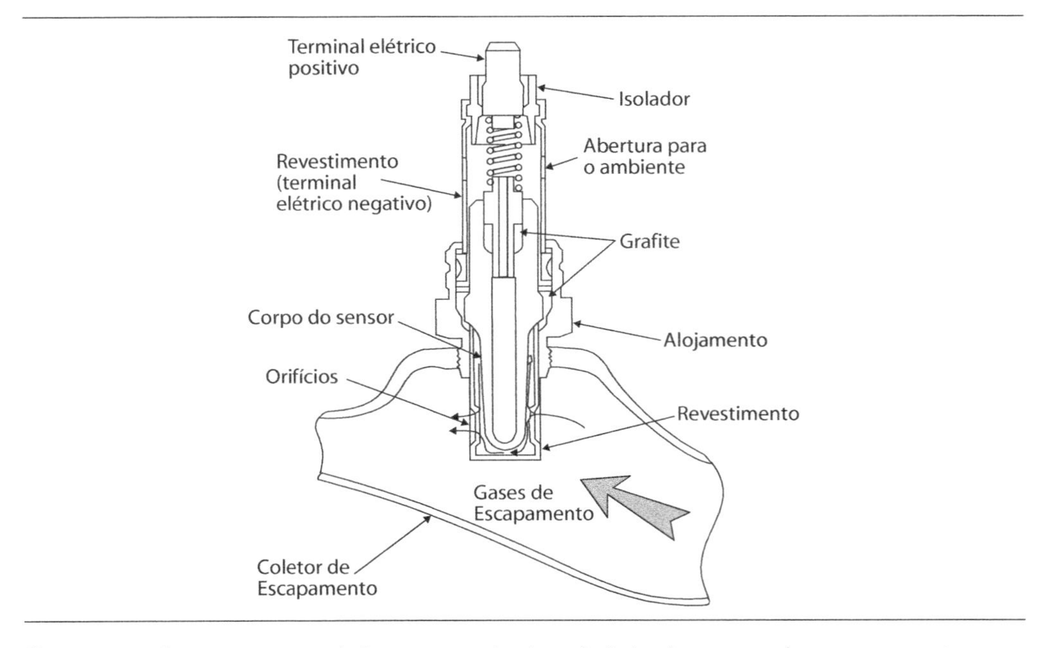

Figura 13.4 – Corte transversal de uma sonda de oxigênio dos gases de escapamento, mostrando sua instalação [9].

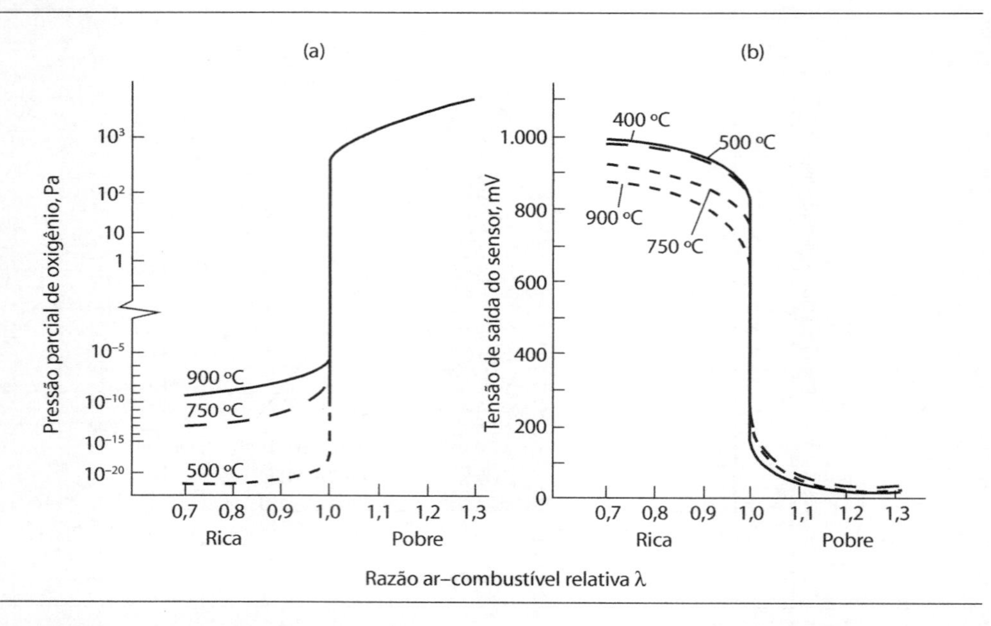

Figura 13.5 – Características da sonda de oxigênio – variações em função da razão ar-combustível e da temperatura para: (a) Pressão parcial do oxigênio em equilíbrio nos produtos de combustão e (b) Tensão de saída do sensor [9].

O sensor precisa ser colocado em uma posição do escapamento que mantenha a temperatura adequada. A variação da relação λ ($1/F_r$) nas proximidades de λ = 1 causa uma variação de tensão (Figura 13.5), por meio da unidade de comando, será usada para corrigir a quantidade de combustível.

Esse sistema em *closed loop* garante uma redução dos poluentes dos motores Otto de cerca de 90%, enquadrando-os na legislação.

13.3 Controle das emissões no motor Diesel

Nos motores do ciclo Diesel uma das mais significativas emissões é a de material particulado, que compõe a fumaça visível na saída do sistema de escapamento. O material particulado emitido pelos motores Diesel consiste basicamente de carbono gerado pela combustão, no qual outros compostos orgânicos são adsorvidos. A composição exata do material particulado depende das condições na câmara de combustão. Em temperaturas acima de 500 °C, as partículas de diversas formas são aglomerados de várias pequenas esferas de carbono com tamanhos variando entre 15 nm e 30 nm. A Figura 13.6 mostra a estrutura dessas esferas de carbono. Camadas de partículas de carbono compõem-se na forma de prateleiras que, empilhadas, assumem uma formação cristalina. Os conjuntos de formações cristalinas dão origem às esferas de carbono que compõem o material particulado.

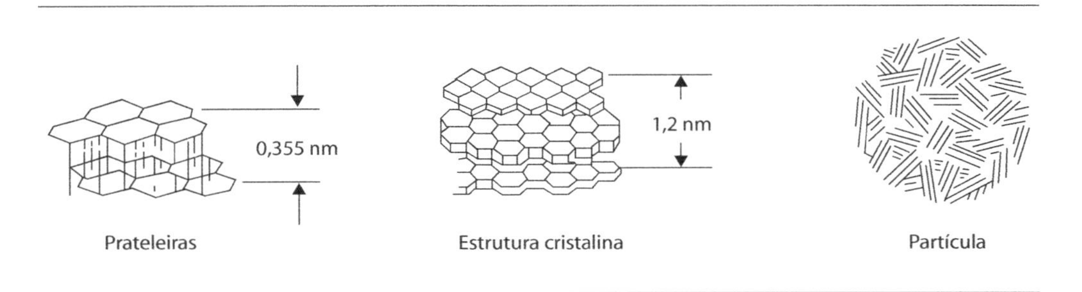

Figura 13.6 – Composição da estrutura de carbono que compõe o material particulado [9].

À medida que a temperatura cai abaixo de 500 °C, compostos orgânicos e inorgânicos começam a se condensar sobre as partículas de carbono. Entre os compostos orgânicos, pode-se incluir os hidrocarbonetos não queimados, os hidrocarbonetos oxigenados, e os hidrocarbonetos aromáticos policíclicos. Entre os compostos inorgânicos, inclui-se dióxido de enxofre, dióxido de nitrogênio, ácido sulfúrico e outros sulfatos.

Grande parte do material particulado formado é oxidado em etapas posteriores do processo, ainda no interior da câmara de combustão. Quando a fuligem é exposta a um ambiente de temperatura elevada, o carbono apresenta a tendência de formar dióxido de carbono e monóxido de carbono, em vez de permanecer na forma de carbono puro. Sua oxidação ocorre quando as partículas de fuligem misturam-se com O_2, O, CO_2, H_2O, ou OH na chama de difusão. Observa-se que a ação do radical OH é a mais significativa no processo de oxidação do material particulado.

A oxidação da fuligem pode ocorrer tanto no estágio dos elementos precursores, como nos estágios posteriores de crescimento. À medida que a temperatura permanece acima de 1.000 K e oxigênio se torna disponível, a oxidação das partículas de fuligem continua.

O aperfeiçoamento dos processos de formação da mistura e da combustão reduz a fumaça, o CO e os HC, melhorando ainda o desempenho e a eficiência. Entretanto, o melhor desempenho da combustão eleva os níveis dos NO_x. Ao contrário, reduzindo a taxa de compressão, diminuindo o avanço da injeção ou restringindo o ar na admissão, reduz-se a emissão de NO_x em detrimento dos outros índices e emissões. Esse é o principal compromisso no desenvolvimento de motores para atender aos limites das legislações de emissões que limitam tanto os níveis de material particulado como de NO_x emitidos pelos motores Diesel.

O uso da recirculação dos gases de escape para o sistema de admissão diminui o enchimento de ar dos cilindros e o dióxido de carbono contido nos gases e pode reduzir o retardamento, por outro lado, esse gás reduz a temperatura máxima do ciclo. Todos esses efeitos, juntamente com a redução da concentração do oxigênio, redundam em uma redução sensível na emissão dos NO_x. Entretanto, se esse efeito é benéfico em cargas parciais, a plena carga produz uma redução na eficiência e um aumento no CO. Um aumento no número de Cetanas (veja no Capítulo 6, "Combustíveis") do combustível reduz o retardamento, o gradiente de pressões e a pressão máxima de combustão. Nas cargas baixas e médias esses efeitos implicam a redução dos NO_x e HC.

Quanto maior a fração de componentes de baixo ponto de ebulição, melhor a formação da mistura, o que reduz a fumaça.

O melhor, porém, é regular o motor para baixos valores de NO_x e reduzir CO e HC com a instalação de um catalisador de oxidação no sistema de escapamento (do inglês: *Diesel Oxidation Catalyst* – DOC). A jusante desse catalisador, pode haver a necessidade de um filtro para reter as partículas. Esse filtro é composto por um substrato de cerâmica porosa que retém o material particulado dos gases de escapamento. A limpeza desse filtro é feita por meio da oxidação das partículas acumuladas, determinada pelo aumento da contra-pressão no sistema de escapamento. O uso desse tipo de filtro reduz as emissões de particulado em cerca de 70%. Na Figura 13.7, pode-se observar um esquema da trajetória das partículas no interior do filtro de material particulado.

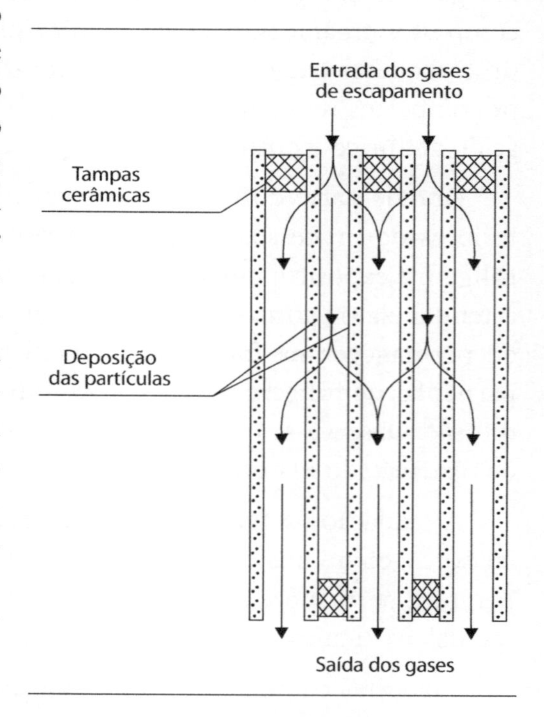

Figura 13.7 – Esquema da trajetória das partículas em um filtro de material particulado [6].

Conforme foi mencionado, existe um compromisso entre as emissões de material particulado e as demais emissões reguladas pelas principais legislações ambientais. Um dos expedientes utilizados para equacionar o compromisso entre as emissões de material particulado e as emissões de NO_x é otimizar a combustão, elevando a temperatura e balanceando a razão ar–combustível para reduzir as emissões de material particulado, HC e CO, e reduzir as emissões de NO_x a jusante da câmara, por meio de um catalisador de redução seletiva (do inglês: *Selective Catalytic Reduction* – SCR), buscando também não comprometer a dirigibilidade dos veículos e, principalmente, sem elevar o consumo de combustível. Na Figura 13.8, pode-se observar um esquema com os principais elementos desse sistema. O princípio básico é o de injetar uma solução aquosa de ureia no escapamento, de modo a estabelecer a reação do NO_x com a amônia (NH_3).

Para a implementação desse sistema é necessária a utilização de uma solução aquosa de ureia a 32%, denominada no Brasil de Redutor Líquido Automotivo (ARLA 32). É preciso considerar o consumo dessa solução, juntamente com o de combustível, para o cálculo do custo operacional do veículo. Para garantir que o veículo seja efetivamente abastecido com a solução redutora, as modernas legislações de emissões preveem o uso de sistema de diagnóstico para monitorar o funcionamento dos sistemas de controle de emissões (do inglês: *On-Board Diagnosis* – OBD).

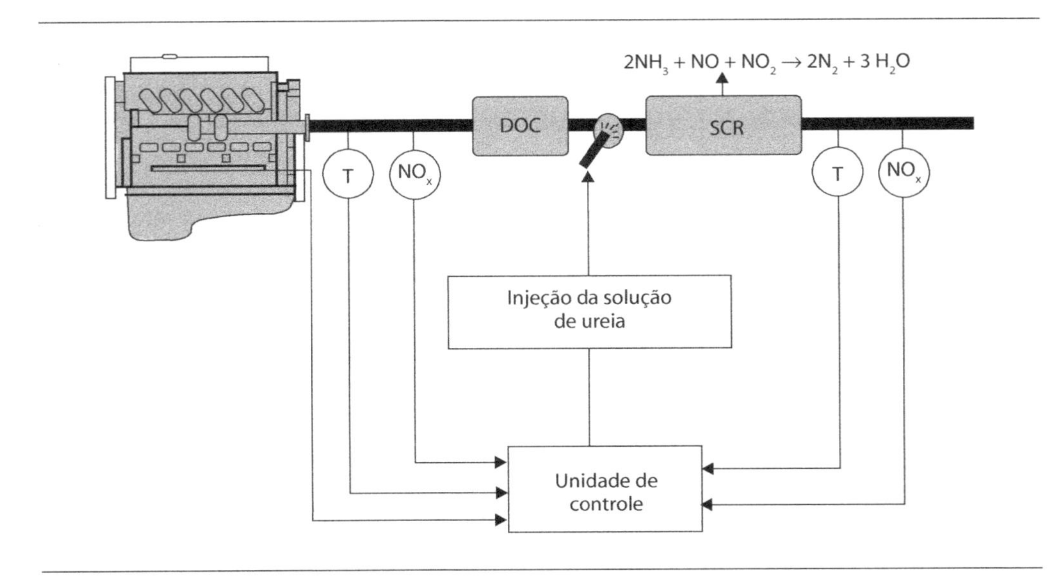

Figura 13.8 – Esquema simplificado de um sistema de pós-tratamento dos gases de escapamento de um motor Diesel.

O tipo de combustível usado nos motores também pode reduzir os níveis de emissões. Os motores do ciclo Diesel também podem funcionar com outros combustíveis além do óleo diesel de origem mineral. Muitas oleaginosas podem ser utilizadas para a produção do chamado Biodiesel, como soja, mamona, girassol etc., que reduzem um pouco a emissão de material particulado. No entanto, determinadas porcentagens de biodiesel podem, em determinadas condições, elevar as emissões de óxidos de nitrogênio.

Existe o biodiesel chamado de primeira geração, obtido por meio do processo de transesterificação que é a reação de um lipídio com um álcool para formar ésteres e um subproduto, o glicerol (ou glicerina). Como essa reação é reversível, faz-se necessário um excesso de álcool para forçar o equilíbrio para o lado do produto desejado. A estequiometria para a reação é de 3:1 (álcool:lipídio). Contudo, na prática, essa reação é de 6:1 para aumentar a geração do produto. Mais recentemente tem sido desenvolvido o chamado biodiesel de segunda geração, obtido por intermédio de outros processos e matérias-primas como a cana-de-açúcar (recomenda-se a leitura do Capítulo 6 – Combustíveis).

13.4 Medição de emissões

A medição das emissões de motores é um instrumento utilizado não só para certificar que estes estejam trabalhando dentro dos limites exigidos pela legislação aplicável, mas também como ferramenta na validação de modelos de combustão durante a etapa de desenvolvimento e verificação de conformidade da produção.

Desde o início da aplicação de legislações restritivas à emissão de gases e partículas por motores de combustão interna (meados dos anos 1960, nos Estados Unidos), diversos foram os avanços na tecnologia dos motores, na formulação dos combustíveis e na introdução de sistemas de pós-tratamento, tornando possível que os veículos atuais, emitam uma quantidade de poluentes inferior a 2% em média, em relação ao que veículos similares emitiam nos anos 1970.

Um teste para a medição de emissões é composto basicamente de três itens: um conjunto de procedimentos de preparação do objeto a ser testado e dos equipamentos de medição, de modo a diminuir a variabilidade dos resultados; de um ciclo de condições ao qual o motor ou veículo será submetido, e dos limites máximos de emissão de gases ou partículas que devem ser atendidos.

13.5 Legislação acerca de emissões

Países ou comunidades adotam separadamente seus limites de emissão e procedimentos para medição em função daquilo que seja mais representativo para sua realidade, seja para a certificação de novos modelos de veículos ou para a inspeção daqueles que já rodam nas ruas, sendo que a maior parte das legislações encontradas são baseadas nas normas americana ou da Comunidade Europeia, com variações quanto às datas de vigência dos limites e ajustes para necessidades locais.

Os ensaios para a certificação dos motores são divididos em função da aplicação destes, o que define se o objeto a ser testado é o veículo no qual o motor é aplicado ou, então, somente o motor. Veículos destinados a aplicações leves (carros, motos e utilitários) são testados em salas de testes, onde são colocados sobre um dinamômetro de chassi para a simulação do ciclo de condução.

Já para os motores de veículos pesados, dada a diversidade de modelos de veículos, onde um mesmo motor é aplicado, e a dificuldade de reproduzir em dinamômetro de chassi as condições nas quais o veículo será submetido em seu ciclo de trabalho, faz-se a certificação do motor separadamente em salas de testes com dinamômetros de motor.

No Brasil, o Ministério do Meio Ambiente, por meio do Instituto Brasileiro do Meio Ambiente e dos Recursos Naturais Renováveis (Ibama), define as diretrizes e aplicabilidade das legislações de emissões veiculares. Os programas Proconve[1] e Promot[2], instituídos em 1986 e 2003, respectivamente, contêm as definições e referências técnicas a serem seguidas para a certificação de veículos, incluindo os procedimentos necessários para a execução dos ensaios.

13.5.1 Ensaios de emissões veiculares

Os ensaios de emissões com veículos devem ser feitos em dinamômetro de chassi, responsável por simular as forças resistivas ao movimento do veículo em função de sua velocidade (veja Capítulo 3, “Propriedades e curvas características dos motores”), tal como se este estivesse na rua. O ciclo (perfil de velocidades em função do tempo) que o condutor deve seguir é definido pela norma vigente, assim como suas tolerâncias.

Visto que os gases e as partículas emitidos pelo veículo continuam a reagir com o ar ambiente, mesmo depois de expelidos pelo tubo de escapamento, é necessário que a sala e os equipamentos de testes possam simular essa condição. Por conta disso, na sala de testes, os gases de escape são diluídos com ar ambiente, e uma amostra do fluxo já homogeneizado é coletada em balões cujo conteúdo será analisado posteriormente.

---

[1] Proconve – Programa de Controle da Poluição do Ar por Veículos Automotores.

[2] Promot – Programa de Controle da Poluição do Ar por Motociclos e Veículos Similares.

O amostrador de volume constante (*Constant Volume Sampler* – CVS) é o equipamento responsável por coletar a totalidade do gás de escape do veículo e diluí-la com ar ambiente de modo que o fluxo resultante dessa mistura (gás de escape do veículo mais o ar ambiente para diluição) seja constante. A esse equipamento está conectada a unidade de amostragem em balões, que faz a coleta de uma amostra do fluxo diluído e outra do ar ambiente, guardando-as em balões distintos para estabilização e posterior análise ao final do ciclo, pelos equipamentos que serão descritos nos tópicos a seguir.

Todos os fluxos envolvidos na amostragem são medidos para que os volumes possam ser integrados e, juntamente com os resultados das medições de concentrações dos gases componentes, sejam calculadas as emissões em massa por unidade de distância (g/km, por exemplo).

13.5.2 Ensaios de emissões de motores

Salas de testes de motores também podem contar com equipamento para diluição dos gases de escape em ar ambiente (CVS e túnel de diluição), no entanto, dado que os tamanhos dos equipamentos de amostragem e diluição são proporcionais à vazão de escape do motor, tais equipamentos tornam-se mais onerosos e ocupam espaço considerável quando se testam motores para aplicações pesadas. Por conta disso, algumas legislações aceitam o uso de amostragem bruta para os gases de escape e a diluição parcial para a medição de partículas. O Brasil toma como base a legislação europeia para a certificação de motores pesados, a qual aceita a execução de ensaios com diluição total (usando o CVS), ou com amostragem bruta dos gases.

Na amostragem bruta, uma amostra dos gases é transferida diretamente do escapamento para os analisadores de gases, sendo que especial atenção é dada ao caminho por onde essa amostra passará, de modo a evitar perdas de componentes por condensação, por exemplo.

A norma em vigência estabelece as condições de carga e rotação a que os motores serão submetidos durante o teste, que pode ser em regime estacionário (motor em condições constantes e medições sendo feitas quando se atinge estabilidade no funcionamento) ou transiente (simulação de utilização em veículo, com medições sendo feitas em modo contínuo).

As concentrações dos componentes, medidas pontualmente ou de modo contínuo, em função do teste, são calculadas juntamente com os fluxos de escape e o resultado é expresso em unidades de vazão mássica por unidade de potência (g/kWh, por exemplo).

13.6 Análise dos componentes

As legislações estabelecem limites de emissões para componentes do gás de escape que são diretamente nocivos à saúde, tais como monóxido de carbono (CO), óxidos de nitrogênio (NO_X), hidrocarbonetos (HC), material particulado, aldeídos e outros componentes inerentes a alguma tecnologia específica utilizada (amônia, para motores com catalisadores que utilizam injeção de ureia, e metano não queimado para motores a gás).

Cada componente pode ser medido por diversos princípios de análise diferentes, no entanto, para tornar os resultados passíveis de comparação as legislações definem quais serão os métodos de análise à serem utilizados, assim como os procedimentos de calibração e verificação de eficiência desses equipamentos.

A seguir, serão descritos os princípios de medição de cada componente em função do que é exigido pelas normas, além de alguns métodos alternativos que podem ser utilizados durante o desenvolvimento dos motores e sistemas de pós-tratamento dos gases de escapamento.

13.6.1 Monóxido e Dióxido de Carbono – CO e CO_2

Os métodos regulamentados para medição das concentrações de monóxido e dióxido de carbono dos gases de escapamento são baseados em detectores de absorção de raios infravermelhos não dispersivos (*non-dispersive infrared* – NDIR). Esse princípio de detecção vale-se do fato de que uma molécula constituída de átomos distintos absorve energia infravermelha em comprimentos de onda específicos, sendo que seu grau de absorção é proporcional à concentração desse componente na amostra coletada, quando mantida a uma pressão constante.

Moléculas monoatômicas, tais como N_2 e O_2, não absorvem energia infravermelha, ao passo que moléculas diatômicas o fazem. Portanto, um detector que meça o quanto de energia emitida por uma fonte infravermelha, em uma determinada faixa de comprimentos de onda característica do componente à ser detectado, foi absorvida ao passar por uma célula de detecção será capaz de indicar a concentração desse componente na amostra que passou pela célula.

Esse método de detecção utiliza-se do princípio de Beer e Lambert para a absorção de energia por gases:

$$\frac{I(\lambda)}{I_0(\lambda)} = e^{-E \cdot C \cdot P} \qquad \text{Eq. 13.1}$$

Onde:

λ: Comprimento de onda.

I: Radiação no comprimento de onda λ que foi transmitida até o detector.

I_0: Radiação no comprimento de onda λ que incidiu originalmente no gás.

E: Coeficiente de absorção molar do gás para o comprimento de onda.

C: Concentração do gás.

P: Comprimento da célula de detecção.

A Figura 13.9 mostra a montagem característica de uma célula de detecção, onde podem ser vistas duas câmaras: a de comparação e a de análise. Na câmara de comparação, o volume é preenchido por um gás que não absorve a radiação, tal como o nitrogênio. A radiação da fonte é, então, transmitida em sua totalidade para o detector. Na outra câmara, a de detecção, a amostra de gás flui continuamente e a radiação resultante após as absorções chega ao detector.

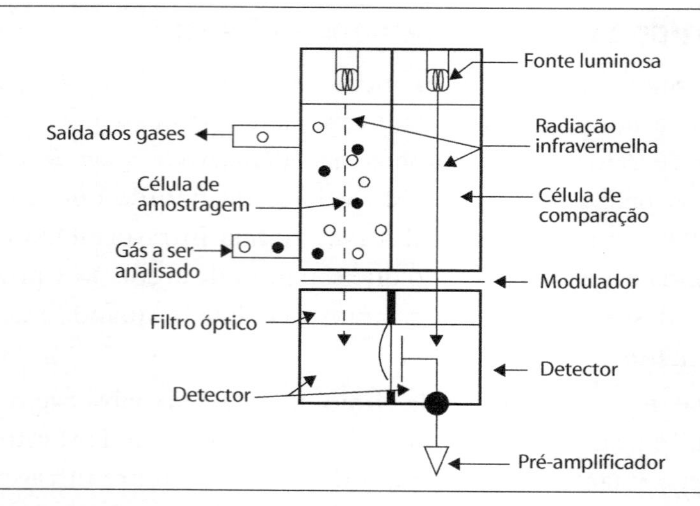

Figura 13.9 – Componentes de detector NDIR para CO ou CO_2 [10].

O detector é composto de duas câmaras separadas por uma membrana e preenchidas com gás, que também absorve a radiação infravermelha e esquenta, aumentando a pressão na câmara. A diferença de pressão nas câmaras deforma a membrana que, com a ajuda de um modulador (*chopper*) para causar intermitência nas radiações recebidas, gera um sinal elétrico que caracteriza a concentração do componente medido.

Os gases que absorvem radiação infravermelha o fazem em faixas de comprimentos de onda distintos, tal como pode ser visto na Figura 13.10, que mostra os comprimentos de onda absorvidos pelo CO, CO_2 e água. Percebe-se que a água absorve radiação numa faixa de comprimento de ondas muito ampla, sobrepondo-se às faixas do CO e CO_2. Por esse motivo, para melhorar a exatidão na medição de CO ou CO_2, a análise do gás amostrado é feita, sempre que possível, em base seca, ou seja, sem água (passa-se a amostra de gás por um resfriador, onde o vapor-d'água se condensa e separa-se da amostra do gás de escape). Analisadores CO ou CO_2 que trabalham em base úmida existente, porém, necessitam trabalhar aquecidos e possuir mais ajustes para a compensação da interferência causada pela água.

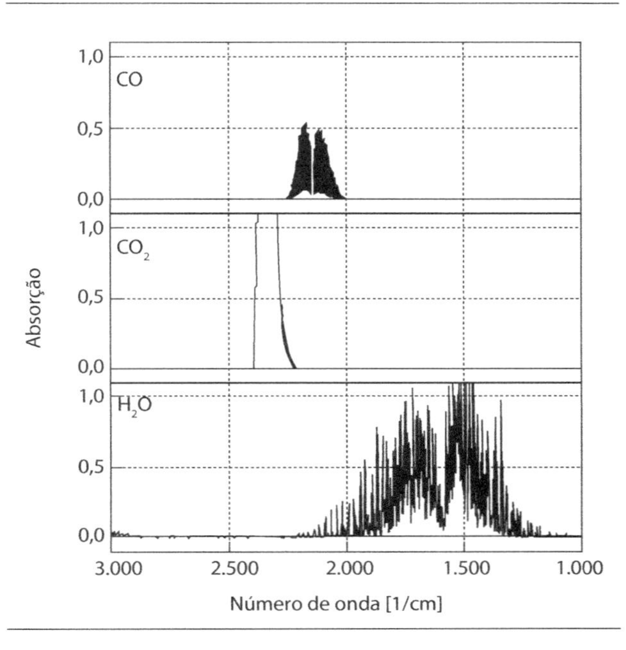

Figura 13.10 – Absorção de cada componente em função do número de onda da radiação infravermelha incidente [10].

De modo a detectar a absorção referente somente ao componente em análise, faz-se o uso de um filtro óptico na frente do detector, que deixa passar somente o comprimento de onda desejado. Portanto, é necessário o uso de analisadores distintos para CO e CO_2 e, normalmente, por questões de sensibilidade do detector, utiliza-se um analisador de CO para concentrações baixas (típicas de gases coletados após o sistema de pós-tratamento e de motores do ciclo Diesel) e outro para concentrações altas (típicas de amostras de antes do catalisador em motores do ciclo Otto).

13.6.2 Óxidos de Nitrogênio – NO_x

Óxidos de nitrogênio (NO e NO_2) também podem ser medidos pelo método NDIR descrito no tópico anterior. No entanto, dada a interferência sofrida pela presença de outros componentes na amostra de gás, as regulamentações de medição de emissões veiculares normalmente prescrevem o método da quimiluminescência para essa tarefa.

A quimiluminescência é o fenômeno da emissão de um fóton quando moléculas que foram submetidas a uma excitação eletrônica voltam ao seu estado inicial. No detector de NO_x, a emissão desses fótons é proporcional ao número de moléculas de NO que sofreram excitação (tornando-se moléculas de NO_2), contidas na câmara do detector e, consequentemente, sua medição informa a concentração desse componente na amostra do gás.

Para que uma molécula de NO torne-se uma molécula de NO_2 e emita um fóton, é necessário reagi-la com ozônio, tal como na equação abaixo:

$$NO + O_3 \rightarrow NO_2 + NO_2^* + O_2$$

Onde NO_2^* representa as moléculas de NO_2 em estado excitado, que são cerca de 10% das moléculas de NO que reagiram. Ao voltar para o estado normal, o NO_2^* emite um fóton, que é medido pelo detector:

$$NO_2^* \rightarrow NO_2 + h\upsilon$$

onde h é a constante de Planck e υ é a frequência da radiação emitida.

O ozônio necessário para a reação é gerado externamente à câmara de detecção pelo próprio analisador, em um dispositivo chamado ozonizador, que utiliza descargas corona para transformar oxigênio em ozônio.

Das equações acima percebe-se que o NO_2 presente na amostra do gás de escapamento não participa da reação e, portanto, não é passível de detecção. Para tanto, é necessário transformar esse NO_2 em NO, passando a amostra por um conversor catalítico baseado em carbono, que transforma o componente em NO, conforme as seguintes reações:

$$NO_2 + C \rightarrow NO + CO$$

$$2 \cdot NO_2 + C \rightarrow 2 \cdot NO + CO_2$$

A câmara de detecção de um analisador de NO_x é mostrada na Figura 13.11, onde se pode perceber a existência de um filtro óptico, responsável por barrar a passagem de qualquer outro comprimento de onda que não aqueles oriundos da quimiluminescência do NO (de 590 a 2.500 nm).

Dentro da câmara de detecção, há a probabilidade de a molécula de NO_2 em estado excitado colidir com outras moléculas de igual ou maior tamanho, perdendo sua energia de excitação e voltando ao estado normal sem emitir o fóton.

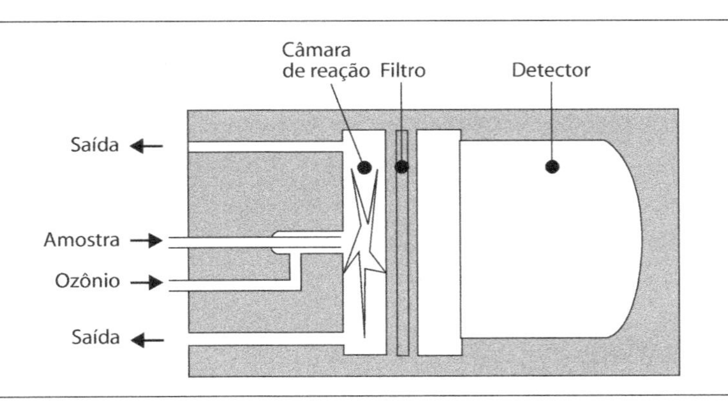

Figura 13.11 – Câmara de detecção de um analisador por quimiluminescência. [10]

As moléculas mais propensas a essa colisão são as de CO_2 e H_2O. A presença de H_2O é evitada passando-se a amostra por um condensador (tal como descrito no tópico anterior, para os analisadores de CO e CO_2) de modo a remover toda a sua umidade.

Já para diminuir a concentração do CO_2, pode-se utilizar a opção de trabalhar-se com menores pressões na câmara de detecção, por meio de uma bomba de vácuo para puxar a amostra. Desse modo, a concentração dessas moléculas na câmara é menor e a probabilidade de colisão também, sendo essa construção bastante utilizada em analisadores para a medição em amostras coletadas em sacos (ensaios com CVS), onde as concentrações dos poluentes são baixas por consequência da diluição do gás de escape, sendo necessária maior resolução do analisador.

13.6.3 Hidrocarbonetos

Os hidrocarbonetos gerados pela queima incompleta do combustível na câmara podem ser medidos pelo método de absorção de raios infravermelhos não dispersivos (*NDIR*), tal como o CO e o CO_2. No entanto esse método apresenta resultados aceitáveis somente para hidrocarbonetos leves, gerados na queima de motores Otto a gasolina, e é utilizado em analisadores que não são destinados à medição para a certificação e homologação de veículos. Além disso, parte dos hidrocarbonetos presentes no gás de escapamento condensa-se quando a amostra é resfriada para a remoção da água, tornando necessário que a amostragem e a medição desse componente sejam feitas a quente (convenciona-se 113 °C para motores Otto e 191 °C para motores Diesel).

Detectores baseados em ionização por chama (*flame ionization detection – FID*) fazem também a medição dos hidrocarbonetos mais pesados (abrangendo os emitidos pelos motores do ciclo Diesel) e são menos suscetíveis às interferências causadas por outros componentes do gás de escapamento.

Em um detector desse tipo (representado na Figura 13.12), a amostra de gás de escape é queimada em uma chama de hidrogênio, que faz as moléculas dos hidrocarbonetos se dissociarem, gerando íons na área da chama. Em volta do queimador há dois eletrodos alimentados por uma tensão elétrica contínua, para onde os íons gerados irão migrar, gerando uma corrente que é proporcional à incidência desses íons e, consequentemente, à concentração dos hidrocarbonetos na amostra.

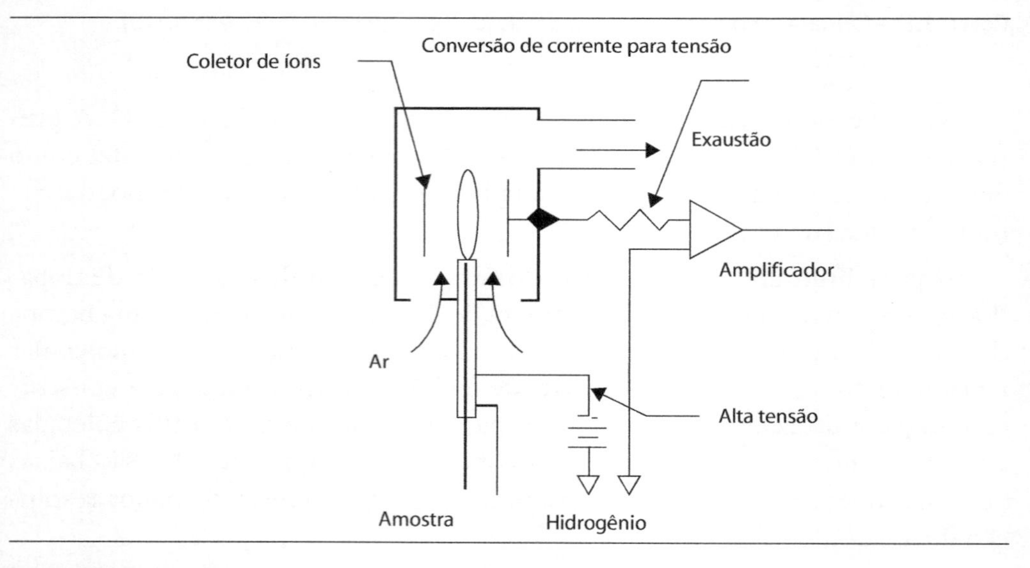

Figura 13.12 – Câmara de detecção de analisador FID [10].

A queima é descrita pela seguinte equação:

$$CH^* + O^* \rightarrow CHO^+ + e^-$$

Onde CH* representa os radicais CH, e O* representa os radicais O.

O método *FID* não é seletivo ao tipo de hidrocarboneto queimado, portanto os resultados medidos com esse analisador são expressos em unidades de concentração de carbono na amostra, normalmente ppmC (partes de carbono por milhão) e são chamados de hidrocarbonetos totais (*total hydrocarbons – THC*).

13.6.3.1 METANO

Em motores que funcionam a gás deve-se determinar a concentração de metano (CH_4) não queimado separadamente dos demais hidrocarbonetos emitidos. Essa análise pode ser feita utilizando-se o método *FID*, é necessário, porém, o uso de dispositivos de separação para que somente o metano chegue ao detector. Dentre os métodos mais utilizados estão a separação por *cutter* e por coluna cromatográfica.

Na separação por *cutter*, a amostra é passada por um composto catalítico a alta temperatura (cerca de 310 °C) que irá oxidar os hidrocarbonetos que possuem dois ou mais carbonos em sua estrutura (C_2H_6 e acima), transformando-os em CO_2 e H_2O não detectáveis pelo analisador *FID*. A eficiência dessa separação está intrinsecamente relacionada à temperatura do composto catalítico, que sofre desgaste com a utilização e deve ter sua eficiência de conversão monitorada, de modo que a permissividade ao metano seja sempre acima de 95% (dependendo da regulamentação adotada).

O método cromatográfico de separação utiliza duas colunas cromatográficas, sendo que a primeira remove os hidrocarbonetos pesados (acima do metano), e a segunda remove o O_2, CO e CO_2 misturados ao metano. A separação é feita por lotes, ou seja, a análise resultante não é informada de maneira contínua, fazendo com que esses analisadores sejam utilizados apenas para a medição de amostras coletadas em balões.

13.6.4 Oxigênio

Apesar de não ser um poluente, a medição da concentração de oxigênio no gás de escapamento é uma importante ferramenta para avaliar parâmetros da combustão do motor. Em salas de testes para a medição de emissões, o oxigênio é medido por detectores baseados no método magnetopneumático (*magneto-pneumatic detection* – MPD), que se utilizam do fato de o oxigênio ser suscetível a campos magnéticos (tornando-se temporariamente magnético na presença destes), coisa que os outros componentes não são (ou o são em pequena intensidade, como é o caso do NO e NO_2).

Um detector desse tipo está exemplificado na Figura 13.13a, página 160, onde se pode ver dois magnetos que, quando submetidos a uma corrente alternada, geram um campo magnético alternante entre seus polos. Flui-se então a amostra dentro da câmara de detecção e o oxigênio nela presente é atraído pelos polos do magneto, fazendo aumentar a pressão ao seu redor. Esse aumento de pressão é proporcional à concentração do oxigênio presente na amostra e é detectado por um microfone condensador cuja capacitância será alterada por essas variações de pressão. Para que não haja influência do gás de amostra no detector, este é preenchido por um fluxo constante de gás inerte (nitrogênio).

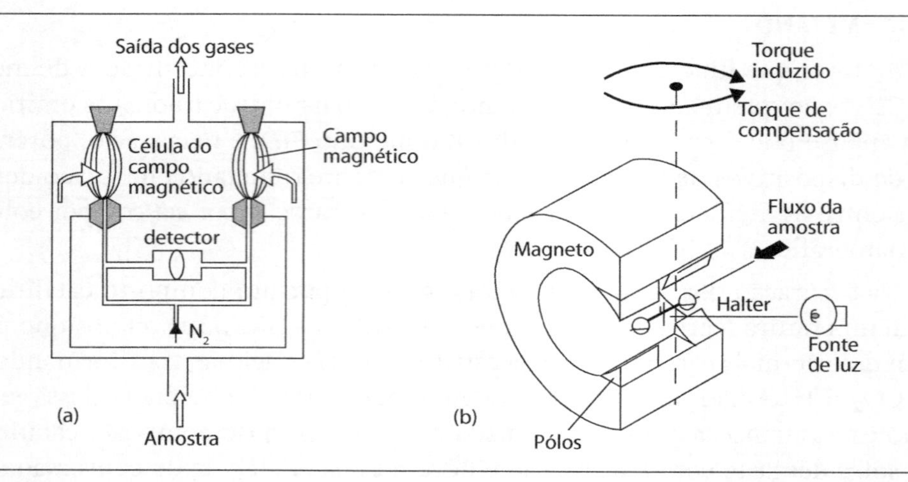

Figura 13.13 – Analisador magnetopneumático com microfone de condensação (a), e com barra de torção (b) [10] e [17].

Em vez de um microfone de condensação, alguns detectores utilizam uma barra com pequenas esferas em suas pontas, preenchidas com nitrogênio (Figura 13.13b). Essa barra é alinhada com o campo magnético do analisador e, quando o oxigênio da amostra é passado pelo detector, há um desalinhamento nessa barra, necessitando um torque para o seu realinhamento. A relação entre o torque necessário para manter a barra alinhada e a concentração do oxigênio na amostra é linear, indicando, portanto, o resultado da medição.

Outros métodos para a medição da concentração de oxigênio, tais como analisadores baseados em células eletroquímicas ou sensores de zircônia, também são bastante utilizados, mas como dispositivos de teste em campo, e não em salas de ensaios de emissões.

13.6.5 Aldeídos

Os aldeídos são componentes formados durante as etapas intermediárias da oxidação de hidrocarbonetos e álcoois, principalmente em condições de queima incompleta. Esses compostos possuem odor forte e causam irritação de mucosas e vias aéreas em seres humanos, além de, quando na atmosfera, participarem da formação de outros compostos tais como gases oxidantes (ozônio, por exemplo), causadores de problemas respiratórios e danos em materiais.

Apesar de serem formados em motores do ciclo Otto e Diesel, no Brasil somente as emissões de aldeídos para veículos leves e comerciais leves, ciclo Otto, funcionando com gasolina ou etanol, são regulamentadas até o momento. Por causa do grupo hidroxila presente no etanol, as emissões de aldeídos em motores funcionando com esse combustível são muito maiores que nos equivalentes a gasolina. Formaldeído (metanol, CH_2O) e acetaldeído (etanol, C_2H_4O) respondem por cerca de 90% dos aldeídos encontrados nos gases de escapamento. No entanto, dado que biodiesel, componente oxigenado, tem sido adicionado ao óleo diesel comercial em proporções crescentes, propiciando a formação dos aldeídos durante a queima, fabricantes e importadores de veículos leves devem, até dezembro de 2013, incluir em seus relatórios as emissões de aldeídos desses veículos[3].

A análise de aldeídos de maneira regulamentada é feita posteriormente ao ensaio em dinamômetro de chassi (ver Capítulo 3, "Propriedades e curvas características dos motores"). Durante a execução deste, uma amostra do gás de escapamento diluído é coletada a partir do amostrador de volume constante (CVS) e passa por dentro de frascos borbulhadores (*impingers*) contendo uma solução preparada a partir de 2,4 dinitrofenilidrazina (DNPH), acetonitrila e outros reagentes. Os aldeídos presentes na amostra do gás de escape são absorvidos por essa solução, formando derivados carbonílicos, que depois serão analisados por cromatografia líquida de alto desempenho (*high performance liquid cromatography* – HPLC).

A Figura 13.14a mostra, de forma esquemática, a coleta do gás de escapamento, cujos fluxos de amostragem são medidos e totalizados de modo que, ao final do ensaio, é possível o cálculo da massa de aldeídos emitida por unidade de distância (normalmente g/km) a partir da concentração dos componentes, medida no cromatógrafo. Um cromatograma característico da análise por HPLC é mostrado na Figura 13.14b.

Esse mesmo método de coleta também é utilizado no Brasil para a determinação da fração de álcool não queimado presente no gás de escape de veículos movidos a etanol. Nesse caso, a solução absorvedora é água bidestilada, e a análise é feita por cromatógrafo gasoso.

Outro modo de medir os aldeídos em ensaios de veículos ou motores é utilizando-se equipamentos baseados em espectrometria infravermelha com transformada de Fourier (*Fourier transform infrared spectrometry* – FTIR). Esse método, que será descrito adiante, em tópico específico, possibilita uma análise contínua dos componentes do grupo aldeídos e cetonas durante o ensaio. No entanto, ainda não é um método aprovado para a execução de ensaios de certificação, sendo restrito apenas ao ambiente de pesquisa e desenvolvimento, principalmente de emissões de motores operando com combustíveis alternativos à gasolina e ao diesel (tais como misturas destes com etanol e óleos vegetais).

---

[3] Segundo resolução do Conselho Nacional do Meio Ambiente (Conama), nº 415, de dezembro/2009.

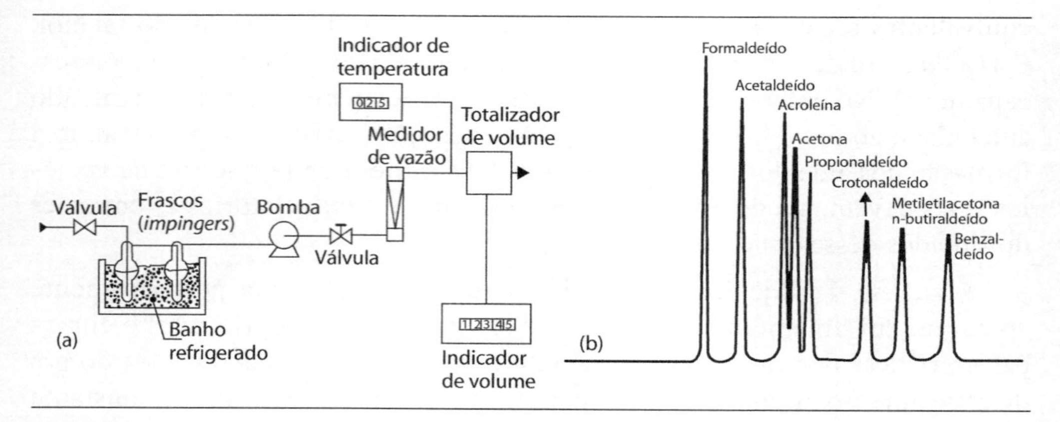

Figura 13.14 – Diagrama esquemático da coleta de aldeídos (a) e resultado típico da análise em cromatógrafo líquido (b) [3] e [4].

13.6.6 Material particulado

Para definir o que são as emissões de partículas de um motor de modo que estas possam ser quantificadas, as normas estabelecem que particulado é todo o material proveniente do escapamento que, após diluído com o ar ambiente, possa ser coletado em um filtro a temperaturas inferiores a 52 °C. As considerações de que haja diluição do gás de escape e de que a temperatura de coleta seja limitada visam possibilitar a estabilização do material particulado para sua correta quantificação, dado que a aglutinação de partículas continua mesmo após sua saída da câmara de combustão do motor.

Outra consideração a ser feita é a diferenciação entre material particulado e fumaça. Enquanto a fumaça é composta pelas partículas sólidas emitidas pelo motor que são visíveis (tal como a fuligem), o material particulado tem, em sua composição, as frações de hidrocarbonetos não queimados, adsorvidos na fuligem, e outros compostos inorgânicos (sulfatados, água e cinzas) que não necessariamente são visíveis nessas concentrações. Dada essa natureza, pode-se dizer que os materiais particulados são aqueles que se depositarão em um filtro e que a fumaça é tudo aquilo que pode atenuar um raio de luz. Por conta disso, diferentes métodos de medição são aplicáveis a cada um deles.

O material particulado é emitido tanto por motores ciclo Otto como ciclo Diesel. No entanto, dado que as emissões desse componente sempre foram muito maiores para os motores Diesel quando comparados com os Otto, os esforços em regulamentação e monitoramento concentram-se nos primeiros. No entanto, em função dos avanços na retenção do material particulado nos veículos com motores Diesel (filtros de particulado, que reduzem em muito as emissões de partículas) e, no crescente uso de injeção direta em motores a gasolina (*GDI*) (o que propicia a formação de partículas ultrafinas quando comparada com a injeção convencional), as regulamentações têm mudado, e, como já pode ser encontrado nas normas da legislação europeia, desde 2009, os veículos equipados com motores Otto de injeção direta já precisam ser certificados quanto à massa de material particulado emitido, além de que motores Diesel e Otto de injeção direta (*GDI*) também devem ser certificados quanto ao número de partículas emitidas (a partir de 2011 e 2014, respectivamente).

13.6.6.1 MEDIÇÃO

O método mais comum para a determinação do material particulado emitido por um motor é a sua coleta em filtros para posterior pesagem. Enquanto a pesagem por si só é um processo simples. O que torna a medição do material particulado complexa é a sua coleta nesse filtro que, em razão dos motivos citados anteriormente, necessita reproduzir em laboratório as condições desse material exposto à atmosfera. Dois são os modos pelos quais se pode diluir o gás de escapamento com ar ambiente: utilizando-se túneis de diluição total, onde todo o gás de escape do motor é diluído, ou túneis de diluição parcial, que tomam uma pequena amostra do gás de escape e a diluem com ar ambiente.

Túneis de diluição completa (*full-flow*) reproduzem melhor as condições de diluição na atmosfera, no entanto, seu tamanho deve ser proporcional ao volume de gás de escape do motor (um túnel para um motor Diesel para aplicação veicular pesada pode ter cerca de oito metros de comprimento apenas na sua seção de homogeneização e diâmetro de 460 mm), o que o torna mais oneroso. A Figura 13.15a mostra esquematicamente um túnel de diluição completa para teste de motores Diesel, utilizado para a amostragem de material particulado e gases de escape (o trocador de calor faz-se necessário para que a amostragem dos gases se dê em temperaturas de até 40 °C).

Já os túneis de diluição parcial (esquematizados na Figura 13.15b) são menores em tamanho, porém mais complexos em seus componentes, pois necessitam controlar o fluxo de amostragem do gás de escape e o fluxo do ar de diluição de modo a simular a mesma diluição que aconteceria em um túnel de diluição completa. Além disso, os componentes do túnel devem ser projetados de forma a evitar perdas de material particulado por exposição da amostra a altos gradientes de temperatura, por isso, o tubo de transferência (entre o escapamento e o túnel) e o túnel de diluição, normalmente são aquecidos. Esse tipo de amostragem provê uma boa correlação com os resultados obtidos em um túnel de diluição completa. Apesar disso, não era aceito como método de certificação por algumas legislações (a americana, por exemplo, passou a aceitá-lo somente a partir de 2011).

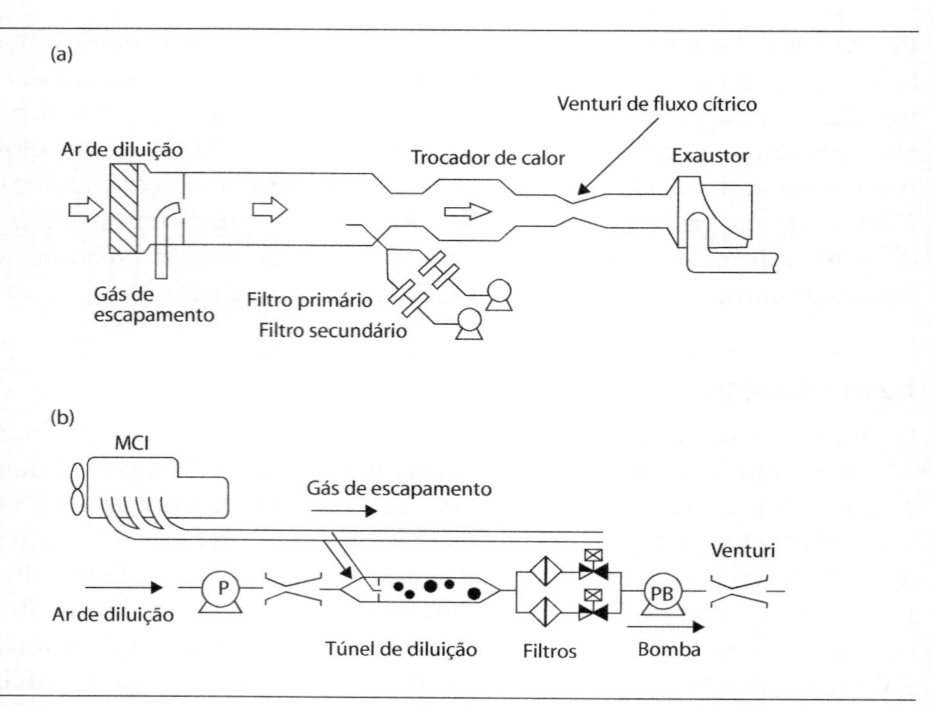

Figura 13.15 – Diagrama esquemático de um túnel de diluição total (a) e um minitúnel de diluição (b) [10].

Em ambos os tipos de túnel, o material particulado é coletado em filtros de papel, sendo que o tamanho desses filtros (diâmetros de 47 e 70 mm são mais comuns) e a quantidade (um ou dois) são definidos pela norma em uso. A pesagem desses filtros é feita antes e depois do ensaio, em condições de ambiente controlado em temperatura e umidade, e a massa referente ao material particulado é computada com dados de massa de gás de escape total do motor, fração amostrada, razão de diluição e outros, de modo a indicar as emissões de material particulado em massa por unidade de distância (g/km, em ensaios veiculares) ou vazão mássica por unidade de potência (g/kWh, em ensaios de motores).

Apesar de ser esse o método aceito para a certificação de veículos e motores, os crescentes avanços no que diz respeito à diminuição das emissões de poluentes pelos motores, aliados ao uso de combustíveis com menor teor de enxofre, levaram as emissões de material particulado a níveis nos quais a medição pelo método gravimétrico dos filtros apresenta incertezas significativas, dado o baixo grau de impregnação de material particulado nos filtros em face da massa destes. Motivado também pelo fato desse método não possibilitar uma análise contínua do material particulado durante as diversas condições de operação do motor no ciclo de ensaio, outros métodos foram desenvolvidos e são citados abaixo apenas para conhecimento e futura pesquisa de seus conceitos:

- **Espectrometria fotoacústica (*PAS, photo acoustic spectrometry*):** o gás de escape é submetido a um laser de CO_2, que faz o material particulado absorver essa radiação e emitir ondas sonoras. Este método permite medição contínua do material particulado.
- **Combustão do filtro:** amostras do gás de escapamento são coletadas em filtros de quartzo, que são colocados em um forno, onde o material particulado queima completamente e o CO_2 e o SO_2 provenientes dessa queima são medidos. Esse método correlaciona-se bem com as medições em túnel de diluição, mas não possibilita medição contínua.
- **Difusibilidade eletrônica (*EDM, electron diffusibility measurement*) combinado com detectores de ionização de chama (*FID, flame ionization detector*):** esse tipo de análise leva em conta as características de alta difusibilidade eletrônica da fuligem, que se torna eletricamente carregada ao passar por uma descarga corona, podendo ser medida por um detector de corrente. As frações orgânicas solúveis são medidas pelos detectores de ionização de chama em duas linhas de amostragem a temperaturas distintas, de modo a descontar os hidrocarbonetos não queimados não aderidos ao material particulado. Possibilita medição contínua do material particulado e provê correlação com os resultados obtidos pelo método gravimétrico.

13.6.6.2 CONTAGEM DO NÚMERO DE PARTÍCULAS SÓLIDAS

O método de coleta em filtro para posterior pesagem, descrito anteriormente, não é capaz de reter no filtro as partículas ultrafinas (menores que 0,1 μm) emitidas pelo motor e que são igualmente perigosas à saúde, visto que são respiráveis e alojam-se nos alvéolos pulmonares, bloqueando-os. Além disso, pela massa desprezível frente às demais partículas, as partículas ultrafinas não seriam quantificáveis por esse método.

Os filtros de particulado para motores Diesel (*diesel particulate filter* – DPF) são capazes de reter as partículas maiores emitidas pelo motor, mas possibilitam que um número alto de partículas ultrafinas passe, podendo então qualificar os motores para certificação por estes estarem abaixo dos limites máximos para emissões mássicas de material particulado, apesar de poderem estar emitindo um alto número de partículas ultrafinas.

Por conta disto, a legislação europeia (a partir das definições Euro 5b, em vigor a partir de setembro de 2011) determinou que a contagem do número de partículas emitidas por veículos com motores de ciclo Diesel seja obrigatória para a certificação. Para veículos a gasolina e que utilizem sistema de injeção direta de combustível – GDI, a contagem do número de partículas será obrigatória a partir de setembro de 2014 (Euro 6). Essa legislação estabelece o limite de $6{,}0 \cdot 10^{11}$ partículas por quilômetro rodado no ciclo. No caso dos motores pesados, tanto o limite como o método de quantificação dessas partículas no ciclo de teste ainda estão em estudos.

O equipamento que faz essa contagem é composto do módulo de condicionamento da amostra coletada e do medidor, baseado no método de condensação de partículas (CPC, *condensation particle counter*). O módulo de condicionamento é responsável por coletar a amostra do CVS, remover as partículas voláteis desta e reduzir a concentração e a temperatura das partículas remanescentes, de modo que o CPC possa contá-las. O CPC então irá saturar a amostra com vapor de álcool (butanol) e depois resfriá-la, de modo que o vapor de álcool condense-se sobre a superfície das partículas e estas possam ser contadas por espalhamento de radiação laser.

13.6.6.3 FUMAÇA

Mesmo que a fumaça não represente todo o material particulado emitido pelo motor, sua medição é feita de modo a fazer verificações rápidas das condições de ajuste deste. Condições de óleo lubrificante misturando-se demasiadamente na câmara de combustão, bicos injetores não fechando corretamente, insuficiência de ar devido a filtro obstruído e débito excessivo de combustível são alguns dos problemas que podem ser detectados pela observação desse componente do gás de escapamento.

Diversos são os métodos pelos quais a fumaça pode ser medida, no entanto, apenas as técnicas de medição de opacidade e grau de enegrecimento em filtro de papel serão explicadas aqui, por serem as mais comumente encontradas em laboratórios.

- **Medição por opacidade:** uma fonte emissora de luz colimada e um receptor são instalados em posições diametralmente opostas em um duto pelo qual passa a totalidade do gás de escape do motor. A atenuação da intensidade da luz emitida pela fonte devida à absorção e ao espalhamento causados pela fumaça é detectada pelo receptor, e os resultados são expressos em opacidade (fração, onde 0% representa nenhuma atenuação e, portanto, inexistência de fumaça visível; e 100% representa a total obstrução da fonte luminosa) ou densidade de fumaça (1 / unidade de comprimento). A Figura 13.16a esquematiza um opacímetro de fluxo total, para ser instalado como parte do duto de escapamento em uma sala de testes de motores.

Em função da norma utilizada, o teste para a medição de opacidade durante a certificação de motores do ciclo Diesel (ou veículos com esses motores) pode ser feito em condições de aceleração livre ou com carga, não só para fins de certificação, mas também para a inspeção veicular periódica. Nesse caso, utilizando-se opacímetros de fluxo parcial, onde somente uma amostra do gás de escape é analisada.

- **Medição por grau de enegrecimento em filtro de papel:** uma amostra de gás de escape com volume conhecido é sugada por uma bomba através de um filtro de papel, que é submetido à análise por um reflectômetro logo na sequência. A intensidade de luz refletida na superfície do filtro, impregnado de carbono, informa o grau de enegrecimento causado pela amostra, expressa em unidades Bosch (variando de 0 a 10), que pode ser correlacionada com unidades de densidade de fumaça. Dadas sua robustez e rapidez, esse método é um dos mais utilizados em salas de teste de motores Diesel para desenvolvimento e controle de produção. A Figura 13.16b ilustra o funcionamento de um medidor de grau de enegrecimento por reflectômetro.

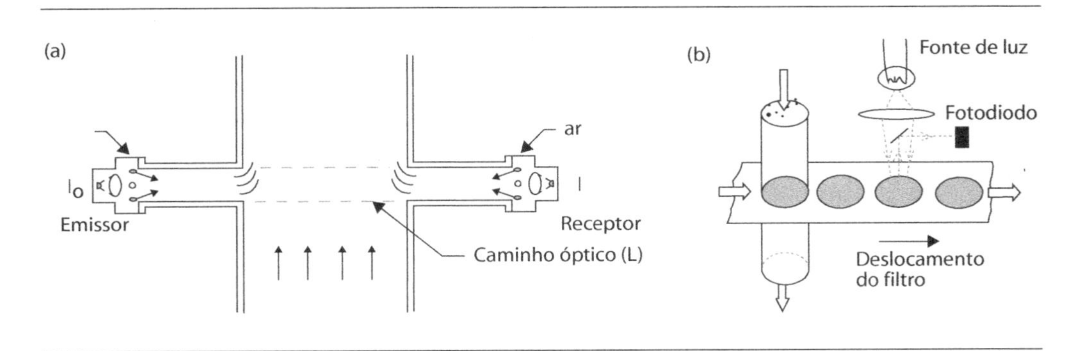

Figura 13.16 – Exemplo de opacímetro de fluxo total (a) e medidor de grau de enegrecimento (b) [18] e [8].

13.6.7 Sulfeto de Hidrogênio e Dióxido de Enxofre

O enxofre, presente como impureza nos combustíveis, origina dióxido de enxofre (SO_2) na exaustão, depois de queimado pelo motor. Apesar de não haver muito a ser feito no desenvolvimento dos motores para que seja evitada a formação desse componente, visto ser algo dependente do combustível, a medição dos compostos sulfúreos dos gases de escapamento é importante no desenvolvimento dos catalisadores, pois a eficiência destes pode ser afetada pela presença do enxofre.

Além disto, o dióxido de enxofre (SO_2) pode ser oxidado no catalisador, dando origem ao trióxido de enxofre (SO_3), que é precursor da chuva ácida, ao tornar-se ácido sulfúrico pela exposição à umidade do ar ambiente. Em algumas condições favoráveis, tais como baixas temperaturas, pode ocorrer a formação de sulfeto de hidrogênio (H_2S) a partir da redução do SO_2.

Entre os métodos possíveis para a medição desses componentes, estão a detecção por absorção de raios infravermelhos não dispersivos (NDIR, explicado anteriormente) e a fluorescência ultravioleta (*Ultra Violet Fluorescence* – UVF). A detecção pelo processo UVF consiste na excitação da amostra de gás com uma radiação ultravioleta (220 nm), fazendo com que algumas moléculas de SO_2 entrem no estado excitado e, na sequência, emitam um fóton quando retornam ao estado normal. A concentração de SO_2 na amostra é proporcional à intensidade dos fótons emitidos e pode ser descrita pelas reações abaixo.

$$SO_2 + h\upsilon(220\,nm) \rightarrow SO_2^*$$

$$SO_2^* \rightarrow SO_2 + h\upsilon$$

onde h é a constante de Planck e υ é a frequência da radiação emitida.

Como o óxido nítrico (NO) presente na amostra pode interferir na medição, é necessária sua neutralização, transformando-o em NO_2 pela reação com ozônio (mesma reação explicada no tópico referente ao método de quimiluminescência).

Um detector desse tipo pode ser utilizado em três combinações diferentes:

- **Modo independente:** onde o detector recebe diretamente a amostra de gás e informa a concentração de SO_2 (esquematizado no item "a" da Figura 13.17).
- **Modo TRS:** onde dois detectores serão utilizados, de modo que possa ser medida a concentração de componentes sulfúreos totais reduzidos (*Total Reduced Sulfur – TRS*), onde se inclui o H_2S[4]. Nesta montagem (esquematizada no item "b" da Figura 13.17), parte da amostra segue direto para o primeiro detector UVF, de modo a determinar a concentração de SO_2 na amostra original, e outra parte segue para um forno de oxidação (onde os componentes sulfúreos totais reduzidos serão oxidados em SO_2) e depois para o segundo detector, que irá medir a concentração total de SO_2 (SO_2 da amostra original + SO_2 proveniente da oxidação). A diferença das duas medições informa a concentração de TRS na amostra.

[4] Outros compostos sulfúreos reduzidos além do H_2S: CH_3SH, C_2H_5SH, $(CH_3)_2S$, $(C_2H_5)_2S$, COS, CS_2 e C_4H_4S.

- **Modo TS:** onde dois fornos de oxidação são utilizados em conjunto com um único detector, de modo a medir a concentração de compostos sulfúreos totais (*Total Sulfur* – TS), composta pelo enxofre presente no SO_2 do gás escape, mais o presente nos compostos sulfúreos totais reduzidos (TRS) e mais o que está adsorvido no material particulado. Os fornos de oxidação estão ligados em série (conforme mostra o esquema do item "c" da Figura 13.17), sendo que o primeiro forno, a uma temperatura de 1.100 °C, é responsável por oxidar o enxofre presente no material particulado, tornando-o gasoso (SO_2), e o segundo, tal como no modo TRS, responsável por oxidar os demais compostos sulfúreos.

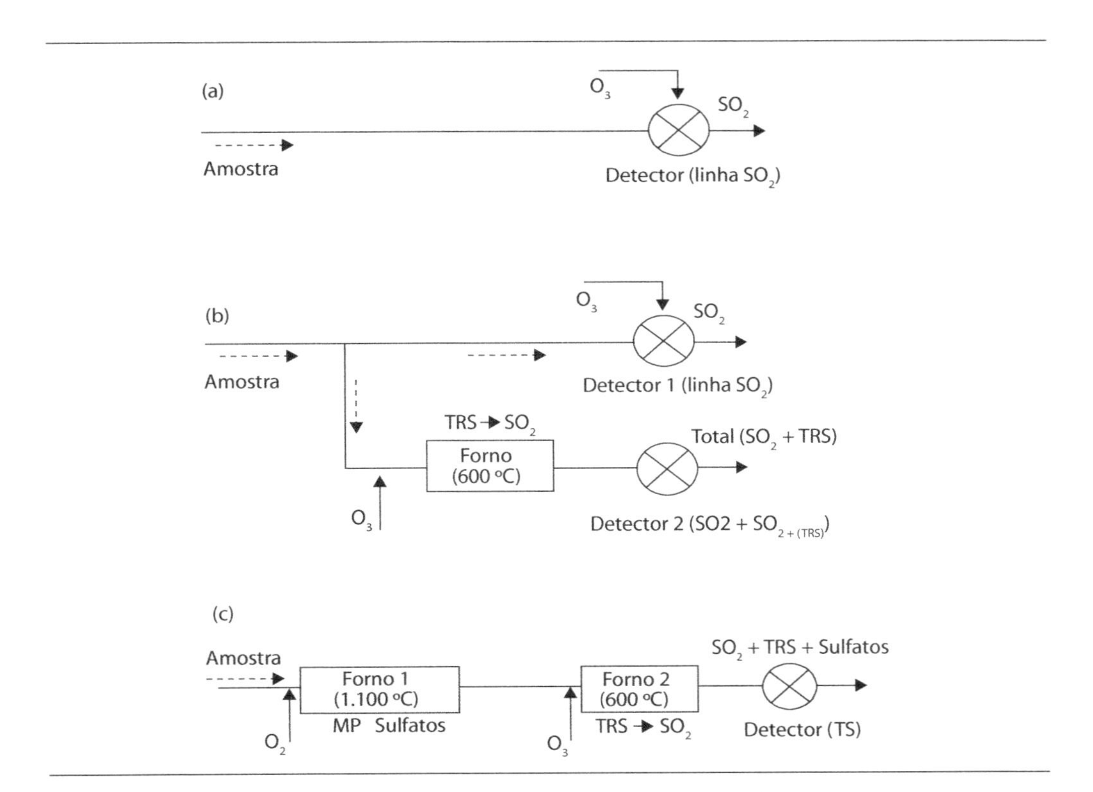

Figura 13.17 – Modos de utilização para medição de SO_2 (a), componentes sulfúreos totais reduzidos (b) e componentes sulfúreos totais (c) [13].

13.6.8 Amônia

A adoção de sistemas de pós-tratamento baseados em catalisadores de redução seletiva (SCR), para a redução das emissões de óxidos de nitrogênio em motores Diesel traz consigo a possibilidade da emissão de amônia (NH_3) na atmosfera, caso a ureia injetada nesse catalisador não seja queimada completamente. A exposição à amônia pode causar irritação nas vias respiratórias e na mucosa dos olhos.

Por ser um componente cujo limite de emissão foi regulamentado recentemente, as normas não prescrevem um método específico para a sua medição. Portanto, os fabricantes de motores têm utilizado adaptações de equipamentos baseadas em aplicações de monitoramento ambiental para essa tarefa, tais como absorção ultravioleta, espectrometria de absorção por laser ajustável, absorção de raios infravermelhos não dispersivos (NDIR) e outros.

Um dos métodos já disponíveis em equipamentos para a medição em motores é o de oxidação da amônia em óxido de nitrogênio (NO) com posterior medição por analisadores de quimiluminescência (CLD). A oxidação é descrita pela equação a seguir, e o analisador é constituído por dois detectores de quimiluminescência, sendo um para medir o NO já presente no gás de escape, e o outro para medir o NO após a passagem pelo forno de oxidação. A concentração de amônia é dada pela subtração do valor obtido pelo primeiro analisador do valor obtido pelo segundo.

$$4NH_3 + 5O_2 \rightarrow 4NO + 6H_2O$$

13.7 Métodos alternativos de medição

13.7.1 FTIR

As pesquisas com motores funcionando com combustíveis alternativos tais como misturas de etanol em gasolina ou em óleo diesel, biodiesel e gás natural levam à necessidade de medição de uma gama maior de componentes do gás de escapamento, e não somente aqueles regulamentados. Em ambientes assim, é necessário um equipamento de análise que possa informar, de maneira instantânea e contínua, as concentrações dos componentes de interesse.

Analisadores baseados em espectrometria infravermelha com transformada de Fourier (*Fourier Transform Infrared Spectometry* – FTIR) conseguem executar a medição contínua de mais de 20 componentes do gás de escape suscetíveis à absorção infravermelha, tais como os componentes regulamentados (CO, CO_2, NO, NO_2), aldeídos, hidrocarbonetos leves (cada tipo, separadamente), nitrogenados (além dos NO_x, o N_2O e NH_3), SO_2 e água.

Nesse tipo de equipamento, a amostra do gás de escapamento passa por um interferômetro (exemplificado na Figura 13.18), que é um dispositivo composto por um emissor de radiação infravermelha e um conjunto de espelhos, responsáveis por refletir e transmitir essa radiação de modo que ela se torne interferente.

Pela movimentação de um dos espelhos e pelo processamento do sinal do detector, utilizando-se transformada de Fourier, obtém-se o espectrograma da amostra analisada que, quando comparado com o espectrograma do gás de referência zero (nitrogênio), informa picos de detecção em alguns comprimentos de onda específicos. A análise do comportamento desses picos utiliza-se da comparação perante um banco de dados, para que se possa inferir qual componente característico do gás de escape está nele representado.

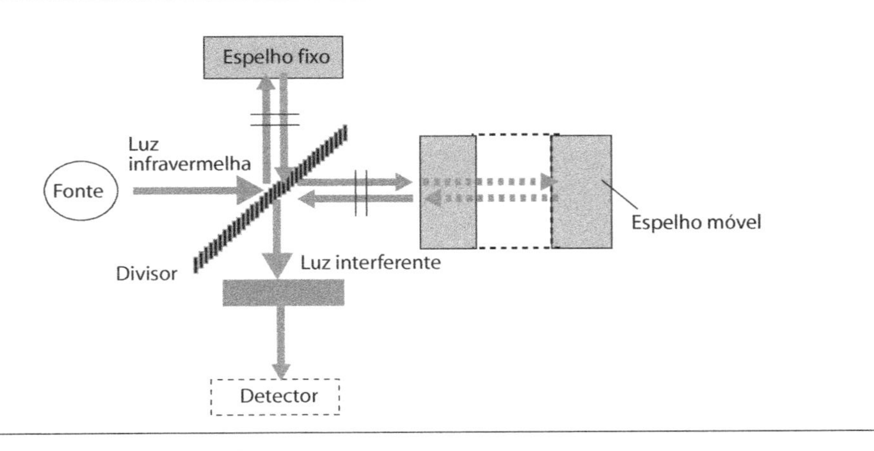

Figura 13.18 – Montagem esquemática de um interferômetro de Michelson para utilização em analisador FTIR [14].

Com esse tipo de analisador, pode-se medir a concentração de água na amostra de escape. Não é necessário removê-la tal como no método NDIR e, como consequência, torna-se possível a medição de componentes que se condensariam quando do resfriamento da amostra, tais como amônia e aldeídos.

EXERCÍCIOS

1) Faça uma pesquisa do histórico dos limites de emissões das normas americanas e europeias e compare-os com as fases do PROCONVE, colocando-os em um gráfico em função do tempo, de modo a visualizar a tendência dos limites aplicados no Brasil.

2) O processo de certificação é aquele que homologa um veículo ou motor, permitindo a sua comercialização. Aponte os principais motivos pelos

quais as normas tratam motores de veículos leves diferentemente de motores de veículos pesados.

---

3) Quais os danos causados ao ambiente e à saúde pela emissão dos aldeídos e por que no Brasil as emissões desses componentes tendem a ter maior atenção por parte das normas?

---

4) Na Europa já se faz a contagem do número de partículas emitidas por um motor. Quais os fatores que tornam necessária a verificação dessa emissão nesse nível de acuidade?

---

5) Faça a distinção entre material particulado e fuligem.

---

6) Explique por que a relação entre as técnicas de controle das emissões de óxidos de nitrogênio (NO_x) e fuligem em motores do ciclo Diesel é considerada antagônica.

---

7) Defina o que é Fator de Deterioração das emissões de escapamento.

---

8) Qual o método de medição homologado pelas legislações internacionais de emissões para determinação de NO_x?

---

9) Relacione e explique as diferenças entre os principais métodos para avaliação de fumaça usados pelas legislações de emissões.

---

10) Dado um motor do ciclo Diesel funcional com ar e $C_{12}H_{26}$, a análise da porcentagem volumétrica de O_2 em base seca nos produtos de combustão encontrou 1,2%. Baseado nessa análise, determine as concentrações de CO e CO_2 em base seca nos produtos de combustão.

Solução:

Escrevendo a reação de combustão completa estequiométrica para 1 mol de $C_{12}H_{26}$:

$$C_{12}H_{26} + 18,5 \cdot O_2 + 69,56N_2 \Rightarrow 12CO_2 + 13H_2O + 69,56N_2$$

Para a situação de combustão incompleta:

$$C_{12}H_{26} + 18,5 \cdot O_2 + 69,56N_2 \Rightarrow aCO_2 + bCO + 13H_2O + 69,56N_2$$

balanço C: a + b = 12

balanço O: 37 = 2 · a + b + 13 + 2c

A concentração de O_2 em base seca é dada por:

$$[O_2]_{BS} = \frac{c}{a+b+c+69,56} = \frac{c}{12+c+69,56} = 0,012$$

Por meio do balanço dos elementos químicos e da concentração de O_2, encontramos que: a = 10, b = 2 e c = 1. Dessa forma, a reação global fica:

$$C_{12}H_{26} + 18,5 \cdot O_2 + 69,56N_2 \Rightarrow 10CO_2 + 2CO + 13H_2O + 1O_2 + 69,56N_2$$

e as concentrações:

$[CO]_{BS} = 0,0242$ ou 2,42% $\qquad$ $[CO_2]_{BS} = 0,1211$ ou 12,11%

---

11) Explique o mecanismo de redução das emissões de óxidos de nitrogênio em um motor de combustão interna por meio da recirculação dos gases de escape (EGR – *Exhaust Gas Recirculation*). Qual a influência do uso dessa técnica no balanço térmico do motor?

---

12) Em um motor de combustão interna do ciclo Otto, qual deve ser a estratégia para reduzir a emissão de NO_x em relação ao avanço da faísca?

---

13) Quais as principais dificuldades para reduzir a concentração de monóxido de carbono (CO) em marcha lenta em motores do ciclo Otto?

Referências bibliográficas

1. ABRANTES, R.; ASSUNÇÃO, J. V.; HIRAI, E. Y. Caracterização das emissões de aldeídos de veículos diesel. *Revista Saúde Pública*, v. 39, p. 479-485, 2005.
2. ADACHI, M. Emission measurement techniques for advanced powertrains. *Measurement Science Technology*, v. 11, p. 113-119, 2000.
3. ASSOCIAÇÃO BRASILEIRA DE NORMAS TÉCNICAS. *ABNT 6601-2001*: Veículos rodoviários automotores leves – Determinação de hidrocarbonetos, monóxido de carbono, óxidos de nitrogênio, dióxido de carbono e material particulado no gás de escapamento. Rio de Janeiro, 2001. p. 32.
4. ASSOCIAÇÃO BRASILEIRA DE NORMAS TÉCNICAS. *ABNT 12026-2001*: Veículos rodoviários automotores leves – Determinação da emissão de aldeídos e cetonas

contidas no gás de escapamento, por cromatografia líquida – Método DNPH. Rio de Janeiro, 2001. p. 32.

5. BRASIL. Ministério do Meio Ambiente. *Manual PROCONVE*. 2. ed. v. I e II. Brasília, 2004.
6. BOSCH, *Automotive handbook*. 7. ed. Robert Bosch Gmbh. 2007.
7. CHALLEN, B.; BARANESCU, R. *Diesel engine reference book*. 2. ed. Oxford: Butterworth-Heinemann, 1999. p. 714.
8. EASTWOOD, P. *Particulate emissions from vehicles*. West Sussex: John Wiley & Sons, 2008. p. 493.
9. HEYWOOD, J. B. *Internal combustion engine fundamentals*. McGraw-Hill, Inc., 1988.
10. HORIBA LTD. *AIA-72X Series:* instruction manual. Japan, 2001. p. 37.
11. HORIBA LTD. *CLA-720A:* instruction manual. Japan, 2001. p. 30.
12. HORIBA LTD. *FIA-725A:* instruction manual. Japan, 2001. p. 32.
13. HORIBA LTD. *MEXA-1170SX Sulfur analyzer:* instruction manual. Japan, 2007. p. 134.
14. HORIBA LTD. *MEXA-6000FT Analyzer:* instruction manual. Japan, 2006. p. 136.
15. MARTYR, A.J.; PLINT, M. A. *Engine testing*: theory and practice. 3. ed. Oxford: Butterworth-Heinemann, 2007. p. 442.
16. NAKATANI, S. et al. Development of a Real-time NH3 gas analyzer utilizing chemi--luminescence detection for vehicle emission measurement. *SAE Powertrain & Fluid Systems Conference and Exhibition*. Flórida, 2004. p. 10.
17. ROSEMOUNT ANALYTICAL INC. *Paramagnetic detector analyzer module:* instruction manual. Califórnia, 1998. p. 56.
18. TELONIC BERKLEY INC., *Model 107 opacimeter*: instruction manual. Califórnia, 1999. p. 53.

14

Lubrificação

Atualização:
Fernando Luiz Windlin
Sérgio Lopes dos Santos
Sergio Moreira Monteiro
Eduardo Gubbioti Ribeiro

14.1 Introdução

Neste capítulo serão apresentados os sistemas utilizados para a lubrificação dos MCI. As funções principais desses sistemas são:

1. Diminuir o atrito entre as peças com movimento relativo.
2. Impedir o contato direto entre essas peças e consequentemente o desgaste.
3. Resfriamento das peças lubrificadas.
4. Auxiliar na vedação entre pistão, cilindros e anéis.
5. Proteger contra a corrosão e a ferrugem.
6. Limpar e facilitar a eliminação de produtos indesejáveis.
7. Evitar a formação de espuma.

A Figura 14.1 mostra os componentes que mais necessitam de lubrificação.

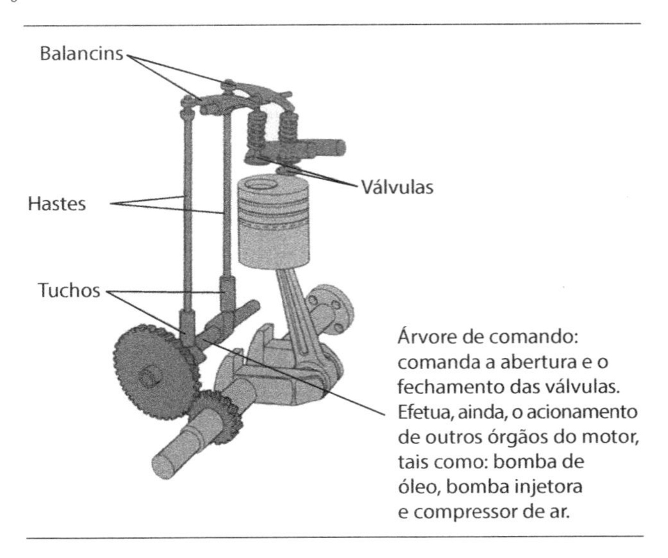

Figura 14.1 – *Powertrain* de um MCI [A].

Para o bom desempenho do sistema de lubrificação, faz-se necessária a presença de lubrificante em quantidades adequadas, com características apropriadas, acabamento específico das superfícies em contato, adequada seleção do tipo de material e dureza das superfícies em contato, das folgas específicas entre as peças, e da pressão específica das superfícies de contato.

A ausência de um desses itens pode provocar danos como o apresentado nas Figuras 14.2 e 14.3.

Figura 14.2 – Eixo comando e tucho comprometidos – *pitting*.

Figura 14.3 – *Scuffing* na saia do pistão por falta de lubrificação.

14.2 Classificação

A lubrificação nos motores poderá ocorrer de diversas formas, conforme descrito nas seções a seguir.

14.2.1 Sistema de lubrificação por salpico ou aspersão

Pouco utilizada atualmente. Sua aplicação é encontrada em pequenos motores. A lubrificação ocorre por aspersão do óleo em finas gotículas que são arrastadas por turbulência no interior do motor. O contato do virabrequim com o lubrificante reduz a potência efetiva do motor. A Figura 14.4 mostra esse tipo de lubrificação.

Este processo acaba por lubrificar:

- Mancais principais.
- Eixo comando.
- Pinos dos pistões.
- Cilindros.
- Mecanismo de válvulas.

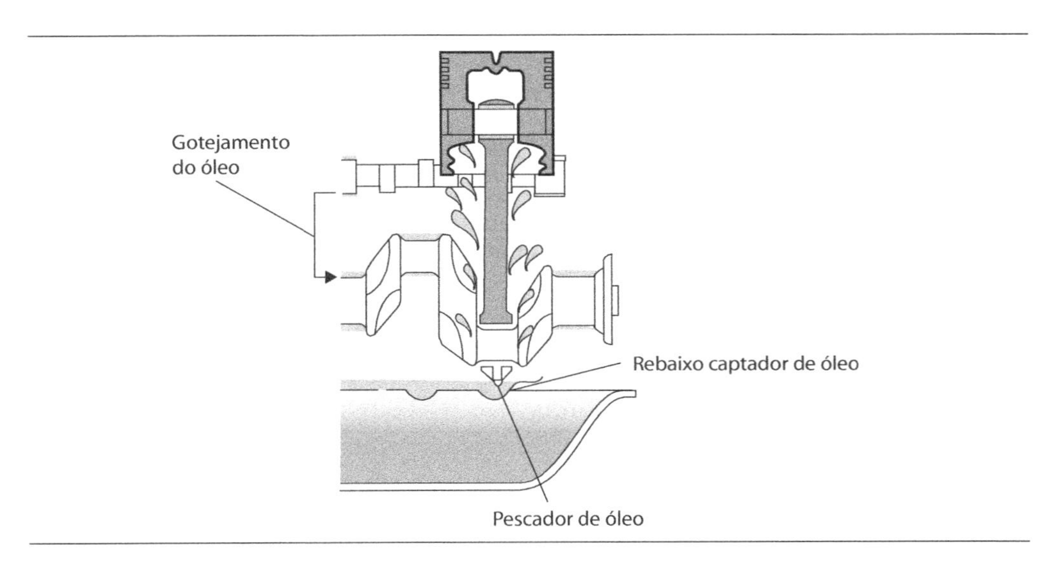

Figura 14.4 – Lubrificação por salpico [A].

14.2.2 Sistemas de lubrificação – Motores dois Tempos – 2T

Nestes motores o lubrificante é adicionado ao combustível em proporções especificadas (lubrificante/combustível). A adição pode ocorrer:

- Direta no tanque de combustível.
- Por meio de dosador na linha de combustível (*lubrimatic*).

O lubrificante circula sob a forma de névoa misturada ao combustível e normalmente é encontrada em motores cuja faixa de potência encontra-se por volta de $0,5 \leq Ne \leq 50$ cv. A relação lubrificante–gasolina varia entre: 1/10 – 1/20 (exemplo: 1 L de óleo para 20 L de gasolina). A Figura 14.5 mostra um motor de 2T e o mecanismo de admissão ou mistura: ar + combustível + lubrificante.

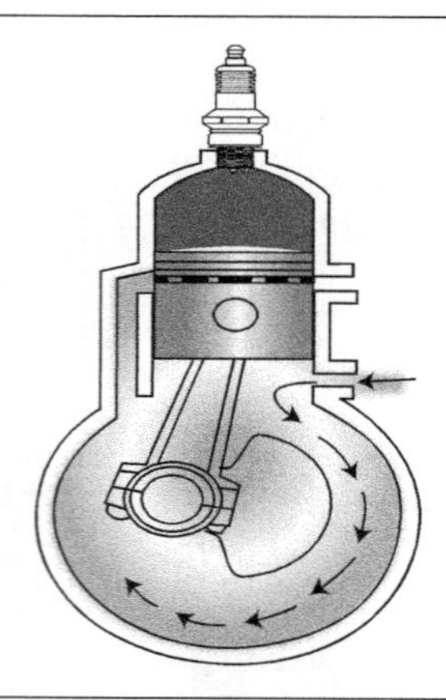

Figura 14.5 – MIF – 2T – Admissão para o cárter [A].

Nesses motores, a dificuldade está em fazer com que o óleo chegue aos mancais das bielas/virabrequim e na manutenção da mistura (falta de homogeneidade). Em descidas longas (aceleração nula – freio motor) não entra combustível e lubrificante, provocando danos às partes móveis.

Os lubrificantes utilizados são os ramos naftênicos para reduzir a formação de depósitos (cinzas), facilitar a combustão, reduzir a formação de depósitos nas velas, promover a proteção antidesgaste e antiferrugem e a miscibilidade com o combustível (ver capítulo 15 – Lubrificantes).

14.2.3 Sistemas de lubrificação sob pressão ou forçada

Trata-se do sistema mais utilizado nos motores atuais, contando com uma bomba de deslocamento positivo que envia uma vazão de óleo a uma determinada pressão através de orifícios a todos os componentes móveis do motor:

- Mancais principais.
- Bielas.

- Topo dos pistões.
- Eixo comando de válvulas.
- Eixo de balanceiros.
- Acessórios do motor.
- Engrenagens de sincronização.

As paredes dos cilindros são lubrificadas pelo óleo que "escapa" dos mancais principais. A Figura 14.6 apresenta esse sistema de lubrificação.

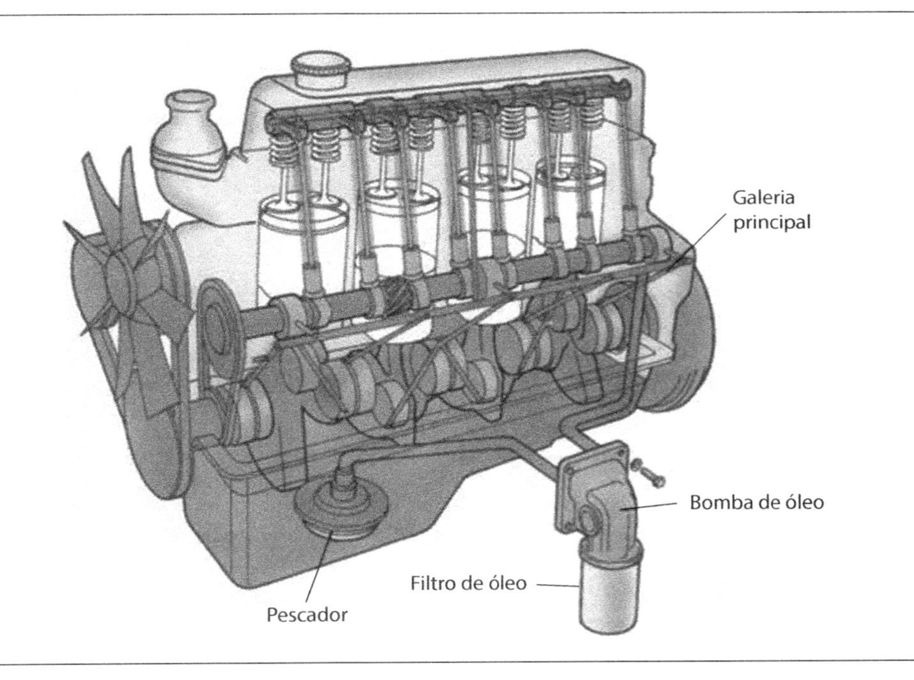

Figura 14.6 – Sistema de lubrificação forçada [A].

14.3 *BLOW BY*

Entende-se por *blow by* a parcela de gases da combustão que passa através dos anéis durante os processos de compressão e expansão. Trata-se de mistura rica que atinge o cárter e a superfície livre do óleo lubrificante, sendo arrastada para o sistema de admissão.

A Figura 14.7, apresenta a passagem dos gases da combustão através dos anéis do pistão.

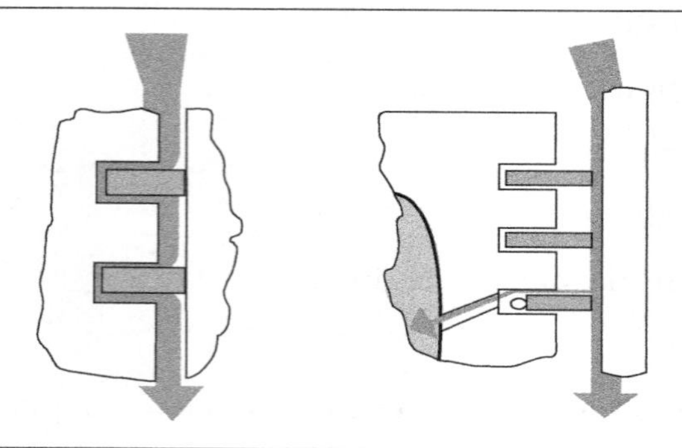

Figura 14.7 – Gases de *blow by* [B].

De forma geral, em um motor atual, admite-se um volume de *blow by* entre 1,0% e 1,5% da carga de ar teórica admitida. A Equação 14.1, apresenta esta relação.

$$\dot{V}_{\text{blow by}} = K \cdot \dot{V}_{\text{ar teórica}} \qquad \text{Eq. 14.1}$$

Sendo:

K: adimensional, variando:

- Otto NA: 0,005.
- Diesel NA: 0,010.
- Diesel TC: 0,015.

Observação:

NA – naturalmente aspirado e TC – turbo comprimido (veja Capítulo 1, "Introdução ao estudo dos motores de combustão interna").

A Figura 14.8 mostra os valores em volume de *blow by* para um MIE – 4L a plena carga enquanto a Figura 14.9 apresenta um mapeamento de *blow by* para diversas rotações e cargas de um MIF – 1,6L – quatro cilindros.

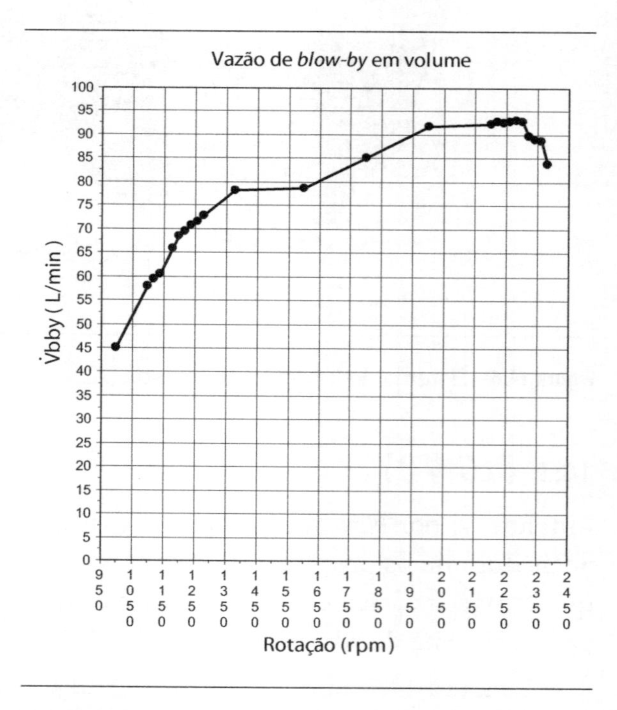

Figura 14.8 – Curva de *blow by* [B].

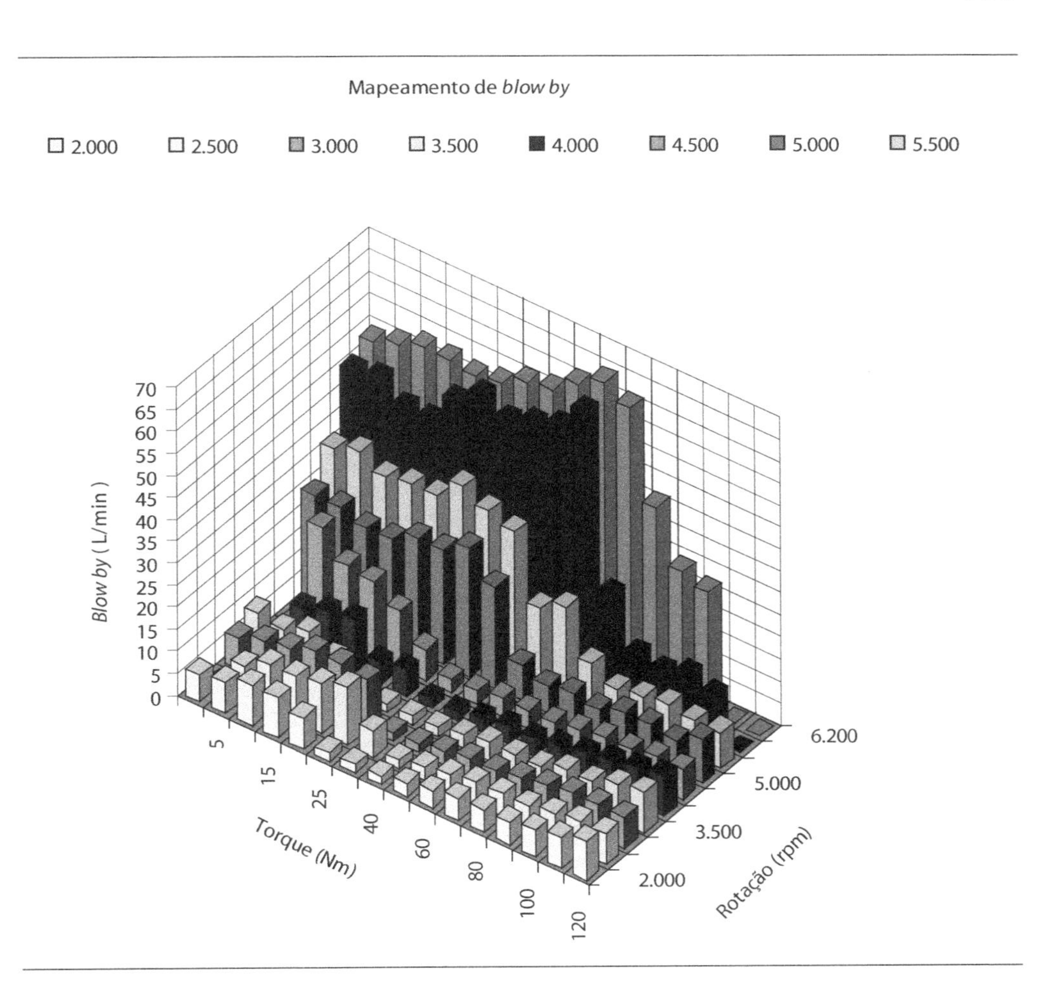

Figura 14.9 – Mapeamento de *blow by* [B].

A Figura 14.10 mostra os resultados de *blow by* em um teste de durabilidade no qual se percebe um acréscimo momentâneo por volta de 300 h. Esse tipo de acompanhamento é importante, pois a crescimento do *blow by* pode indicar o início de engripamento do motor.

Cabe ressaltar que *blow by* e consumo de óleo estão sempre relacionados de forma opostas, quando do início do projeto do motor.

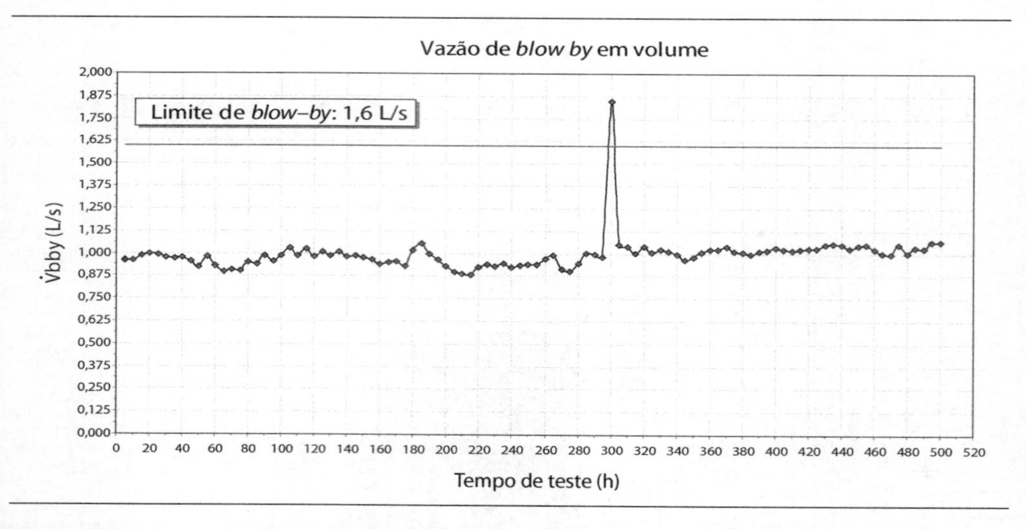

Figura 14.10 – Condição do teste: plena carga com rotação constante. [B]

14.4 Separadores de *Blow by*

Junto com os gases de *blow by* são arrastadas gotículas de óleo cuja dimensão varia de acordo com a vazão deste. A Figura 14.11 apresenta o comportamento médio dessas partículas.

De forma a separar essas partículas do fluxo de *blow by*, são usados separadores nos quais o regime de escoamento é o Laminar (Re ≤ 2.000), fazendo com que a mistura rica seja direcionada ao sistema de admissão e o óleo lubrificante retorne ao cárter. A Figura 14.12 mostra um separador do tipo ciclone, mas existem outras configurações que deverão ser avaliadas de acordo com as características do motor.

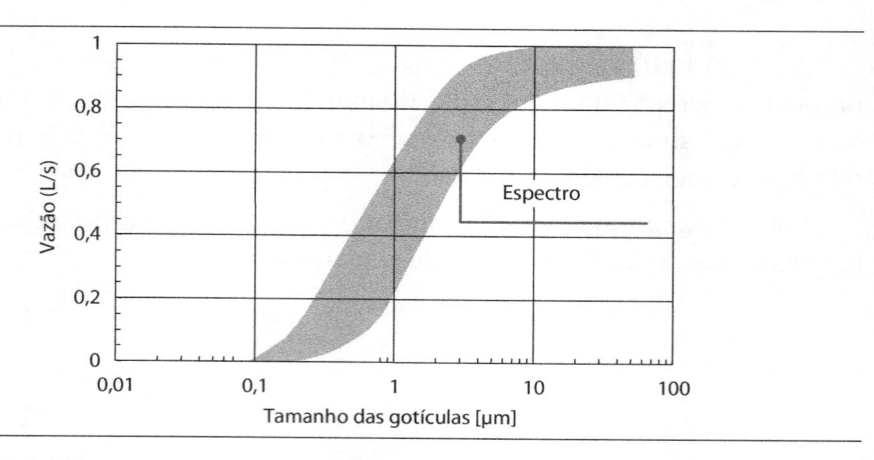

Figura 14.11 – Espectro das partículas de óleo presentes no *blow by* [B].

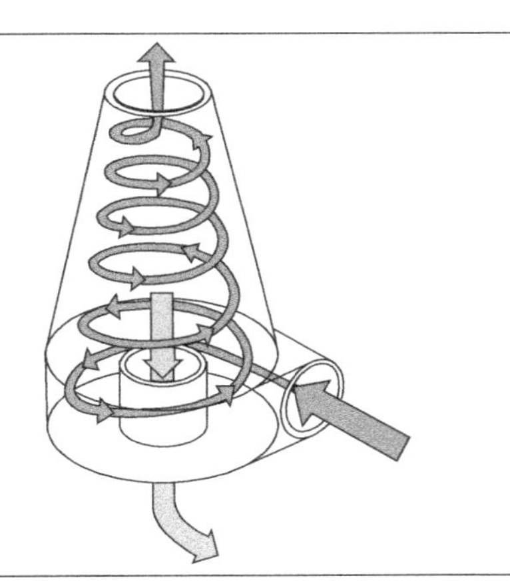

Figura 14.12 – Separador do tipo ciclone [B].

14.5 Cárter

As principais funções do cárter são:

- "Acalmar" o lubrificante, separando ar/óleo/espuma.
- Armazenar o óleo do motor.
- Promover a troca de calor.
- Elemento estrutural:
  - Bloco do motor (ruído/estrutura).
  - Chassis (tratores).

Os dois tipos usuais de cárter empregados nos MCI são o úmido e o seco. O cárter úmido é aplicado aos motores convencionais sendo essa a versão mais utilizada. Como inconveniente, está o fato de aumentar a altura final dos motores. A Figura 14.13, apresenta esse tipo de cárter.

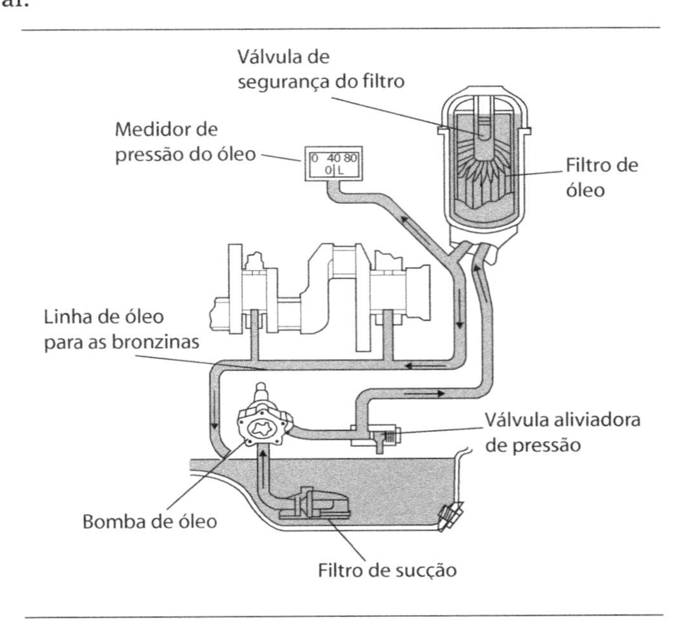

Figura 14.13 – Cárter úmido [A].

O cárter seco é aplicado aos motores horizontais, normalmente utilizados em ônibus e nos motores de competição. Esses motores trabalham com duas bombas, como pode ser visto na Figura 14.14.

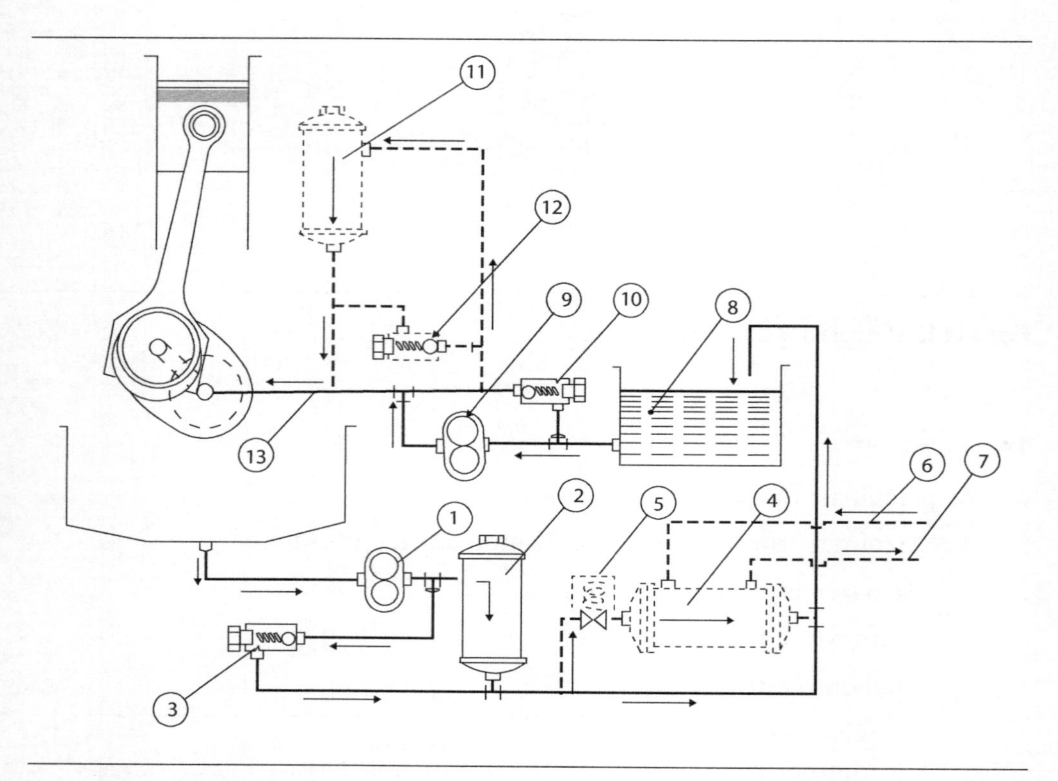

Figura 14.14 – Cárter seco [3].

Na Figura 14.14, são apresentados:

1: Bomba de transferência.
2: Filtro.
3: Válvula de pressão máxima.
4: Trocador de calor.
5: Válvula de pressão máxima.
6 e 7: Entrada e saída do fluido de arrefecimento.
8: Cárter principal.
9: Bomba principal.
10: Válvula de pressão máxima.
11: Filtro.
12: Válvula de pressão máxima.
13: Linha de lubrificação para o motor.

14.5.1 Cárter – Volume

O volume total de óleo a ser armazenado no cárter é dado pela somatória:

- Volume dos filtros.
- Volume do trocador de calor.
- Volume das galerias.
- Consumo de óleo do motor durante o funcionamento até a troca:
  - Otto: 0,5% consumo de combustível.
  - Diesel NA: 0,8% consumo de combustível.
  - Diesel TD: 1,2% consumo de combustível.
- Garantia de não sucção de ar através do filtro de sucção para as diferentes inclinações do motor.
- Manutenção da temperatura de óleo do motor.

As equações abaixo mostram alguns parâmetros empíricos para determinação desse volume, enquanto a Figura 14.15 apresenta um cárter automobilístico em alumínio e sua versão em plástico.

$$V_{cárter} = K \cdot Ne \qquad \text{Eq. 14.2}$$

Onde:

$V_{cárter}$: L

Ne: potência efetiva kW

K = 0,07 a 0,14 (L/kW) – motores Otto

K = 0,14 a 0,21 (L/kW) – motores Diesel

ou

$$V_{cárter\ Otto} = (1,5 \text{ a } 2,5) \cdot V_T \qquad \text{Eq. 14.3}$$

Onde:

$V_{cárter}$: L

V_T: cilindrada total (L).

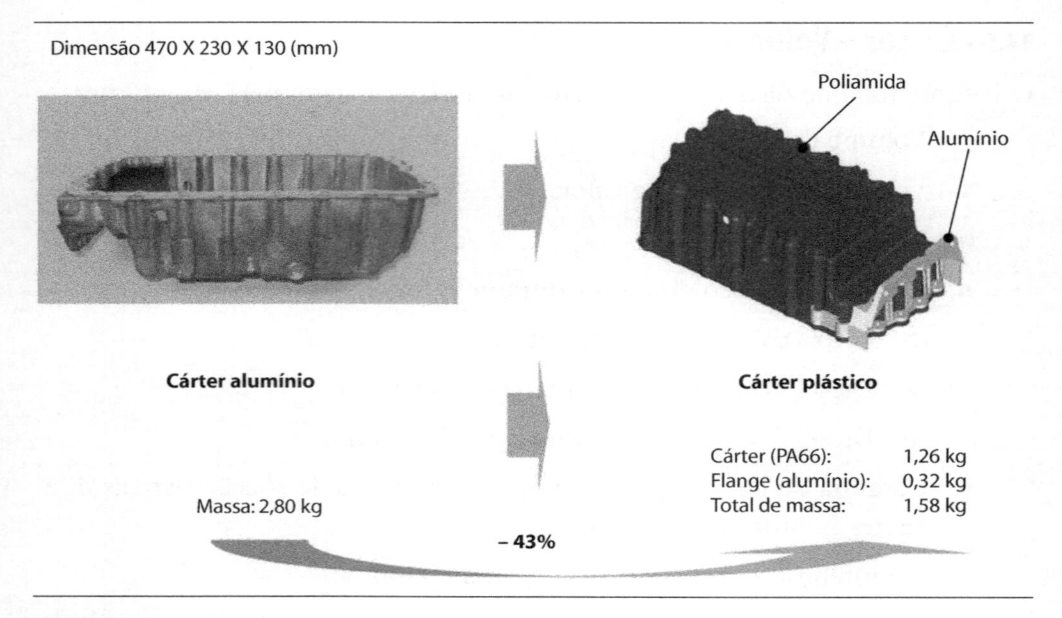

Figura 14.15 – Cárter plástico híbrido [C].

Atualmente, além de reservatório de óleo, o cárter também é utilizado como sistema sob o qual diversos componentes são montados, entre eles: filtro de óleo, trocador, sensor de nível etc. Esse tipo de montagem é apresentado na Figura 14.16.

Figura 14.16 – Sistema cárter plástico híbrido [C].

A Figura 14.17, mostra o primeiro cárter plástico de série, injetado pela DuPont e montado no Mercedes Classe A.

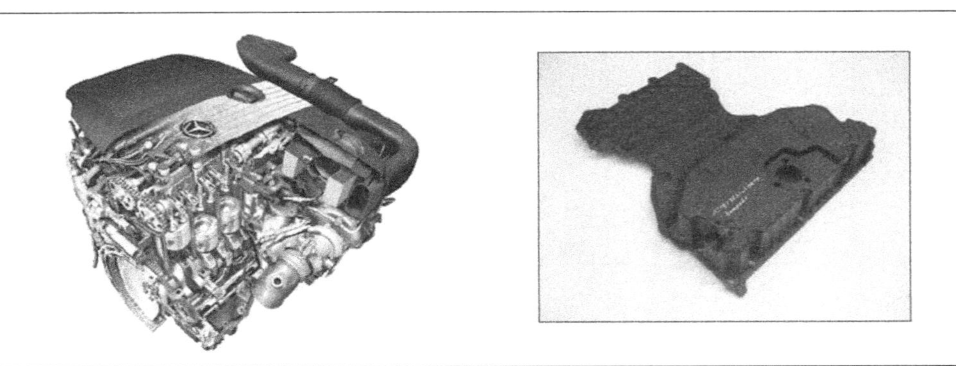

Figura 14.17 – Cárter plástico – DuPont + Mercedez Classe A [C].

14.5.2 Válvula PCV – *positive cranckcase ventilation*

A válvula *positive cranckcase ventilation* (PCV) promove a ventilação positiva do cárter, abrindo a passagem desses gases para o coletor de admissão. Essa abertura é decorrente da pressão do cárter e particular de cada motor. A PCV não deve permitir elevação da pressão do cárter, pois isto levaria a vazamentos e deve abrir nos momentos corretos, pois causa enriquecimento da mistura.

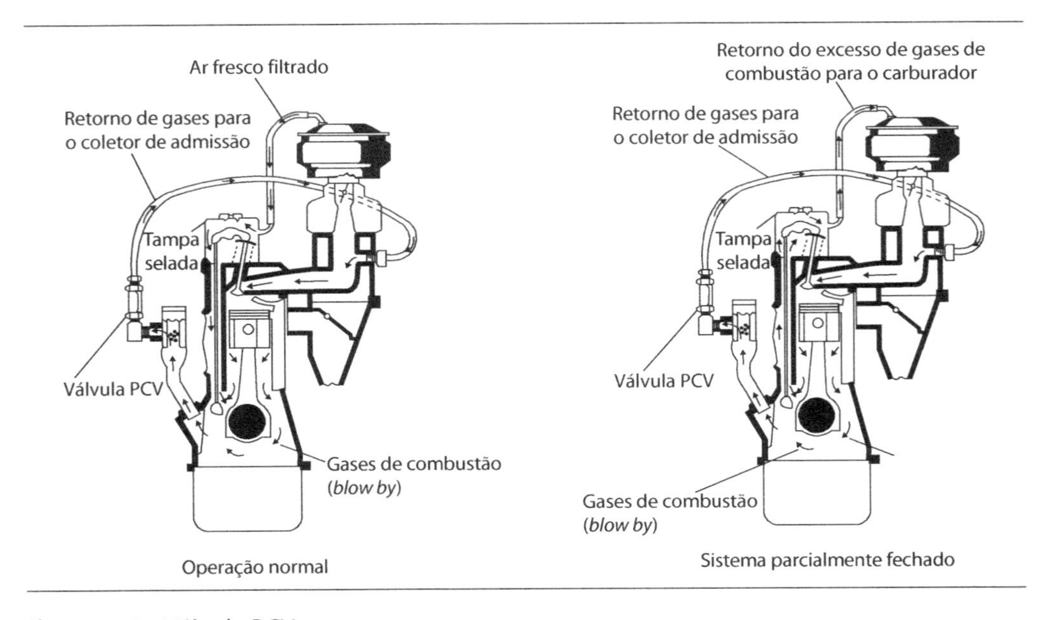

Figura 14.18 – Válvula PCV.

A Figura 14.19, mostra a PCV instalada junto à tampa de válvulas do motor.

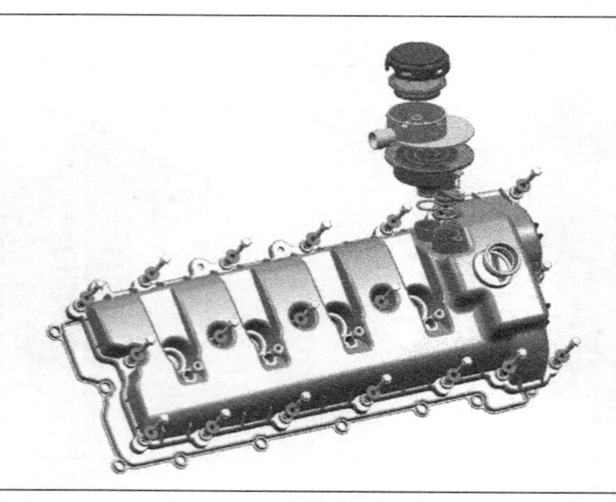

Figura 14.19 – Válvula PCV [B].

14.5.3 Bomba de óleo

Promove a circulação do óleo pressurizado através das galerias até as partes a serem lubrificadas. O óleo, além de ter a função de lubrificante, também contribui para o arrefecimento do motor.

Os dois tipos de acionamento e localização das bombas de óleo mais utilizadas são:

- Bomba acionada diretamente pelo virabrequim, onde a bomba serve também como tampa frontal do motor.
- Bomba acionada por corrente ou engrenagens, quando a bomba está localizada dentro do motor, junto ao cárter.

Isso significa que, quanto maior for a rotação do motor, maior será a capacidade de deslocamento do óleo e, consequentemente, maior também a pressão.

As bombas acionadas diretamente pelo virabrequim permitem um sistema de bombeamento de menor custo, enquanto as bombas não acionadas diretamente possibilitam flexibilidade de *layout*, ganhos quanto à eficiência, pois a bomba pode ter componentes com dimensões mais próximas do ideal e também rotações mais favoráveis em virtude do uso de relação de transmissão.

Existem vários sistemas de bombeamentos sendo que os principais são:

- Engrenamento externo (dentes retos).
- Engrenamento interno crescente.
- Lóbulos (duocêntrica).

As Figuras 14.20 e 14.21 mostram estas bombas.

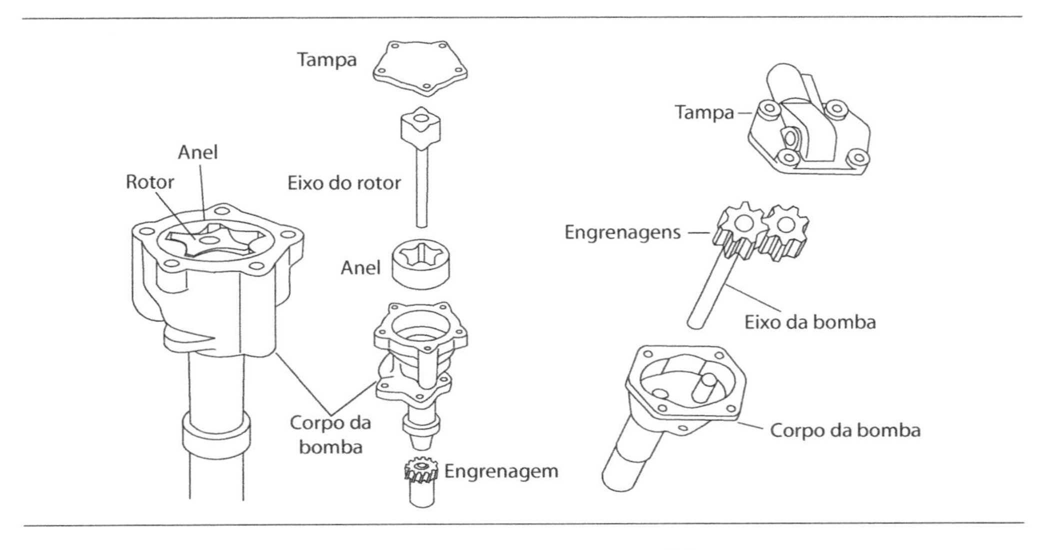

Figura 14.20 – Bombas de lóbulos e engrenamento externo [A].

Figura 14.21 – Bombas de engrenamento interno crescente.

Normalmente, são utilizados sistemas de bombeamento por lóbulos (duocêntrica) e engrenamento interno crescente em bombas acionadas diretamente pelo virabrequim e sistema de bombeamento por engrenamento externo (dentes retos) em bombas acionadas por elementos de transmissão (correntes ou engrenagens). A Figura 14.22 mostra uma situação onde a bomba é acionada diretamente no virabrequim por engrenagem. Essa configuração correspondente a um típico exemplo de construção adotada em motores Diesel.

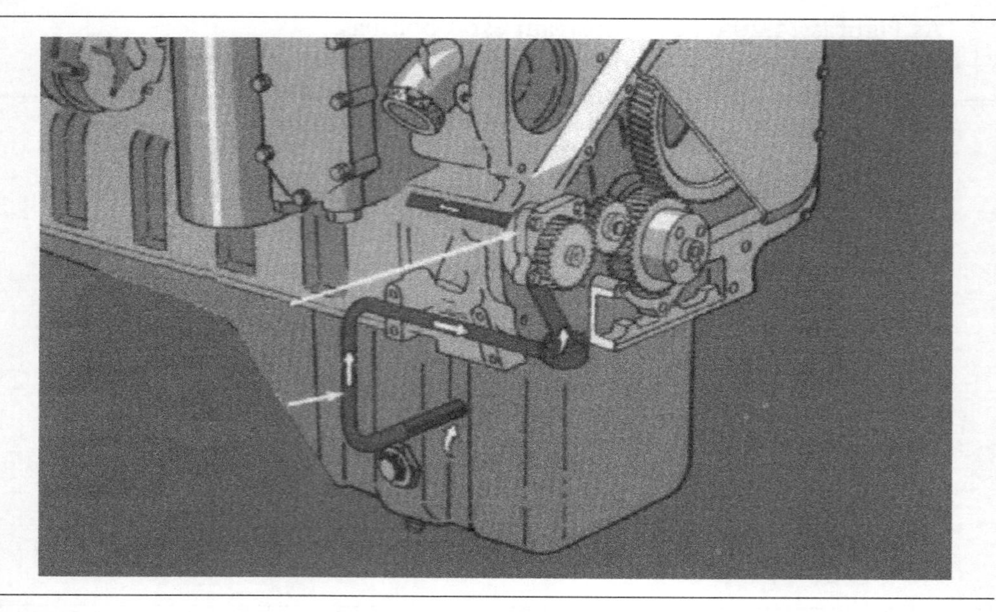

Figura 14.22 – Acionamento por engrenagens [A].

O dimensionamento da bomba de óleo deve prever as seguintes vazões:

- Fornecida aos mancais do virabrequim (50% a 70% da vazão da bomba).
- Descarregada através da válvula reguladora de pressão.
- De retorno do filtro para o cárter.
- Fornecida ao eixo comando.
- Fornecida aos mecanismos de acionamento das válvulas.
- Fornecida às unidades auxiliares:
    - Compressor de ar.
    - Engrenagens.
    - Turbocompressor.

Cabe lembrar que, nos motores de potência elevada, o lubrificante também é empregado para esfriar o topo dos pistões e lubrificar os cilindros.

As bombas de óleo são dimensionadas para baixa velocidade e alta temperatura, que é a condição mais crítica para os sistemas de lubrificação. Ao projetar a bomba de óleo para satisfazer essa condição, a bomba se torna grande demais para as outras situações, produzindo um excesso de fluxo que é controlado por uma válvula de alívio, conforme mostrado na Figura 14.23.

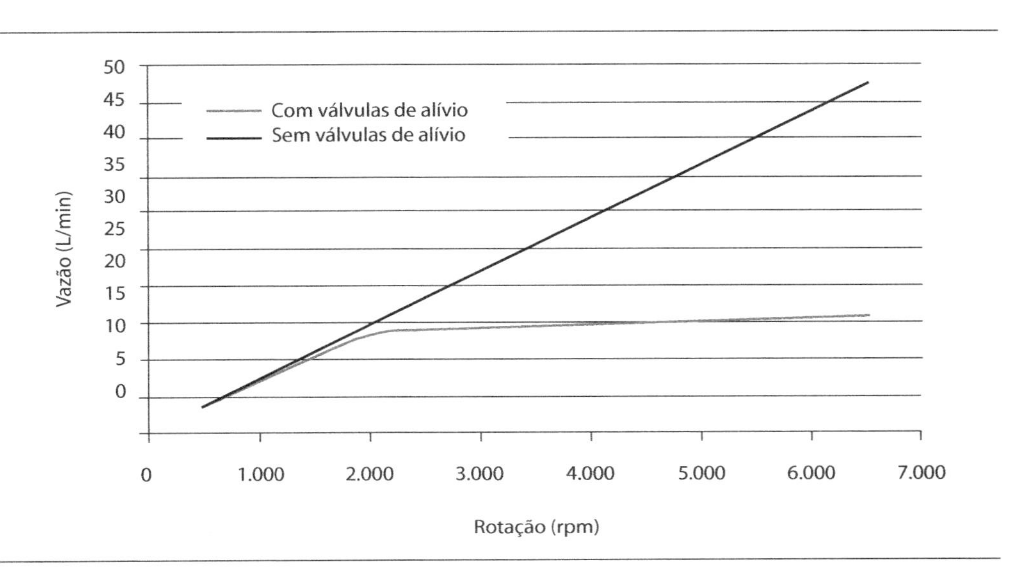

Figura 14.23 – Curva típica de vazão de óleo com e sem válvula de alívio.

A válvula de alívio atua para recircular o excesso de fluxo no interior da bomba para manter a pressão constante no sistema de lubrificação, independentemente da velocidade, mantendo a sustentação hidrodinâmica dos mancais para todas as cargas e rotações do motor, bem como assegurar a lubrificação ao longo da vida do motor quando as folgas aumentam. Essa característica é necessária em bombas de fluxo constante, mas representa uma das mais importantes fontes de consumo de potência da bomba.

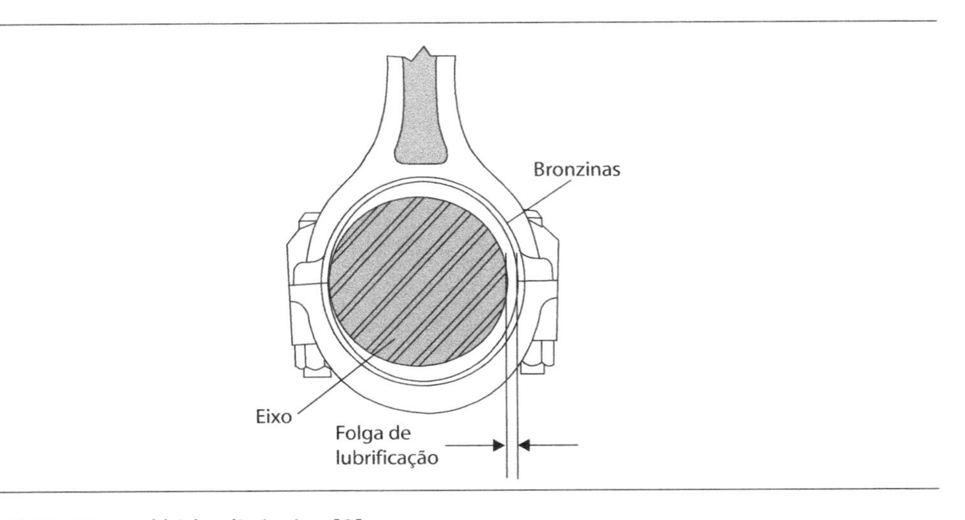

Figura 14.24 – Mancal hidrodinâmico [A].

A Figura 14.25 está esquematizado o fluxo do óleo dentro de uma bomba com sistema de bombeamento por engrenamento externo.

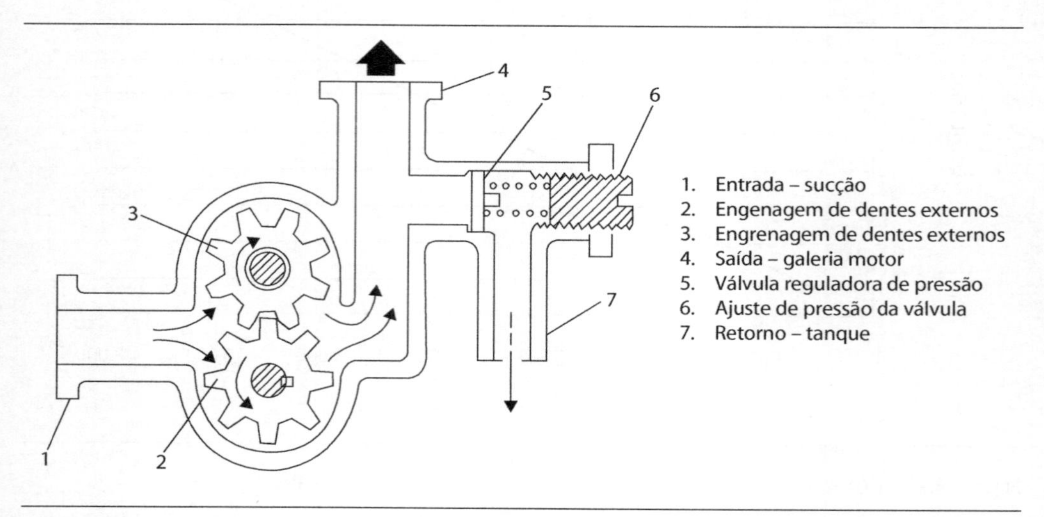

Figura 14.25 – Sistema Sucção – recalque – descarga [A].

14.5.3.1 BOMBA DE ÓLEO – DIMENSIONAMENTO

A vazão a ser fornecida por uma bomba será dada pelas Equações 14.4 e 14.5. As variações devem-se as experiências de cada autor, porém, se comparadas, levam a valores próximos.

$$\dot{V}_{bomba} = (0{,}0025 \text{ a } 0{,}0035) \cdot V_T \cdot n \qquad \text{Eq. 14.4}$$

Onde:

V_T: cilindrada total – L

n: rotação do motor – rpm

$\dot{V}_{bomba}$: L/min

$$\dot{V}_{bomba} = J \cdot Ne \qquad \text{Eq. 14.5}$$

Onde:

Ne: kW

$\dot{V}_{bomba}$; L/h

J_{Otto} = 20 a 27 (L/kWh)

J_{Diesel} = 27 a 41 (L/kWh) sem jato de resfriamento dos pistões.

J_{Diesel} = 48 a 68 (L/kWh) com jato de resfriamento dos pistões.

As velocidades de sucção e recalque devem ser consideradas durante o projeto dos canais de óleo no interior das bombas e dos motores, principalmente para evitar problemas de cavitação, assim recomenda-se:

Tabela 14.1 – Velocidades recomendadas.

Velocidades recomendadas – m/s		
Motores	Sucção	Recalque
Otto	1,3 a 3,6	1,8 a 4,5
Diesel	2,0 a 5,0	3,8 a 6,1

No dimensionamento da bomba, deve ser levada em consideração a pulsação de pressão provocada pelo bombeamento. Quanto maior o número de dentes ou lóbulos, menor será a pulsação. Para os sistemas de bombeamento por lóbulos adotam-se os seguintes parâmetros:

- Dez a onze lóbulos: para a maioria dos MCI.
- Sete a oito lóbulos: para maximizar a eficiência mecânica.
- Menor que oito lóbulos: aplicado quando não há problemas com a pulsação de pressão.
- Quatro lóbulos: mínimo recomendado.

Uma vez definido o deslocamento da bomba, pode-se estimar o fluxo e a energia necessária para acionar a bomba de acordo com as seguintes equações levando em consideração as eficiências:

Vazão:

$$\dot{V} = \frac{D \cdot n}{cte} \eta v \qquad \text{Eq. 14.6}$$

Torque:

$$T = \frac{D \cdot p}{\eta_m \cdot cte} \qquad \text{Eq. 14.7}$$

Potência hidráulica:

$$N_{hidr} = \frac{p \cdot \dot{V}}{cte} \qquad \text{Eq. 14.8}$$

Potência mecânica:

$$N_{mec} = \frac{T \cdot n}{cte} \qquad \text{Eq. 14.9}$$

Eficiência total:

$$\eta_{total} = \frac{T \cdot n \cdot cte}{p \cdot \dot{v}} \qquad \text{Eq. 14.10}$$

Onde:

η_m: eficiência mecânica

η_{total}: eficiência total

$\dot{V}$: vazão

p: pressão

T: torque

n: rotação

D: deslocamento (volume/revolução)

η_v: eficiência volumétrica

cte: constante para conversão de unidades

14.5.3.2 BOMBA DE ÓLEO – VAZÃO CONTROLADA

São bombas com mecanismo interno que atuam reduzindo o deslocamento da bomba com o aumento da velocidade, visando reduzir o consumo de potência subtraída do MCI. Os principais sistemas de bombeamento são:

- Palhetas.
- Lóbulos (duocêntricas).
- Engrenamento externo (dentes retos).

O princípio de funcionamento nas bombas de palhetas e gerotor, consiste em um came que muda a excentricidade em função do aumento da pressão, com uma consequente redução no deslocamento (vazão) da bomba. Na bomba de engrenamento externo, uma das engrenagens tem um movimento axial para reduzir o deslocamento da bomba, como o aumento de velocidade, também em função do aumento da pressão.

O movimento do mecanismo é produzido por uma disposição interna, na qual a pressão obriga o deslocamento do sistema (came ou engrenagens) contra uma mola. Existem também bombas nas quais esse movimento é controlado por uma válvula solenoide. A válvula solenoide recebe um sinal de entrada da ECU do motor para controlar a pressão da bomba interna, possibilitando mais de uma curva de pressão/vazão, de acordo com a necessidade de lubrificação do motor.

A Figura 14.26 mostra as vantagens dessa bomba, enquanto a Figura 14.27 mostra a forma construtiva de uma bomba de palhetas e a Figura 14.28 mostra a bomba semiaberta com sistema de engrenamento externo.

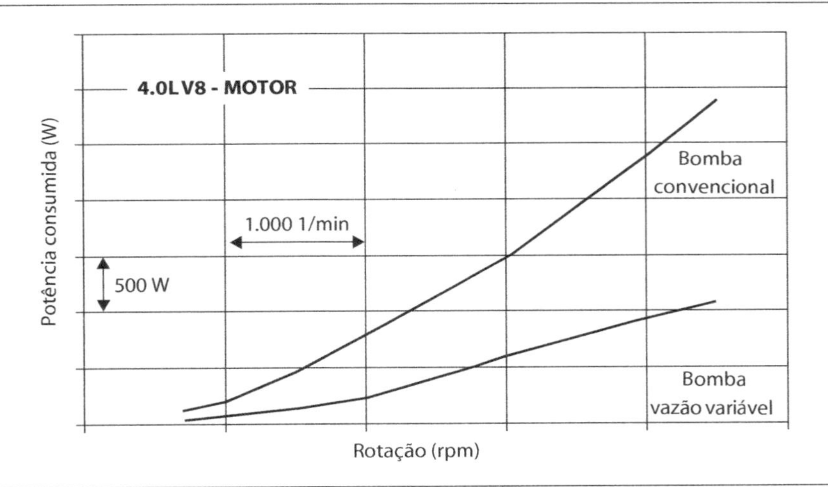

Figura 14.26 – Relação entre bombas.

Figura 14.27 – Bomba de vazão variável – palhetas.

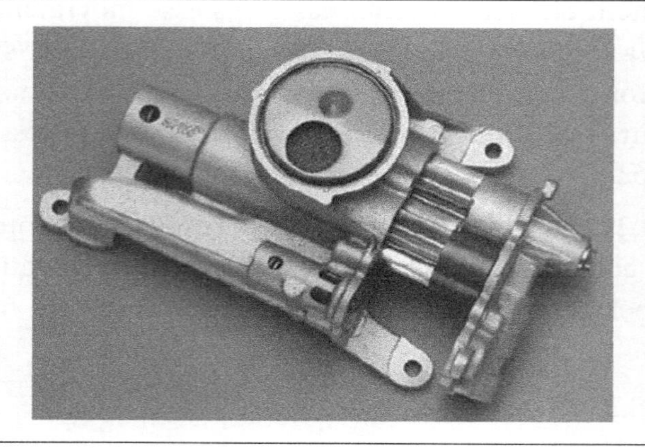

Figura 14.28 – Bomba de vazão variável – engrenamento externo.

O consumo de potência fica reduzido em 60% na rotação nominal do motor, fato que representa uma economia de combustível da ordem de 2%.

14.5.4 Válvula reguladora de pressão

Tem por função a segurança do sistema e da bomba. Deve ser posicionada o mais próximo possível da bomba ou mesmo incorporada a esta. Mantém a pressão do óleo do motor constante.

Pressões de abertura:

- Otto : 3,0 a 5,0 kgf/cm^2.
- Diesel : 5,0 a 7,0 kgf/cm^2.

Causa influência significativa na pressão do óleo do motor, a viscosidade, a temperatura do lubrificante, a vazão da bomba e a dimensão das galerias. A Figura 14.29 mostra essa válvula.

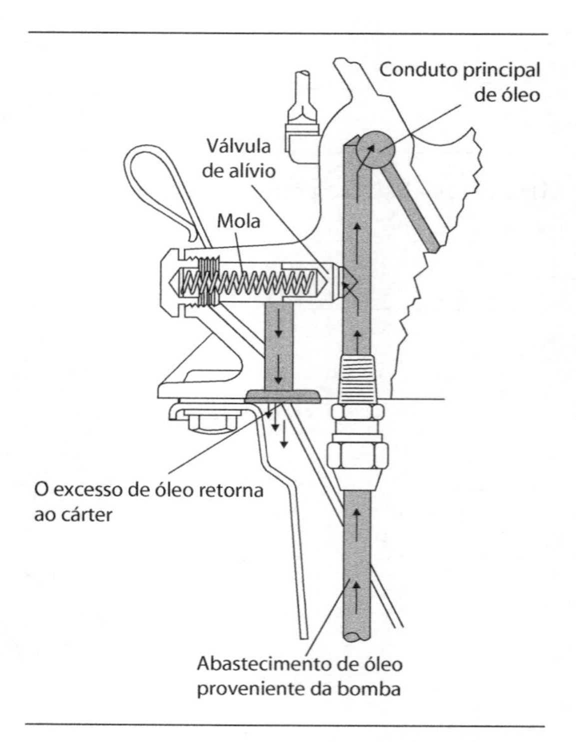

Figura 14.29 – Válvula controladora de pressão [A].

14.5.5 Filtros – projeto/seleção

Os filtros devem reter os contaminantes do óleo lubrificante, elementos da combustão, partículas resultantes do atrito das superfícies, além de apresentar elevada eficiência na retenção de partículas.

As partículas presentes no óleo após o filtro não devem exceder a 3 μm ou 4 μm e este deve suportar os máximos fluxo e a velocidade do óleo através do elemento filtrante, que poderá ser de papel ou de fibra de vidro, apresentando resistência a picos de pressão, resistência nas partidas a frio, resistências química e térmica, ter dimensões adequadas ao espaço disponível, além de estar dimensionado para os intervalos de troca de óleo lubrificante previstos para o motor e preservar as folgas diametrais dos mancais do virabrequim (f_{Otto} = 25 μm a 30 μm e f_{Diesel} = 40 μm a 120 μm).

14.5.5.1 FILTROS – CELULOSE

Possibilitam intervalo de troca da ordem de 30.000 km. À celulose são adicionadas fibras que aumentam a capacidade de retenção. A Figura 14.30 mostra esse tipo de filtro.

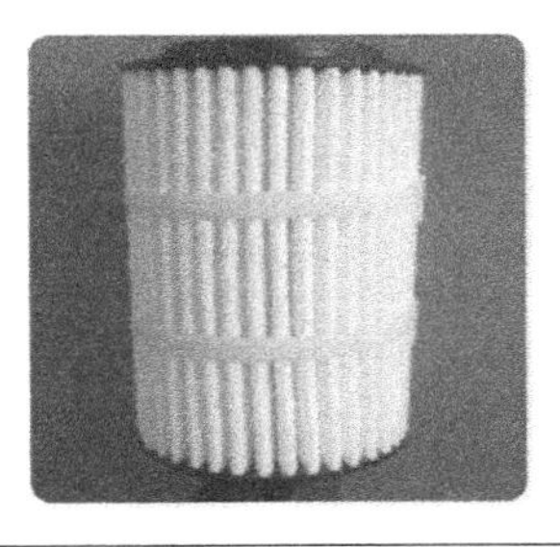
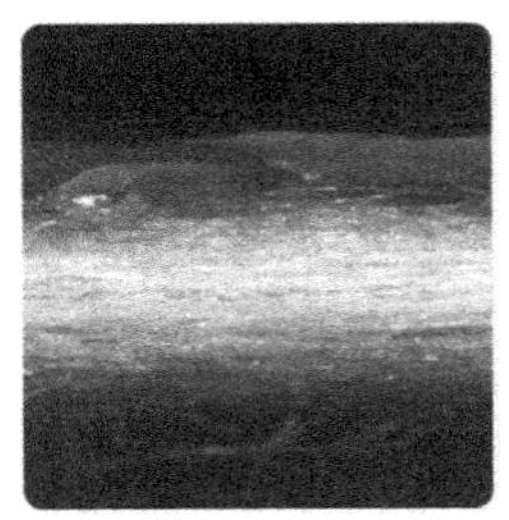

Figura 14.30 – Filtro de celulose [B].

Principais características:

- Intervalo de troca > 30.000 km.
  - Maior capacidade de retenção de partículas.
  - Elevada resistência à ruptura por fragilização.
  - Elevada resistência à deformação.
  - Menor perda de carga durante a partida a frio.

14.5.6 Filtros – seleção do meio filtrante

De forma geral, o elemento filtrante é selecionado com a curva apresentada na Figura 14.31. Nessa curva, encontra-se, no eixo das abscissas, o tamanho máximo das partículas a serem retidas, enquanto, no eixo das ordenadas, a eficiência dessa contenção.

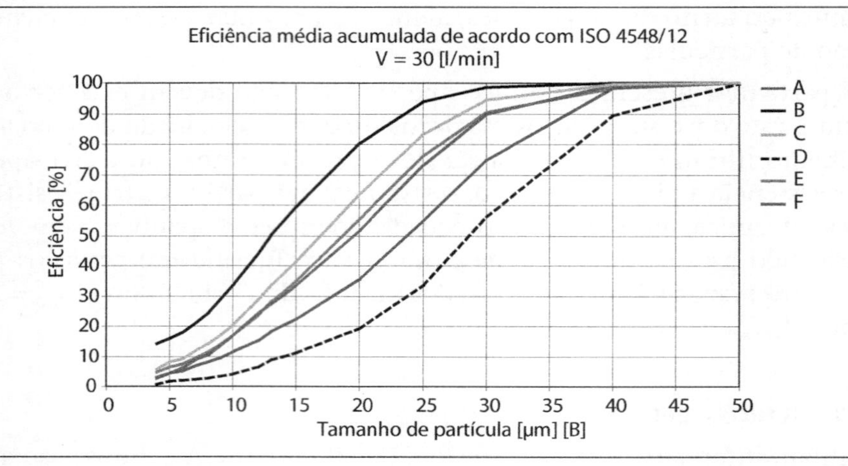

Figura 14.31 – Seleção do elemento filtrante.

A Tabela 14.2 apresenta as características desses elementos filtrantes.

Tabela 14.2 – Características dos Filtros.

Características do material	A	B	C	D	E	F
Tamanho da partícula MFP em µm	29,3	21	27	34	28	31
Quantidade de poros em µm	67	45	60	76	58	59
Permeabilidade do ar l/m²s	710	320	350	980	450	480
Espessura em mm	0,71	0,5	0,8	0,7	0,6	0,9
Material de fibra	Celulose	Celulose	Celulose	Celulose	Celulose	Celulose/SP*
Peso superficial em g/m²	125	120	190	150	145	200
Custo	1	1,1	1,1	1,2	1,24	1,3

A construção dos filtros é apresentada, de forma geral, conforme mostra a Figura 14.32.

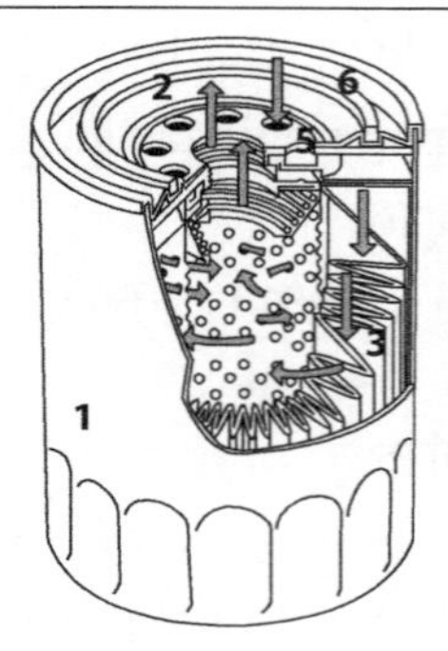

1. Carcaça
2. Válvula antirretorno $p_{abertura} \cong 0,01$ kgf/cm²
3. Elemento filtrante de papel
4. Válvula de segurança
5. Rosca de fixação
6. Anel O de vedação

Figura 14.32 – Filtro tipo módulo.

A perda de carga imposta pelo filtro não deve ser superior a:

$$\Delta p_{\text{filtro novo}} = 0,2 \text{ a } 0,3 \text{ kgf/cm}^2$$

$$\Delta p_{\text{filtro usado}} = 1,2 \text{ a } 2,0 \text{ kgf/cm}^2$$

Quando o filtro encontra-se saturado ocorre a abertura de uma válvula interna. Essa situação garante a não ruptura do filtro, porém perde a sua função principal que é filtrar o lubrificante. Uma vez aberta essa passagem, o fluxo não mais passa pelo elemento filtrante. A Figura 14.33 mostra essa condição.

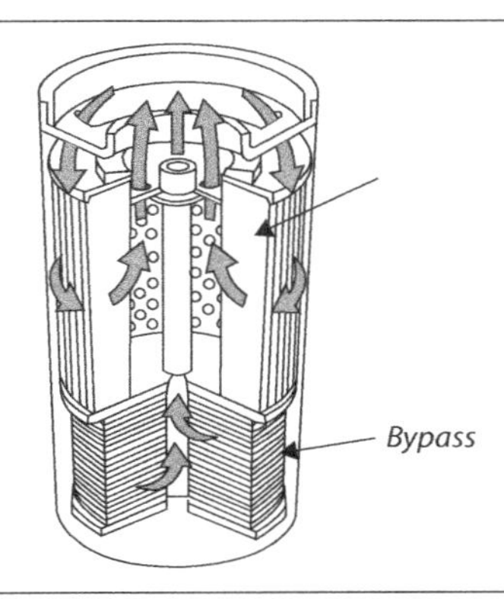

Figura 14.33 – Filtro saturado – tipo módulo.

A Figura 14.32 apresenta um filtro tipo módulo, e nesses casos todo o conjunto necessita ser substituído. Na atualidade, estão sendo empregados filtros nos quais apenas o cartucho é trocado, como apresenta a Figura 14.34. Essa construção é válida para os motores Otto e Diesel e representa um grande avanço em termos ambientais, pois diminui o descarte de componentes usados.

Figura 14.34 – Filtro tipo módulo.

A Figura 14.35 mostra a evolução dos filtros de lubrificantes nas últimas décadas.

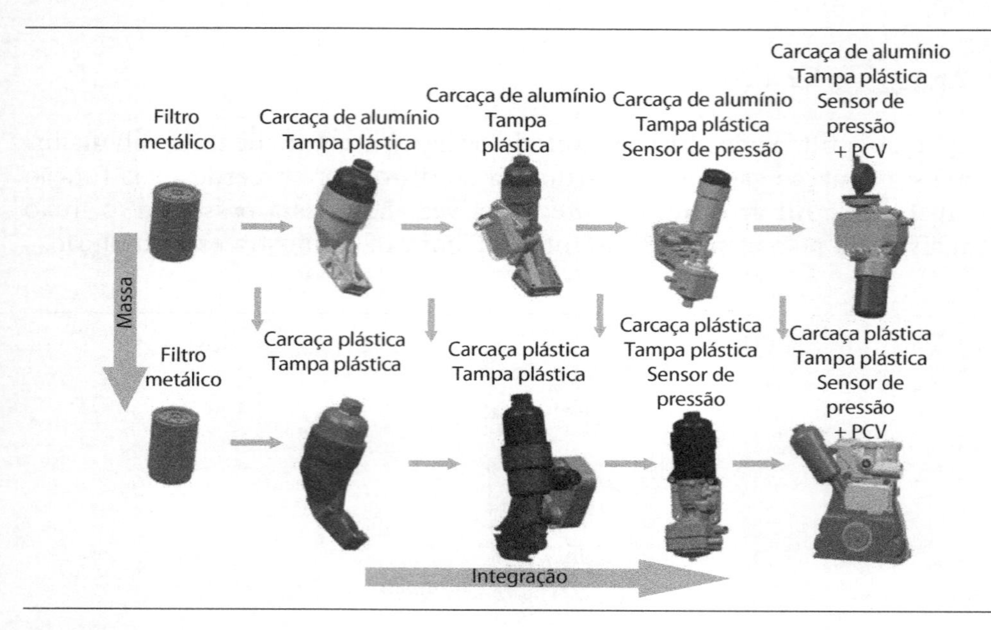

Figura 14.35 – Evolução.

14.5.7 Sistema de filtragem total

Este é um dos sistemas menos utilizados, no qual toda a vazão é filtrada. Tal fato deve-se à elevada potência consumida pela bomba de óleo. A Figura 14.36 mostra essa aplicação.

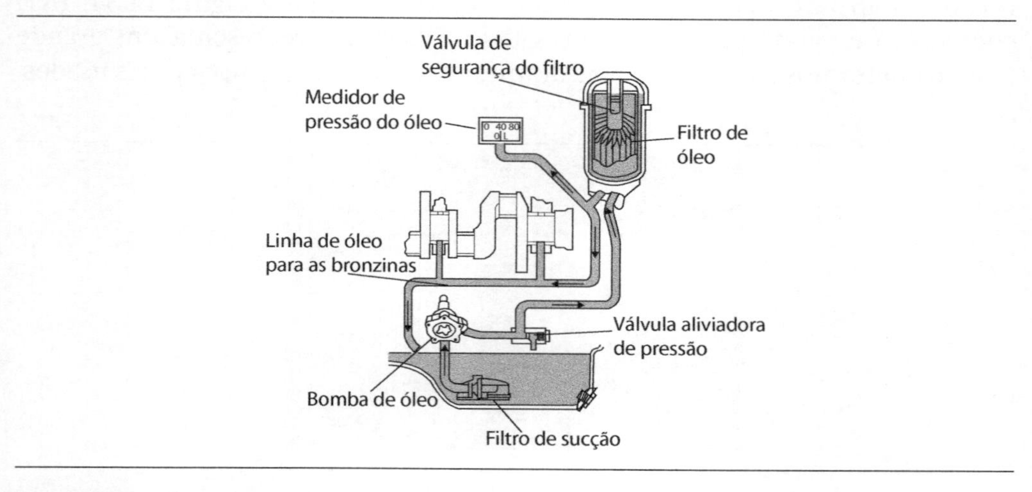

Figura 14.36 – Filtragem total [A].

14.5.8 Sistema de filtragem parcial

É o mais utilizado, no qual apenas parte da vazão é filtrada (5% a 20%). A Figura 14.37 mostra esse tipo de sistema.

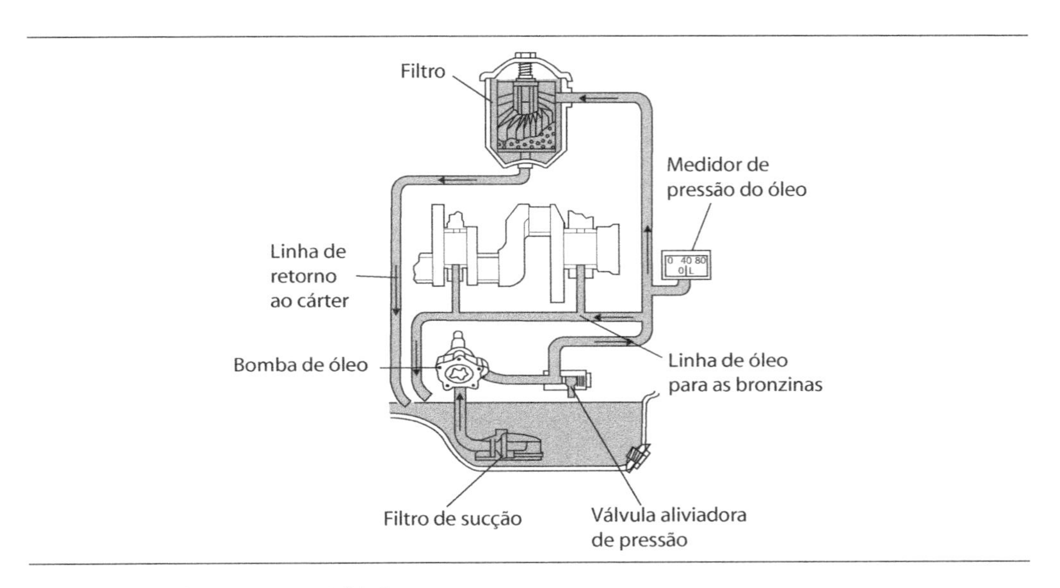

Figura 14.37 – Filtragem Parcial [A].

14.5.9 Trocador de calor

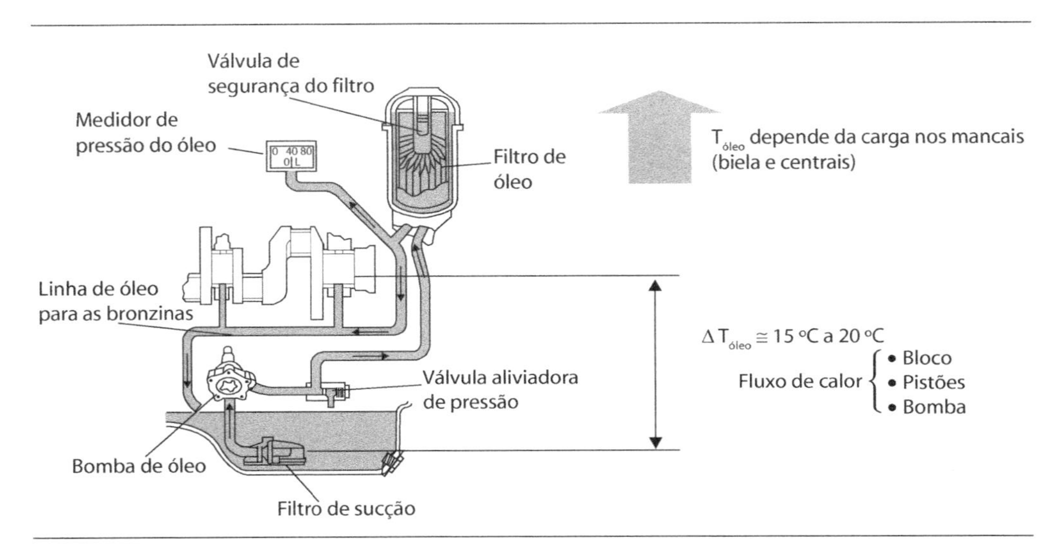

Figura 14.38 – Trocador de calor [A].

Dependendo da especificação (superior a 120 °C/140 °C) e para essa manutenção são utilizados como elementos de troca de calor: água ou ar.

Os principais tipos de trocador de calor são:

- placa → melhor capacidade específica de troca de calor.
- casco – tubo.

As Figuras 14.38, 14.39 e 14.40 apresentam detalhes de um trocador de calor aplicado a um MCI.

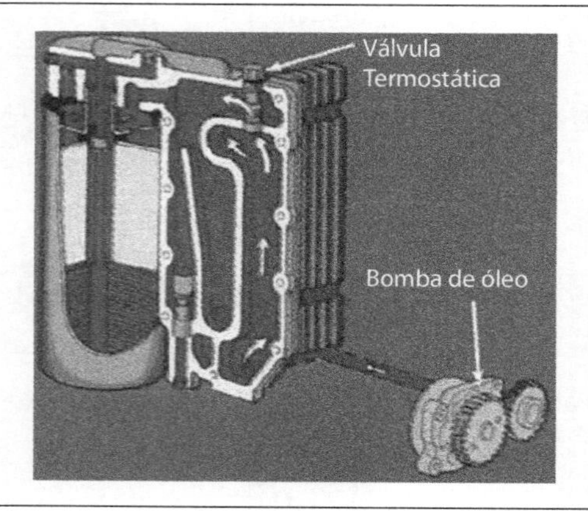

Figura 14.39 – Trocador de calor por placas [A].

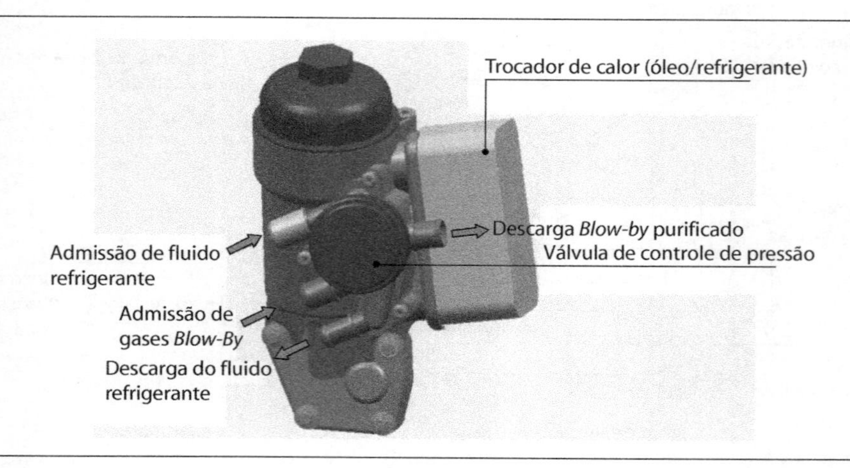

Figura 14.40 – Trocador de calor por placa acoplada ao filtro de óleo [B].

14.5.10 Bomba elétrica

Trata-se de uma bomba secundária que atende a demandas elevadas de óleo com baixas velocidades do motor, complementando uma bomba de óleo convencional (tamanho reduzido). Nesses casos, a bomba convencional pode ser dimensionada para atender às necessidades "lineares" do sistema de lubrificação que aumentam proporcionalmente com a velocidade do motor.

Oferece potencial maior de padronização da bomba principal para toda uma família de motores.

O acionamento da bomba de óleo elétrica é feito por meio dos seguintes tipos de motores:

- Motores com escovas.
- Motores sem escovas (BLDC).
- Motores de relutância variável (SRM).

Os motores com escova normalmente são de custos mais baixos, mas com durabilidade reduzida, o acionamento geralmente é *ON/OFF*. Na Figura 14.41, tem-se um exemplo de uma bomba de óleo elétrica com motor com escovas.

Os motores BLDC, a comutação é feita sem a necessidade do uso de escovas, o que promove uma maior vida útil ao motor, mas tende a ter um custo mais elevado, devido ao sistema de chaveamento eletrônico. Esses motores atingem maiores eficiências que os demais tipos.

Figura 14.41 – Bomba de óleo elétrica – motor com escovas.

Os motores de relutância variável (SRM) são de concepção mais antiga; recentemente, porém, vêm sendo desenvolvidos graças à robustez e ao baixo custo. São caracterizados por não utilizarem imãs permanentes em sua fabricação o que os torna adequados para trabalhos em altas temperaturas. Em contrapartida tendem ser mais ruidosos e com maior oscilação de torque do que os motores BLDC.

Todos os motores citados podem ter variador de rotação incorporado. A variação de rotação é determinada por um módulo eletrônico, ECU que, ao receber sinais de temperatura, torque e velocidade, entre outros do MCI, adota uma estratégia preestabelecida (mapa) e envia um sinal PWM (modulação da largura da pulsação) para o motor da bomba. A variação da porcentagem do sinal PWM está diretamente ligada à variação da rotação do motor da bomba elétrica, dessa maneira pode-se ter desde o motor parado até máxima rotação. Essa é a principal característica da bomba de óleo elétrica, pois, enquanto esta funciona de acordo com as condições de funcionamento do motor elétrico, a bomba de óleo convencional tem seu funcionamento dependendo única e exclusivamente da rotação do motor de combustão interna.

Os sistemas embarcados enviam os sinais para o motor da bomba por meio de barramento de comunicação *Controller Area Network* (CAN) ou *Local Interconnect Network* (LIN).

A bomba de óleo elétrica permite que os MCI sejam pré-escorvados antes da ignição da mistura na câmara de combustão, pois a lubrificação pode ser iniciada antes desta (ignição da mistura). Em um sistema convencional, quando é iniciado o funcionamento do motor por alguns instantes, este trabalha sem lubrificação. A falta de lubrificação nos mancais provoca aumento de torque, que tem de ser vencido pelo motor de partida. O tempo para preencher as galerias e imprimir pressão varia para cada motor, sendo que são necessários cerca de sete segundos somente para permitir a escorva na saída da bomba de óleo. Esse tempo para iniciar a lubrificação dos mancais os leva a serem construídos de materiais nobres e, mesmo assim, provoca seu desgaste. Na Figura 14.42, tem-se a análise de torque durante a partida de um motor utilizando o sistema sem pré-lubrificação.

Picos de demanda de óleo são atendidos pela bomba elétrica secundária permitindo, com isto, que um tamanho menor da bomba acionada pelo motor (reduz perdas parasitas). As bombas são dimensionadas de acordo com as demandas exatas do motor e o abastecimento e demanda de óleo são equilibrados com precisão. Na Figura 14.43, pode-se verificar um exemplo da vazão necessária para a lubrificação do motor e a correspondente vazão provida pela bomba mecânica convencional.

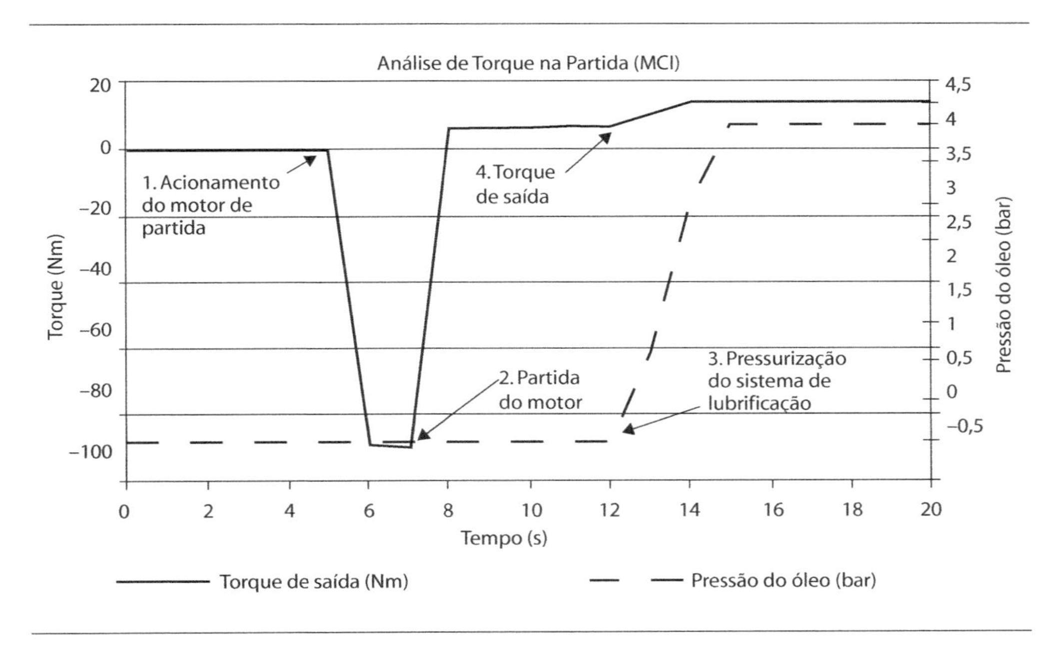

Figura 14.42 – Análise de torque na partida do MCI.

Outro detalhe é que a bomba elétrica pode ser alojada remotamente – flexibilidade de layout – permitindo várias posições.

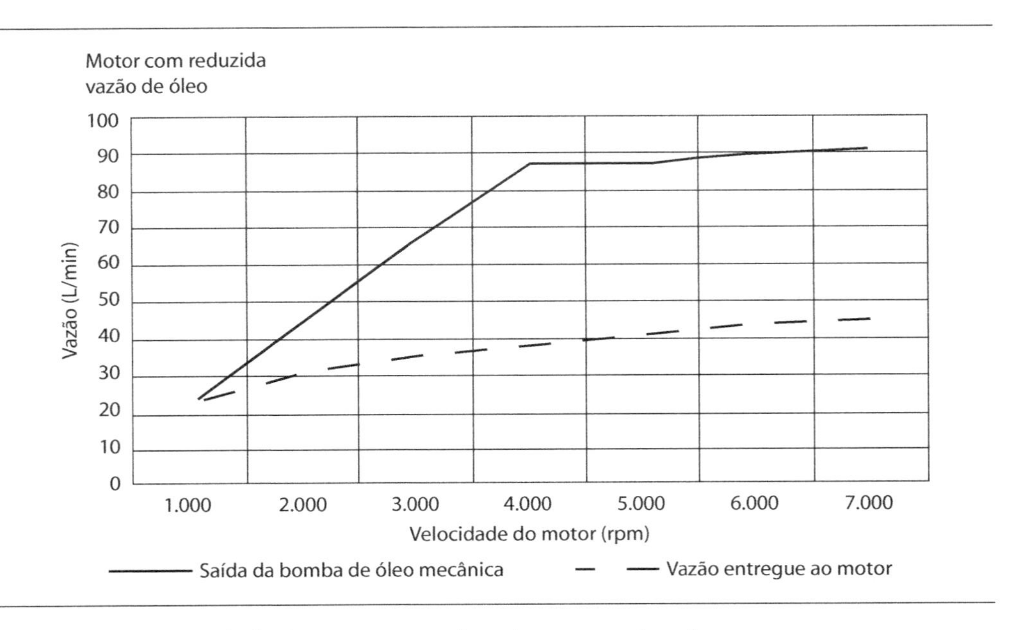

Figura 14.43 – Necessidade do motor *versus* bomba convencional.

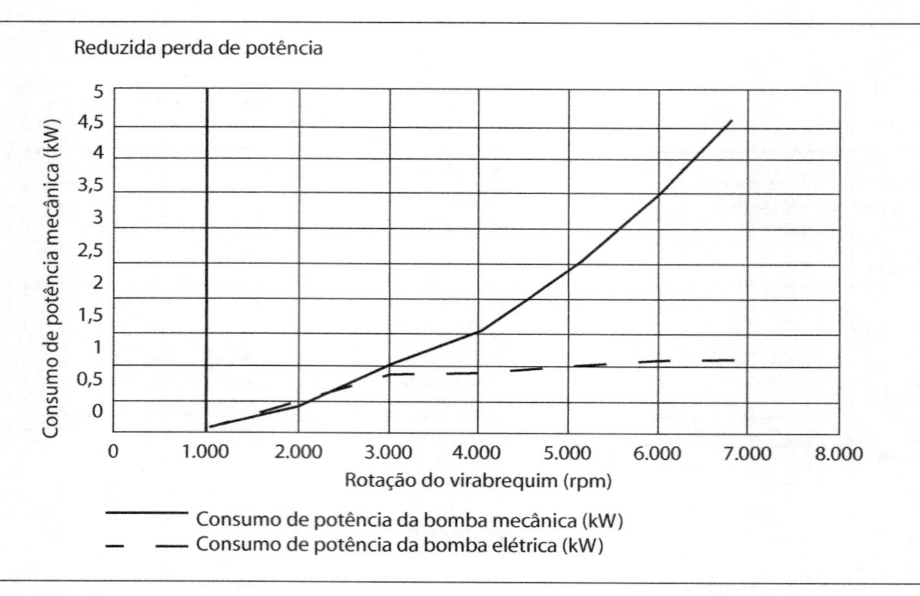

Figura 14.44 – Diferença de potência consumida [D].

Como a bomba elétrica pode ter sua rotação controlada, podem-se utilizar bombas com dimensões reduzidas, ou seja, com volume deslocado menor, consequentemente reduzindo o consumo de corrente elétrica necessária para sua movimentação e, por conseguinte o consumo de combustível. Na Figura 14.44 verifica-se a diferença de potência necessária para um mesmo motor comparando-se com o uso de uma bomba elétrica e uma convencional.

A bomba elétrica pode funcionar depois de desligamento do motor e proporciona redução do nível de ruído, a aeração e recirculação do óleo.

Em veículos equipados com turbocompressor, quando é cessado o funcionamento do motor, o turbo continua girando, e, pelo princípio de funcionamento que utiliza os gases de escapamento, os mancais permanecem extremamente quentes, tanto que alguns fabricantes recomendam manter o motor em marcha lenta para refrigerar os mancais do turbo. Usando-se uma bomba elétrica, é possível continuar fornecendo o fluido lubrificante para os mancais do turbo, arrefecendo-o e, ao mesmo tempo, criando um freio hidrodinâmico que fará com que cesse a rotação da turbina, eliminando a necessidade de manter o motor em marcha lenta, consequentemente é reduzido o consumo de combustível e o índice de condensação de água no óleo. Na Figura 14.45, é observado o comportamento da temperatura nos mancais da turbina com e sem a lubrificação, após o desligamento do motor.

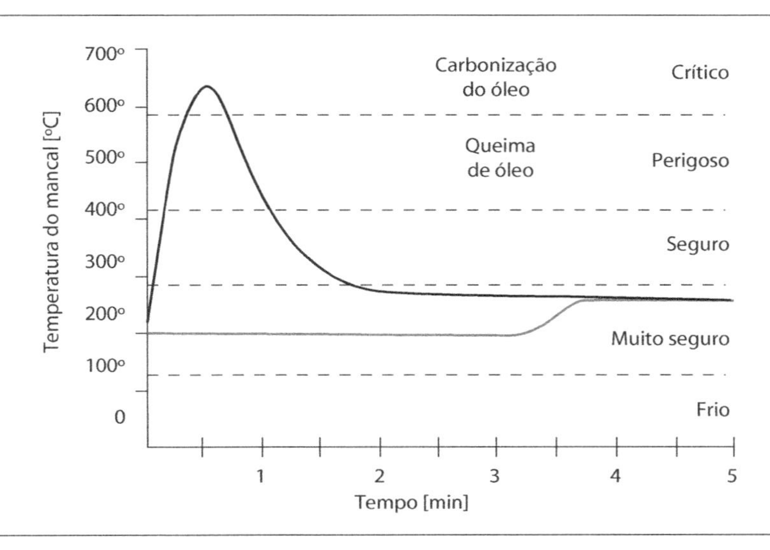

Figura 14.45 – Temperatura em função do tempo.

Em veículos que trabalham em condições severas, nas quais o sistema de arrefecimento não é suficiente para manter a temperatura dentro de padrões aceitáveis, a bomba de óleo elétrica, junto com um radiador de óleo, pode ser usada para arrefecer o óleo do cárter. Na Figura 14.46, é mostrada uma bomba de óleo com radiador e incorporado.

Figura 14.46 – Bomba de óleo elétrica com radiador.

Outras vantagens do uso da bomba de óleo elétrica:

- Reduz emissões na partida a frio.
- A bomba convencional, pode ser reduzida e padronizada para toda uma família de motores.

- Economia de combustível.
- Reduz fluxo de óleo recirculante e prolonga os intervalos de troca de óleo.
- Reduz tempo de manutenção.
- Reduz contaminação do óleo.
- Prolonga a duração do óleo.

14.6 Razões para o consumo de lubrificante em um motor

Podem ser citados como causas principais:

- Processo natural de lubrificação.
- Mudança na viscosidade do óleo.
- Diluição do óleo por combustível.
- Período de amaciamento.
- Intervalos estendidos de troca.
- Rotações e carga de trabalho.
- Vazamentos internos e externos.
- Condição mecânica do motor.
- Nível de óleo/Reposições.
- Tipo e qualidade de operação e manutenção.

EXERCÍCIOS

1) Quais as principais funções do sistema de lubrificação?

---

2) Para o bom desempenho do sistema de lubrificação, são necessários (marcar V – verdadeira ou F – falso, para as afirmações a seguir):

   a) Presença mínima de lubrificante junto às partes com movimento relativo, de forma a reduzir o consumo de óleo do motor (   )

   b) Lubrificante de características adequadas ao motor (   )

   c) Acabamento primoroso das superfícies em contato (   )

   d) Elevada dureza das superfícies em contato (   )

e) Mínima folga entre as peças com movimento relativo (   )

f) Elevada pressão específica das superfícies de contato (   )

3) Qual a necessidade de instalação de um trocador de calor no sistema de lubrificação do motor?

4) Diferencie os sistemas de filtração abaixo, citando as vantagens e desvantagens de cada um.

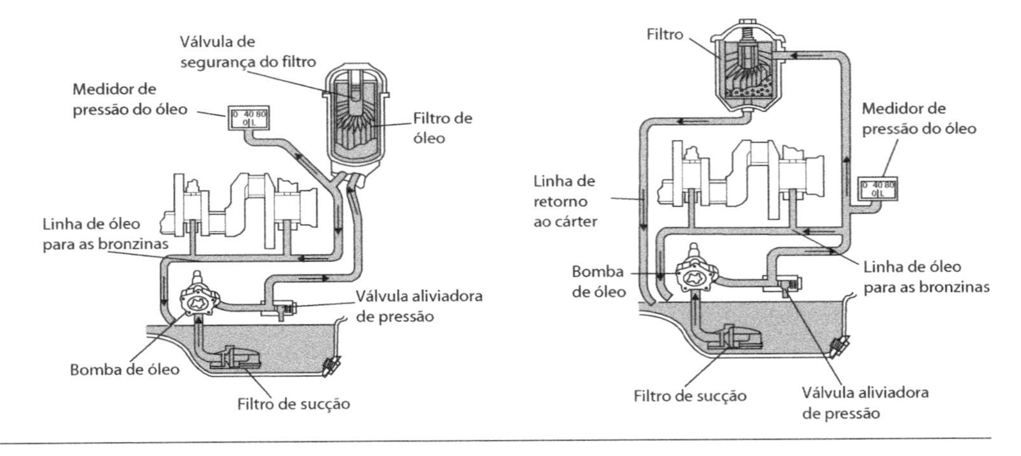

5) Na figura abaixo, denomine as partes. As partes 5, 6 e 7 compõem um sistema único. Qual a sua aplicação e função?

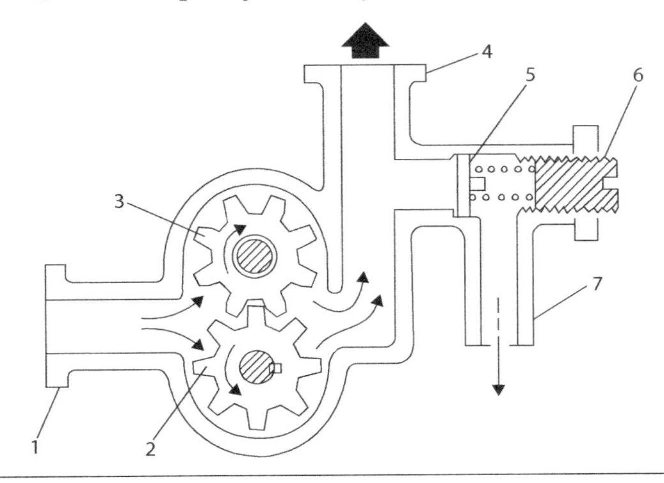

6) Quais os requisitos necessários ao projeto de um filtro de óleo lubrificante?

7) Quais as funções do cárter junto ao sistema de lubrificação?

8) Que tipos de cárter são empregados nos motores de combustão interna? Qual a aplicação de cada um desses modelos? Quais são as vantagens e desvantagens?

9) Explique a forma de lubrificação utilizada nos motores de dois tempos?

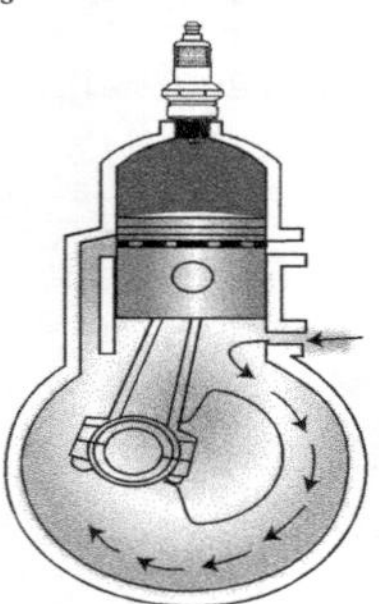

10) Os motores Ford Rocam – 1,0 L e 1,6 L, apresentam quando a plena carga, na rotação de potência máxima, respectivamente A kW @ rpm e B kW @ rpm. Pede-se dimensionar para cada um dos motores:

1) volume do cárter;
2) vazão da bomba de óleo lubrificante;
3) diâmetros de sucção e recalque;
4) rotação da bomba de óleo;
5) potência consumida pelo trabalho da bomba;
6) dimensão do filtro de lubrificante.

11) Identifique os componentes empregados nos sistemas de lubrificação dos motores de combustão interna? Qual a aplicação de cada um desses componentes?

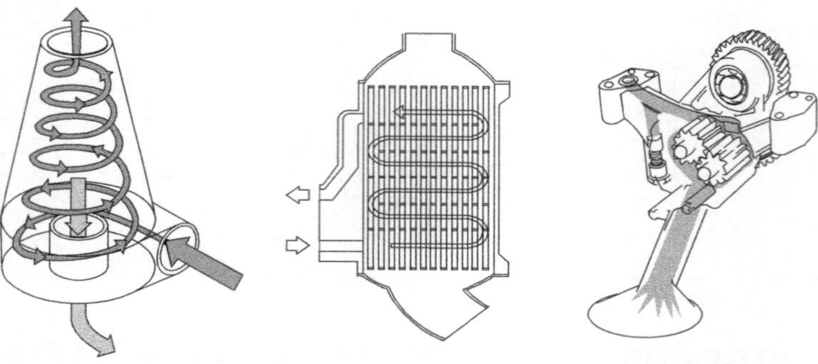

12) Quais são os sistemas de lubrificação utilizados?

13) Qual é e como é feito o sistema de lubrificação mais utilizado?

14) Explique *blow by* e qual o percentual do mesmo nos motores atuais?

15) O que pode acontecer com o crescimento constante do *blow by*?

16) O que é representado na figura abaixo, localizando seus filtros?

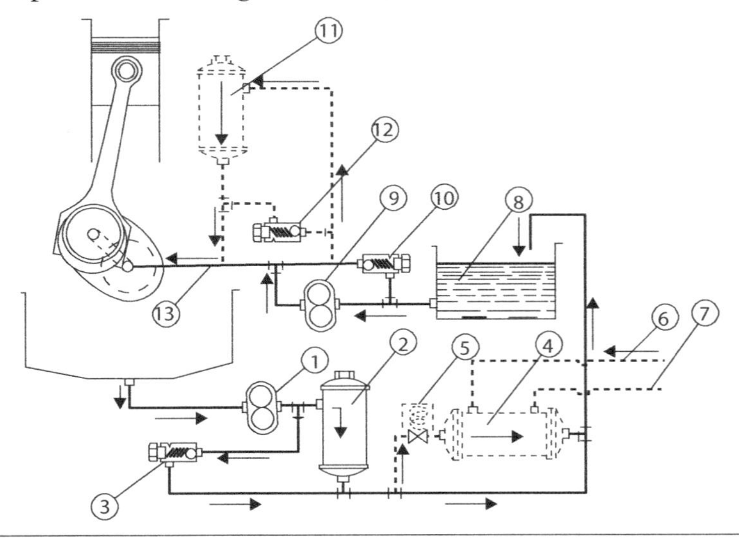

17) O que é feito pela válvula PCV e o que ela não deve permitir?

18) De que tipo e quais são as bombas utilizadas para promover a circulação de óleo do motor? Explique também como são acionadas.

19) Qual é a função e onde é posicionada a válvula reguladora de pressão?

20) Quais são as principais características dos filtros de celulose?

21) O que representa um grande avanço em termos ambientais na seleção de filtros para um motor?

22) Qual é a finalidade da bomba de óleo elétrica?

Referências bibliográficas

1. BRUNETTI, F. *Motores de combustão interna*. Apostila, 1992.
2. DOMSCHKE, A. G.; LANDI, F. R. *Motores de combustão interna de embolo*. Departamento de Livros e Publicações do Grêmio Politécnico da USP, 1963.
3. GIACOSA, D. *Motori endotermici*. Ulrico Hoelpi Editores SPA, 1968.
4. JÓVAJ, M. S. et al. *Motores de automóvel*. Editorial Mir, 1982.
5. OBERT, E. F. *Motores de combustão interna*. Porto Alegre: Globo, 1971.
6. TAYLOR, C. F. *Análise dos motores de combustão interna*. São Paulo: Blucher, 1988.
7. METAL LEVE. *Manual técnico*, 1996.
8. HEYWOOD, J. B. *Internal combustion engine fundamentals*. M.G.H. International Editions, 1988.
9. BOSCH. *Manual de la técnica del automóvil*, 1994.
10. STONE, R. *Introduction to internal combustion engines*. SAE, 1982.
11. MOURA, C.; CARRETEIRO, R. *Lubrificantes e lubrificação*. Editora Técnica, 1987.
12. DEMARCHI, V.; WINDLIN, F.; LEAL, M. *Desgaste abrasivo em motores diesel*. SAE 962.380 – SAE, 1996.
13. DEMARCHI, V.; WINDLIN, F.; LEAL, M. *Influência do óleo lubrificante no desgaste de componentes de motores diesel*. SAE 952.253 – SAE, 1995.
14. DEMARCHI, V.; WINDLIN, F. Study and isolation of oil consumpition causes. *Engine design international*. England, 1995.
15. SHELL. *Curso de lubrificação industrial* – motores Diesel e sua aplicação.
16. SHELL. *Curso de lubrificação industrial* – lubrificação de motores a gasolina e álcool.
17. IPIRANGA. *Lubrificação Automotiva*.
18. TEXACO. *Guia de óleos automotivos*. 1989.
19. CEMO. v. 6, 1986 – IMT.
20. SCHILLING, A. Los aceites e la lubrificación de los motores. *Interciência*, 1965.

Figuras

Agradecimentos às empresas:

A. Magneti Marelli.

B. Mahle.

C. Dupont.

D. DataCorp.net.

15

Lubrificantes

Atualização:
Eduardo Brandão Gonçalves
José Tyndall Pires Neto
Maria Letícia Murta Valle
Fernando Luiz Windlin

15.1 Introdução

A lubrificação de motores é um problema bastante complexo em virtude das temperaturas que ocorrem em seu funcionamento, além da gama de temperaturas a que o lubrificante deve atender: valores baixos na partida, quando o motor está frio, até valores muito altos, atingidos na câmara de combustão.

Com a lubrificação, pretende-se:

a) Reduzir o desgaste de pistões, cilindros, anéis e superfícies dos mancais, diminuindo o atrito entre esses componentes.

b) Resfriamento das superfícies dos mancais com a retirada do calor gerado por atrito.

c) Limpeza das superfícies e retirada das partículas metálicas oriundas dos desgastes.

d) Auxiliar a vedação como, por exemplo: entre a câmara de combustão e o cárter, entre os anéis e da parede do cilindro.

e) Evitar a corrosão dos componentes do motor.

15.2 Propriedades dos óleos lubrificantes

Para atender às suas finalidades, os óleos lubrificantes para MCI devem possuir um conjunto de propriedades que serão apresentadas a seguir.

15.2.1 Viscosidade

A viscosidade de um óleo é definida como sendo a força por unidade de área necessária para produzir um gradiente de velocidade unitário ou, apenas qualitativamente, a menor ou maior facilidade de o óleo escoar.

Tendo-se duas superfícies paralelas (Figura 15.1) e entre elas uma camada de óleo lubrificante, a força F necessária para manter uma delas à velocidade constante será diretamente proporcional à velocidade e à área e inversamente proporcional à espessura na película lubrificante.

A película de óleo pode ser formada de diversas camadas com velocidades relativas entre si, desde a inferior que está aderida à placa inferior e, portanto, com velocidade nula, até a superior aderida à placa superior, com velocidade v.

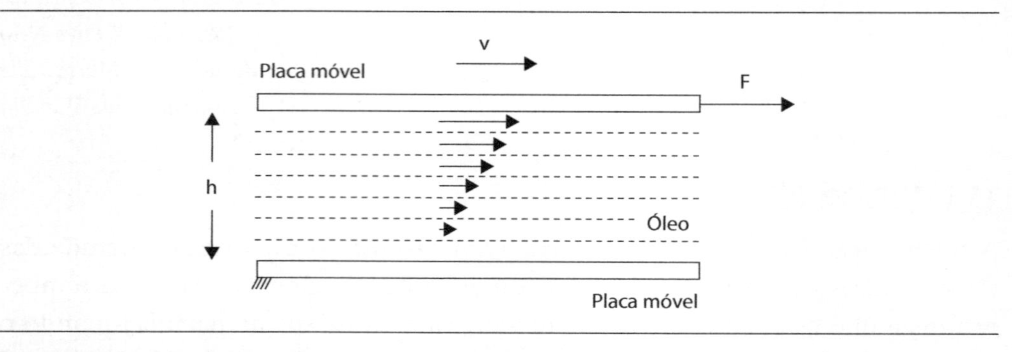

Figura 15.1 – Movimento de superfícies paralelas – viscosidade.

Se a espessura da película de óleo for h, a relação v/h será o gradiente de velocidade. Logo:

$$F = \mu\ A \frac{v}{h} \qquad \text{Eq. 15.1}$$

onde:

h: espessura de película

v: velocidade

μ: viscosidade absoluta (ou dinâmica)

A: área em contato

O coeficiente de proporcionalidade μ é, por definição, a viscosidade dinâmica ou absoluta do lubrificante. Ela tem um valor definido para cada lubrificante em determinada temperatura. Aumenta em baixas temperaturas e diminui com o aumento da temperatura.

15.2.1.1 CÁLCULO DA FORÇA, TORQUE E POTÊNCIA DE ATRITO NOS MANCAIS

Chamando-se de C a folga radial entre o eixo e o mancal, e admitindo-se que, em movimento, ambos sejam concêntricos, o valor de h da Equação 15.1, onde D é o diâmetro interno, coincide com C.

$$C = h = \frac{D_{ext} - D_{int}}{2}$$

A velocidade periférica de um eixo de diâmtro D é dada por:

$$v = \pi \, D \, n$$

Sendo n a rotação do eixo.

A área da superfície lateral do eixo de comprimento L é:

$$A = \pi \, D \, L$$

Logo a Equação 15.1, fica:

$$F = \pi \, \mu \, D \, L \frac{\pi \, D \, n}{C} = \frac{\pi^2 \mu \, L \, n \, D^2}{C} \qquad \text{Eq. 15.2}$$

O torque exercido sobre o lubrificante pelo eixo é:

$$T = F \, R = F \frac{D}{2} \qquad T = \frac{\pi^2 \mu \, L \, n \, D^3}{2C} \qquad \text{Eq. 15.3}$$

A potência, consumida em atrito fluido para um virabrequim de K mancais de biela e (K + 1) mancais de apoio, estes com diâmetro D_1, folga C_1 e comprimento L_1, será:

$$N = (T + T_1) 2 \, \pi \, n$$

$$N = \left[\frac{\pi^2 \mu \, L \, n \, D^3}{2C} K + \frac{\pi^2 \mu \, L_1 \, n \, D_1{}^3}{2C_1} (K+1) \right] 2 \, \pi \, n$$

Ou:

$$N = \pi^3 \mu \, n^2 \left[\frac{D^3 L \, K}{2C} + \frac{D_1{}^3 L_1 (K+1)}{2C_1} \right] \qquad \text{Eq. 15.4}$$

15.2.1.2 EQUAÇÃO DE PETROFF

Se a carga normal sobre o mancal for F_n, a pressão exercida será:

$$p = \frac{F_n}{A_1} = \frac{F_n}{L \cdot D} \qquad \text{Eq. 15.5}$$

onde A_1 é a área projetada do mancal. O coeficiente de atrito será: $f = F/F_n$

Fazendo-se as substituições, tem-se:

$$F_n\ f = \frac{\pi^2 \mu\ L\ n\ D^2}{C}$$

$$\text{ou}\ \ f = \frac{\pi^2 \mu\ L\ n\ D^2}{C}\frac{1}{p\ L\ D} = \frac{\pi^2 \mu\ n\ D}{p\ C}$$

Multiplicando-se por D/C:

$$f\left(\frac{D}{C}\right) = \pi^2\left[\frac{\mu\ n}{p}\cdot\left(\frac{D}{C}\right)^2\right]$$

ou, em função do raio do eixo:

$$f\left(\frac{R}{C}\right) = 2\pi^2\left[\frac{\mu\ n}{p}\cdot\left(\frac{R}{C}\right)^2\right] \qquad \text{Eq. 15.6}$$

A Equação 15.6 é a Equação de Petroff e o adimensional $S = \frac{\mu\ n}{p}\cdot\left(\frac{R}{C}\right)^2$ o número de Sommerfeld.

O número de Sommerfeld permite traçar o gráfico da Figura 15.2, ou seja,

$f\left(\frac{R}{C}\right)$ em função de $\frac{\mu\ n}{p}\cdot\left(\frac{R}{C}\right)^2$

Do gráfico da Figura 15.2, pode-se concluir:

a) A parte linear direita da curva experimental representa a zona de operação hidrodinâmica. O ponto em que as curvas se afastam da linearidade com o decréscimo do número de Sommerfeld indica o início do contato metálico e da operação com película parcial. Esse ponto pode ser chamado de ponto de transição.

b) Como a viscosidade do óleo diminui com a elevação da temperatura, a operação com valores de S acima do ponto de transição tende a ser estável, enquanto ocorre o contrário com S abaixo desse valor.

Essa última conclusão pode ser tirada, observando-se que o aumento do atrito significa aumento da geração de calor e consequente aumento da temperatura do óleo.

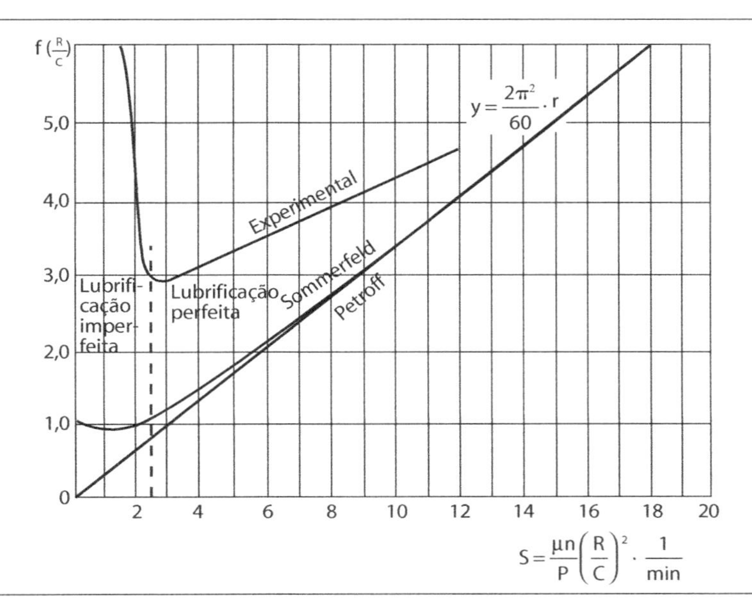

Figura 15.2 – Representação da Equação de Petroff e dados experimentais.

Na zona estável a direita, qualquer parâmetro que aumente o trabalho de atrito diminui a viscosidade do óleo e evita o aumento indefinido de f. Na zona de instabilidade, porém, um aumento de trabalho reduz o valor de μ, diminui S e aumenta f. Isso provoca maior aquecimento do mancal e, assim, sucessivamente, até produzir o desgaste total do mancal ou levar ao engripamento.

15.2.1.3 MEDIDA DA VISCOSIDADE

A viscosidade μ, conforme foi definida, é chamada viscosidade dinâmica ou absoluta sendo a força tangencial sobre a área unitária dos planos paralelos, separados de uma distância unitária, quando o espaço é preenchido com o líquido e um dos planos move-se em relação ao outro com velocidade unitária no seu próprio plano. A viscosidade μ é, geralmente, reportada pela unidade *Poise* (P), que tem as dimensões g/cm.s, ou *centipoise* (cP) que é igual a 0,01 P. No sistema internacional, utiliza-se o *Segundo-Pascal* (Pa*s) que corresponde a 10 P.

Um centipoise (cP) é a força necessária para deslocar horizontalmente uma camada de água de 1 cm^2 de superfície, paralelamente a outra situada a uma distância vertical de 1 cm, com velocidade de 1 cm/s à temperatura de 20,2 °C. Existem as seguintes equivalências:

$$1\ P = 0{,}0102\ kgf \cdot s/m^2$$

$$1\ kgf \cdot \frac{s}{m^2} = 98{,}1\ dina \cdot s/cm^2 = 98{,}1\ P = 9.810\ cP$$

Define-se, também, a viscosidade cinemática υ como sendo a relação entre a viscosidade dinâmica e a massa específica ρ do lubrificante. É determinada em viscosímetros pela medida do tempo em segundos que um determinado volume de lubrificante leva para escoar, em determinada temperatura, através de um orifício com dimensões padronizadas. Um dos viscosímetros muito empregado é o de Saybolt e a viscosidade nele determinada é indicada em Segundos Saybolt Universal (SSU).

$$\upsilon = \frac{\mu}{\rho} \qquad \text{Eq. 15.7}$$

As unidades empregadas para a viscosidade cinemática são o Stoke (St) e o centistoke (cSt).

As relações que ligam υ em cSt e em SSU são:

Quando SSU < 100: $\upsilon(\text{cSt}) = 0,226\ \text{SSU} - \frac{195}{\text{SSU}}$

Quando SSU > 100: $\upsilon(\text{cSt}) = 0,220\ \text{SSU} - \frac{135}{\text{SSU}}$

A viscosidade dos óleos depende da temperatura, sendo alta em temperaturas baixas e baixa em temperaturas altas. Essa característica tende a dificultar a partida dos motores a frio, bem como provocar perdas por fuga através dos anéis do pistão em temperaturas elevadas. A Figura. 15.3 mostra a variação da viscosidade com a temperatura para diversos óleos da classificação SAE. A inclinação dessas curvas está relacionada com o índice de viscosidade – I_v.

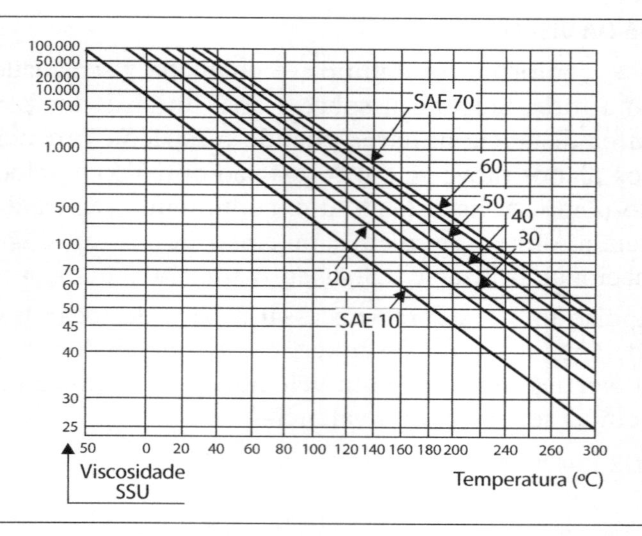

Figura 15.3 – Classificação SAE dos óleos.

15.2.2 Índice de viscosidade

O índice de viscosidade (I_V) de um óleo é um valor empírico que estabelece uma relação entre a variação de sua viscosidade com a temperatura e a variação da viscosidade de dois óleos adotados como padrões, um de alta sensibilidade ($I_V = 0$) e o outro de baixa ($I_V = 100$) (Figura 15.4).

A partir da Figura 15.4, o I_V é definido pela relação:

$$I_v = 100\left(\frac{U-H}{L-H}\right) \qquad \text{Eq. 15.8}$$

O I_V pode ser determinado a partir de tabelas normalizadas (ASTM DS39 B).

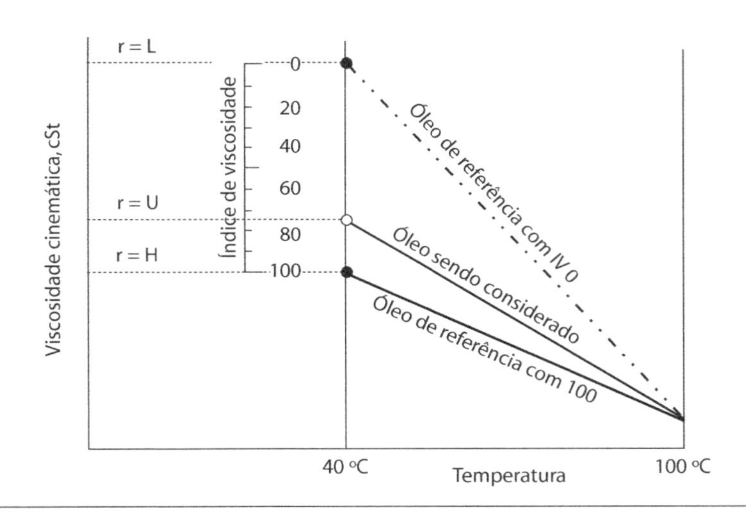

Figura 15.4 – Diagrama esquemático para mostrar o processo de determinação do I_V.

Em resumo, para todos os óleos a viscosidade diminui com a temperatura, mas, a dos óleos de alto I_V não varia tanto quanto a dos óleos de baixo I_V, na mesma amplitude de variação de temperatura.

O I_V dos óleos é melhorado, adicionando-se polímeros alifáticos de alta massa molecular (≈10 mil a 1 milhão), cuja cadeia principal é flexível. Quando a temperatura é baixa a estrutura do polímero e semelhante à de um novelo de lã. À medida que a temperatura aumenta, essa estrutura se expande, compensando a redução da viscosidade do óleo.

Esses óleos aditivados têm viscosidade relativamente baixa em baixas temperaturas, o que facilita a partida e a circulação durante o aquecimento e, ao mesmo, tempo mantêm a viscosidade necessária em altas temperaturas, assegurando lubrificação perfeita e menor consumo.

A SAE classifica os óleos em função das condições de uso como mostrado na Tabela 15.1.

Tabela 15.1 – Classificação SAE J300.

Grade de viscosidade SAE	VISCOSIDADE			Temperatura-limite de bombeamento
	A baixa temperatura mPa.s (°C) C.C.S.	A 100 °C (ASTM D-445) mm^2/s		
	Máx.	Mín.	Máx.	Máx.
0 W	3.250 (–30)	3,8	–	–35
5 W	3.500 (–25)	3,8	–	–30
10 W	3.500 (–20)	4,1	–	–25
15 W	3.500 (–15)	5,6	–	–20
20 W	4.500 (–30)	5,6	–	–15
25 W	6.000 (–30)	9,3	–	–10
20	–	5,6	9,3	–
30	–	9,3	12,5	–
40	–	12,5	16,3	–
50	–	16,3	21,9	–
60	–	21,9	26,1	–

Os graus SAE que apresentam o sufixo W (*Winter*) são especificados para o uso em baixas temperaturas e, portanto, têm viscosidade mais baixa.

Os óleos *multigrade*, como, por exemplo, 10W 40, têm em baixas temperaturas o comportamento de um 10W, isto é, baixa viscosidade e em altas temperaturas o comportamento de um óleo 40, ou seja, viscosidade adequada a quente (Figura 15.5).

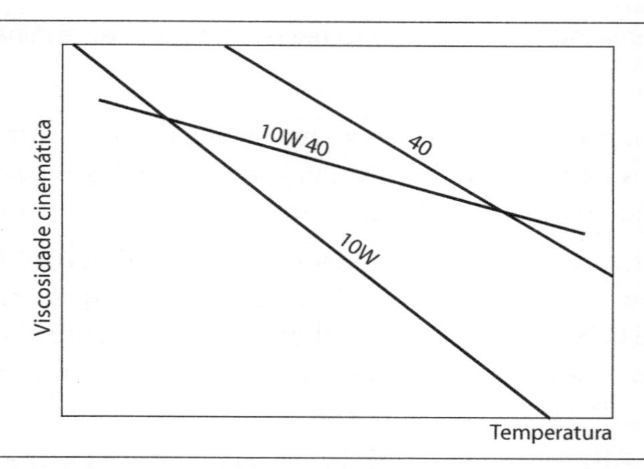

Figura 15.5 – Óleo *multigrade*, de alto I_V.

A temperatura não é o único parâmetro que deve ser considerado na escolha da viscosidade do lubrificante. Outros parâmetros também são importantes, tais como, carga e velocidade.

Com relação à carga, quanto maior for, maior deverá ser a viscosidade. Se for aplicada uma carga grande a um lubrificante (óleo) de baixa viscosidade, o óleo comprimido escoará por entre os vãos dos mancais (Figura 15.6).

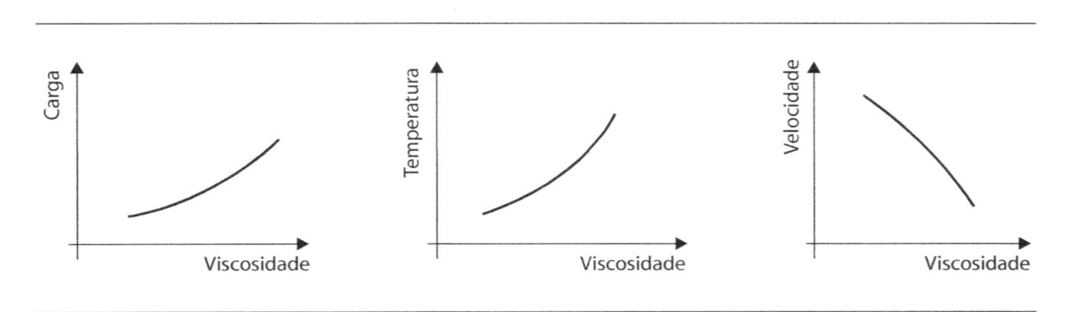

Figura 15.6 – Requisitos qualitativos da viscosidade do óleo lubrificante.

Quanto à velocidade, para valores altos deve ser escolhido um óleo de baixa viscosidade e vice-versa.

15.2.3 Ponto de fluidez

Indica a menor temperatura na qual o óleo é capaz de fluir por efeito da gravidade. Embora as bases lubrificantes sejam submetidas a processos de desparafinação, elas ainda contêm uma quantidade grande de parafinas o que resulta em um elevado ponto de fluidez. Com a redução da temperatura, as parafinas presentes no óleo se solidificam, formando precipitados cuja consistência é pastosa ou mesmo sólida o que afeta a fluidez. Torna-se difícil fazê-lo escoar nos tambores e, se empregado em cárter de motores, poderá obstruir a entrada da bomba de óleo.

Pelo refino, é possível diminuir o ponto de fluidez de um óleo. Por outro lado, uma redução exagerada do teor de parafinas provoca uma diminuição do I_V. O ponto de fluidez de uma base parafínica hidrodesparafinizada é –12 °C enquanto o de uma base sintética PAO é –60 °C.

O processo de desparafinação é efetuado por meio de uma extração com solvente, usando a mistura MEK-Tolueno (em desuso) ou MIBK. Se for desejada melhor fluidez, a adição de alguns agentes especiais é indicada. Esses agentes são polímeros (polialquilnaftalenos e alquilpolimetacrilatos) com peso molecular entre 2.000 e 10.000.

Os lubrificantes naftênicos possuem um menor teor de parafinas e têm, por isso, baixo ponto de fluidez. Essa é a razão de serem indicados para aplicações em baixas temperaturas (–30 °C).

15.2.4 Oleoginosidade ou oleosidade

É a capacidade do lubrificante de aderir à superfície metálica. É um processo de adsorção. Não há uma escala para a medida dessa característica; podem ser adicionados, porém, agentes de oleosidade que são compostos polares que aderem fortemente às superfícies metálicas, formando um filme.

Em geral, óleos com elevada oleosidade resultam em desgastes reduzidos dos mancais, uma vez que o material é protegido por diversas camadas de moléculas grandes que aderem às superfícies metálicas.

15.2.5 Corrosão

O óleo não deve ser corrosivo, mas, além disso, deve ser uma proteção contra a corrosão. Se não estiverem contaminados, os lubrificantes minerais, ou seja, os lubrificantes derivados do petróleo, não são corrosivos para a maioria dos metais utilizados na construção de máquinas. Entretanto, os óleos se oxidam com o tempo, formando ácidos orgânicos que são bastante corrosivos para o chumbo e as ligas de chumbo, mas pouco para o cobre e o ferro.

Se o óleo tiver baixa oleosidade, podem-se adicionar agentes anticorrosivos. Esses compostos são adicionados ao óleo para proteger as superfícies das ligas não ferrosas, que constituem algumas peças dos equipamentos (mancais) da ação dos contaminantes ácidos do lubrificante. Sua ação processa-se por reações químicas entre o aditivo e os metais não ferrosos, formando uma camada de compostos resistentes à corrosão e com alta aderência ao metal base. São, em geral, produtos fortemente básicos solúveis no óleo e podem ser ésteres ou anidridos cíclicos.

15.2.6 Espuma

Diz-se que um óleo forma espuma com gás ou vapor quando pequenas bolhas desse gás ficam presas no óleo. Os óleos que formam menos espuma são os mais refinados, com alto I_V e reforçados ainda por aditivos antiespumantes. Os antiespumantes alteram a tensão superficial dos óleos em relação ao ar (ex.: silicone).

Óleos altamente refinados só espumam em presença de contaminantes. A espuma expõe o óleo ao ar, o que acelera o processo de oxidação e reduz a quantidade de óleo que vai para os mancais.

15.2.7 Emulsão

Um lubrificante forma emulsão quando pequenas gotas de água ficam retidas no óleo. Os óleos mais refinados formam menos emulsão. Aditivos emulsificantes, quando adicionados ao lubrificante, permitem que as suas características de desempenho sejam preservadas e impedem que a água entre em contato direto com as superfícies metálicas. Os emulsificantes utilizados são, por exemplo, os sabões de ácidos graxos, de ácidos sulfônicos e de ácidos naftênicos.

15.2.8 Detergência

Um óleo é detergente/dispersante quando é capaz de dissolver os depósitos que se formarem. Essa característica dos óleos é muito importante porque dissolvendo os depósitos, impedem sua aglomeração, o que poderia trazer sérios inconvenientes ao desempenho do MCI. No caso dos MCI, tais resíduos são as borras e os resíduos de carbonos provenientes da queima incompleta dos combustíveis, além dos contaminantes que acompanham o ar.

A deposição de impurezas no motor reduz a eficiência mecânica em decorrência de entupimentos no sistema de lubrificação e depósitos causadores de desgaste abrasivo e de aderência de anéis e válvulas. Os depósitos dos produtos de oxidação e resíduos de combustão são, em geral, corrosivos e tendem a atacar as partes metálicas. Os produtos de oxidação atuam, ainda, como catalisadores, o que acelera a oxidação do óleo.

O refino do óleo por meio de solventes reduz sua detergência, que pode ser reconstituída e até melhorada por aditivos. Alguns compostos podem ser adicionados ao óleo para melhorar a sua capacidade detergente e dispersante. As duas principais classes de aditivos detergentes são os ácidos sulfônicos e os fenóis. Os dispersantes mais usados são o poli-isobuteno (PIB), com peso molecular de 1.000 a 2.000, o anidrido poli-isobuteno succínico (PIBSA) e copolímeros de metacrilato com um monômero contendo nitrogênio. Os dispersantes podem ou não conter agentes metálicos.

15.2.9 Estabilidade

É a propriedade pela qual um óleo é capaz de resistir à oxidação, para que não se formem ácidos, vernizes e sedimentos. Em geral, o óleo está em permanente contato com o ar e é submetido a temperaturas elevadas durante operação dos equipamentos que lubrifica. Tais condições são muito propícias à oxidação do óleo, a qual é acelerada pelo efeito catalítico dos metais que compõem as peças e pelos contaminantes. A oxidação gera, inicialmente, produtos oxigenados de peso molecular entre 500 e 3.000 que se polimerizam e aumentam a viscosidade do óleo. Os produtos da oxidação do óleo elevam a viscosidade e a cor do óleo, sendo que a natureza ácida desses compostos concorre para o desgaste das partes metálicas.

A estabilidade de um óleo requer baixas temperaturas operacionais (menos de 100 °C) e afastamento do contato com todas as superfícies quentes. Os vernizes são encontrados nas bordas dos pistões e só podem ser removidos por um solvente. Os mesmos materiais podem se unir a carvão, água, óleo e matérias estranhas, no cárter, formando sedimentos. A formação de sedimentos é facilitada pela oxidação do lubrificante, e do combustível ou por produtos da combustão que vazam pelos anéis e finalmente pela acumulação de água e poeira que se emulsionam com o óleo.

Para evitar a oxidação do óleo, é necessário um lubrificante que trabalhe bem em altas temperaturas. A temperatura do fluido de arrefecimento deve ser tal que impeça a oxidação do óleo (menos de 100 °C e mais de 70 °C) e deve ser suficientemente alta para vaporizar a água e o combustível líquido que, porventura, atinjam o cárter do motor (mais ou menos 80 °C).

Em sua maioria, os antioxidantes adicionados para aumentar a estabilidade do lubrificante exercem sua ação pelo retardamento das reações de oxidação do óleo ou da reação com seus produtos intermediários, formando compostos inativos e solúveis no óleo. Podem atuar, também, reagindo preferencialmente com o oxigênio dissolvido eliminando-o do óleo. Os mais comuns são compostos fenólicos e aminas aromáticas.

15.2.10 Massa específica

A densidade dos óleos é medida pelo ensaio padrão D-287-55, da ASTM. É determinada à temperatura de 15,5 °C.

Largamente empregada para os produtos derivados do petróleo é a escala de densidade *American Petroleum Institute* (API), expressa em graus API.

É uma escala convencional em que a densidade da água (1.000) corresponde a 10° API e a dos líquidos mais leves a números maiores. A escala API é obtida a partir da densidade a 15,5 °C pela Equação 15.9:

$$\text{densidade API} = \frac{141{,}5}{\text{densidade específica a } 15{,}5\ ^\circ\text{C}} - 131{,}5 \qquad \text{Eq. 15.9}$$

Óleos muito parafínicos possuem densidade em torno de 0,87 (API em torno de 30), enquanto os naftênicos têm densidade acima de 0,9 (API < 25).

15.2.11 *Total Base Number* – TBN ou reserva alcalina

A reserva alcalina de um óleo é a quantidade de ácido expressa em 1 mg de hidróxido de potássio necessária para neutralizar os constituintes básicos presentes em um grama de óleo. É expresso em mg KOH/g. É uma medida do potencial alcalino do óleo, para neutralizar os ácidos provenientes dos gases de combustão. Um TBN baixo significa o esgotamento da capacidade detergente/dispersante dos aditivos presentes no óleo.

15.2.12 *Total Acid Number* – TAN

É a quantidade, em mg de KOH, necessária para neutralizar os componentes ácidos presentes em um grama de óleo. Um TAN elevado representa uma alta contaminação do óleo com os produtos provenientes da combustão e da oxidação.

A acidez forte é verificada, principalmente, em motores ciclo Diesel por causa da presença de enxofre. Durante a combustão, o enxofre reage com o oxigênio e depois com o vapor-d'água, formando ácido sulfúrico. Os gases de combustão passam para o cárter por conta das folgas nos anéis, contaminando o lubrificante com produtos fortemente ácidos. Compostos alcalinos são adicionados e têm a função de reagir com o ácido sulfúrico, neutralizando sua ação corrosiva. Os mais usados são sulfonatos e fenatos de alta basicidade que também atuam como detergentes.

15.2.13 Resistência à extrema pressão

Quando duas superfícies metálicas são lubrificadas em serviços severos, o filme pode ser destruído, e, a partir daí, as partes metálicas, friccionando umas contra as outras causam, inicialmente, perda de metal e, depois, a solda das peças.

Para evitar esse processo, são adicionados ao óleo compostos que retardam a decomposição do óleo em decorrência do uso prolongado e pressões elevadas. Esses aditivos atuam pela adsorsão ou reação química com os metais e formam uma película sólida fortemente aderida a eles. Esses filmes apresentam superfícies muito lisas, com baixos coeficientes de atrito, sendo responsáveis pelo controle do desgaste abrasivo. Compostos comerciais são moléculas orgânicas solúveis em óleo contendo cloro, enxofre ou átomos de fósforo, como, por exemplo, ditiofosfato de zinco e ditiofosfomolibidatos.

15.3 Aditivos para lubrificantes

A refinação, além de eliminar alguns componentes indesejáveis do óleo, elimina, também, compostos que são altamente interessantes para uma boa lubrificação. Isso é principalmente verdadeiro no refino feito por meio de solventes, porque estes não são seletivos. Com as solicitações cada vez maiores impostas aos MCI, um óleo mineral puro não teria condições de atendê-las. Por esse motivo, os óleos são muito refinados e tratados com aditivos químicos que permitem atingir as propriedades desejadas.

O papel dos aditivos nem sempre é só conferir alguma propriedade inexistente no produto básico. Muitas vezes, o aditivo é usado para melhorar uma propriedade já existente, porém insuficiente para a função ou para a condição que o produto irá enfrentar. A seleção dos aditivos é complexa, pois eles podem melhorar uma característica, mas, piorar outra. Por isso, são selecionados inicialmente por condições teóricas e depois testados em laboratório e em vários motores.

O lubrificante atual é um produto altamente tecnológico contendo entre 15% e 20% em peso de vários aditivos que o tornam capaz de funcionar em condições cada vez mais severas. O desenvolvimento de uma linha de aditivos para lubrificantes é caro e lento, e o mercado para esses produtos movimenta bilhões de dólares anuais e é dominado por um número reduzido de companhias.

Os aditivos comerciais vendidos às fábricas de lubrificantes são misturas de compostos obtidos nas formas sólida ou líquida, chamados agentes, e bases minerais ou sintéticas. Nos lubrificantes automotivos, as bases utilizadas são parafínicas do grupo III ou PAO (polialfaolefinas). Possuem na sua formulação um ou mais agentes (produto químico). Os aditivos contendo mais de um agente recebem o nome de pacote de aditivos. Um agente pode ter mais de uma função (aditivos multifuncionais). Esses aditivos são preferidos porque possibilitam uma diminuição no custo e reduzem possíveis interações que, porventura, existam entre os diferentes componentes.

Podem-se distinguir três classes importantes de aditivos em função de seu modo de ação:

a) Aqueles que têm um papel puramente físico, melhoram certas propriedades físicas do óleo ou lhe conferem novas características, afetando a reologia do lubrificante a baixas e altas temperaturas.

b) Aqueles cuja ação protetora do lubrificante em serviço ocorre nas interfaces (por exemplo, óleo–água), limitando sua deterioração ou alterações químicas

c) Aqueles que, atuando por um mecanismo químico, protegem o equipamento contra o desgaste ou o ataque de contaminantes agressivos, no caso dos antioxidantes e extrema pressão.

Os lubrificantes podem ser classificados em três grupos, quanto aos aditivos:

a) Óleos "regulares" – óleos minerais utilizados em motores com solicitações moderadas.

b) Óleos "*premium*" – que contêm aditivos para melhorar as características antioxidantes e anticorrosivas. São utilizados em condições mais severas.

c) Óleos "*heavy-duty*" – que contêm, além dos aditivos anteriores, outros que os tornam também óleos detergentes. São indicados tanto para motores Diesel como de ignição por centelha, quando solicitados por grandes cargas e altas velocidades.

A API, em conjunto com SAE e ASTM, classifica os óleos lubrificantes dos motores Otto e Diesel com siglas, de acordo com o tipo de serviço do motor (tabela 15.2 e tabela 15.3).

Tabela 15.2 – Classificação API para os óleos lubrificantes – MIF [1].

Classificação API	Descrição API do serviço / desempenho do motor ("S" - *Spark Ignition* - Ignição por centelha)
SA	**SA – Anteriormente, utilizada em motores a gasolina ou diesel de utilitários** Serviço típico de motores mais antigos, operando sob condições leves, tais que a proteção oferecida pelos óleos aditivados não é necessária. Esta classificação não possui exigências de desempenho e os óleos desta categoria não devem ser usados em nenhum motor, salvo quando recomendado pelo fabricante do equipamento.
SB	**SB – Serviço leve de motores a gasolina** Serviço típico de motores antigos, operando sob condições leves, nas quais é desejado apenas um mínimo de proteção oferecida pelo lubrificante. Os óleos apropriados para esse serviço têm sido utilizados desde 1930 e apresentam apenas propriedades antidesgaste, proteção contra corrosão dos mancais e antioxidantes. Esses óleos não devem ser usados em nenhum motor, salvo quando recomendado pelo fabricante do equipamento.
SC	**SC – Serviço para motores a gasolina – 1964** Serviço típico de motores a gasolina de carros de passeio e alguns caminhões fabricados entre os anos de 1964 a 1967, operando sob o regime de garantia do fabricante, em efeito durante esses anos. Os óleos designados para esse serviço proporcionam controle dos depósitos, a altas e baixas temperaturas, do desgaste, da ferrugem e da corrosão, nos motores a gasolina.
SD	**SD – Serviço para motores a gasolina – 1968** Serviço típico de motores a gasolina de carros de passeio e alguns caminhões fabricados entre os anos de 1968 e 1970, operando sob o regime de garantia do fabricante, em efeito durante esses anos. Esta categoria também pode ser aplicada em alguns modelos de 1971 ou posteriores conforme recomendação dos manuais do proprietário. Os óleos designados nesta categoria proporcionam maior proteção contra a formação de depósitos a altas e baixas temperaturas, contra desgaste, ferrugem e corrosão nos motores a gasolina, em comparação com os óleos API SC. Esta categoria pode ser utilizada quando a especificação API SC for recomendada.
SE	**SE – Serviço para motores a gasolina – 1972** Serviço típico de motores a gasolina de carros de passeio e alguns caminhões fabricados no início de 1972 e certos modelos entre 1971 e 1979, operando sob o regime de garantia do fabricante. Óleos designados para este serviço proporcionam mais proteção contra oxidação do óleo, depósitos a altas temperaturas, ferrugem e corrosão nos motores a gasolina que os óleos com especificações API SC ou API SD. Esta categoria pode ser utilizada em substituição às duas anteriores.

(continua)

Tabela 15.2 – Classificação API para os óleos lubrificantes – MIF. (continuação)

Classificação API	Descrição API do serviço / desempenho do motor ("S" - *Spark Ignition* - Ignição por centelha)
SF	**SF – Serviço para motores a gasolina – 1980** Serviço típico de motores a gasolina de carros de passeio e alguns caminhões fabricados no início de 1980 até 1989, operando sob os procedimentos de manutenção recomendados pelo fabricante. Óleos desenvolvidos para esse serviço proporcionam aumento na estabilidade à oxidação e no desempenho contra desgaste em comparação aos óleos que atendem às especificações mínimas de um API SE. Esses óleos também proporcionam proteção contra depósitos nos motores, ferrugem e corrosão.
SG	**SG – Serviço para motores a gasolina – 1989** Óleos que atendem a categoria SG incluem propriedades de desempenho API CC. Certos fabricantes de motores a gasolina exigem óleos que também atendam à categoria superior de motores a Diesel API CD. Óleos desenvolvidos para esse serviço proporcionam aumento no controle da formação de depósitos no motor, oxidação e desgaste nas peças em comparação com os óleos desenvolvidos para as categorias anteriores. Óleos que atendam à classificação API SG podem ser utilizados quando forem recomendados API SF, SE, SF/CC ou SE/CC.
SH	**SH – Serviço para motores a gasolina – 1994** Serviço típico de motores a gasolina de carros de passeio, vans e caminhões leves, atuais e anteriores, operando sob os procedimentos de manutenção recomendados pelo fabricante. Óleos desta categoria proporcionam desempenho que excede os requisitos mínimos da categoria API SG nas áreas de controle de depósitos, desgaste, ferrugem e corrosão. Óleos que atendem aos requisitos da especificação API SH foram testados de acordo com o *Product Approval Code of Practice* da *American Chemistry Council* (ACC).
SJ	**SJ – Serviço para motores a gasolina – 1997** Serviço típico de motores a gasolina de carros de passeio, vans e caminhões leves, atuais e anteriores, operando sob os procedimentos de manutenção recomendados pelo fabricante. Esta categoria foi desenvolvida para ter melhor desempenho em termos de compatibilidade com conversores catalíticos, volatilidade, formação de depósitos em altas temperaturas e boa bombeabilidade em baixas temperaturas. Óleos que atendem a classificação API SJ podem ser utilizados quando for recomendado um API SH ou categorias anteriores.
SL	**SL – Serviço para motores a gasolina – 2001** Para uso em serviço típico de motores a gasolina atuais e anteriores, veículos esportivos, vans e caminhões leves, operando sob os procedimentos de manutenção recomendados pelo fabricante. Além de uma melhoria geral em qualidade, esta nova categoria visa especificamente melhorar a volatilidade do óleo, proporcionar economia de combustível e aumentar a compatibilidade com os sistemas de emissões. Esta categoria também pode substituir as anteriores.
SM	**SM – Serviço para motores a gasolina – 2004** Para uso em todos os motores automotivos a gasolina em uso atualmente. Esta categoria foi designada para proporcionar melhor resistência à oxidação, melhor proteção contra formação de depósitos de carbono, melhor proteção contra desgaste e melhor desempenho em baixas temperaturas ao longo da vida do lubrificante. Alguns óleos API SM também atendem às últimas especificações ILSAC e/ou são qualificados como "Conservadores de Energia" (*Energy Conserving*). Esta categoria também pode substituir as anteriores.
SN	**SN – Serviço para motores a gasolina – 2010** Para todos os motores em uso atual, introduzida em outubro de 2010, a categoria SN foi desenvolvida para atender aos padrões de emissões vigentes, maior proteção contra depósitos nos pistões e formação de borras em altas temperaturas de operação. A proteção aos motores que operam com etanol é o principal ponto focado por esta especificação.

Tabela 15.3 – Classificação API para os óleos lubrificantes – MIE [1].

Classificação API	Descrição API do serviço / desempenho do motor ("C" - *Compression Ignition* – Ignição por compressão)
CA	**CA – Serviço de motores a diesel** Serviço típico de motores a diesel, operando em condições leves a moderadas com combustíveis de alta qualidade. Ocasionalmente, estão inclusos motores a gasolina, operando em condições leves. Óleos designados para este serviço proporcionam proteção contra corrosão nos mancais e formação de depósitos nos anéis de segmento em motores naturalmente aspirados quando utilizados combustíveis de alta qualidade, tal que não necessitem de nenhum requisito adicional com relação ao desgaste e proteção contra a formação de depósitos. Essa categoria foi amplamente utilizada nos anos 1940 e 1950, mas não deve ser usada em nenhum motor, salvo quando recomendada pelo fabricante do equipamento.
CB	**CB – Serviço de motores a diesel** Serviço típico de motores a diesel operando em condições leves a moderadas, mas com combustíveis de baixa qualidade, quando é necessária maior proteção contra desgaste e contra a formação de depósitos. Ocasionalmente, estão inclusos motores a gasolina operando em condições leves. Óleos designados para esta categoria foram introduzidos em 1949. Esses óleos proporcionam proteção necessária à corrosão nos mancais e contra a formação de depósitos em altas temperaturas nos motores naturalmente aspirados, utilizando combustíveis com alto teor de enxofre.
CC	**CC – Serviço de motores a diesel** Categoria em uso em certos motores naturalmente aspirados, *turbocharged* ou *supercharged*, operando em condições moderadas a severas de trabalho, além de alguns motores de trabalho pesado a gasolina. Esses óleos proporcionam proteção contra corrosão nos mancais, ferrugem, corrosão e formação de depósitos em altas e baixas temperaturas nos motores a gasolina. Esses óleos foram introduzidos em 1961.
CD	**CD – Serviço de motores a diesel** Categoria em uso em certos motores naturalmente aspirados, *turbocharged* ou *supercharged*, nos quais um efetivo controle do desgaste e da formação de depósitos é vital, ou nos quais são utilizados combustíveis com ampla faixa de qualidade (incluindo combustíveis com alto teor de enxofre). Esses óleos foram designados para proporcionar proteção contra formação de depósitos em altas temperaturas e corrosão nos mancais dos motores a diesel. Foram introduzidos em 1955.
CD-II	**CD-II – Serviço Severo de motores a diesel dois tempos** Serviço típico para motores dois tempos a diesel nos quais é requerido efetivo controle sobre desgaste e formação de depósitos. Óleos designados para esse tipo de serviço também atende a todos os requisitos de desempenho da categoria API CD.
CE	**CE – Serviço de motores a diesel – 1983** Serviço típico para certos motores *supercharged* ou *turbocharged,* operando em condições pesadas de trabalho, fabricados desde 1983 e operados em baixas velocidades, alta carga e alta velocidade, e condições de altas cargas. Óleos designados para esse tipo de serviço também podem ser utilizados quando a categoria API CD for recomendada.
CF	**CF – Serviço de motores a diesel – 1994** Serviço típico de motores a diesel *off-road* com injeção indireta de combustível e outros motores a diesel que utilizem variada gama de qualidade de combustíveis, incluindo aqueles que usam combustível com alto teor de enxofre, por exemplo, acima de 0,5% em peso (5.000 ppm). Controle efetivo dos depósitos nos pistões, desgaste e corrosão nos mancais que contêm cobre são essenciais nesses tipos de motores que podem ser naturalmente aspirados, *turbocharged* ou *supercharged*. Óleos designados para esse tipo de serviço também podem ser utilizados quando a categoria API CD for recomendada.
CF-2	**CF-2 – Serviço Severo de motores a diesel dois tempos – 1994** Serviço típico para motores dois tempos a diesel nos quais é requerido efetivo controle sobre desgaste abrasivo nos cilindros e anéis de segmento e formação de depósitos. Óleos designados para esse tipo de serviço existem desde 1994 e podem ser utilizados quando a categoria API CD-II for recomendada. Estes óleos não atendem necessariamente aos requisitos das categorias API CF ou CF-4, a menos que o óleo também atenda aos seus requisitos de desempenho.

(continua)

Tabela 15.3 – Classificação API para os óleos lubrificantes – MIE. (continuação)

Classificação API	Descrição API do serviço / desempenho do motor ("C" - *Compression Ignition* – Ignição por compressão)
CF-4	**CF-4 – Serviço de motores a diesel – 1991** Serviço típico de motores quatro tempos a diesel severamente carregados, *turbocharged*, particularmente os modelos mais novos designados para ter baixos níveis de emissões. Esses motores são usualmente encontrados nas estradas, em caminhões de cargas pesadas. Óleos API CF-4 excedem os requisitos da categoria API CE e podem ser utilizados em substituição às categorias CC, CD e CE.
CG-4	**CG-4 – Serviço Severo de motores a diesel – 1994** Categoria para uso em motores quatro tempos a diesel de alta velocidade, em veículos de estrada e *off-road*, nos quais o teor de enxofre no diesel varia até, no máximo, 0,5% em peso (5.000 ppm). Óleos CG-4 proporcionam efetivo controle sobre a formação de depósitos de carbono nos pistões em altas temperaturas, desgaste, corrosão, formação de espuma, estabilidade a oxidação e acumulação de fuligem. Esse tipo de óleo é especialmente eficaz em motores que necessitam atender à norma de emissões de 1994 e pode ser utilizado para substituir as categorias CD, CE e CF-4.
CH-4	**CH-4 – Serviço Severo de motores a diesel – 1999** Categoria para uso em motores quatro tempos a diesel de alta velocidade, em veículos de estrada e *off-road*, nos quais o teor de enxofre no diesel varia até, no máximo, 0,5% em peso (5.000 ppm). Óleos CG-4 proporcionam superior controle sobre a formação de depósitos de carbono nos pistões em altas temperaturas, desgaste, corrosão, formação de espuma, estabilidade a oxidação e acumulação de fuligem. Esse tipo de óleo é especialmente eficaz em motores que necessitam atender à norma de emissões EPA de 1998, e pode ser utilizado para substituir as categorias CD, CE, CF-4 e CG-4. Esse tipo de óleo está disponível no mercado desde 1999.
CI-4 CI-4 Plus	**CI-4 – Serviço Severo de motores a diesel – 2002** Categoria para uso em motores quatro tempos a diesel de alta velocidade, em veículos de estrada e *off-road*, nos quais o teor de enxofre no diesel varia até, no máximo, 0,5% em peso (5.000 ppm). Essa nova categoria é designada para atender à rigorosa legislação ambiental de emissões e suportar a severidade dos novos motores devida ao sistema de Recirculação de Gases de Exaustão (EGR). Essa maior severidade é devida ao fato de que o lubrificante está sujeito a uma maior quantidade de fuligem, sendo que esta tende a deixar o lubrificante mais viscoso em elevadas quantidades. Esta categoria pode substituir a CD, CE, CF-4, CG-4 e CH-4.
CJ-4	**CJ-4 – Serviço Severo de motores a diesel – 2007** Categoria para uso em motores quatro tempos a diesel de alta velocidade, que necessitem atender às normas de emissões de 2007, assim como para modelos de anos anteriores. Esse tipo de óleo deve ser utilizado com combustível contendo, no máximo, 0,05% em peso de teor de enxofre (500 ppm). No entanto, o uso desse tipo de óleo, com combustível com teor de enxofre acima de 15 ppm (0,0015% em peso), pode impactar a durabilidade do sistema de pós-tratamento de gases e/ou o intervalo de troca do lubrificante.

15.4 Óleos básicos sintéticos

Os óleos básicos sintéticos, ao contrário do que muitos acreditam, também são originários do petróleo (óleo cru). O que diferencia ambas as bases é o seu processo de fabricação, conforme pode ser visto na Figura 15.7.

O óleo básico mineral ou base mineral, embora possa ter origem no carvão e no xisto, é obtido, atualmente, apenas a partir de frações do petróleo. Uma base mineral pode passar por processos mais simples de refino, como, por exemplo, a extração de ceras (parafinas de elevado peso molecular) ou mais sofisticados, como os hidrotratamentos (reação com hidrogênio) (Figura 15.8). Com os hidrotramentos é possível obter bases classificadas pelo API como dos Grupos II e III, enquanto, com os processos extrativos, são obtidas apenas as do Grupo I (Tabela 15.4).

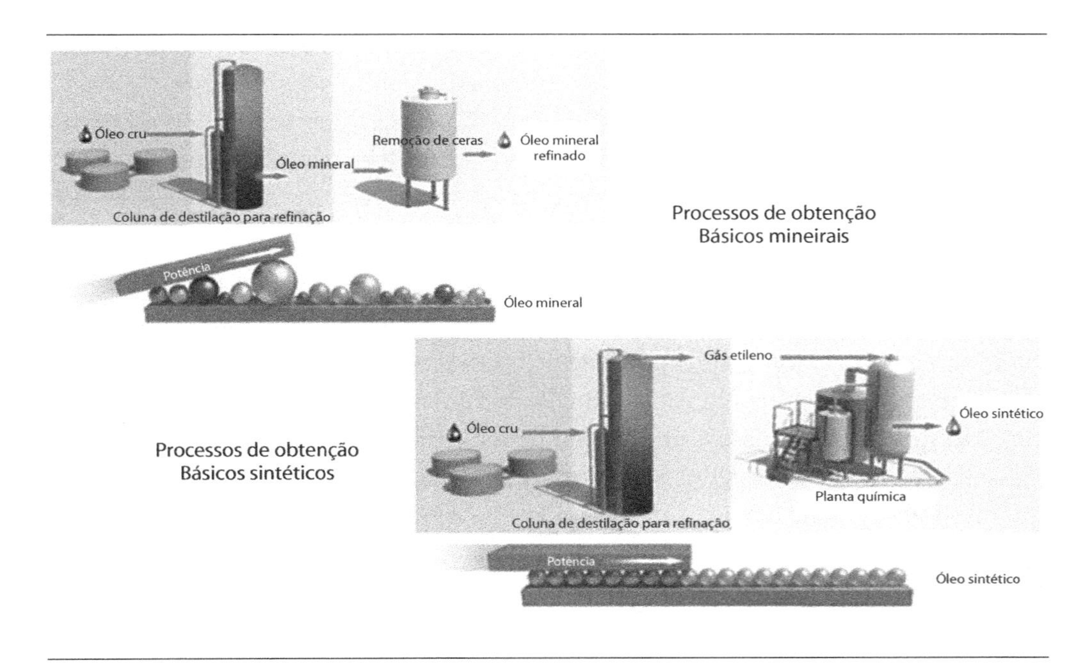

Figura 15.7 – Processo de obtenção de básicos minerais e básicos sintéticos.

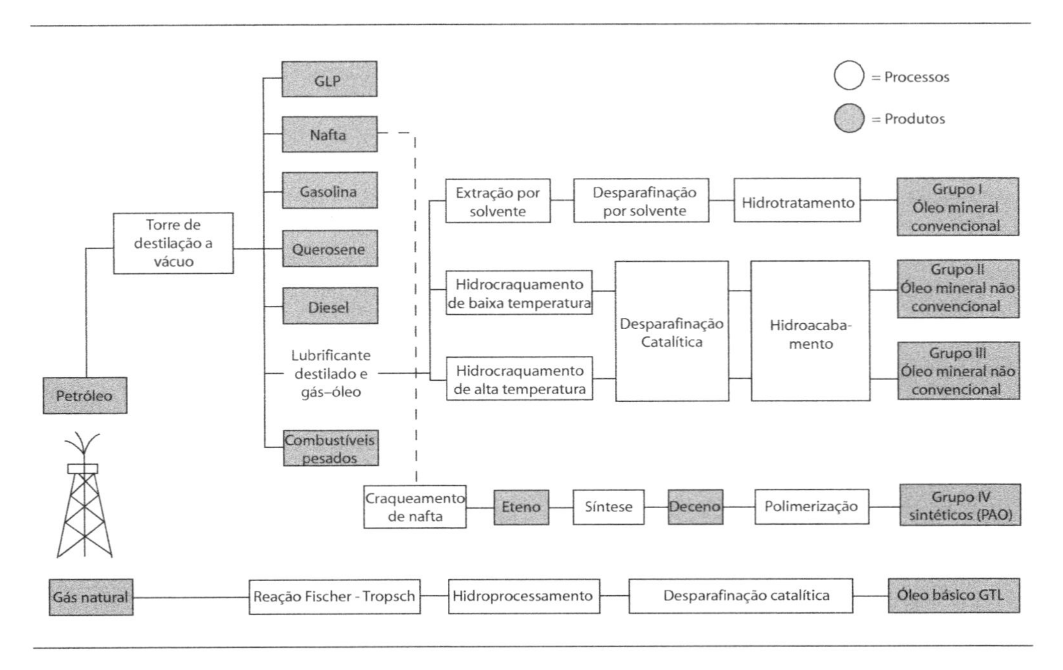

Figura 15.8 – Processo de obtenção dos diferentes grupos de óleos básicos minerais.

Pelo fato de o óleo básico ser oriundo de frações de petróleo, as moléculas do óleo são bem diferentes entre si, inclusive com a possibilidade de haver grandes cadeias de carbono, fato que aumenta o coeficiente interno de atrito do lubrificante. Esses óleos são constituídos de hidrocarbonetos que apresentam de 20 a 70 átomos de carbono e pesos moleculares em torno de 1.000, podendo formar milhares de arranjos moleculares que são distribuídos por três grupos: parafínicos, naftênicos e aromáticos.

As bases sintéticas são obtidas a partir de derivados do petróleo por processos petroquímicos o que permite o controle da estrutura molecular dos componentes das bases e a total isenção de moléculas sulfuradas e nitrogenadas. Dessa forma, as bases sintéticas são misturas mais homogêneas, no que diz respeito às estruturas dos seus componentes, e mais resistentes à oxidação quando comparadas às bases minerais, o que explica a superioridade das suas propriedades. Com as bases sintéticas, é possível obter um produto com baixo ponto de fluidez aliado à baixa volatilidade, o que não é possível com uma base mineral. Entretanto, o maior obstáculo ao crescimento do consumo das bases sintéticas é o seu elevado preço, por isso, algumas bases são usadas como aditivos em lubrificantes minerais.

As bases sintéticas mais utilizadas na indústria automobilística são as polialfaolefinas (PAOs) obtidas pela oligomerização do etileno em uma planta química, onde os processos são mais controlados. Com isso, o tamanho das moléculas é mais homogêneo e menor, garantindo, assim, um óleo básico de baixo coeficiente de atrito interno e a produção de lubrificantes de baixa viscosidade.

Dentre as vantagens dos óleos básicos sintéticos, podem ser citadas:

a) São quimicamente estáveis por muito mais tempo.

b) Sofrem menor degradação térmica quando submetidos às elevadas temperaturas de trabalho dos motores mais modernos.

c) Possuem maior resistência à oxidação, em virtude de seu maior índice de moléculas saturadas.

d) Maior índice de viscosidade, sem haver a necessidade da adição de aditivos para essa finalidade.

e) Menor volatilidade, consecutivamente menor reposição de lubrificante entre os intervalos de troca.

f) Menor ponto de Mínima Fluidez, possibilitando a produção de lubrificantes com baixa viscosidade na partida do motor.

15.5 Classificação dos óleos básicos

Existem cinco categorias específicas que classificam os óleos básicos Tabela 15.4). Essas categorias definem o tipo de base da qual o lubrificante é formulado. A seguir, uma breve descrição do método de fabricação e das características do óleo para cada categoria:

a) GRUPO I (Rota Solvente): os óleos básicos do grupo I são os que possuem o menor grau de refino entre todos os grupos de óleos básicos. Eles são refinados à maneira antiga utilizando argila e solvente, e o óleo resultante é uma mistura não uniforme de hidrocarbonetos com diferentes tamanhos de cadeias moleculares. Também possuem uma quantidade significativa de parafina de elevado peso molecular e cera. Os lubrificantes automotivos que utilizam esse tipo de óleo básico são geralmente indicados para aplicações menos exigentes.

b) GRUPO II (Hidrorrefino): os óleos básicos do grupo II são processados em altas temperaturas e pressões com hidrogênio em um processo chamado hidrocraqueamento. Esse processo quebra as moléculas de parafina e cera em moléculas de óleo mineral. São, normalmente, utilizados em lubrificantes de base mineral para motores. Eles possuem desempenho de razoável a bom em suas propriedades lubrificantes, tais como volatilidade, estabilidade à oxidação e ponto de fulgor/ponto de combustão. Possuem desempenho razoável somente em relação ao ponto de fluidez, *cold crank viscosity* (viscosidade na partida a frio de um motor, por exemplo) e desgaste sobre pressões extremas.

c) GRUPO III (Hidroprocessamento e Refino): o óleo básico do grupo III é submetido ao mais alto grau de refino entre os óleos minerais. Nesse grupo, o processo de hidrocraqueamento é mais severo, removendo impurezas como enxofre, cera e parafina. Ele oferece bom desempenho em uma ampla gama de atributos, assim como boa uniformidade e estabilidade molecular. Muitas empresas estão usando os óleos básicos do grupo III em vez das polialfaolefinas (PAO) em razão de seu custo ser menor. Esse óleo básico é, normalmente, misturado com aditivos e produtos comercializados como sintéticos ou semissintéticos.

d) GRUPO IV (Reações Químicas): os óleos básicos do grupo IV são bases sintéticas quimicamente modificadas. Polialfaolefinas (PAO) é um exemplo de óleo básico sintético. Óleos sintéticos, quando combinados com aditivos, oferecem um excelente desempenho sobre uma vasta gama de propriedades do lubrificante. Essa base possui composição química muito estável e cadeias moleculares altamente uniformes.

e) GRUPO V (conforme indicado): os óleos básicos do grupo V são utilizados primariamente na criação dos aditivos para os óleos. Ésteres e poliésteres são ambos exemplos de óleo básico normalmente utilizados na formulação dos aditivos para lubrificantes. Esse grupo não é, geralmente, utilizado como óleo básico, mas ele adiciona propriedades benéficas aos outros grupos de óleos básicos.

Tabela 15.4 – Especificação API dos diferentes grupos de óleos básicos.

Grupo	Enxofre, % peso		Saturados, % volume	I.V.
I	>0,03	e/ou	<90	80-119
II	<0,03	e	=90	80-119
III	<0,03	e	>90	>120
IV	Todas polialfaolefinas (PIOs)			
V	Todos os básicos não incluídos nos grupos de I a IV (Naftécnicos e sintéticos não PAOs)			
VI	Poli-interna-olefinas (PIOs)			

OBS.: Segundo o parecer da Corte de Apelação Americana de 1999 (*National Appeals Division* – NAD), os óleos dos grupos III podem ser chamados de sintéticos. Isto é válido para todo o mundo, exceto para a Alemanha.

EXERCÍCIOS

1) Um óleo lubrificante para motor tem viscosidade $\mu = 2{,}4 \cdot 10^{-3}\,\text{N s/m}^2$. Determine:

a) A força de cisalhamento no óleo em N nos mancais de apoio e de bielas;

b) O torque total de atrito em kgf.m;

c) A potência consumida em atrito em cv.

Dados:

	∅ (cm)	L (cm)	Nº de Mancais	Folga C(m)
Mancais de apoio	5	4,5	5	0,000022
Mancais de biela	4	3,5	4	0,000022

n = 3.000 rpm

Respostas:

a) F_{MA} = 30,3 N; F_{MB} = 9,2N; b) 1 N.m; c) 0,43 cv.

2) O munhão do virabrequim de um MIF tem um diâmetro de 55 mm. A folga máxima entre o mancal e o munhão é de 0,14 mm. A rotação máxima

do motor é 4.600 rpm e a pressão nos mancais, 142 kgf/cm^2. A temperatura máxima do óleo lubrificante para não oxidar é fixada em 140 °C. Escolha o tipo de óleo pelo número SAE, sabendo que a sua massa específica é 0,8 kg/L.

Resposta:

SAE 30.

---

3) O I_v dos óleos A, B e C é, respectivamente, 80,52; 70,25 e 97,48. Qual dentre eles seria o mais eficiente para trabalhar em sistemas submetidos a variações de temperatura elevadas? Por quê?

Resposta:

Óleo C. Possuiu o maior I_v, ou seja, a viscosidade varia menos com as alterações na temperatura.

---

4) Uma vez que são utilizados óleos multigrades ou multiviscosos (classificação SAE J300), o que acontece com a viscosidade desses óleos quando a temperatura varia?

Resposta:

São usados em sistemas, nos quais o óleo trabalha submetido a variação de temperatura elevada. Quando a temperatura varia, a viscosidade varia menos se comparada a um óleo monograde.

---

5) Calcule a densidade API dos óleos A e B cuja densidade a 15,5 °C é, respectivamente, 0,934 e 0,865. Qual deles pode ser considerado um óleo parafínico?

Resposta:

Óleo A = 20 API;

Óleo B = 32 API;

O óleo parafínico é o B.

---

6) A viscosidade cinemática de um óleo a 40 °C é 81,25 cSt e a 100 °C é 8,90 cSt. Os óleos de referência possuem viscosidades, a 40 °C, 132,85 cSt e 75,21 cSt. Calcule o I_v.

Resposta:

I_v = 89,5.

---

7) Considerando os óleos 15W 50 e 10W 40 (classificação SAE J300), qual entre eles poderia ser mais adequado para operar em uma faixa de temperatura cuja temperatura mínima é –22 °C.

Resposta:

O óleo 10W40.

---

8) O que pode causar o aparecimento de gomas e vernizes em um óleo lubrificante após um intervalo de tempo de uso? O que pode ser feito para reduzir o problema?

Resposta:

O óleo tem uma baixa estabilidade à oxidação, e a temperatura de trabalho está muito elevada. Pode-se melhorar a estabilidade do óleo com o emprego de aditivos em geral, compostos fenólicos ou aminas aromáticas.

---

9) O que é um óleo lubrificante mineral? E um óleo lubrificante sintético? Qual a base sintética mais utilizada em motores?

Resposta:

O lubrificante mineral é derivado do petróleo; e o lubrificante sintético, embora também derivado do petróleo, é produzido por meio de processos químicos e a sua estrutura é mais uniforme. A base mais usada são as polialfaolefinas (PAOs) derivadas do eteno.

---

10) As características principais de um lubrificante são conferidas pela natureza da base. Uma base parafínica pode ser usada em sistemas que trabalham em temperaturas baixas (inferiores a 0 °C)? Qual o tipo de base mais adequada?

Resposta:

Não. As bases mais adequadas são as bases naftênicas.

---

11) Os aditivos para os lubrificantes podem atuar de três modos diferentes. Quais?

Resposta:

Eles podem atuar nas propriedades reológicas, na interface entre o lubrificante e a outra fase e nas propriedades químicas.

---

12) Por que os aditivos melhoradores do I_V são polímeros? Qual a sua forma de atuação?

Resposta:

São polímeros com elevada massa molecular por causa da estrutura de sua molécula. Quando a temperatura aumenta a estrutura em forma de novelo, esta se expande compensando a diminuição da viscosidade do óleo.

---

13) Nos itens abaixo, identifique a(s) resposta(s) que é(são) mais adequada(s):

13.1 As substâncias químicas que, acrescentadas aos lubrificantes, lhes conferem novas propriedades ou melhoram aquelas já existentes são:

a - ( ) Componentes químicos isótopos

b - ( ) Componentes químicos alotrópicos

c - ( ) Componentes químicos isóbaros

d - ( ) Componentes radioativos aditivados

e - ( ) Aditivos

13.2 A variação do "ponto de fulgor" do lubrificante de motor de combustão interna mostra:

a - ( ) O grau de desgaste dos componentes

b - ( ) O grau de contaminação com o combustível

c - ( ) O grau de contaminação com sólidos em suspensão

d - ( ) A viscosidade do lubrificante

e - ( ) A viscosidade do combustível

13.3 O TBN do lubrificante indica:

a - ( ) O teor de acidez do óleo

b - ( ) O teor de basicidade do combustível

c - ( ) O teor de acidez do combustível

d - ( ) O teor de basicidade do óleo

e - ( ) O teor de acidez do aditivo

13.4 Quando se torna mais coerente a utilização de um lubrificante com características de "extrema pressão":

a - ( ) Em motores de combustão interna ciclo Otto

b - ( ) Em cabos de aço estáticos com carga

c - ( ) Em caixas redutoras

d - ( ) Em mancais de turbinas de alta velocidade periférica

e - ( ) Em cabos de aço dinâmicos sem carga

13.5 A graxa é composta de:

a - ( ) Óleo lubrificante + espessante + aditivos

b - ( ) Óleo animal + óleo graxo + aditivos

c - ( ) Sabão + óleo graxo + aditivos

d - ( ) Óleo lubrificante + aditivo + óleo diesel

e - ( ) Óleo diesel + óleo graxo + óleo lubrificante

13.6 Qual a principal característica da graxa?

a - ( ) Viscosidade

b - ( ) Resistência ao envelhecimento

c - ( ) Consistência

d - ( ) Aditivação

e - ( ) Resistência à formação de espuma

13.7 Qual a norma que classifica as graxas?

a - ( ) API

b - ( ) DEXRON II

c - ( ) AFNOR

d - ( ) DEXRON I

e - ( ) NLGI

13.8 A classificação “API” para lubrificantes automotivos visa:

a - ( ) À consistência do básico

b - ( ) À viscosidade do lubrificante

c - ( ) À consistência da viscosidade

d - ( ) Ao desempenho do lubrificante

e - ( ) À viscosidade do básico

14) Qual a viscosidade SSU de um óleo SAE10 a 100 °C? E a viscosidade desse mesmo óleo em cSt?

Resposta:

Viscosidade a 100 °C = 250 SSU ou 54,5 cSt.

---

15) A acidez do lubrificante, medida pelo TAN (Total Acid Number) aumenta durante o uso, sobretudo em motores que utilizam diesel com elevado teor de enxofre. Por quê?

---

16) O lubrificante aplicado nos motores é um dos principais responsáveis pelo seu funcionamento. Quais as suas funções?

---

17) Um óleo lubrificante acabado é uma mistura de uma base com um pacote de aditivos. Quanto aos aditivos, como podem ser classificados esses óleos?

---

18) Quais as propriedades que o API utiliza para classificar os óleos básicos dos Grupos I a III? Qual desses óleos é utilizado em aplicações menos exigentes?

---

19) Um óleo classificado pelo API como SN poderia ser utilizado em um motor Diesel? Por quê?

Referências bibliográficas

1. ABADIE, E. *Processos de refinação*. Curso SEREC CEN-SUD, PETROBRAS, 1992.
2. CARRETEIRO, R. P.; BELMIRO, P. N. A. *Lubrificantes & lubrificação industrial*. Interciência, 2006.
3. CARVALHO, A. L. G. *Composição de custos na formulação de lubrificantes automotivos*: DPII. Escola de Química/UFRJ, 2004.
4. MIGUEL, V. P. V.; ARAÚJO, M. A. S. *Óleos básicos lubrificantes*: curso modular de lubrificantes. Sedes/Petrobras, 1988.

5. MURTA VALLE, M. L. *Produtos do setor de combustíveis e de lubrificantes*. Publit, 2007.
6. RUDNICK, L. R. (Ed.). *Synthetics, mineral oils, and bio-based lubricants:* chemistry and technology, 2005.
7. WAUQUIER, J. P. (Ed.) *Petroleum refining:* crude oil, petroleum products, process flowsheets. V. 1. Editions Technip – Institut Français du Pétrole Publications, 1995.

16

Ruído e vibrações

Atualização:
André de Oliveira
Marcelo Cavaglieri
Arcanjo Lenzi
Sergio Villalva

16.1 Introdução

O presente capítulo destina-se a apresentar conceitos e fundamentos de vibrações e ruído aplicados a motores a combustão interna. Logicamente, todos os fenômenos de vibração que ocorrem em motores excedem em muito ao conteúdo que pode ser contido em um capítulo apenas, por isso essa seção foi escrita de modo a reunir os conceitos e ferramentas adequadas para a compreensão, análise e interpretação de fenômenos ligados ao comportamento vibroacústico do motor. Comumente usa-se a sigla NVH (*Noise Vibration and Harshness*) para tratar esses fenômenos na indústria automotiva.

A resposta vibroacústica de um sistema é um resultado das forças (forças desbalanceadas, transientes e de atrito) que atuam no sistema interagindo com parâmetros estruturais (massa, rigidez e amortecimento). A Figura 16.1 ilustra a resposta vibroacústica de um sistema mecânico.

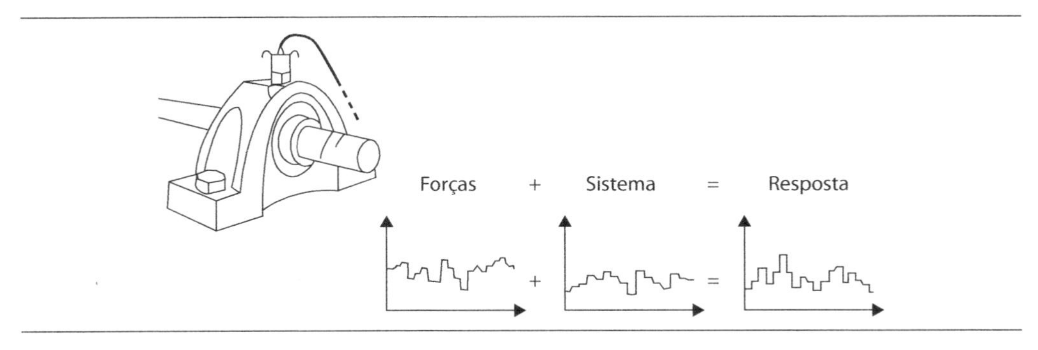

Figura 16.1 – Resposta vibroacústica.

A grande dificuldade é entender se a resposta do sistema é ressonante, forçada ou uma combinação de ambas. Se a resposta do sistema for ressonante, ou seja, o sistema é excitado em uma condição em que esteja em ressonância, a maneira de se controlar ruído e vibrações é inteiramente diferente da atenuação necessária quando as vibrações do sistema são devidas apenas às forças que atuam no sistema.

Para chegar-se à completa compreensão do parágrafo anterior, faz-se necessária a revisão de alguns conceitos básicos de acústica e vibrações, que serão apresentados a seguir.

16.1.1 Introdução à acústica

Ruído é definido como um som que causa desconforto. O fenômeno de ruído deve ser estudado de forma a compreender como ele afeta o ser humano e como, dentro do ambiente onde o fenômeno está inserido, é possível atuar de forma a reduzir ou eliminar tal desconforto.

Som é definido como um fenômeno físico ondulatório periódico, resultante de variações da pressão num meio elástico que se sucede com regularidade. São, portanto, vibrações mecânicas que ocorrem em meios fluidos (líquidos ou gasosos) ou sólidos que se propagam em forma de ondas.

Ondas sonoras são distúrbios que se propagam em um meio elástico a uma velocidade relacionada com as características do meio.

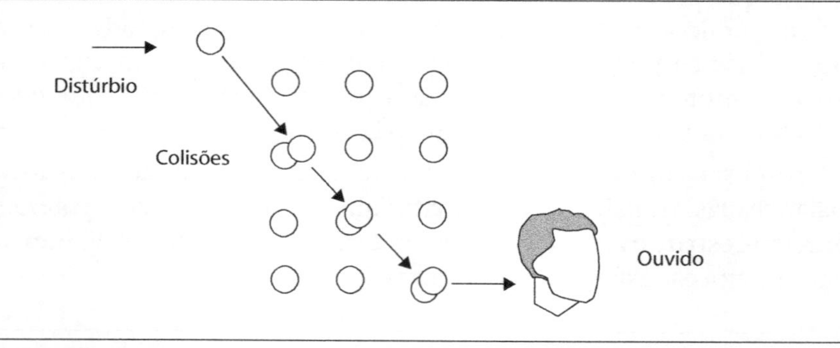

Figura 16.2 – Ondas sonoras.

Assim, o som pode ser representado por uma série de compressões e rarefações do meio em que se propaga, a partir da fonte sonora. Dessa forma, tem-se o mecanismo de geração e propagação de ondas de pressão sonora, conforme ilustrado na Figura 16.2.

A Figura 16.3 mostra o mecanismo da geração de uma sequência de ondas sonoras por meio da movimentação de um pistão.

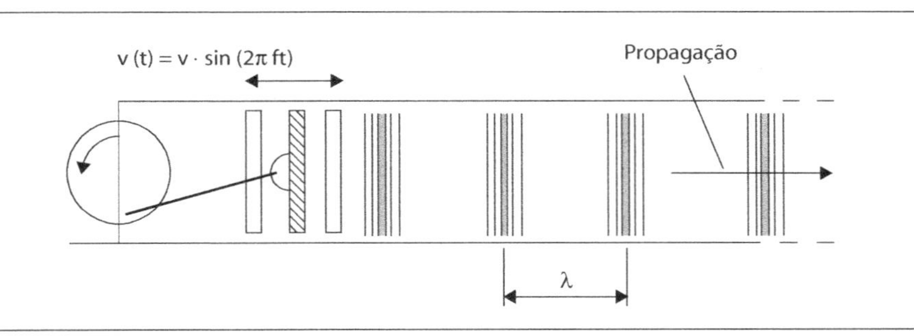

Figura 16.3 – Geração e propagação de ondas de pressão.

A movimentação do pistão comprime o ar localizado próximo a ele, e esta região de compressão propaga-se com a velocidade do som. Após meio período de oscilação, o pistão move-se em sentido contrário, rarefazendo o ar. Dessa forma, uma sequência de compressões e rarefações é formada. A onda de pressão tem a mesma frequência que a de movimentação do pistão e propaga-se na velocidade do som.

A pressão sonora representa as flutuações em torno da pressão atmosférica. Essas flutuações têm ordem de grandeza bem inferior ao valor da pressão do ar estática que é da ordem de 10^5 Pa (pressão atmosférica). A Figura 16.4 ilustra as vibrações de pressão acústica em torno da pressão atmosférica.

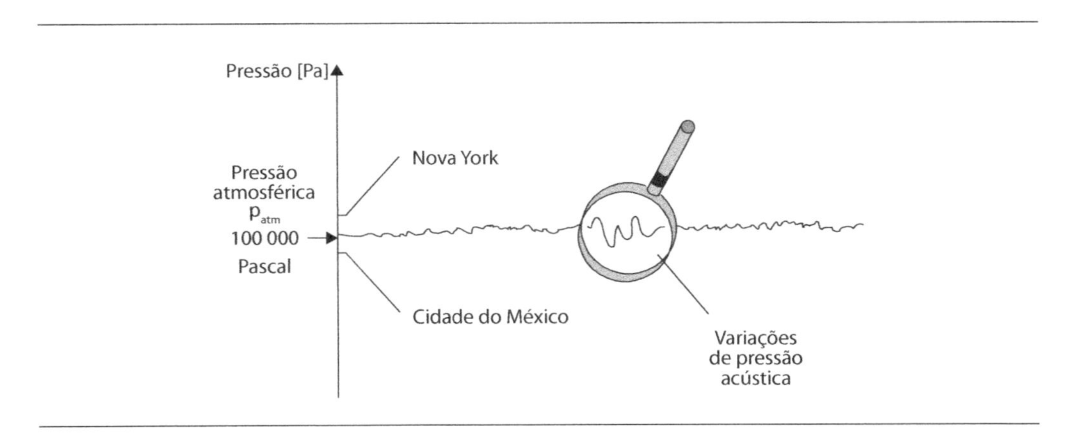

Figura 16.4 – Pressão sonora.

Como essa variação é aleatória, costuma-se representar a pressão sonora pelo seu valor RMS (*Root Mean Square*), que determina o valor médio quadrático ao longo de um determinado tempo de integração, conforme equação 16.1.

$$p_{RMS} = \sqrt{\frac{1}{T}\int_0^T p^2(t)\,dt}\ [N/m^2] \qquad \text{Eq. 16.1}$$

As percepções do ouvido humano em termos de nível estão relacionadas conforme a Figura 16.5, mostrando uma escala em Pa (Pascal) desde o limiar da audição (20×10^{-6} Pa) até o limiar da dor (63 Pa).

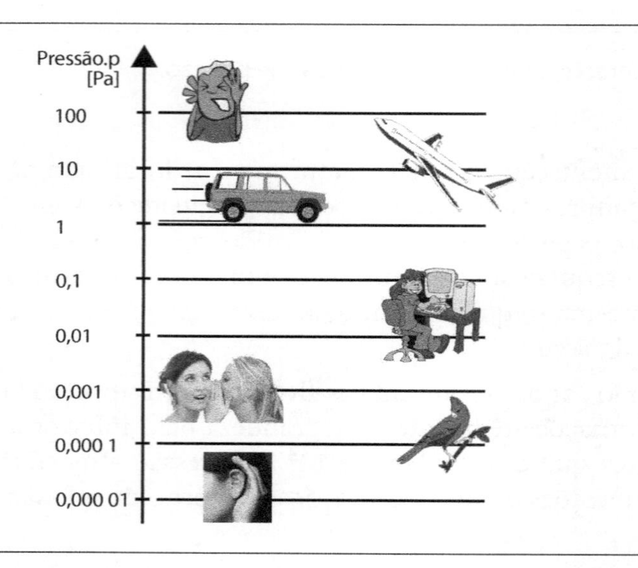

Figura 16.5 – Escala de audição humana.

Nota-se que a razão entre o máximo valor da escala com o mínimo é de 10^7, um espectro muito longo de grandezas dificultando a representação e comparação entre valores. Em virtude dessa faixa extensa de trabalho, quando se trata de unidades dos efeitos acústicos e sua percepção, usa-se o Decibel que é a décima parte do Bel. Essa unidade tem característica logarítmica e relativa, mais um aspecto semelhante à sensação humana do som.

Dessa forma, o Nível de Pressão Sonora (NPS) é definido como a seguinte relação:

$$NPS = 10 \log \frac{p_{RMS}^2}{p_{ref}^2}\ [dB] \qquad \text{Eq. 16.2}$$

Sendo p_{RMS}, o valor RMS da pressão sonora e p_{ref}, a pressão de referência, 20×10^{-6} Pa (valor representativo do limiar de adição). Dessa forma, a escala em dB dos níveis de pressão sonora pode ser representada conforme a Figura 16.6.

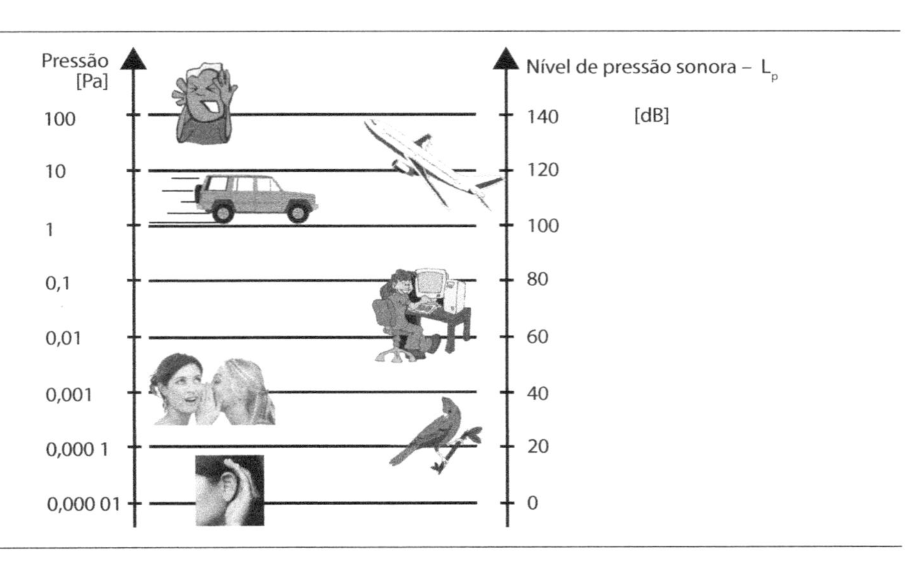

Figura 16.6 – Nível de pressão sonora.

Os valores de 0 dB e 130 dB representam, respectivamente, limiar de audição humana e limiar da dor.

Como citado aqui, essa escala é logarítmica e, caso haja necessidade de se somar níveis de pressões sonoras, a seguinte operação deverá ser aplicada, uma vez que a soma direta não é correta.

$$L_{Total} = 10 \log \left(10^{\,0.1\,L1} + 10^{\,0.1\,L2} + 10^{\,0.1\,L3} \ldots\ldots + 10^{\,0.1Ln}\right)$$

Supondo inicialmente uma máquina que gera um Nível de Pressão Sonora (NPS) e que, em seguida, foi instalada no mesmo ambiente uma segunda máquina idêntica à primeira. Quando as duas estiverem em operação, o nível total L_T é dado por:

$$L_T = 10 \log\left[10^{\frac{L}{10}} + 10^{\frac{L}{10}}\right]$$

$$L_T = 10 \log\left[2 \cdot 10^{\frac{L}{10}}\right] = 10 \log 10^{\frac{L}{10}} + 10 \log 2$$

$$L_T = 10 \cdot \frac{L}{10} \cdot \log 10 + 10 \cdot 0,30103$$

$$L_T = L + 3\ dB$$

O ouvido humano, como todo mecanismo ou sensor, tem suas limitações, não consegue perceber todo espectro e a faixa na qual percebe não é homogênea. A faixa de audição humana é de 20 Hz a 20 kHz e, nessa faixa, a percepção também não é linear, como mostram as curvas de igual sonoridade da Figura 16.7. Para níveis de pressão constante, gerados para cada faixa de frequências, a percepção do ouvido humano é singular.

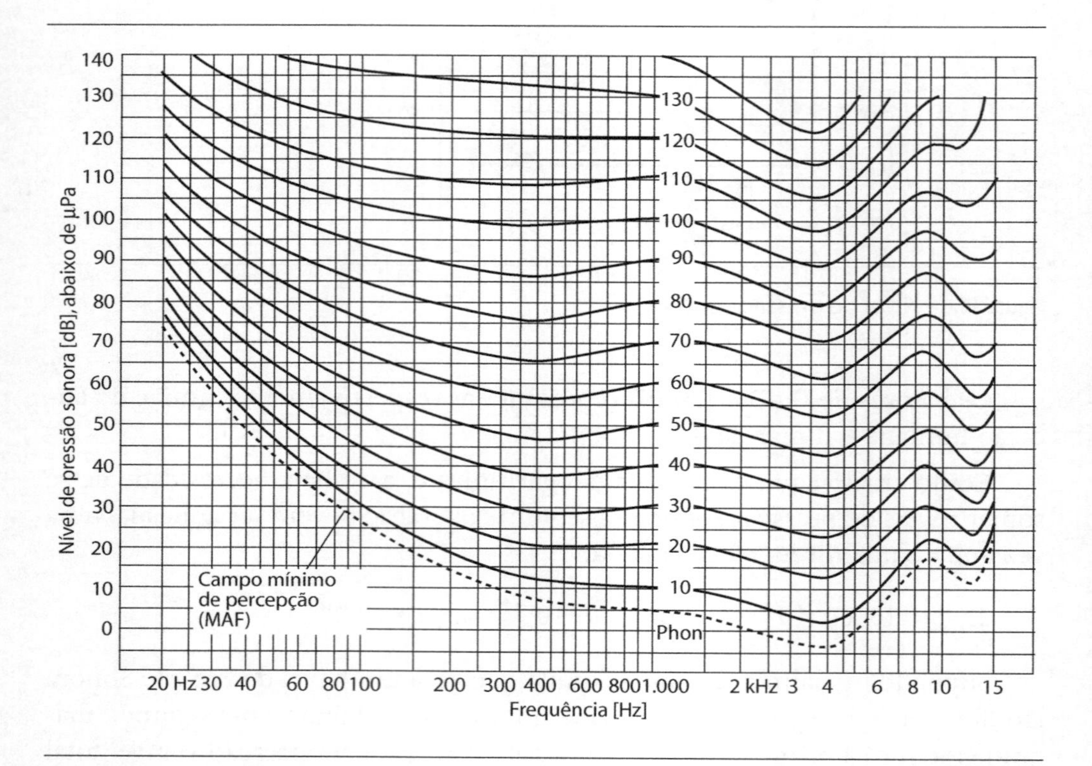

Figura 16.7 – Curvas de igual sonoridade.

Para os sistemas de medição de ruído (microfones e analisadores digitais), essas curvas são integralmente planas, em razão da resposta em frequência do equipamento. Dessa forma, a percepção do ser humano não é representada de forma consistente. Para tornar os resultados de medição mais próximos da condição de percepção humana, foram criadas curvas de ponderação que, aplicadas à medição, tornam os resultados ponderados à audição humana. Assim, surgiram as curvas de ponderação para diferentes níveis, entre elas a curva **A**, que é largamente utilizada para representar a sensibilidade humana. Veja a seguir algumas das curvas de ponderação existentes (Figura 16.8):

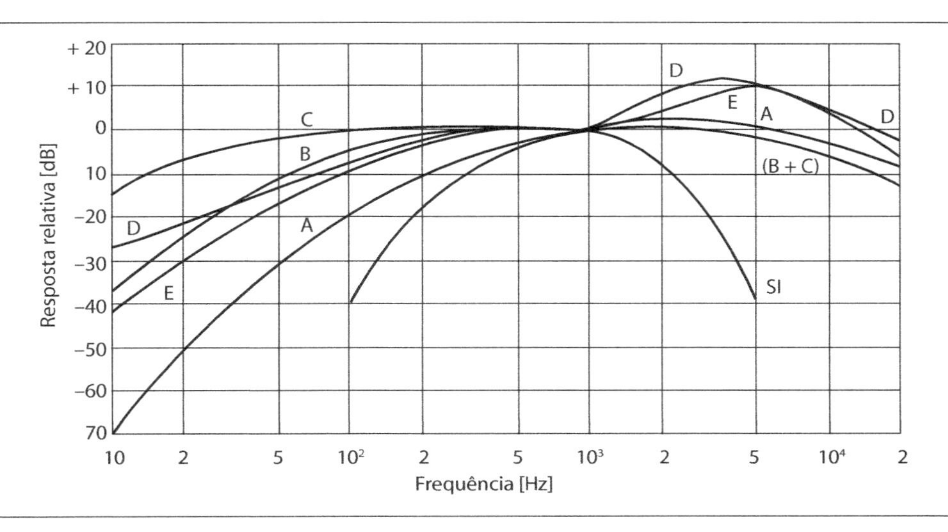

Figura 16.8 – Curvas de ponderação.

O valor da ponderação é dado pela expressão empírica abaixo:

$$Ra(f) = \frac{12200^2 \cdot f^4}{\left(f^2 + 20{,}6^2\right) \cdot \left(f^2 + 12200^2\right) \cdot \sqrt{f^2 + 107{,}7^2} \cdot \sqrt{f^2 + 737{,}9^2}} \qquad \text{Eq. 16.3}$$

$$A = 20 \cdot \log\left(Ra\left(f\right)\right) \text{ dB} + 2{,}00 \text{ dB}$$

Onde: Ra, é atenuação linear em função da frequência.

A, é a atenuação em dB.

Para aplicar a atenuação, basta somar o valor calculado ao NPS medido para a respectiva frequência.

A **potência sonora** gerada por uma fonte (máquina ou equipamento) é uma característica da própria fonte, e está ligada à energia que a fonte emite para que haja uma determinada intensidade em torno dela. O Nível de Potência Sonora (NWS) pode ser calculado de forma análoga ao nível de pressão sonora.

$$NWS = 10 \log \frac{W}{W_{ref}} \qquad \text{Eq. 16.4}$$

Sendo W: a potência sonora da fonte em Watts.

W_{ref}: a potência de referência = 10^{-12} Watts.

16.1.2 Introdução às vibrações

Nesta seção será feita uma revisão dos conceitos básicos de vibrações com sistemas modelados como um grau de liberdade e múltiplos graus de liberdade para ajudar na compreensão de fenômenos mais complexos quando relacionados ao motor.

SISTEMAS DE UM GRAU DE LIBERDADE

São sistemas para os quais apenas uma coordenada é necessária para descrever o movimento. Tal sistema, ilustrado na Figura 16.9, é modelado pela massa (m), rigidez (k) e constante de amortecimento (c), onde (x) é a direção do movimento e (f) é a força externa aplicada.

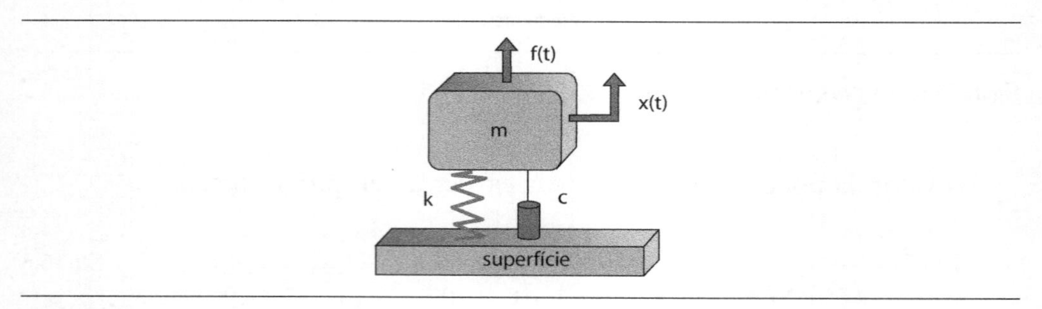

Figura 16.9 – Sistemas de um grau de liberdade.

As forças de mola e amortecedor podem ser modeladas conforme ilustrado na Figura 16.10.

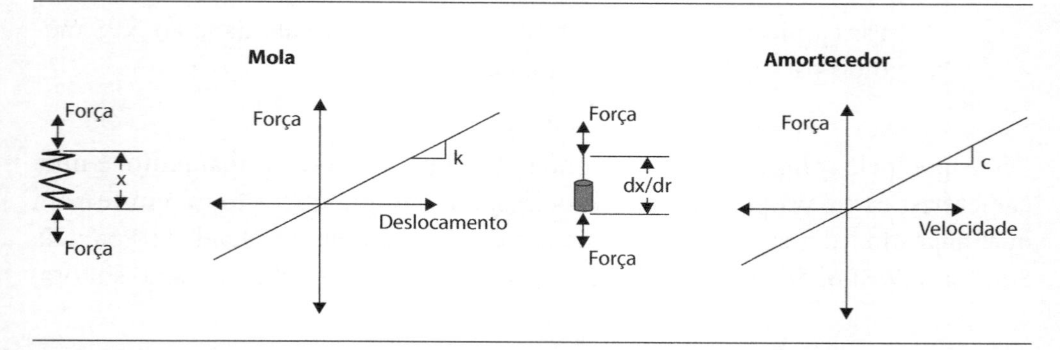

Figura 16.10 – Forças de mola e amortecedor: acúmulo e dissipação de energia.

O movimento pode ser descrito a partir do diagrama de corpo livre da Figura 16.11 e da equação do movimento:

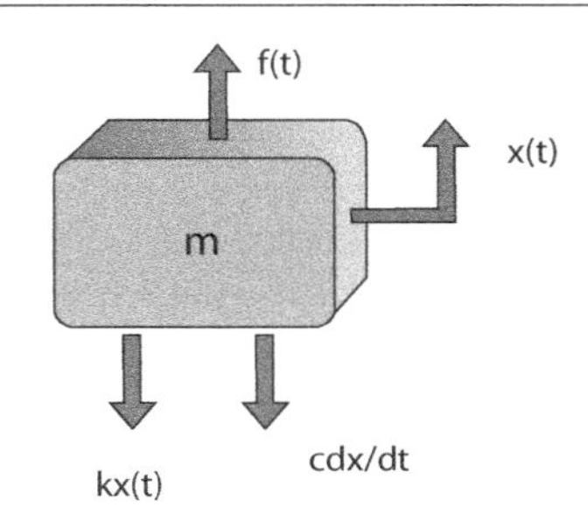

Figura 16.11 – Diagrama de corpo livre.

$$\sum_{x} Forças = m\ddot{x}; \quad m\ddot{x} + c\dot{x} + kx = f(t); \quad x(t) = x(t)_{\text{transiente}} + x(t)_{\text{estacionária}} \quad \text{Eq. 16.5}$$

Para resolver as equações diferenciais acima, faz-se necessário uma solução homogênea (transiente) e uma solução particular (estacionária).

A solução homogênea é aquela em que se considera que a força aplicada não fica atuando no sistema, ou seja, o sistema é posto a vibrar e logo em seguida a força **f(t)** é retirada do sistema. A solução em duas etapas é resolvida considerando-se, primeiramente, o amortecimento do sistema nulo e, na sequência, diferente de zero.

$$m\ddot{x}_{\text{transiente}} + c\dot{x}_{\text{transiente}} + kx_{\text{transiente}} = 0 \quad \text{Eq. 16.6}$$

Solução Transiente com c = 0 (amortecimento nulo)

Solução na forma: $x(t)_{\text{transiente}} = Xe^{st}$

$$(ms^2 + cs + k)Xe^{st} = 0$$

$$ms^2 + cs + k = 0 \quad \Leftrightarrow \quad s_{1,2} = \frac{-c \pm \sqrt{c^2 - 4mk}}{2m}$$

$$s_{1,2} = \frac{\pm\sqrt{-4mk}}{2m} = \pm j\sqrt{\frac{k}{m}}$$

A frequência natural de oscilação é dada pela razão:

$$\omega_n = \sqrt{\frac{k}{m}} \quad \text{(também chamada de ressonância do sistema)} \quad \text{Eq. 16.7}$$

Finalmente:

$$x(t)_{\text{transiente}} = X_1 e^{j\text{É}_n t} + X_2 e^{-j\text{É}_n t} = A\cos(\text{É}_n t) + B\text{sen}(\text{É}_n t) \qquad \text{Eq. 16.8}$$

Que é a resposta livre de um sistema não amortecido. A interpretação é muito simples: se um sistema de um grau de liberdade é posto a vibrar sem que a força continue atuando no sistema e desconsiderado o amortecimento, o sistema irá vibrar com período de oscilação dado por:

$$T = {}^{2\pi}\!/_{\omega_n} \qquad \text{Eq. 16.9}$$

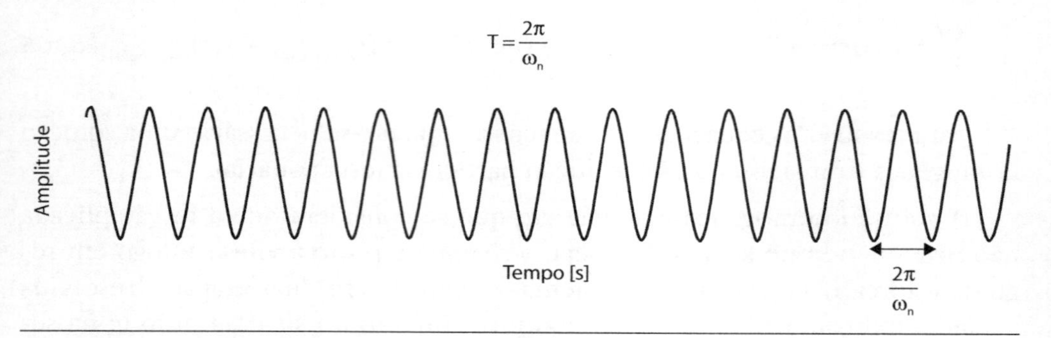

Figura 16.12 – Resposta livre de um sistema não amortecido.

SOLUÇÃO TRANSIENTE COM C≠0

Retomando a solução:

$$ms^2 + cs + k = 0 \quad \Leftrightarrow \quad s_{1,2} = \frac{-c \pm \sqrt{c^2 - 4mk}}{2m}$$

definindo amortecimento crítico $\rightarrow \zeta = \dfrac{c}{2\sqrt{km}}$

$$s_{1,2} = -\zeta\omega_n \pm j\sqrt{1-\zeta^2}\ \omega_n$$

A frequência natural amortecida é dada por

$$\omega_d = \sqrt{1-\zeta^2}\ \omega_n$$

A solução finalmente fica:

$$x(t)_{\text{transiente}} = e^{-\sigma t}[A\cos(\omega_d t) + B\text{sen}(\omega_d t)] \qquad \text{Eq.16.10}$$

Na Figura 16.13, pode-se ver a resposta de um sistema livre amortecido, ao longo do tempo:

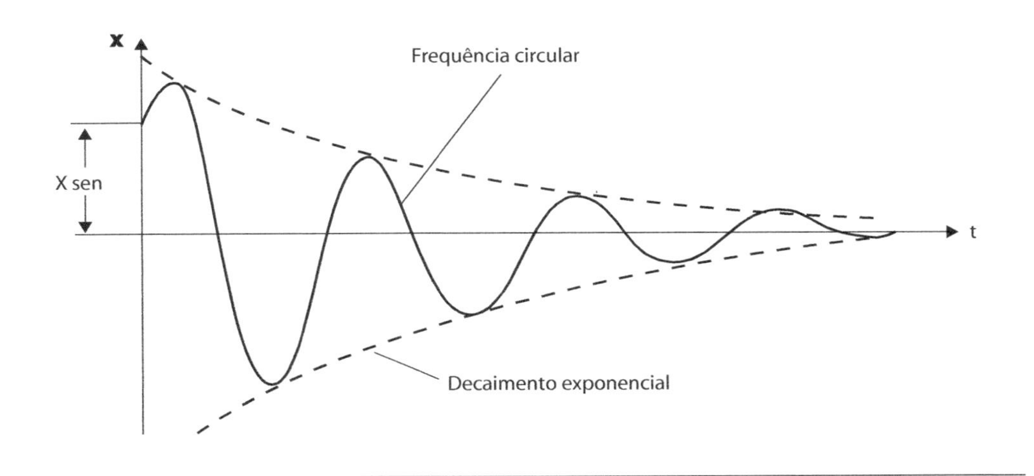

Figura 16.13 – Resposta livre de um sistema amortecido.

SOLUÇÃO ESTACIONÁRIA

A solução estacionária considera que a força atuante no sistema não é retirada e o amortecimento é diferente de zero.

$$m\ddot{x} + c\dot{x} + kx = f(t)$$

considerando uma força harmônica do tipo:

$$f(t) = F\cos(\omega t)$$

a solução é da forma:

$$x(t) = X\cos(\omega t - \Phi)$$

obtém-se a seguinte relação:

$$\frac{X}{F} = \frac{1}{\left[(k - m\omega^2)^2 + c^2\omega^2\right]^{1/2}} \quad \text{e} \quad \Phi = \tan^{-1}\left(\frac{c}{k - m\omega^2}\right) \qquad \text{Eq. 16.11}$$

Na Figura 16.14, vê-se os gráficos da amplitude e fase da resposta de um sistema em condição estacionária:

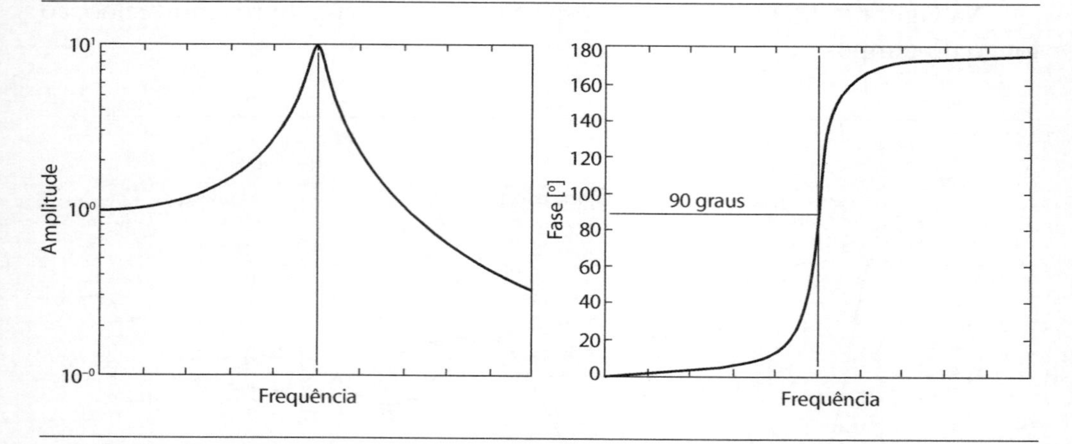

Figura 16.14 – Resposta forçada do sistema.

A compreensão também é de fato muito simples. Dado um sistema posto a vibrar pela ação de uma força harmônica que varia de 0 a duas vezes o valor da frequência natural do sistema, à medida que a frequência da excitação aproxima-se da ressonância do sistema, a amplitude do deslocamento atinge seu valor máximo por conta da amplificação da energia de entrada. Antes e depois da ressonância, o sistema é controlado pela rigidez e pela massa, respectivamente.

Como a resposta do sistema tem relação direta com sua frequência natural que é definido, conforme visto anteriormente como $\omega_n = \sqrt{\frac{k}{m}}$, é possível em primeira instância, alterar a relação entre esses parâmetros para livrar o sistema de uma operação ressonante, conforme mostrado na Figura 16.15.

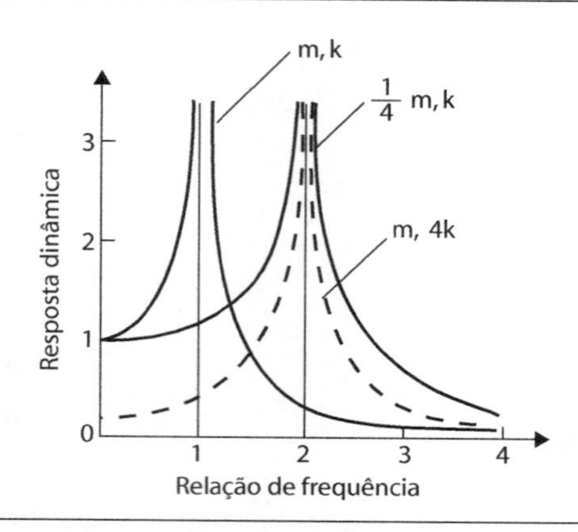

Figura 16.15 – Variação do comportamento do sistema por massa e rigidez.

Nota-se que, enquanto o sistema estiver excitado em sua ressonância, a única maneira de controlar a resposta é por meio da introdução de amortecimento no sistema.

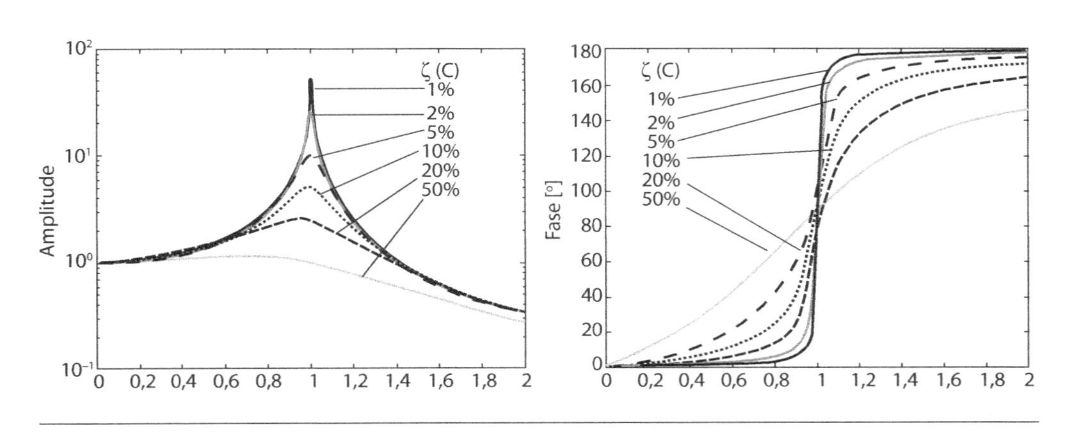

Figura 16.16 – Efeito do amortecimento na resposta do sistema.

Outras relações interessantes são obtidas derivando-se o sinal de resposta:

$$X(t) = X(\omega)e^{j\omega t}$$

$$\dot{X}(t) = j\omega X(\omega)e^{j\omega t}$$

$$\ddot{X}(t) = -\omega^2 X(\omega)e^{j\omega t}$$

As seguintes relações igualmente podem ser obtidas:

Receptância $$\frac{X(\omega)}{F(\omega)} = \frac{1}{k - m\omega^2 + jc\omega}$$

Admitância $$\frac{V(\omega)}{F(\omega)} = \frac{j\omega}{k - m\omega^2 + jc\omega}$$

Inertância $$\frac{G(\omega)}{F(\omega)} = \frac{-\omega^2}{k - m\omega^2 + jc\omega}$$

SISTEMAS DE MÚLTIPLOS GRAUS DE LIBERDADE

Dando sequência a esse raciocínio, será tomado agora um caso mais real, considerando o seguinte sistema (Figura 16.17):

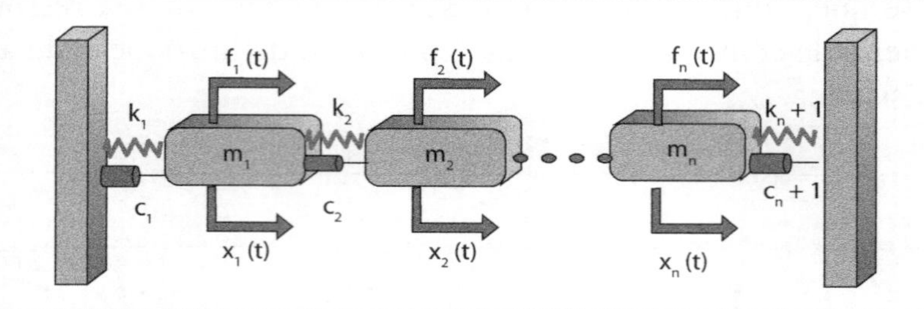

Figura 16.17 – Sistema com múltiplos graus de liberdade.

Da mesma forma, tem-se o diagrama de corpo livre para um sistema de n graus de liberdade (Figura 16.18):

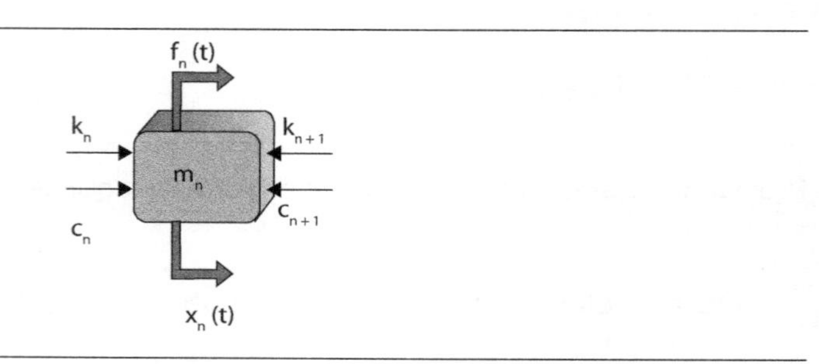

Figura 16.18 – Diagrama de corpo livre.

Substituindo nas equações, tem-se:

$$\sum_{x_n} Forças = m\ddot{x}_n$$

$$k_n(x_{n-1} - x_n) - k_{n+1}(x_n - x_{n+1}) + c_n(\dot{x}_{n-1} - \dot{x}_n) - c_{n+1}(\dot{x}_n - \dot{x}_{n+1}) + f_n(t) = m_n\ddot{x}_n$$

Assim:

$$\begin{bmatrix} m_1 & & & \\ & m_2 & & \\ & & \ddots & \\ & & & m_n \end{bmatrix}\begin{bmatrix} \ddot{x}_1 \\ \ddot{x}_2 \\ \vdots \\ \ddot{x}_n \end{bmatrix} + \begin{bmatrix} c_1 + c_2 & -c_2 & 0 & \cdots & 0 \\ -c_2 & c_2 + c_3 & -c_3 & \cdots & 0 \\ \vdots & \vdots & \vdots & \ddots & \vdots \\ 0 & 0 & 0 & \cdots & c_n + c_{n+1} \end{bmatrix}\begin{bmatrix} \dot{x}_1 \\ \dot{x}_2 \\ \vdots \\ \dot{x}_n \end{bmatrix} +$$

$$+\begin{bmatrix} k_1 + k_2 & -k_2 & 0 & \cdots & 0 \\ -k_2 & k_2 + k_3 & -k_3 & \cdots & 0 \\ \vdots & \vdots & \vdots & \ddots & \vdots \\ 0 & 0 & 0 & \cdots & k_n + k_{n+1} \end{bmatrix}\begin{bmatrix} x_1 \\ x_2 \\ \vdots \\ x_n \end{bmatrix} = \begin{bmatrix} f_1 \\ f_2 \\ \vdots \\ f_n \end{bmatrix}$$

Note-se que agora as equações precisam ser tratadas de forma matricial e a solução pode assumir a seguinte notação:

$$M\,\ddot{x}(t) + C\,\dot{x}(t) + K\,x(t) = f(t)$$

Para resolver esse sistema de equações, também parte-se de uma solução característica (sem amortecimento) e finalmente a solução é obtida.

$M\,\ddot{x}(t) + K\,x(t) = 0$ sem amortecimento e sem forças externas

a forma da solução $x(t) = \{u\}\,e^{j\omega t}$

substituindo:

$(-\omega^2 M + K)\{u\}\,e^{j\omega t} = 0$

chegando ao problema generalizado do autovalor:

$$K\,\{u\} = \omega^2 M\,\{u\}$$

$$K\,U = \Omega\,M\,U \qquad \text{Eq. 16.12}$$

Assim:

os autovalores da matriz representam as ressonâncias do sistema

$\Omega = \left[\diagdown \omega_{\diagdown}^2 \right]$

os autovetores representam as formas modais

$U = \left[\{u_1\} \quad \{u_2\} \quad \cdots \quad \{u_n\} \right]$

finalmente, por ortogonalidade,

$U^T M U = \left[\diagdown \bar{m}_{i_\diagdown} \right], U^T K U = \left[\diagdown \bar{k}_{i_\diagdown} \right], \omega_i^2 = \bar{k}_i / \bar{m}_i$

Resolvendo agora o problema completo:

$$M\,\ddot{x}(t) + C\,\dot{x}(t) + K\,x(t) = f(t)$$

em coordenadas modais: $x(t) = U\,p(t)$

substituindo e pré-multiplicando

$$MU\,\ddot{p}(t) + CU\,\dot{p}(t) + KU\,p(t) = f(t)$$

$$U^T MU\,\ddot{p}(t) + U^T CU\,\dot{p}(t) + U^T KU\,p(t) = U^T f(t)$$

$$U^T C U = \left[{}^{\setminus}\bar{c}_{i\setminus} \right], \quad \bar{c}_i = 2\zeta_i \omega_i \bar{m}_i \quad \text{(amortecimento modal)}$$

finalmente as equações desacopladas do movimento

$$\left[{}^{\setminus}\bar{m}_{i\setminus} \right] \ddot{p}(t) + \left[{}^{\setminus}\bar{c}_{i\setminus} \right] \dot{p}(t) + \left[{}^{\setminus}\bar{k}_{i\setminus} \right] p(t) = U^T f(t)$$

O amortecimento nesta seção foi considerado como proporcional à frequência para a resolução das equações diferenciais. Isso significa que o amortecimento aumenta com o aumento da frequência, o que é um fato não aplicado na maioria das estruturas reais.

$$\left[{}^{\setminus}\bar{m}_{i\setminus} \right] \ddot{p}(t) + \left[{}^{\setminus}\bar{c}_{i\setminus} \right] \dot{p}(t) + \left[{}^{\setminus}\bar{k}_{i\setminus} \right] p(t) = U^T f(t)$$

$$\bar{m}_i \ddot{p}_i(t) + \bar{c}_i \dot{p}_i(t) + \bar{k}_i p_i(t) = < u_i^T > f(t) \quad (\forall i = 1:n)$$

a solução, portanto, incluindo todos os graus de liberdade, é:

$$p_i(t) = e^{-\sigma t}[A\cos(\omega_d t) + B\text{sen}(\omega_d t)] + P_i \cos(\omega t - \Phi) \qquad \text{Eq. 16.13}$$

Dentre tantas informações importantes desta solução é necessário atentar-se para a seguinte afirmação: a forma deformada assumida pelo sistema em cada frequência natural recebe o nome de modo natural de vibração definida pelos autovetores da matriz, calculados pela substituição dos autovalores no sistema de equações acima.

Lembrando que, como existe um subespaço vetorial e que para cada autovalor existe um e somente um autovetor associado, da mesma forma, para cada frequência natural do sistema existe apenas uma forma de deformação.

16.1.3 Fundamentos de análise modal experimental

A resposta vibroacústica da estrutura, como já mencionado anteriormente, é um resultado do carregamento aplicado ao sistema e do próprio sistema, que pode comportar-se como um atenuador ou um magnificador da energia que entra no sistema. Para conhecer a resposta, o sistema precisa ser integralmente mapeado em seus parâmetros modais para realizar a previsão da resposta do sistema ou ainda a realização do diagnóstico de possíveis problemas. A Figura 16.19 ilustra bem essa condição.

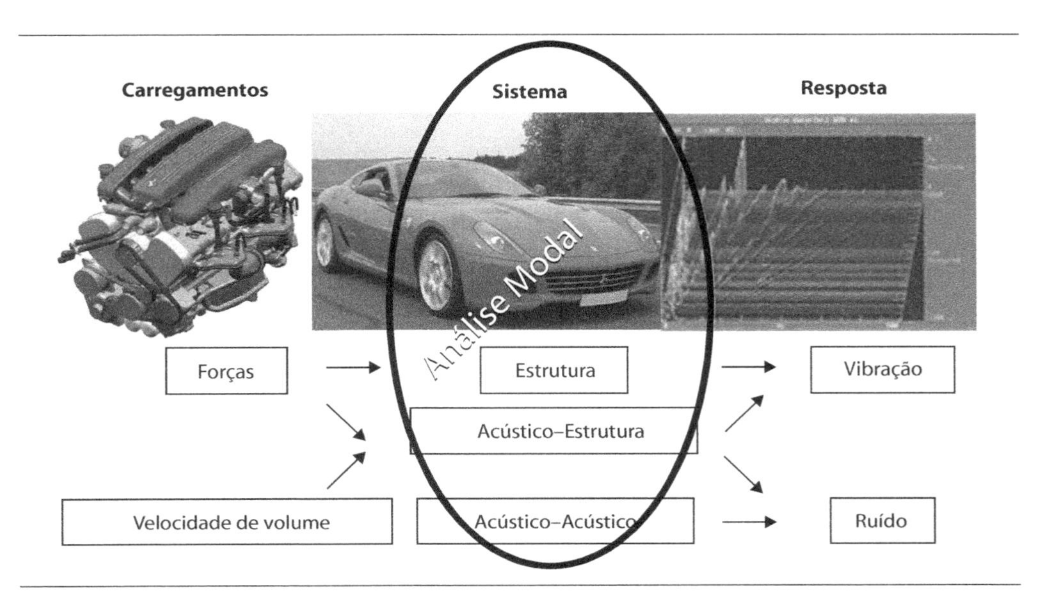

Figura 16.19 – Resposta de um sistema baseado no carregamento e nos parâmetros modais.

A análise modal experimental consiste em determinar as frequências naturais, as formas de deformação e o amortecimento do sistema de modo a facilitar a compreensão de seu comportamento vibroacústico.

Retomando novamente a equação do movimento para sistemas de múltiplos graus de liberdade:

$$M\,\ddot{x}(t) + C\,\dot{x}(t) + K\,x(t) = f(t)$$

Passando agora para o domínio da frequência por meio da transformada de Fourier:

$$(-\omega^2 M + j\omega C + K)X(\omega) = F(\omega)$$

O sistema pode então ser modelado pelas suas funções de resposta em frequência:

$$X(\omega) = H(\omega)\,F(\omega) \qquad \text{Eq. 16.14}$$

$$H(\omega) = [-\omega^2 M + j\omega C + K]^{-1} \qquad \text{Eq. 16.15}$$

Onde:

$X(\omega)$: é a resposta do sistema dada uma excitação no domínio da frequência.

$F(\omega)$: é a excitação ou carregamento aplicado ao sistema também no domínio da frequência.

$H(\omega)$: é a função de transferência do sistema, contento suas informações de massa, rigidez e amortecimento.

A análise modal destina-se ao levantamento das N funções de transferência que podem ser combinadas de forma a representar o sistema em seus parâmetros modais. Isso é feito por meio da medida das forças de excitação e suas respectivas respostas, podendo assim o sistema ser integralmente determinado.

A análise modal é feita com o sistema fora de operação, de modo a caracterizar simplesmente as frequências naturais do sistema por meio de uma matriz de funções de resposta em frequência (FRF), conforme ilustrado graficamente na Figura 16.20.

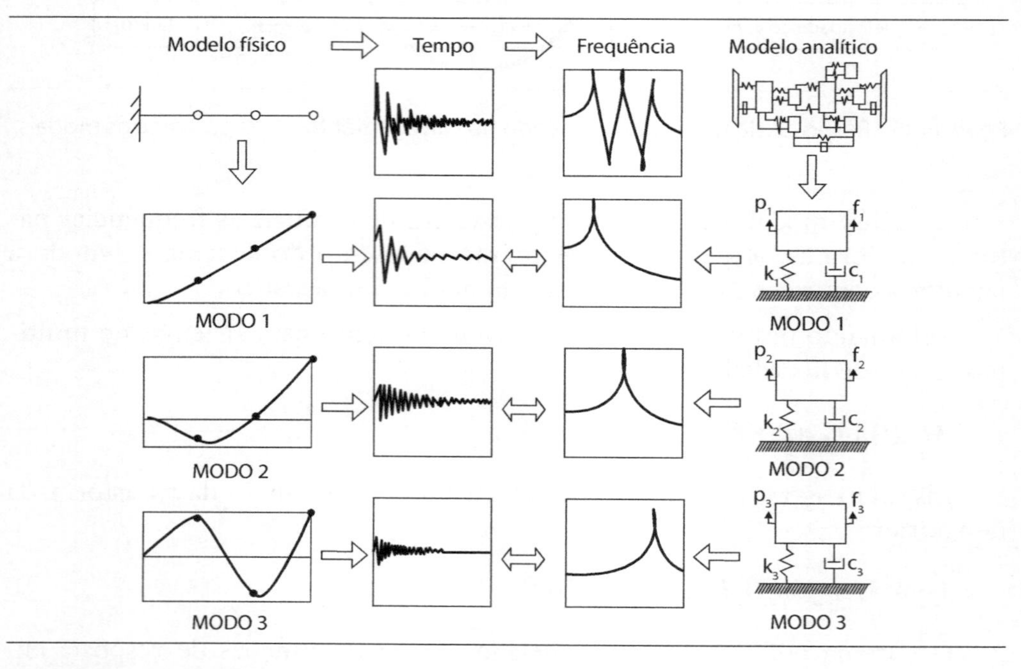

Figura 16.20 – Análise modal – esquema.

Uma forma simples de levantar as funções de resposta em frequência é por intermédio da resposta impulsiva do sistema. Nessa medição, é utilizado um martelo de impacto com transdutor de força na ponta e a resposta é obtida por meio de acelerômetros. Dessa maneira, o sistema é posto a vibrar nas frequências de interesse e as relações $X(\omega)/F(\omega) = H(\omega)$ são obtidas. Esquematicamente, esse sistema é representado na Figura 16.21.

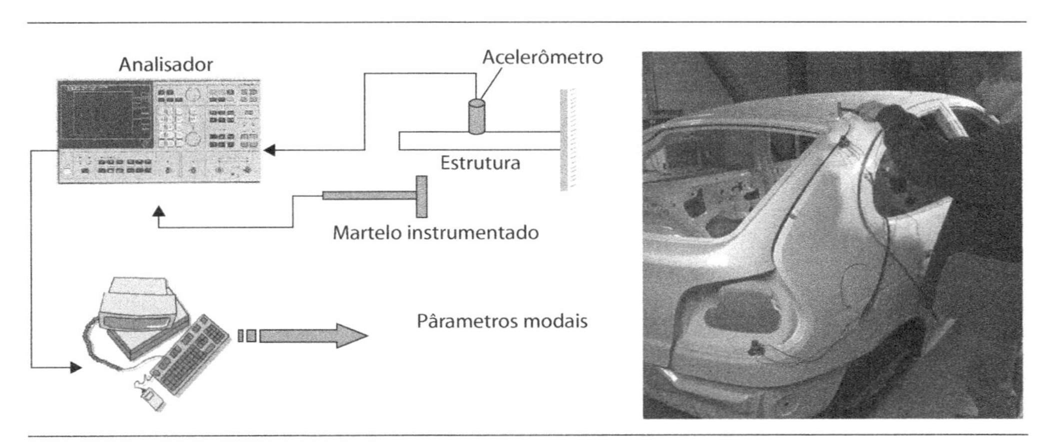

Figura 16.21 – Obtenção das respostas em frequência.

As respostas medidas por impacto, têm então as seguintes formas mostradas na Figura 16.22:

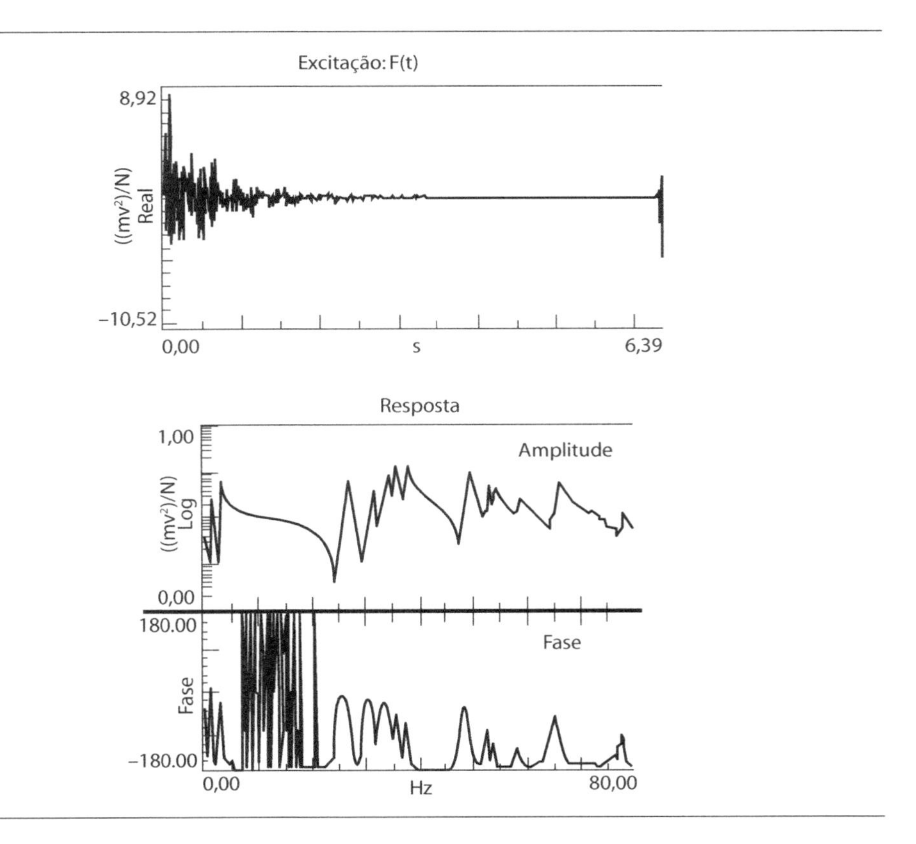

Figura 16.22 – Resultados experimentais de excitação por impacto.

O agregado de todas as medições (FRFs) da Figura 16.23 é então sintetizado como uma única FRF da qual são extraídos os resíduos, ressonâncias, vetores modais e amortecimento (Figura 16.24).

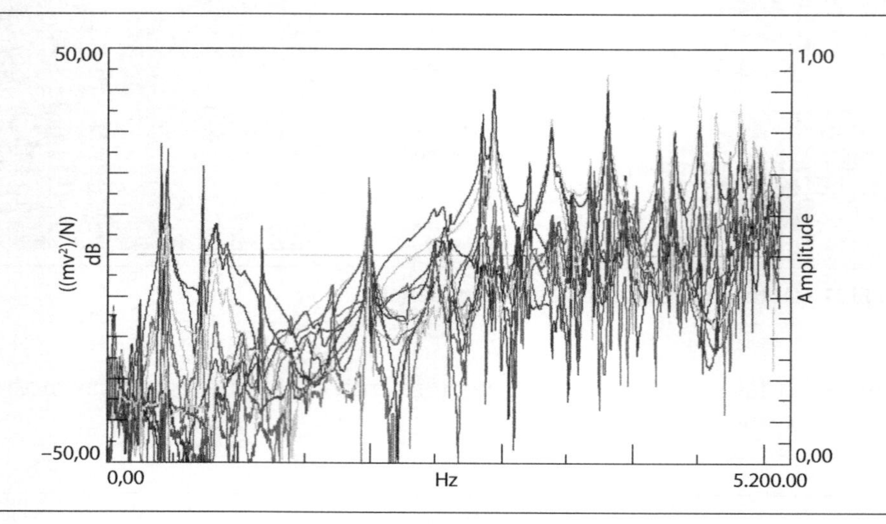

Figura 16.23 – FRFs levantadas de um dado sistema.

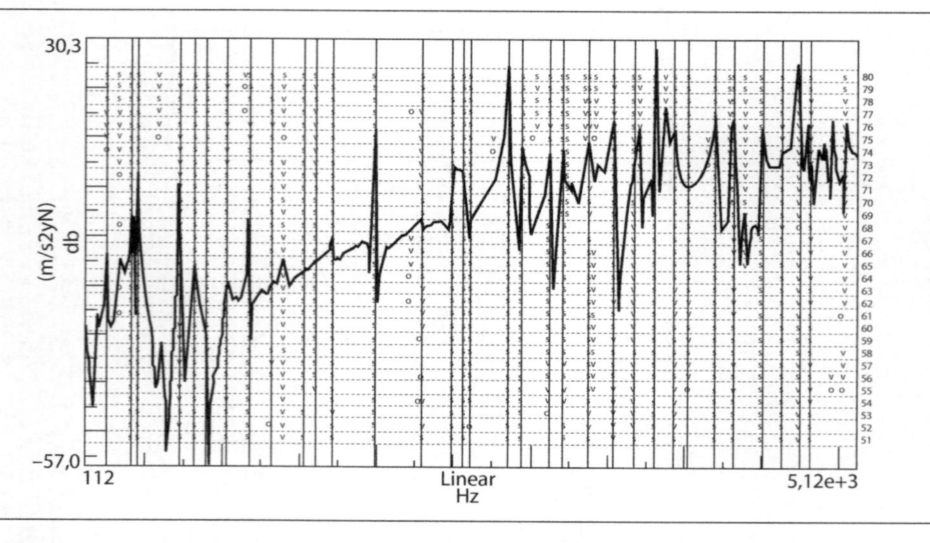

Figura 16.24 – FRF sintetizada para obtenção das frequências naturais.

Assim, correlacionando finalmente com os parâmetros geométricos do sistema, pode-se obter os modos de vibrar do sistema conforme Figura 16.25:

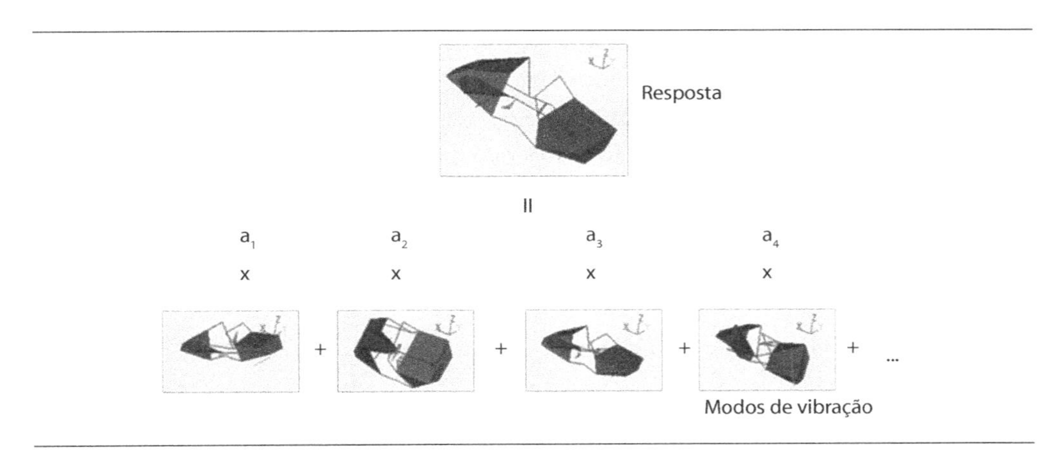

Figura 16.25 – Modos de vibração calculados.

Lembrando que a deformação da estrutura em um dado intervalo é a combinação linear dos modos obtidos.

16.1.4 Análise espectral

Fenômenos temporais inicialmente parecem totalmente compreensíveis, uma vez que pela visão entende-se os fenômenos de maneira temporal. Quando chega-se ao campo de ruído e vibrações, a interpretação dos fenômenos apenas de maneira temporal não possibilita a identificação e separação dos processos físicos que contribuem para a resposta do sistema. Tome, por exemplo, a ilustração da caixa de engrenagens da Figura 16.26.

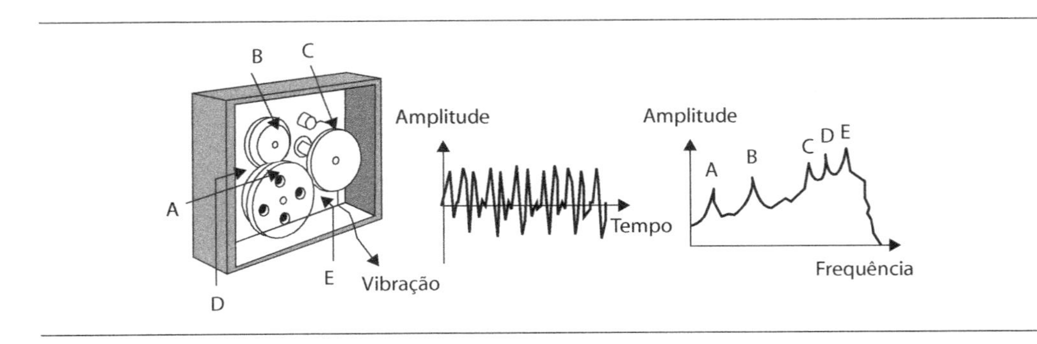

Figura 16.26 – Temporal ou espectral.

No domínio temporal, a análise apenas permite identificar níveis de vibração, mas não permite identificar componentes, contribuições, nem mesmo criticidade de fenômenos. A distribuição no domínio da frequência (espectral) permite a localização dos fenômenos físicos ligados a cada engrenagem do conjunto, inclusive identificando os picos de frequência mais críticos. Torna-se então necessário compreender um processo matemático que possa converter as curvas temporais para o domínio espectral.

ANÁLISE DE FOURIER

Tome a série de Fourier:

$$f(t) = \frac{1}{2}a_0 + a_1\cos(\omega_0 t) + a_2\cos(2\omega_0 t) + ... + b_1\text{sen}(\omega_0 t) + b_2\text{sen}(2\omega_0 t) + ...$$

$$f(t) = \frac{1}{2}a_0 + \sum_{n=1}^{\infty}\left[a_n\cos(n\omega_0 t) + b_n\text{sen}(n\omega_0 t)\right]; \qquad \text{com } \omega_0 = \frac{2\pi}{T}$$

$$a_n = \frac{2}{T}\int_{-\frac{T}{2}}^{\frac{T}{2}} f(t)\cos(n\omega_0 t)dt \quad \rightarrow \quad a_0 = \frac{2}{T}\int_{-\frac{T}{2}}^{\frac{T}{2}} f(t)dt$$

$$b_n = \frac{2}{T}\int_{-\frac{T}{2}}^{\frac{T}{2}} f(t)\text{sen}(n\omega_0 t)dt \quad \rightarrow \quad b_0 = 0$$

A série de Fourier mostra que qualquer função pode ser escrita pela combinação de senos e cossenos, conforme ilustrado na Figura 16.27.

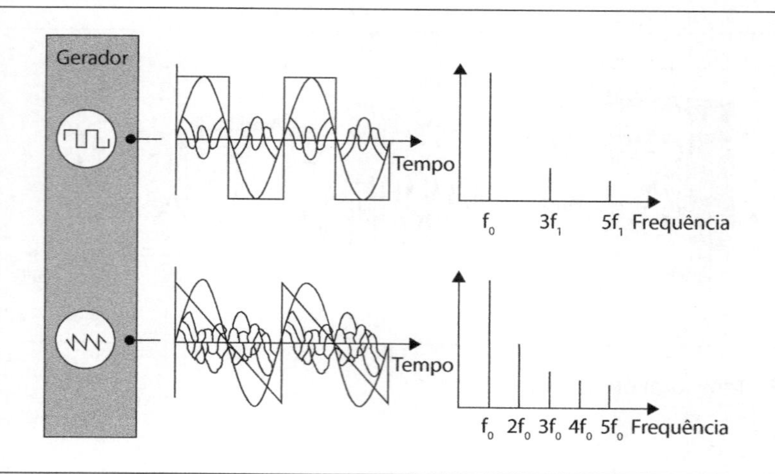

Figura 16.27 – A série de Fourier.

Valendo-se dessa informação, utiliza-se a transformada de Fourier para efetuar a transformação do domínio do tempo para o domínio espectral conforme:

$$f(t) = \frac{1}{2\pi}\int_{-\infty}^{+\infty} F(\omega)\,e^{j\omega t}d\omega \qquad \text{Transformada de Fourier}$$

$$F(\omega) = \int_{-\infty}^{+\infty} f(t)\,e^{-j\omega t}dt \qquad \text{Transformada Inversa de Fourier}$$

A Figura 16.28 ilustra essa transformação.

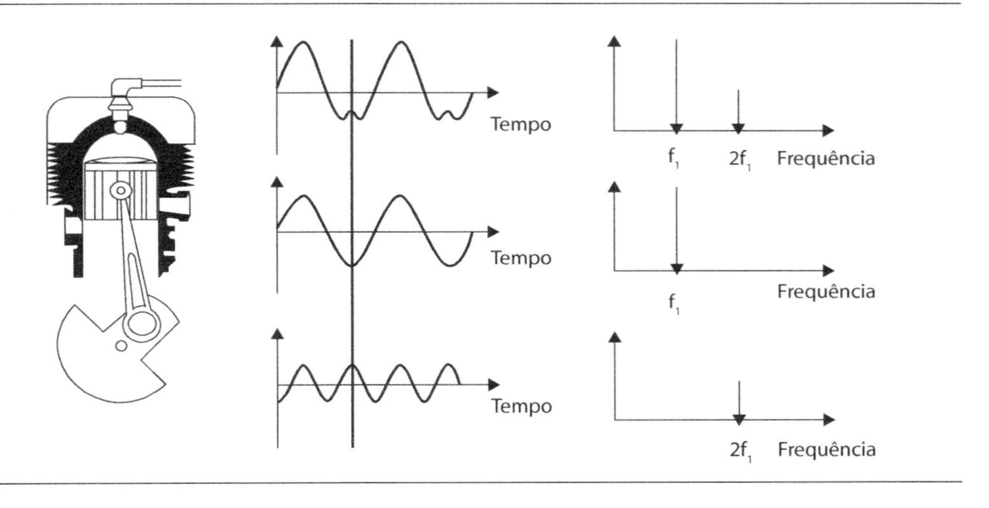

Figura 16.28 – Transformação de Fourier – ilustração.

Para o caso de medições, é necessário primeiro discretizar (aquisição amostrada) o sinal medido com uma frequência de amostragem de pelo menos o dobro do valor máximo da frequência de interesse (critério de Nyquist). Aplica-se o filtro de "*anti-aliasing*" para evitar componentes de frequência indesejáveis e em seguida a transformada de Fourier na sua forma de algorítimo a FFT (*Fast Fourier Transform*) juntamente com o devido janelamento espectral.

Dessa forma, garante-se que a curva obtida no domínio da frequência represente fielmente o sinal medido no domínio do tempo, conforme exemplo da Figura 16.29.

Quando se trata ainda de máquinas rotativas, como motores a combustão, um parâmetro adicional precisa ser medido para a obtenção das curvas espectrais em função da rotação. A rotação é obtida instantaneamente ao longo do funcionamento do motor, seja esse acelerando ou desacelerando.

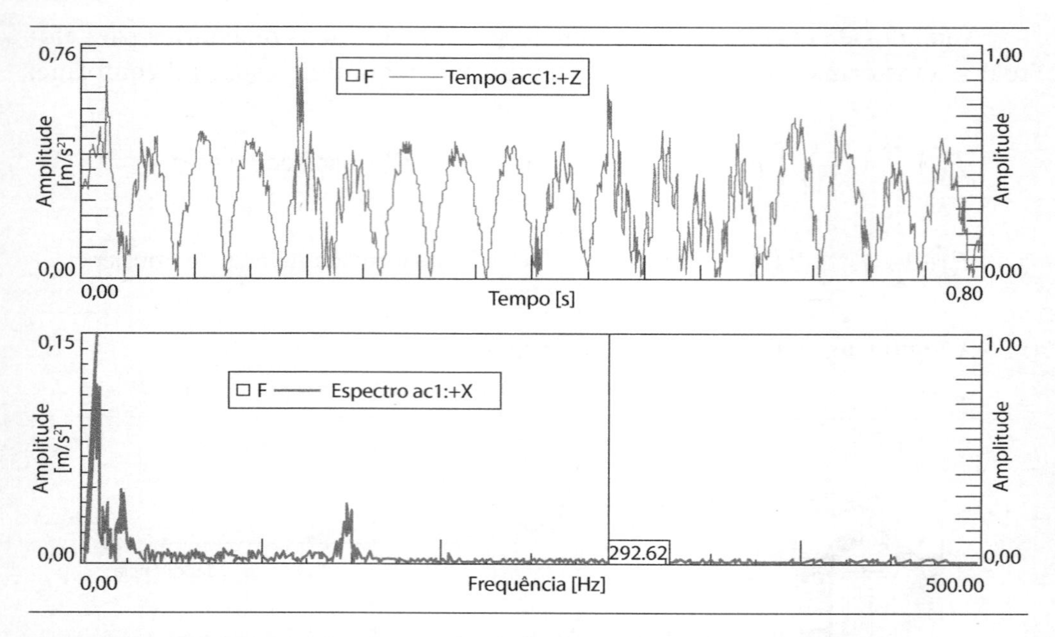

Figura 16.29 – Aplicação prática da transformada de Fourier a um sinal de aceleração.

A Figura 16.30 apresenta curvas espectrais para diversas rotações.

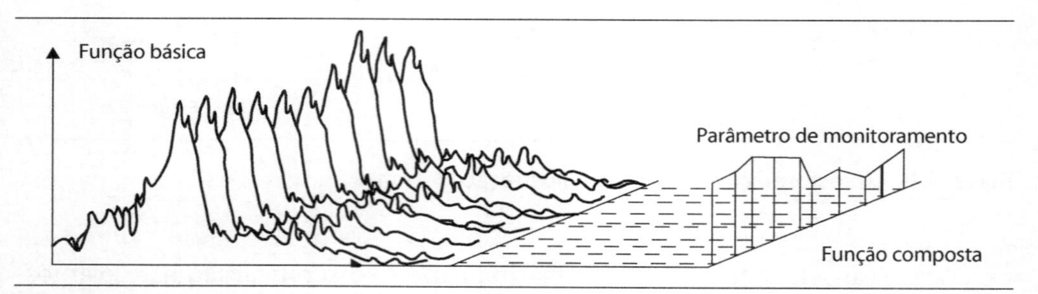

Figura 16.30 – Curvas espectrais em função de um parâmetro (rotação).

O sinal de rotação pode ser facilmente medido mediante a contagem de pulsos de um tacômetro acoplado aos sistemas de revolução do motor ou dos diversos sinais dos sensores e componentes agregados. A Figura 16.31 ilustra a contagem de pulsos em um tacômetro.

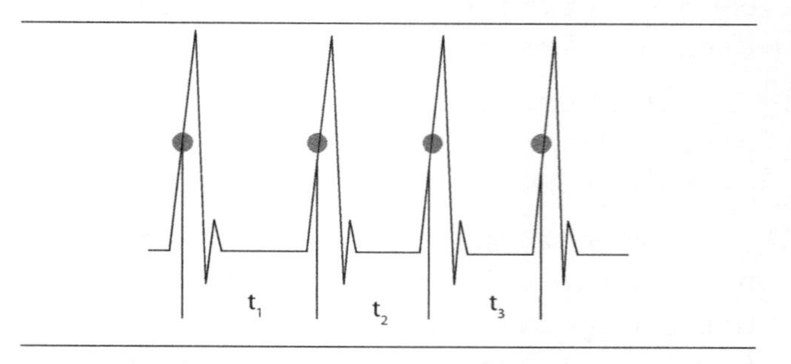

Figura 16.31 – Contagem de pulsos em um tacômetro.

16.2 Ruído e vibrações em motores a combustão

Os conceitos lançados em caráter de revisão até agora servem para ajudar a compreensão dos fenômenos que ocorrem em um motor a combustão interna. Até então, foi considerado o sistema operando de forma estacionária em modelos simples. No caso do motor, as excitações são predominantemente harmônicas, mas com rotação não estacionária. Para aplicar os conceitos anteriores, de que a resposta do sistema é resultado das forças aplicadas e do comportamento modal da estrutura, alguns princípios deverão ser bem compreendidos.

Nas próximas seções serão lançados os conceitos de análise de ordem, assinatura e resposta de um motor a combustão.

A Figura 16.32 mostra o movimento cíclico dos componentes de um motor monocilíndrico de quatro tempos.

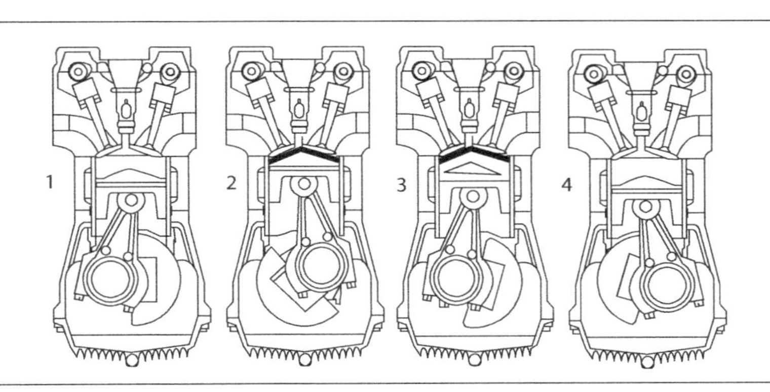

Figura 16.32 – Motor monocilíndrico.

O movimento do pistão para esse motor pode ser modelado pelas equações a seguir, desconsiderando-se a combustão e olhando o problema simplesmente do ponto de vista de massas rotativas. A Figura 16.33 ilustra o sistema pistão-biela-manivela que descreve o movimento de um MCI.

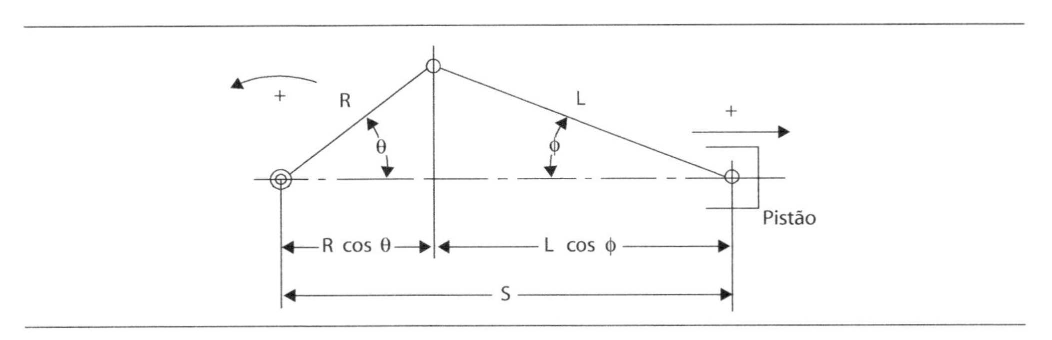

Figura 16.33 – Modelo do sistema pistão-biela-manivela.

Onde R é a excentricidade do virabrequim e o L o comprimento da biela.

Pode-se mostrar que a distância do pino do pistão ao centro do virabrequim é dada por:

$$S = R\cos\theta + L\cos\phi = R\left(\cos\theta + \frac{L}{R}\cos\phi\right);$$

$$\cos\phi = \sqrt{1-\left(\frac{R}{L}\right)^2 sen^2\phi} \qquad \text{Eq. 16.16}$$

Para mecanismos assim de manivela e biela: $\left(R/L\right)^2 < 0{,}11$

O radical pode então ser expandido pelo teorema binomial:

$$\cos\phi = 1 - \frac{1}{2}\left(\frac{R}{L}\right)^2 sen^2\theta - \frac{1}{8}\left(\frac{R}{L}\right)^4 sen^4\theta - \frac{1}{16}\left(\frac{R}{L}\right)^6 sen^6\theta$$

As potências de seno, podem ser substituídas por

$$\text{sen}^2\theta = 1/2 - 1/2\cos 2\theta$$

$$\text{sen}^4\theta = 3/8 - 1/2\cos 2\theta + 1/8\cos 4\theta$$

$$\text{sen}^6\theta = 5/16 - 15/32\cos 2\theta + 3/16\cos 4\theta - 1/32\cos 6\theta$$

Assim

$$\cos\phi = a_0' + a_2'\cos 2\theta + a_4'\cos 4\theta + a_6'\cos 6\theta + \ldots$$

$$S = R\left(\cos\theta + \frac{L}{R}\left(a_0' + a_2'\cos 2\theta + a_4'\cos 4\theta + a_6'\cos 6\theta + \ldots\right)\right)$$

Fazendo

$$a_i = a_i'\frac{L}{R}$$

$$S = R(a_0 + \cos\theta + a_2\cos 2\theta + a_4\cos 4\theta + \ldots.) \qquad \text{deslocamento do pistão}$$

$$\dot{S} = -\Omega R(sen\theta + 2a_2 sen2\theta + 4a_4 sen4\theta + \ldots.) \qquad \text{velocidade}$$

$$\ddot{S} = -\Omega^2 R(\cos\theta + 4a_2 sen2\theta + 16a_4 sen4\theta + \ldots.) \qquad \text{aceleração}$$

As forças desbalanceadas neste movimento são de dois tipos:

1. **Fp** – atua no eixo do cilindro e produz aceleração do pistão e na parte alternativa da biela.
2. **Fcp** – atua no mancal da manivela e no olhal maior da biela, sendo direcionada para o centro do virabrequim produzindo aceleração centrípeta das partes agregadas.

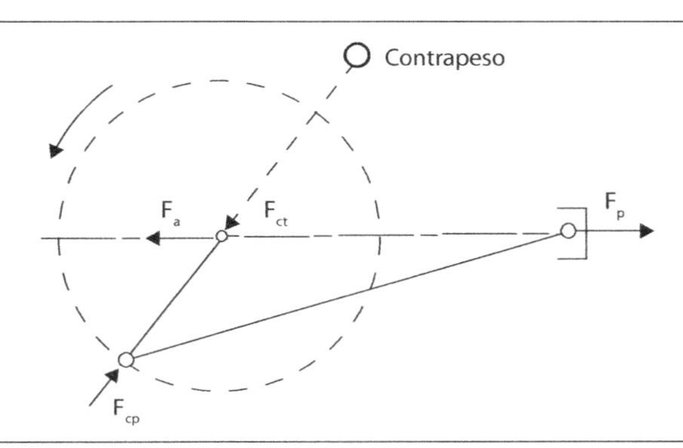

Figura 16.34 – Forças desbalanceadas, em linha e transversas ao movimento do pistão.

$$F_P = M_P\ddot{S} = -M_P\Omega^2 R(\cos\theta + 4a_2\cos 2\theta + 16a_4\cos 4\theta + ...);$$

M_P - massas do pistão, anéis, pino e biela.

Quanto à magnitude dos coeficientes da série de senos, pode-se dizer que:

Conforme pode ser visto na Figura 16.35, o termo **$16a_4$** é muito inferior ao termo **$4a_2$**, que é quase igual ao valor **R/L**, dessa forma, é aceitável a seguinte simplificação:

$$F_P \cong -M_P\Omega^2 R(\cos\theta + \frac{R}{L}\cos 2\theta) \quad \text{Eq. 16.17}$$

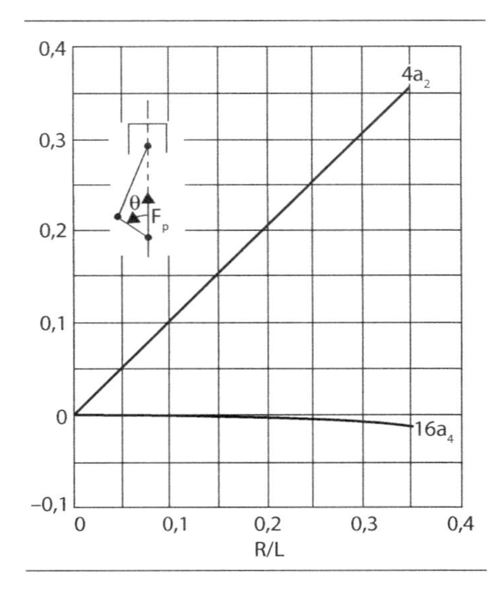

Figura 16.35 – Ordem de grandeza dos coeficientes do polinômio.

Neste ponto do raciocínio, tornam-se necessárias a seguintes definições:

1. O coeficiente de θ na expressão acima é a ordem da harmônica.
2. O primeiro termo da expressão repete-se com uma revolução do motor e por isso refere-se às forças de primeira ordem do motor.

3. No segundo termo, as forças se repetem duas vezes para uma revolução do motor e por isso são denominadas forças de segunda ordem.

Sem considerar a combustão, as forças de primeira ordem do movimento rotativo são maiores do que as forças de segunda ordem. Dessa forma, um motor monocilíndrico, quando considerado apenas os fenômenos inerciais do movimento do pistão, as forças de primeira ordem são as maiores, seguidas por sua segunda harmônica.

Considerando agora o mesmo motor monocilíndrico, incluindo a combustão e seu ciclo de quatro tempos.

A pressão de combustão no interior do cilindro está mostrada na Figura 16.36.

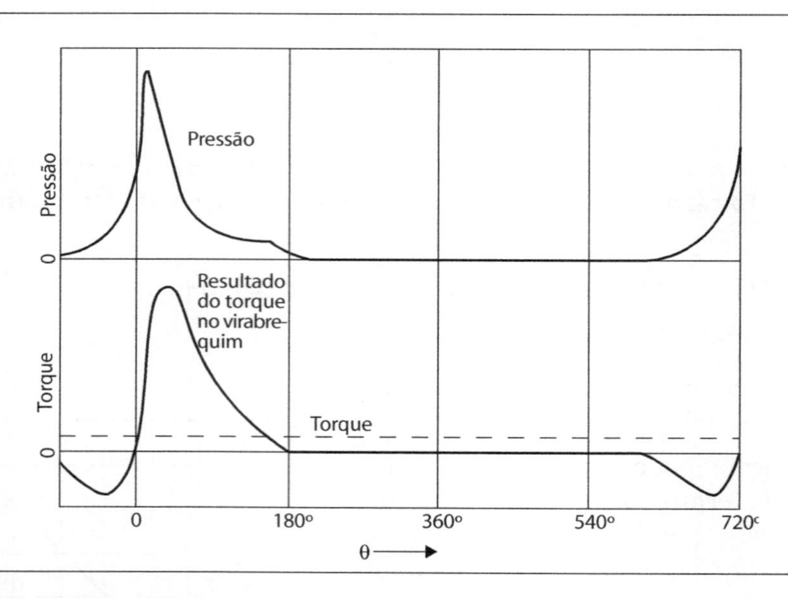

Figura 16.36 – Pressão de combustão e torque no virabrequim.

Em um motor monocilíndrico, as forças inerciais são intensificadas pela combustão.

Para um motor multicilíndrico, a combustão e a ordem de queima vão produzir vibrações relativas ao número de cilindros do motor. A ordem vai ser a metade do número de cilindros. Um motor quatro tempos de quatro cilindros tem sequência de combustão 1, 3, 4 e 2 gerando dois pulsos por revolução. São as forças de segunda ordem que determinam o projeto de sistemas agregados ao motor quatro tempos de quatro cilindros (ver Tabela 16.1 para demais configurações).

Logicamente, para motores multicilíndricos, as forças desbalanceadas são uma soma vetorial das orientações dos cilindros bem como as posições dos contrapesos do eixo virabrequim. Dessa forma, a soma vetorial de cada cilindro é definida por:

$$\sum F_a = Fa_1 + Fa_2 + Fa_3 + \ldots \text{ (Forças para cada cilindro)}$$

$$\sum F_a = M_p \Omega^2 R \begin{bmatrix} (\cos\theta_1 + \cos\theta_2 + \cos\theta_3 + \ldots) + \\ + R/L(\cos 2\theta_1 + \cos 2\theta_2 + \cos 2\theta_3) \end{bmatrix} \quad \text{Eq. 16.18}$$

Os movimentos em torno do eixo do virabrequim também são importantes e são denominados torque. O torque no virabrequim é resultante da pressão de gás da combustão, inércia dos componentes em movimento e torques de desbalanceamento da estrutura do motor. A Figura 16.37 apresenta o torque gerado em torno do virabrequim. Nesta seção, o interesse recai no torque de combustão pois é bem superior aos demais.

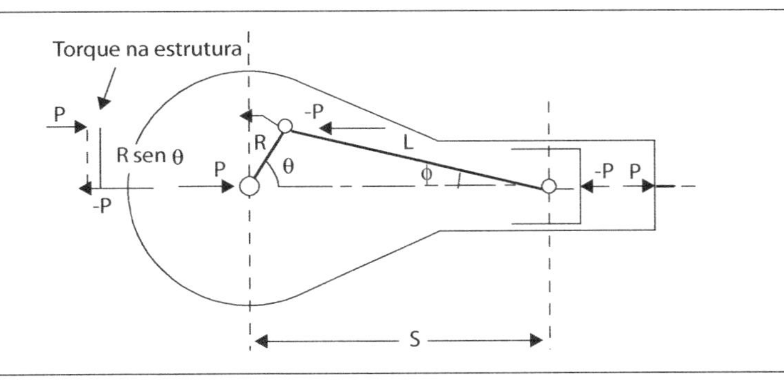

Figura 16.37 – Torque em torno do virabrequim.

Sendo:

$T_p =$ Torque instantâneo no cilindro

$T_m =$ Torque Médio $= PME \cdot V_d / 4\pi$ e $V_d =$ Deslocamento do Pistão

U e $V =$ coeficientes para motores de quatro tempos

Tem-se:

$$\frac{T_p}{T_m} = 1 + U_{1/2} sen\frac{1}{2}\theta + U_1 sen\theta + U_{1\frac{1}{2}} sen 1\frac{1}{2}\theta + U_2 + \ldots$$

$$+ V_{1/2}\cos\frac{1}{2}\theta + V_1\cos\theta + V_{1\frac{1}{2}}\cos 1\frac{1}{2}\theta + V_2 + \ldots$$

Os coeficientes U e V estão representados no gráfico da Figura 16.38.

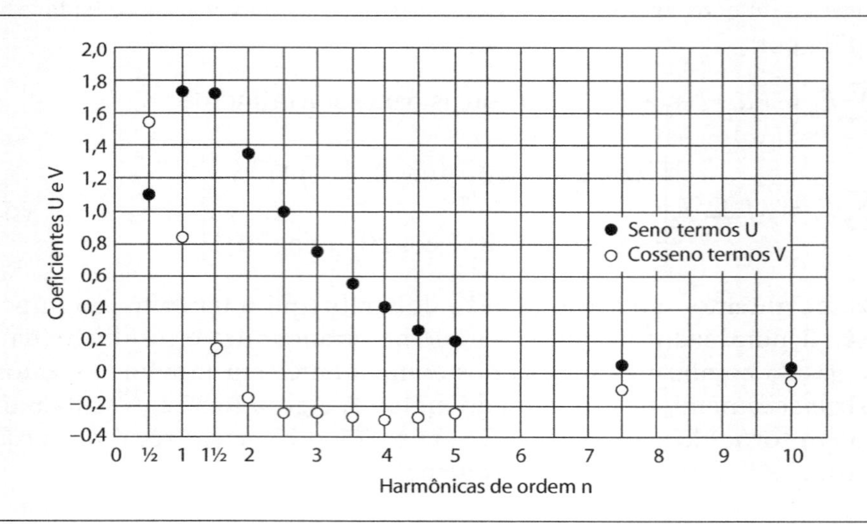

Figura 16.38 – Coeficientes harmônicos para motores de quatro tempos.

Levando em considerações as forças definidas para o comportamento de motores a combustão, as acelerações e forças que aparecem nas medições do motor são relativas às ordens harmônicas apresentadas na Tabela 16.1.

Tabela 16.1 – Ordens em motores à combustão.

Nº cilindros	Ciclos	Ordens que aparecem
1	2	1, 2, 3, 4...
1	4	½, 1, 1 ½, 2...
2	2	2, 4, 6, 8...
2	4	1, 2, 3, 4...
3	2	2, 6, 9...
3	4	1 ½, 3, 4 ½...
4	2	4, 8, 12...
4	4	2, 4, 6, 8...
5	2	5, 10, 15...
5	4	2 ½, 5, 7 ½
6	2	6, 12, 18...
6	4	3, 6, 9, 12...

16.2.1 Análise de ordem e assinatura – vibrações

Tomando a medição em aceleração (*run-up*) de um motor de quatro cilindros e quatro tempos, podem ser aquisitados a rotação do motor e os sinais de acelerações (vibrações) em um dado ponto do bloco, conforme exemplo da Figura 16.39.

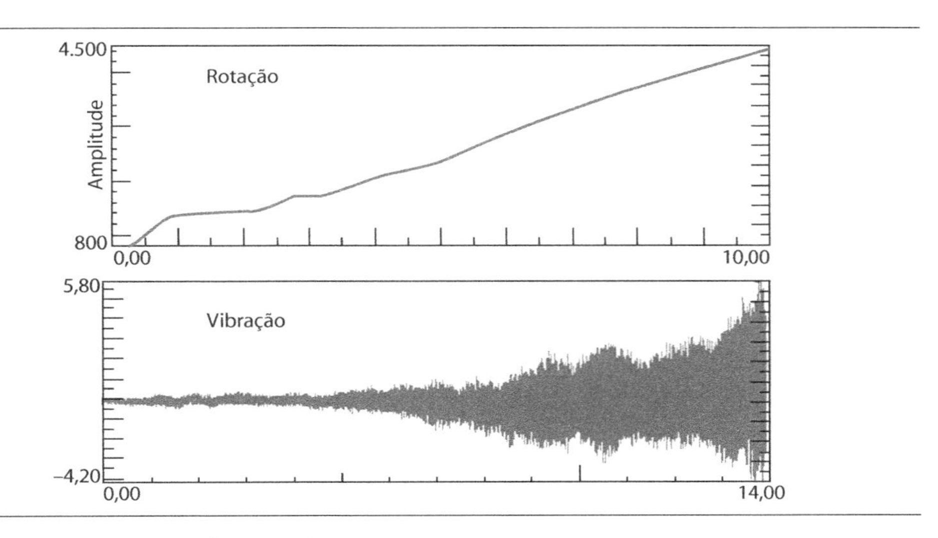

Figura 16.39 – Rotação e aceleração de um motor em *run-up*.

É fácil perceber que para cada instante, o motor está em uma dada rotação e que a vibração do motor aumenta com o aumento no valor da rotação. Para avaliar o sistema do ponto de vista de vibrações, já ficou claro que faz-se necessário utilizar o domínio da frequência. O gráfico da Figura 16.40 mostra a FFT do sinal de vibração em três rotações distintas desse motor

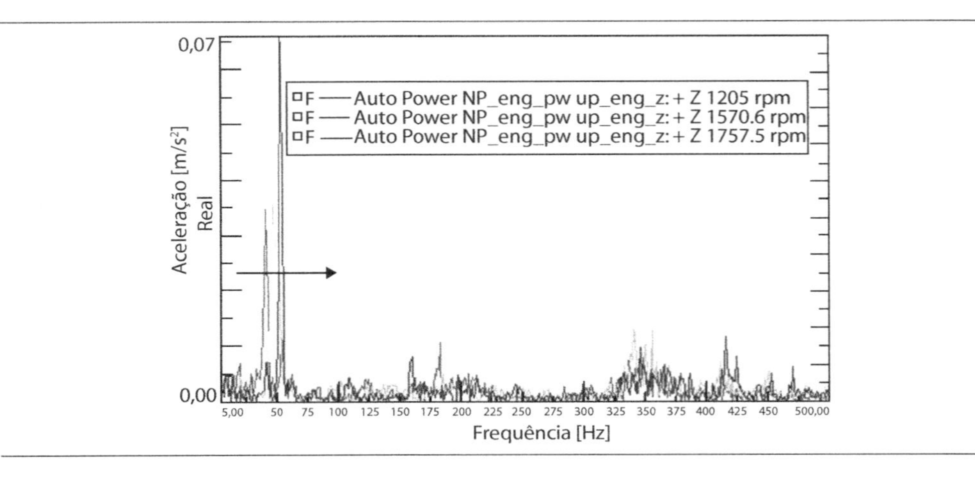

Figura 16.40 – Resposta de vibração em três rotações.

Note que o primeiro pico, que representa as acelerações de segunda ordem do motor, desloca-se na frequência com a variação da rotação. Esse pico está exatamente relacionado com as forças desbalanceadas geradas no motor pelos deslocamentos dos cilindros e obedece à Tabela 16.1.

A expressão que relaciona ordem e frequência para motores é a seguinte:

$$f = \frac{RPM}{60} n \qquad \text{Eq. 16.19}$$

onde:

f : é a frequência em Hz

n : é a ordem correspondente

A Tabela 16.2 mostra essa relação para alguns valores interessantes.

Tabela 16.2 – Relação frequência do motor, rotação e ordem.

Rotação (RPM)	Ordem	Frequência (Hz)
1.000	2	33,3
6.000	2	200,0
1.000	4	66,7
1.000	6	100,0
100	8	133,3

Os espectros para toda a faixa de rotação do motor quatro tempos de quatro cilindros em questão estão mostrados no gráfico denominado de *Waterfall* da Figura 16.41.

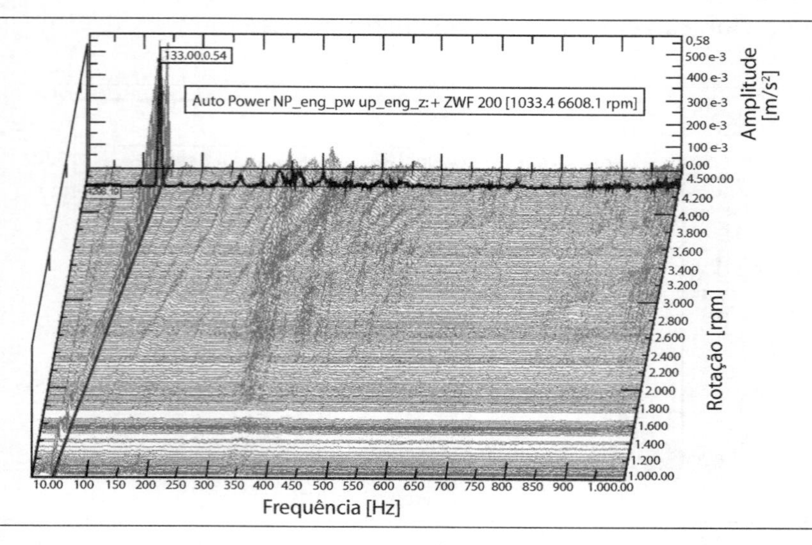

Figura 16.41 – "*Waterfall*" de um "*run-up*".

Na Figura 16.41, pode-se ler, combinando todos os eixos, as amplitudes de vibração (acelerações) em frequência, para cada rotação do motor. Tal análise é denominada de assinatura, que mostra todas as características do motor em todas as rotações. Dessa forma, é possível localizar as principais excitações e respostas, ressonâncias e obter dados para projeto de componentes agregados.

Tomando-se agora um zoom do gráfico anterior na faixa de frequência de 10 Hz a 300 Hz, pode-se evidenciar a segunda ordem do motor, conforme Figura 16.42.

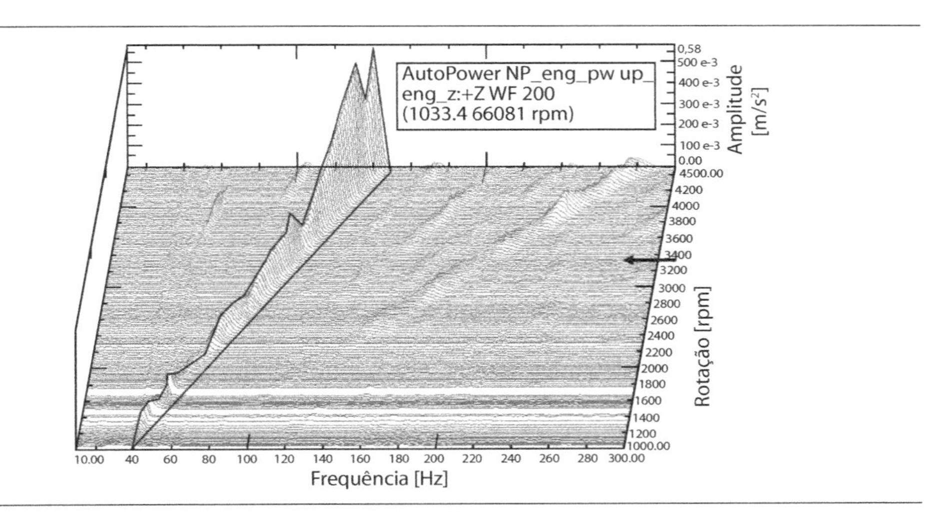

Figura 16.42 – Envelope da curva de segunda ordem.

Observando o gráfico anterior do sentido da seta, ou seja, num gráfico de Amplitude *vs.* Rotação e tomando o envelope da curva de segunda ordem assinalada obtem-se a Figura 16.43.

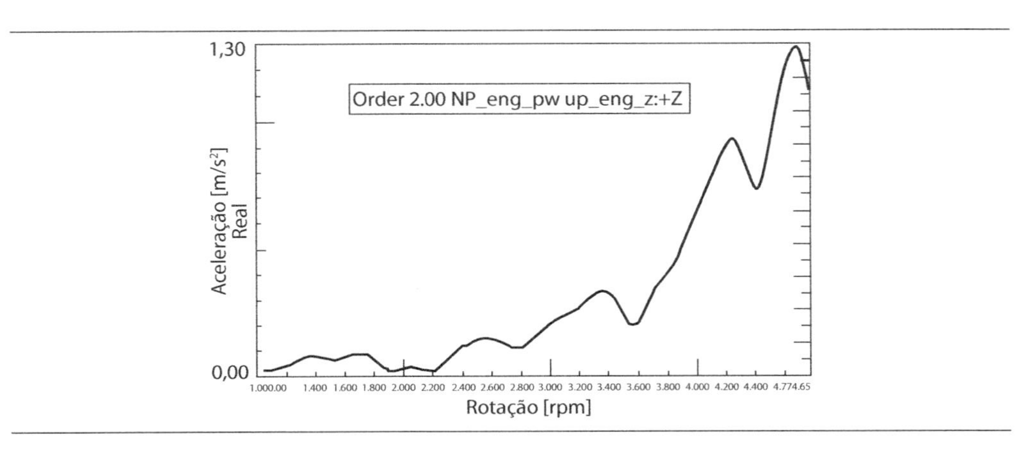

Figura 16.43 – Curva de aceleração da segunda ordem do motor.

A análise de ordem consiste, portanto, em determinar as curvas de ordem para todas as ordens presentes no motor, calcular o nível global de aceleração (ou pressão sonora como será visto adiante) para compreender o comportamento do motor em cada rotação. O gráfico abaixo representa a análise de ordem para o ponto de vibração medido no bloco do motor.

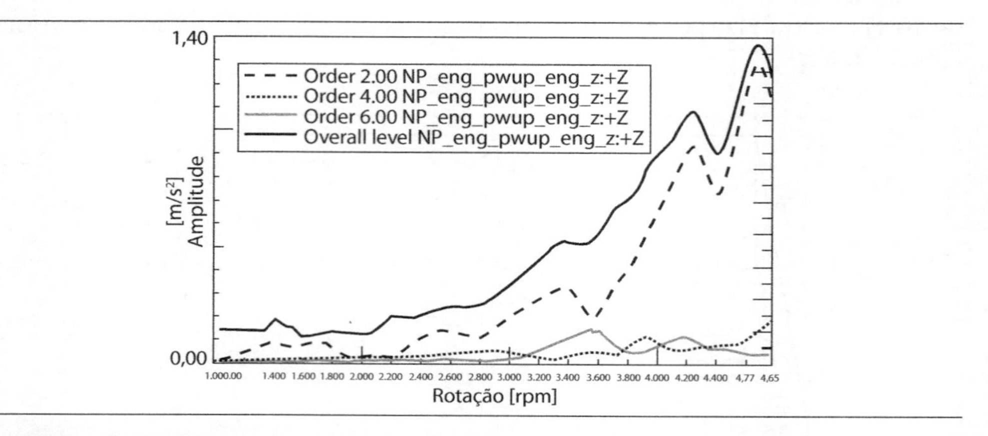

Figura 16.44 – Análise de ordem – vibrações no bloco do motor.

O gráfico acima mostra que o motor sob estudo está com balanceamento normal e com níveis de aceleração também normais. Um dos indícios disso é que a segunda ordem é a predominante em termos de vibração (seção anterior).

Outra representação muito usada para análise de ordem e assinatura é o gráfico de "*colormap*" ou sonograma. Essa representação em cores da Figura 16.45 é equivalente à visualização da Figura 16.41 pelo topo.

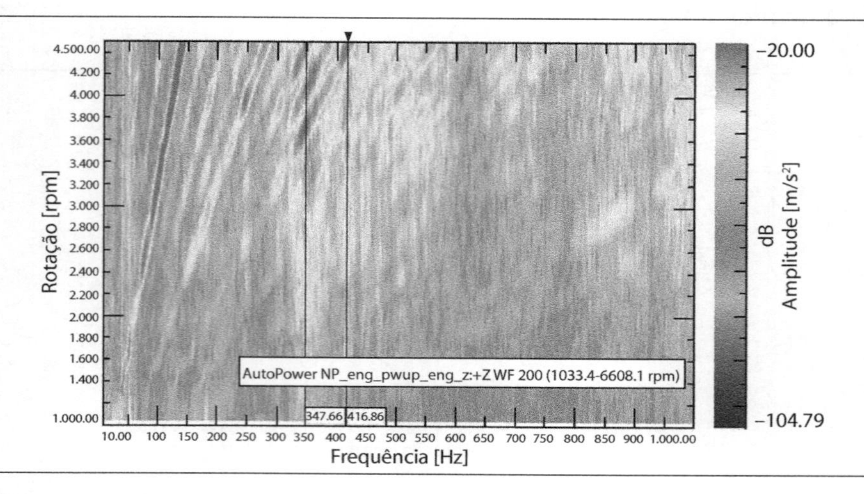

Figura 16.45 – "*Colormap*" ou sonograma do motor.

Na Figura 16.45, a amplitude é dada pela escala de cores, a rotação está no eixo vertical e a frequência está no eixo horizontal. As curvas inclinadas representam todas as respostas em virtude dos sistemas alternativos e desbalanceados, ou seja, as ordens do motor. As linhas ortogonais ao eixo das frequências, se presentes, são as ressonâncias do sistema uma vez que as frequências naturais não se alteram com a rotação.

Note que é possível que em dadas rotações, a excitação das harmônicas do motor pode cruzar a frequência de ressonância dos componentes agregados ou até mesmo do bloco do motor, tampa e demais sistemas. Neste ponto, o sistema vibra de forma ressonante, ou seja, há uma amplificação das vibrações em razão de a frequência de uma das ordens do motor ser exatamente igual às naturais desses componentes.

Em motores quatro tempos e quatro cilindros, a principal energia, como já mencionado, é relativa às forças de segunda ordem. A Tabela 16.2 mostra que para 1.000 rpm a frequência relacionada à segunda ordem do motor é de 33,3 Hz e para 6.000 rpm, a frequência de segunda ordem é de 200 Hz. É precisamente por isso que os componentes agregados ao motor são normalmente projetados para que não tenham ressonâncias abaixo de 200 Hz (ou ainda 250 Hz).

16.2.2 Análise de ordem e assinatura – acústica

Os princípios das ferramentas de assinatura e análise de ordem para a acústica obedecem aos mesmos rigores técnicos apresentados.

A parte acústica está ligada principalmente à combustão e, assim como nas harmônicas do desbalanceamento, existem as harmônicas ligadas à pressão de gás no interior do motor. Logicamente, para motores quatro tempos e quatro cilindros, a segunda ordem deve ser predominante seguida pelas demais. Em um espectro amplo, as demais frequências medidas pelo microfone advêm da radiação sonora de bloco, cabeçote, engrenagens, válvulas e dos componentes agregados ao motor.

Para o mesmo motor, a medição de pressão sonora medida em *run-up*, a assinatura e a análise de ordem estão mostradas na Figura 16.46.

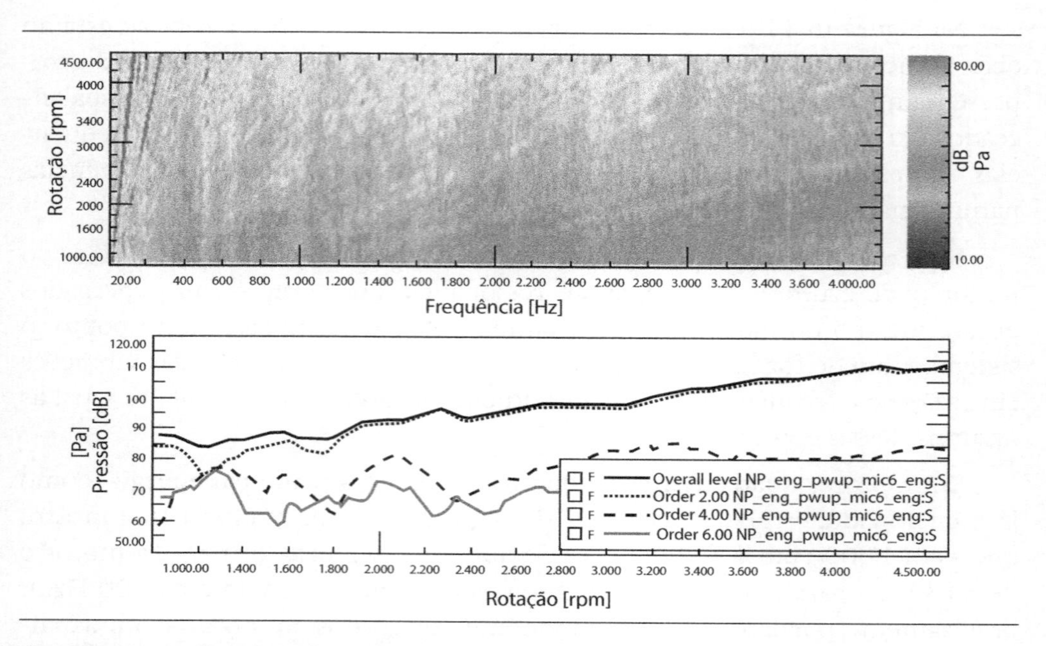

Figura 16.46 – Análise de ordem e assinatura – acústica.

16.2.3 Resposta vibroacústica em motores

Assim como em qualquer sistema físico, pode-se englobar o problema de ruído e vibrações nas seguintes estapas (Figura 16.47):

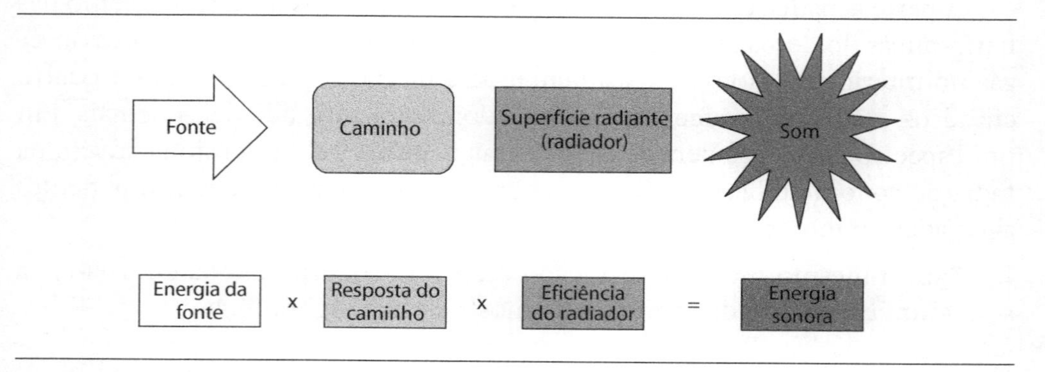

Figura 16.47 – Diagramas fontes, caminhos, radiação.

Algumas das fontes presentes em um motor a combustão:

1. Combustão e todos os fenômenos associados.
2. Forças desbalanceadas.

3. Componentes agregados.
4. Engrenamentos.
5. Atrito de válvulas.

Os caminhos de transmissão de energia para o bloco:

1. Combustão no cilindro, cabeçote, bloco.
2. Onda de pressão sonora durante a combustão e bloco (caminho acústico).
3. Pistão, biela, virabrequim e bloco.
4. Vibrabrequim, engrenagens e radiação acústica para o bloco.
5. Vibração do pistão no cilindro e bloco.
6. Componentes agregados e bloco.
7. Combustão, duto de admissão, corpo de borboleta e radiação final (caminho acústico).
8. Etc.

Logicamente ainda existem os sistemas de transmissão, exaustão, e coxinização que não estão sendo incluídos. Ainda, cada um dos subsistemas e ainda as próprias fontes também podem ser desmembrados em fontes e caminhos. Esse tipo de exercício é vital para a compreensão da resposta vibroacústica de qualquer sistema.

Do ponto de vista do bloco, cabeçote e tampa, é necessário não haver ressonâncias nesses sistemas nas faixas de frequência de excitação advindas das fontes, pelo menos nas principais ordens do motor.

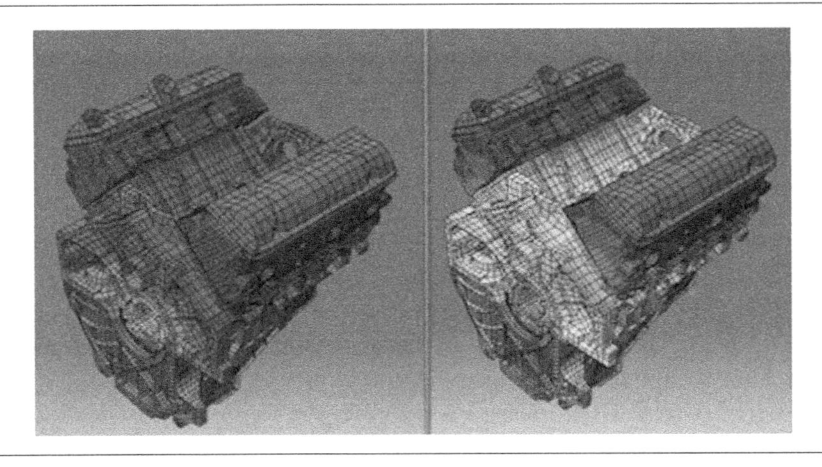

Figura 16.48 – Modos de vibração dos sistemas da carcaça do motor.

A resposta vibroacústica de qualquer sistema é o resultado das forças aplicadas e das características modais da estrutura. As forças, ou excitações, podem ser medidas, calculadas por métodos analíticos ou ainda obtidas por técnicas multidisciplinares ou multicorpos. Os parâmetros modais podem ser determinados por análise modal experimental (detalhada anteriormente) ou ainda por meio do método de elementos finitos, como ilustrado na Figura 16.48.

Dessa forma, atuar no projeto ou controle de ruído e vibrações pode ocorrer tanto na fase de projeto, na qual existem apenas desenhos e modelos matemáticos, como também pode-se atuar nas fases de desenvolvimento, validação e em um possível *troubleshooting*.

Certamente, vibrações e ruídos são, de forma geral, indesejáveis e assim, em um procedimento geral, a aplicação de conhecimentos sólidos nessa área eximem a utilização do ultrapassado processo de tentativa e erro. A maneira de se entender um problema de ruído e vibrações em quaisquer fases mencionadas acima está mostrada no diagrama da Figura 16.49.

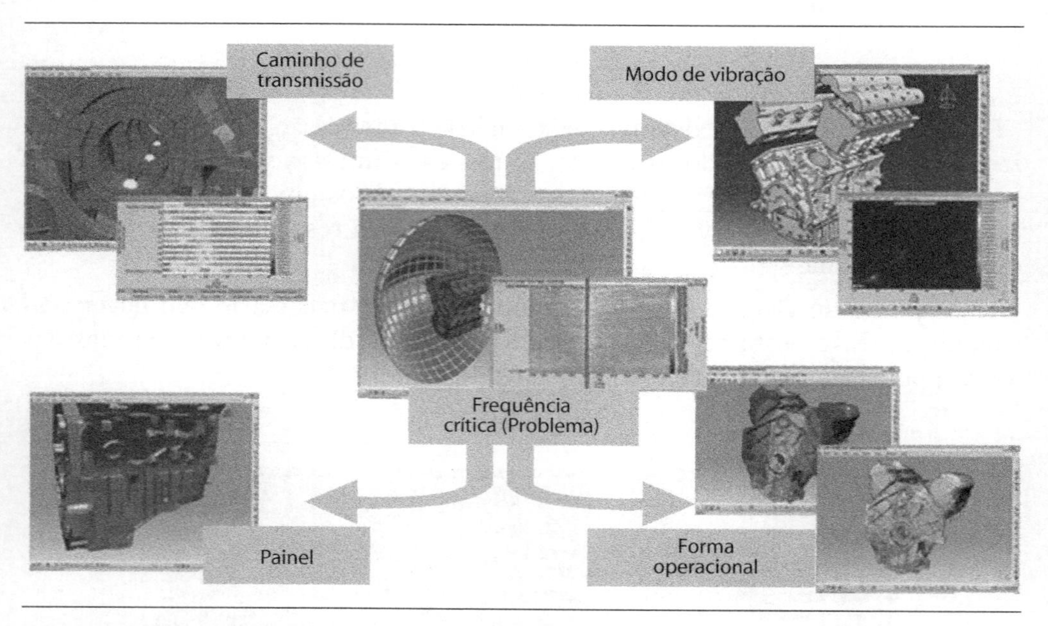

Figura 16.49 – Diagrama de análise de vibrações e ruído.

O controle da resposta vibroacústica dos sistemas pode e deve ser feito preferencialmente nessa ordem, nas fontes, caminhos de transmissão ou sistemas vibrantes finais (painéis ou modos). A maneira correta de abordar um problema de vibroacústica sem usar nenhum processo ultrapassado de tentativa e erro segue os seguintes passos: 1) identificar a frequência problemática; 2) determinar os caminhos de transmissão; 3) verificar se a resposta é ressonante ou operacional e 4) verificar se existe algum painel "bombeando" essa energia para fora sob a forma de ruído.

16.2.4 Alguns fenômenos de ruído e vibrações comuns em motores

16.2.4.1 FENÔMENOS RELATIVOS AO ENGRENAMENTO

Os principais mecanismos de geração de ruído e vibrações em engrenamentos são erros de transmissão, mudança da rigidez no contato dos dentes, impacto entre os dentes no início do contato, impacto entre componentes que não estão transmitindo torque, mudança das forças de fricção em virtude do escorregamento entre dentes e deficiência na lubrificação.

O erro de transmissão é o principal responsável pelo ruído de engrenamento e é definido como o desvio angular da engrenagem movida quando a engrenagem motriz rotaciona com velocidade angular constante. Este tipo de erro gera ruído como resultado das forças dinâmicas envolvidas no engrenamento, as quais são transmitidas através das árvores e então aos mancais, que excitam a carcaça da transmissão.

O erro de transmissão é definido como:

$$\varepsilon = \theta_1 - \frac{Z_2}{Z_1}\theta_2 \qquad \text{Eq. 16.20}$$

θ_1: é o deslocamento angular da engrenagem motriz.

θ_2: é o deslocamento angular da engrenagem movida.

Z_1: é o número de dentes da engrenagem motriz.

Z_2: é o número de dentes da engrenagem movida.

Whine

O ruído de engrenamento mais significativo em caixas de transmissão é conhecido como *whine* e é aproximadamente a soma de manifestações tonais na frequência de engrenamento e em suas harmônicas. O mecanismo principal de geração do *whine* é o erro de transmissão e a frequência de engrenamento é definida pelo produto do número de dentes da engrenagem pela frequência de rotação do eixo correspondente.

Rattle

O mecanismo de engrenamento demanda certa folga dimensional entre os flancos do par de engrenagens, o que se chama de *backlash*. Além disso, há folgas de montagem para acomodar expansões térmicas e desvios do processo de manufatura, tanto nas engrenagens quanto em outros componentes da transmissão, como luvas de engate e sincronizadores. Quando os componentes estão sob pequena carga estática, mas sujeitos a grandes irregularidades no torque transmitido, há a possibilidade de separação dos flancos durante o engrenamento dos dentes correspondentes. Essa separação pode resultar em um regime de impactos chamado de *rattle*. Ressaltam-se que as vibrações torcionais no eixo de entrada da transmissão e ainda a combustão gerada no motor como os principais causadores do *rattle*.

Veja o seguinte par de engrenagens esquemático da Figura 16.50 (dados geométricos são omitidos):

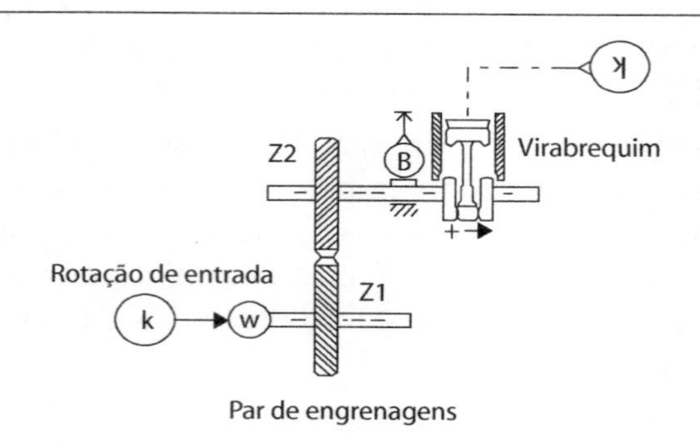

Figura 16.50 – Simulação de *rattle* (*backlash*) – par de engrenagens.

Os fenômenos de engrenamento nos domínios do tempo e da frequência simulados estão mostrados a seguir na Figura 16.51:

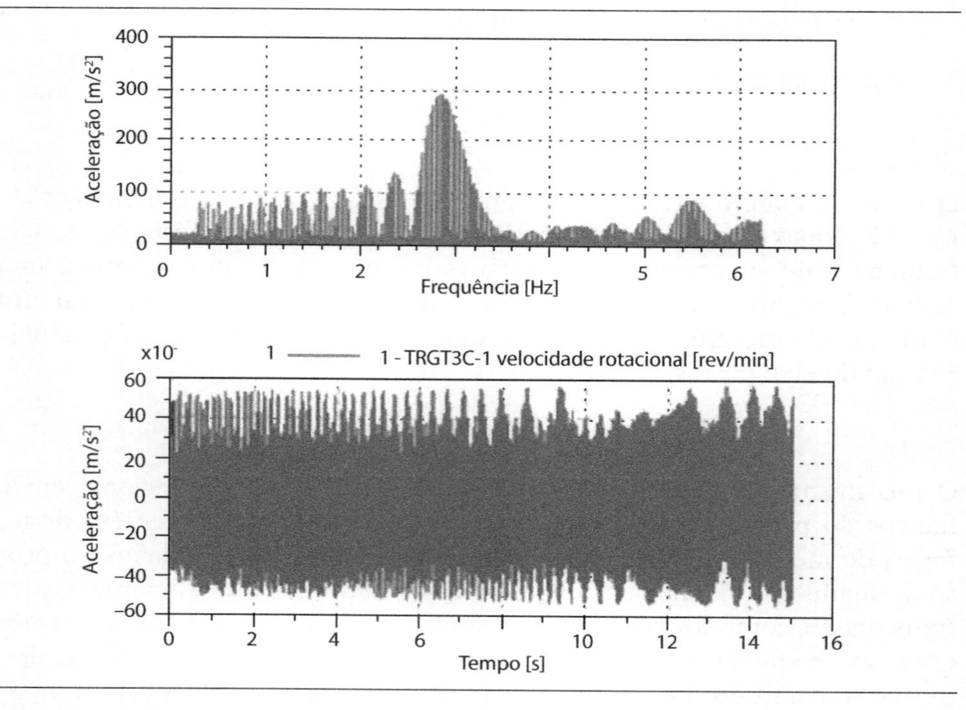

Figura 16.51 – Simulação de *rattle* (*backlash*) – resultados para uma rotação.

Os impactos sucessivos durante engrenamento excitam os sistemas nos quais estão montadas as engrenagens, bem como as próprias engrenagens, em um amplo espectro de frequências e, dessa forma, frequências mais altas podem ser excitadas, gerando ruído perceptível em várias condições de operação do motor.

A redução da folga de engrenamento é sempre benéfica para a redução do mecanismo de ***backlash***, conforme mostra a Figura 16.52.

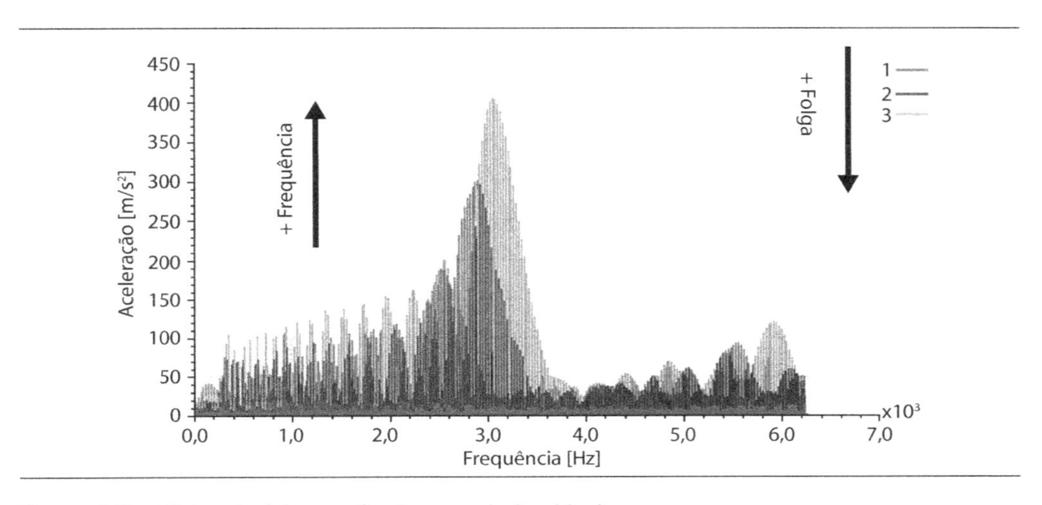

Figura 16.52 – Efeito da folga no fenômeno de *backlash*.

16.2.4.2 DETONAÇÃO (*KNOCKING*)

Quando uma parte não queimada da mistura ar–combustível, fora da região do envelope da frente de chama, é submetida à combinação de calor e pressão durante certo intervalo de tempo, pode ocorrer a detonação do combustível. A detonação se caracteriza por uma ignição explosiva no interior de um ou mais cilindros. O pico de pressão de combustão é bem estreito e causa uma onda de choque que, por conta de seu intervalo ser bem curto, consegue excitar o sistema em uma faixa de frequências bem ampla produzindo um ruído me-

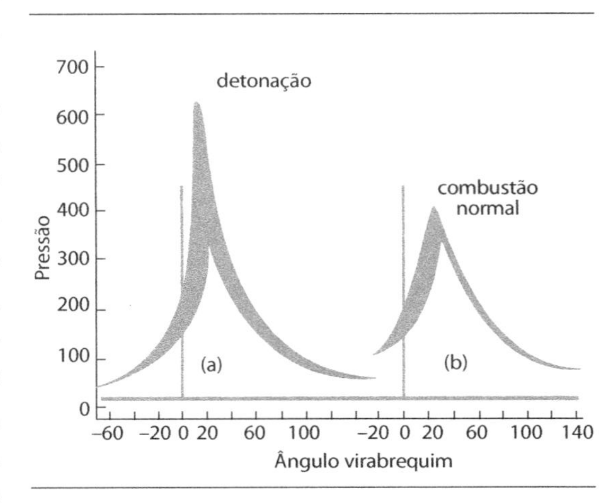

Figura 16.53 – Curvas de pressão de combustão, a) detonação, b) normal.

tálico bem pronunciado. A Figura 16.53 ilustra a diferença entre uma combustão normal e uma combustão com detonação.

16.2.4.3 RUÍDO IRRADIADO PELOS SISTEMAS DE ADMISSÃO E DESCARGA

O ruído produzido interiormente pela combustão no motor é irradiado para fora por meio do sistema de admissão. Esse é um dos principais caminhos aéreos de transmissão de ruído para o interior do veículo devido ao motor.

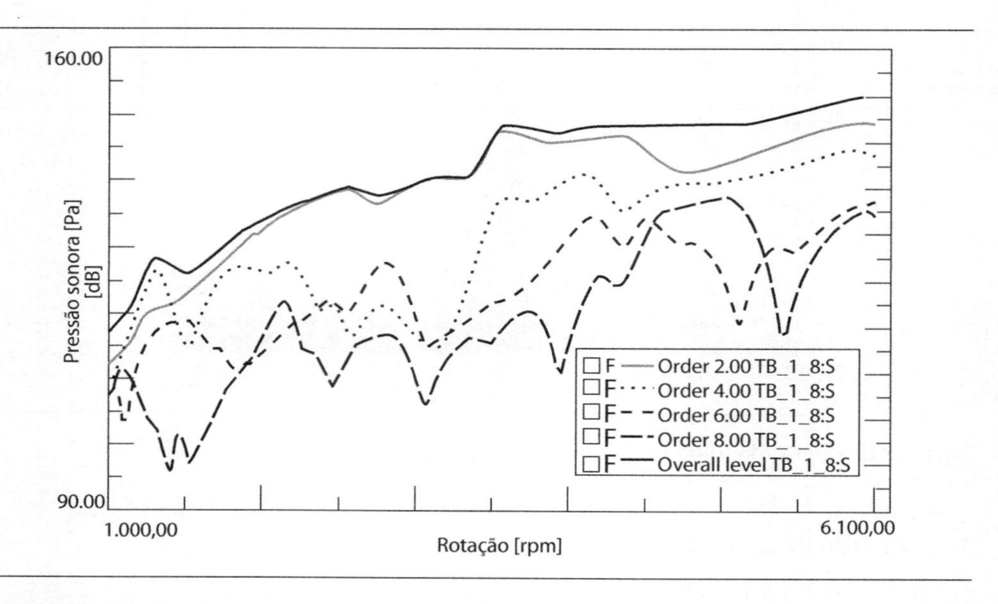

Figura 16.54 – Ruído medido no corpo de borboleta de um motor 1.8.

Esse ruído normalmente é atenuado pela utilização do filtro de ar e dos dutos que compõem o sistema. Entretanto se os sistemas de dutos não forem corretamente projetados, as ressonâncias acústicas desses dutos poderão ser excitadas, amplificando o ruído irradiado pelo bocal.

Analogamente, o sistema de exaustão também se comporta da mesma forma. Quando os dutos, tanto de exaustão como de escapamento, possuem ressonâncias nas faixas de rotação de excitação do motor, a radiação sonora apresenta picos de amplificação, conforme a curva mostrada na Figura 16.55.

Para melhor compreender os fenômenos de ressonância em dutos, faz-se necessária uma revisão dos mecanismos de propagação de ondas sonoras em dutos, que, por ser bastante extensa, foge ao escopo deste livro e portanto não será apresentada neste capítulo.

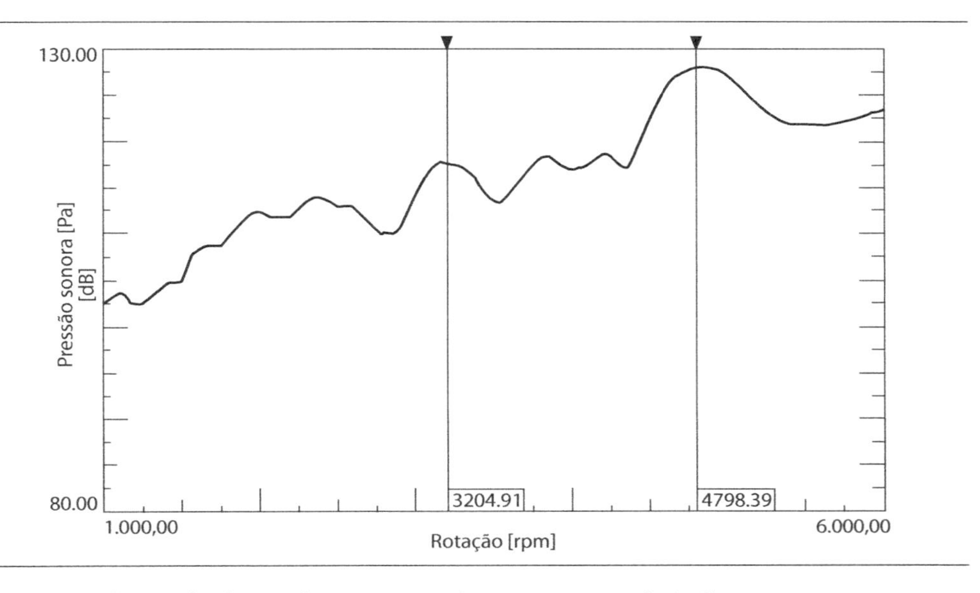

Figura 16.55 – Ressonância em dutos conectados ao motor – admissão ou escape.

16.2.4.4 RUÍDO GERADO POR RESSONÂNCIAS DE COMPONENTES AGREGADOS E PAINÉIS

Já foi mencionado anteriormente que para motores quatro tempos e quatro cilindros, os componentes agregados não podem ter ressonâncias ou modos naturais de vibração. Uma vez que haja modos nessa faixa, que é onde o motor entrega a maior energia possível, o componente irá vibrar excessivamente e poderá quebrar ou gerar ruídos indesejáveis.

Veja o exemplo de um sistema de exaustão (coletor) posicionado em um motor operando conforme o *colormap* da Figura 16.56:

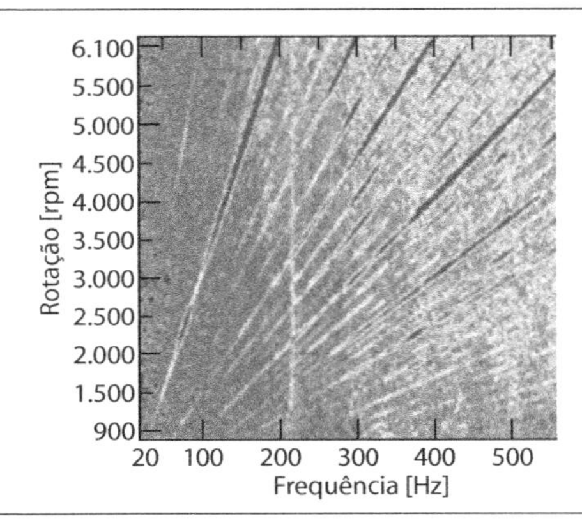

Figura 16.56 – Resposta acústica do motor.

Nota-se que a segunda ordem do motor está radiando ruído desde 3.000 rpm em frequências próximas de 200 Hz. Um estudo de mapeamento no motor foi realizado e as formas de vibração do coletor estão mostradas na Figura 16.57, onde A, B, C e D são deslocamentos do coletor em quatro instantes de tempo.

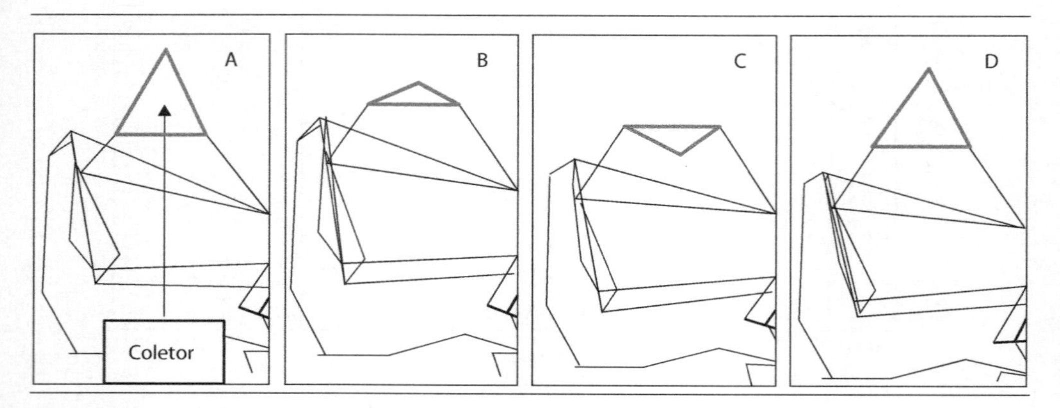

Figura 16.57 – Vibrações no coletor em ressonância.

Neste sistema, o ruído era gerado pelas vibrações excessivas do coletor quando um de seus modos naturais foi excitado durante a operação. A energia neste caso vinha das forças de segunda ordem do motor.

O caso a seguir mostra um motor com problema de ruído em uma dada rotação. A distribuição de pressão sonora com a frequência crítica assinalada está mostrada na Figura 16.58.

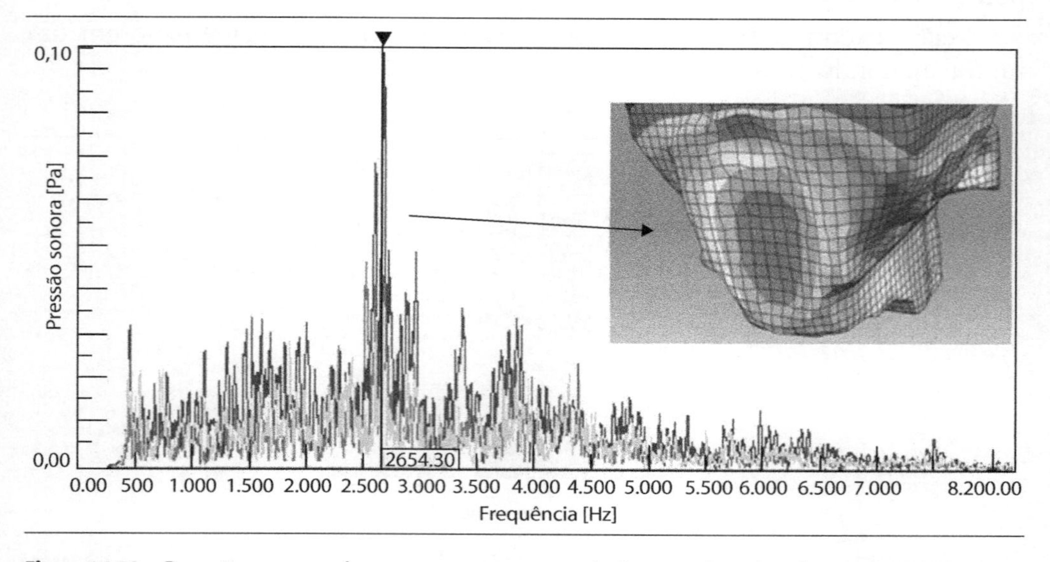

Figura 16.58 – Pressão sonora de um motor em uma dada rotação e modo em 2.500 Hz.

A principal frequência irradiada deste motor é de 2.554 Hz e o pico bem presente indica uma ressonância da própria estrutura do motor. Uma análise modal foi conduzida na carcaça do motor (bloco, cabeçote e cárter) e esta mostrou que havia um modo natural em 2.654 Hz, conforme mostrado na Figura 16.58.

Note que desta vez a faixa de frequências está bem acima da segunda ordem, mas outros fenômenos de funcionamento do motor possibilitavam a excitação desses modos, que inclusive são do próprio invólucro do motor.

16.2.4.5 TRANSMISSIBILIDADE DOS COXINS

Classicamente, quando se fala de projetos de coxins para motores, os parâmetros iniciais de projeto são o peso do motor e transmissão, cálculo dos modos de corpo rígido e determinação dos momentos de inércia do conjunto. Então o coxim é calculado com vistas à durabilidade e para controlar os movimentos globais do motor. Dessa forma, tudo é considerado em condição quase estática.

Do ponto de vista de NVH, a energia vibratória do motor pode e será transmitida em frequências bem superiores à condição quase estática. A Figura 16.59 mostra um esquema de um coxim, que é um caminho de transmissão de energia. Esse caminho, apesar do elevado amortecimento dado pelo elemento de borracha, também possui ressonâncias, valendo o princípio $F = K\,\Delta x$.

Figura 16.59 – Esquema do coxim.

Para um sistema de um grau de liberdade conceitual, conforme a seção anterior, a transmissibilidade das forças pode ser mostrada pela seguinte expressão:

$$T(\Omega)\frac{F_{Transmitida}}{F_{Excitadora}} = \frac{k + jc\Omega}{k - m\Omega^2 + jc\Omega}$$

Eq. 16.21

Onde:

T: é a transmissibilidade.

F: são as forças excitadora e transmitida.

k: é a rigidez do sistema.

c: é o amortecimento.

Ω: é a frequência angular.

A Figura 16.60 mostra diferentes transmissibilidades típicas para sistemas de um grau de liberdade.

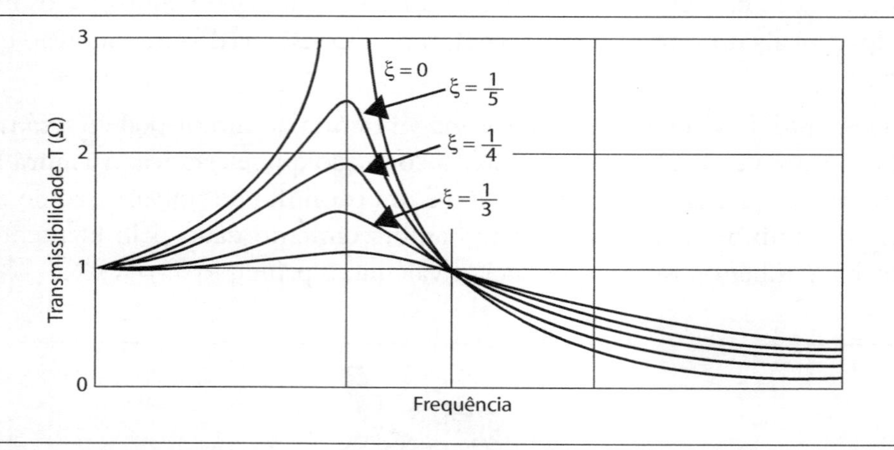

Figura 16.60 – Transmissibilidade típica para sistemas de um grau de liberdade.

O coxim então se comporta como um sistema similar, transmitindo a força de forma característica, entretanto não como um sistema de um grau de liberdade e sim de múltiplos graus de liberdade.

Isso quer dizer que, dependendo do comportamento, para algumas frequências de excitação vindas do motor, a coxinização não somente deixará de atenuar a força de entrada como também amplificará a força de saída. A energia nessa faixa de frequência geralmente provoca problemas de ruído radiado pela carroceria do veículo.

Note-se que existem situações de absorção de energia, entretanto os picos em altas frequências são amplificações da força transmitida por meio dos coxins. Por isso a seleção do coxim deve ser muito mais detalhada do que simplesmente a seleção para os movimentos de corpo rígido do motor.

A Figura 16.61 apresenta gráficos de rigidez dinâmica de um coxim para vários deslocamentos aplicados.

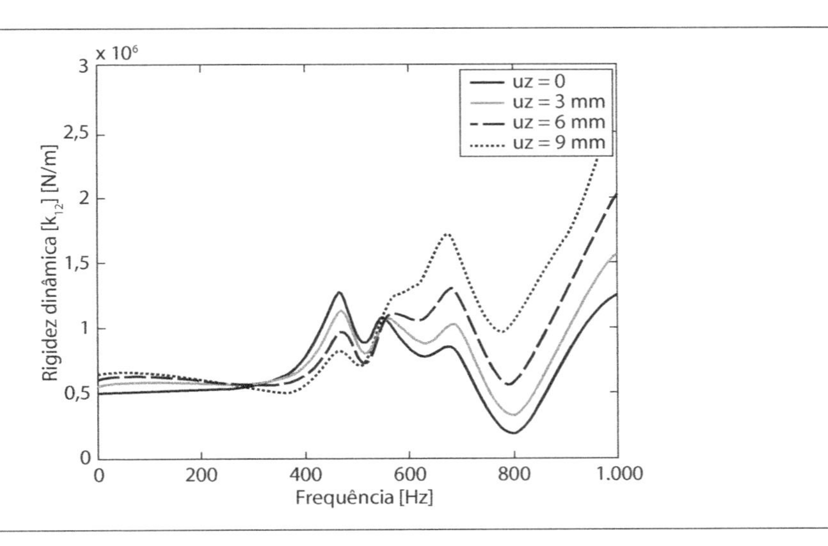

Figura 16.61 – Rigidez dinâmica com deslocamentos aplicados nos coxins.

16.2.4.6 VIBRAÇÃO TORCIONAL EM VIRABREQUINS

Os esforços aplicados nas manivelas do virabrequim não são constantes no tempo, variando em função do ângulo de giro do virabrequim. Para um motor multicilíndrico, a defasagem que existe entre os esforços aplicados em cada manivela tornam o torque total no virabrequim bastante complexo.

Por restrições de projeto do componente, surgem frequências ressonantes, as quais são excitadas pelos torques nas manivelas, surgindo, consequentemente, velocidades críticas dentro da faixa de rotação do motor.

As amplitudes de vibrações nessas velocidades críticas são geralmente elevadas e podem ocasionar falhas no virabrequim. Ainda que as amplitudes sejam baixas e que não haja um comprometimento estrutural no virabrequim, por ter sido dimensionado para suportá-las, essas amplitudes de vibração podem ser altas o suficiente para danificar e/ou provocar mau funcionamento de outros elementos do motor, como polia, correias, eixo comando de válvulas, engrenagens etc.

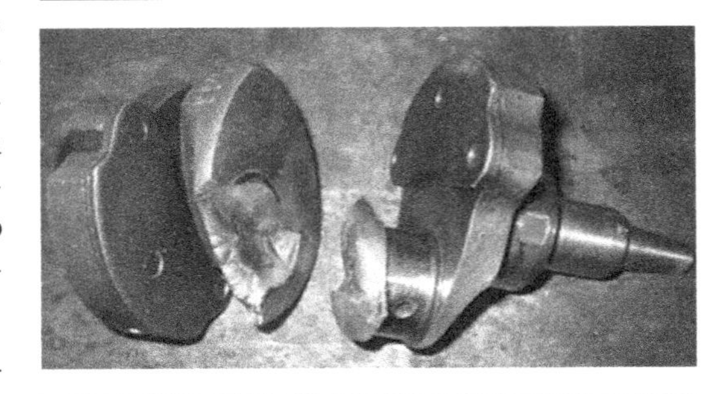

Figura 16.62 – Falha de um virabrequim ocasionada por vibração torcional excessiva.

A Figura 16.62 mostra um virabrequim com falha por fadiga torcional, característica de um problema gerado por vibrações torcionais excessivas.

O sistema pistão–biela–manivela é excitado pela pressão de combustão no cilindro, que gera reações dinâmicas no sistema. Uma curva de pressão no cilindro típica para um MCI está apresentada na Figura 16.63.

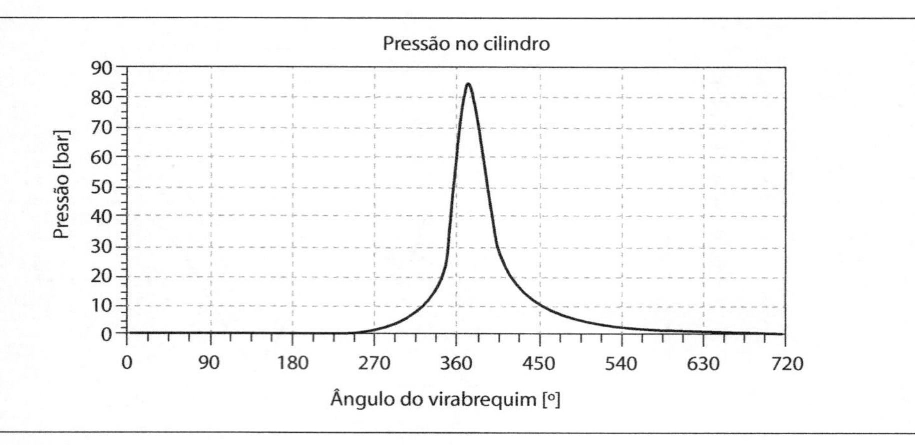

Figura 16.63 – Curva de pressão na câmara de combustão para um MCI.

Conhecida a curva de pressão no cilindro, é possível calcular os torques de excitação do virabrequim, conforme Figura 16.64.

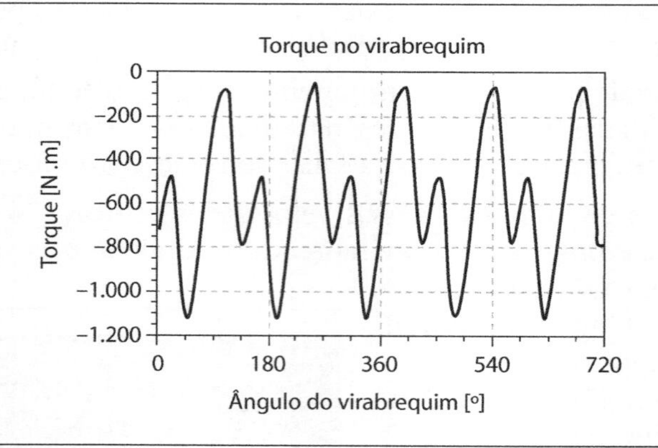

Figura 16.64 – Torque de excitação do virabrequim para um MIC de dez cilindros em V.

Os modelos analíticos simplificados para a caracterização de vibração torcional estão baseados na substituição do virabrequim real por um sistema massa–mola–amortecedor torcional equivalente, de vários graus de liberdade, conforme diagrama da Figura 16.65.

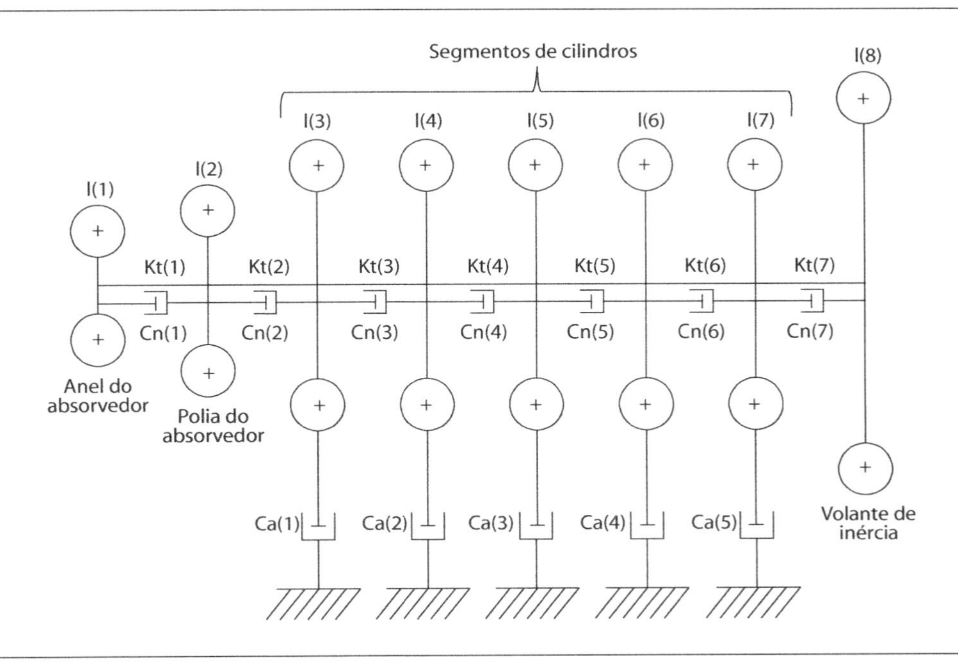

Figura 16.65 – Sistema massa–mola–amortecedor para um motor de cinco cilindros em linha ou de dez cilindros em V.

Para o problema de vibrações torcionais, a equação do movimento do sistema equivalente é

$$[I]\{\ddot{\theta}(t)\}+[C]\{\dot{\theta}(t)\}+[K_t]\{\theta(t)\}=\{T(t)\}$$

Sendo [I] a matriz de inércia, [C] a matriz de amortecimento, $[K_t]$ a matriz de rigidez, $\{\theta(t)\}$ o vetor de amplitudes de vibração torcional e $\{T(t)\}$ o vetor torque de excitação.

O vetor de amplitude de vibrações torcionais é definido como

$$\{\theta(t)\}=\{\theta_1(t)\ \ \theta_2(t)\ \ \theta_3(t)\ \ \theta_4(t)\ \ \theta_5(t)\ \ \theta_6(t)\ \ \theta_7(t)\ \ \theta_8(t)\}^T$$

O vetor de excitação do sistema é descrito por meio dos torques de excitação em cada um dos cilindros da seguinte maneira

$$\{T(t)\}=\{0\ \ 0\ \ T_1(t)\ \ T_2(t)\ \ T_3(t)\ \ T_4(t)\ \ T_5(t)\ \ 0\}^T$$

Em virtude da natureza periódica da excitação, torna-se interessante representar os componentes harmônicos do torque de excitação por meio da série de Fourier discreta:

$$T_i(t) = \frac{A_0}{2} + \sum_{N=1}^{24} \left[A_{i_N} \cos(N\omega t) + B_{i_N} \operatorname{sen}(N\omega t) \right]$$

sendo N o número total de pontos na discretização e ω a frequência. O cálculo dos termos A_0, A_{iN} e B_{iN} foi apresentado por Ewins, em 1995. A expansão da série é truncada na 24ª ordem, pois a precisão dos cálculos até este ponto é considerada satisfatória.

A partir das relações de Euler, pode-se demonstrar que

$$T_i(t) = \frac{A_0}{2} + \sum_{N=1}^{24} \left[C_{i_N} e^{jN\omega t} + \bar{C}_{i_N} e^{jN\omega t} \right]$$

sendo $C_{i_N} = \frac{1}{2}\left(A_{i_N} - jB_{i_N}\right)$ e $\bar{C}_{i_N} = \frac{1}{2}\left(A_{i_N} + jB_{i_N}\right)$.

A resposta do sistema pode ser obtida pelas equações de estado e pela integral de convolução.

O conhecimento das vibrações torcionais é fundamental para um bom projeto do virabrequim. Quando não se conseguem eliminar as amplitudes de vibração é possível fazer uso de absorvedores de vibração a fim de atenuá-las.

Basicamente, existem dois tipos de absorvedor que podem ser aplicados a virabrequins: o absorvedor sintonizado com anel de borracha e o absorvedor viscoso não sintonizado.

Os absorvedores sintonizados de borracha consistem em um anel de inércia conectados elasticamente ao virabrequim por meio de material elástico, como elastômero (borracha).

A razão entre a inércia do anel e a rigidez da borracha deve ser tal que se reduza efetivamente as amplitudes de vibração. Este efeito está ilustrado na Figura 16.66 e ocorre geralmente quando a frequência natural do absorvedor é muito próxima da primeira frequência natural do virabrequim sem absorvedor.

A maioria dos veículos comerciais e de passeio, que requerem o uso de um absorvedor torcional, utiliza o tipo sintonizado de borracha, uma vez que são relativamente de menor custo de produção, e trabalham adequadamente na redução das amplitudes de vibração, em determinadas frequências, sob condições normais de operação. A Figura 16.67 apresenta um absorverdor sintonizado com anel de borracha.

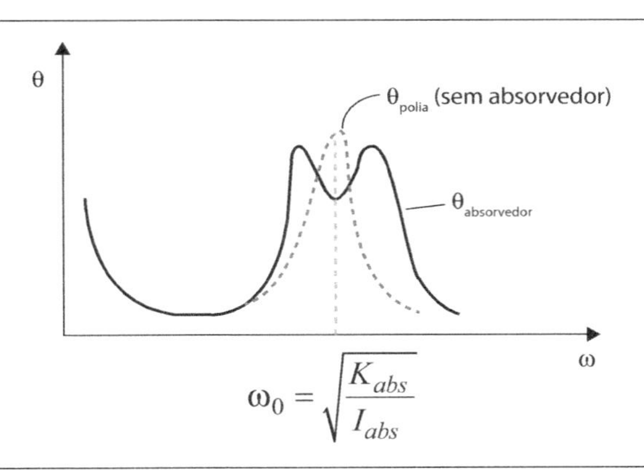

Figura 16.66 – Redução de amplitude de vibração quando a frequência natural do absorvedor coincide com a frequência de ressonância do virabrequim sem absorvedor (ω_0).

Figura 16.67 – Absorvedor de vibrações torcionais sintonizado com anel de borracha.

O outro tipo de absorvedor é o viscoso não sintonizado, o qual consiste de um anel interno que fica enclausurado em uma armadura ou carcaça. Vazios periféricos laterais são preenchidos com um fluido de silicone de alta viscosidade.

A diferença básica entre este tipo de absorvedor e o de borracha é que não há rigidez entre o anel inercial e a carcaça, havendo somente um acoplamento amortecido, dependente da velocidade de rotação do virabrequim. A Figura 16.68 apresenta um absorvedor de vibração torcional viscoso em corte.

Diferentemente dos absorvedores sintonizados de borracha, os absorvedores viscosos não sintonizados não introduzem uma ressonância adicional ao sistema. Esses absorvedores reduzem o valor da frequência natural do sistema ao mesmo tempo que reduzem as amplitudes de vibração em toda a faixa de rotação do motor.

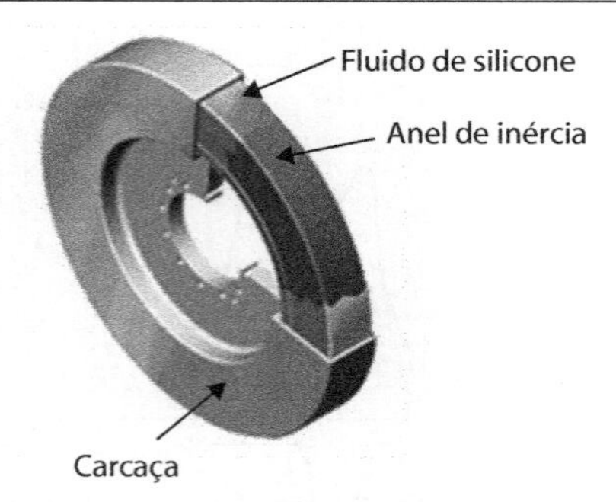

Figura 16.68 – Absorvedor de vibrações torcionais viscoso não sintonizado com fluido de silicone.

A Figura 16.69 apresenta um diagrama de Campbell, mostrando as duas velocidades críticas de um MCI de dez cilindros em V, sem absorvedor de vibrações, excitado pelo torque da Figura 16.64. A relação entre as frequências de ressonância e a rotação do virabrequim, para cada harmônica da excitação, é dada pela equação 16.19.

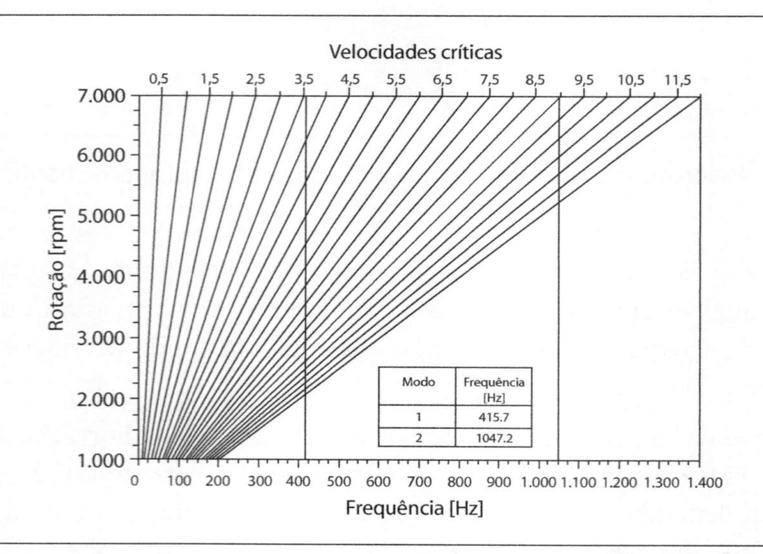

Modo	Frequência [Hz]
1	415.7
2	1047.2

Figura 16.69 – Diagrama de Campbell para um MCI de dez cilindros em V.

As amplitudes de vibrações torcionais na polia do virabrequim, para o mesmo motor de dez cilindros em V, estão apresentadas na Figura 16.70.

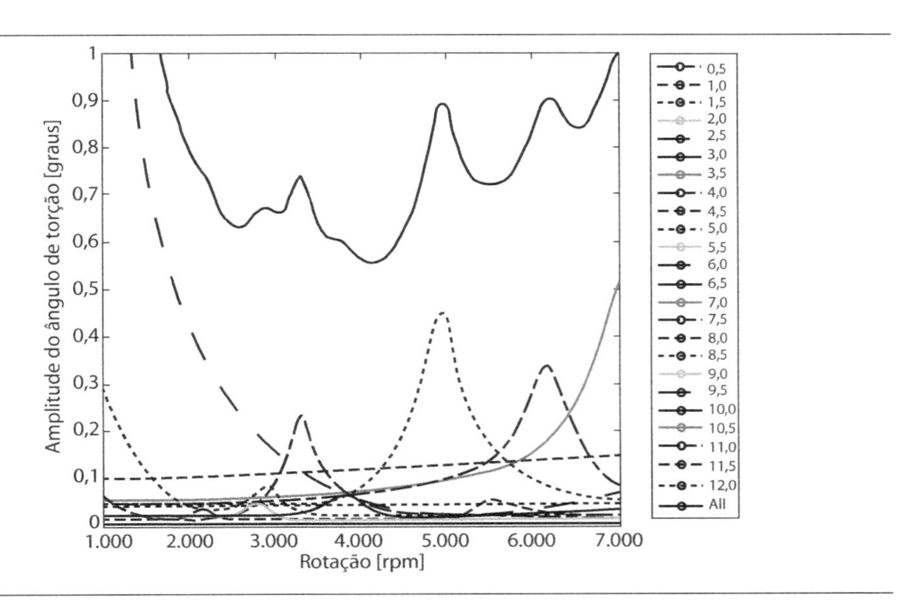

Figura 16.70 – Amplitudes de vibração torcional na polia do virabrequim para as primeiras 24 harmônicas.

As Figuras 16.71 e 16.72 apresentam as amplitudes de vibração torcional no cubo do absorvedor de vibrações, para absorvedor sintonizado de borracha e absorvedor viscoso não sintonizado, respectivamente.

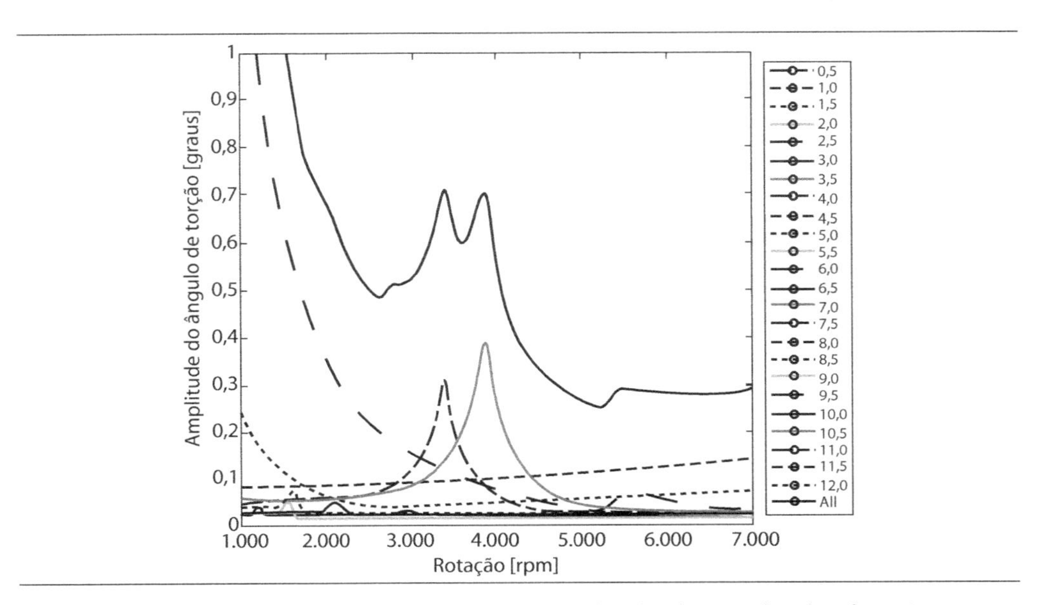

Figura 16.71 – Amplitudes de vibração torcional no cubo do absorvedor de vibrações sintonizado de borracha.

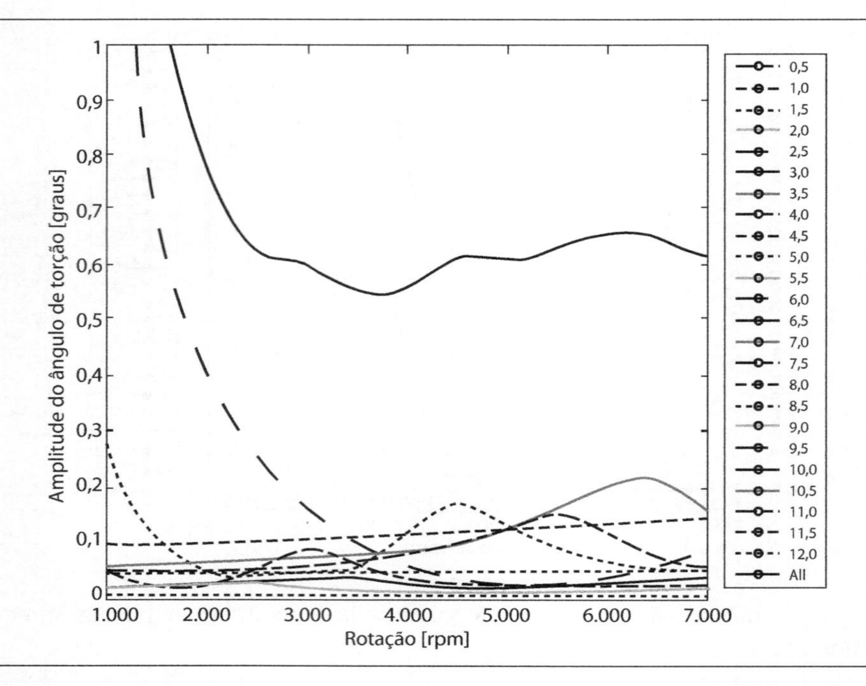

Figura 16.72 – Amplitudes de vibração torcional no cubo do absorvedor de vibrações viscoso não sintonizado.

Pode-se perceber que o absorvedor sintonizado reduz as amplitudes de vibração, introduzindo uma ressonância adicional ao sistema, enquanto o absorvedor viscoso não sintonizado, reduz com maior eficiência as amplitudes de vibração para todas as rotações do motor.

16.3 Considerações finais

O presente capítulo mostrou as relações entre forças e sistemas e o impacto no comportamento vibroacústico do motor. Para facilitar o entendimento da parte de motores, foram introduzidos conceitos fundamentais de vibrações e ruído para uniformizar a nomenclatura dos fenômenos que ocorrem em motores. Em seguida, foi apresentada uma definição completa e passo a passo de análise de ordem e assinatura para motores. Finalmente, foram apresentados fenômenos que são encontrados em motores a combustão.

EXERCÍCIOS

1) Um ensaio de medição de nível de pressão sonora foi realizado em uma máquina notadamente com problema de ruído. A distribuição em bandas de 1/3 de oitava está mostrada a seguir:

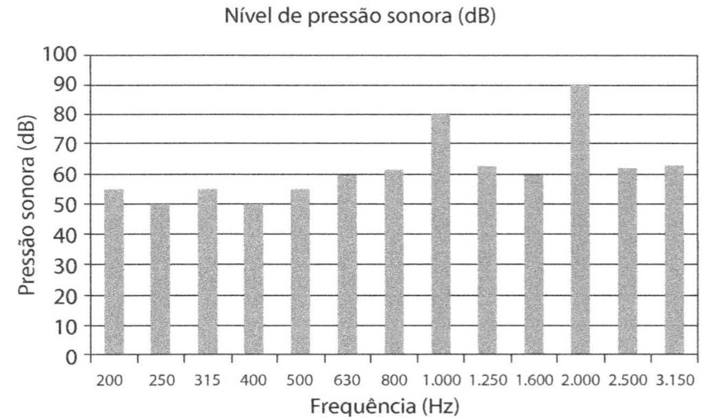

(Hz)	200	250	315	400	500	630	800	1.000	1.250	1.600	2.000	2.500	3.150
NPS (dB)	55	50	55	50	55	60	61	80	63	60	90	62	63

Responda:

a) O que é pressão sonora? Qual sua unidade?

b) O que é nível de pressão sonora (NPS)? O que é intensidade sonora? E nível de intensidade sonora? Descreva o mesmo para potência sonora.

c) Por que usar decibel? O que é "decibel"?

d) Calcule o nível total de ruído dessa máquina.

Resposta:

90,45 dB.

e) Qual a banda de frequência crítica? Justifique sua resposta.

Resposta:

2.000 Hz.

f) Uma providência foi tomada e foi reduzido em 3 dB o nível na banda crítica. Reduza em 3 dB a frequência crítica e recalcule o nível total.

Resposta:

87,86 dB.

g) Reduza em 30 dB a banda de 630 Hz e recalcule o nível total (da distribuição original, sem a redução anterior).

Resposta:

90,45 dB.

h) Analisando os itens f e g, qual a conclusão importante que se pode obter?

i) Qual seria a próxima medida para se atenuar ruído após a atenuação da frequência crítica?

---

2) Analise a seguinte figura e responda:

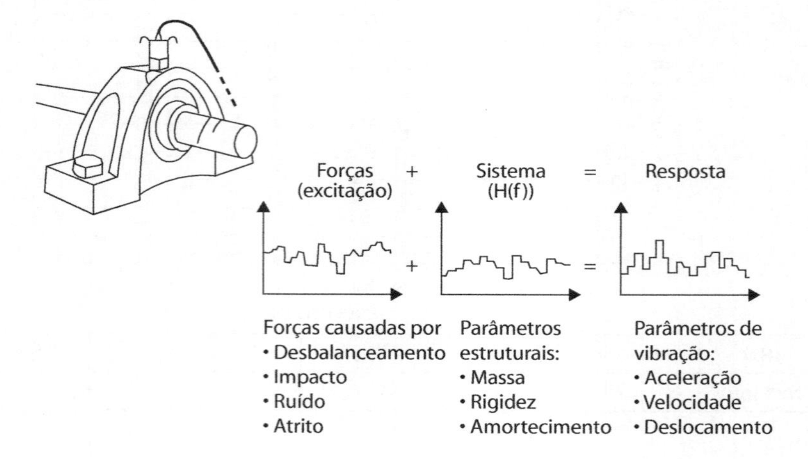

Em linhas gerais, discuta a relação entre forças, sistema e resposta, indicando principalmente o que é a função de transferência ou função resposta em frequência. Exemplifique graficamente.

---

3) Imagine duas fontes sonoras cujas pressões sonoras são idênticas sejam elas quais forem. Mostre que, por meio da operação com decibéis, o nível de pressão sonora resultante é a soma do ruído de uma das máquinas mais 3 dB. Refaça o exercício para dez fontes sonoras idênticas.

Resposta:

$$NPS_R = NPS + 3\ dB$$

---

4) Repita o exercício anterior para dez fontes sonoras iguais.

$$NPS_R = NPS + 10\ dB$$

---

5) Se o sistema está em operação ressonante e a força não pode ser alterada em termos de amplitude e frequência, nem o sistema pode sofrer ações significativas, qual a única maneira de se reduzir a resposta?

---

6) Explique por que é tão importante o uso do domínio da frequência para a caracterização dos sistemas do ponto de vista vibroacústico.

---

7) Dadas as duas rotações de marcha lenta e WOT para um motor quatro tempos e quatro cilindros, conforme a tabela abaixo:

Rotação (RPM)	Ordem	Frequência (Hz)
1.000	2	33.3
6.000	2	200.0

Para qual faixa de frequência os componentes agregados a esse motor devem ser projetados para operar? Por quê?

Resposta:

>200 Hz, na prática 250 Hz.

---

8) Explique a seguinte figura, olhando do ponto de vista de fontes, caminhos de transmissão e radiação acústica:

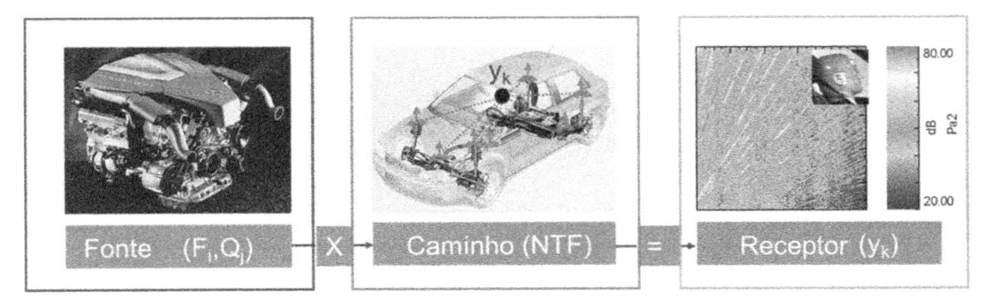

Dica: analisar cada caminho percorrido por cada fonte interna até o ouvido.

Referências bibliográficas

1. AVITABLE, P. *Modal space in our own little world.* 2000.
2. BERANEK, L. *Acoustics.* 1954.
3. EWINS, D. J. *Modal testing theory and practice.* 1985.
4. TAYLOR, C. F. *The internal-combustion engine in theory and practice.* 1984.
5. OLIVEIRA, A. *NVH em motores a combustão.* (Notas de Aula.)
6. OLIVEIRA, A.; LIMA, J. *SAE Congresso de Transmissões 2009* – Ruído de Engrenamento.
7. OLIVEIRA, A. A methodology for vibration measurements in lawnmowers engines. *SAE International Congress 2006* (2006-01-2589).

8. ZMIJEVSKI, T. L. *Detecção de defeitos em caixas de transmissão na linha de montagem.* Dissertação (Mestrado), 2005.

9. LENZI, A. *Apostila de segurança no trabalho.* 2001.

10. WINDLIN, Fernando Luiz. Notas de Aula.

11. SMARTTECH Serviços de Engenharia – Material de treinamentos.

12. SMARTTECH Serviços de Engenharia – Estudo de casos práticos.

13. LMS International – LMS Test. Lab Tutoriais e manuais de software.

14. BRUEL and Kjaer – Technical reviews.

15. VILLALVA, S. G. *Análise de virabrequins automotivos utilizando modelos analíticos e flexíveis.* Dissertação (Mestrado) – Universidade Estadual de Campinas, 2013.

16. MENDES, A. S. *Desenvolvimento e validação de metodologia para análise de vibrações torcionais em motores de combustão interna.* Dissertação (Mestrado) – Universidade Estadual de Campinas, Campinas 2005.

17

Cinemática e dinâmica do motor

Atualização:
José Carlos Morilla
Fernando Malvezzi
Lauro Nicolazzi

17.1 Introdução

Os motores de combustão interna a pistões têm uma cinemática que parte de um movimento de translação alternativo para gerar movimento rotativo, por meio de um eixo de manivelas. A geração de potência nesses motores é intermitente e os regimes de trabalho são variáveis.

O conhecimento dos esforços que se desenvolvem nesses motores é indispensável para o dimensionamento das peças quanto à resistência e rigidez, para o projeto da estrutura e dos suportes, bem como para atenuação das vibrações decorrentes.

17.2 Cinemática do sistema biela–manivela

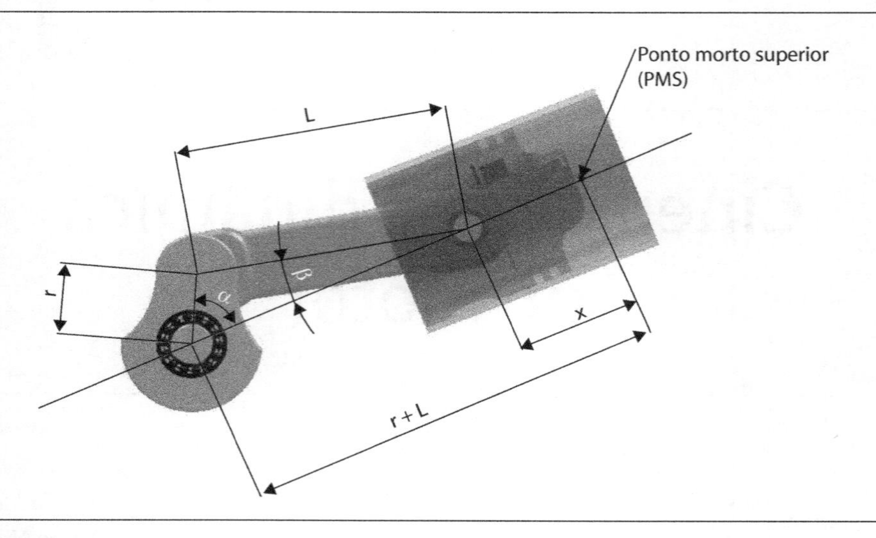

Figura 17.1 – Mecanismo do motor.

A Figura 17.1 mostra esquematicamente o mecanismo do motor. O objetivo do equacionamento a seguir é a determinação da posição instantânea do pistão P, a partir do PMS, por meio do seu deslocamento x.

Tomando como referência o ponto morto superior (PMS) e chamando de r o raio da manivela; L o comprimento da biela; α o ângulo percorrido pela manivela a partir do PMS e β o ângulo da biela; a posição do pistão é dada por:

$$x = (r + L) - (r\cos\alpha + L\cos\beta)$$

ou

$$x = r(1 - \cos\alpha) + L(1 - \cos\beta) \qquad \text{Eq. 17.1}$$

Na Expressão 17.1, aparentemente, o sistema tem dois graus de liberdade; entretanto, é possível obter β em função de α. Na Figura 17.1 é possível observar que:

$$L\,\text{sen}\beta = r\,\text{sen}\alpha$$

ou seja

$$\text{sen}\beta = \frac{r}{L}\text{sen}\alpha$$

Indicando a relação $\frac{r}{L}$ por λ é possível escrever $\text{sen}\beta = \lambda\ \text{sen}\alpha$.
Lembrando-se da relação trigonométrica $\text{sen}^2\beta + \cos^2\beta = 1$, pode-se escrever:

$$\cos\beta = \sqrt{1 - \text{sen}^2\beta} = \sqrt{1 - \lambda^2\text{sen}^2\alpha}$$

Assim, a Expressão 17.1 pode ser escrita como:

$$x = r(1 - \cos\alpha) + L\left(1 - \sqrt{1 - \lambda^2\text{sen}^2\alpha}\right) \qquad \text{Eq. 17.2}$$

Lembrando-se do binômio de Newton:

$$(a + b)^m = a^m + m\,a^{m-1}b + \frac{m(m-1)a^{m-2}b^2}{2!} + \frac{m(m-1)(m-2)a^{m-3}b^3}{3!} + \ldots\ldots$$

Fazendo $a = 1$, $b = -\lambda^2\text{sen}^2\alpha$, $m = \frac{1}{2}$; a expressão $\cos\beta = (1 - \lambda^2\text{sen}^2\alpha)^{1/2}$ pode ser escrita como:

$$\cos\beta = (1 - \lambda^2\text{sen}^2\alpha)^{1/2} = 1 - \frac{1}{2}\lambda^2\text{sen}^2\alpha - \frac{1}{8}\lambda^4\text{sen}^4\alpha - \frac{1}{16}\lambda^6\text{sen}^6\alpha + \ldots$$

Fazendo-se as devidas transformações trigonométricas, se encontra:

$$\cos\beta = \sqrt{1 - \lambda^2\text{sen}^2\alpha} = 1 - \frac{\lambda^2}{4} + \frac{\lambda^2}{4}\cos 2\alpha - \frac{\lambda^4}{64}\cos 4\alpha + \frac{\lambda^6}{512}\cos 6\alpha + \ldots$$

Como λ é, em geral, um valor pequeno, se pode escrever a equação como:

$$\cos\beta = \sqrt{1 - \lambda^2\text{sen}^2\alpha} \cong 1 - \frac{\lambda^2}{4}(1 - \cos 2\alpha)$$

Dessa forma, a Expressão 17.2 é escrita, finalmente:

$$x = r(1 - \cos\alpha) + L\frac{\lambda^2}{4}(1 - \cos 2\alpha) \qquad \text{Eq. 17.3}$$

A Equação 17.3 substitui, com grande precisão, a Equação 17.1 com a vantagem algébrica de apresentar derivada imediata.

Graças a essa observação, pode-se agora calcular a velocidade instantânea do pistão (v):

$$v = \dot{x} = \frac{dx}{dt} = \frac{dx}{d\alpha}\frac{d\alpha}{dt} = \omega\frac{dx}{d\alpha}$$

Onde ω é a velocidade angular a manivela *r*.

Logo, pela Equação 17.3:

$$v = \omega \frac{d}{d\alpha}\left(r(1-\cos\alpha) + L\frac{\lambda^2}{4}(1-\cos 2\alpha) \right) \rightarrow \quad v = \omega \left(r\ \text{sen}\alpha + L\frac{\lambda^2}{2}\text{sen}2\alpha \right)$$

Lembrando que $\lambda = \frac{r}{L}$; a velocidade do pistão fica:

ou seja, $v = \omega \left(r\ \text{sen}\alpha + L\frac{r}{L}\frac{\lambda}{2}\text{sen}2\alpha \right)$

$$v = \omega\, r \left(\text{sen}\alpha + \frac{\lambda}{2}\text{sen}2\alpha \right) \qquad \text{Eq. 17.4}$$

A aceleração do pistão será dada por:

$$a = \frac{dv}{dt} = \frac{dv}{d\alpha}\frac{d\alpha}{dt} = \omega\frac{dv}{d\alpha}$$

ou seja; $a = \omega \frac{d}{d\alpha}\left(\omega\, r \left(\text{sen}\alpha + \frac{\lambda}{2}\text{sen}2\alpha \right)\right)$

$$a = \omega^2 r(\cos\alpha + \lambda\cos 2\alpha) \qquad \text{Eq. 17.5}$$

Utilizando-se mais termos da série do binômio de Newton a expressão da aceleração fica:

$$a = \omega^2 r\left(\cos\alpha + \lambda\cos 2\alpha - \frac{\lambda^3}{4}\cos 4\alpha + \frac{9}{128}\lambda^5\cos 6\alpha + \ldots \right)$$

Exemplo:

Tem-se um motor monocilíndrico com as seguintes dimensões: diâmetro do cilindro D = 102 mm; cilindrada V = 668 cm^3; comprimento da biela L = 208 mm. Na rotação de 1.800 rpm, determinar x, v e a para $\alpha = 30°$ e $\alpha = 180°$.

Resposta:

$\alpha = 30°$	$\alpha = 180°$
x = 6,5 mm	x = 82 mm
V = 4,5 m/s	v = 0
a = 1.407 m/s^2	a = –1.165 m/s^2

Observação:

Note-se que os módulos das acelerações são muito grandes.

17.3 Principais forças

17.3.1 Força de pressão – *Fp*

A força de pressão é a força dos gases que é dada por:

$$F_P = p\ A = p\frac{\pi\ D^2}{4}$$

onde p é a pressão existente na câmara; A é a área projetada da cabeça do cilindro e D é o diâmetro do pistão.

A pressão p é uma função do ângulo (α) percorrido pela manivela em todos os instantes.

De posse do diagrama $p \times \alpha$ do motor, medido ou estimado por um ciclo teórico, esta força é um número proporcional a p. Por outro lado, tendo-se o diagrama $p \times V$ (V é o volume ocupado pelos gases para uma determinada posição da manivela) é possível obter p em função de α ($p = f(\alpha)$), lembrando que:

$$V_\alpha = x\ A = \left[r(1-\cos\alpha) + L\frac{\lambda^2}{4}(1-\cos 2\alpha) \right] A \qquad \text{Eq. 17.6}$$

A determinação de $p = f(\alpha)$ pode ser feita também graficamente pela construção indicada na Figura 17.2.

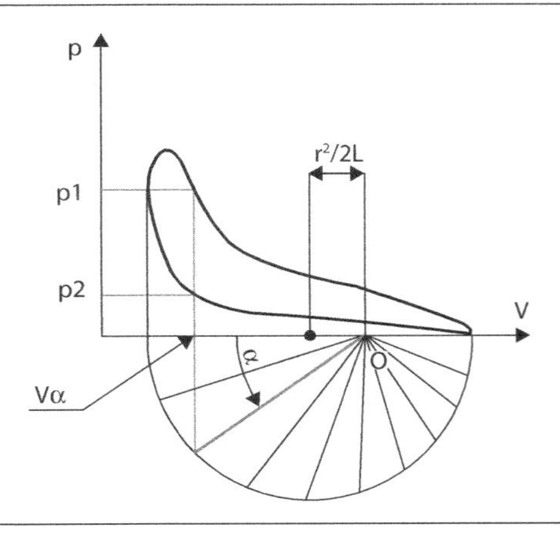

Figura 17.2 – Diagrama pV para um motor monocilíndrico.

Para um ângulo α qualquer da manivela, o volume correspondente é obtido no eixo das abscissas pela projeção do segmento traçado do ponto 0, deslocado de $\frac{r^2}{2L}$ em relação ao ponto médio.

Para esse volume, a pressão poderá ser p_1 no curso de compressão ou p_2 no curso de expansão.

17.3.2 Forças de inércia

17.3.2.1 FORÇAS DE INÉRCIA ALTERNATIVA

É o resultado da aceleração do movimento alternativo das massas:

$$F_a = -m_a\, a$$

onde:

m_a: massas com movimento alternativo e

a: aceleração do pistão.

Usando a Expressão 17.5, para a aceleração do pistão, se encontra:

$$F_a = -m_a\, \omega^2 r(\cos\alpha + \lambda \cos 2\alpha)$$

Esta expressão pode ser escrita como:

$$F_a = -m_a\, \omega^2 r \cos\alpha - m_a\, \omega^2 r\lambda \cos 2\alpha$$

Chamando

$$C_1 = -m_a\, \omega^2\, r \qquad \text{e} \qquad C_2 = -m_a\, \omega^2\, r\, \lambda$$

A força de inércia alternativa pode ser escrita como:

$$F_a = C_1 \cos\alpha + C_2 \cos 2\alpha) \qquad \text{Eq. 17.7}$$

A Expressão 17.7 pode ser escrita como:

$$F_a = P + S \qquad \text{Eq. 17.8}$$

onde

$P = C_1 \cos\alpha \longrightarrow$ é a força alternativa primária

$S = C_2 \cos 2\alpha \longrightarrow$ é a força alternativa secundária

A determinação dessas forças pode ser obtida pela construção da Figura 17.3.

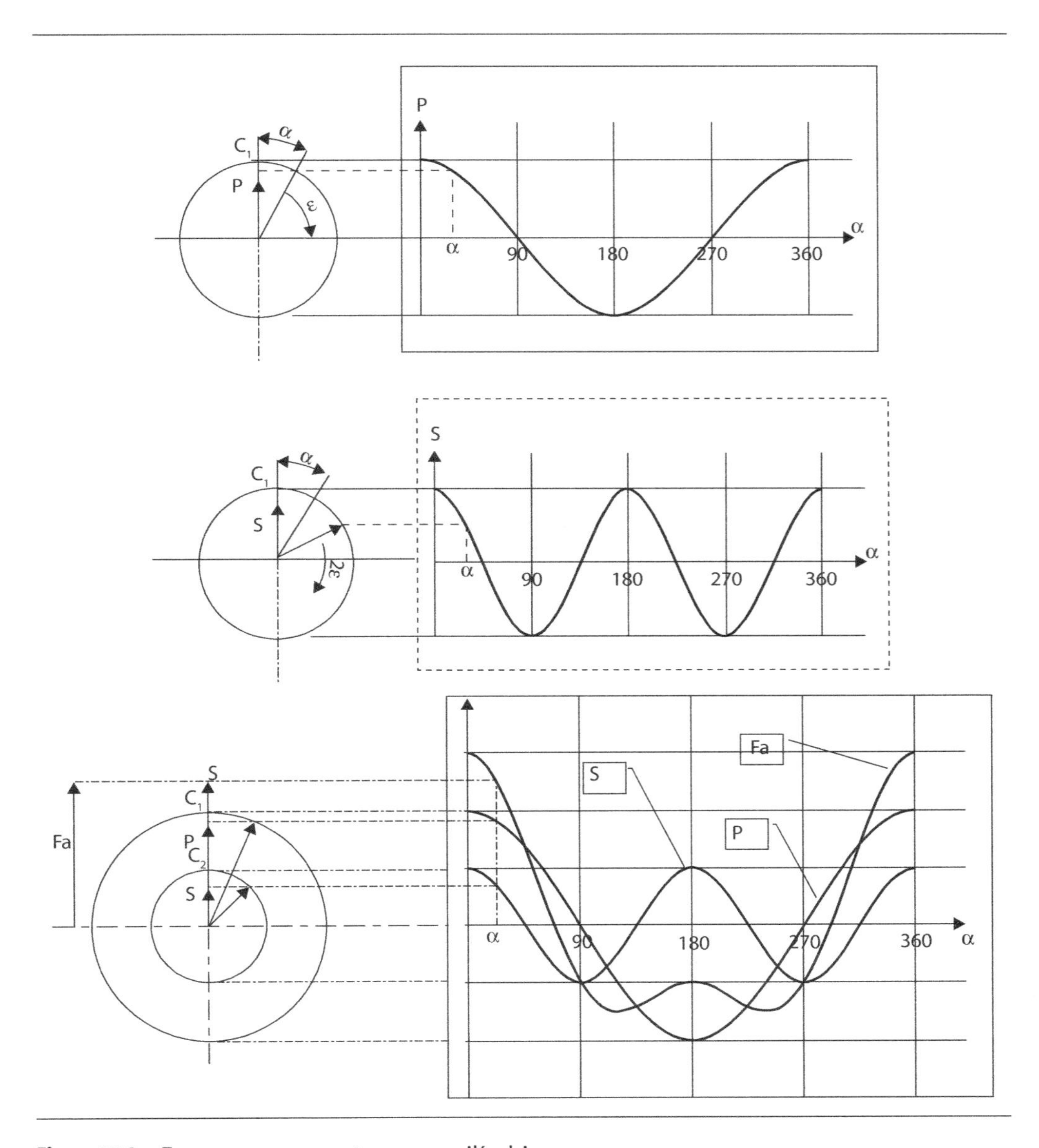

Figura 17.3 – Forças em um motor monocilíndrico.

17.3.2.2 FORÇA CENTRÍFUGA

É a reação da aceleração centrípeta, logo:

$$F_c = -m_r \ \omega^2 \ r \qquad \text{Eq. 17.9}$$

onde

m_r: massas rotativas

17.3.2.3 DIAGRAMA DAS PRINCIPAIS FORÇAS

Como a força de pressão e a força alternativa possuem a mesma direção, que é a do eixo do cilindro, pode-se em cada instante indicar uma força total (F_T), dada por:

$$F_T = F_p + F_a \qquad \text{Eq. 17.10}$$

A Figura 17.4 mostra a decomposição dessa força, nas principais componentes.

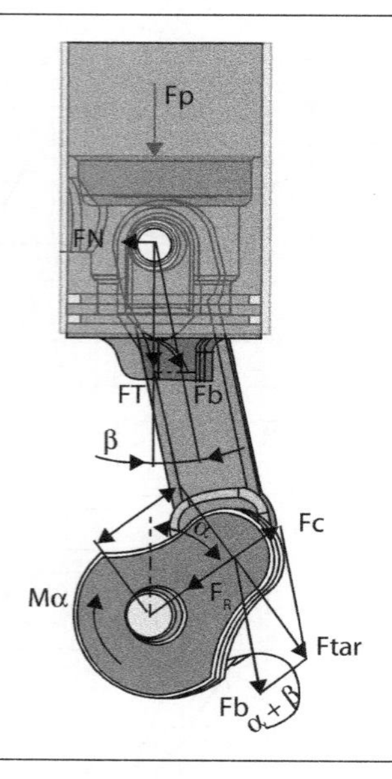

Figura 17.4 – Decomposição de forças.

Pode ser observado na Figura 17.4 que a força F_N produz um momento que faz o motor oscilar. A parcela da força F_T devida à pressão é equilibrada pela força F_p aplicada no cabeçote. Logo, a única força que faz o motor oscilar é a força F_a.

O momento M_α no eixo será dado por:

$$M_\alpha = F_{tan}\ r \qquad \text{Eq. 17.11}$$

17.3.2.4 DIVISÃO DAS MASSAS

A massa da biela (m), considerada em seu centro de massa, pode ser substituída em dois efeitos, um alternativo e um rotativo como segue.

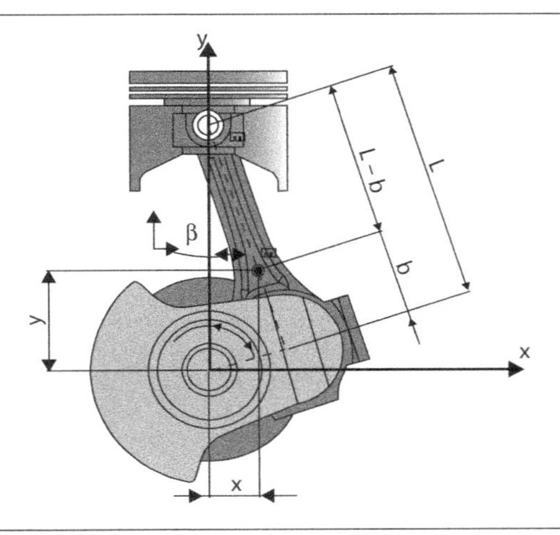

Figura 17.5 – Parâmetros geométricos.

O deslocamento do baricentro (CG) da biela na direção x é dado por:

$$x = (L - b)\text{sen}\beta$$

Sabendo-se que $\text{sen}\beta = \lambda\text{sen}\alpha$, se obtém:

$$x = (L - b)\lambda\text{sen}\alpha$$

Lembrando que $v_x = \frac{dx}{dt}$ e $a_x = \frac{dv_x}{dt}$, encontra-se:

$$v_x = \omega(L - b)\lambda\cos\alpha$$

$$a_x = -\omega^2(L - b)\lambda\ \text{sen}\alpha$$

Sendo ω a velocidade angular do virabrequim. Como $F_x = -m\ a_x$ a força de inércia da biela na direção *x* fica:

$$F_x = m\omega^2(L - b)\lambda\ \text{sen}\alpha$$

Para a direção *y* se tem;

$$y = r\cos\alpha + b\cos\beta$$

Lembrando que $\cos\beta = 1 - \frac{\lambda^2}{4}(1 - \cos 2\alpha)$, pode-se escrever:

$$y = r\cos\alpha + b\left[1 - \frac{\lambda^2}{4}(1 - \cos 2\alpha)\right]$$

Como $v_y = \frac{dy}{dt}$ e $a_y = \frac{dv_y}{dt}$, são encontradas:

$$v_y = -\omega\left[r\ \text{sen}\alpha + \frac{b\,\lambda^2}{2}\text{sen}2\alpha\right]$$

$$a_y = -\omega^2\left[r\ \cos\alpha + b\,\lambda^2\cos 2\alpha\right]$$

Como $F_y = -m\ a_y$ a força de inércia da biela na direção y fica:

$$F_y = -m\omega^2\left[r\ \cos\alpha + b\,\lambda^2\cos 2\alpha\right]$$

$$F_y = -m\omega^2 r\cos\alpha - m\ \omega^2 b\ \lambda^2\cos 2\alpha \qquad \text{Eq. 17.12}$$

Definição de CG

Para efeito da determinação da força de inércia de uma biela, pode-se considerar uma biela como uma barra de comprimento L com duas massas nas extremidades m_1 e m_2, como mostra a Figura 17.6. Para que essa consideração seja possível, além da soma entre m_1 e m_2 ser igual à massa da biela (m), é necessário que:

$$m_1\ L = m\ b \qquad \rightarrow \qquad m_1 = \frac{m\ b}{L}$$

$$m_2\ L = m(L - b) \qquad \rightarrow \qquad m_2 = \frac{m(L-b)}{L}$$

$$m = m_1 + m_2 = \frac{mb}{L} + \frac{m(L-b)}{L} \qquad \text{Eq. 17.13}$$

Substituindo o resultado da Expressão 17.13, na Expressão de 17.12, obtém-se:

$$F_y = -\frac{m\ b}{L}\ \omega^2 r\cos\alpha - m\frac{(L-b)}{L}\ \omega^2 r\cos\alpha - m\ b\ \lambda^2\cos 2\alpha$$

Lembrando que $\lambda = \frac{r}{L}$ e, portanto; $L = \frac{r}{\lambda}$, tem-se:

$$F_y = -m\ b\omega^2\lambda\cos\alpha - m(L-b)\ \omega^2\lambda\cos\alpha - m\ \omega^2 b\ \lambda^2\cos 2\alpha$$

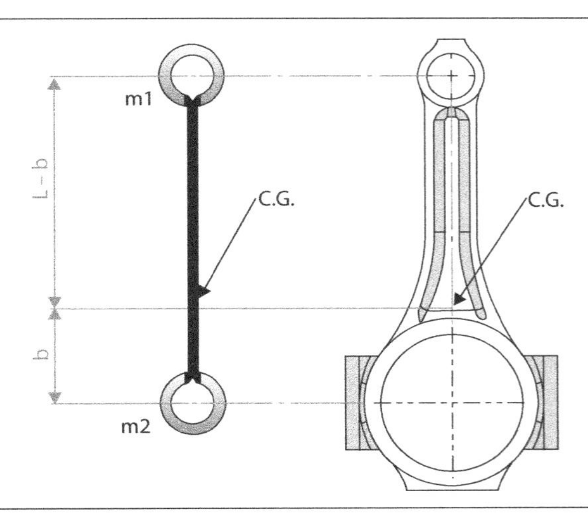

Figura 17.6 – Biela e CG.

$$F_y = \underbrace{-m\ (L-b)\omega^2\lambda\cos\alpha}_{F_{y1}} - \underbrace{m\ b\ \omega^2\lambda(\cos\alpha + \lambda\cos 2\alpha)}_{F_{y2}}$$

Assim, a força Fy pode ser encarada como a composição de duas parcelas:

$$F_y = F_{y1} + F_{y2}$$

Onde:

$$F_{y1} = -m\ (L-b)\omega^2\lambda\cos\alpha \text{ e } F_{y2} = -m\ b\ \omega^2\lambda(\cos\alpha + \lambda\cos 2\alpha) \qquad \text{Eq. 17.14}$$

A resultante entre $F_x + F_{y1}$ é dada por:

$$\sqrt{F_x^2 + F_{y1}^2} = \sqrt{m^2\omega^4(L-b)^2\lambda^2\text{sen}^2\alpha + m^2\omega^4(L-b)^2\lambda^2\cos^2\alpha}$$

$$\sqrt{F_x^2 + F_{y1}^2} = m\omega^2(L-b)\lambda = \frac{m(L-b)}{L}\omega^2 r = m_2\omega^2 r \qquad \text{Eq. 17.15}$$

e representa a parte rotativa da força de inércia.

A parte alternativa da força de inércia da biela é dada por F_{y2}:

$$F_{y2} = m\omega^2 b\ \lambda(\cos\alpha + \lambda\cos 2\alpha) = \frac{m\ b}{L}\omega^2 r\ (\cos\alpha + \lambda\cos 2\alpha)$$

$$F_{y2} = m_1\ \omega^2 r\ (\cos\alpha + \lambda \cos 2\alpha) \qquad \text{Eq. 17.16}$$

Conclusão

As forças de inércia na biela podem ser divididas em forças em virtude do movimento de rotação e forças devido ao movimento alternativo.

Para que a aplicação seja exata, faz-se necessário que o momento de inércia do sistema equivalente seja igual ao real da biela. Essa equivalência pode ser obtida por conservação da energia cinética. Vale ressaltar que a precisão obtida nos resultados não compensa a ampliação do cálculo.

A Tabela 17.1 apresenta as massas m_1 e m_2 em função da rotação.

Tabela 17.1 – Massas m_1 e m_2 em função da rotação.

Para rotações baixas	$m_1 \cong 0{,}4 m_{bi}$
	$m_2 \cong 0{,}6 m_{bi}$
Para rotações altas	$m_1 \cong 0{,}25 m_{bi}$
	$m_2 \cong 0{,}75 m_{bi}$

Observa-se assim, que a biela pode ser "dividida" em duas massas, uma que possui movimento alternativo (m_1) e outra que possui movimento rotativo (m_2)

Considera-se dessa maneira, o sistema biela-manivela substituído por duas massas apenas. Uma das massas (m_a) está localizada no ponto de união entre o pistão e a biela, é dada pela soma entre a massa do conjunto do pistão (m_{pi}) e a massa m_1 da biela e possui movimento alternativo. A outra massa (m_r) está localizada no ponto de união entre a manivela e a biela e é a soma entre a massa m_2 da biela, a massa equivalente do braço da manivela (m_{eqbr}) e a massa do colo da manivela (m_{co}); ou seja:

$$m_a = m_{pl} + \underbrace{m_{abi}}_{m_1} \rightarrow \text{massa alternativa} \qquad \text{Eq. 17.17}$$

$$m_r = m_{co} + 2m_{eq_{br}} + \underbrace{m_{rbi}}_{m_2} \rightarrow \text{massa rotativa} \qquad \text{Eq. 17.18}$$

A Figura 17.7 mostra a localização dessas massas.

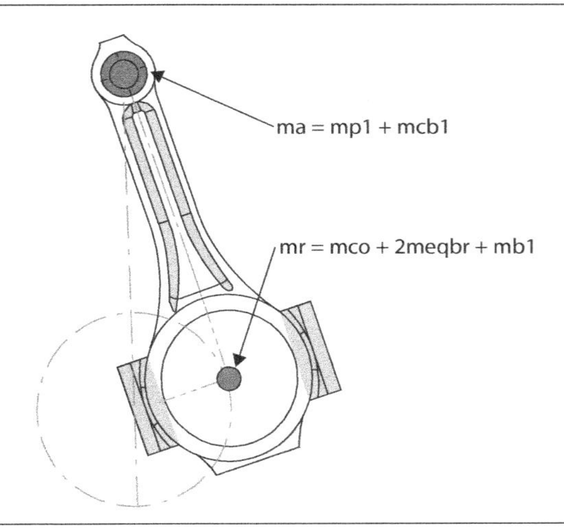

Figura 17.7 – Localização da massa alternativa ma.

Na Expressão 17.18, a massa m_{eqbr} pode ser determinada por:

$$m_{br}\omega^2 r_{br} = m_{eqbr}\omega^2 r$$

$$m_{eqbr} = m_{br}\frac{r_{br}}{r}$$

Onde m_{br} é a massa dos braços do virabrequim e r_{br} é a posição do raio do braço da manivela.

A Figura 17.8 mostra os constituintes de uma manivela e a posição do raio do braço da manivela r_{br}.

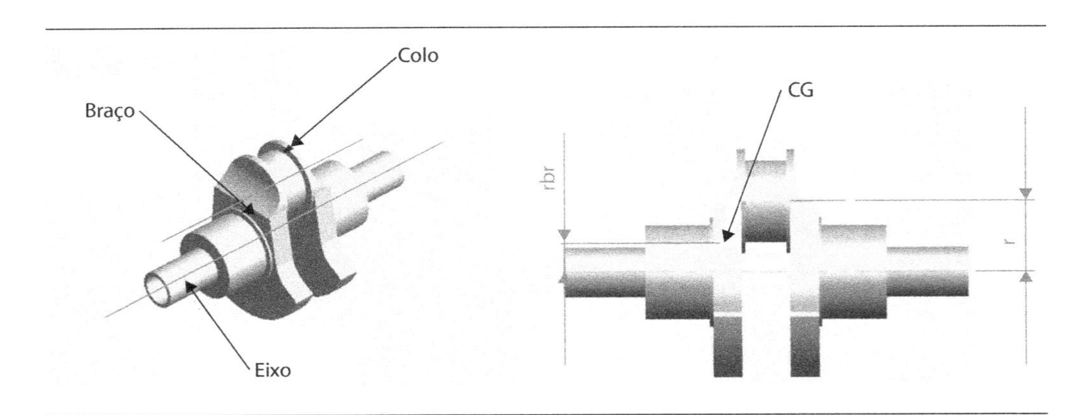

Figura 17.8 – Constituintes de uma manivela.

onde: m_{pi}: massa do conjunto do pistão.

$m_{a_{bi}}$: massa alternativa da biela.

m_{co}: massa do colo da manivela.

$m_{eq_{br}}$: massa equivalente do braço da manivela.

$m_{r_{bi}}$: massa rotativa da biela.

17.3.3 Diagrama da força total

Adotando-se, por convenção, que a força seja positiva quando $\vec{F} \cdot \vec{v} > 0$, isto é, quando o vetor força e o vetor velocidade do pistão tiverem o mesmo sentido, traça-se o diagrama de variação da força total em função do ângulo percorrido pela manivela como mostra a Figura 17.9.

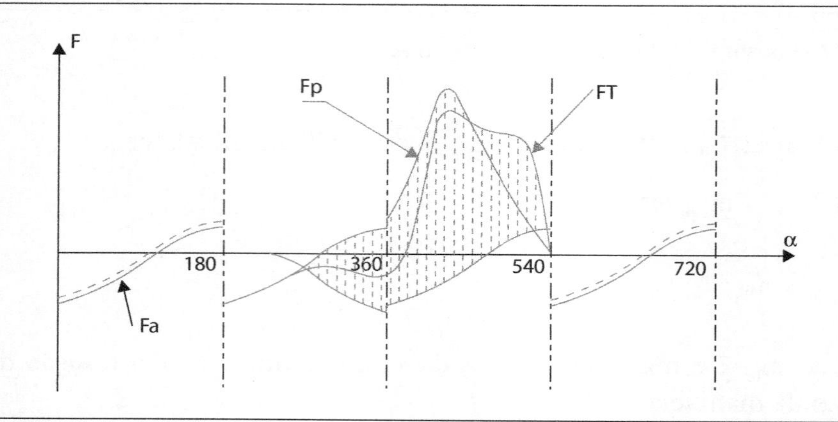

Figura 17.9 – Diagrama de variação da força.

17.4 Momento no eixo

Observando a Figura 17.4, obtém-se:

$$F_{tan} = F_b \operatorname{sen}(\alpha + \beta) \qquad \text{e} \qquad F_b = \frac{F_T}{\cos\beta}$$

Assim:

$$F_{tan} = \frac{F_T}{\cos\beta} \operatorname{sen}(\alpha + \beta)$$

Como o momento na manivela (*M*) é $M = F_{tan}\, r$, ele pode ser escrito como:

$$M = F_T\, r \frac{\operatorname{sen}(\alpha + \beta)}{\cos\beta} \qquad \text{Eq. 17.19}$$

A relação $\frac{\text{sen}(\alpha+\beta)}{\cos\beta}$ pode ser desenvolvida como:

$$\frac{\text{sen}(\alpha+\beta)}{\cos\beta}=\frac{\text{sen}\alpha\cos\beta+\text{sen}\beta\cos\alpha}{\cos\beta}=\text{sen}\alpha+\frac{\text{sen}\beta\cos\alpha}{\cos\beta}$$

$$\frac{\text{sen}(\alpha+\beta)}{\cos\beta}=\text{sen}\alpha+\frac{\lambda\text{sen}\alpha\cos\alpha}{1-\frac{\lambda^2}{4}(1-\cos2\alpha)}=\text{sen}\alpha+\frac{\lambda}{2}\frac{\text{sen}2\alpha}{1-\frac{\lambda^2}{4}(1-\cos2\alpha)}$$

Ou, aproximadamente:

$$\frac{\text{sen}(\alpha+\beta)}{\cos\beta}=\text{sen}\alpha+\frac{\lambda}{2}\text{sen}2\alpha$$

Dessa forma, a Expressão 17.19 pode ser escrita:

$$M=F_T\ r\left(\text{sen}\alpha+\frac{\lambda}{2}\text{sen}2\alpha\right) \qquad \text{Eq. 17.20}$$

Com o auxílio da Figura 17.9 ($F_T = f(\alpha)$) é obtida a Figura 17.10.

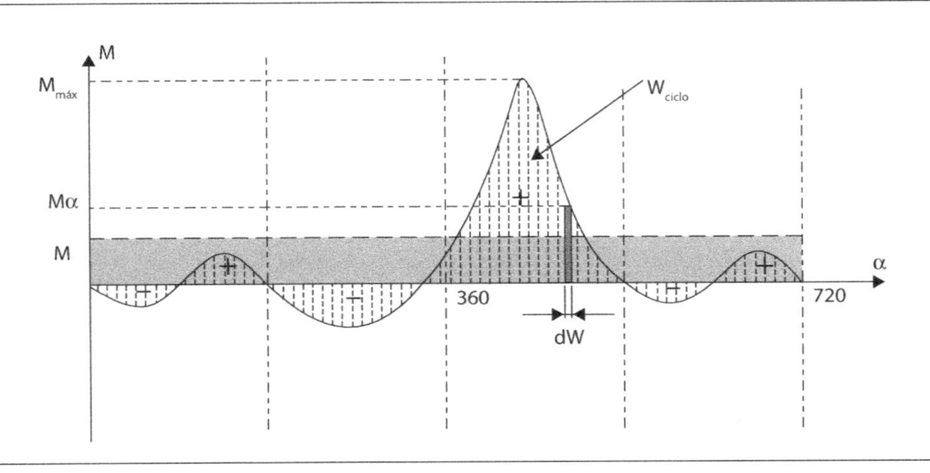

Figura 17.10 – Momento no eixo do motor e trabalho do ciclo em função de α.

O trabalho elementar (dW) quando a manivela gira de um ângulo dα é dado por:

$$dW = Md\alpha = dA$$

Para um motor a quatro tempos; o trabalho ao longo do ciclo fica:

$$W_{ciclo} = \int_0^{4\pi} M \, d\alpha \qquad \text{Eq. 17.21}$$

Vale salientar que, no gráfico apresentado na Figura 17.10, esse trabalho é representado pela área total dentro do ciclo.

Pode-se definir um momento médio ($\bar{M}$), que corresponde a um momento de valor constante que produziria o mesmo trabalho; ou seja:

$$W_{ciclo} = \int_0^{4\pi} M \, d\alpha = \int_0^{4\pi} \bar{M} \, d\alpha = \bar{M} \; 4\,\pi \qquad \text{Eq. 17.22}$$

Dessa forma, $\bar{M}$ é a altura de um retângulo de base 4π que possui a mesma área do ciclo do diagrama.

Da Expressão 17.22, é possível obter:

$$\bar{M} = \frac{W_{ciclo}}{4\pi}$$

Como a força de atrito não foi considerada e o trabalho das forças alternativas é nulo, então:

$W_{ciclo} = W_i =$ trabalho indicado.

Assim, $\bar{M} = T_i =$ torque indicado, sendo

$N_i = T_i \; 2\,\pi\, n$ a potência indicada do motor.

O desvio, em cada instante, entre o momento instantâneo e o momento médio ($\bar{M}$), produz irregularidades na rotação que provocam vibrações e tensões. Esse desvio é máximo quando o momento instantâneo é igual a $M_{máx}$. À relação entre o momento máximo $\left(M_{máx}\right)$ e o momento médio ($\bar{M}$) se dá o nome de Grau de Irregularidade (GI); ou seja:

$$GI = \frac{M_{máx}}{\bar{M}} \qquad \text{Eq. 17.23}$$

Para reduzir o GI, são construídos motores multicilíndricos, nos quais o intervalo de ignição (II) é dividido por igual ao longo de um ciclo do motor.

O intervalo de ignição define o ângulo entre as manivelas e é dado por:

$$II = \frac{x \cdot 360}{z}$$

onde

$x = 1$ ou 2 e $z = n^{\underline{o}}$ de cilindros

Os valores médios do GI observados nos motores existentes, são dados pela Tabela 17.2.

Tabela 17.2 – Grau de irregularidade para motores multicilíndricos.

z	1	2	3	4	6	8	...∞
GI	10,3	4,5	3,5	2	1,7	1,5	...1

17.5 Volante

Em regime permanente, a carga externa aplicada no eixo do motor (M_{res}) iguala-se ao momento médio produzido no eixo $\bar{M}$. Entretanto, o momento instantâneo (M_α) oscila em torno do momento médio $\bar{M}$. Isso provoca acelerações e desacelerações instantâneas no eixo fazendo com que ocorram irregularidades na rotação média.

A relação entre a aceleração instantânea ($\dot{\omega}$) e a diferença entre os momentos é dada por:

$$M_\alpha - \bar{M} = I\frac{d\omega}{dt} = I\,\dot{\omega} \qquad \text{Eq. 17.24}$$

onde *I* é o momento de inércia das massas em rotação.

Assim, nos pontos onde $M_\alpha = \bar{M}$ a aceleração será nula ($\dot{\omega} = 0$) e, portanto, a velocidade angular ω passa por um máximo ou por um mínimo. Isso pode ser observado na Figura 17.11.

Lembrando que:

$$M_\alpha - \bar{M} = I\frac{d\omega}{dt} = I\frac{d\omega}{d\alpha}\frac{d\alpha}{dt}$$

$$M_\alpha - \bar{M} = I\,\omega\frac{d\omega}{d\alpha}$$

Multiplicando os dois lados da equação por $d\alpha$, encontra-se:

$$M_\alpha\, d\alpha - \bar{M}\, d\alpha = I\,\omega\, d\omega$$

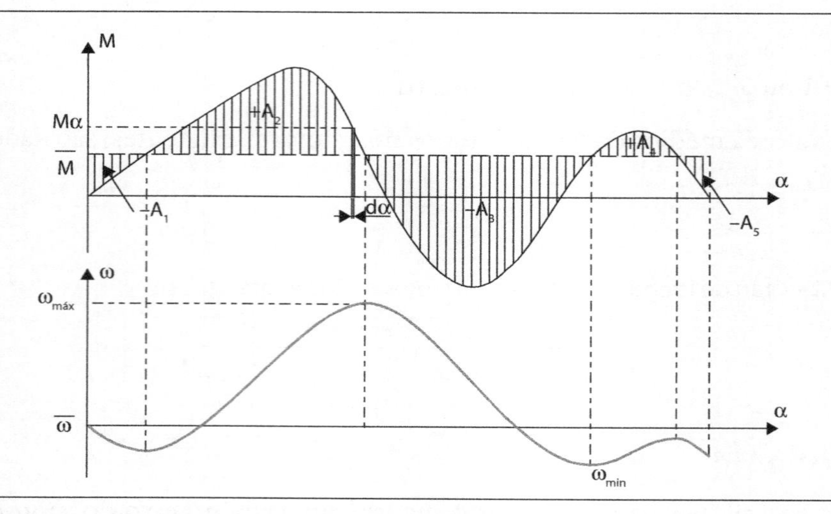

Figura 17.11 – Momento, trabalho e velocidade em função de α.

Na Figura 17.11, observa-se que $M_\alpha \; d\alpha - \bar{M} \; d\alpha$ corresponde à área do retângulo excedente ao $\bar{M} \; d\alpha$ (área hachurada). Nesse caso:

$$\int \left(M_\alpha \; d\alpha - \bar{M} \; d\alpha \right) = \text{área excedente da média}$$

e como $M d\alpha = dW$, então a variação de energia entre dois pontos fica:

$$\Delta W = \int_1^2 I \; \omega \; d\omega = \frac{I \; \omega^2}{2} \Bigg|_1^2 = \frac{I}{2}\left(\omega_2^2 - \omega_1^2\right)$$

ou seja;

$$\Delta W = \frac{I}{2}(\omega_2 - \omega_1)(\omega_2 + \omega_1) \qquad \text{Eq. 17.25}$$

Quando o ponto 1 representa aquele em que ocorre a mínima velocidade angular e o ponto 2 a máxima, pode-se definir o grau de flutuação (δ) e a velocidade angular média ($\bar{M}$) como:

$$\delta = \frac{(\omega_2 - \omega_1)}{\bar{\omega}} \qquad \bar{\omega} = \frac{\omega_2 + \omega_1}{2}$$

Que substituídas na Expressão 17.25; a variação de energia pode ser escrita:

$$\Delta W = I \;\; \omega^2 \;\; \delta$$

Ou seja

$$I = \frac{\Delta W}{\bar{\omega}^2\ \delta} \qquad \text{Eq. 17.26}$$

Quando se observa a Figura 17.11; é possível notar que:

$$-A_1 = -\Delta W_1$$

$$-A_1 + A_2 = +\Delta W_2$$

$$-A_1 + A_2 - A_3 = -\Delta W_3$$

$$-A_1 + A_2 - A_3 + A_4 = +\Delta W_4$$

$$-A_1 + A_2 - A_3 + A_4 - A_5 = 0$$

Supondo que ΔW_2 seja o maior valor positivo e $-\Delta W_3$ o maior negativo em módulo, então $\Delta W_2 + \Delta W_3$ será o maior excedente do trabalho em relação à média, causador da maior variação de energia cinética.

Lembra-se aqui que, a soma das áreas deve ser sequencial, pois, por exemplo, $-A_1$ já causava uma desaceleração do sistema quando apareceu $+A_2$, logo o efeito de $+A_2$ já está influenciado por $-A_1$ e assim por diante.

Deve-se observar que a variação de energia ΔW é igual à diferença entre o trabalho motor e o trabalho resistente e seu valor cresce com o grau de irregularidade.

Para cada tipo de motor já existe um valor aproximado de ΔW que é função do número de cilindros, número de tempos e tipo de ciclo. Para esse fim, define-se o grau de excesso de trabalho (φ):

$$\varphi = \frac{\Delta W}{W_i}$$

Com isso, a Expressão 17.26 fica:

$$I = \frac{\Delta W}{\delta\ \bar{\omega}^2} = \frac{\varphi\ W_i}{\bar{\omega}^2 \delta}$$

Como $N_i = W_i \frac{n}{x}$ então $W_i = \frac{x\ N_i}{n} = \frac{x\ N_e}{n\ \eta_m}$

Onde η_m é a eficiência mecânica do motor.

Como $\omega = 2\,\pi\,n$ o momento de inércia das massas em rotação pode ser escrito:

$$I = \frac{\varphi \times N_e}{4\pi^2 n^3 \delta\, \eta_m} \qquad \text{Eq. 17.27}$$

Para uma massa em rotação qualquer, o momento de inércia pode ser escrito como:

$$I = \int R^2 dm = \bar{R}^2 m$$

onde $\bar{R}$ é o raio de giração e *m* a massa em rotação.

Para um volante, onde a massa se concentra no perímetro externo, o raio de giração pode ser aproximado ao máximo raio do volante. Com isso, o momento de inércia do volante pode ser escrito como:

$$I = \bar{R}^2 m = \frac{D^2 m}{4} \qquad \text{Eq. 17.28}$$

Onde *D* é o diâmetro do volante.

A função do volante de um motor é regularizar o momento. Dessa forma, seu momento de inércia deve ser igual ao das massas em rotação do motor. Assim, quando se iguala a Expressão 17.27 a 17.28 se encontra:

$$\frac{D^2 m}{4} = \frac{\varphi \times N_e}{4\pi^2 n^3 \delta\, \eta_m}$$

$$m = \frac{\varphi \times N_e}{\pi^2 \eta_m\, n^3\, \delta\, D^2} \qquad \text{Eq. 17.29}$$

Ou; adotando:

N_e em kW

n em rpm

$\bar{D}$ em m

M em kg

obtém-se: $$m = \frac{1{,}36 \cdot 10^6 C\, N_e}{n^3 \delta\, D^2} \qquad \text{Eq. 17.30}$$

Os valores de C são dados como orientação, obtidos a partir de "Motores de Combustão Interna" de H. List.

Na Tabela 17.3, são encontrados os valore de C para os motores de ciclo Otto.

Tabela 17.3 – Valores de C para motores de ciclo Otto.

No. Cil.	Motores Otto	
	4T	2T
1	17,6	14,6
2	7,2	2,1 a 4,0
3	3,5 a 4,5	1,44
4	1,12 a 1,76	0,72
6	0,72	-
8	0,35	-

Na Tabela 17.4, são encontrados os valore de C para os motores de ciclo Diesel.

Tabela 17.4 – Valores de C para motores de ciclo Diesel.

No. Cil.	Motores Diesel	
	4T	2T
1	51	21
2	21	9,6
3	12,5	4,0
4	2,7	1,8
5	4,8	0,7
6	1,6	0,41
7	2,14	-
8	1,45	

O grau de flutuação é função da máquina movida e se podem adotar, como valores práticos, os da Tabela 17.5.

Tabela 17.5 – Valores do grau de flutuação d.

δ	Máquinas Movidas
1/20 a 1/30	Bombas e Ventiladores
1/60 a 1/100	Máquinas Agrícolas
1/150 a 1/200	Geradores de C.C.
1/300	Geradores de C.A.
Até 1/1.000	Motores de Avião

O máximo diâmetro do volante é função da resistência do material, pois o aumento do mesmo causa um aumento da força centrífuga e, portanto, das tensões.

O cálculo do volante à resistência dos materiais está fora das pretensões deste capítulo, entretanto, como valor orientativo, pode-se obter aproximadamente seu diâmetro, fixando-se a máxima velocidade periférica admissível em função da resistência do material.

Assim, $D = \frac{v_{máx}}{\pi n}$

onde $v_{máx} = 30$ m/s a 40 m/s ⟶ para Ferro Fundido

$v_{máx} = 60$ m/s a 80 m/s ⟶ para Aço

$v_{máx} = 120$ m/s ⟶ para $\sigma_{adm} = 60$ MPa

Exemplo:

Determinar o diâmetro e a massa do volante para um motor monocilíndrico, Diesel, a 4T, de potência máxima 6,25 kW a 1.800 rpm. Admitir Ferro Fundido.

Solução:

$$D = \frac{v_{máx}}{\pi n} = \frac{35 \cdot 60}{\pi \cdot 1.800} = 0,37 \text{ m}$$

$$m = \frac{1,36 \cdot 10^6 C\ N_e}{n^3 \delta\ D^2} = \frac{1,36 \cdot 10^6 \cdot 51 \cdot 6,25}{1/80 \cdot 1.800^3 \cdot 0,37^2} = 43,4 \text{ kg}$$

17.6 Balanceamento das forças de inércia

17.6.1 Forças centrífugas

As forças centrífugas são devidas às massas com movimento de rotação, já definidas anteriormente.

São facilmente equilibradas por meio de contrapesos opostos às massas em rotação.

17.6.1.1 MOTOR MONOCILÍNDRICO

A Figura 17.12 mostra uma manivela e sua massas girantes. A massa mr é a massa rotativa e a massa mc é massa do contrapeso.

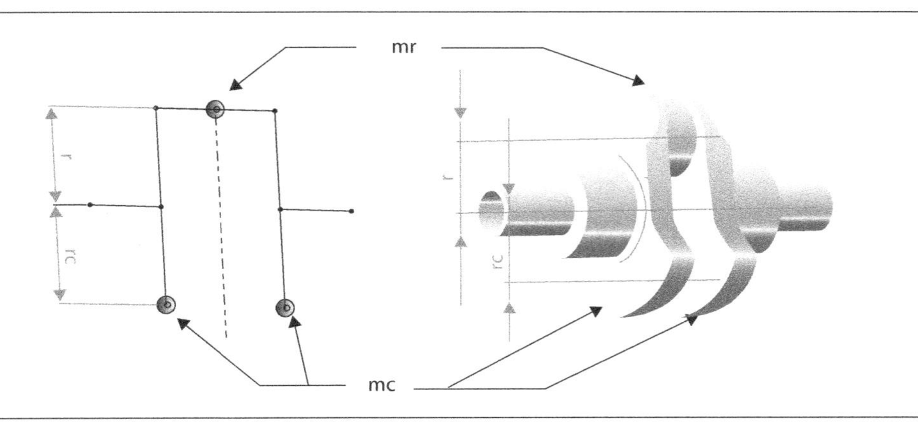

Figura 17.12 – Manivela e massas girantes.

Chamando de r_c a distância do centro de gravidade (CG) do contrapeso ao eixo e m_c a massa do contrapeso; o equilíbrio ocorre quando:

$$m_r\ \omega^2 r = 2\ m_c\ \omega^2\ r_c \qquad \text{e, portanto,} \qquad m_c = \frac{m_r\ r}{2\ r_c}$$

Fixado o r_c pela geometria, pode-se então fixar a massa necessária do contrapeso.

17.6.1.2 MOTOR DE DOIS CILINDROS

Neste caso, observa-se que as forças centrífugas estão balanceadas, mas não o seu conjugado.

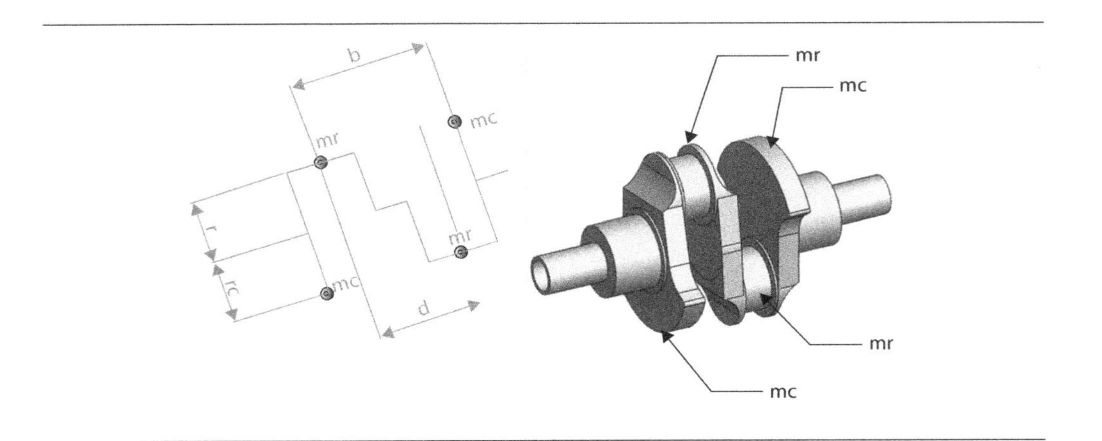

Figura 17.13 – Manivela do motor bicilíndrico.

Assim, o equilíbrio é dado por:

$$m_r\ \omega^2 r\ a = m_c\ \omega^2 r_c\ b$$

e, portanto:

$$m_c = \frac{m_r\ r\ a}{r_c\ b}$$

As Seções 17.6.1.1 e 17.6.1.2 mostram a existência de dois casos:

a) Caso em que as forças centrífugas estão balanceadas, isto é: $\sum F_c = 0$. Neste caso, diz-se que existe balanceamento estático.

b) Caso em que os momentos das forças centrífugas estão em equilíbrio, isto é, $\sum M_{F_c} = 0$. Neste caso, diz-se que existe balanceamento dinâmico.

O virabrequim de um motor com número par de cilindros (maior que 2) estará balanceado estática e dinamicamente, se for simétrico. Isso pode ser observado nos exemplos a seguir:

Exemplo 1: Motor com quatro cilindros a 4T

$$\text{II} = \frac{720}{4} = 180^{\circ}$$

A Figura 17.14 mostra uma manivela para esse tipo de motor.

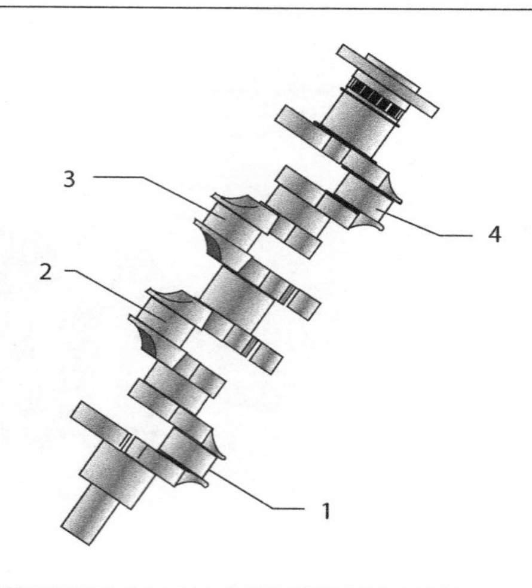

Figura 17.14 – Manivela motor de quatro cilindros.

Numerando-se da esquerda para a direita, o cilindro 1 e o cilindro 4 estão alinhado bem como os cilindros 2 e 3.

Exemplo 2: Motor com seis cilindros a 4T

$$II = \frac{720}{6} = 120^{o}$$

A Figura 17.15 mostra uma manivela para este tipo de motor.

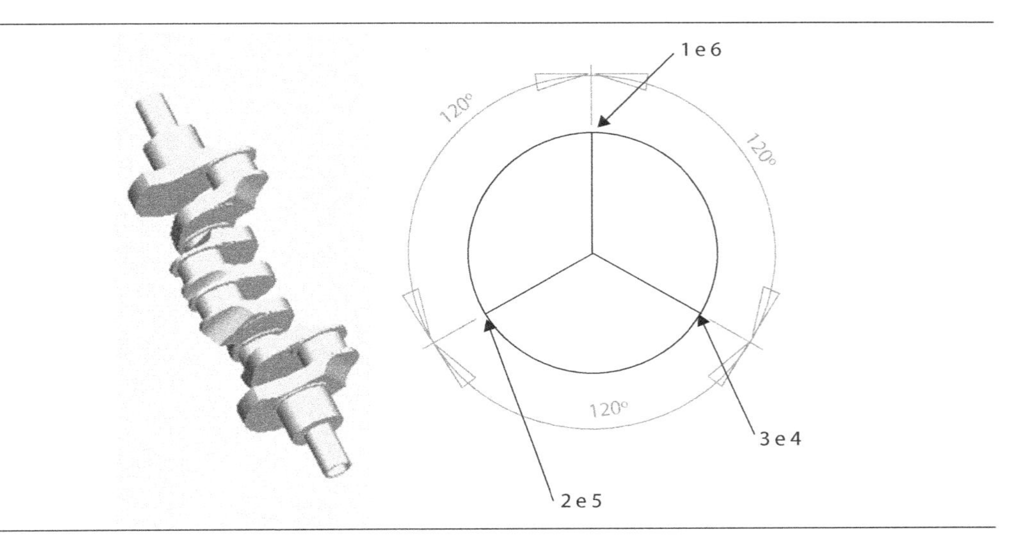

Figura 17.15 – Manivela motor de seis cilindros.

A ordem de ignição procura alternar as ignições em relação ao plano de simetria para melhor distribuição das tensões e da admissão.

Para o caso geral, a melhor disposição das manivelas corresponde a uma numeração simetricamente progressiva, isto é, as manivelas devem se distribuir aos pares sobre um eixo de simetria.

Exemplo 3: Motor com cinco cilindros a 4T

$$II = \frac{720}{5} = 144^{o}$$

A Figura 17.16 mostra uma manivela para esse tipo de motor.

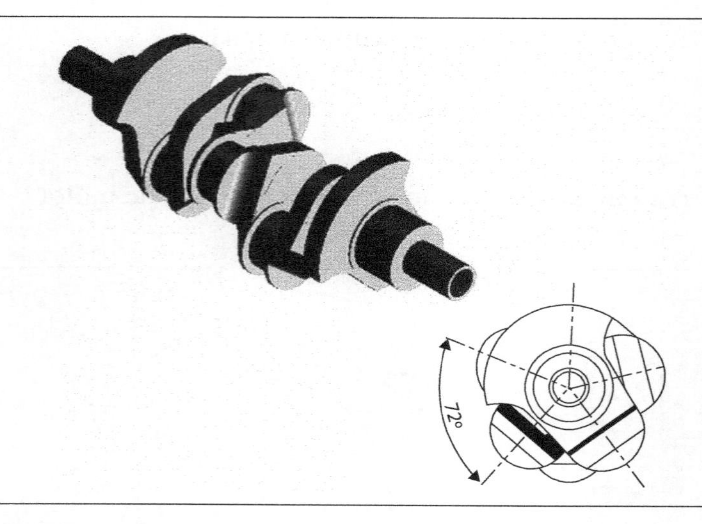

Figura 17.16 – Motor de cinco cilindros.

Exemplo 4: Motor com nove cilindros a 4T

$$II = \frac{720}{9} = 80^{o}$$

A Figura 17.17 mostra um virabrequim para esse tipo de motor.

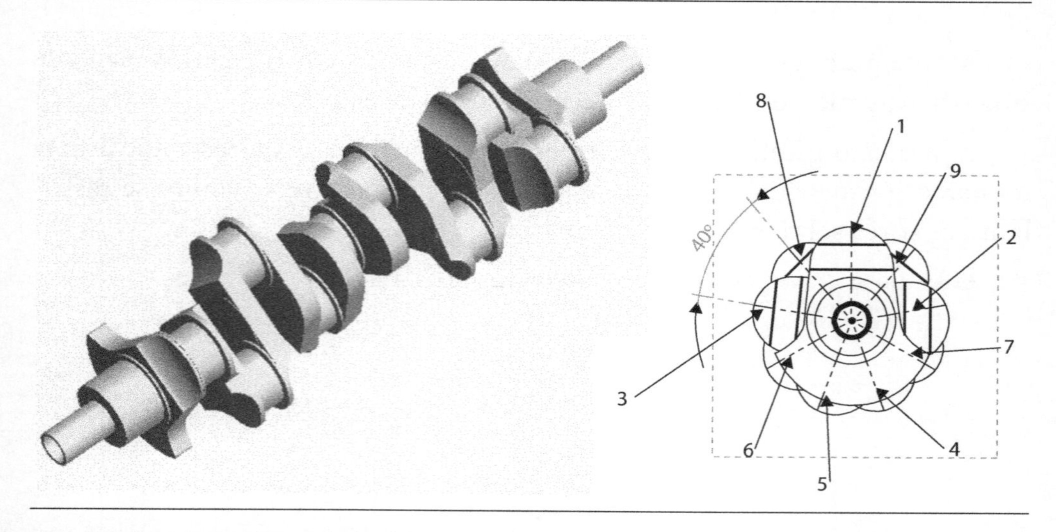

Figura 17.17 – Motor de nove cilindros.

A verificação do equilíbrio das forças centrífugas é feita somando-se, na direção das manivelas, os vetores das forças. Se o polígono das forças for fechado, existirá o equilíbrio; em caso contrário, o vetor que promove o fechamento será a resultante livre.

Exemplo:

Cinco cilindros a 4T

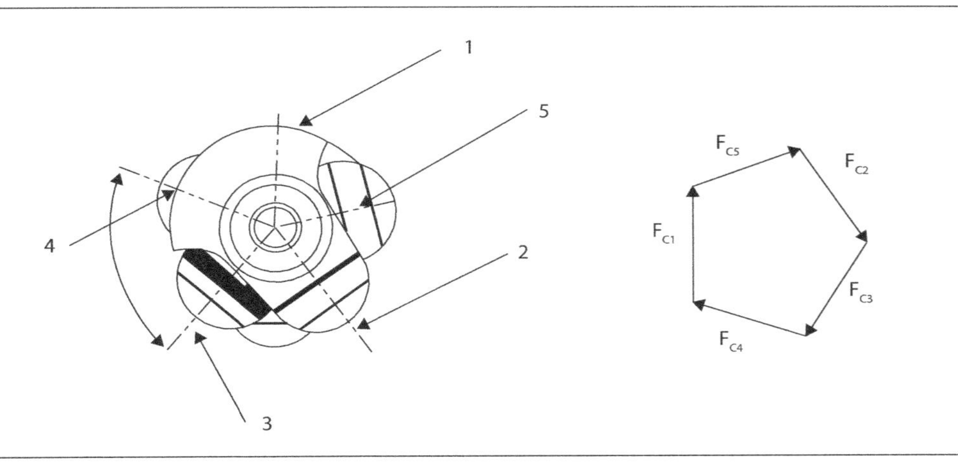

Figura 17.18 – Motor de cinco cilindros – 4T.

A verificação do equilíbrio entre os momentos das forças centrífugas é feita por meio do equilíbrio entre os momentos das forças centrífugas. Cada momento é determinado pela multiplicação de cada força pela distância ao ponto médio do virabrequim. O equilíbrio é verificado por meio da soma entre os vetores momentos; desenhados na direção das manivelas.

Os vetores à esquerda do ponto médio são dirigidos para fora e os à direita, para o centro.

A Figura 17.19 mostra um exemplo para um motor com cinco cilindros e a Figura 17.20 para um motor com três cilindros.

Exemplo:

Para um motor com cinco cilindros, tem-se:

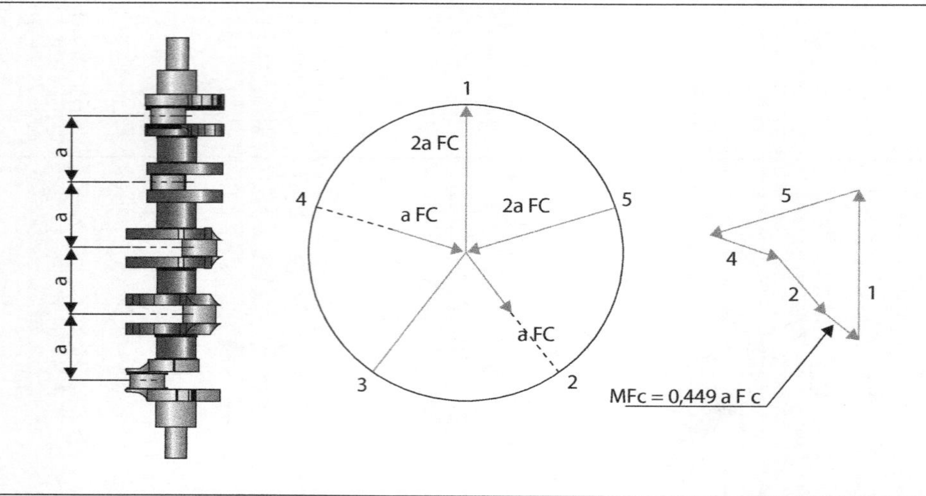

Figura 17.19 – Motor de cinco cilindros.

Para um motor com três cilindros:

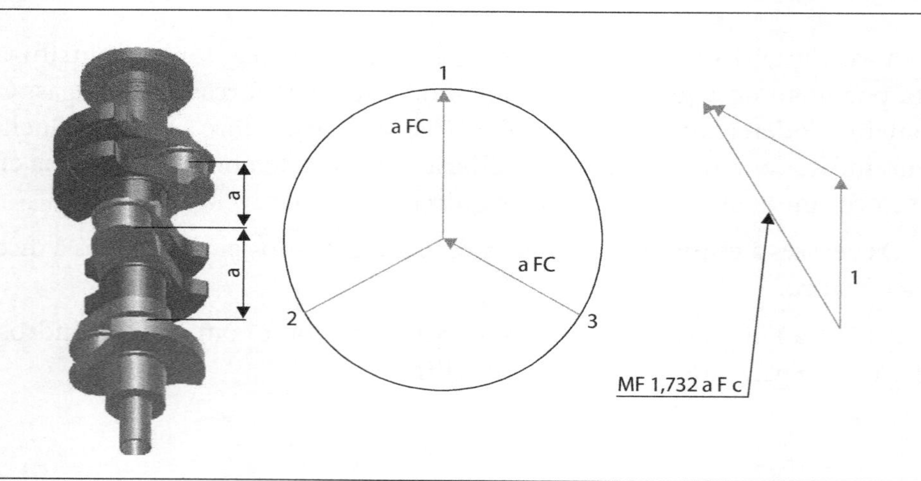

Figura 17.20 – Motor de três cilindros.

Mesmo nos casos em que as forças centrífugas e seus momentos estejam em equilíbrio, pode-se contrapesar cada manivela para efeito de alívio dos mancais.

17.6.2 Forças de inércia alternativas

A Seção 17.3.2.1 mostrou que as forças de inércia alternativas têm a direção do eixo dos cilindros e que seu módulo é em função do ângulo de posição α. Reescrevendo as expressões 17.6; 17.7 e 17.8 têm-se:

$$F_a = m_a\ \omega^2\ r\ (\cos\alpha + \lambda \cos 2\alpha)$$

$$F_a = C_1 \cos\alpha + C_2 \cos 2\alpha)$$

$$\text{ou}\ \ F_a = P + S$$

O equilíbrio dessas forças pode ser obtido por meio de massas rotativas que giram em sentidos opostos, como é mostrado na Figura 17.21 (método Lanchester).

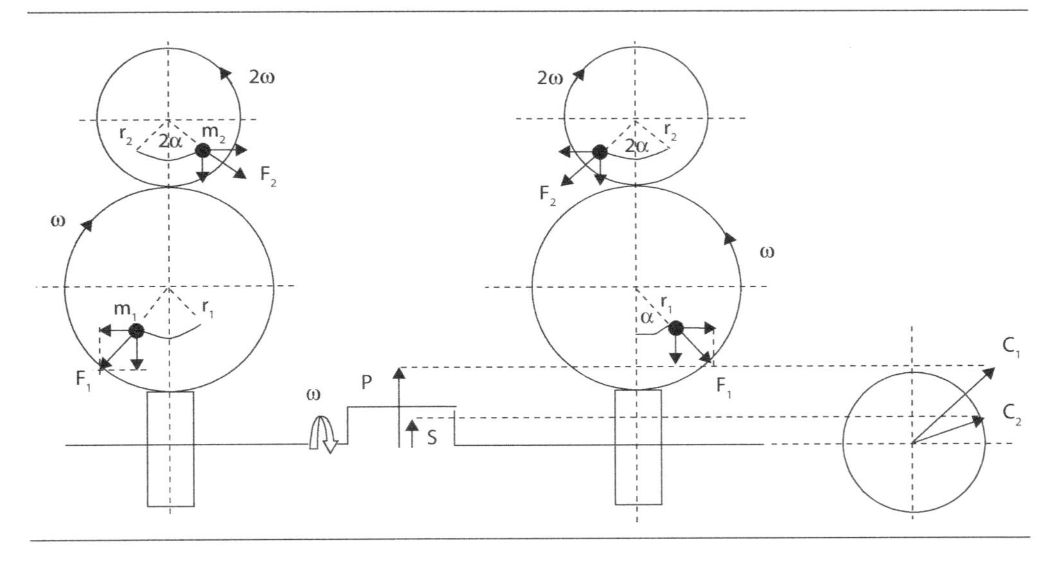

Figura 17.21 – Esquema teórico do método Lanchester.

Para o equilíbrio da força alternativa primária (P), as massas devem girar com a mesma rotação do eixo do motor. Neste caso,

$$2F_1 \cos\alpha = P$$

$$2m_1\ \omega^2\ r_1 \cos\alpha = m_a\ \omega^2\ r \cos\alpha$$

$$m_1 = \frac{m_a\ r}{2\ r_1}$$

Para o equilíbrio da força secundária (S), as massas devem girar com o dobro da rotação do eixo do motor. Nesse caso,

$$2F_2 \cos 2\alpha = S$$

$$2m_2 (2\omega)^2 \; r_2 \cos 2\alpha = m_a \; \omega^2 \; r \; \lambda \cos 2\alpha$$

$$m_2 = \frac{m_a \; r \; \lambda}{8 \; r_2}$$

Nos motores multicilíndricos, é possível que as forças alternativas e seus momentos venham a se equilibrar.

No caso dos motores em linha, os valores algébricos das forças alternativas, podem ser simplesmente somados, já que todas as forças têm a mesma direção.

Pelo método vetorial, segue-se o mesmo processo das forças centrífugas, lembrando que as primárias correspondem a vetores em fase com as manivelas, isto é, correspondentes ao ângulo α, enquanto as secundárias correspondem a 2α.

Exemplo 1: Motor de quatro cilindros a 4T em linha

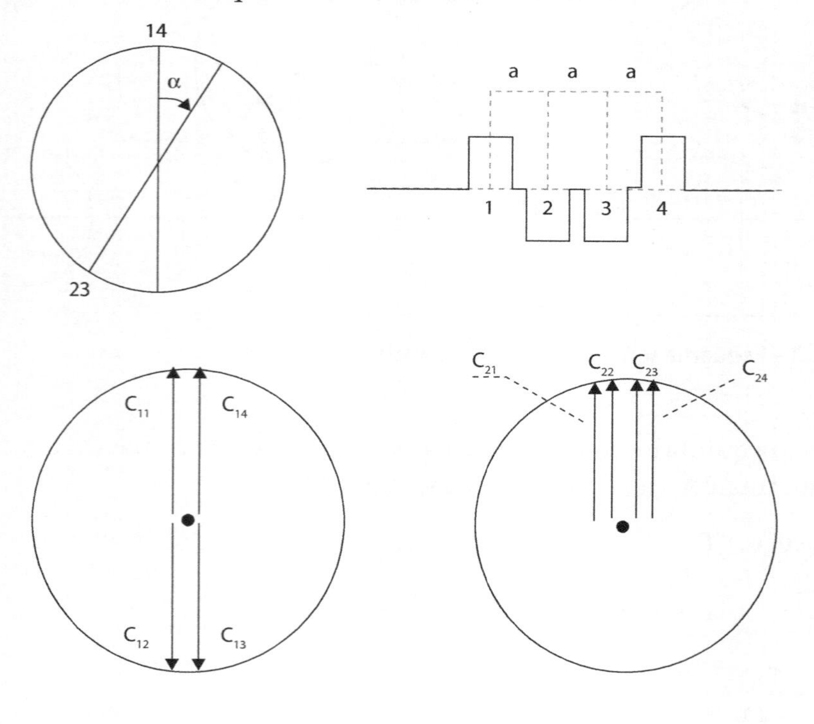

$$P_1 = C_1 \cos\alpha_1 = C_1 \cos\alpha$$

$$P_2 = C_1 \cos\alpha_2 = C_1 \cos(\alpha + 180) = -C_1 \cos\alpha$$

$$P_3 = C_1 \cos\alpha_3 = C_1 \cos(\alpha + 180) = -C_1 \cos\alpha$$

$$P_4 = C_1 \cos\alpha_4 = C_1 \cos\alpha$$

$$\sum P = 0$$

$$S_1 = C_2 \cos 2\alpha_1 = C_2 \cos 2\alpha$$

$$S_2 = C_2 \cos 2\alpha_2 = C_2 \cos 2(\alpha + 180) = C_2 \cos 2\alpha$$

$$S_3 = C_2 \cos 2\alpha_3 = C_2 \cos 2(\alpha + 180) = C_2 \cos 2\alpha$$

$$S_4 = C_2 \cos 2\alpha_4 = C_2 \cos 2\alpha$$

$$\sum S = 4\ C_2 \cos 2\alpha$$

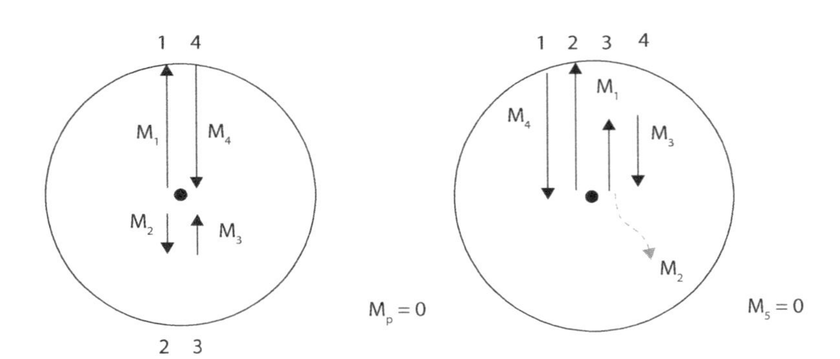

Exemplo 2: Motor de três cilindros em linha

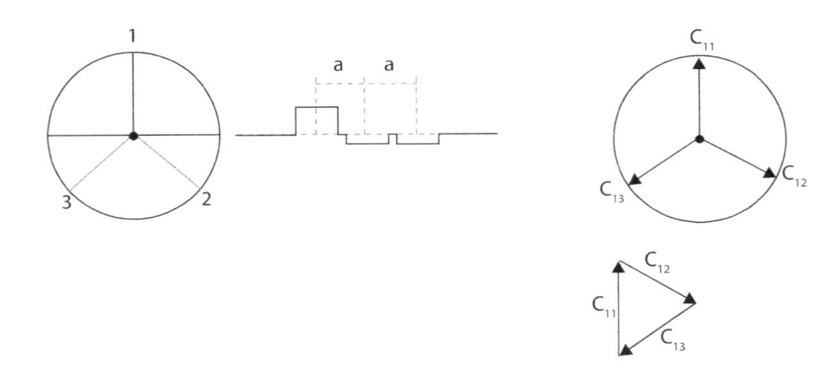

Primárias

$$P_1 = C_1 \cos\alpha$$

$$P_2 = C_1 \cos(\alpha + 120) = C_1\left(-0{,}5\cos\alpha - \frac{\sqrt{3}}{2}\text{sen}\alpha\right)$$

$$P_3 = C_1 \cos(\alpha + 240) = C_1\left(-0{,}5\cos\alpha + \frac{\sqrt{3}}{2}\text{sen}\alpha\right)$$

$$\sum P = 0$$

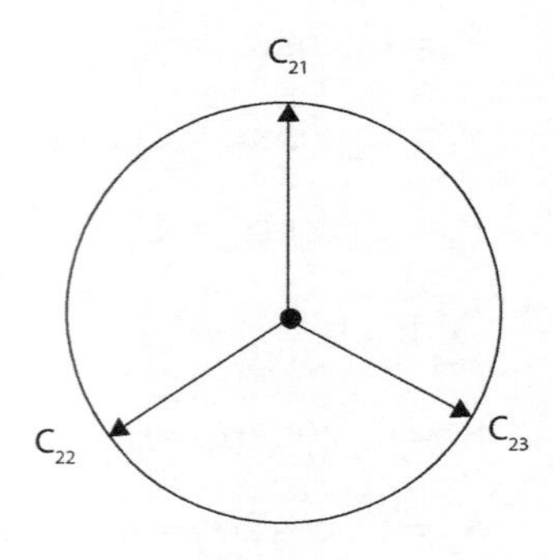

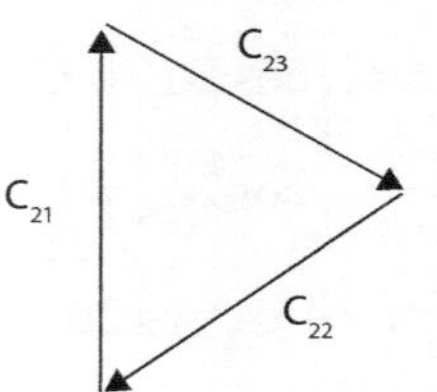

Secundárias

$$S_1 = C_2 \cos 2\alpha$$

$$S_2 = C_2 \cos 2(\alpha + 120) = C_2\left(-0{,}5\cos 2\alpha + \frac{\sqrt{3}}{2}\text{sen}2\alpha\right)$$

$$S_3 = C_2 \cos 2(\alpha + 240) = C_2\left(-0{,}5\cos 2\alpha - \frac{\sqrt{3}}{2}\text{sen}2\alpha\right)$$

$$\sum S = 0$$

Momento máximo das primárias

$$M_p = M_1 - M_3 = C_1\ a\cos\alpha - C_1\ a(\cos\alpha + 240)$$

$$M_p = C_1\ a\left(\cos\alpha + 0{,}5\cos\alpha - \frac{\sqrt{3}}{2}\text{sen}\alpha\right) = C_1\ a\left(\frac{3}{2}\cos\alpha - \frac{\sqrt{3}}{2}\text{sen}\alpha\right)$$

$$\frac{dM_p}{d\alpha} = C_1\ a\left(-\frac{3}{2}\text{sen}\alpha - \frac{\sqrt{3}}{2}\cos\alpha\right) = 0$$

$$\frac{3}{2}\text{sen}\alpha + \frac{\sqrt{3}}{2}\cos\alpha = 0$$

$$tg\alpha = -\frac{\sqrt{3}}{3} \Rightarrow \alpha_{min} = -30^{o}$$

$$\alpha = K\pi + \alpha_{min} \qquad a = 150^{\circ}$$

$$a = 330^{\circ}$$

$$M_{pmáx} = C_1\ a\left(\frac{3}{2}\cos(-30) - \frac{\sqrt{3}}{2}\operatorname{sen}(-30)\right) = C_1 a\left(\frac{3}{2}\cdot\frac{\sqrt{3}}{2} + \frac{\sqrt{3}}{2}\cdot\frac{1}{2}\right)$$

$$M_{pmáx} = \sqrt{3}C_1\ a$$

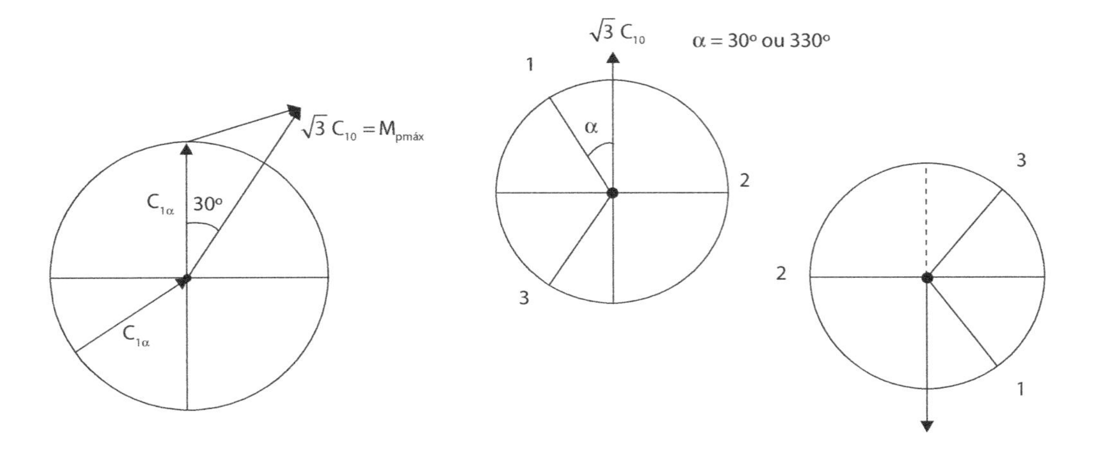

O valor eficaz pode ser obtido em cada instante girando-se o virabrequim, mantendo a posição relativa do vetor $M_{pmáx}$ e projetando-o na direção do eixo do cilindro.

Momento máximo das secundárias:

$$M_S = M_{s1} - M_{s2} = C_2\ a\cos 2\alpha - C_2\left(-0,5\cos 2\alpha - \frac{\sqrt{3}}{2}\operatorname{sen}2\alpha\right)$$

$$= C_2\ a\left(\cos 2\alpha + 0,5\cos 2\alpha + \frac{\sqrt{3}}{2}\operatorname{sen}2\alpha\right)$$

$$M_S = C_2\ a\left(\frac{3}{2}\cos 2\alpha + \frac{\sqrt{3}}{2}\operatorname{sen}2\alpha\right)$$

$$\frac{dM_S}{d\alpha} = C_2\ a\left(-2\operatorname{sen}2\alpha + \sqrt{3}\cos 2\alpha\right) = 0$$

$$\tan 2\alpha = \frac{\sqrt{3}}{3} \Rightarrow 2\alpha_{min} = 30^o \Rightarrow \alpha_{min} = 15^o$$

$$\alpha = K\pi + \alpha_{min} \qquad a = 15°$$

$$a = 195°$$

$$M_{Smáx} = C_2 \ a\left(\frac{3}{2}\cos 30 + \frac{\sqrt{3}}{2}\text{sen}30\right)$$

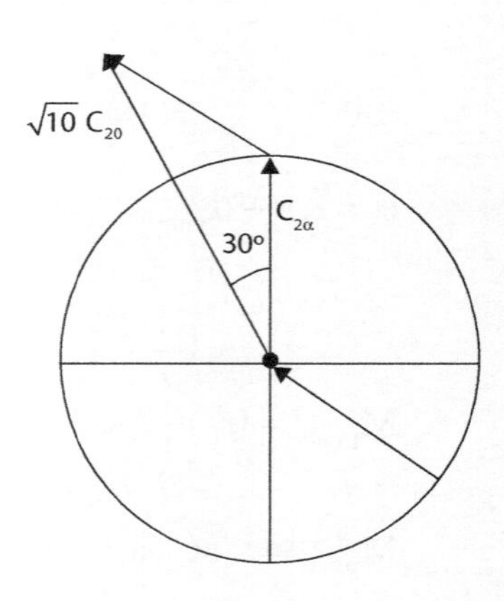

Exemplo 3: Motor em V-90° de dois cilindros

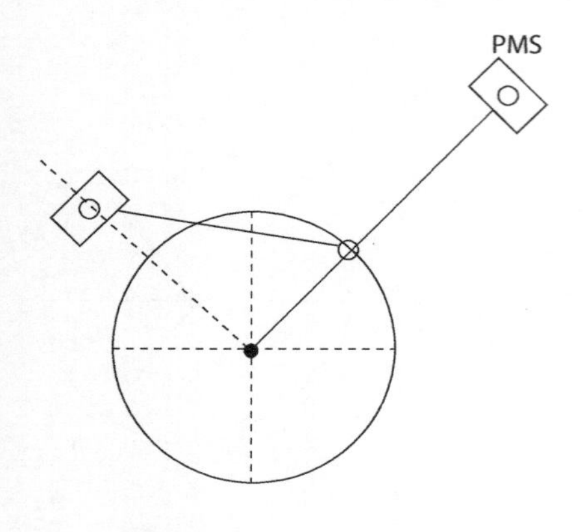

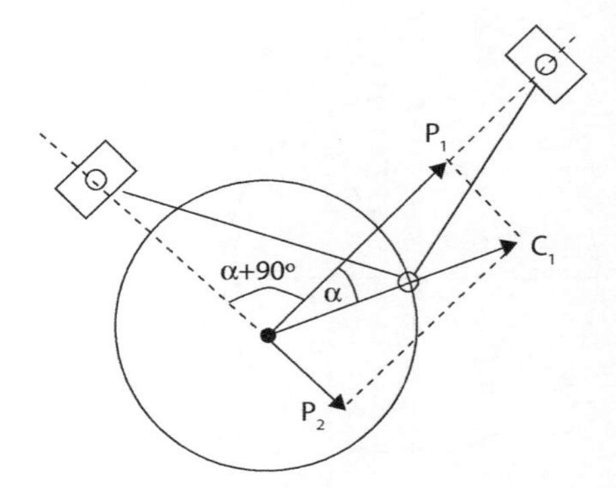

Primária:

$$P_1 = C_1 \cos \alpha$$

$$P_2 = C_1 \cos(\alpha + 90) = -C_1 \text{sen}\alpha$$

$$P = \sqrt{C_1^2 \cos^2 \alpha + C_1^2 \text{sen}^2 \alpha} = C_1 = m_a \ \omega^2 \ r$$

Logo, a força alternativa converte-se em uma rotativa de módulo C_1 que pode ser balanceada por contrapesos.

Secundária:

$$S_1 = C_2 \cos 2\alpha$$

$$S_2 = C_2 \cos 2(\alpha + 90) = C_2 \cos(2\alpha + 180) = -C_2 \cos 2\alpha$$

$$S = \sqrt{C_2^2 \cos^2(2\alpha) + C_2^2 \cos^2(2\alpha)} = \sqrt{2} C_2 \cos 2\alpha$$

A direção é horizontal

Exemplo 4: Motor em V-90° de oito cilindros

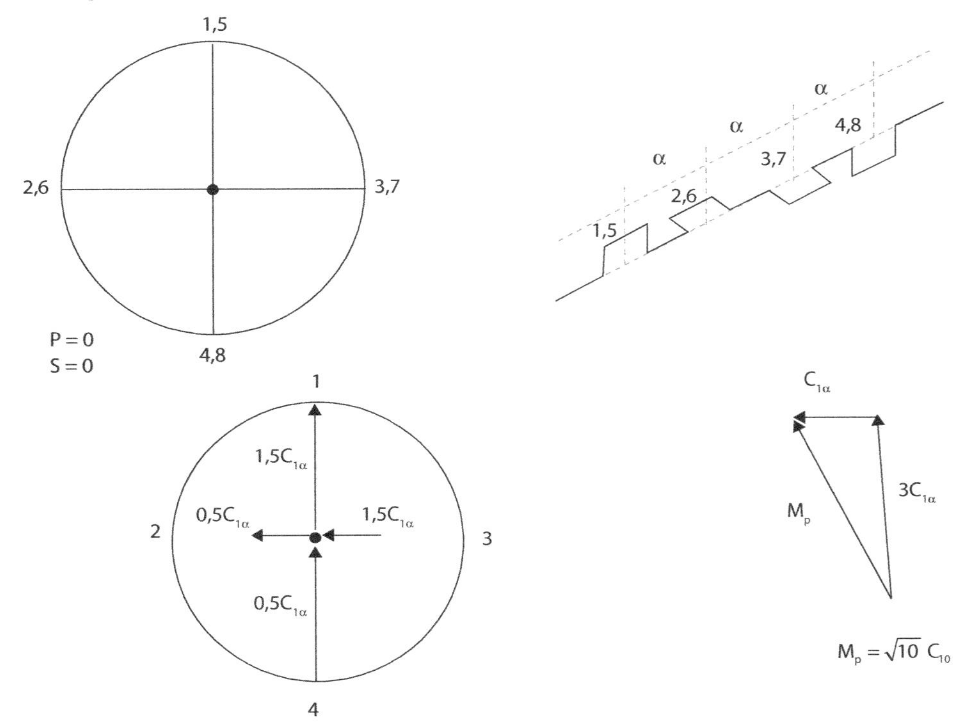

Momentos e Forças livres de 1ª e 2ª ordem, e intervalos de ignição das configurações mais comuns de cilindros em motores:

$$F_r = m_r \cdot r \cdot \omega_2$$

$$F_1 = m_0 \cdot r \cdot \omega_2 \cdot \cos\alpha$$

$$F_2 = m_0 \cdot r \cdot \omega_2 \cdot \lambda \cdot \cos 2\alpha$$

Disposição dos cilindros	Forças livres de 1ª ordem (1)	Forças livres de 2ª ordem	Momentos livres de 1ª ordem (1)	Momentos livres de 2ª ordem	Intervalos de ignição
Três cilindros					
α em linha, três manivelas	0	0	$\sqrt{3 \cdot F_1 \cdot a}$	$\sqrt{3 \cdot F_2 \cdot a}$	240°/240°

continua

continuação

Disposição dos cilindros	Forças livres de 1ª ordem (1)	Forças livres de 2ª ordem	Momentos livres de 1ª ordem (1)	Momentos livres de 2ª ordem	Intervalos de ignição
Quatro cilindros					
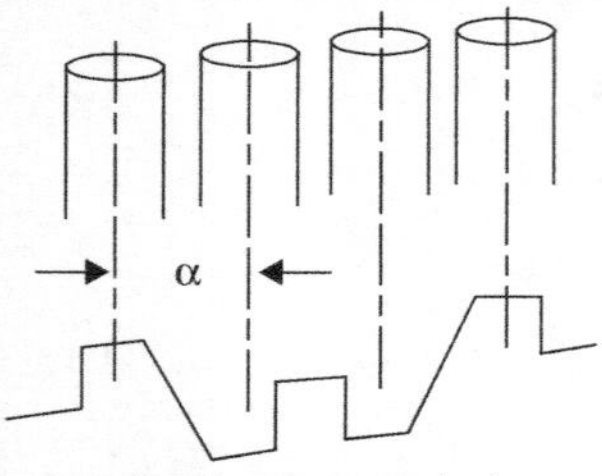 em linha, quatro manivelas	0	4 · F2	0	0	180°/180°
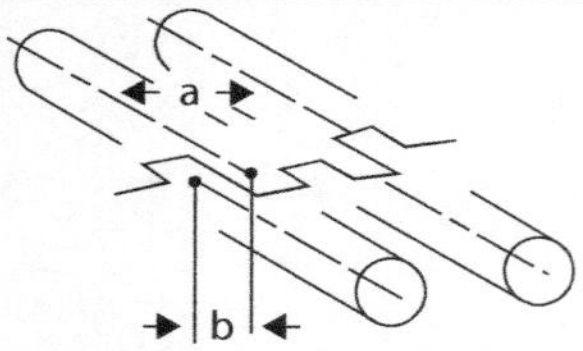 cilindros opostos (boxer), quatro manivelas	0	0	0	2 · F2 · b	180°/180°
Cinco cilindros					
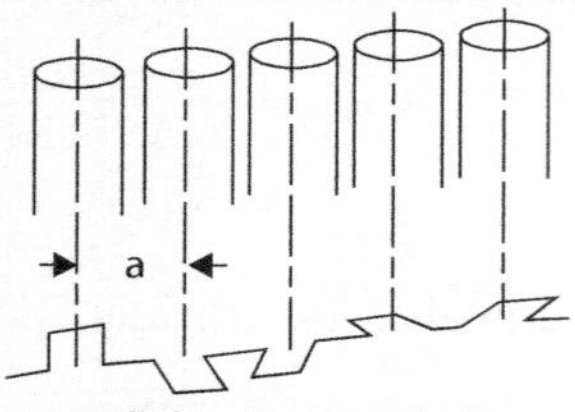 em linha, cinco manivelas	0	0	0,449 · F1 · a	4,98 · F2 · a	144°/144°
Seis cilindros					
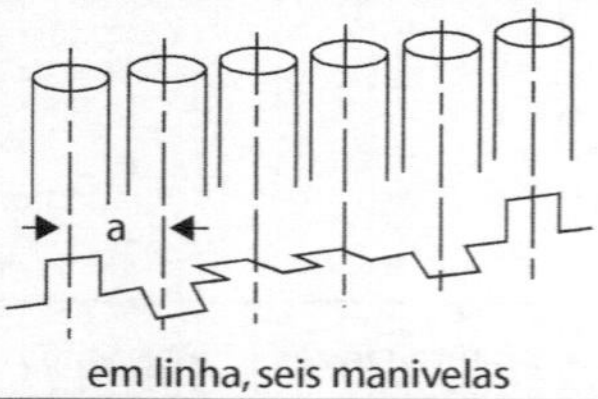 em linha, seis manivelas	0	0	0	0	120°/120°
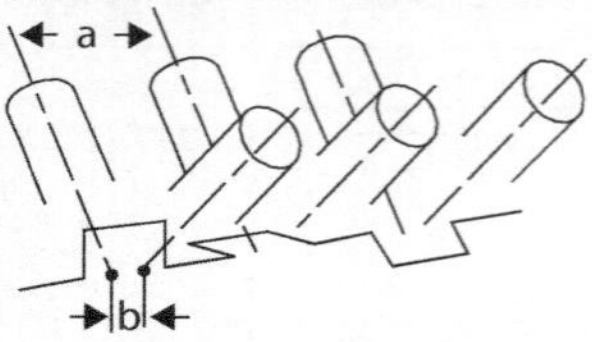 90° V, três manivelas	0	0	$\sqrt{3 \cdot F_1 \cdot a^2}$	$\sqrt{6 \cdot F_1 \cdot a}$	150°/90° 150°/90°

continua

continuação

Disposição dos cilindros	Forças livres de 1ª ordem (1)	Forças livres de 2ª ordem	Momentos livres de 1ª ordem (1)	Momentos livres de 2ª ordem	Intervalos de ignição
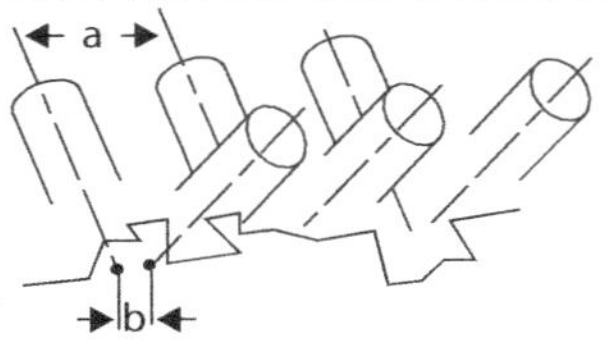 a b Balanceamento normal 90°V, três manivelas, 30° de compensação	0	0	$0{,}4483 \cdot F_1 \cdot a$	$(0{,}966 \pm 0{,}256) \cdot \sqrt{3 \cdot F_2 \cdot a}$	120°/120°
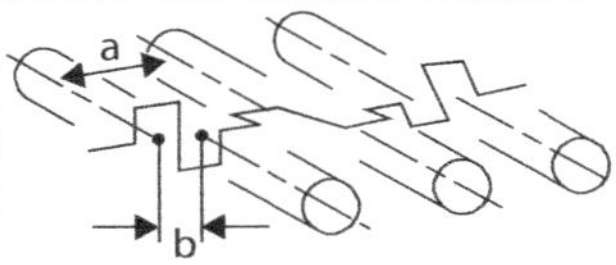 a b cilindros opostos (boxer), seis manivelas	0	0	0	0	120°/120°
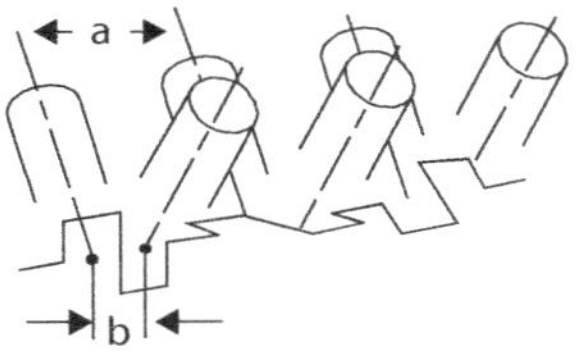 a b 60° V, seis manivelas	0	0	$3 \cdot F_1 \cdot a / 2$	$3 \cdot F_2 \cdot a / 2$	120°/120°
Oito cilindros					
 a b V 90°, quatro manivelas em dois planos	0	0	$\sqrt{10 \cdot F_1 \cdot a^2}$ (2)	0	90°/90°
Doze cilindros					
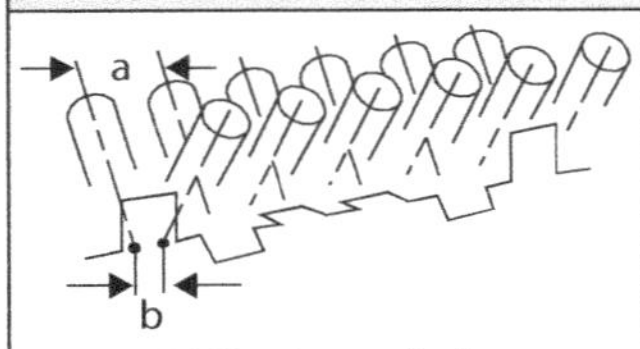 a b V 60°, seis manivelas	0	0	0	0	60°/60°

Sem contrapesos.

Pode ser completamente balanceado por contrapesos.

EXERCÍCIOS

1) Em um motor de um cilindro, o curso é de 10 cm, a distância do eixo do colo da manivela ao eixo do pino do pistão é 25 cm. As massas das peças em movimento são:

   m_p = massa do pistão = 100 g

   m_a = massa dos anéis = 50 g

   m_{pi} = massa do pino = 50 g

   m_{bi} = massa da biela = 300 g

   m_{co} = massa do colo = 200 g

   $m_{br\ eq}$ = massa equivalente do braço = 100 g

   Sendo a rotação do motor 2.000 rpm, determinar, quando do ângulo da manivela $\alpha = 30°$, no tempo de admissão:

   a) Posição do pistão;
   b) Velocidade do pistão;
   c) Aceleração do pistão;
   d) Força alternativa;
   e) Ângulo formado pela biela com o eixo do motor;
   f) O momento instantâneo no eixo do motor;
   g) A massa dos contrapesos para equilibrar as forças centrífugas se a distância de seu CG ao eixo do motor é 5 cm.

   Respostas:

   a) x = 0,78 cm; b) v = 6,14 m/s; c) a = 2.118,7 m/s^2; d) F_a = –582,6 kgf; e) M = 62,1 kgf.m; g) m = 312,5 g

---

2) É dado um motor Otto monocilíndrico a 4T com curso s = 6 cm e diâmetro do pistão D = 6 cm. A eficiência mecânica na rotação de potência máxima estima-se ser 0,75 e as principais massas são:

   $m_{pistão}$ = 200 g m_{pino} = 50 g

   m_{biela} = 300 g m_{colo} = 100 g

   $m_{braço}$ = 100 g

   Sendo dados ainda: $\rho_{aço} = \rho_{FoFo}$= 7.800 kg/m^3

Diagrama de $N_e = f(n)$ para plena carga e o diagrama p – V a plena carga, na condição de máximo torque, pede-se determinar:

a) A força de inércia alternativa máxima, na rotação de máxima potência;

b) O valor do momento torçor no eixo do motor no instante em que $\alpha = 60°$ no tempo de expansão, na rotação de máximo torque;

c) O ângulo do virabrequim no qual se dá a máxima velocidade do pistão e seu valor na condição de máxima potência;

d) A reação do pistão no cilindro para $\alpha = 60°$, no tempo de expansão;

e) A força centrífuga na rotação de máxima potência;

f) A espessura necessária dos contrapesos para equilibrar a força centrífuga;

g) O grau de irregularidade do motor, supondo que o máximo momento torçor corresponda a alfa 60° no tempo de expansão;

h) Dimensionar um volante de ferro fundido com o motor acionando uma bomba.

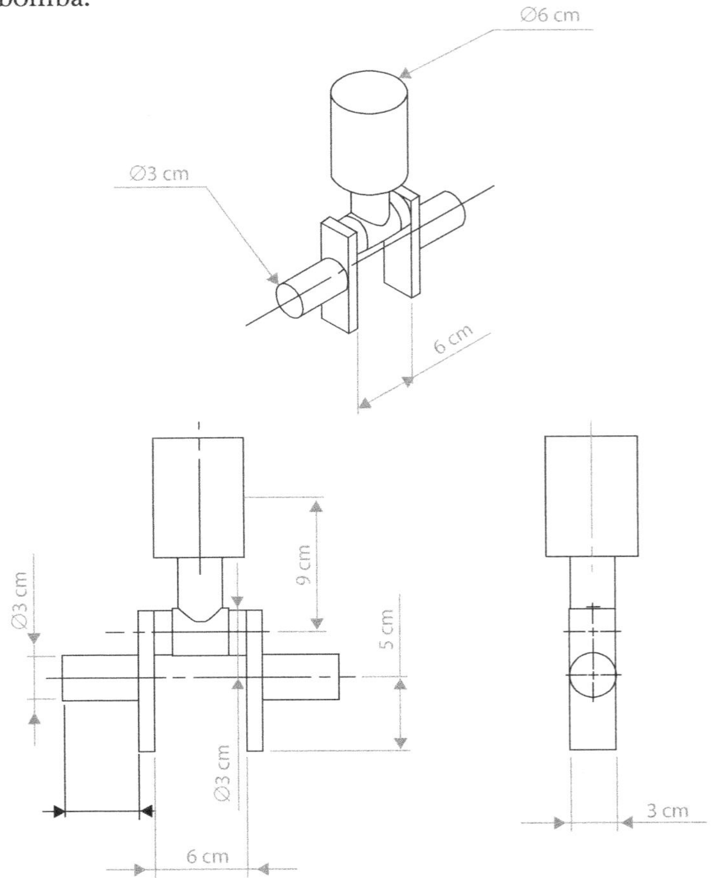

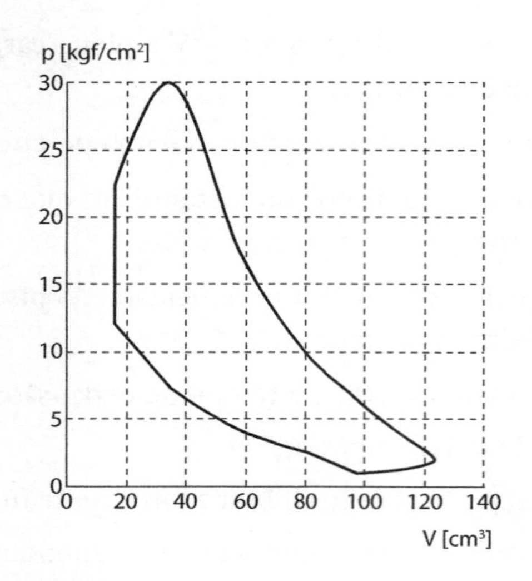

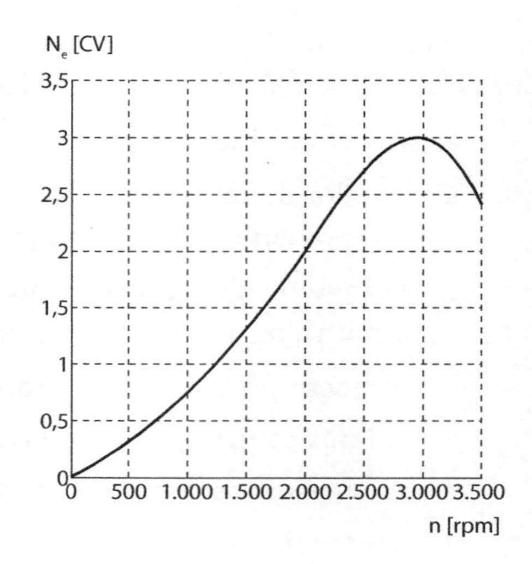

Respostas:

a) F_a = 141 kgf; b) M = 19 kgf.m; c) α = 79°, v = 8,2 m/s; d) F_N = 190 kgf; e) F_C = 121 kgf; f) e = 2 cm; g) GI = 35; h) m = 0,47 kg

---

3) Por meio de um indicador de pressões, obteve-se o diagrama p – V de um motor a 4T, a plena carga, a 1.800 rpm, de 668 cm³ de cilindrada e taxa de compressão 16, mostrado em escala no desenho. O motor tem um diâmetro de cilindro de 10,2 cm e um comprimento da biela de 20,4 cm. As massas são:

m_a = 300 g; m_r = 500 g. Pede-se determinar para α = 60° no curso de expansão:

a) A posição do pistão;
b) A velocidade do pistão;
c) A força de pressão;
d) A força alternativa
e) A massa do contrapeso;
f) O momento no eixo;
g) A força do pistão contra o cilindro;
h) A força no mancal;
i) O trabalho realizado pela força alternativa;
j) Uma estimativa da potência do motor.

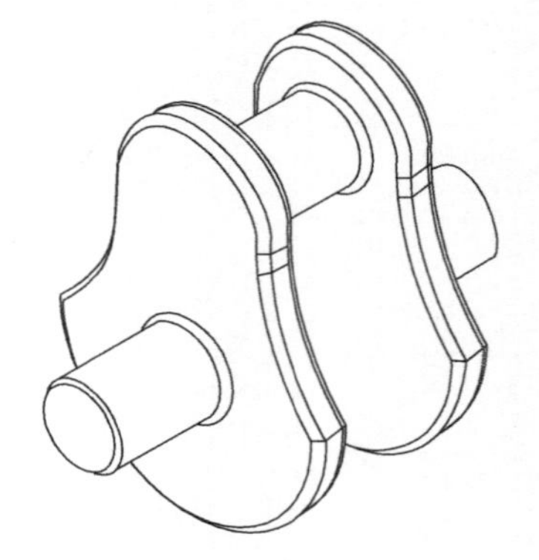

Respostas:

a) x = 2,4 cm; b) v = 7,3 m/s; c) F_p = 2.043 kgf; d) F_a = 17 kgf; e) mc = 340 g; f) m = 78,9 kgf.m; g) F_N = 357 kgf; h) F_r = 703,5 kgf; i) W = 0; j) N_e = 10,7CV

4) Um motor de quatro cilindros e cilindrada 1.800 cm^3 tem biela de comprimento igual a 144 mm. Dois diâmetros distintos estão sendo considerados para os cilindros. Determine:

a) O raio da manivela para cilindros com diâmetro igual 81,4 mm;

b) A aceleração máxima atingida pelos pistões a 2.000 rpm;

c) A aceleração máxima atingida pelos pistões a 4.500 rpm;

d) o raio da manivela para cilindros com diâmetro igual a 88 mm;

e) A aceleração máxima atingida pelos pistões a 2.000 rpm, com os cilindros do item d;

f) A aceleração máxima atingida pelos pistões a 4.500 rpm, com os cilindros do item d.

Respostas:

a) 43,2 mm; b) 2.461 m/s^2; c) 12.458 m/s^2; d) 37 mm; e) 2.038 m/s^2; f) 10.317 m/s^2.

18

Tribologia

Autores:
Samantha Uehara
Amilton Sinatora
Andre Ferrarese
Eduardo Tomanik

18.1 Introdução

Tribologia é o estudo dos fenômenos e mecanismos de **atrito, lubrificação e desgaste**. Sendo o motor composto por dezenas de peças que giram e/ou deslizam uma contra a outra, um cuidadoso estudo da tribologia dos sistemas do motor é necessário para garantir a durabilidade e eficiência exigidas pela indústria. Um desgaste excessivo das peças pode acarretar em folgas e vibrações inaceitáveis. Em razão do impacto no consumo de combustível e nível de emissões do motor, há também uma crescente preocupação em reduzir as perdas por atrito.

Os parâmetros importantes na tribologia são, em geral, dependentes do sistema e não propriedades dos materiais. Para entender os mecanismos de atrito e desgaste, é necessário analisar o **tribossistema**, que é formado pelo corpo, o contracorpo, o elemento interfacial e o meio. A Figura 18.1 mostra o exemplo do sistema anel–cilindro. O elemento interfacial é o lubrificante, e o meio é definido pela temperatura, pelas pressões e pelos gases. Como foi visto no Capítulo 15, "Lubrificantes", a viscosidade do óleo varia fortemente com a temperatura, e, consequentemente, as pressões de contato, o atrito e o desgaste do sistema vão variar com a variação de temperatura.

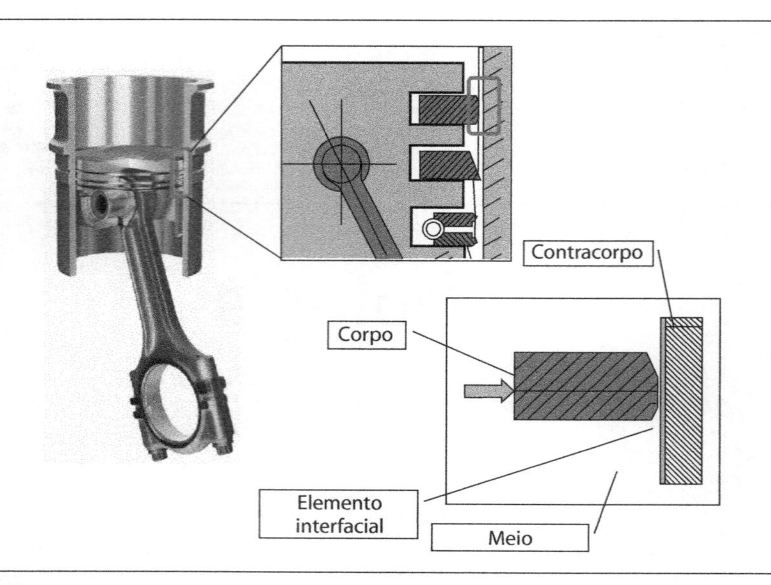

Figura 18.1 – Exemplo de tribossistema em motor de combustão interna.

As perdas mecânicas provocadas pelo atrito afetam o desempenho do motor. Embora essas perdas sejam uma porcentagem relativamente modesta do total de energia consumida, elas representam uma fração importante da potência útil, em especial, em regimes de carga parcial, típicos do uso urbano (*Vide* Figura 18.2). Estima-se que uma redução de perdas por atrito de 10% resultaria numa diminuição no consumo de combustível da ordem de 3%. As maiores perdas por atrito são dos sistemas pistão–anéis–cilindro, bronzinas, eixo de válvulas e finalmente auxiliares como bomba de óleo etc.

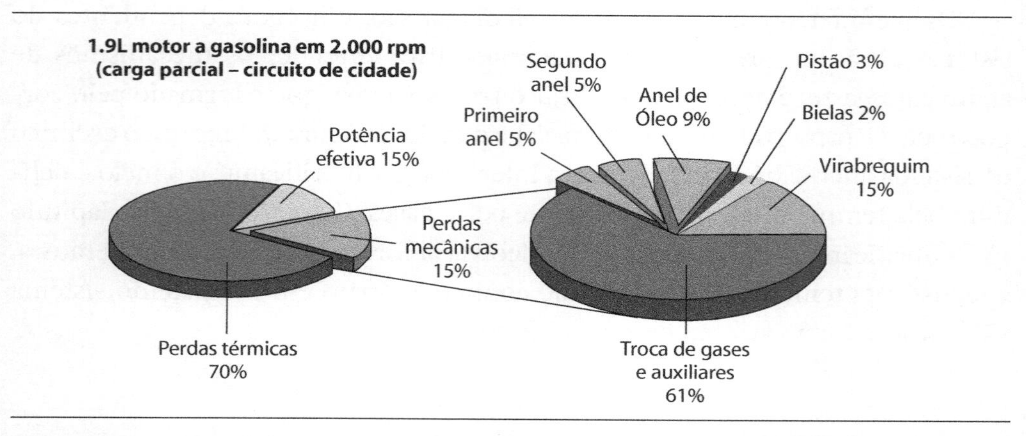

Figura 18.2 – Distribuição típica de energia em um motor de combustão interna [23].

Quando se trabalha com tribologia em motores de combustão interna, deve-se procurar atingir a lubrificação efetiva em todos os componentes em movimento, com a intenção de reduzir o atrito e o desgaste com o mínimo impacto para o meio ambiente. Essa tarefa é muito difícil, pois as condições de trabalho dos componentes variam muito (velocidade, carregamento e temperatura).

Melhorias no desempenho tribológico dos motores podem gerar os seguintes benefícios, segundo Tung (2004):

- Redução de consumo de combustível.
- Aumento de potência.
- Redução de consumo de óleo.
- Redução de emissões de gases tóxicos.
- Melhoria na durabilidade, confiabilidade e vida do motor.
- Aumento no intervalo entre revisões.

18.2 Rugosidade e topografia

As superfícies reais contêm erros de forma, ondulações e rugosidade. Chama-se rugosidade ou acabamento superficial, os pequenos desvios de alta frequência da superfície real em relação à ideal. Esses desvios podem ser propositais ou não. A Figura 18.3 mostra o acabamento superficial de um cilindro, onde, além dos canais relativamente profundos decorrentes do processo de brunimento, existem desvios de menor amplitude e maior frequência.

Figura 18.3 – Acabamento superficial de um cilindro de motor [14].

A distinção entre rugosidade e ondulação é dada pela frequência espacial dos desvios, mas sua definição exata foge do escopo deste livro. Quando em funcionamento, o contato entre metais ocorrerá principalmente entre os picos mais altos da superfície. É fundamental, para o correto funcionamento dos sistemas, um bom controle e entendimento do acabamento superficial.

Embora medições tridimensionais da superfície estejam sendo introduzidas na indústria automobilística, a avaliação bidimensional (ou seja, de um perfil) ainda é a mais comum. A Figura 18.4 mostra um perfil de rugosidade em que a ampliação vertical é muito maior que a horizontal para permitir uma visualização conveniente.

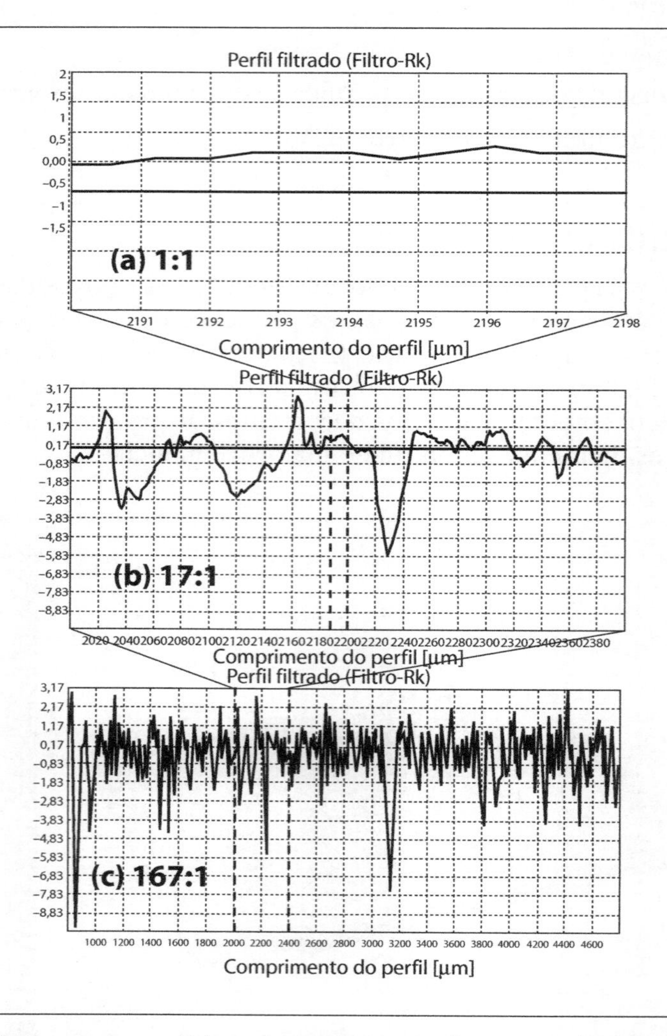

Figura 18.4 – Perfil de uma superfície real: (a) Mesma ampliação nos eixos X e Y. (b) Mesma superfície com ampliações diferentes em X e Y. (c) Típico perfil de rugosidade com ampliação em Y muito maior que em X.

Tal percepção de "diferença" entre as escalas pode ocasionar interpretações errôneas. O que parecem ser picos agudos são na verdade suaves inclinações. Mas, mesmo sendo suaves, acabamentos fora do especificado podem provocar atrito e desgaste exagerados e até mesmo perda total do motor por engripamento em casos extremos.

18.2.1 Parâmetros de rugosidade

Quando se analisa uma superfície, a medição original contém tanto erros de forma quanto ondulação e rugosidade (*Vide* Figura 18.5). Para análise de rugosidade, os desvios de forma e ondulação são "eliminados" por meio de filtros específicos (DIN ISO 4288, ASME B46.1).

Existem diversos parâmetros para caracterizar a rugosidade, os mais comuns serão apresentados a seguir:

- **Ra**: rugosidade média (Figura 18.6), valor médio aritmético de todos os desvios do perfil de rugosidade da linha média, dentro do comprimento de medição. Embora muito utilizado, duas superfícies muito diferentes podem ter o mesmo valor de Ra (*Vide* Figura 18.7).

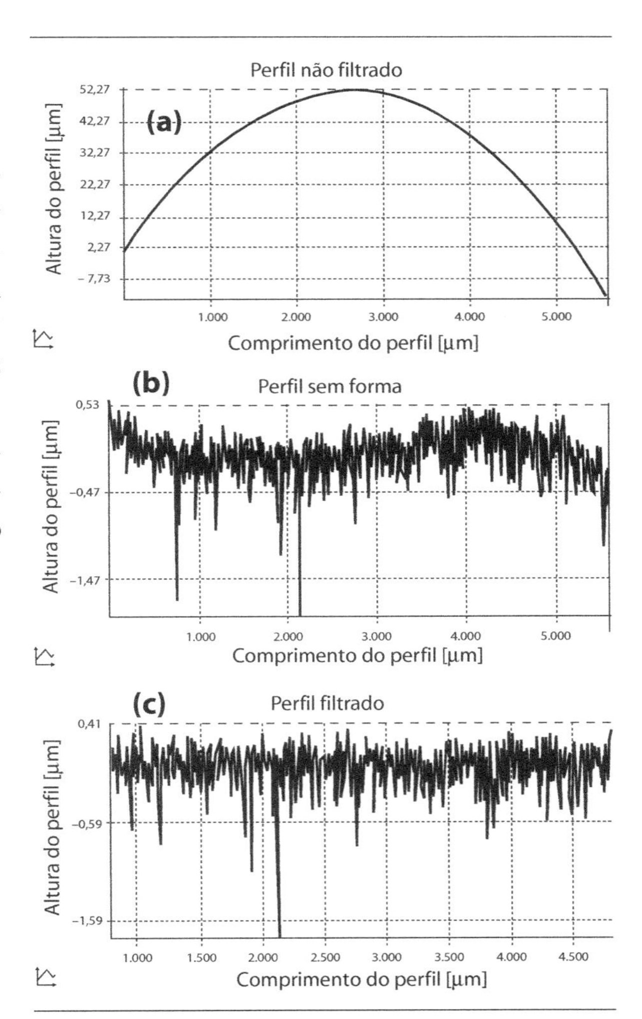

Figura 18.5 – Análise de um perfil de rugosidade de uma peça com curvatura. (a) Perfil original, a curvatura tem dimensões muito maiores que o acabamento superficial. (b) A informação da curvatura é eliminada por meio de um filtro. (c) Após filtragem da ondulação.

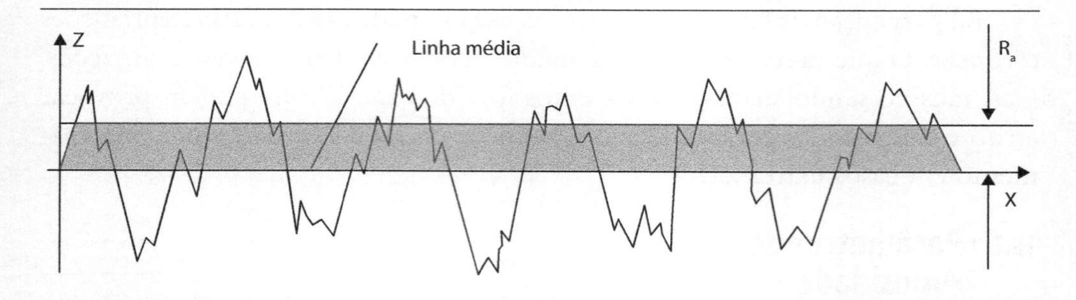

Figura 18.6 – Parâmetro de rugosidade – Ra.

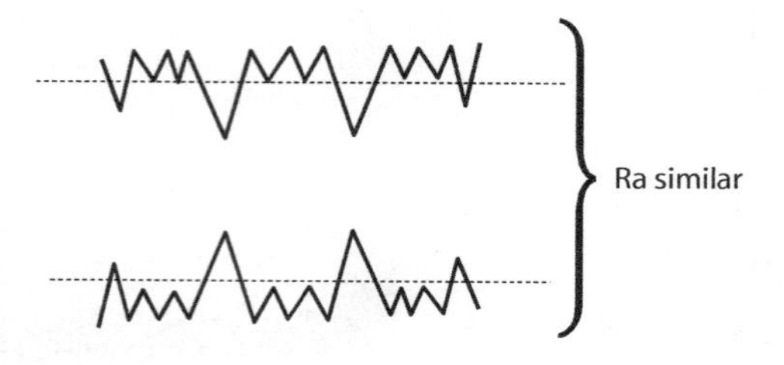

Figura 18.7 – Duas superfícies distintas podem apresentar valores de Ra similares.

- Rz: rugosidade média, valor médio da rugosidade unitária zi obtida em cinco comprimentos de medição unitários "lr" dentro do perfil de rugosidade (*Vide* Figura 18.8).

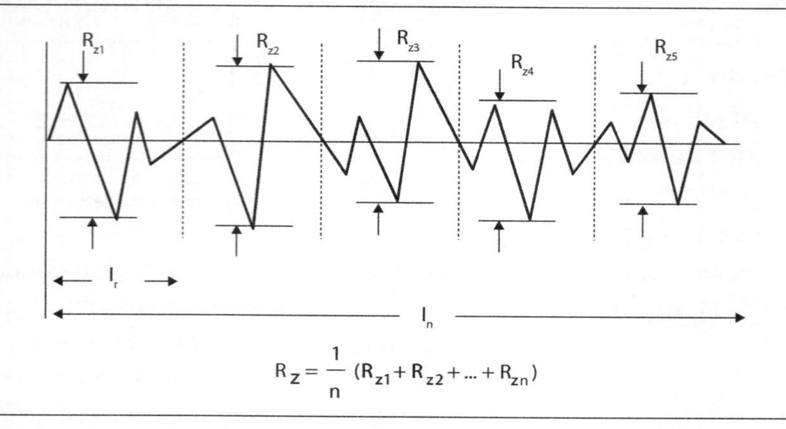

Figura 18.8 – Parâmetro de rugosidade Rz.

- **Rmáx**: rugosidade máxima, é o maior valor de rugosidade obtido ante avaliação de cinco comprimentos de medição unitários "lr".
- **Família Rk**: são parâmetros obtidos por meio da curva de Abbott–Firestone que mostra a fração de contato em razão da altura relativa na superfície. A curva expressa a porcentagem em função da altura, é construída com porcentagem de contato zero na altura do pico mais alto e vai aumentando até atingir 100%, quando atinge a altura do vale mais profundo.
- **Rpk**: valor da rugosidade média dos picos que estão acima da área de contato mínima do perfil, excluídos eventuais picos exagerados.
- **Rk**: valor da rugosidade do núcleo do perfil (excluídos os picos mais altos e vales mais profundos).
- **Rvk**: valor da rugosidade média dos vales que estão abaixo da área de contato do perfil, excluídos eventuais vales mais profundos.
- **Mr1**: parâmetro que determina a fração de contato mínima no núcleo do perfil de rugosidade.
- **Mr2**: parâmetro que determina a maior fração de contato no núcleo do perfil de rugosidade.

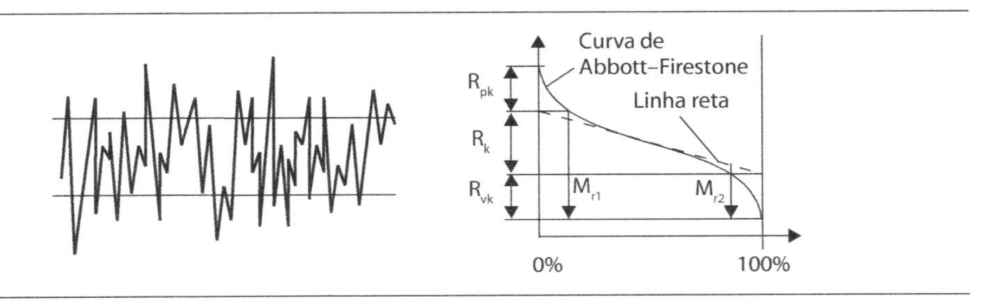

Figura 18.9 – Curva de Abbott–Firestone – parâmetros da família Rk.

Quando se usam medições 3D, em vez de perfis, para caracterizar a rugosidade, os parâmetros recebem o prefixo S (de superfície, *surface*) e, em vez de rugosidade, fala-se em topografia.

18.2.2 Contato entre superfícies

Quando duas superfícies planas e paralelas são aproximadas, o contato se dará de início em apenas alguns pontos. Desse modo, a área real de contato é muito menor que a área de contato nominal. Na medida em que o carregamento normal é aumentado, as asperezas mais altas se deformam e um maior número de **asperezas** nas duas superfícies se contata. Como essas asperezas são os pontos de contato entre as duas superfícies, serão responsáveis pelo suporte do carregamento normal na superfície e pelas forças de atrito entre elas. Quando um bloco se apoia contra um plano, enquanto a área nominal de contato é toda a área da face inferior do bloco, a área real é apenas uma fração muito pequena desta.

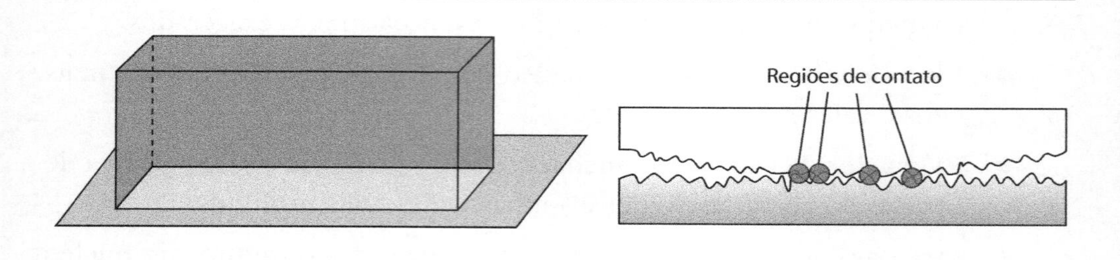

Figura 18.10 – Comparação de área nominal e área real de contato.

18.3 Desgaste

Desgaste pode ser definido como um dano progressivo, envolvendo a perda de material, que ocorre sobre a superfície de um componente. O desgaste pode ser causado por diferentes mecanismos, mas basicamente pode-se dividir em dois tipos principais: o predominantemente mecânico e o fortemente afetado por processos químicos. O desgaste mecânico envolve processos que podem estar associados com deslizamento, rolamento, abrasão, erosão e fadiga. O desgaste químico está relacionado com reações triboquímicas (ou seja, reações de corrosão potencializadas pela energia liberada pelo movimento relativo) que as superfícies sofrem, dependendo do meio em que estão inseridas. [19]

Para entender os mecanismos de desgaste é necessária a compreensão do tribossistema. A predominância de um dos mecanismos ou a natureza da interação entre esses mecanismos será governada pelas condições que cercam o sistema tribológico, tais como as propriedades dos materiais, o tipo de movimento, a geometria, o meio e as solicitações (força, velocidade, vibrações). Portanto, é necessário pensar no desgaste e no atrito como respostas a um sistema e não como propriedades dos materiais. A Tabela 18.1 apresenta alguns exemplos de processos de desgaste, levando em consideração o tipo de interação, elemento interfacial e movimento relativo entre os corpos do tribossistema.

Tabela 18.1 – Ilustração dos principais mecanismos de desgaste, segundo DIN50320.

Movimento	Nome comum	Esquema
Deslizamento	Desgaste por deslizamento	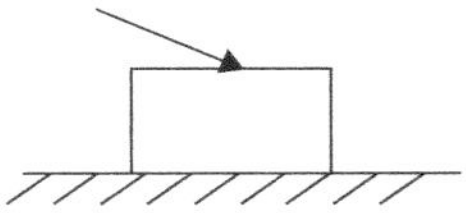
Alternativo de pequena amplitude	*Fretting*	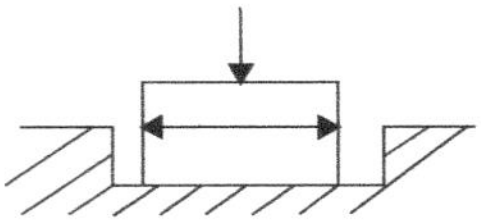
Impacto	Desgaste por impacto	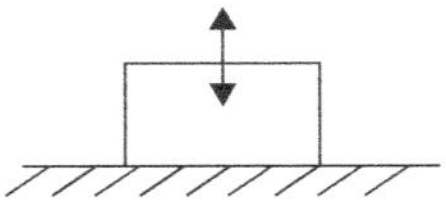
Rolamento	Desgaste por rolamento	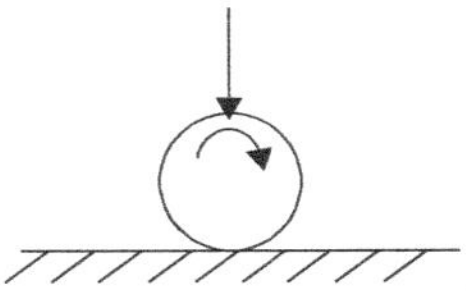
Deslizamento de partículas	Desgaste abrasivo a dois corpos	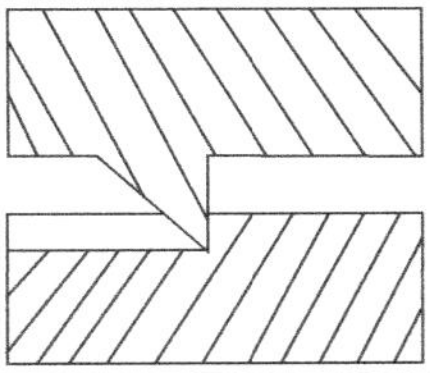
Deslizamento ou rolamento	Desgaste abrasivo a três corpos	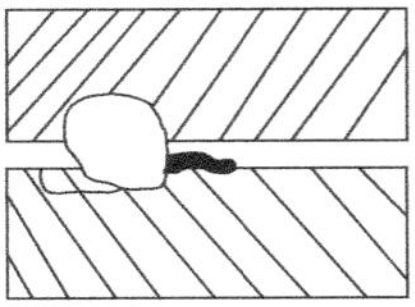
Fluxo	Cavitação	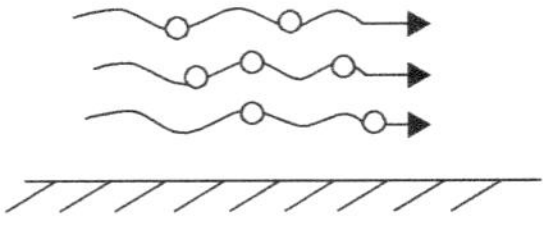
Fluxo	Erosão	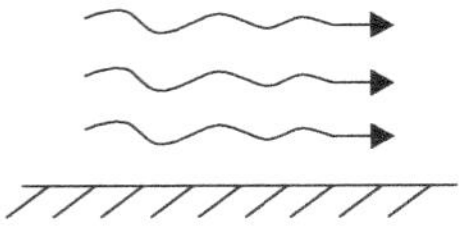

Uma observação importante é que os fenômenos tribológicos acontecem na superfície ou muito próximo dela e que, por uma série de fatores, as propriedades superficiais podem ser significativamente diferentes das do núcleo do material (*bulk properties*). Em especial, os metais, quando expostos ao ar, formam uma camada muita fina de óxido, mas que em geral possuem resistência ao desgaste maior e coeficiente de atrito muito menor que a do metal básico. A Figura 18.11 mostra esquematicamente a estrutura das camadas presentes em uma superfície.

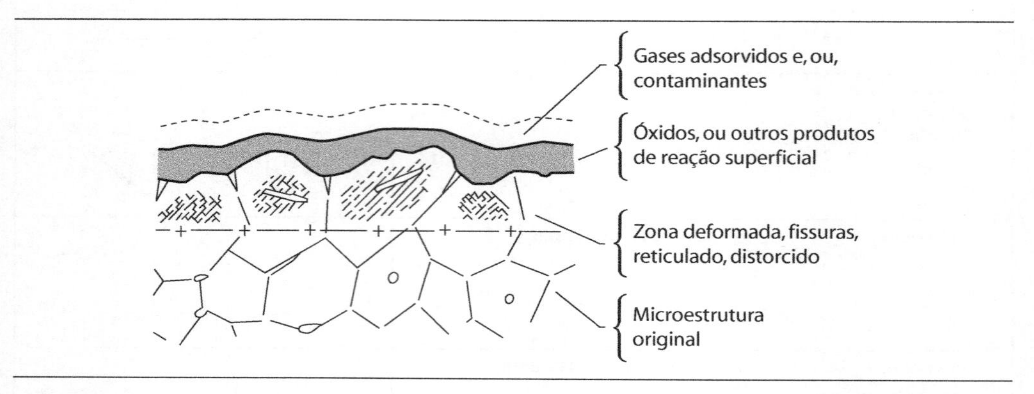

Figura 18.11 – Aspecto geral das multicamadas de superfícies sólidas, oriundas de produtos de reação, líquidos e, ou gases adsorvidos [25].

O desgaste pode ser classificado como severo ou moderado, baseado na taxa de desgaste. A Tabela 18.2 apresenta algumas distinções que podem ser feitas entre desgaste severo e moderado.

Tabela 18.2 – Distinções entre desgaste severo e moderado [26].

Desgaste moderado	Desgaste severo
Aparência da superfície desgastada é lisa (rugosidade menor que a original)	Alta taxa de desgaste, a superfície desgastada apresenta-se mais rugosa que a original
A superfície de desgaste é coberta por uma camada de óxido (altos valores de resistência de contato)	Ausência de camada de óxido (baixos valores de resistência de contato)
Debris* de dimensões pequenas (diâmetros da ordem de 100 nm)	Debris de tamanho grande (diâmetros maiores que 10 μm)
Baixos valores de coeficiente de atrito	Altos valores de coeficiente de atrito
	* fragmentos de desgaste.

18.3.1 Modelos de desgaste

Existem centenas de equações que tentam modelar o desgaste, mas em virtude da grande variedade de mecanismos e transições que ocorrem durante o processo de desgaste, não existe um modelo universal para o desgaste. Destacam-se três tipos de equações de desgaste:

- Equações baseadas nos mecanismos de contato.
- Equações empíricas.
- Equações baseadas nos mecanismos de falha dos materiais.

18.3.1.1 EQUAÇÕES BASEADAS NO MECANISMO DE CONTATO

Os modelos mais comumente usados são, em geral, derivados da equação de Archard:

$$Q = K\frac{W}{H} \qquad \text{Eq. 18.1}$$

Onde:

Q: volume desgastado do material mais mole por unidade de distância percorrida [m^3/m].

K: coeficiente adimensional de desgaste [0...1].

W: carga normal [N].

H: dureza do corpo mais mole [$N.m^{-2}$].

Como explicitado pela Equação 18.1, é postulado que o desgaste é proporcional ao carregamento e à distância percorrida, e inversamente proporcional à dureza do material. A equação de Archard é largamente utilizada pela sua simplicidade e também por permitir quantificar a severidade do desgaste, por meio do coeficiente K. Mas algumas críticas podem ser feitas com relação a esse modelo:

- O desgaste é proporcional à constante K, mas K não é uma característica dos materiais, e sim do sistema tribológico; portanto, cada sistema tem de ser investigado para a determinação dessa constante.
- O desgaste aumenta com o carregamento, mas a linearidade prevista pela equação vale em intervalos relativamente pequenos. Aumentos de carga (ou temperatura) podem levar a mecanismos diferentes de desgaste e a taxas muito diferentes.

Existem mapas de desgaste que correlacionam o carregamento e a velocidade de deslizamento com diferentes mecanismos de desgaste. Mas uma referência importante para contatos lubrificados é que valores de K, quando maiores que 10^{-6}, indicam desgaste severo.

Para evitar a dificuldade de determinar o valor de desgaste, códigos comerciais de simulação numérica fazem uso da equação de carga de desgaste (*wear load*). Trata-se da carga do contato entre asperezas multiplicadas pelo deslocamento do corpo em relação ao contracorpo.

18.3.1.2 EQUAÇÕES EMPÍRICAS

Equações empíricas, ou seja, construídas com base em dados obtidos por intermédio de testes, podem ser usadas para prever condições similares ao ensaio que a originou. Em geral, correlacionam o desgaste (por ex., a perda de massa de material) em função da carga aplicada F, da velocidade V e do tempo t. Constantes empíricas, como K, a, b e c do exemplo abaixo (Equação 18.2) são ajustadas de acordo com os resultados de testes. Equações empíricas podem ser úteis, mas sua aplicação se limita a condições muito próximas do ensaio usado para construí-la. A abordagem empírica também tem a desvantagem de não explicar os fenômenos envolvidos.

$$\Delta W = KF^a V^b t^c \qquad \text{Eq. 18.2}$$

Onde:

F: carga aplicada.

V: velocidade.

t: tempo.

K: coeficiente adimensional de desgaste [0...1].

a, b e c: constantes.

18.3.1.3 EQUAÇÕES BASEADAS NOS MECANISMOS DE FALHA DOS MATERIAIS

Estas equações têm sido motivo de trabalhos nos últimos 30 anos, pois os pesquisadores têm reconhecido que a resistência ao desgaste não é uma propriedade intrínseca dos materiais e determinadas propriedades mecânicas são selecionadas com algum propósito. Existe uma tendência a dar ênfase a variáveis relacionadas à tenacidade à fratura K_C, deformação, plasticidade etc.

Os trabalhos mais recentes incluem: mecanismos de discordâncias e propriedades de materiais sujeitos à fadiga.

Nesta seção, nenhuma equação será reproduzida, por conta da sua extensão e grande número de variáveis.

18.3.2 Ensaios de desgaste

Ensaios de desgaste são utilizados para classificar a resistência de diferentes materiais, com o propósito de facilitar a seleção de materiais em um determinado projeto. Padronização, repetibilidade, conveniência, curto tempo de teste, e maneiras simples de avaliar e classificar os materiais são desejáveis neste tipo de testes [5]. Os ensaios de desgaste visam a reduzir os riscos no desenvolvimento de novos projetos mecânicos e na aplicação de novos materiais. Para isso, é necessário ter conhecimento do tribossistema e também das variações a que este pode estar sujeito.

Em condições ideais, seria desejável uma quantidade estatisticamente significativa em condições reais, por exemplo, com diferentes motoristas usando o veículo real em que o motor vai ser aplicado. O custo e tempo seriam inviáveis no desenvolvimento de um novo sistema, peça ou materiais. Uma alternativa mais simples, mas ainda muito custosa, seria realizar vários testes de motor em dinamômetro. Simplificando ainda mais, pode-se optar por testes de bancada utilizando o componente real, mas fora do motor. Tais testes são indispensáveis quando variantes de geometria ou de métodos de produção são investigados, mas trazem a desvantagem de não permitir uma comparação simples entre arranjos e peças diferentes. Desse modo, existe uma série de testes, de geometria relativamente simples, que tentam reproduzir os mecanismos fundamentais de um sistema tribológico e que são usados no desenvolvimento e teste de materiais, lubrificantes etc.

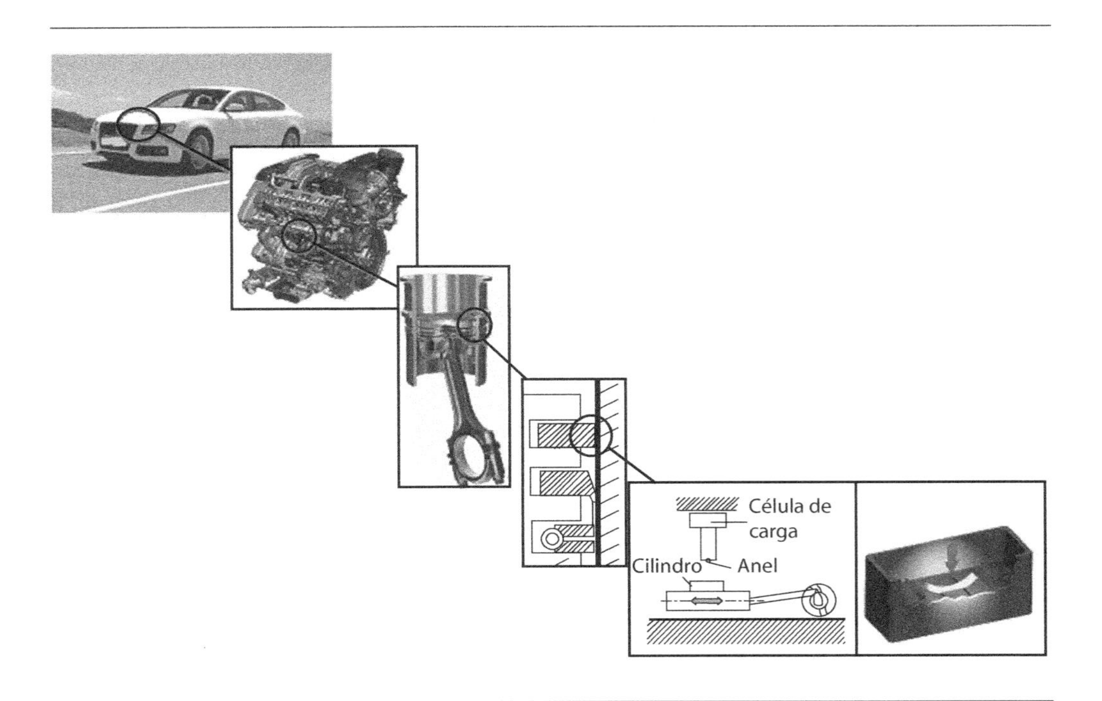

Figura 18.12 – Simplificação do tribossistema real para a configuração de teste de bancada.

Em testes de bancada, dois conceitos são em geral usados para classificá-los: arranjo simétrico ou assimétrico (tamanho dos corpos em contato) e contato conforme ou não conforme. Obviamente, deve-se utilizar um arranjo e um contato que reproduza o do sistema real. Em arranjos assimétricos, pode-se ter um contato conforme ou não conforme, de acordo com os esquemas apresentados na Figura 18.13.

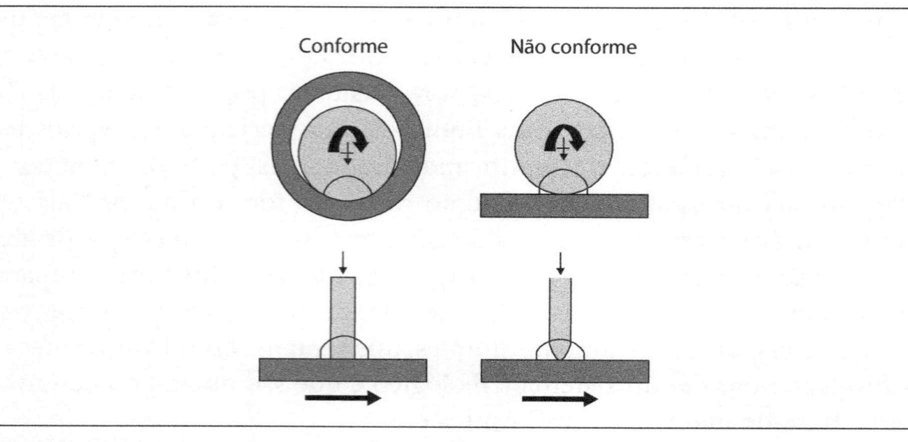

Figura 18.13 – Exemplos de geometrias de contato conforme e não conforme.

A preparação dos corpos de prova e o controle das condições do teste são muito importantes para a precisão e repetibilidade dos resultados. Alguns exemplos de detalhes são: acabamento superficial (rugosidade), geometria dos corpos de prova, microestrutura, dureza, presença de óxidos, tipo de óleo e temperatura. Existem normas que descrevem os procedimentos e as condições do teste que devem ser controladas. A seguir, são mencionadas algumas dessas normas dos ensaios mais comuns para o desgaste por deslizamento: ensaio de bloco contra disco e de pino contra disco, ambos com configuração assimétrica.

18.3.2.1 ENSAIO DE BLOCO CONTRA DISCO

Neste ensaio, um bloco de teste é carregado sobre um contracorpo circular, que gira a certa rotação (*Vide* Figura 18.14). O volume desgastado do bloco é, em geral, avaliado por intermédio das dimensões da região desgastada; e o desgaste do disco, por meio da variação de seu peso.

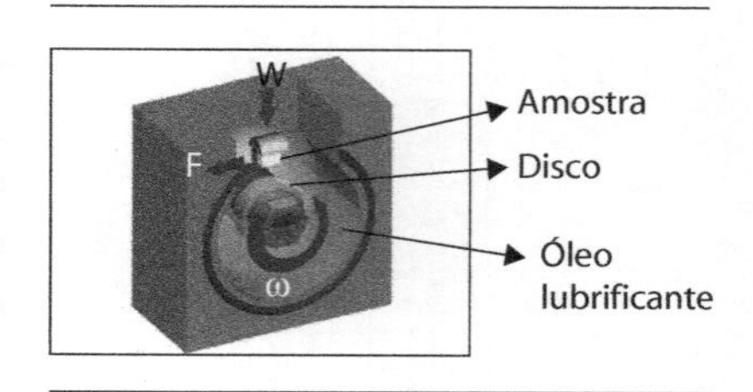

Figura 18.14 – Esquema do teste Bloco contra disco.

A norma ASTM G 77 estabelece critérios e condições de teste para determinar a resistência de materiais em um ensaio de desgaste por deslizamento. Esse é considerado um tipo de teste bastante flexível, pois é possível variar os materiais do bloco e do disco. O teste pode ser realizado em meio lubrificado ou não, e também com variação de temperatura do sistema, desde que o equipamento esteja preparado para isso.

Durante todo o ensaio a força de atrito é monitorada por meio de uma célula de carga. Esses dados podem ser convertidos em coeficiente de atrito, bastando dividir pela carga normal.

18.3.2.2 ENSAIO DE PINO CONTRA DISCO

Neste ensaio, um pino cilíndrico é pressionado perpendicularmente sobre um disco que gira. O sistema pode ou não ser lubrificado e aquecido. A Figura 18.15 ilustra a configuração desse teste.

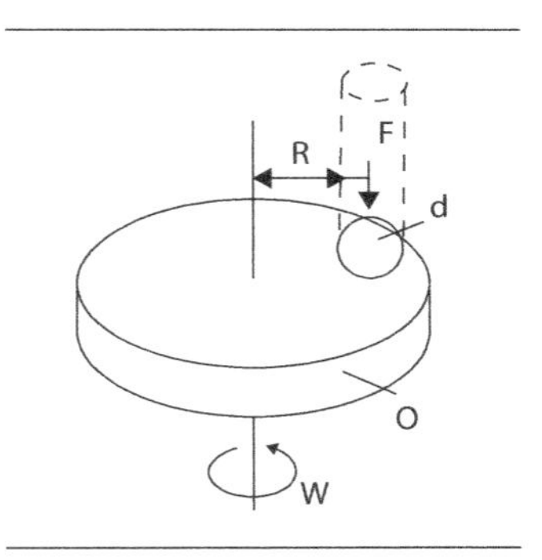

Figura 18.15 – Configuração do ensaio – pino contra disco [ASTM G99].

Os resultados de desgaste são apresentados como volume perdido do pino e do disco separadamente. Quando materiais diferentes são testados, é recomendável a utilização de cada um deles como pino e como disco, pela norma ASTM G99. A quantificação do desgaste pode ser feita por meio de variação dimensional ou perda de massa. O controle do teste pode ser feito pelo número de rotações, distância percorrida, controle do torque resistivo ou conforme a necessidade da avaliação.

18.3.2.3 ENSAIO RECIPROCATIVO (ALTERNATIVO)

Neste tipo de ensaio o contato entre os corpos é conforme, e o movimento entre os corpos é alternativo, tendo inversão do sentido de movimento após um determinado trecho percorrido. São medidos durante o teste: temperatura, coeficiente de atrito, velocidade e carregamento aplicado.

No arranjo da Figura 18.16 é mostrada a configuração do teste. Um dos corpos de prova é nesse caso uma amostra de camisa, feita de determinado material e com acabamento superficial controlado, e o outro corpo é um anel de pistão, com determinado material/cobertura e perfil conhecido e controlado.

Durante a execução do teste é monitorado o coeficiente de atrito. Após o término do teste, os perfis do anel e da camisa são avaliados, para verificar o desgaste.

Para esse tipo de teste, ainda não há uma norma para especificar as condições, mas o mesmo tem sido utilizado para elencar os diferentes materiais de anéis/coberturas e também verificar o comportamento do par anel-cilindro com diferentes condições de material e acabamento.

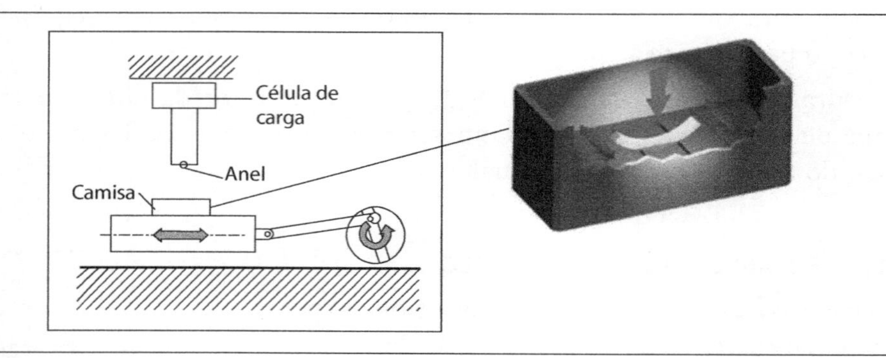

Figura 18.16 – Configuração do ensaio reciprocativo.

18.4 Atrito

18.4.1 Coeficiente de atrito estático *versus* dinâmico

A força necessária para iniciar o deslizamento entre duas superfícies é frequentemente maior que a força requerida para manter o deslizamento. Em especial, em sistemas lubrificados, o coeficiente de atrito estático é geralmente maior que o dinâmico. Quando as superfícies deslizam, o lubrificante é impulsionado para a região de contato, as superfícies se separam e o coeficiente de atrito se mantém em níveis inferiores aos do início do movimento.

O coeficiente de atrito estático também possui relação importante com o fenômeno denominado *stick-slip*, no qual a adesão repentina dos corpos com deslizamento subsequente pode provocar um mecanismo de desgaste com morfologia na forma de ondas, além de vibração no sistema. Tradicionalmente, tenta-se explicar o coeficiente de atrito estático pela adesão e pelo rompimento de ligações entre os átomos de superfícies opostas. O coeficiente de atrito estático pode ser facilmente medido por meio do chamado ensaio do plano inclinado. Um bloco é colocado num plano que se inclina até que ele comece a se mover. O coeficiente de atrito estático é determinado pela tangente do ângulo de inclinação do plano.

18.4.2 Fundamentos do atrito no deslizamento

Do ponto de vista da energia, o atrito é um processo onde a energia cinética é convertida em outras formas de energia. Usualmente a maior parte da energia mecânica, perdida durante o atrito, é convertida em calor. Da energia mecânica dissipada durante o movimento relativo entre duas superfícies, estima-se que esta possa ser dividida principalmente em:

- Calor, causando aumento de temperatura nos corpos em contato.
- Energia mecânica, causando desgaste nos corpos.
- Energia acústica, produzindo efeitos audíveis.
- Energia elétrica, responsável pela geração de carga eletrostática.

No deslizamento entre dois metais, as razões pelas quais não é observada significante adesão entre duas superfícies metálicas são:

- As superfícies estarão cobertas com óxidos e filmes adsorvidos que enfraquecem a adesão (no vácuo o atrito tende a ser muito maior).
- Tensões elásticas ao redor das asperezas sob carregamento geram tensões que são capazes de quebrar as junções durante o processo de descarregamento.

Na maioria das aplicações de engenharia, os sistemas são também lubrificados. Desse modo, não se pode estudar o comportamento sob atrito de superfícies metálicas sem levar em consideração a presença de filmes, de diversas naturezas na superfície desses metais. O efeito da camada de óxido no coeficiente de atrito irá depender muito das condições de contato. Quando o ambiente é propício ao crescimento dessa camada de óxido entre os metais, o que se verifica é uma queda nos valores de coeficiente de atrito, pois menores serão os efeitos de adesão metálica. Quando as condições de contato são cada vez mais severas, poderá ocorrer o rompimento gradativo dessa camada de óxido, com o contato metal–metal, maiores serão os valores de coeficiente de atrito. Em geral, com baixos carregamentos, quase não há contato metálico, pois o filme de óxido separa as superfícies em movimento.

18.5 Regimes de lubrificação

Os modos de lubrificação podem ser definidos por meio da curva de Stribeck, que mostra a variação do coeficiente de atrito em função do parâmetro de filme t (Equação 18.3).

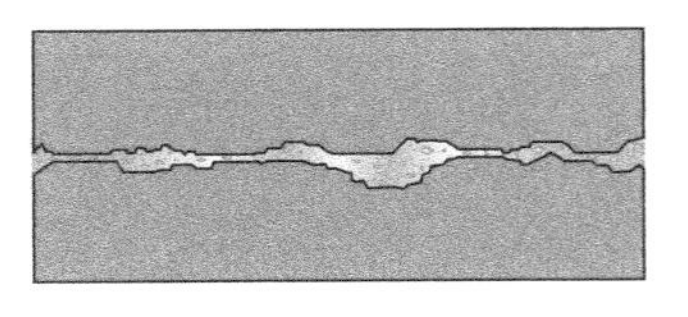

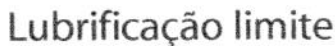

Lubrificação limite

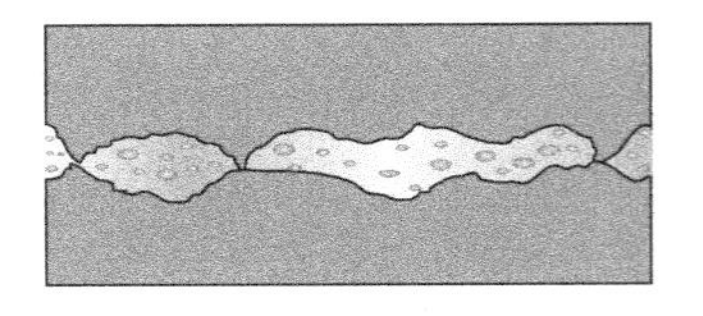

Lubrificação mista

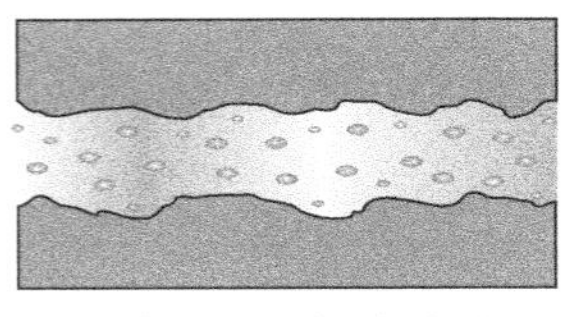

Lubrificação hidrodinâmica

Figura 18.17 – Regimes de lubrificação.

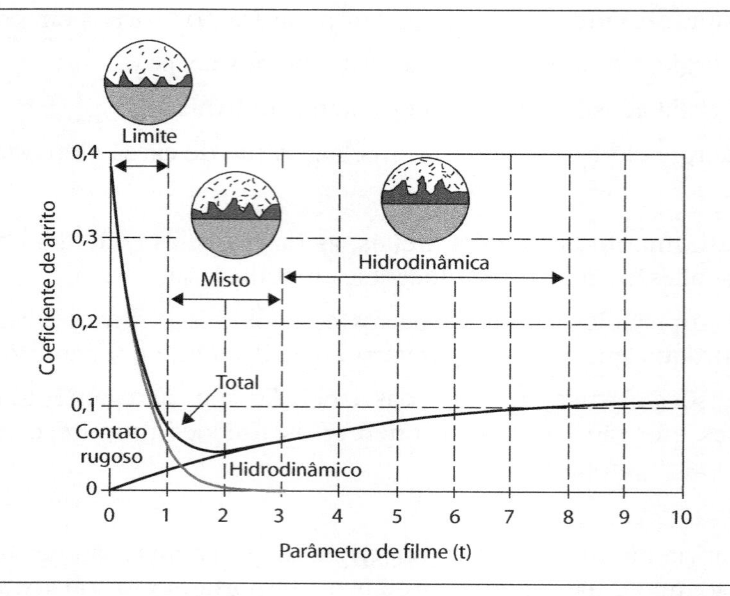

Figura 18.18 – Curva de Stribeck [21].

$$t = \frac{h}{R_{comb}} \qquad \text{Eq. 18.3}$$

Onde:

t: parâmetro de filme.

h: espessura do filme de óleo.

R_{comb}: rugosidade combinada das 2 superfícies.

Nota-se que o coeficiente de atrito total foi definido pela soma de uma parcela de contato rugoso e outra de contato hidrodinâmico. Se a espessura do filme de óleo for muito pequena, as asperezas podem ultrapassá-lo, acarretando um aumento do atrito e desgaste das superfícies. Segundo Heywood (1990), a equação de atrito total apresentada na figura pode ser descrita pela Equação 18.4:

$$f = \alpha f_S + (1 - \alpha) f_L \qquad \text{Eq. 18.4}$$

Onde:

f_S: coeficiente de atrito seco metal–metal.

f_L: coeficiente de atrito hidrodinâmico.

α: constante de atrito metal–metal (pode variar de 0 a 1).

Se $\alpha \rightarrow 1$ então $f \rightarrow f_S$, o atrito pode ser denominado atrito-limite, ou seja, próximo ao atrito sólido. O filme de lubrificante é reduzido a uma ou poucas camadas de moléculas e não pode prevenir o contato metal–metal entre as asperezas das superfícies.

Se $\alpha \rightarrow 0$ então $f \rightarrow f_L$, o atrito é denominado hidrodinâmico, pois o filme de lubrificante é espesso o suficiente para separar completamente as superfícies em movimento relativo.

Entre esses dois regimes, existe o denominado misto, que seria a transição entre os regimes limite e hidrodinâmico. No regime misto tanto o atrito causado pelo contato das asperezas quanto pelo lubrificante acontecem. A Figura 18.19 ilustra o diagrama de Stribeck, que mostra a variação do coeficiente de atrito em função das condições de operação do sistema e os principais sistemas do motor. As perdas podem acontecer por atrito viscoso, isso é devido ao cisalhamento do filme de lubrificante ou ao atrito metal–metal por causa do contato das asperezas entre os dois corpos. Estima-se que cerca de 2/3 das perdas ocorrem em regime de lubrificação hidrodinâmica (sem contato rugoso entre asperezas) e 1/3 em lubrificação mista, onde parte de contato é suportada pela interação das asperezas e parte pela pressão hidrodinâmica do fluido. [1]

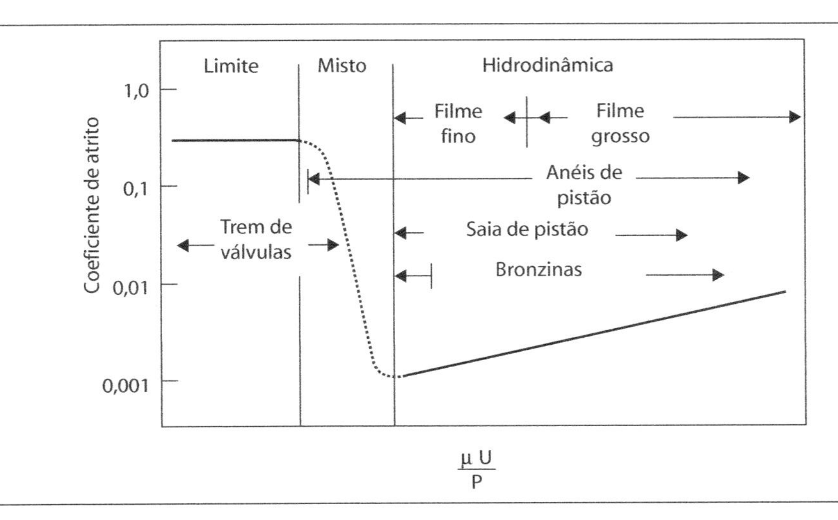

Figura 18.19 – Regimes de lubrificação para componentes de motor [18].

No gráfico da Figura 18.19, tem-se:

μ: viscosidade absoluta.

U: velocidade.

P: carga unitária.

Para altas cargas e baixos valores de velocidade, ocorre o regime de lubrificação limite, no qual o coeficiente de atrito é independente dos parâmetros de funcionamento. Para contatos em altas velocidades, tende a ocorrer a separação das superfícies pela presença do filme de óleo, e o coeficiente de atrito é função das condições de operação. Com o aumento do carregamento em um regime hidrodinâmico, há uma diminuição da espessura do filme de óleo. Sob essas condições de funcionamento, é possível que ocorra contato entre as asperezas de uma superfície sobre a outra. Essa condição também pode ser denominada regime misto. Neste caso, parte do carregamento é suportado pelas pressões do filme lubrificante e parte pela interação entre as superfícies sólidas.

Sob condições de lubrificação hidrodinâmica, as superfícies em movimento relativo são separadas por um filme relativamente espesso de lubrificante fluido, o qual é produzido hidrodinamicamente. Para que ocorra lubrificação puramente hidrodinâmica, as superfícies opostas devem ser "conformes", isto é, estas devem ser geometricamente semelhantes, de forma que serão separadas por somente um pequeno espaço, preenchido pelo lubrificante, sobre uma área relativamente grande. A melhor maneira de minimizar desgaste e danos superficiais de peças rígidas em contato e com velocidade relativa não nula é separá-la por um filme de fluido lubrificante. O lubrificante pode ser líquido ou gasoso, e a força de sustentação pode ser gerada pela velocidade relativa não nula das peças rígidas (mancais dinâmicos), ou por intermédio de pressurização externa (mancais estáticos).

A principal característica desse tipo de lubrificação é que as superfícies rígidas estão separadas por um filme de fluido consideravelmente mais espesso que as dimensões das irregularidades das superfícies. Nesse caso, a espessura do fluido é da ordem de milhares de vezes maior que o tamanho das moléculas, e pode-se assim, analisá-lo por meio das leis da Mecânica dos Fluidos. A resistência devida ao atrito pode ser calculada com base na tensão de cisalhamento viscoso do fluido. Nesse caso, a viscosidade do fluido lubrificante é a propriedade física mais importante. A densidade é importante somente para mancais com fluido lubrificante gasoso e altamente pressurizado.

Nesse modo de lubrificação, considera-se que o fluido lubrificante molha adequadamente as superfícies de deslizamento. Para que haja uma lubrificação hidrodinâmica, é necessária a ausência de qualquer interação das asperezas das superfícies, e, para tanto, a espessura do filme tem de ser, pelo menos, de uma a três vezes maior que a rugosidade combinada das superfícies.

Exemplo:

i) Um motor operando a 50 kW (5.000 rpm).

ii) As perdas mecânicas correspondem a 20% da potência efetiva do motor.

iii) A potência de atrito dos anéis de pistão corresponde a 25% das perdas mecânicas.

iv) O atrito do anel de óleo corresponde a 70% do atrito dos anéis.

Determinar a redução de consumo de combustível pela redução de 20% da força de raspagem do anel de óleo. Considere que o atrito do anel de óleo é proporcional a sua força de raspagem.

Solução:

As perdas mecânicas correspondem a 20% da potencia efetiva do motor:

$0{,}20 \times 50$ kW = 10 kW

A potência de atrito dos anéis corresponde a 25% das perdas mecânicas:

$0{,}25 \times 10$ kW = 2,5 kW

O anel de óleo responde por 70%, mas foi reduzido em 20%. Com isso, a redução de atrito é:

$0{,}70 \times 0{,}20 \times 2{,}5 = 0{,}35$ kW

A redução de combustível (ou o eventual aumento de potência) pode ser considerada igual à redução da potência de atrito:

Redução % de 0,35/50 = 0,7%

(*Vide* Figura 18.2 para melhor visualização)

18.6 Materiais empregados em motores de combustão interna

Sob o ponto de vista tribológico, as propriedades da superfície, e não do *bulk* do material é que definem sua utilização. Em geral, evita-se o uso do mesmo material em dois corpos em contato relativo, uma vez que estes tenderiam a se "soldar". A exceção são os ferros fundidos, que têm propriedades tribológicas bastante boas atritando contra si mesmas. Esse bom desempenho deve-se principalmente à presença de veios de grafita, que funcionam como um lubrificante sólido. O ferro fundido é também um bom exemplo de como a escolha tribológica pode ser bastante diferente da clássica mecânica: sob o ponto de vista estrutural, o aço, seguido do ferro fundido nodular e só então do ferro fundido cinzento, é mais adequado. Do ponto de vista tribológico, a ordem é inversa, pois a presença de veios de grafita, indesejáveis sob o ponto de vista estrutural, é vantajosa por ser efeito lubrificante.

Meios comuns de melhorar a resistência tribológica incluem:

- Uso de revestimentos ou tratamentos de superfície.
- Endurecimento da superfície (cementação etc.).
- Refusão da superfície.

As Tabelas 18.3 e 18.4 apresentam os principais materiais aplicados no *bulk* e nas coberturas.

Tabela 18.3 – Principais materiais *bulk* aplicados a componentes de motor.

Materiais *Bulk*	Anel	Pistão	Pino	Cilindro	Bronzina	Biela	Válvula	Eixo comando
Ligas de alumínio		X		X	X			
Ferro fundido cinzento	X			X				X
Ferro fundido nodular	X			X		X		
Ligas de aço	X	X	X	X	X	X	x	X
Ligas de ferro sinterizado						X		
Cerâmica							X	

Tabela 18.4 – Principais materiais de cobertura aplicados a componentes de motor.

Coberturas ou tratamentos	Anel	Pistão	Pino	Cilindro	Bronzina	Biela	Válvula	Eixo comando
Metalizados moles (Mo, Pb etc.)	X			X	X			
Cerâmicas	X						X	X
Cromo	X						X	
DLC	X		X					X
Fosfatos ou estanhagem	X	X						
Óxidos	X							X
Grafite	X	X						
Nitretação	X		X				X	
Polímero					X			

EXERCÍCIOS

1) Quais os elementos constitutivos de um tribossistema? Dê um exemplo de um tribossistema dentro de um motor de combustão interna.

2) Quais os benefícios que a melhora no desempenho tribológico pode propiciar nos motores?

3) Dê exemplos de duas superfícies com o mesmo Ra que possam ter comportamentos bem distintos quanto ao desgaste.

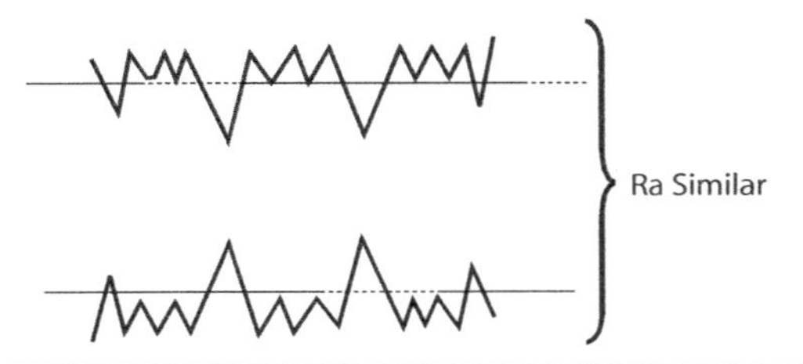

4) Defina Ra e Rz.

5) Defina os parâmetros da família Rk. Por que podem descrever melhor a rugosidade de uma superfície que os parâmetros de altura da questão anterior?

6) Considerando o acabamento superficial de um cilindro de motor, discuta os eventuais efeitos causados por:

   a) Maior Rpk;

   b) Menor Rvk.

7) O que é área de contato nominal? Compare com a área real de contato.

8) Defina desgaste.

9) Quais são os tipos de desgaste?

10) Quais são as classificações de desgaste, com base em sua taxa?

---

11) Defina desgaste por deslizamento.

---

12) Cite algumas variáveis que influenciam no desgaste.

---

13) Como o coeficiente K da equação de Archard pode ser determinado? Do que ele depende?

---

14) Usando a Equação de Archard, calcule o desgaste de um par em deslizamento em que o corpo mais mole tem dureza superficial de 500 HV0,1 e a força aplicada no contato é de 100 N. Considere um deslizamento de 10 metros. Use k = 1.

Resposta:

2.10^{-6} m^3.

---

15) Tomando o caso acima, qual deve ser a nova dureza do corpo mais mole para que o desgaste seja reduzido em 30%?

---

16) Considere que o corpo do exercício 14 está a uma velocidade de 1 mm/s e que a densidade do corpo é de 1 kg/m^3. Sendo que a vida do corpo é comprometida quando perde 2 g da sua massa, qual a durabilidade do corpo nesse deslizamento em horas?

Resposta:

2.777,8 horas.

---

17) Qual o conceito por trás de combinar peças em contato em que um material tem dureza bem menor que o outro?

---

18) Cite alguns ensaios de bancada utilizados para classificar materiais quanto ao desgaste?

---

19) Quais são os regimes de lubrificação?

---

20) Quais as características do contato entre as superfícies em cada regime?

21) Cite exemplos de componentes em um motor de combustão interna que trabalham em sua maior parte no sistema de lubrificação hidrodinâmica.

22) E no sistema de lubrificação limite?

23) Em qual(is) regime(s) de lubrificação trabalham os anéis de pistão?

24) Qual o efeito da temperatura nas propriedades do lubrificante típico de motor? E qual seu efeito para o desgaste e atrito das peças do motor?

25) Como explicar que após o amaciamento do motor, a taxa de desgaste dos componentes é reduzida?

26) No deslizamento entre anel e cilindro, é possível que o coeficiente de atrito seja maior, quanto mais espesso o filme de óleo?

27) O desgaste do cilindro de um motor de combustão interna é acentuado no ponto morto superior do pistão e muito menor no meio do curso do pistão. Como explicar isso?

28) Ao se comparar dois cilindros de motor com diferentes rugosidades, uma fina e outra mais rugosa, percebeu-se em um teste de bancada contra um mesmo tipo de anel, que, em velocidades muito baixas, o atrito era praticamente o mesmo. Já em velocidades maiores, o atrito era menor para o acabamento mais fino. Explique o porquê.

29) Considerando os contatos abaixo, discuta os possíveis testes de bancada (externo ao motor) quando se deseja comparar diferentes materiais:
   a) Contato saia de pistão e cilindro;
   b) Eixo comando e seguidor.

30) Explique algumas contradições abaixo usando os conceitos de contato lubrificado:

a) Ao aumentar a velocidade de deslizamento, verificou-se o aumento de atrito do contato;

b) Ao se usar óleo mais viscoso, menor foi o atrito.

31) Explique o benefício da rotação das válvulas para o desgaste do contato válvula e sede de válvula.

32) Explique por que, na interação de impacto entre corpos, o aumento da dureza do material não auxilia na redução do desgaste.

33) Cite um tribossistema do motor e dê sugestões de como reduzir o atrito.

Referências bibliográficas

1. ANDERSSON, B. S. Vehicle. Tribology. *17th Leeds-Lyon symposium on tribology*. Elsevier Tribology Series 18, 1991. p. 503-506.
2. AMERICAN SOCIETY FOR TESTING AND MATERIALS – ASTM, *Standard test method for wear testing with a pin-on-disk apparatus, G 99–05*. Filadélfia, 2010.
3. AMERICAN SOCIETY FOR TESTING AND MATERIALS. *Standard test method for ranking resistance of materials to sliding wear using block-on-ring wear test, ASTM G77 – 05*. Filadélfia, 2010.
4. AMERICAN SOCIETY OF MECHANICAL ENGINEERS. *Surface texture* (surface roughness, waviness, and lay) – ASME B46.1. New York, 1996.
5. BAYER, 1997.
6. COLLINS, J.A. *Failure of Materials in Mechanical Design*. John Wiley and Sons, 1993. p. 583-605.
7. DEUTSCHES INSTITUT FUR NORMUNG. *GPS Surface texture: profile method* – terms, definitions and surface texture parameters DIN EN ISO 4287. Berlim, 1998. p. 28.
8. DEUTSCHES INSTITUT FUR NORMUNG. *GPS Surface Texture*: profile method. surfaces having stratified functional properties. Part 2: Height characterization using the linear material ratio curve. DIN EN ISO 13565-2. Berlim, 1998. p. 9.
9. FARIAS, M. C. M. *Desgaste por deslizamento de aços inoxidáveis austeníticos*. 1992. 111f. Dissertação (Mestrado) – Escola Politécnica, Universidade de São Paulo, São Paulo, 1999.
10. HUTCHINGS, I.M, Tribology. *Friction and Wear of Engineering Materials*, 1992.
11. INTERNATIONAL ORGANIZATION FOR STANDARDIZATION. *Geometrical Product Specification (GPS)* – surface texture: profile method – rules and procedures for the assessment of surface texture - ISO 4288. Suíça, 1996, p. 17.

12. LUDEMA, K. C. *Friction, wear, lubrication a textbook in tribology*, 1996.

13. MAHLE GmBH. *Recommendation for the specification of cast iron cylinder bore surfaces*. Technical Publication, 2000.

14. MASSEY, I. D; MCQUARRIE, N. A; EASTHAM, D. R.; Crankshaft bearing materials: development for highly loaded applications. *Industrial Lubrication and Tribology*, p. 4-11, nov/dez. 1990.

15. MENG, H. C.; LUDEMA, K. C. Wear models and predictive equations: their form and content. *Wear control handbook*, n. 181-183, p.443-457, 1995.

16. PETERSON, M. B. Design Considerations for Effective Wear Control. *Wear Control Handbook*. Nova York: ASME, 1980. p. 413-457.

17. PRIEST, M.; TAYLOR C. M. Automobile engine tribology – approaching the surface. *Wear*, v. 241, p. 193-203, 2000.

18. ROSENBERG, R. C. *General friction considerations for engine design*. SAE, 821576, 1982.

19. SCOTT, 1991.

20. TAYLOR, C. M. Automobile engine tribology – design considerations for efficiency and durability. *Wear*, v. 221, p. 1-8, 1998.

21. TOMANIK, E. *Modelamento de desgaste por deslizamento em anéis de pistão de motores de combustão interna*. 2000. 198f. Tese (Doutorado) – Escola Politécnica, Universidade de São Paulo, São Paulo, 2000.

22. TOMANIK, E. *Modelling of the aperity contact area on actual 3D surfaces*. SAE: 2005-01-1864, 2005.

23. TOMANIK, E.; FERRARESE, A. Low friction ring pack for gasoline engines. ASME. ICEF Fall 2006, ICEF 2006-1566, 2006.

24. TUNG, S. C.; MCMILLAN, M. L. Automotive tribology overview of current advances and challenges for the future. *Tribology International*, v. 37, p.517-536, 2004.

25. VATAVUK, J. Mecanismos de desgaste em anéis de pistão e Cilindros de motores de combustão interna. 1994. 170f. Tese (Doutorado) – Escola Politécnica, Universidade de São Paulo, São Paulo, 1994.

26. WILLIAMS, J. A. Engineering tribology. *Oxford*, p. 166-199, 1994.

19

Sistemas de arrefecimento

Atualização:
Fernando Luiz Windlin
Paulo Aguiar
Sérgio Lopes dos Santos

Neste capítulo serão apresentados os conceitos básicos de transferência de calor nos MCI e os componentes envolvidos.

19.1 Introdução

O processo de combustão produz grande diferença de temperaturas entre os gases e as paredes da câmara além de promover a transferência de parte do calor gerado para as paredes do cilindro e, consequentemente ao cabeçote.

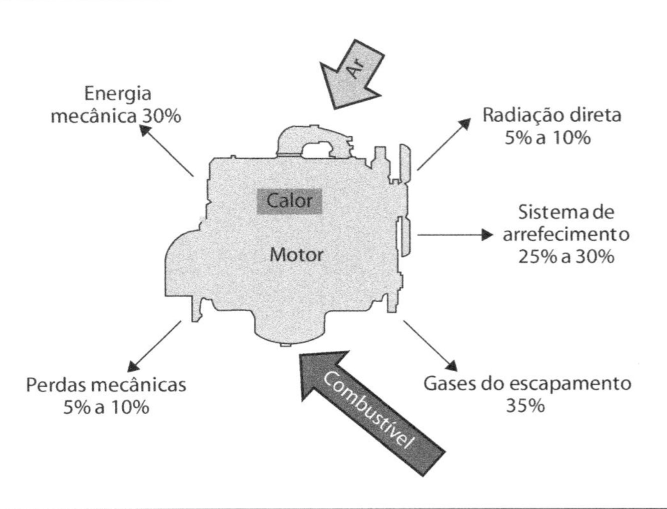

Figura 19.1 – Formas de transferência de calor [A].

O sistema de arrefecimento deve manter os componentes do motor em temperaturas médias compatíveis com as características dos materiais constituintes.

O calor liberado pelo combustível em um cilindro varia entre 1.500 kcal/cv.h e 2.500 kcal/cv.h, dependendo do consumo específico Ce (veja Capítulo 3, "Propriedades e curvas características dos motores"). Caso este calor não seja retirado, as paredes do cilindro, cabeçote e a cabeça do pistão tenderão a atingir temperaturas iguais à média da temperatura do ciclo, ou seja entre 600 °C e 800 °C.

Com essa finalidade, o sistema de arrefecimento é constituído por um conjunto de dispositivos eletromecânicos e hidráulicos que tem como função controlar a temperatura dos MCI.

A Tabela 19.1 apresenta a taxa percentual de liberação de calor média para os motores ciclos Otto e Diesel.

Tabela 19.1 – Taxa percentual de liberação de calor.

Balanço de energia (%)	Ciclo	
	Otto	Diesel
Potência efetiva – Ne	33	38
Calor de resfriamento	30	27
Convecção e radiação	7	6
Exaustão	30	27
Radiador	0	2

Experimentalmente verifica-se que do calor gerado na combustão são transferidas para o fluido de arrefecimento as seguintes faixas percentuais médias:

- 25% a 35% nos motores arrefecidos a água.
- 20% a 25% nos motores arrefecidos a ar.

Em geral, o calor transferido para o fluido de arrefecimento nos motores é equivalente à potência efetiva que se retira do mesmo ($Q_{arref} = Ne$).

Os meios arrefecedores mais usados são: ar, água e óleo. O meio arrefecedor entra em contato com as partes aquecidas do motor, absorve calor e transfere para o meio ambiente. O trabalho executado com temperaturas elevadas promove deformações, corrosão, desgaste, degradação do óleo e engripamento do motor.

19.2 Fluxo de energia

A taxa de transferência de calor decresce com o aumento da rotação e com a cilindrada total do motor. A Figura 19.2 apresenta a relação entre a rotação do motor e o fluxo de calor liberado para o fluxo de arrefecimento.

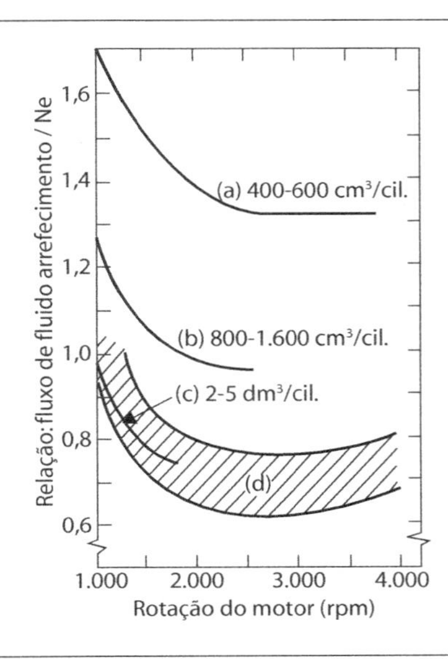

Figura 19.2 – Relação entre fluxo de calor e rotação [6].

A Figura 19.3 mostra esquematicamente o fluxo de calor a partir da combustão do combustível (como uma análise exergética).

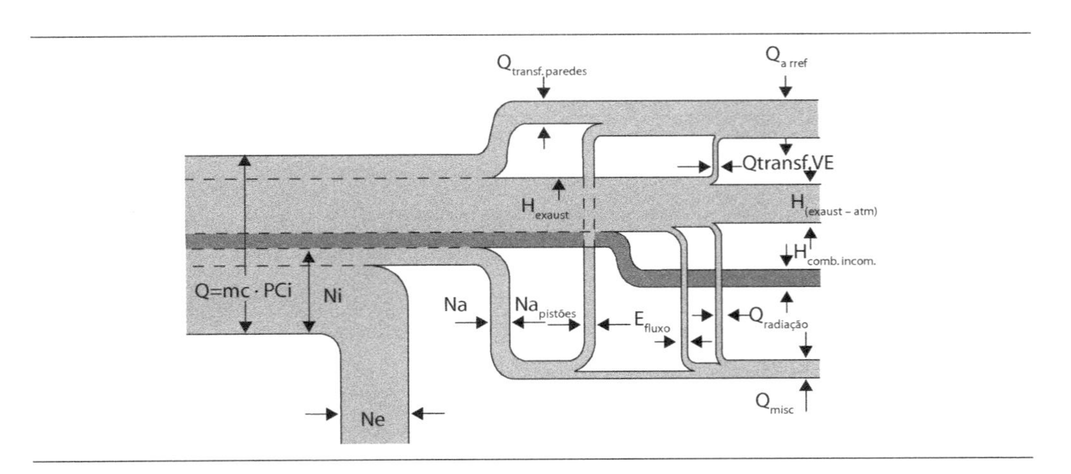

Figura 19.3 – Fluxo de calor [9].

Com base na Figura 19.3, pode ser escrita a Equação 19.1.

$$m_c \cdot h_c + m_{ar} \cdot h_{ar} = Ne + Q_{arref} + Q_{misc} + (m_c + m_{ar})h_{exaut} \quad \text{Eq. 19.1}$$

Onde:

m_c: vazão em massa de combustível.

m_{ar}: vazão em massa de ar.

h_c e h_{ar}: coeficiente de película do combustível e do ar.

h_{exaust}: coeficiente de película dos gases de escapamento.

Ne: potência efetiva (ver Capítulo 3 – Propriedades e curvas características dos motores).

Q_{arref}: fluxo de calor de arrefecimento.

Q_{misc}: fluxo de calor residual na mistura não queimada.

A Figura 19.4 apresenta o fluxo de calor em um MIF, monocilindro, operando com mistura rica (9:1). O sinal negativo indica calor transferido do gás para o sistema de resfriamento.

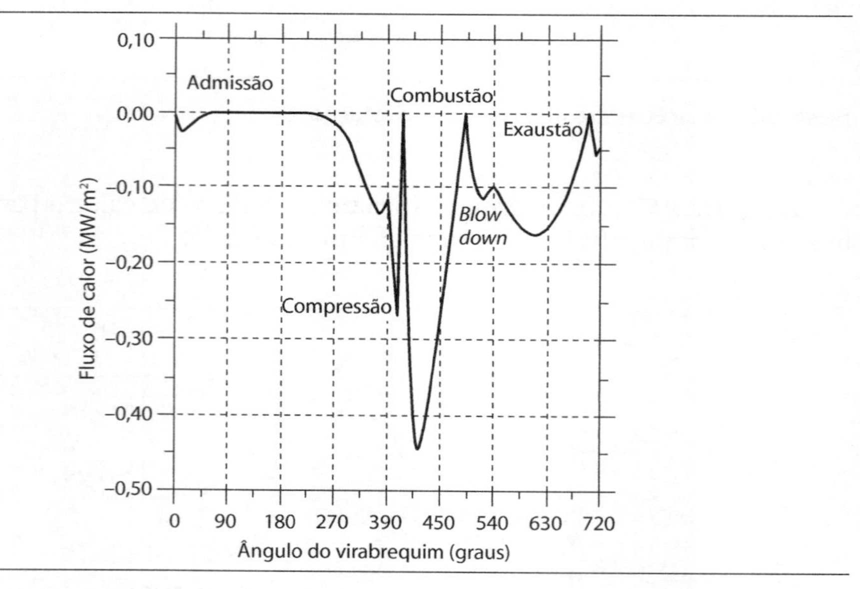

Figura 19.4 – Fluxo de calor por ciclo [6].

A Figura 19.5 apresenta o fluxo de calor para o fluido de arrefecimento de um MIF de seis cilindros, operando em baixas velocidades e cargas. Verifica-se que o fluxo de calor transferido é da ordem de duas a três vezes a potência efetiva (Ne).

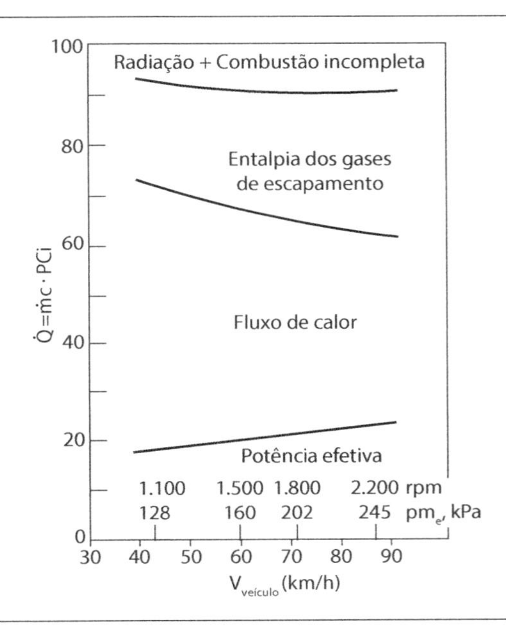

Figura 19.5 – Fluxo de calor [6].

19.3 Limites de temperatura

Nesta seção serão apresentadas as temperaturas a que são submetidos os componentes internos do motor. A Figura 19.6 mostra, de forma geral, a temperatura dos principais componentes.

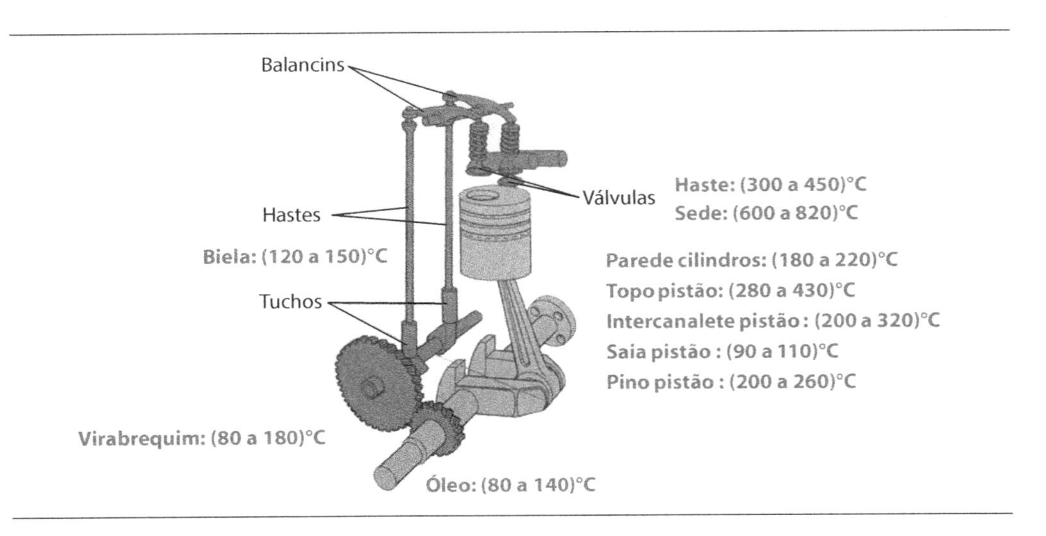

Figura 19.6 – Temperatura média dos componentes principais [A].

19.3.1 Limites de temperatura – válvulas

As válvulas de admissão e escapamento, mostradas na Figura 19.7 por estarem em contato direto com a combustão, são bastante solicitadas. Os valores médios para as válvulas de escapamento são:

- Haste: (300 a 450)°C
- Sede: (600 a 820)°C

Na maioria das vezes, os materiais constituintes dessas válvulas são ligas CrNi que suportam temperaturas de até 800 °C. Ultrapassado este limite, ocorrerá, a redução da resistência mecânica e o aumento da corrosão. Para valores acima desse limite são indicadas ligas Co – *Stellite* ou válvulas com resfriamento interno por sódio.

As válvulas de admissão são resfriadas pelo ar de admissão e beneficiadas pela área maior em contato com este fluxo, enquanto a temperatura da válvula de escapamento é alta, pois a maior parte da sua superfície está exposta aos gases quentes durante o processo de escapamento, bem como, na combustão e expansão. A velocidade dos gases e consequentemente o número de Reynolds local é elevado durante o processo de escapamento. O caminho a ser percorrido pelo calor, da superfície quente ao fluido de arrefecimento, é grande e o coeficiente de condutibilidade térmica k é pequeno, em virtude do material da configuração da válvula e também porque o calor transferido para esta deve passar de uma parte para outra na sede e para a superfície da haste por meio da guia, como pode ser visto na Figura 19.8.

Figura 19.7 – Válvulas de admissão e escapamento.

A válvula de escapamento apresenta sérios problemas de resfriamento, exigindo, na sua construção, materiais que resistam bem a oxidação, desgaste e fluência. O problema agrava-se ainda mais à medida que os projetos de motores elevam as solicitações térmicas com o aumento da potência específica por meio da elevação da rotação. Para atender a essas solicitações crescentes, têm sido realizadas melhorias de projeto das válvulas, como também nas suas características metalúrgicas.

A temperatura média de trabalho de uma válvula de escapamento é da ordem de 800 °C. Essa temperatura é ainda maior quando se empregam misturas pobres ou ignição atrasada, essas misturas pobres de combustível–ar contribuem para a oxidação e a corrosão da válvula devidas às temperaturas elevadas e ao oxigênio livre.

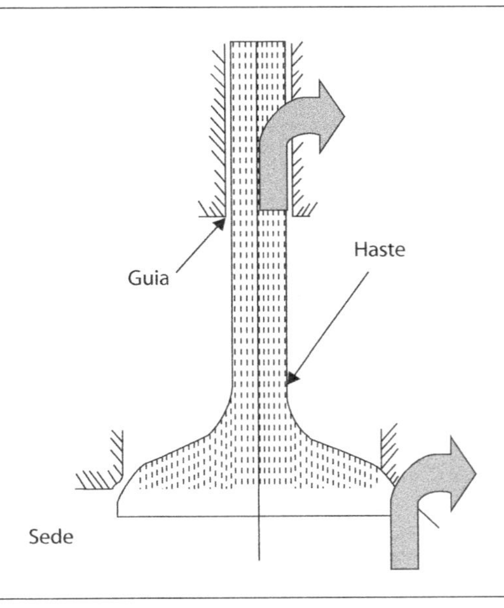

Figura 19.8 – Fluxo de calor através das válvulas.

Para atender às condições desfavoráveis de operação, por período prolongado sem apresentar falhas, as válvulas de escapamento são feitas de três materiais distintos:

- Cabeça: material austenítico, resistente a corrosão.
- Periferia: revestida com um material de alta dureza *Stellite*.
- Haste: de material martensítico resistente a abrasão.

Normalmente a liga empregada para fabricação de válvulas de escapamento é constituída de: 0,30 – 0,45 C; 0,8 – 1,3 Mn; 2,5 – 3,25 Si; 17,50 – 20,50 Cr e 7,00 – 9,00 Ni.

Essa liga apresenta uma resistência de 1.200 kgf/cm^2 a 900 °C. Empregam-se também válvulas de escapamento ocas internamente e parcialmente preenchidas com sódio sólido. O sódio funde a temperaturas baixas (95 °C) e tem alta condutibilidade térmica. Com o funcionamento da válvula o sódio viaja da haste para a cabeça da válvula, retira calor desta e transfere para a guia da válvula, diminuindo a temperatura média de sua cabeça.

A Figura 19.9 mostra o perfil de temperatura em uma válvula de escapamento, enquanto a 19.10 mostra uma válvula erudida por detonações constantes.

Para promover a homogeneização da temperatura da cabeça e também manter a sede da válvula sempre isenta de impurezas, dota-se a válvula de escape de um dispositivo que produz movimento de sua rotação.

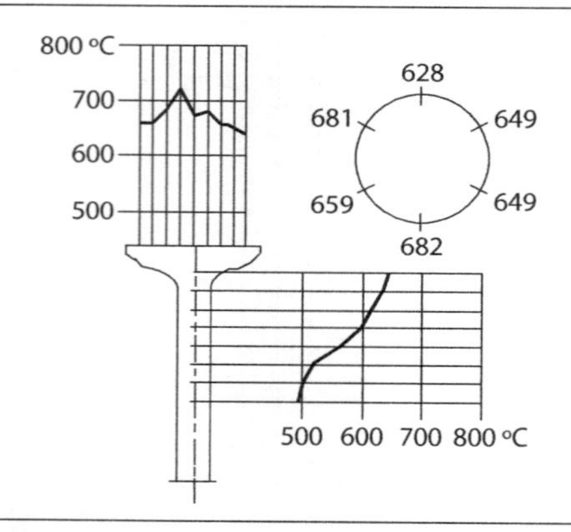

Figura 19.9 – MIF – Perfil de temperatura a plena carga [6].

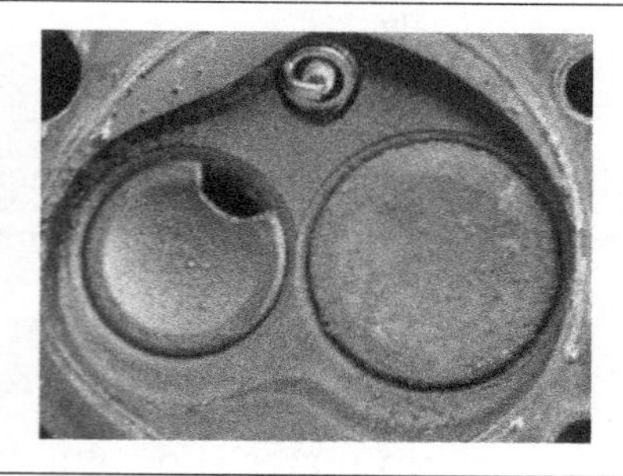

Figura 19.10 – Válvula de escapamento danificada – sinais de detonação [A].

19.3.2 Limites de temperatura – pistões

Os pistões, por estarem também em contato direto com a combustão, são solicitados de forma extrema. Nos motores de grande diâmetro, a temperatura média da cabeça do pistão tende a ser bastante alta, em razão ao grande percurso para o calor escoar através das paredes frias. A troca de calor entre a cabeça do pistão e o fluido de arrefecimento é feita através dos anéis que estão em contato direto com a superfície mais fria. Para evitar temperaturas e tensões térmicas excessivamente altas, o projeto do pistão é alterado de acordo com o tamanho. Há casos em que os pistões possuem um canal resfriador na cabeça, onde o calor é retirado por meio de circulação de óleo lubrificante, neste caso empregado como fluido trocador de calor (ver Figura 19.11).

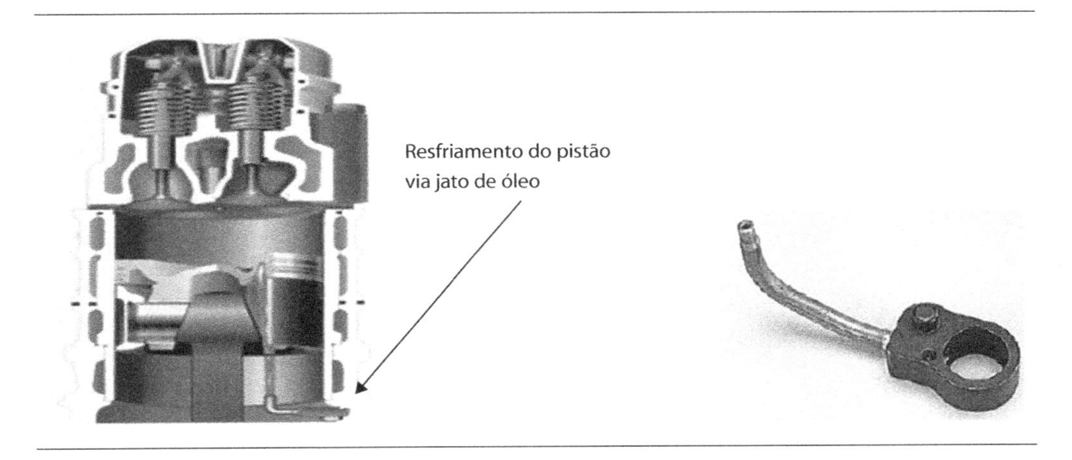

Figura 19.11 – *Jet cooling.*

Opções alternativas também são empregadas para baixar a temperatura média da cabeça do pistão:

- Redução da relação combustível–ar (motores Diesel) com consequente diminuição da temperatura média do gás.
- Redução da rotação do motor, diminuindo o número de ciclos no tempo.

A Figura 19.12 apresenta o perfil de temperaturas no pistão (diâmetro de 120 mm) de um MIE a plena carga, enquanto a Figura 19.13 para um MIF cujo diâmetro é de 70 mm.

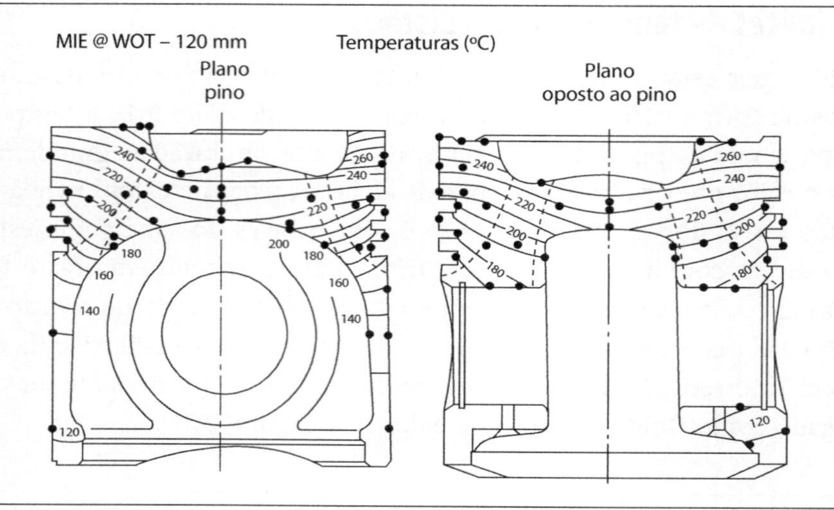

Figura 19.12 – Perfil de temperaturas – MIE – plena carga – 120 mm [6].

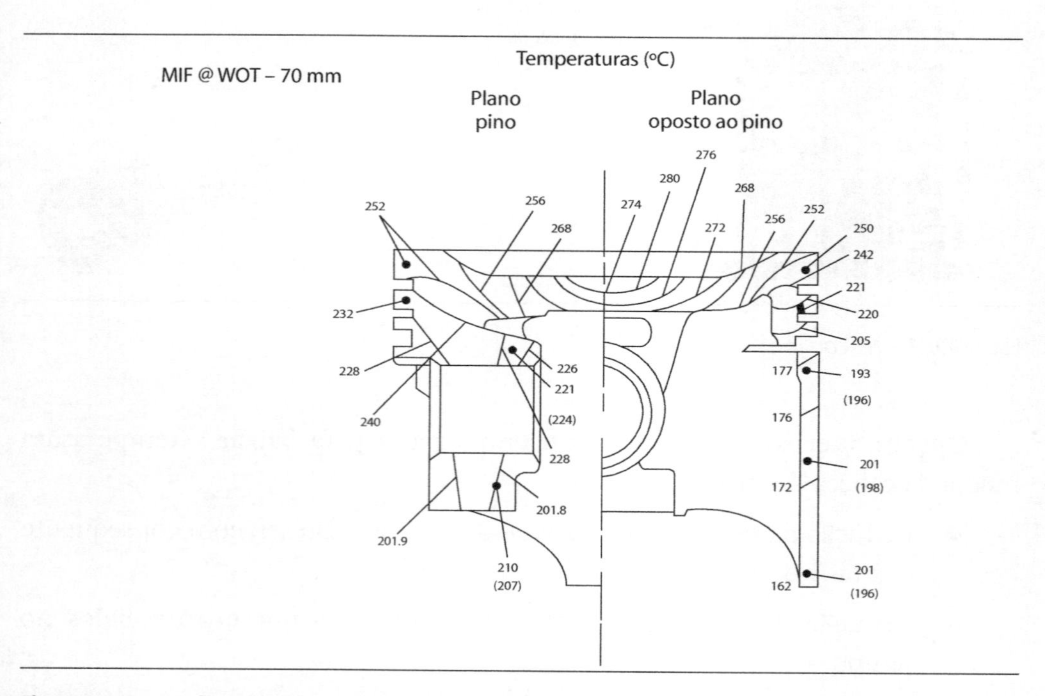

Figura 19.13 – Perfil de temperaturas – MIF – plena carga – 70 mm [6].

A Figura 19.14 mostra os danos em um pistão, provocados superaquecimento e detonação.

Figura 19.14 – Danos num pistão por superaquecimento.

19.3.3 Limites de temperatura – cilindros

As camisas ou cilindros também são solicitados de forma extrema. A temperatura de pico do gás queimado pode atingir até 2.200 °C, enquanto a temperatura máxima do material da parede do cilindro, quando fabricado com ferro fundido, atingem 400 °C e as de de alumínio, 300 °C. Junto às paredes o lubrificante trabalha a 180 °C pois o fluxo de calor no pico é da ordem de 0,5 MW/m^2 a 10 MW/m^2. Estas condições podem levar às seguintes consequências:

- Aquecimento da vela: pré-ignição nos MIF.
- Variação da temperatura de exaustão, interferindo diretamente nas emissões gasosas.
- Temperatura máxima na parede do cilindro requisitando maior potência nas bombas ou ventiladores.
- Alta temperatura dos gases queimados, necessitando de materiais superiores para as válvulas de exaustão.

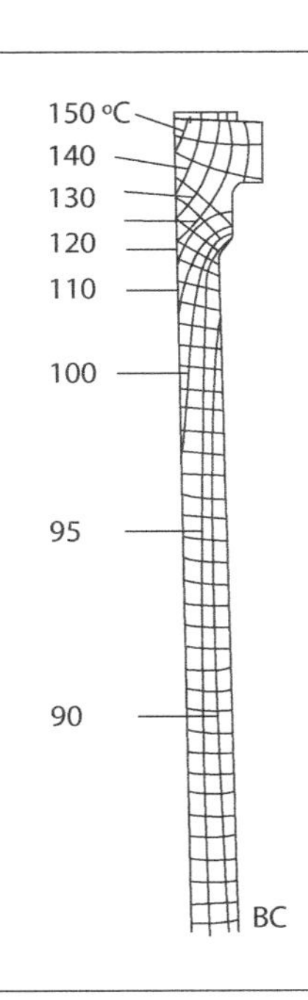

Figura 19.15 – Perfil de temperaturas a plena carga – MIE – 100 mm [6].

A Figura 19.15 apresenta o perfil de temperaturas em uma camisa de ferro fundido (diâmetro de 100 mm) de um MIE a plena carga. A Figura 19.16, apresenta danos provocados por consequência da erosão por cavitação, camisas de ferro fundido de MIE.

Figura 19.16 – Erosão por cavitação [A].

19.4 Processos de arrefecimento

Os processos empregados atualmente para retirar calor dos motores são:

1) Circulação de água:

   b) Circulação fechada com torre de arrefecimento.

   c) Circulação aberta com reservatório.

   d) Termossifão.

   e) Circulação forçada.

A Figura 19.17 apresenta um sistema típico de aplicação veicular de circulação forçada.

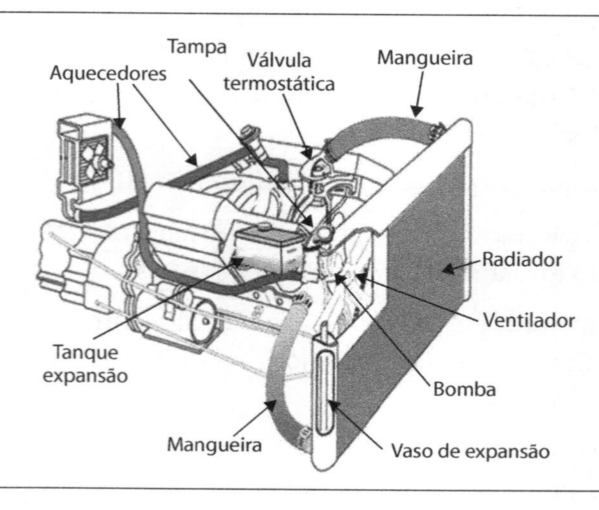

Figura 19.17 – Circulação forçada.

2) Circulação de ar:
   a) Livre.
   b) Forçada.

Como o calor retirado do motor é transferido para o ar atmosférico, costuma-se dizer que o arrefecimento por circulação de ar é direto. Esse tipo de circulação é apresentada na Figura 19.18.

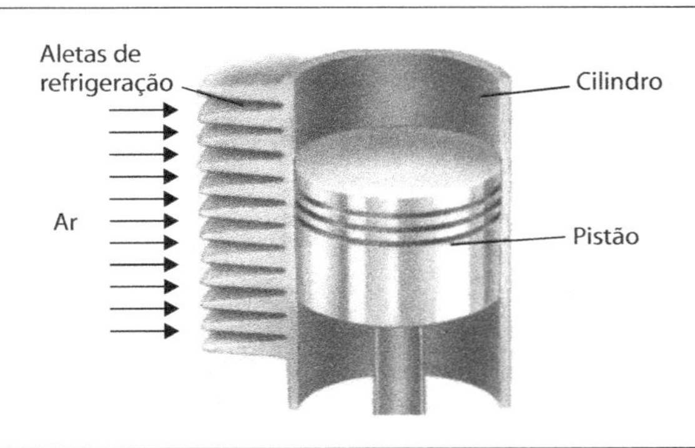

Figura 19.18 – Circulação a ar.

3) Circulação de óleo:
   a) Forçada.
   b) Complementar a circulação de ar.

Este tipo de arrefecimento é pouco utilizado na atualidade.

As principais diferenças entre processos são:

- Detalhes construtivos.
- Condições de operação.
- Temperaturas médias dos componentes.

A quantidade de calor que é transferida por unidade de área da superfície em contato com os gases quentes de um lado e o fluido de arrefecimento do outro vai depender dos seguintes itens:

- Coeficiente de transmissão de calor do lado de ambos os fluidos.
- Condutibilidade térmica do material da parede.

- Espessura da parede.
- Diferença de temperaturas entre o gás e o fluido de resfriamento, conforme a teoria da transmissão de calor.

A Tabela 19.2 apresenta as quantidades de ar e água necessárias para a remoção de uma unidade de caloria do motor.

Tabela 19.2 – Meio arrefecedor.

Meio arrefecedor	Calor específico (cal °C^{-1})	Quantidade (g)
Ar	0,2380	4,2
Água	1,0043	1,0

19.5 Resfriamento por circulação de ar

Este processo torna mais simples o projeto e a construção do sistema, sendo mais leve, o meio é facilmente disponível, não requer reservatórios e tubulações fechadas para sua condução, não é corrosivo e não deixa incrustações, não evapora e não congela para as mais severas condições de funcionamento do motor.

A baixa massa específica promove a necessidade de um volume muito maior de ar do que de água para retirar uma unidade de caloria do motor, pois o ar possui baixo calor específico e consequentemente baixa capacidade de transferir calor entre um sistema e sua vizinhança.

Uma desvantagem é a temperatura não ser uniforme no motor ocorrendo a formação de "pontos quentes" o que pode levar à detonação (veja Capítulo 7, "A combustão nos motores alternativos").

Por conta do pior controle da temperatura é aplicado em motores com baixa taxa de compressão e eficiência térmica e com diâmetro de pistão inferior a 80 mm.

Nessa aplicação, não existe um dispositivo para controlar a temperatura do motor nas diversas rotações e cargas.

Componentes:

- Aletas.
- Ventoinha.
- Dutos.
- Defletores.

As aletas estão localizadas no cabeçote e nas partes externas dos cilindros com a finalidade de aumentar a superfície de contato entre o motor e o meio arrefecedor (ar).

A ventoinha é responsável pela produção de uma corrente de ar forçada entre o meio ambiente e o motor.

Dutos e defletores promovem a condução e orientação da corrente de ar na direção das aletas de arrefecimento

Vantagens do sistema a ar são:

- Construção simples.
- Menor relação peso–potência.
- Manutenção simples.

Nesses sistemas, a necessidade de ar é cerca de 30% inferior à dos sistemas resfriados a água, pois a transmissão do calor para o ambiente é direta.

As desvantagens do sistema a ar são:

- Difícil controle de temperatura.
- Falta de uniformidade de temperatura no motor.
- Facilmente susceptíveis de superaquecimento.
- Constante limpeza das aletas (principalmente em trabalhos agrícolas).

A Figura 19.19 apresenta um sistema arrefecido a ar.

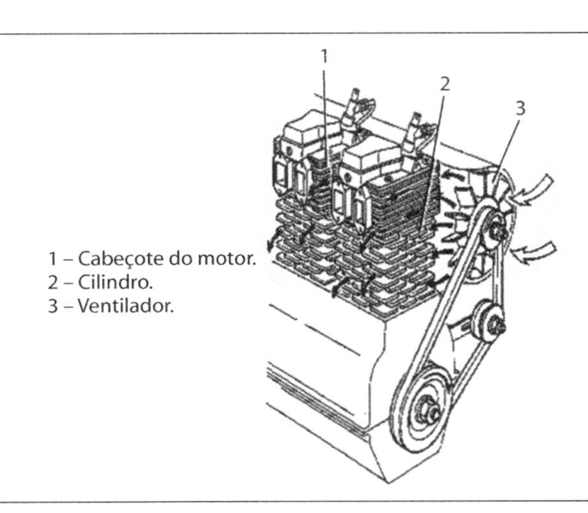

Figura 19.19 – Sistema arrefecido a ar.

Esses sistemas consistem, em separar o bloco motor dos cabeçotes, munindo esses elementos de várias aletas, de forma a aumentar a área de contacto com o ar movimentado pela ventoinha. O ar é recolhido e canalizado para uma espécie de blindagem que envolve os órgãos a serem resfriados, dentre eles:

- Cabeçote(s) do motor.
- Bloco motor.
- Coletor de escapamento.

A peça principal desse sistema é o ventilador (ventoinha), que pode ser de palhetas, produzindo uma corrente de ar paralela ao eixo de rotação ou (axial) ou centrífugo, em que o ar entra pelo centro e é projetado para a periferia.

O acionamento do ventilador pode ser obtido diretamente do virabrequim ou utilizando uma transmissão com correias e polias. Comparando esse sistema com o d'água, embora exija menos cuidados de manutenção, ele não permite uma boa regulagem da temperatura de funcionamento do motor e são mais ruidosos, pois as câmaras d'água funcionam como amortecedores acústicos da combustão. Nos motores resfriados a ar, o óleo lubrificante aquece mais. O resfriamento desses motores deve ser complementado com o circuito de resfriamento de óleo, entre os principais cuidados de manutenção desses sistemas, tem-se:

- Palhetas dos cilindros: limpeza frequente.
- Ventilador: limpeza das pás e lubrificação dos rolamentos, segundo instruções do construtor, verificando-se a tensão da(s) correia(s) de transmissão.

Esse tipo de resfriamento foi muito empregado em motores no início de sua fabricação, em virtude dos vazamentos que ocorriam nos sistemas de resfriamento por circulação de água. Posteriormente, o arrefecimento a ar cedeu terreno para o sistema de circulação forçada de água. A primeira razão é a impossibilidade de se obter tanta potência por unidade de cilindrada como se obtém nos motores arrefecidos a água.

Nos motores veiculares há necessidade de emprego de um circulador de ar cujo custo e potência consumida é equivalente ou até maior do que a dos componentes do sistema de resfriamento a água. Todos os cilindros dos motores arrefecidos a água são fundidos em uma única peça e permitem usinagem simultânea, reduzindo o custo de produção a valores menores do que os motores arrefecidos a ar.

Atualmente, o arrefecimento a ar, é utilizado somente onde seja absolutamente necessário.

A Figura 19.20 apresenta uma termometria empregada em um motor mono-cilindro, de aplicação em cortador de grama – V_T: 160 cm^3 – n: 3.200 rpm.

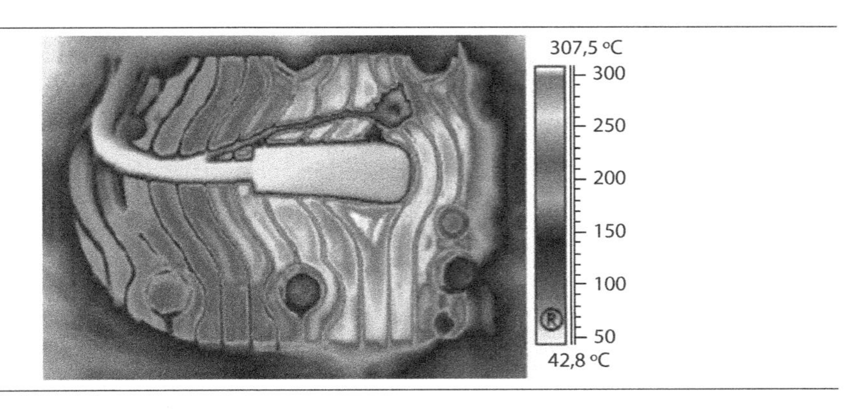

Figura 19.20 – Termografia.

19.6 Resfriamento por circulação de óleo

Já este processo é utilizado geralmente para complementar o arrefecimento por ar. Embora o circuito de lubrificação já contribua significativamente para o arrefecimento do motor, este pode ser melhorado caso se faça circular o óleo em torno dos cilindros.

Os principais componentes desse sistema são apresentados na Figura 19.21.

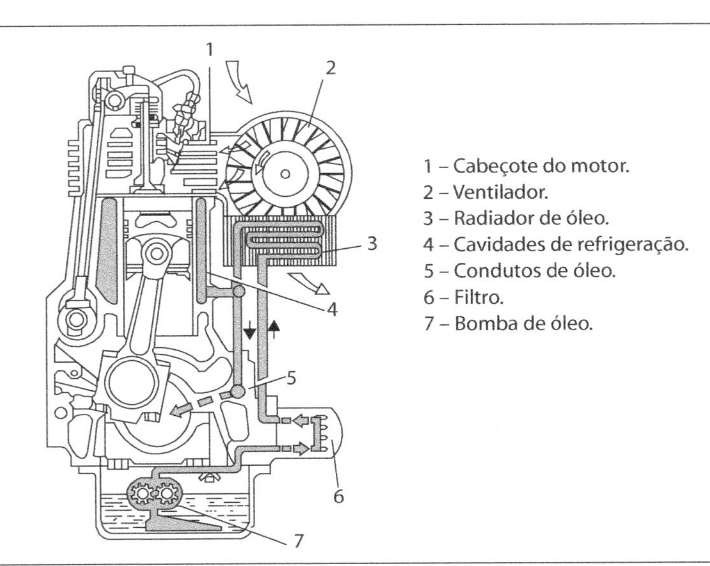

Figura 19.21 – Resfriamento por circulação de óleo.

19.7 Resfriamento por circulação de água

Trata-se do processo mais empregado para o arrefecimento, pois permite o melhor controle da temperatura média dos componentes mais solicitados termicamente, além de manter essa temperatura média em valores mais baixos, proporcionando bom desempenho com relações de compressão mais altas, beneficiando a eficiência térmica do motor, sem ocorrência de detonação.

A temperatura da água deve ser mantida em torno de 90 °C, em todos os regimes de trabalho, e essa temperatura deve ser atingida no menor tempo possível. Existe a necessidade de controlar o fluxo de água que circula pelo radiador em cada regime do motor.

O controle é exercido por uma válvula termostática colocada entre a saída da água do motor no cabeçote e o radiador. A água entra no motor pelas partes baixas e sai pelas altas de forma a evitar bolhas de vapor, usando ar e água como meios arrefecedores. A água absorve o calor dos cilindros e transfere para o ar por meio de um radiador.

19.7.1 Resfriamento por circulação de água – termossifão

Nestes casos, não existe a bomba forçando a circulação. O fluxo ocorre pelo gradiente de temperatura da água ($\Delta T \sim 40$ °C). O sistema deve apresentar reduzida perda de carga e, nesses casos, o resfriamento continua mesmo com o motor desligado. Como principal vantagem pode ser citada a simplicidade.

Dentre as desvantagens:

- Exige camisas e tubulações mais amplas para facilitar a circulação da água (menor perda de carga).
- Área do radiador 30% maior.
- Se a água encontrar-se abaixo do nível normal haverá formação de bolsões de ar acarretando superaquecimento (interrupção de fluxo).

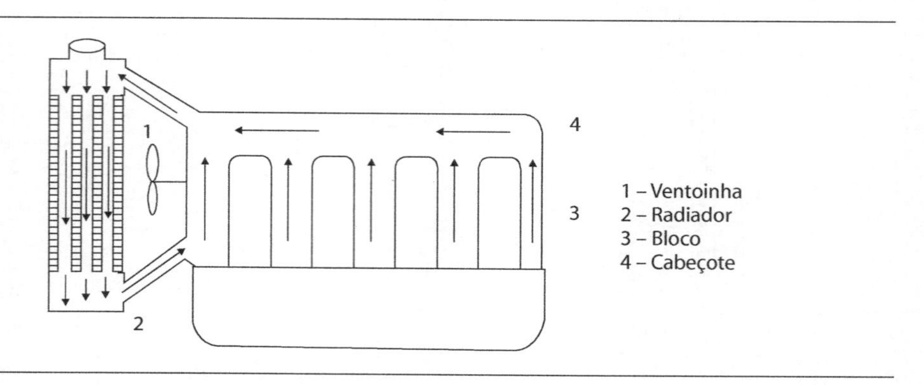

Figura 19.22 – Circulação por termossifão.

Geralmente empregam-se radiadores feitos com tubos de seção relativamente grande. A caixa superior do radiador deve ter uma capacidade considerável de água evitando que o nível desça abaixo da boca de entrada, por causa da evaporação, o que "interromperia o sifão".

Esse sistema é empregado em motores pequenos e compactos, sendo que algumas versões empregam um ventilador para circular o ar através do radiador.

A força que produz a circulação da água é:

- Proporcional à diferença da massa específica média das duas colunas.
- Máxima se o calor é fornecido próximo ao fundo da coluna, de tal forma que a maior parte da coluna contenha água quente e seja retirada próxima do alto da outra coluna.

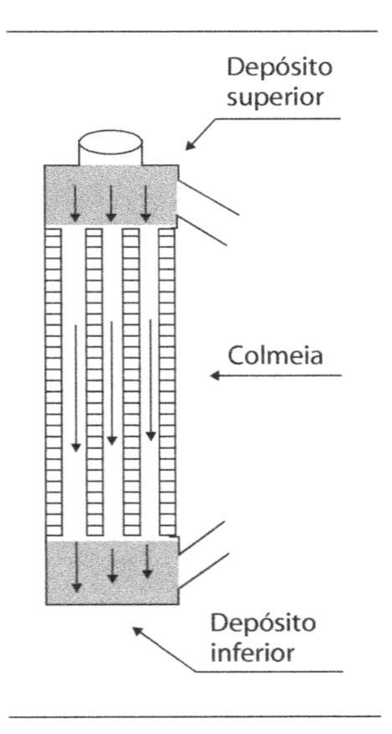

Figura 19.23 – Radiador termossifão.

O radiador deve estar colocado mais alto em relação às camisas d'água do motor. A velocidade de circulação é baixa e por isso deve-se reduzir a perda de carga do sistema ao mínimo possível (Figura 19.23).

19.7.2 Resfriamento por circulação de água forçada

Trata-se do sistema mais usual no qual uma bomba centrífuga promove a circulação forçada do meio arrefecedor. Possui válvula termostática entre o cabeçote do motor e o radiador para o controle da temperatura.

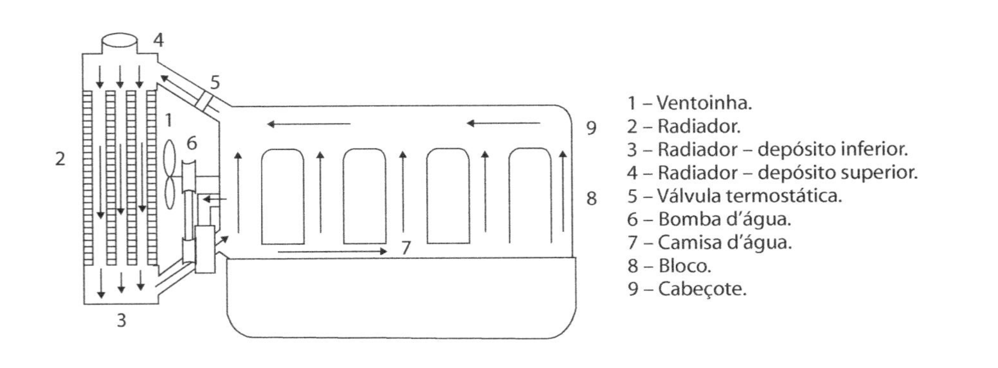

Figura 19.24 – Circulação forçada.

A quantidade de água do sistema pode ser reduzida consideravelmente, pois neste sistema a água está sob pressão e circula com maior velocidade que no termo sifão.

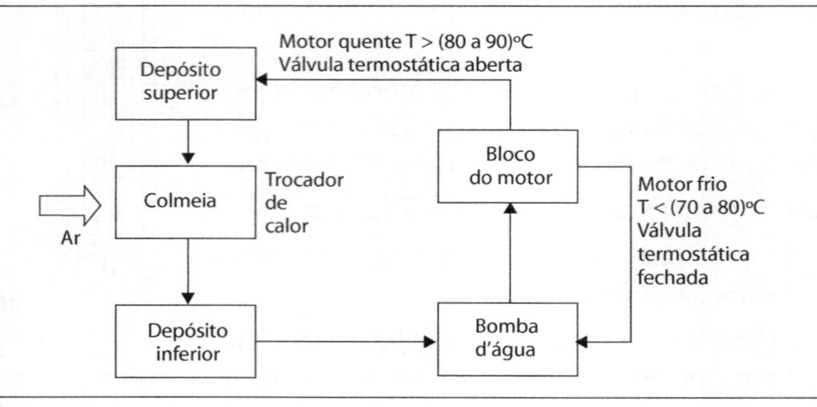

Figura 19.25 – Fluxo da água no sistema de arrefecimento de circulação forçada ar–água.

19.8 Válvula termostática

A válvula termostática se faz presente graças à necessidade de controlar o fluxo de água que circula pelo radiador em cada regime do motor. Encontra-se instalada entre a saída da água do motor no cabeçote e o radiador.

- Quando o motor está frio, a válvula está totalmente fechada.
- Impede a circulação da água pelo radiador.
- Permite que ela circule apenas em circuito fechado, pelo motor, através de uma derivação existente no bloco.
- Com esse procedimento, o aquecimento do motor é mais rápido.

A faixa de temperatura da água de resfriamento, em regime, varia de um motor a outro e em um mesmo motor, de acordo com o combustível empregado.

A temperatura da água nos motores Otto fica compreendida entre:

- 75 °C e 90 °C – gasolina.
- 85 °C a 95 °C – etanol.

Essas variações são conseguidas de acordo com o tipo de válvula termostática empregada (ver Figura 19.26).

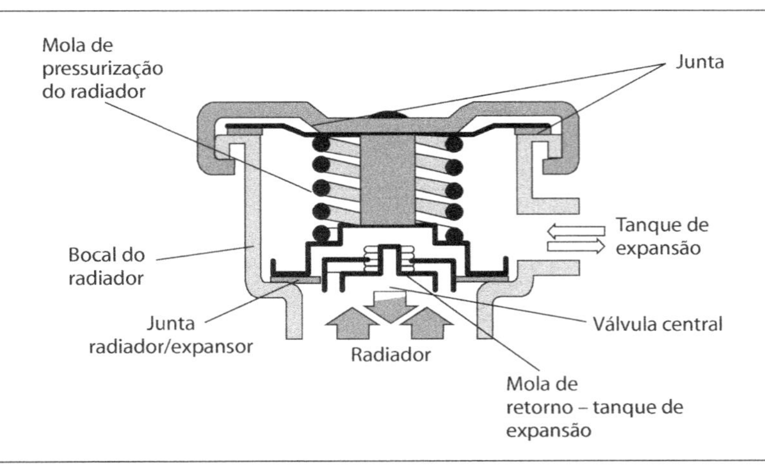

Figura 19.26 – Válvula termostática.

A válvula termostática é importante para o desempenho do motor, pois este não deve trabalhar frio por muito tempo pois teria os seguintes inconvenientes:

- Condensação do vapor de combustível devido às baixas temperaturas das paredes da câmara.
- Combustível condensado provoca a lavagem do lubrificante das paredes do cilindro acelerando o desgaste do motor.
- Formação de vernizes e gomas que prendem os anéis de pistão.
- Combustão é mais incompleta aumentando o consumo de combustível.
- Promoção da contaminação do óleo lubrificante com prejuízo de suas propriedades e consequentemente do motor.

A válvula termostática é um componente imprescindível ao sistema de resfriamento, não podendo ser eliminada sob qualquer hipótese e quando apresentar defeitos deverá ser imediatamente substituída.

A válvula termostática nada tem a ver com a temperatura ambiente, ela apenas controla a temperatura conforme o regime do motor. A temperatura ambiente está ligado à área do radiador (este componente será detalhado ao final do capítulo), que por sua vez:

- Deve ter área suficiente para evitar que a água de resfriamento não atinja a temperatura de ebulição nas condições climáticas mais desfavoráveis.

- No Brasil, o radiador deve ser dimensionado para temperatura do ar ambiente a 50 °C.

Para evitar tensões térmicas no motor, a diferença de temperatura da água na saída do motor e na entrada do mesmo deve estar próxima de 5 °C.

19.9 Tipos de válvulas termostáticas

19.9.1 Estrangulamento

Quando este tipo de válvula alcança a temperatura desejada, permite a passagem do fluxo de água em direção ao radiador. O controle é realizado a através de bulbo metálico com parafina ou éter ou uma mola bimetálica, como apresentado na Figura 19.27.

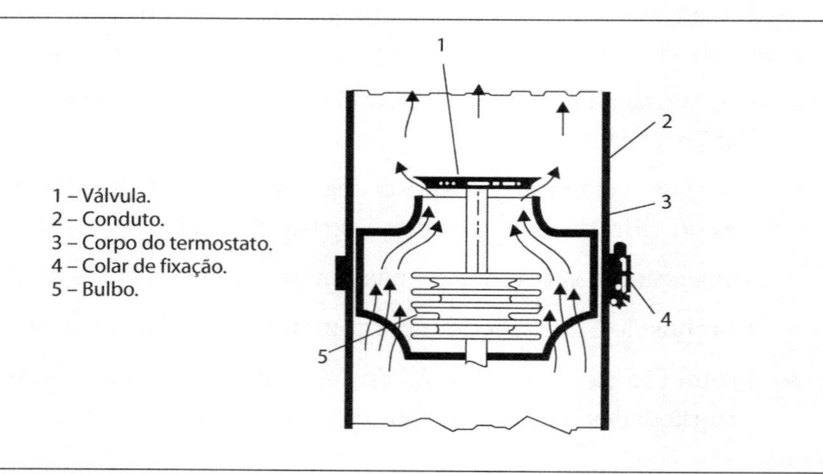

Figura 19.27 – Válvula com bulbo de cera.

Nestas válvulas o abre e fecha ocorre em função da temperatura, e a histerese neste processo permite grandes flutuações na temperatura do refrigerante.

A restrição na válvula significa que as perdas de bombeamento são substanciais e o tempo de aquecimento do motor está diretamente relacionado com a capacidade de controle desta válvula.

As Figuras 19.28 a e b, mostram respectivamente um motor com a válvula termostática bloqueada e em operação.

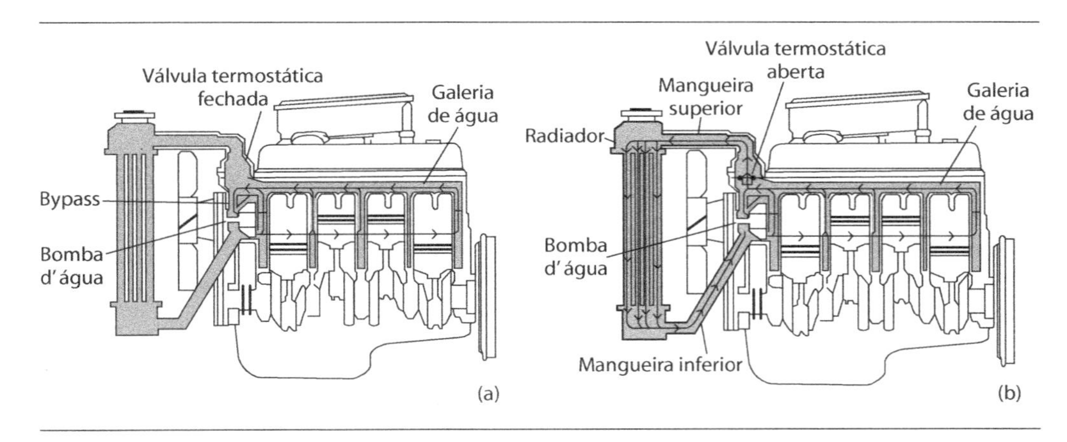

Figura 19.28 – (a) Motor frio. (b) Motor quente.

19.9.2 Passo

São válvulas que permitem a seleção entre o radiador e uma nova passagem pelo motor. Tem comportamento diferenciado em relação à de estrangulamento. As Figura s 19.29(a) e 19.29(b), mostram esta válvula em operação.

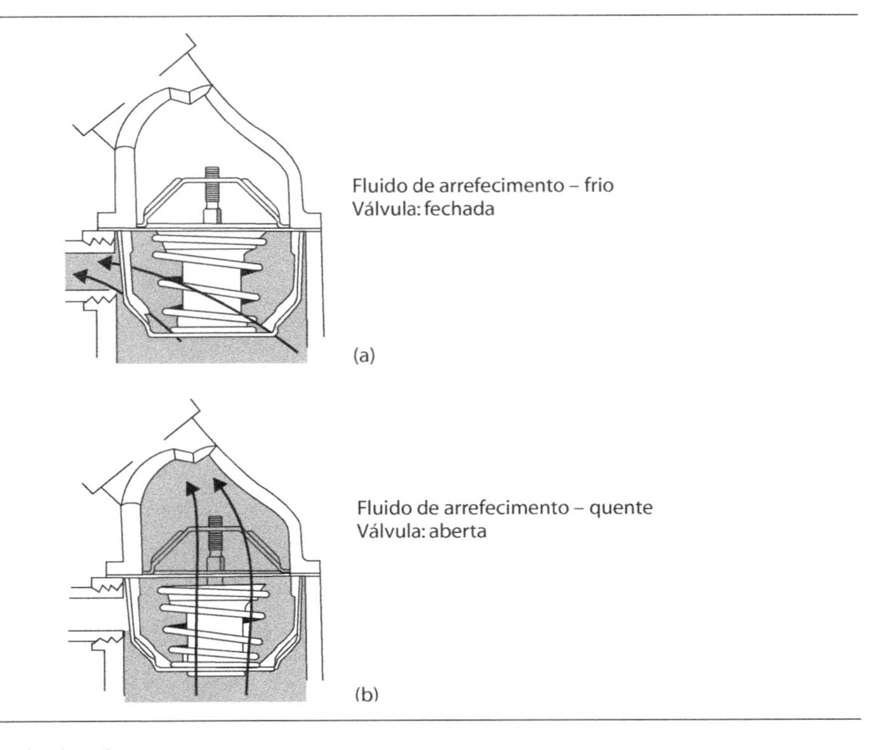

Figura 19.29 – Válvulas de passo.

19.9.3 Com aquecimento

O funcionamento da válvula termostática com aquecimento é similar ao funcionamento de uma válvula termostática comum, exceto pelo fato de que a cera pode ser aquecida também por uma resistência elétrica do tipo PTC. Isso significa que a válvula termostática pode funcionar tanto pela água aquecida do motor quanto pelo acionamento do aquecedor.

Neste caso a proposta é trabalhar com temperaturas diferentes, em função do combustível utilizado para o funcionamento do motor.

19.9.4 Eletrônica

Os benefícios de uma válvula termostática eletrônica são que o fluxo de refrigerante para o trocador de calor pode ser uma função de qualquer variável do sistema, com uma restrição mais baixa o que significa que as perdas de bombeamento são menores e a bomba d'água consome menos energia. Um sistema PID ou outras estratégias de controle podem ser empregadas para ajudar a manter a temperatura do refrigerante em torno de ± 2% da temperatura ajustada e, com isto, levando à redução no consumo de combustível de 2% e emissões (menos CO e HC).

Figura 19.30 – Válvula termostática eletrônica.

19.10 Bomba d'água

Promove a circulação da água no interior do motor e trata-se de uma bomba centrífuga de rotor aberto.

Normalmente o acionamento é realizado por correia ou engrenagem a partir do eixo virabrequim.

A carga manométrica destas bombas está no entorno de 10 m o que corresponde a 20% acima da perda de carga do motor, de forma a permitir o adequado escoamento ao longo da vida deste. Essas bombas pela sua geometria trabalham com rendimento de 70% a 75%.

As perdas nesse sistema motor são calculadas pela Equação 19.2.

$$Hp = \frac{\Delta p}{\gamma_{H_2O}} \quad \rightarrow \quad \Delta p = p_1 - p_2 \qquad \text{Eq. 19.2}$$

Onde:

p_1: pressão na entrada do bloco.

p_2: pressão na saída do bloco.

É bom lembrar de problemas de cavitação na bomba, nos dutos e junto às camisas, como mostrado na Figura 19.16.

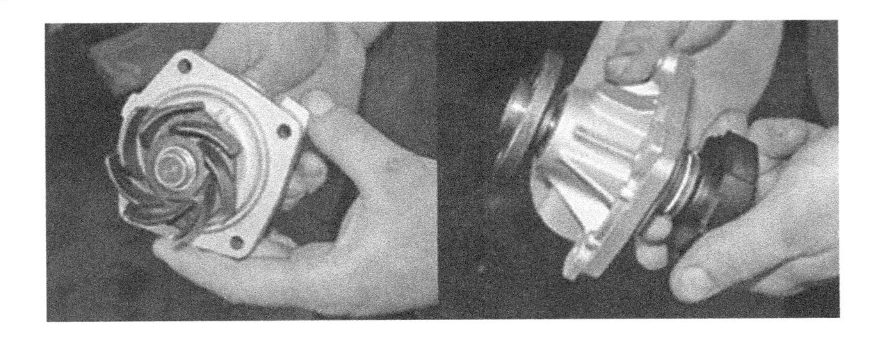

Figura 19.31 – Vista de uma bomba d'água.

A vazão é dada pela Equação 19.3 ou pela 19.4.

$$\dot{V}_B = (7 \text{ a } 12)V_T \qquad \text{Eq. 19.3}$$

Onde:

$\dot{V}_B$: vazão de água (L / min).
V_T : cilindrada total (L).

A Figura 19.32 mostra o sistema bomba e ventilador acoplados e acionados por uma correia diretamente ligada ao eixo virabrequim.

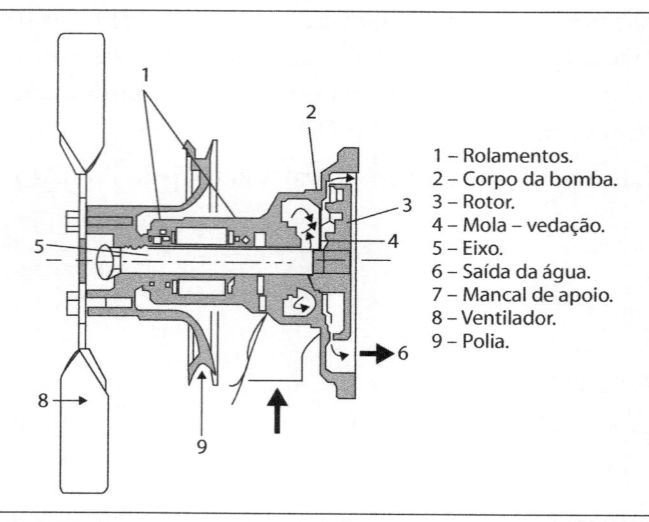

Figura 19.32 – Sistema bomba–ventilador.

A Figura 19. 33, mostra a bomba no interior do motor.

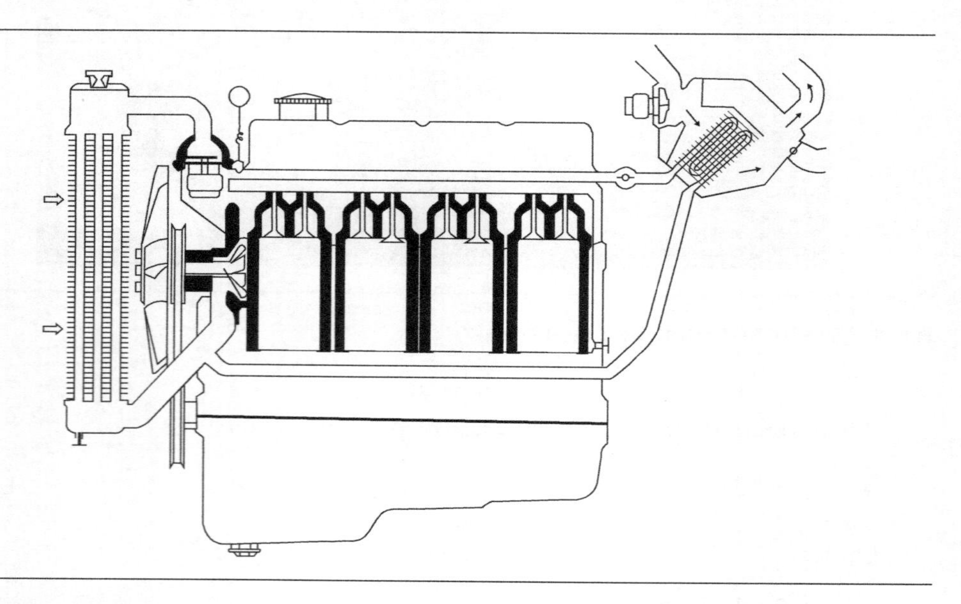

Figura 19.33 – Sistema motor.

Admitindo que a quantidade de calor transferida para a água de resfriamento seja igual ao calor equivalente à potência efetiva do motor, outra forma para cálculo da vazão da bomba é apresentada na Equação 19.4.

$$\dot{V}_B = \frac{632 \cdot Ne \cdot fs}{\Delta T} \qquad \text{Eq. 19.4}$$

$\dot{V}_B$: vazão de água (L / min)

ΔT : queda de temperatura do radiador (°C)

Ne : potência efetiva do motor (cv)

fs: (fator de segurança): recomendado 1,05%

Outros detalhes a serem considerados, são:

- Velocidade máxima nos dutos – $v_{máx} \sim 4$ m/s.
- Rotação da bomba – $n_B = n_{motor}$.
- Potência necessária para o acionamento – $N_B = (0{,}5 \text{ a } 1{,}5)\%$ da Ne.

A fim de determinar a potência necessária para o acionamento da bomba, encontra-se na Equação 19.5:

$$N_B = \frac{\gamma \dot{V}_B \Delta p}{\eta_B} \qquad \text{Eq. 19.5}$$

Onde:

γ: peso específico do fluido.

η_B: eficiência da bomba.

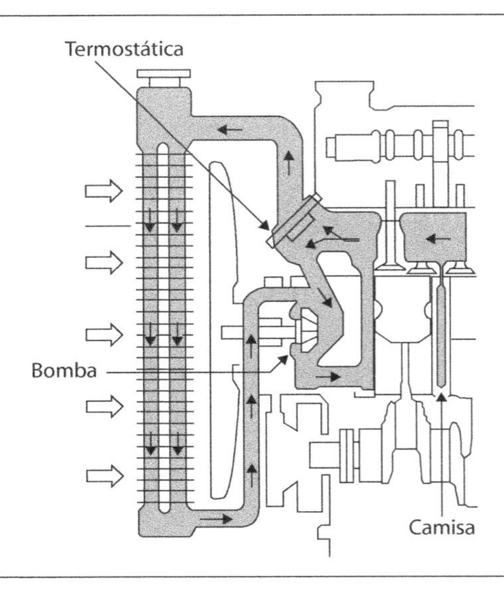

Figura 19.34 – Circuito do fluido de arrefecimento.

A bomba d'água gira na mesma rotação do motor, sendo responsável por impulsionar e direcionar o líquido de arrefecimento (água + aditivo) nas diversas galerias do motor. Inicialmente, em um pequeno circuito, ou seja, o líquido percorre parte do motor até atingir temperatura ideal de funcionamento, quando próximo da zona crítica de temperatura, então a válvula termostática abre para que o líquido possa percorrer um circuito maior, envolvendo o radiador, para que este possa auxiliar no arrefecimento (resfriamento), voltando então o líquido arrefecido ao motor para que possa dar sequência ao ciclo.

Os componentes de uma bomba d'água são:

- Cubo.
- Rolamento.
- Carcaça.
- Selo mecânico.
- Rotor.

O selo mecânico é responsável pela vedação do eixo da bomba d'água, por meio do atrito entre os anéis de grafite e a cerâmica, garantindo sua vedação.

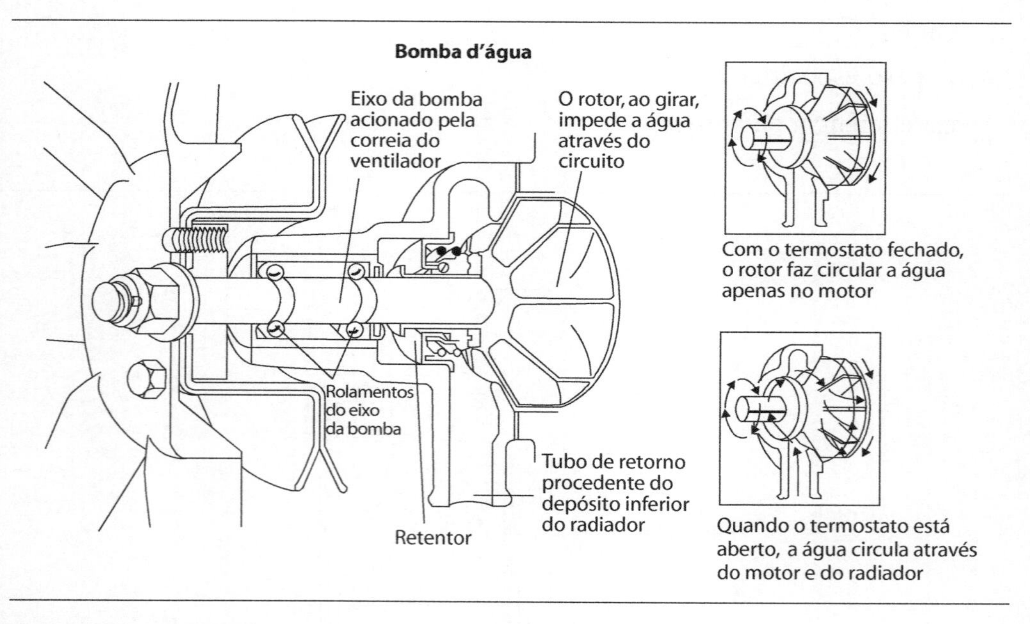

Figura 19.35 – Vista geral.

A Figura 19.36 apresenta a curva característica de uma mesma bomba para as diversas rotações.

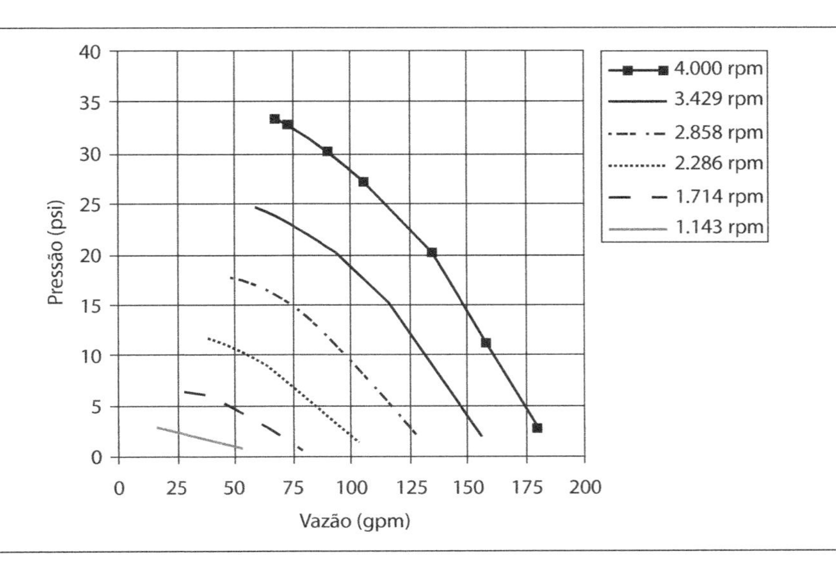

Figura 19.36 – CCB = i (n) – Curva característica da bomba para diversas rotações.

A bomba geralmente é montada na parte dianteira do motor e gira sempre que o motor está funcionando. É acionada pelo motor por meio de uma correia (também responsável pelo: alternador; direção hidráulica etc.). Composta de uma caixa, geralmente feita de ferro fundido ou alumínio e um rotor montado sobre um eixo com uma polia presa ao eixo do lado de fora do corpo da bomba.

O fluido refrigerante será centrifugado pelo rotor e terá pressão suficiente para percorrer o circuito que passa pelo bloco do motor e pelo radiador.

19.11 Bomba d'água elétrica

Tem por objetivo a redução no consumo de combustível, é operada pela ECU quando da necessidade do motor, variando rotação e vazão. Proporciona a redução do tamanho do radiador em 30%.

As bombas da Figura 15.37 apresentam potência de 50 W a 100 W e trabalham como *booster*, ou seja, aumentando a energia do sistema.

As bombas convencionais de arrefecimento são projetadas para atender às necessidades de fluxo de carga máxima do motor e estima-se que o fluxo líquido de arrefecimento correto seja entregue em apenas 5% do tempo. Em baixas rotações com altas cargas, o fluxo de fluido é reduzido. Em altas rotações do motor com cargas baixas, o fluxo de entrada refrigerante pode ser excessivamente elevado, com consumo de combustível desnecessário.

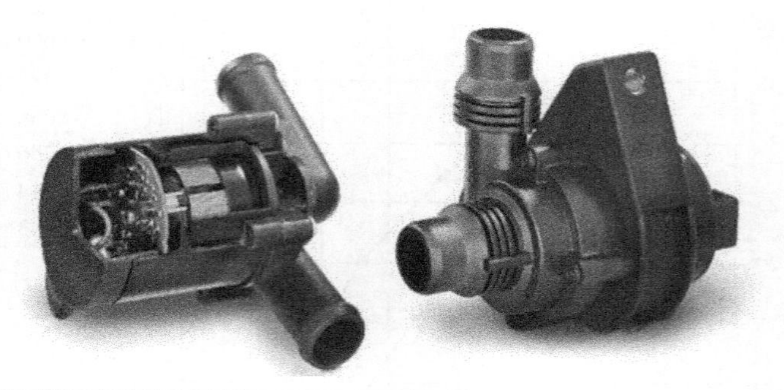

Figura 19.37 – Bomba elétrica – *booster.*

Benefícios da bomba elétrica:

- Operação é independente da rotação do motor.
- Não há perdas pelo acionamento, via correias.
- Velocidade de bombeamento pode ser uma função de qualquer variável do sistema.
- Vazão mínima de fluido é assegurada em todos os regimes.
- Radiação de trocador de calor pode ser maximizada antes do preenchimento com fluido refrigerante.

19.12 Ventiladores

Os sistemas de ventilação estão divididos pelo tipo de acionamento:

- Mecânico.
- Elétrico.
- Viscoso.

Um defletor deve ser instalado entre radiador e o ventilador com um afastamento mínimo de 10 cm entre ventilador e radiador. A folga entre o ventilador e o defletor deve variar 0,6 cm – 1,25 cm.

19.12.1 Ventiladores mecânicos

Estes ventiladores são acionados por correia(s) e montado em conjunto com a bomba d'água. Desvantagens:

- Permanentemente ligado de modo independente da carga térmica.
- Atrito da(s) correia(s).
- Consumo de potência e combustível.

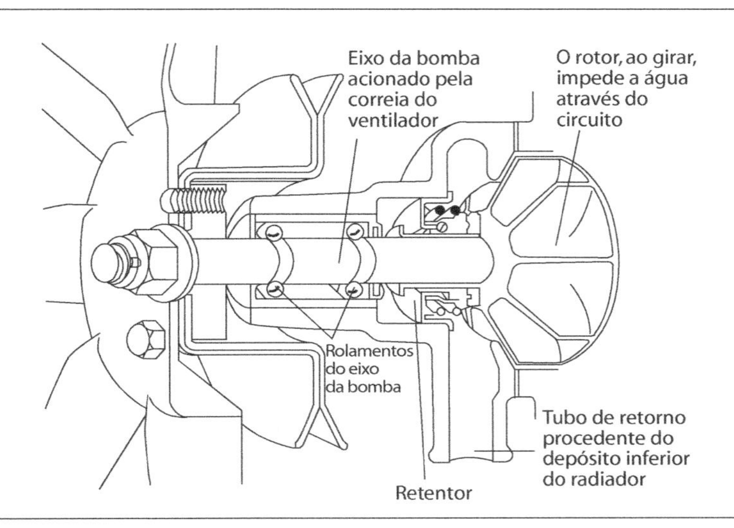

Figura 19.38 – Montagem completa.

19.12.2 Ventiladores do tipo viscoso

A embreagem permite o uso de um ventilador de grande porte que pode ser acionado em velocidades mais baixas. A embreagem térmica irá acionar o ventilador somente quando se torna necessário.

Desvantagem:

- Custo.
- Consumo de potência e combustível quando acionado.

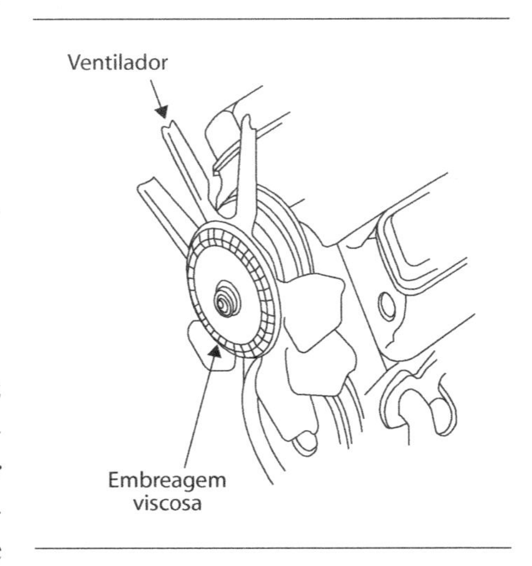

Figura 19.39 – Acoplamento viscoso.

Vantagem:

- Acionado apenas quando necessário.

19.12.3 Ventiladores elétricos

A maioria dos veículos de passageiros utiliza ventilador acionado por um motor elétrico. Esse conjunto inclui o motor do ventilador, ventilador e defletor sendo que algumas montagens fazem uso de dois ventiladores.

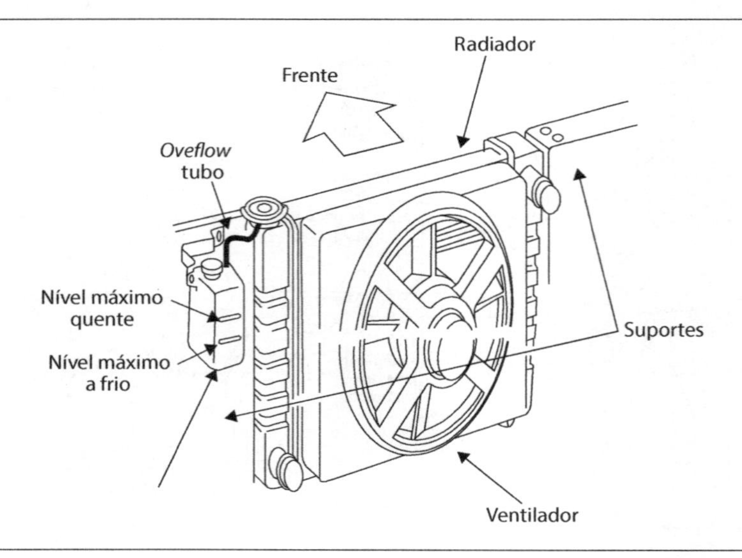

Figura 19.40 – Ventilador.

Esses ventiladores são acionados apenas quando a temperatura d'água atinge um limite calibrado, podendo ter duas ou mais velocidades:

Vantagem:

- Não consomem potência do motor – Ne.

Desvantagem:

- Balanço elétrico do veículo.

Podem ser montados na frente ou atrás do radiador e são controlados por relés que são energizados pela ECU.

Figura 19.41 – Ventilador duplo.

A Equação 19.6 determina o fluxo de calor removido pelos ventiladores junto ao radiador.

$$q_{Ra} = \dot{V}_a \rho_a C_{pa} \Delta T_a \qquad \text{Eq. 19.6}$$

onde:

q_{Ra}: fluxo de calor.

$\dot{V}_a$: vazão de ar através do radiador.

ρ_a: densidade do ar.

C_{pa}: calor específico do ar.

ΔT_a: delta temperatura do ar a montante e juzante do radiador.

19.12.4 Ventiladores – CCV

A Figura 19.42 apresenta a curva catacterística de um ventilador (CCV) para diferentes rotações.

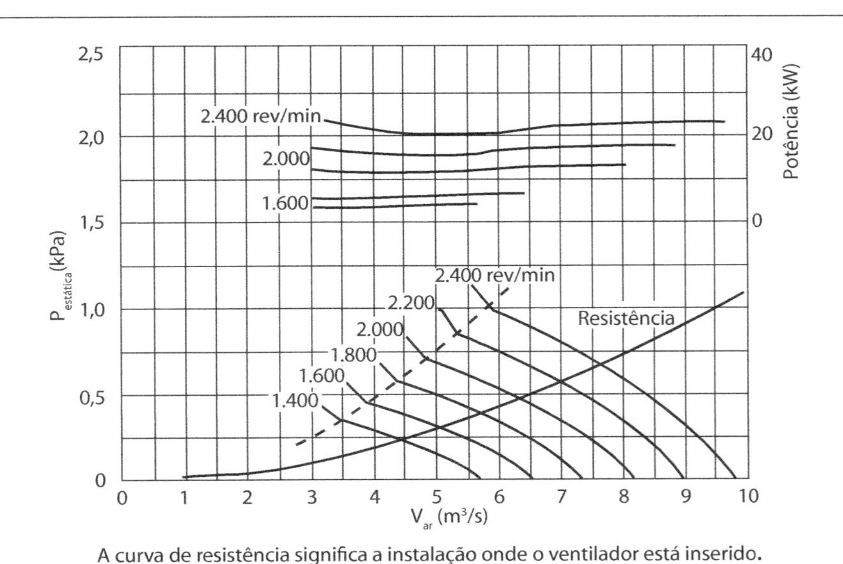

A curva de resistência significa a instalação onde o ventilador está inserido.

Figura 19.42 – Curva característica do ventilador pressão estática em função da vazão.

19.13 Vaso de expansão

Esse vaso possibilita visualizar o nível do líquido refrigerante, não permitindo perdas por evaporação, pois a água se encontra sob pressão, o que torna seguro o funcionamento do motor a 100 °C.

O volume varia em função da dilatação e contração da água, não devendo, ser inferior à marca do nível mínimo quando o motor está frio, nem superior à marca do nível máximo, quando o motor está quente. Os vasos de expansão têm uma válvula que funciona como segurança no caso de uma sobrepressão no sistema e de respiração do ar para compensar a contração da água quando do resfriamento.

Trata-se de recipiente suplementar destinado a recolher o excesso de volume de água que sofreu expansão ao esquentar. Pode ser pressurizado ou selado (praticamente elimina o fenômeno de evaporação). É um compensador para as dilatações que a solução arrefecedora sofre, isto é, quando a temperatura da solução sobe, fazendo-a expandir-se no sistema, o excesso é conduzido ao vaso de expansão. Quando da diminuição da temperatura e da pressão, no processo de resfriamento do motor, cria depressão e a água é novamente retorna para o radiador.

1 – Válvula de sobrepressão.
2 – Tampão.
3 – Válvula de respiração.
4 – Vaso de expansão.
5 – Termostato.
6 – Circulação de água em volta dos cilindros.
7 – Radiador.
8 – Ventilador.
9 – Bomba d'água.

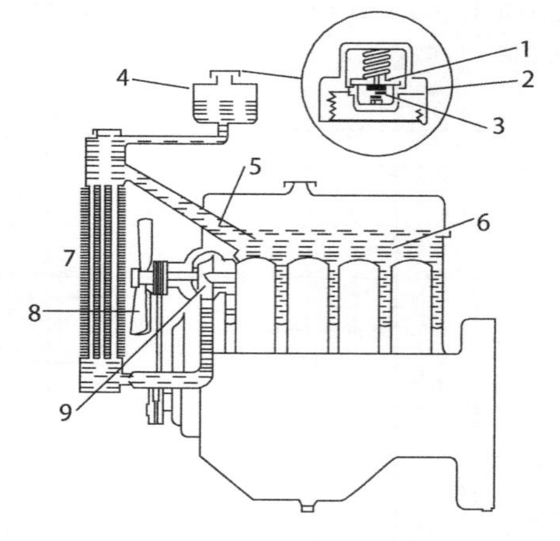

Figura 19.43 – Motor e vaso de expansão.

Como está sob pressão, a temperatura na qual o líquido começa a ferver é consideravelmente maior. Essa pressão, aliada ao maior ponto de ebulição do etileno glicol, permite que o refrigerante possa chegar com segurança a temperaturas superiores a 250 °C.

Quando a pressão do sistema de arrefecimento atinge o ponto onde a tampa deve liberar esse excesso de pressão, uma pequena quantidade de refrigerante é "sangrada" fora. Existe um sistema para capturar o refrigerante liberados e armazená-lo em um tanque de plástico. Quando o motor estiver em temperatura normal de funcionamento, o refrigerante do tanque de reserva retorna ao sistema.

Tampa de pressão

Eleva o ponto de ebulição da água possuindo molas calibradas que estabelecem pressões no sistema entre 0,5 e 1 kgf/cm^2, o que dá os parâmetros de fervura d'água por volta dos 112 °C, no nível do mar.

Uma segunda válvula é também responsável pelo alívio da pressão interna, por intermédio do trabalho das molas calibradas na tampa do reservatório.

Material:

- Normalmente utiliza-se PEAD (polietileno de alta densidade).
- Sem carga mineral, de forma a conferir maior flexibilidade.
- Fabricado por sopro.

Figura 19.44 – Tampa do reservatório.

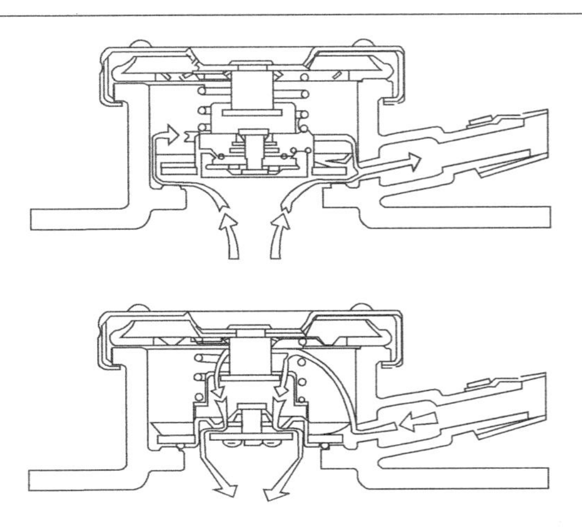

Figura 19.45 – Tampa do reservatório em operação.

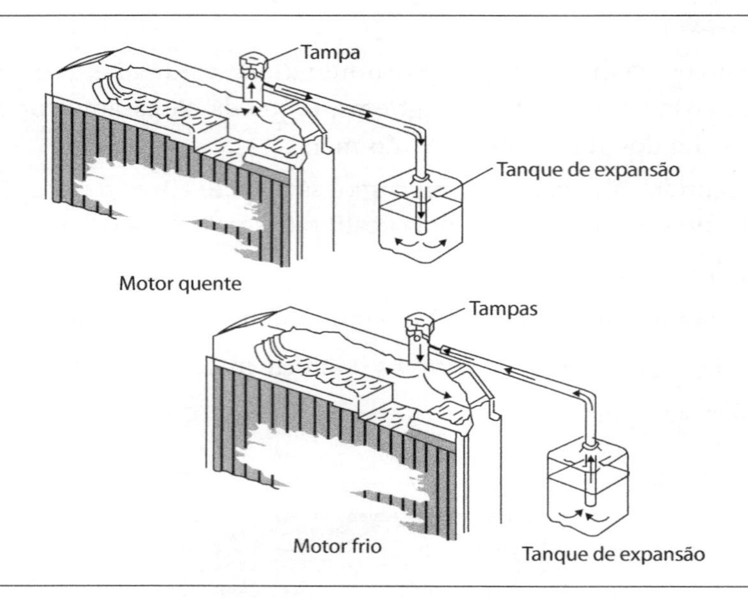

Figura 19.46 – Reservatório em operação.

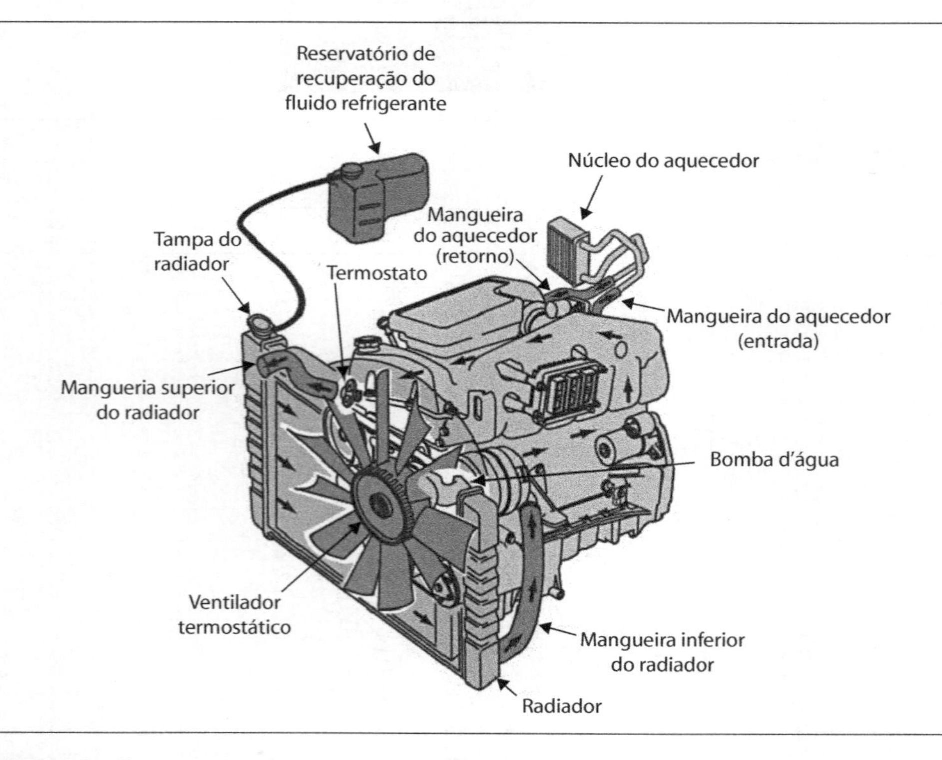

Figura 19.47 – Sistema completo – motor + reservatório.

19.14 Aditivos

O refrigerante, que percorre o interior das canalizações do motor e equipamentos deve ser capaz de resistir a temperaturas bem abaixo de zero, sem congelamento, também deve ser capaz de lidar com as temperaturas do motor acima de 120 °C sem ferver. O fluido deve conter também inibidores de ferrugem e um lubrificante.

O líquido de arrefecimento em veículos é uma mistura de etileno glicol (anticongelante) e água, em uma proporção recomendada é 50% – 50%. Em determinados climas onde as temperaturas podem ir abaixo de zero; é permitido ter até 75% anticongelante e 25% de água (limite superior).

19.14.1 Etileno glicol – EG

Na proporção de 50/50, eleva-se o ponto de ebulição para 108 °C. Quando o sistema estiver pressurizado em 15 psi (1 bar), eleva o ponto de ebulição para 129 °C.

19.14.2 Propileno glicol

Proporciona menor proteção nas mesmas temperaturas, mas é menos tóxico. O fluido refrigerante é uma mistura de anticongelante e água.

O anticongelante reduz o ponto de congelamento e aumenta o ponto de ebulição. Também protege o sistema contra ferrugem e corrosão, sendo que a vida é determinada pelo pacote de aditivos contra a corrosão.

Os fluidos com pacotes mais antigos – IAT – devem ser trocados a cada dois anos. Os mais recentes – OAT/HOAT – permitem trocas a cada cinco anos.

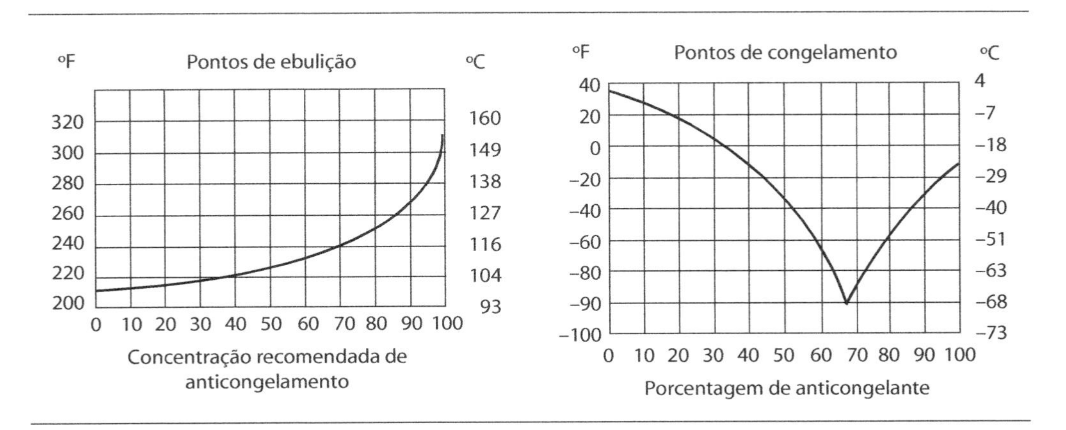

Figura 19.48 – Curva dos aditivos anticongelantes.

Observação:

- IAT: tecnologia aditivo inorgânico.
- OAT: tecnologia de ácidos orgânicos.
- HOAT: tecnologia híbrida ácido orgânico.

Estes fluidos não podem ser misturados. Todos os aditivos contém:

- Inibidores de corrosão:
  - Silicatos.
  - Fosfatos.
  - Boratos.
- Controladores de pH:
  - Manter o equilíbrio ácido-alcalino.
  - Evitar a corrosão eletrolítica.
  - Reduzir o ponto de congelamento.
  - Aumentar o ponto de ebulição.
- Tintura:
  - Distinguir a presença do anticongelante e o tipo.

Apesar de o anticongelante puro apresentar maior viscosidade, ele não flui bem e abaixa a taxa de transferência de calor. A Tabela 19.3 a seguir apresenta as principais propriedades físico-químicas do EG.

Tabela 19.3 – Propriedades físico-químicas do EG – Etileno Glicol.

	Fluido		
Propriedade	**Água**	**água +EG 50/50**	**EG**
Ponto de vaporização 1 bar (°C)	100	111	197
Ponto de congelamento (°C)	0	–37	–9
Entalpia (MJ/kmol)	44,0	41,2	52,6
Calor específico (kJ/kg–K)	4,25	3,74	2,38
Coeficiente de condutibilidade térmica (W/mK)	0,69	0,47	0,33
Densidade 20 °C (kg/m^3)	998	1.057	1.117
Viscosidade 20 °C (cSt, 10^{-6} m^2/s)	0,89	4,0	20

19.15 Mangueiras

Existem várias mangueiras de borracha para conectar os componentes do sistema de arrefecimento. As principais são: as mangueiras do radiador superior e inferior.

Duas mangueiras adicionais garantem o fornecimento do líquido refrigerante quente do motor para o núcleo do aquecedor do habitáculo. Um desses tubos pode ter uma válvula de controle de aquecimento, fixada em linha para bloquear o refrigerante quente, entrando no núcleo do aquecedor, quando o ar-condicionado encontra-se acionado. Outra mangueira, chamada tubo de derivação, é utilizada para circular o líquido refrigerante através do motor, evitando o radiador, quando o termostato está fechado.

Essas mangueiras são projetadas para suportar a pressão dentro do sistema de arrefecimento. Por isso, estão sujeitas ao desgaste e, eventualmente, podem exigir a substituição como parte da rotina de manutenção. As mangueiras do radiador principal geralmente são moldadas ao redor de obstáculos sem cotovelos.

Existe uma pequena mangueira de borracha que vai do radiador para o vaso de expansão.

Tubos e conexões de mangueiras não devem estar abaixo ou serem menores que a entrada e saída do motor. O diâmetro deve ser o mais econômico, porém o maior possível, garantindo uma $v_{máx} \sim 4 m/s$.

Figura 19.49 – Vão entre motor e mangueiras.

As mangueiras devem ser suficientemente flexíveis a fim de acomodar movimentos relativos entre componentes e utilizar reforços em mangueiras muito longas.

19.16 Sistema híbrido

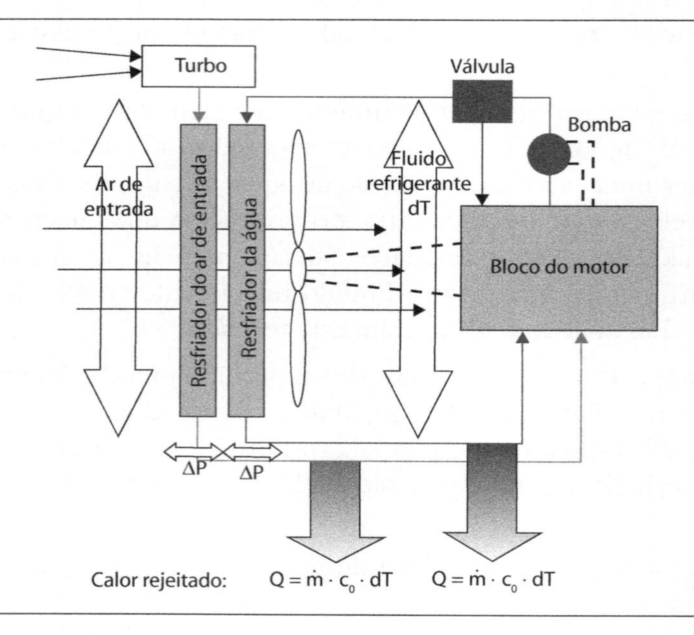

Figura 19.50 – Sistema convencional de arrefecimento.

O sistema convencional atual, apresentado na Figura 19.50, tem as seguintes desvantagens de operação, que estão sempre ligadas e se devem a falta de controle; entre elas tem-se:

- Aumento do tempo de *warm-up*.
- *Overcooling* durante baixa carga e alta velocidade de operação (veículo).
- Sub-resfriamento durante a alta carga/velocidade baixa de operação.
- Energia consumida desnecessariamente (ventilador, bombas).
- Movimento do veículo – interferindo na inércia do ventilador.
- Histerese – funcionamento da válvula termostática.
- Grandes oscilações de temperatura devidas a histerese.
- Desempenho do sistema de arrefecimento é uma função da velocidade do motor em vez da temperatura ideal de funcionamento.

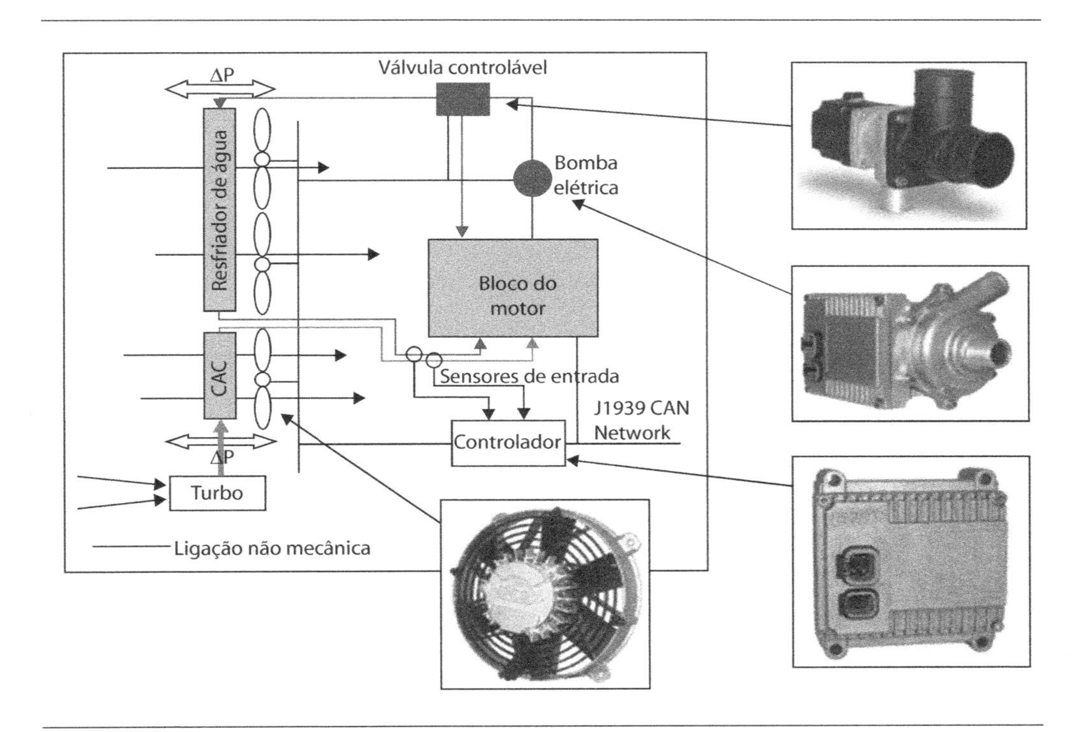

Figura 19.51 – Sistema híbrido.

- O projeto do sistema convencional de arrefecimento é baseado no *worste case*:
  - Fluxo de ar adequado em baixa rotação.
  - Fluxo líquido de arrefecimento adequado à baixa rotação.
  - Ventilador grande – ineficiente.
  - Layout do sistema é limitado.
  - Arranjo de trocador de calor aumenta a queda de pressão para conseguir o fluxo de ar de resfriamento necessário.
  - Eficiência do segundo radiador de calor é reduzida em razão do aumento da temperatura ambiente pelo primeiro.
  - Ventiladores e bombas foram projetadas para atender ao máximo de eficiência em alta.
  - Curva de restrição devida à disposição colada dos radiadores.

O sistema de resfriamento híbrido (elétrico) apresentado na Figura 19.51, traz como vantagens:

- Regulamentos de emissões – fase fria.
- Remoção de cargas parasitas – ajudam a atender às normas.
- Controle total do sistema.
- Tamanho do trocador de calor pode ser reduzido.
- Menos restrições impostas pelos trocadores de calor e válvulas.
- Ventilador e consumo de energia da bomba reduzidos.
- Temperatura do MCI pode ser levantada – aumentando a eficiência da combustão.
- Redução da potência de atrito.
- Aumento da rejeição de calor.
- Temperatura do óleo pode ser aumentada para reduzir atrito.

Possibilita o arrefecimento dos seguintes subsistemas:

- EGR.
- Óleo motor.
- Óleo transmissão – tratado de forma independente.
- Todos os componentes operam na sua melhor temperatura.

19.17 Fundamentos da transferência de calor

A transferência de calor ocorre da região de maior temperatura para a região de menor temperatura, sendo provocada pelos seguintes mecanismos:

- Condução: transferência do calor através das moléculas devida à diferença de temperatura entre elas.
- Convecção: transferência do calor através da movimentação das moléculas que pode ser forçada ou natural.
- Radiação: transferência do calor através de ondas eletromagnéticas (negligenciável em aplicações automotivas).

No radiador, ocorre a transferência de calor através da interface (parede do trocador) para o fluido de arrefecimento, e essa transferência depende da velocidade dos fluidos (ar e fluido de arrefecimento) e da condutividade do conjunto (das propriedades físicas de construção do radiador, como material construtivo, espessura da parede do tubo do trocador, altura, formato e espessura das aletas etc). A Figura 19.52 mostra esse mecanismo.

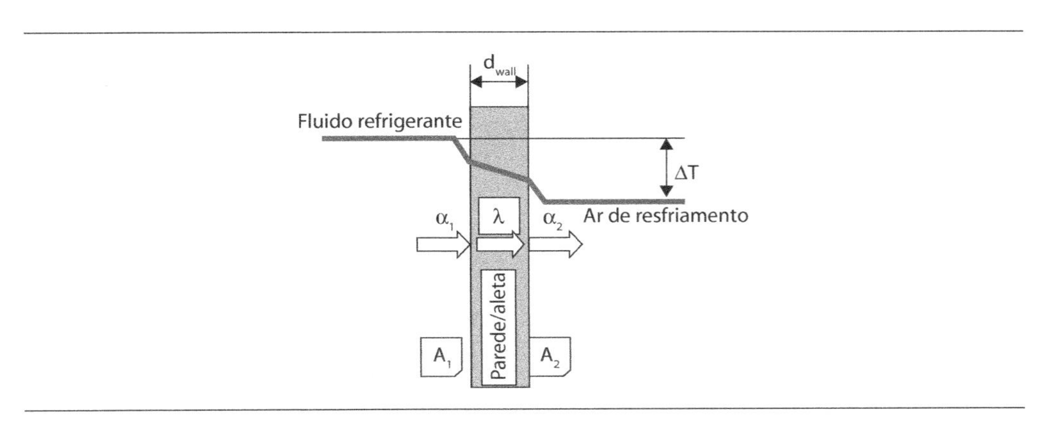

Figura 19.52 – Troca de calor em um radiador [A].

O coeficiente de transferência de calor α depende diretamente de dois números adimensionais, Nu: Nº de Nusselt; e Re: Nº de Reynolds:

- Nu, ou Número de Nusselt que é função da razão entre o calor trocado por convecção pelo calor trocado por condução através de uma região de limite. Quando maior o Nu, maior a troca de calor por convecção, geralmente em regime de fluxo turbulento. Quanto menor, maior a troca de calor por condução, o que é característica de um fluxo laminar ou estagnado.
- Re, ou Número de Reynolds é função da razão das forças inerciais pelas forças viscosas durante o escoamento de um fluido. Quanto maiores os coeficientes de transferência de calor (influenciados pela característica condutiva da construção do radiador – desenho do tubo/aleta, e pela característica do fluxo dos fluidos), menor a resistência térmica do radiador e consequentemente, maior troca de calor, ou seja, para um mesmo radiador de características construtivas definidas (porção condutiva), o aumento da transferência de calor se daria pelo aumento da turbulência dos fluidos (através do aumento das velocidades do ar e/ou do fluido de arrefecimento), resultando em alto Re e, consequentemente, alto Nu.

  A limitação do aumento da velocidade dos fluidos e, por consequência da troca de calor para um mesmo radiador de características construtivas definidas, se dá em decorrência do impacto na perda de carga (afetada exponencialmente pela velocidade do fluido), demandando uma maior transferência de energia para os fluidos (através da bomba d'água para o fluido de arrefecimento e/ou do eletroventilador para o ar externo).

19.18 Objetivo e requisitos dos radiadores

Os radiadores devem transferir o calor rejeitado do motor, da transmissão e outros componentes (refrigerador do trocador de calor dos gases de exaustão – EGR, *intercooler* indireto – ICAC, refrigerador do óleo da direção – PSOC etc.) para o ar ambiente (aproximadamente 1/3 da energia gerada na combustão – ver Figura 19.53).

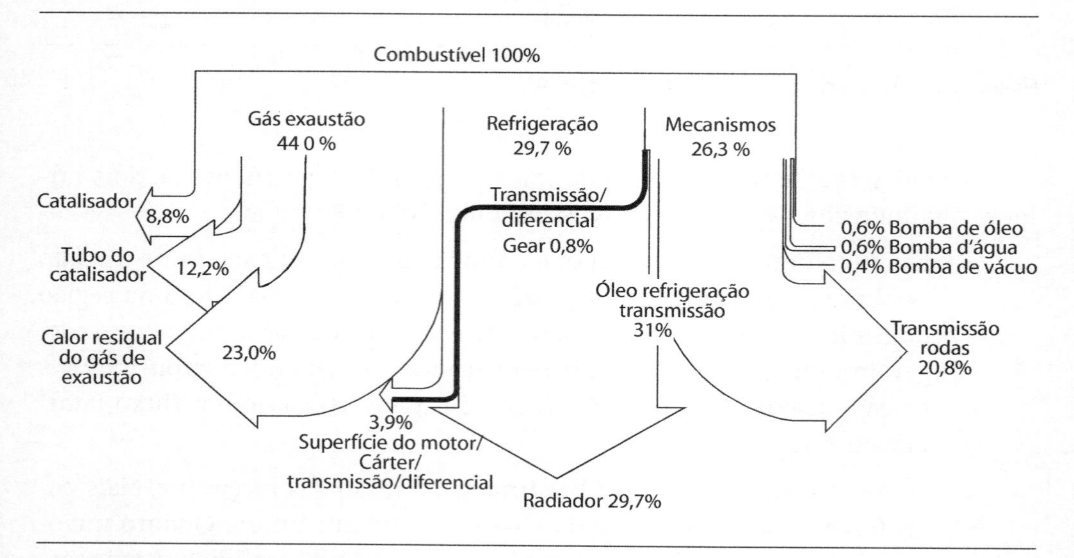

Figura 19.53 – Fluxo de calor nos MCI [A].

Garantir o resfriamento em condições extremas de temperaturas ambientes, garantir a utilização com alta durabilidade e por período prolongado, influenciar pouco no layout e na aerodinâmica do veículo.

Atualmente, os radiadores são normalmente constituídos por uma matriz de tubos e aletas de ligas de alumínio, montados na sua extremidade em coletores que têm a função de alojar uma guarnição (elemento de vedação) e os tanques plásticos (que podem conter outros trocadores de calor), que fazem a interface com as mangueiras do veículo. A Figura 19.54, mostra uma montagem típica.

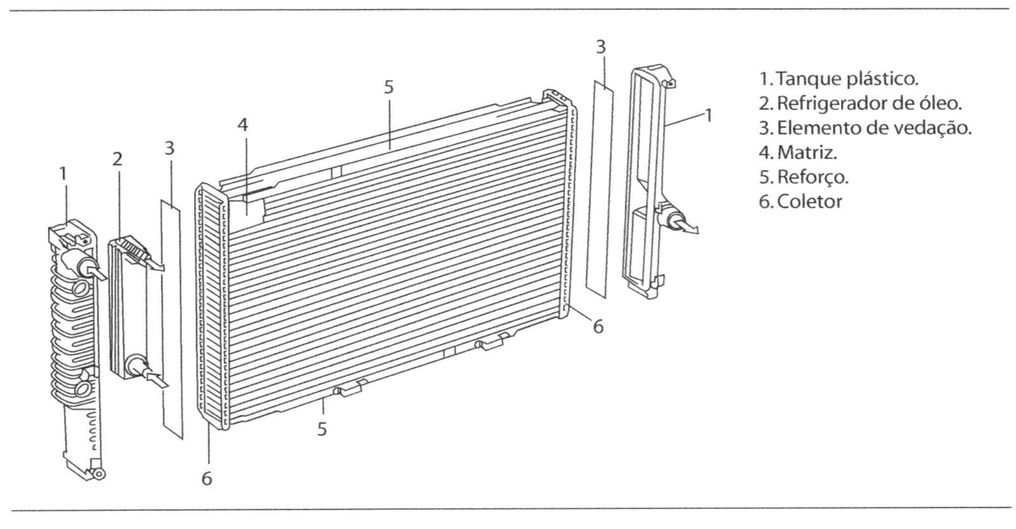

Figura 19.54 – Composição de um radiador [A].

Podem ser classificados de acordo com o processo produtivo, das seguintes formas.

- Brasados, para conjunto de tubos chatos (soldados ou apenas dobrados), conectados a aletas formadas (roladas em formatos "V", paralelas e "offset" com janelas perpendiculares ao fluxo de ar, por meio de fusão e conexão física dos materiais. Possuem alta densidade de trabalho. As Figura 19.55 e 19.56, mostram essa montagem.

Figura 19.55 – Brasado [A].

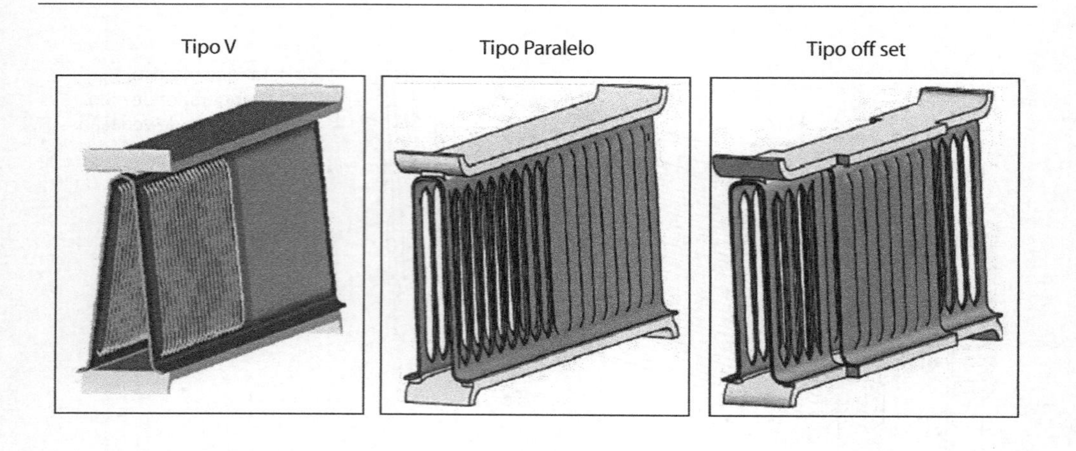

Figura 19.56 – Brasados – versões [A].

- Mecânica para conjunto de tubos (trefilados em diversos formatos como redondos, ovais ou chatos e que podem conter turbilhonadores internos) conectados às aletas estampadas com janelas perpendiculares ao fluxo de ar, por meio de expansão mecânica dos tubos. Possuem menor densidade de trabalho. As Figuras 19.57a e 19.57b, mostram uma montagem típica.

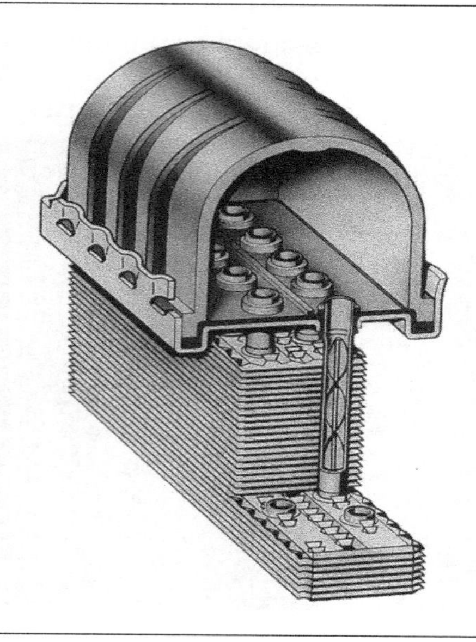

Figura 19.57a – Mecânica [A].

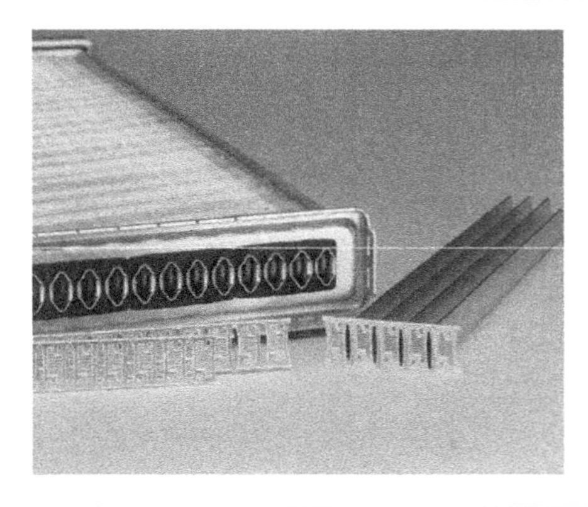

Figura 19.57b – Mecânica.

Há, ainda, outra classificação para os radiadores e quanto ao fluxo d'água no seu interior: eles podem também ser classificados como *Down-Flow, Cross-flow e U-Flow*, de acordo com o fluxo do fluido de arrefecimento. Essas configurações são apresentadas na Figura 19.58.

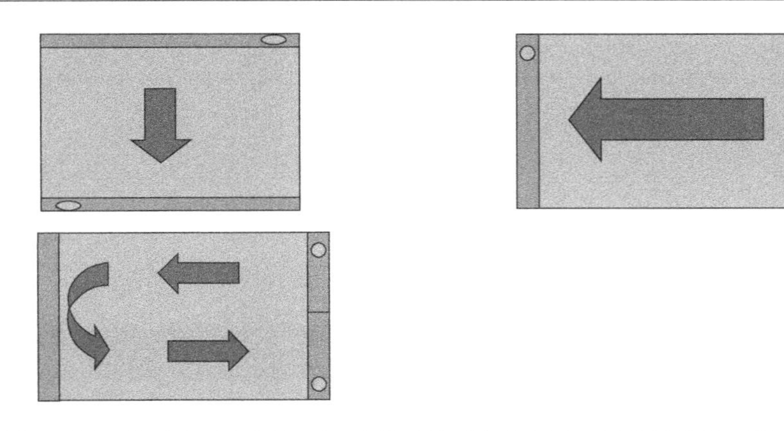

Figura 19.58 – Fluxo interno [A].

Algumas dimensões e nomenclaturas importantes para os radiadores são ver Figura 19.59:

- Altura da matriz (H) – distância entre os coletores no sentido do fluxo do fluido de refrigeração.
- Profundidade da matriz (T) – distância entre as duas faces do radiador no sentido de passagem do fluxo de ar.

- Largura da matriz (B) – distância entre as extremidades da matriz no sentido perpendicular a T e H.
- *Pitch* (Sq) – distância entre dois tubos consecutivos.
- Densidade de aleta (fpd ou cpd) – medida em "aletas ("fins") por decímetro" nos radiadores mecânicos e "convolução por decímetro" nos radiadores brasados.

Ainda serão adotados:

- Lado do fluido de refrigeração – índice subescrito "1".
- Lado ar – índice subescrito "2".

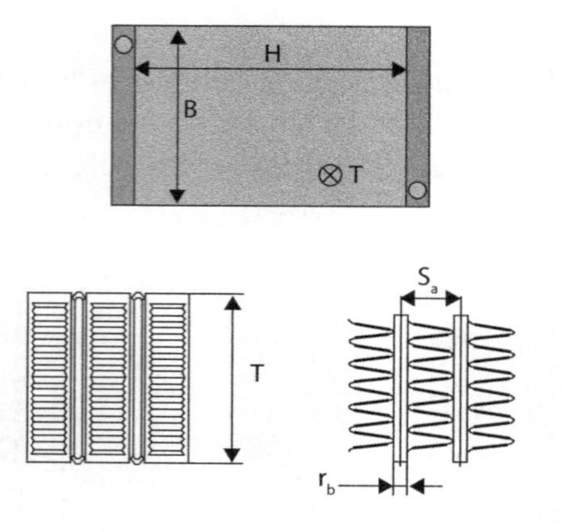

Figura 19.59 – Nomenclatura [A].

O desempenho de um radiador específico é normalmente representado graficamente em um diagrama da razão da troca térmica (Q) pelo diferencial de temperaturas de entrada ($T_{2e} - T_{1e}$) *versus* a vazão em massa de ar externo (G_2), para diversas curvas de vazão do fluido de arrefecimento (V1).

A perda de carga radiador específico é normalmente representada graficamente em um diagrama perda de carga do lado ar (Δp_2) *versus* a vazão em massa de ar externo (G_2). A Figura 19.60 apresenta essa curva.

Os critérios construtivos que afetam a definição do dimensionamento de um radiador específico são definidos como:

- Perda de carga lado fluido de refrigeração Δp_1 – afetado pela quantidade de tubos (diâmetro hidráulico total) e pela geometria do tubo (altura e profundidade).

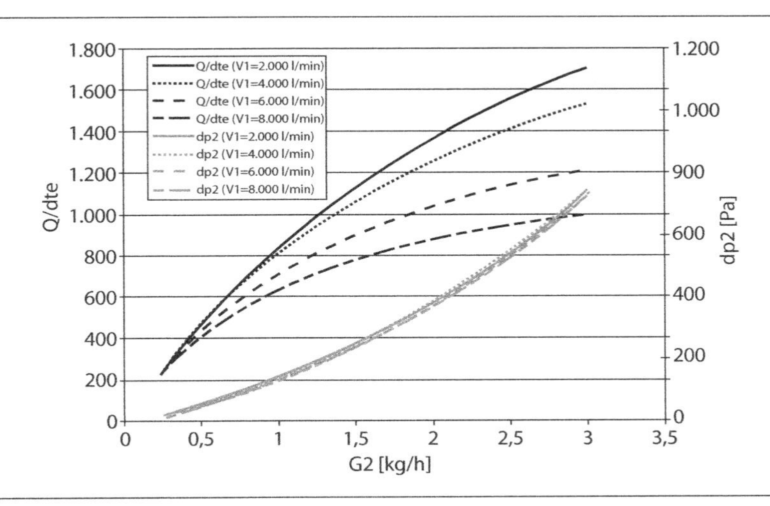

Figura 19.60 – Curva característica de um radiador – CCR [A].

- Perda de carga lado ar Δp_2 – afetado pela densidade e geometria da aleta (altura, espessura, desenho das janelas e profundidade).
- Desempenho $Q/\Delta t_e$ – afetados pela densidade de aleta, pela profundidade do radiador e pela quantidade e distância entre os tubos.

Os critérios de dimensão dos radiadores $H \times B \times T$ afetam o desempenho e a perda de carga, de acordo com as seguintes soluções de compromisso.

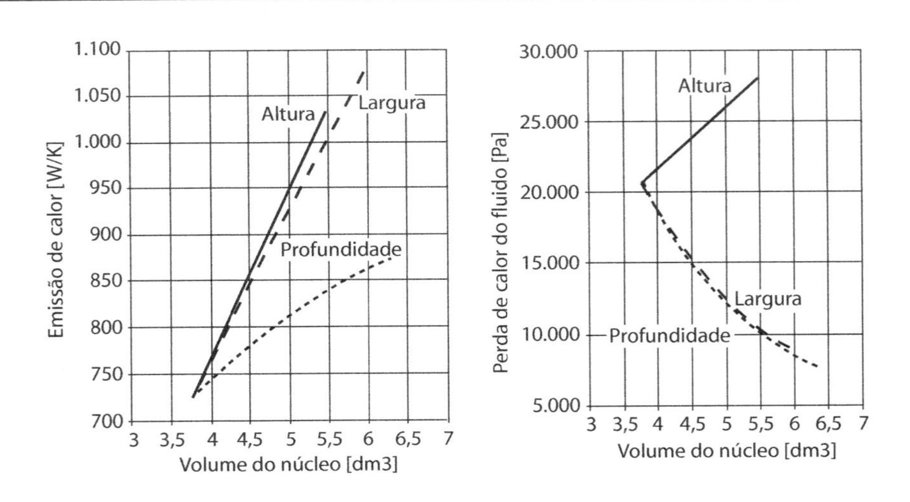

Figura 19.61 – Mapa de dimensionamento de um radiador [A].

19.19 Dimensionamento dos radiadores

Atualmente o dimensionamento de radiadores para um sistema de refrigeração é realizado com o auxílio de softwares de simulação analítica unidirecional (1D), que apresentam grande rapidez de processamento. Podem realizar simulação de componentes isolados ou de sistemas completos, utilizando um banco de dados que contém as características construtivas e de desempenho de um grande universo de trocadores de calor e de hélices, como geradores de fluxo de ar, fisicamente testados.

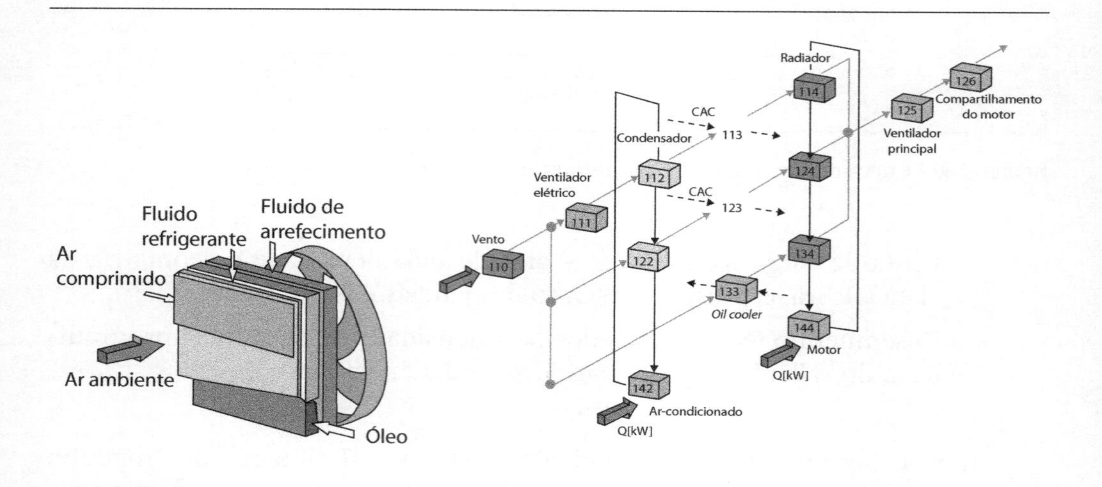

Figura 19.62 – Dimensionamento em 1D de um radiador [A].

Os parâmetros de entrada para o dimensionamento dos radiadores em um sistema podem envolver:

- Vazão do ar de frontal ao sistema de arrefecimento.
- Condensador – a rejeição térmica e perda de carga lado ar (veículos com ar-condicionado).
- Radiador de Ar – a pressão e temperatura de saída do turbocompressor.
- Radiador de água – a rejeição térmica do motor para o líquido de arrefecimento e vazão de bomba d'água.
- Ventilador – a rotação e curva característica do ventilador.
- Os parâmetros de controle do veículo – perda de carga admissível dos componentes, a máxima dimensão permitida do conjunto e a rotação do (regime de funcionamento).

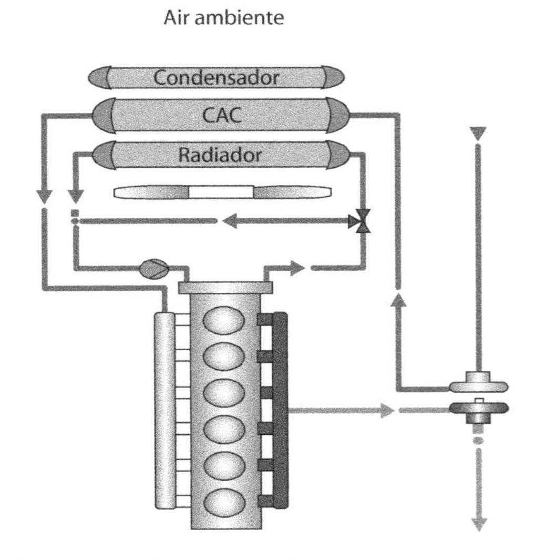

Figura 19.63 – Componentes do sistema [A].

Com os dados teóricos, a simulação do radiador (padrão máster do banco de dados contendo os adimensionais de troca térmica) é realizada, definindo suas características geométricas e sua dimensão.

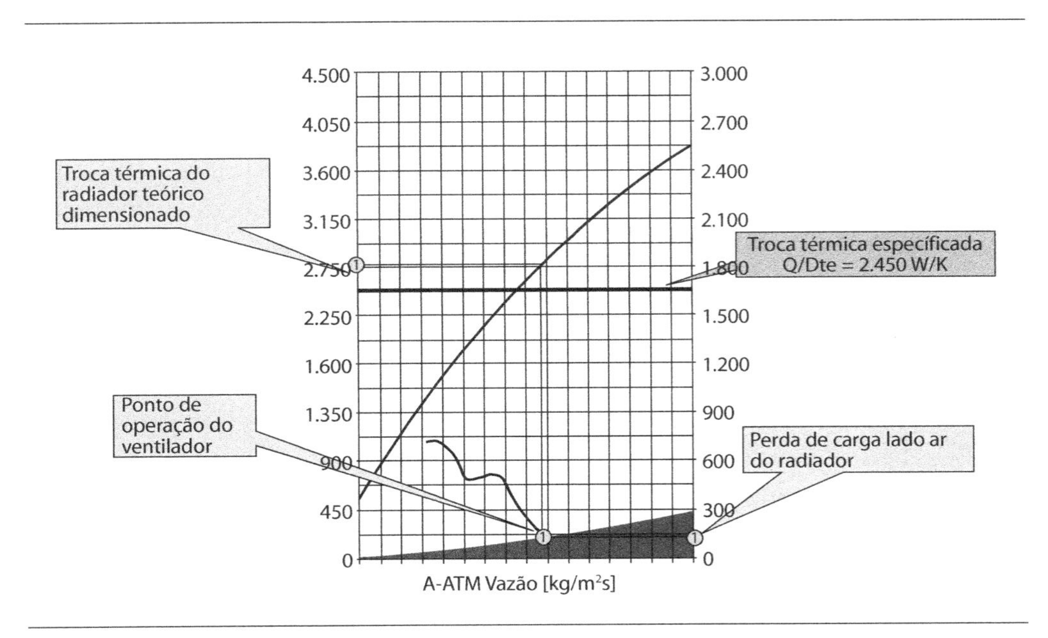

Figura 19.64 – Características geométricas [A].

No início do desenvolvimento de novos veículos, os detalhes do comportamento dos trocadores de calor instalados no sistema, bem como a influência do ambiente no abtáculo do motor, não são conhecidos em detalhe e são normalmente estimados por meio de simulações de CFD, ou estimados por similaridade com outros veículos.

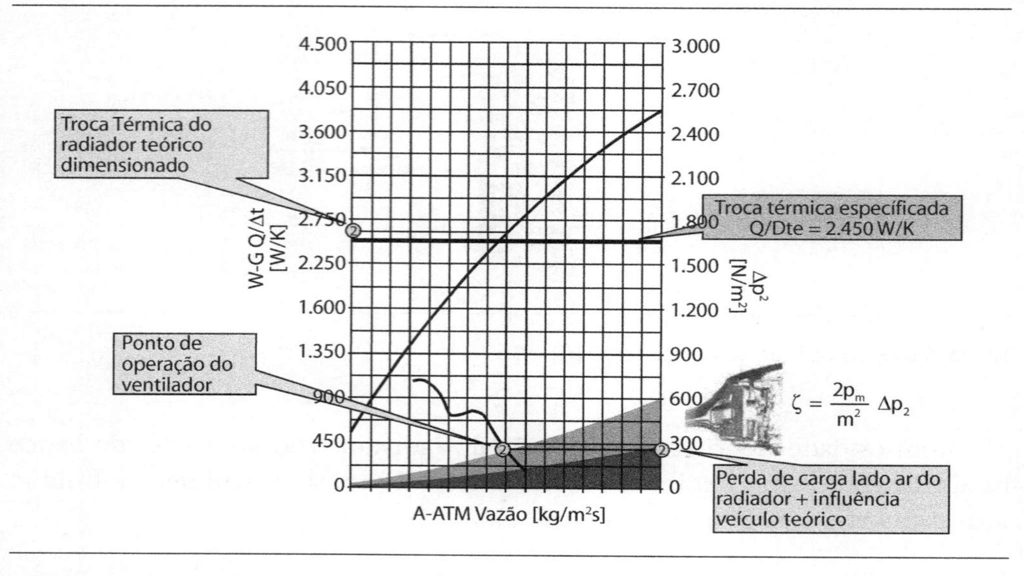

Figura 19.65 – Geometria [A].

A validação dos modelos matemáticos ocorre por meio de protótipos de radiadores construídos e testados em condições de aplicação no veículo em campo de prova (dependendo de condições climáticas aceitáveis) ou túnel de vento. Nessas condições, podem ser medidas as interferências reais das perdas de carga do sistema e do veículo bem como influências como recirculação de ar quente no abtáculo do motor, que afetam o desempenho do sistema como um todo.

Com as informações dos testes em veículo, o modelo matemático pode ser calibrado e diferentes soluções podem rapidamente ser avaliadas. No caso em questão, para o aumento da troca térmica no sistema, pode ser utilizado um ventilador mais potente, aumentando o fluxo de ar externo através do mesmo radiador.

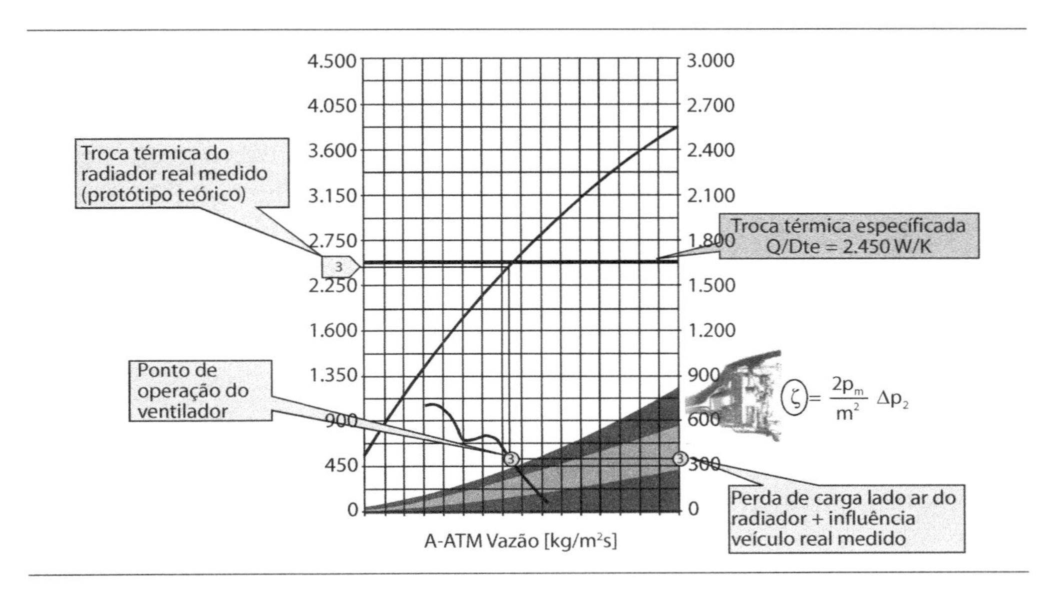

Figura 19.66 – Seleção [A].

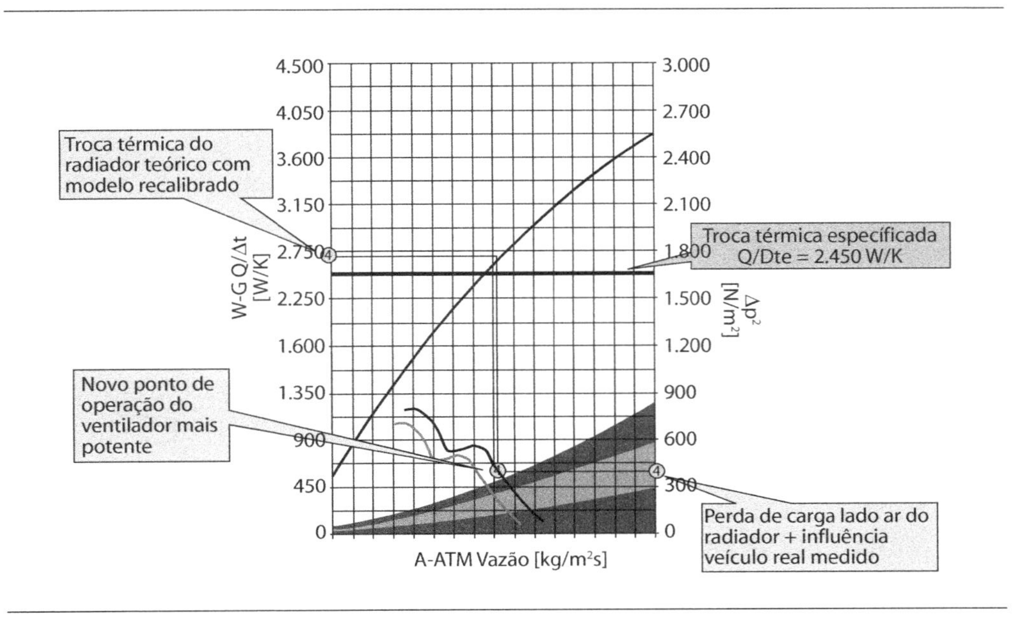

Figura 19.67 – Seleção [A].

Ou aumentando a capacidade de troca térmica do radiador por meio da mudança de sua construção geométrica para o mesmo ventilador.

EXERCÍCIOS

1) Um motor Otto, quatro cilindros, quatro tempos, com diâmetro de cilindro 9 cm e curso do pistão 9 cm, fornece sua potência máxima a 4.200 rpm em local onde p = 0,95 kgf/cm^2 e t = 30 °C, empregando relação combustível/ar F = 0,08 kg comb/kg ar e combustível de PCi = 10.500 kcal/kg. A relação de compressão do motor é 7,211 e a eficiência global é de 60% da teória dado por: $n_t = 1 - \frac{1}{r_v^{(k-1)}}$.

O resfriamento do motor é por circulação forçada de água e o calor transferido para fluido de arrefecimento é equivalente a 85% daquele correspondente à potência efetiva do motor.

Dados:

$k = \frac{c_p}{c_v} = 1.4$; η_v = eficiência volumétrica do motor = 79%

v_{ar} = velocidade do ar através da colméia = 11 m/s

t_{1H_2O} = Temperatura da água na saída do motor = 85 °C

t_{2H_2O} = Temperatura da água na entrada do motor = 78 °C

t_{1ar} = Temperatura do ar na entrada do radiador = 45 °C

t_{2ar} = Temperatura do ar na saída do radiador = 65 °C

A configuração do radiador é conforme a figura.

$t_f = 17\,\text{mm}$

t_a = 25 mm

a = 25 mm

b = 4 mm

e = espessura da aleta = 0,12 mm

$\varepsilon = \frac{A_{tct}}{A_{tu}} = 4,5$

H = Altura do radiador = 680 mm

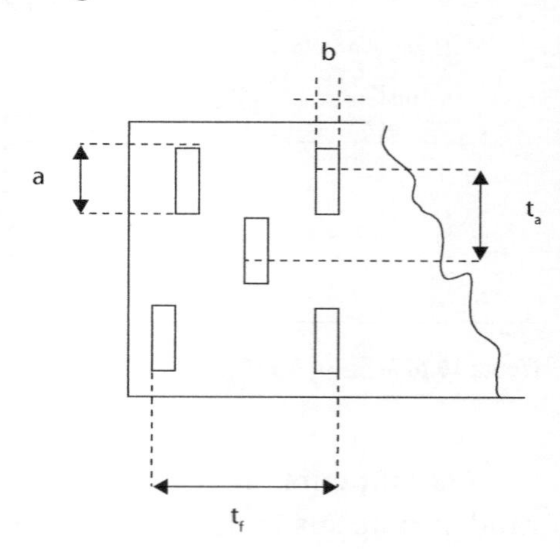

Determinar:

A quantidade de calor transferida para a água e sua porcentagem com relação ao calor total fornecido ao motor.

A área total do radiador, as áreas de tubos e aletas e o passo das aletas.

A compacticidade do radiador e a vazão da bomba d'água (L/s)

---

2) Um motor Otto de quatro cilindros a 4T, com diâmetro dos cilindros 9 cm e curso 9 cm tem a potência máxima a 5.000 rpm, com uma relação comb/ar F = 0,125 e combustível de PCi = 5.800 kcal/kg. A eficiência global do motor é 0,32 e no local p = 0,95 kgf/cm^2 e t = 40 °C. O calor transferido ao sistema de arrefecimento é 25% do calor total fornecido ao motor.

Dados:

$n_v = 75\%$

$v_{ar} = 10$ m/s

$t_{1H2O} = 95$ °C

$t_{2H2O} = 88$ °C

$t_{1ar} = 40$ °C

$t_{2ar} = 64$ °C

No radiador:

a = 25 mm

b = 4 mm

e = 0,12 mm

$\varepsilon = 4.5$

H = 500 mm

$t_a = 25$ mm

$t_f = 17$ mm

Pede-se:

a) O calor transferido à água e a relação com a potência efetiva;

b) A área total, das aletas e dos tubos;

c) A compacticidade;

d) A vazão da bomba de água em L/min;

e) A potência consumida pela bomba se tem uma altura manométrica de 10 m e um rendimento de 65%.

Referências bibliográficas

1. BRUNETTI, F. *Motores de combustão interna*. Apostila, 1992.
2. DOMSCHKE, A. G.; LANDI, F. R. *Motores de combustão interna de embolo*. Departamento de Livros e Publicações do Grêmio Politécnico da USP, 1963.
3. GIACOSA, D. *Motori endotermici*. Ulrico Hoelpi Editores SPA, 1968.
4. JÓVAJ, M. S. et al. *Motores de automóvel*. Editorial Mir, 1982.
5. OBERT, E. F. *Motores de combustão interna*. Porto Alegre: Globo, 1971.
6. TAYLOR, C. F. *Análise dos motores de combustão interna*. São Paulo: Blucher, 1988.
7. METAL LEVE. *Manual técnico*, 1996.
8. HEYWOOD, J. B. *Internal combustion engine fundamentals*. M.G.H. International Editions, 1988.
9. BOSCH. *Manual de la técnica del automóvil*, 1994.
10. STONE, R. *Introduction to internal combustion engines*. SAE, 1982.
11. CEMO, v. 6, 1.986 – IMT.
12. INCROPERA, F. *Fundamentals of heat and mass transfer*. 4. ed. J. Wiley & Sons, 1996.

Figuras

Agradecimentos às empresas/sites:

A. Behr.

20

Projeto de motores

Atualização:
Marcelo Peregrina Gomez

Neste capítulo será apresentada uma abordagem prática para sequenciar o projeto e desenvolvimento de motores de combustão interna baseado nas premissas estabelecidas pelo planejamento estratégico das empresas.

20.1 Análise de mercado, *portfólio*, tecnologia, fornecedores e concorrência

A criação de um MCI inicia-se na necessidade das empresas em atender ao planejamento estratégico, e sua consequente Linha de Visão.

O *portfólio* de motores das empresas sejam montadoras de automóveis, sejam caminhões, tratores, motocicletas, navios ou fabricantes independentes, requer constante evolução para atender às demandas do mercado: competitividade, custo, aprimoramento tecnológico, adequação às leis de emissões gasosas e de ruído, desempenho ou outras necessidades específicas.

A disputa das empresas pela liderança tecnológica é o fator fundamental para a escolha de compra dos consumidores, sendo largamente utilizada como ferramenta de vendas pela área de marketing, proporcionando desafios para a área de Pesquisa e Desenvolvimento (P&D) de toda a indústria automotiva.

A área de P&D da indústria a cada dia se vê diante de um infindável desenvolvimento de tecnologias, e os avanços são exponenciais em termos de potência, emissões e consumo.

A tarefa de lançar um motor a combustão interna não começa no projeto e na teoria de motores. Antes de tudo, cabe às áreas de Marketing, Vendas e

Engenharia obter dados para definir as necessidades do mercado e do cliente, bem como as tendências tecnológicas.

O desenvolvimento do motor deve receber os primeiros dados de entrada, sendo: potência, torque, consumo, adequação as normas e, consequentemente, nível de emissões sonora, gasosa e de particulados; dimensões básicas, arranjo e configuração, sobrealimentação, tipo de combustível, peso e durabilidade (vida esperada).

As necessidades de potência e torque, em geral, vêm da previsão de desempenho dos veículos. A necessidade do cliente final do automóvel são atributos de aceleração, velocidade máxima, retomada e consumo.

A teoria apresentada no Capítulo 4, "Relacionamento motor–veículo", demonstra como calcular o desempenho de um veículo. Essas mesmas equações são empregadas nos *softwares* comerciais. Os *softwares* comerciais, bem como os *softwares* desenvolvidos pelos fabricantes de motores, fazem a previsão de desempenho com precisão.

Questões mercadológicas são também fundamentais. Automóveis com apelo esportivo comumente usam arranjo em V. Embora tecnicamente não haja diferença de desempenho, os motores em V reduzem a altura do centro de gravidade e permitem habitáculos de motor mais baixos, ideais para esse tipo de veículo. No Capítulo 5, "Aerodinâmica veicular", pode-se verificar a influência da aerodinâmica no desempenho dos veículos, decorrente da forma e da área frontal.

Os motores em linha têm custo menor de fabricação e são mais comumente utilizados por esta razão. As demandas pelo *downsizing* de motores têm sido prementes, assim como a evolução das eficiências e da potência específica.

A busca por redução de peso e custo tem desafiado a engenharia de projetos e de materiais. Blocos e cabeçotes de motores eram produzidos em ferro fundido e passaram a ser construídos em alumínio. Em MIE, passou-se a usar ligas de ferro fundido vermicular, somadas a bielas, virabrequins e eixos comandos cada vez mais esbeltos.

A injeção eletrônica, tanto em veículos a gasolina como a diesel, permitiu grandes avanços na busca do limite da eficiência. Em contrapartida, exigiu de componentes, como pistões, anéis, bronzinas, pinos e biela, avanços tecnológicos para suportar o aumento de pressão de combustão.

A sobrealimentação ainda não chegou ao limite. Turbocompressores de baixa e de alta rotação são elementos cada dia mais presentes nos automóveis e caminhões, bem como o uso de compressores combinados aos turbocompressores. Os motores passam a trabalhar com curva de torque plana na maior parte das rotações.

A adoção de tecnologias de geração de energia híbrida, motores a combustão e elétricos, vem, ano a ano, ganhando adeptos e será o foco de desenvolvimento para a indústria automotiva nesta década e na próxima.

Em 1900, os motores produziam 2 HP/litro, subindo para 30 HP/litro na década de 1930 e chegando a 70 HP/litro em 2000. Atualmente, muitos motores de série apresentam potência acima de 100 HP/litro. Será que existe um limite técnico? A capacidade inventiva do homem permitiu quebrar barreira após barreira.

Em termos de eficiência térmica, os motores evoluíram de menos de 5% em 1900 para os atuais 32% em MIF a gasolina, 38% nos MIF a etanol e 52% em MIE. Nesse caso, se realizada uma análise do Ciclo Térmico de Carnot, ver-se-a que o limite técnico, considerando um motor semiadiabático construído em aço, é de 59% de eficiência (veja Capítulo 2, "Ciclos"). É evidente que a engenharia de combustão, e de materiais avançam paralelamente, e possivelmente, mesmo esse limite deve ser superado se forem utilizados compostos com resistência a altas temperaturas.

No momento em que se escreve este livro, está sendo mostrada uma fotografia da tecnologia, novas fronteiras técnicas estão sendo quebradas e cabe ao engenheiro de motores manter-se atualizado, dia após dia para projetar o motor de amanhã.

20.2 Conceituação do produto e envelope

Ao conceituar o produto, as equipes de marketing e técnica devem selecionar parâmetros do novo produto, os quais são apresentados a seguir.

20.2.1 Tipo de aplicação

Os requisitos dos diversos tipos de aplicação diferem tanto que cada motor deve ser projetado para a principal utilização. O sucesso é bastante duvidoso para projetos que não foram bem definidos e especificados para um tipo de aplicação particular. A Tabela 20.1 apresenta uma classificação típica de motores por tipo de aplicação, baseada no uso presente (2011), juntamente com a faixa aproximada de potência nominal do motor.

Tabela 20.1 – Classificação por tipo de serviço.

Classe	Aplicação	Faixa aproximada de potência [HP]	Tipo predominante				
			Diesel / Otto Hibrido	Sistema de injeção	Alimentação	Tempos	Arrefecimento
Veículos rodoviários	Motocicletas	5 – 140	Otto	C e IE	Aspirado	2 e 4	Ar e Água
	Automóveis	50 – 600	Otto (exceto Europa) Hibrido-Otto (tendência)	IE	Aspirado/Turbo	4	Água
	Comerciais leves	50 – 200	Diesel / Otto	IE	Aspirado	4	Água
	Comerciais pesados	100 – 500	Diesel	IE	Turbo + aftercooler	4	Água
Veículos fora de estrada	Veículos leves	5 – 100	Otto	IE	Aspirado	2 e 4	Ar e Água
	Trator agrícola	10 – 200	Diesel	BI	Aspirado/Turbo	4	Água
	Trator de esteira	50 – 800	Diesel	BI	Aspirado	4	Água
	Militar	120 – 2.500	Diesel	BI	Turbo	4	Água
Ferroviário	Locomotivas	400 – 3500	Hibrido – Diesel	BB	Turbo	4	Água
Marítimo	De popa Central Embarcações leves	½ – 100	Otto	C e IE	Aspirado	2 e 4	Água
	Motores auxiliares de bordo	5 – 1.000	Diesel / Otto	BI e IE	TCA e Aspirado	4	Água
Estacionários	Serviço de edifício Geradores elétricos	½ – 100	Diesel / Otto	BI e IE	TCA e Aspirado	2 e 4	Água
Uso doméstico	Cortadores de grama Removedores de neve Geradores	½ – 50	Diesel / Otto	BI e IE	TCA e Aspirado	2 e 4	Ar e Água

Dentro dessa classificação, existe grande quantidade de possibilidades e especialidades que podem determinar o uso de um tipo de motor ou outro, assim como é possível a superposição de serviço, ou seja, motores que podem ser utilizados para mais uma classe. A Tabela 20.2 apresenta superposições típicas adotadas pela indústria.

Tabela 20.2 – Superposição de serviço.

Aplicação básica	Outras aplicações com ou sem modificação
Industrial pequeno	Uso doméstico
Automóveis	Comerciais leves Marítimos Industriais Estacionários
Ônibus e caminhões	Industrial Veículos fora de estrada Geradores elétricos
Industriais	Marítimo Estacionário
Locomotiva	Marítimo Estacionário
Marítimo de navios	Geração de energia

Os requisitos exigidos para os motores têm prioridades distintas em função de cada tipo de aplicação. Na Tabela 20.3, são apresentadas as prioridades típicas para cada aplicação.

Tabela 20.3 – Prioridades típicas.

Aplicação	Característica		
	Muito importante	Importante	Menos importante
Motores pequenos para uso doméstico, de popa e motocicletas	Peso reduzido Dimensões reduzidas Baixo custo	Baixo nível de ruído Confiabilidade Baixa manutenção	Economia de combustível Vibração Durabilidade
Automóveis	Ruído e vibrações reduzidas Confiabilidade Flexibilidade Baixa manutenção Economia de combustível Emissões gasosas	Baixo custo	

20.3 Análise preliminar de desempenho

A análise preliminar de desempenho é o ponto de partida de um novo motor. As necessidades de potência, torque, rotação, emissões e consumo são os dados de entrada para a simulação (cálculo) da combustão, tendo como saída a cilindrada (curso e diâmetro) e as necessidades de acessórios complementares como turbocompressor, pós resfriador e sistemas de injeção.

A simulação de motores evoluiu drasticamente ao longo dos anos. Desde a definição do ciclo de Carnot, em 1824, ciclo genérico para máquinas térmicas, passando pelos ciclos Otto e Diesel, o engenheiro vem realizando cálculos para prever o funcionamento de maquinas térmicas e dos motores a combustão.

Sempre baseados nos ciclos clássicos, a simulação de desempenho inicialmente foi realizada por intermédio de cálculos manuais, passando pela régua de cálculo, posteriormente utilizando computadores e *softwares* desenvolvidos por pesquisadores nas empresas e universidades, e na década de 1980 passam a ser comercializados os primeiros *softwares* de simulação de combustão.

Nesse momento, surge a engenharia de simulação ou protótipo virtual. Empresas como FEV, AVL, Ricardo, Lotus, Gamma Technology comercializam serviços e *softwares* de simulação 1D capazes de obter, com grande precisão, os resultados necessários para a definição geométrica do motor.

A simulação 1D comercial utiliza-se das equações e conceitos apresentados no Capítulo 2, "Ciclos", permitindo à equipe de projeto, pesquisa e desenvolvimento, avaliar o impacto de cada parâmetro com maior precisão, aumentando a chance de sucesso do projeto.

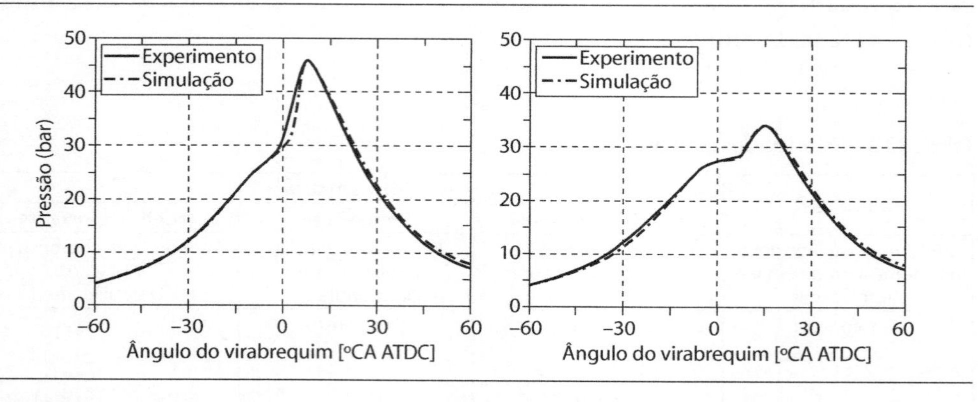

Figura 20.1 – Simulação x medições da pressão de combustão no interior da câmara [A].

A simulação 1D também permite acoplar modelos tridimensionais de escoamento (*Computational Fluid Dynamics* – CFD) do coletor de admissão e escapamento, que aumentam a precisão do cálculo. Existem diversos *softwares* comerciais de simulação de escoamento de fluidos, entre outros, o FLUENT, o CFX e o FIRE.

Como resultado dessa análise preliminar, será determinada, com precisão, a cilindrada e os sistemas complementares de alimentação e controle da combustão.

Toda a tecnologia disponível em *software* requer que o engenheiro de simulações tenha um conhecimento profundo dos conceitos teóricos para assegurar que os dados de entrada sejam precisos e os resultados obtidos nas simulações sejam coerentes.

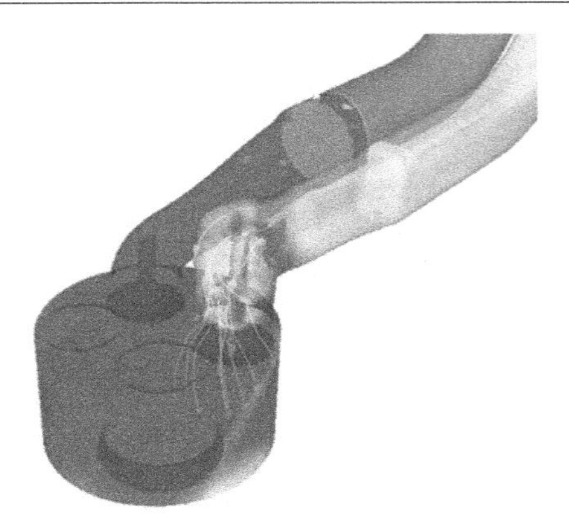

Figura 20.2 – Simulação do escoamento de ar no duto de admissão [B].

O uso de motores monocilíndricos flexíveis para validar o projeto preliminar é recomendado e usual, quando o projeto busca por desempenhos na fronteira do conhecimento ou além dela.

Neste momento, em que a cilindrada (diâmetro e curso) e o número de válvulas disponíveis e definidos, são disparados projetos simultâneos do sistema de combustão, bloco e cabeçote. Esse intrincado labirinto de dutos de ar, galerias de água ou ar, posicionamento de válvulas, irá possibilitar o próximo passo de projeto, que é o do sistema de combustão.

Figura 20.3 – MIF monocilindro para desenvolvimento [C].

20.4 Projeto do sistema de combustão

O projeto do sistema de combustão compreende a câmara de combustão, as válvulas e os dutos de ar do cabeçote. O Capítulo 7 apresenta as premissas de conhecimento para um bom projeto de sistema de combustão.

A simulação 1D fornece dados de entrada de projeto da combustão como o coeficiente de descarga e as rotações do ar dentro da câmara de combustão denominadas: *tumble* (movimento rotativo do ar no sentido vertical) e *swirl* (movimento do ar no sentido horizontal e paralelo em face do pistão). O *squich* é a turbulência gerada no momento da compressão máxima do pistão e que resulta no movimento na direção central da câmara de combustão. Geometrias preliminares são propostas com base em literatura (ver Capítulo 7) para atingir tais requisitos.

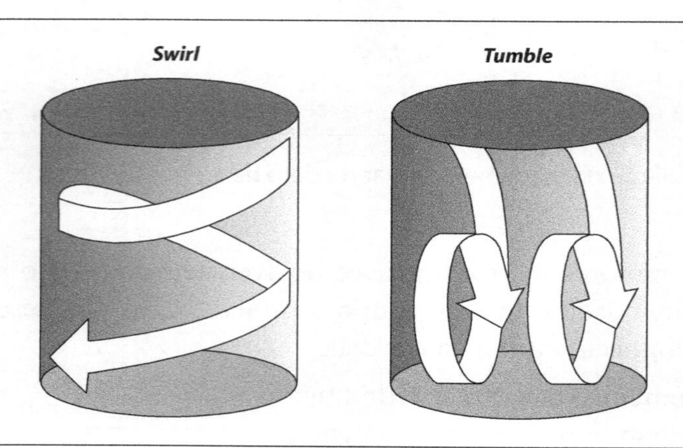

Figura 20.4 – Característica do movimento fluxo de ar durante o enchimento [D].

O engenheiro de projeto deve fazer cálculos básicos de área dos dutos, dimensões das válvulas, para que a primeira tentativa seja a mais próxima possível do objetivo de projeto.

A engenharia de projeto deve fazer o primeiro projeto 3D do cabeçote, incluindo os dutos de admissão e escapamento, galerias de água, posicionamento de bico injetor no caso de motores ciclo Diesel e da vela no caso de motores ciclo Otto, bem como as válvulas e seus acionamentos. Os limites técnicos de espaçamento entre cada elemento devem ser respeitados para permitir o arrefecimento, reduzir as tensões devidas ao ciclo de fadiga térmica e simultaneamente às cargas mecânicas; espaço para passagem dos parafusos de fixação do cabeçote ao bloco, assim como os fixadores dos coletores de admissão e escapamento.

Essa etapa de criação do novo motor é, sem dúvida, a mais importante fase de todo o projeto, pois o cabeçote e seus dutos, conjugados ao formato de câmara, determinam se o motor terá bons ou maus resultados de desempenho, além de tornar a manufaturabilidade simples ou complexa, repercutindo no custo do motor e atendimento aos objetivos iniciais do projeto.

São necessárias diversas interações até se obter uma geometria que tenha consenso do time de desenvolvimento, devendo envolver a engenharia de processo de manufatura e fornecedores.

O modelo 3D do cabeçote e câmara de combustão deve ser simulado por um *software* de CFD combinado com combustão.

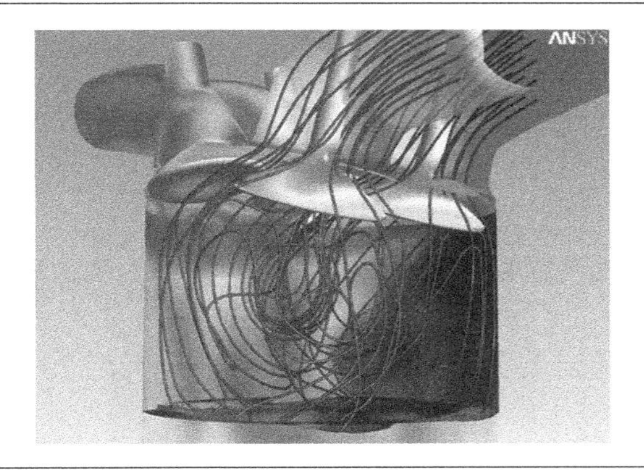

Figura 20.5 – Simulação do *swirl* e *tumble* na câmara de combustão [E].

Novas iterações serão feitas para aproximar os valores de coeficiente de descarga, enchimento, *swirl* e *tumble* dentro dos recomendados pela simulação 1D.

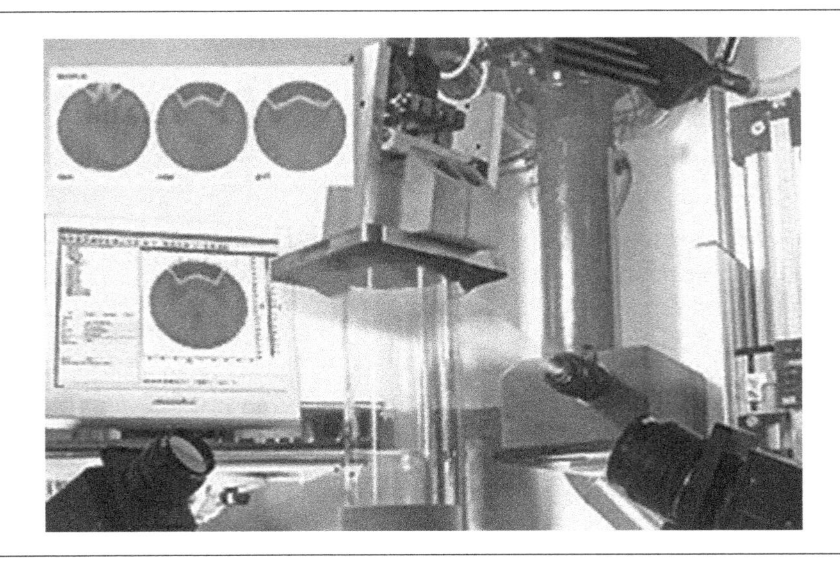

Figura 20.6 – Medição ótica de *swirl* e *tumble* na câmara de combustão [F].

O modelo CAD deve ser atualizado para a construção de um protótipo conceitual para medição e confirmação dos resultados teóricos. Para isso são utilizados anemômetros, especialmente construídos para medição desses parâmetros. A técnica mais moderna utiliza sistema ótico que permite a caracterização tridimensional do escoamento do fluido, incluindo o *tumble*, *swirl* e movimentos mistos, complexos, pontos de estagnação e vórtices indesejáveis.

20.5 Projeto estrutural do bloco

O bloco do motor deve ser o próximo componente a ser projetado. O bloco deve suportar a força devida à pressão de combustão e permitir o fluxo de água ou do ar para arrefecimento.

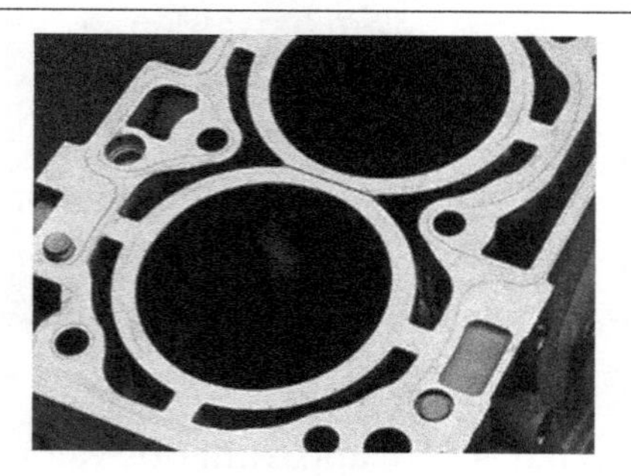

Figura 20.7 – Bloco [G].

Existem ainda cargas externas devidas à fixação do motor à aplicação, principalmente no caso de automóveis, caminhões e aplicações fora de estrada.

No caso de motores multicilindros, a dimensão entre dois cilindros adjacentes determina o comprimento do motor. Garantir a menor passagem de água ou ar nesta região com viabilidade de manufatura é reduzir custo.

O alinhamento dos parafusos de fixação do cabeçote e os parafusos de fixação dos mancais principais estão entre as estratégias mais utilizadas para evitar as distorções do cilindro, prejudiciais à durabilidade e ao desenvolvimento do pistão.

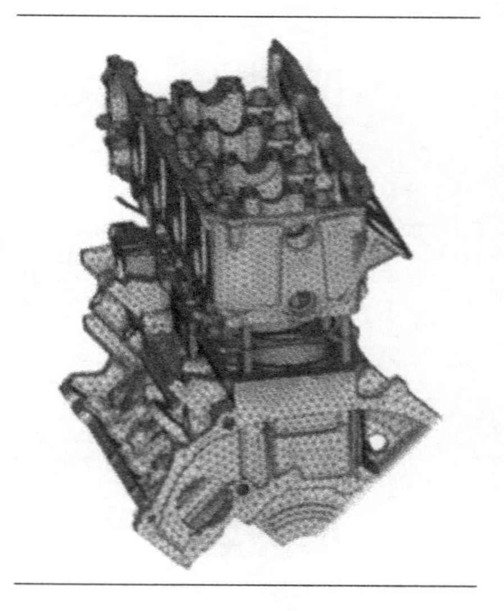

Figura 20.8 – Parafusos [H].

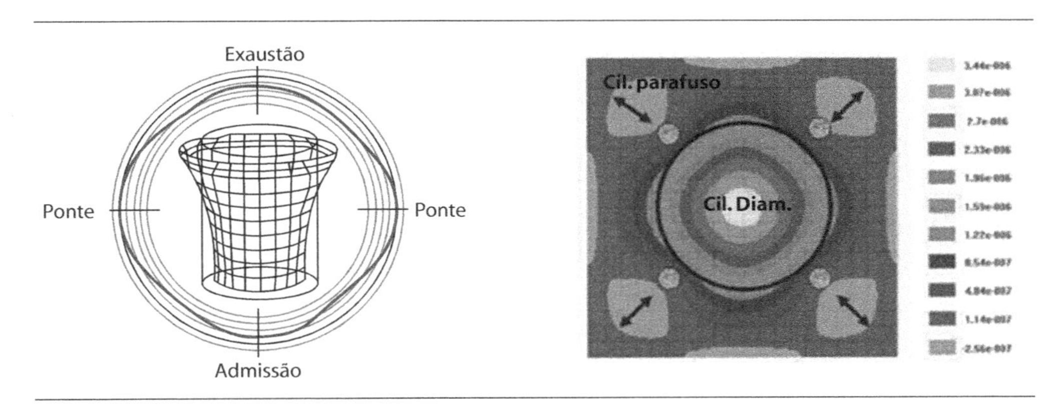

Figura 20.9 – Distorção dos cilindros [I].

Um bom projeto de bloco de motor deve ser calculado por elementos finitos, multicorpos, CFD e por diferenças finitas, levando em considerações diversos critérios:

- Resistência estrutural para cargas internas e externas.
- Mancais elasto-hidrodinâmicos.
- Distorção de cilindro.

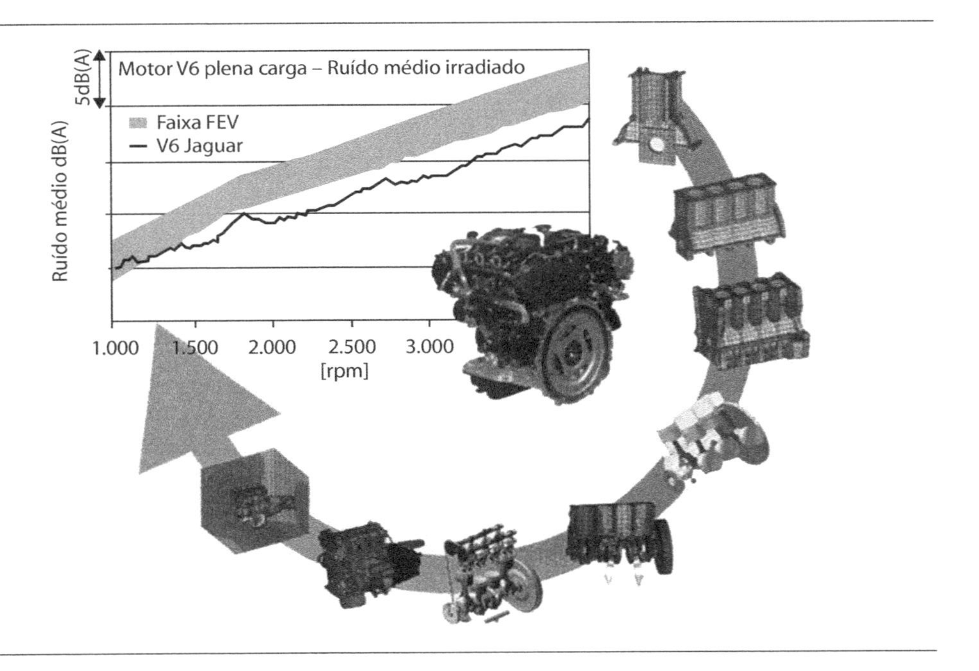

Figura 20.10 – Sequência de desenvolvimento do bloco [J].

- Circulação de água e óleo nas galerias ou ar para arrefecimento.
- Vibração e rigidez.
- Emissão sonora.

A fundamentação conceitual em resistência dos materiais é essencial para que o engenheiro de simulações entenda corretamente o problema a ser resolvido e obtenha o máximo resultado das análises.

Em particular, as análises acopladas exigem domínio absoluto das teorias apresentadas nos capítulos precedentes para que as entradas de dados sejam confiáveis e coerentes, assim como os resultados das análises tenham consistência.

A aplicação de modelo de diferenças finitas para simular a emissão sonora apresenta dificuldades adicionais ao projetista de motores, pois a solução não é trivial, bem como a análise dos resultados do programa não é direta, requerendo conhecimento da teoria de propagação de ruído.

20.6 Projeto do trem de força

O pistão, o pino, a biela e o virabrequim que compõem o trem de força devem ser projetados visando à menor massa para se evitar vibrações e custos.

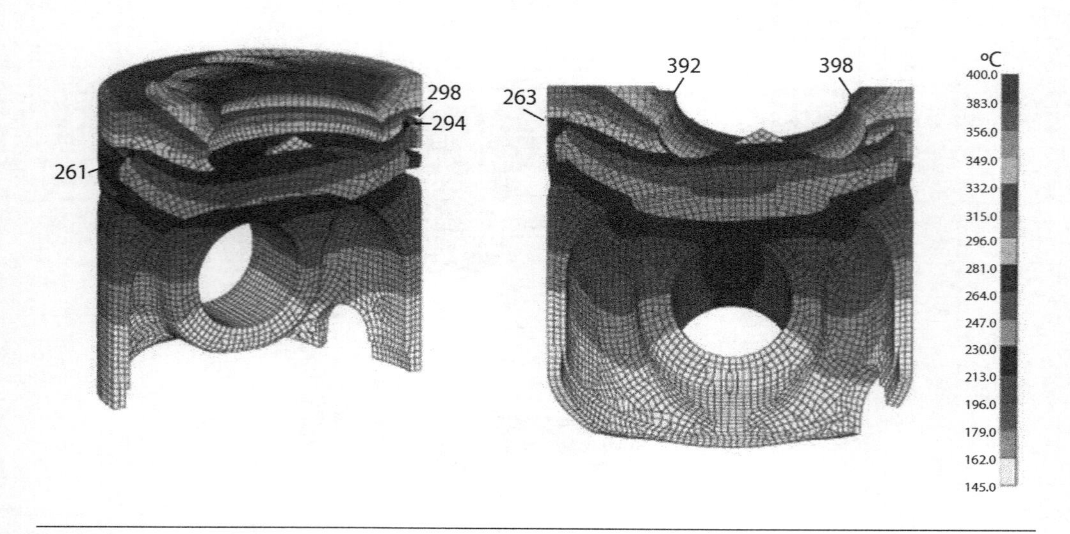

Figura 20.11 – Simulação do pistão [K].

O projeto do pistão é particularmente complexo, pois envolve altas temperaturas, pressões elevadas gerando tensões de fadiga, tanto de alto ciclo como de baixo ciclo.

A simulação do pistão é inevitável para um bom projeto de motor, a fim de evitar maiores massas, custos, vibrações e ruído. Novamente tem-se que utilizar os dados da simulação 1D de combustão para aplicar o carregamento térmico e de pressão no pistão, além de outras condições de contorno, como arrefecimento por óleo lubrificante e contatos.

A combustão em motores de ciclo Otto ocorre na câmara localizada no cabeçote, sendo a geometria da face do pistão adequada para a geração do movimento de *tumble* e para atender à especificação de taxa de compressão.

Figura 20.12 – Pistão MIF típico [K].

No caso de MIE, o pistão apresenta a câmara de combustão no topo do pistão.

Figura 20.13 – Pistão MIE típico [K].

O posicionamento do pino do pistão em relação ao centro geométrico do cilindro, chamado de *pin-offset*, é importante para definir o número de inversões de movimento lateral do pistão, repercutindo em ruído, desgaste e, para motores com camisa molhada, cavitação.

O atrito intenso com a camisa é outro fator importante a ser calculado por tribologia e simulações elastohidrodinâmicas (ver Capítulo 18, "Tribologia").

A camisa de cilindro requer grande atenção na especificação do brunimento para garantir a lubrificação adequada do pistão e anéis. O ângulo de cruzamento de sulcos e a rugosidade do *platô honning* (ver Capítulo 18) são as principais características envolvidas.

O pino do pistão e seu mancal hidrodinâmico requerem cuidados especiais para evitarem falhas. O pino do pistão pode ser cilíndrico ou perfilado para motores de alto desempenho.

Os anéis de vedação são projetados para evitar que a pressão de combustão migre para a parte baixa do bloco gerando *blow by* e, ao mesmo tempo, contribuir para a lubrificação adequada do pistão. Existe ainda a grande importância de evitar a subida de óleo lubrificante, com consequente aumento de emissões gasosas. Os anéis possuem várias características a serem escolhidas para cada motor, não havendo uma receita única para o sucesso da vedação. Os anéis são fabricados com perfis *twisted*, *double twisted*, entre outras geometrias e podem ter ainda forças de compressão ajustadas conforme o projeto.

As simulações reduzem muito o tempo de desenvolvimento, mas os ajustes finais por observação das marcações de pistão, anéis, camisa e pino são fundamentais para se obter um projeto otimizado que garantirá longa vida ao motor.

O projeto e desenvolvimento do virabrequim inicia-se pela definição de curso do pistão, pressão de combustão e dados geométricos do motor, como a largura do mancal principal e de biela. Com as larguras de mancais definidas calcula-se o diâmetro necessário para as bronzinas de biela e mancal principal suportarem as cargas envolvidas. A partir desse momento, o *overlap* entre o diâmetro do munhão e moente é definido, e inicia-se o cálculo do virabrequim.

O virabrequim é calculado para três diferentes tipos de carregamentos e funções:

1) Resistência à fadiga para a carga de combustão.
2) Vibrações torcionais e a consequente tensão adicional de fadiga.
3) Capacidade de transmissão de torque nas extremidades, ou seja, no contato com a polia, o amortecedor de vibrações e no contato com o volante.

20.7 Projeto do absorvedor de vibrações torcionais

A característica cíclica da combustão e do torque que resulta no virabrequim impõe vibrações torcionais que devem ser analisadas e, na maioria das vezes, tem-se a necessidade da utilização de amortecedores de vibração.

O primeiro passo para calcular as vibrações torcionais é obter/calcular o diagrama de pressão de combustão em função do ângulo de rotação do virabrequim. É possível então calcular o torque em função do ângulo, adicionando informação de curso, comprimento da biela e diâmetro do pistão.

É necessário realizar a análise harmônica do torque, decompondo-o em senoides de ½, 1, 1 ½, 2, ..., 12. A amplitude e o ângulo de fase das harmônicas será utilizado para a análise.

O virabrequim é então discretizado, sendo dividido em tramos. A rigidez dos tramos do virabrequim é calculada, bem como a inércia rotacional. Soma-se a inércia de cada tramo a inércia de pistão, anéis, pino e biela. O método de transformar inércia dessas massas em inércia rotacional pode ser vista no Capítulo 17, "Cinemátia e dinâmica do motor".

Calculam-se então as frequências naturais do sistema massa–mola. Existem vários métodos para o cálculo desse sistema discreto, obtendo frequências que possam ser excitadas com até 12 harmônicas. Harmônicas superiores não possuem energia suficiente para gerar vibrações significativas no sistema.

Uma vez disponíveis os dados da excitação, rigidez, inércia e amortecimento, é calculada a resposta forçada do sistema. No gráfico abaixo (Figura 20.14) são apresentadas as curvas de vibração torcionais, sendo a curva preta a somatória das vibrações, assim como as vibrações decorrentes de cada uma das harmônicas.

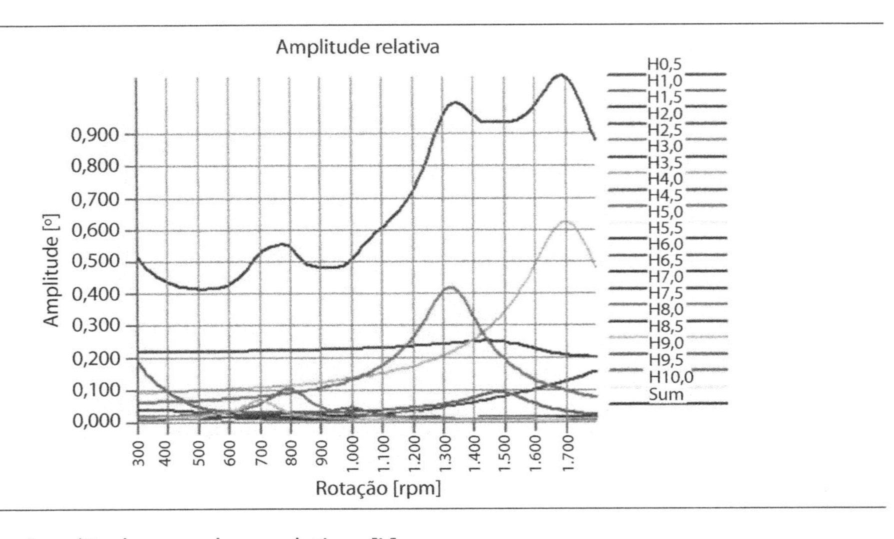

Figura 20.14 – Amplitudes angulares relativas [L].

Com o valor de tensão/ângulo, é possível calcular o nível de tensão adicional em função das vibrações torcionais e comparar com os limites admissíveis do material.

Quando utilizado, o amortecedor de vibrações deve ser calculado para suportar o torque, e principalmente o aquecimento térmico gerado pelo efeito de absorção das vibrações, seja para amortecedores com elementos de borracha, seja por amortecedores viscosos.

O torque entre tramos do virabrequim é utilizado para impor cargas às juntas, seja entre a polia, seja entre o volante e o virabrequim. Os elementos de fixação devem ser capazes de gerar forças tensoras suficientes para resistir a essas cargas.

20.8 Projeto do sistema de comando de válvulas

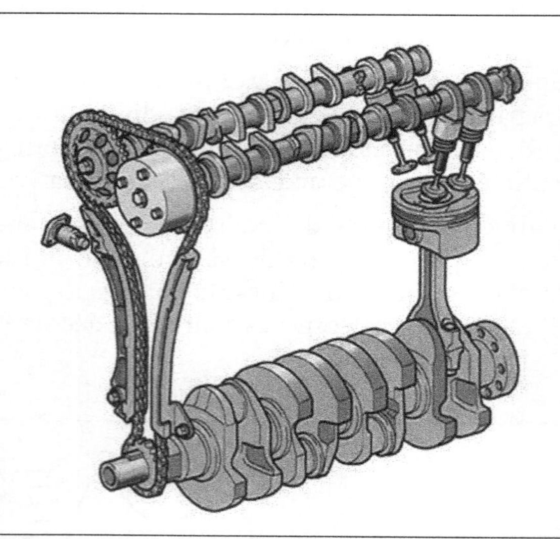

Figura 20.15 – Sistema comando de válvulas [M].

O número de válvulas interfere na resposta do motor. O projeto do eixo comando está diretamente ligado à combustão. Os tempos de abertura e fechamento de válvula irão determinar a condição ideal para obter-se a melhor eficiência do motor em dada rotação.

O perfil do came de abertura deve ser calculado para se obter a abertura ideal para combustão, respeitando os limites de resistência ao desgaste, combinado à força de mola suficiente para evitar *bouncing* e flutuação. As molas geralmente são projetadas com passo variável a fim de inibir ressonâncias.

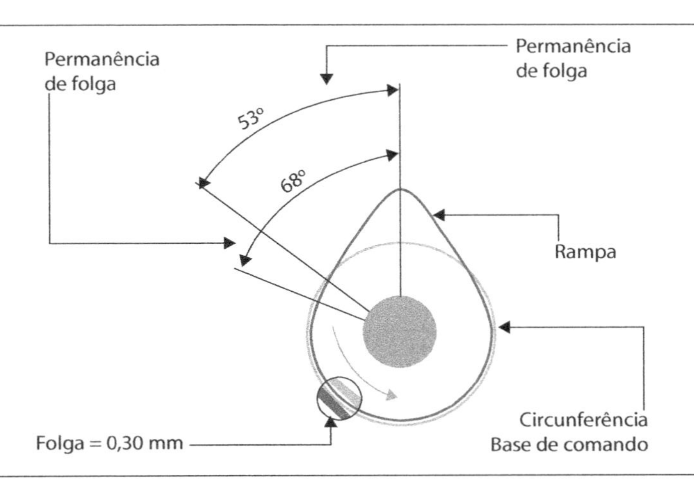

Figura 20.16 – Perfil do came [N].

Os cálculos e análises realizados para um bom projeto devem constar:

- Cinemática e cinética.
- Método de elemento finitos.
- Otimização topológica.
- Funcionalidade.
- Análise de desgaste.
- Simulação dinâmica.
- Simulação hidráulica (1D, CFD).
- Tribologia.

20.9 Projeto do sistema sincronizador

Os componentes sincronizados do motor a combustão são o virabrequim, o eixo comando, e o sistema de injeção ou ignição. Muitas vezes, outros acessórios não sincronizados são acionados pelo mesmo sistema.

Os MIF, em geral, utilizam sistemas de acionamento por correia dentada, pelo uso de eixos comando no cabeçote e também pela menor exigência de durabilidade. Tais sistemas são compostos por correias dentadas, polias e tensores. Os tensores de correia podem ser estáticos ou dinâmicos. No caso de tensores dinâmicos, utiliza-se tanto o tensor mecânico com o tensor hidráulico. Os dois sistemas apresentam vantagens e desvantagens. O tensor mecânico corrige a tensão do sistema alongando a vida da correia, característica que o tensor hidráulico também apresenta. Entretanto, o tensor hidráulico atua com a mesma força ao longo da vida útil da correia, prologando ainda mais sua vida. O sistema mecânico apresenta a vantagem do menor custo. Alguns automóveis utilizam sistema de acionamento por corrente (em motocicletas esse é o sistema mais adotado).

Os MIE para automóveis de passeio também adotam, em sua maioria, acionamento por correia dentada.

Quando se trata de motores para caminhonetas, utilitários, caminhões e motores para geração de energia, passa a ser comum o sistema de acionamento por engrenagens. O acionamento por engrenagem tem como maior apelo a durabilidade. O custo e o ruído de engrenamento são as desvantagens desse sistema. Em veículos de passageiros, o ruído é atenuado utilizando-se engrenagens pré-tensionadas.

Figura 20.17 – Trem de engrenagens [O].

O sistema de sincronismo de válvula, seja por correia dentada, corrente ou engrenagens, deve ser dimensionado utilizando-se técnicas modernas de simulação. Passando-se pelo cálculo de resistência mecânica, cinemática, e dinâmica, e chegando-se a sofisticadas previsões de emissão sonora.

20.10 Projeto do sistema de acessórios e agregados

Ao projetar o motor, deve-se levar em consideração a aplicação, seja para automóvel, caminhão, ônibus, industrial, geração de energia, marítimo e quais serão os itens acionados pelo motor dos sistemas acessórios e agregados.

Os MCI necessitam de agregados para operarem, tais como bomba d'água, bomba de óleo, alternador e acessórios necessários à aplicação do motor a veículos, como compressor de ar, bomba hidraúlica para o sistema de direção e bomba de vácuo para sistemas de freio.

A bomba d'água, em geral, é acionada pelo sistema de sincronismo do motor, entretanto existem projetos em que seu acionamento é feito por correia externa, ligada à aplicação do motor. Sob o ponto de vista confiabilidade, aplicar ao sistema de sincronismo é mais indicado.

Os demais acessórios e agregados são, em geral, acionados por correias. As correias em V, dominaram o mercado até a década de 1990, desde então, as correias poli V, ou micro V, são as mais comuns. Isso se deu em função da evolução dos motores e veículos que passou a exigir potencias maiores desses agregados e ao mesmo tempo, confiabilidade.

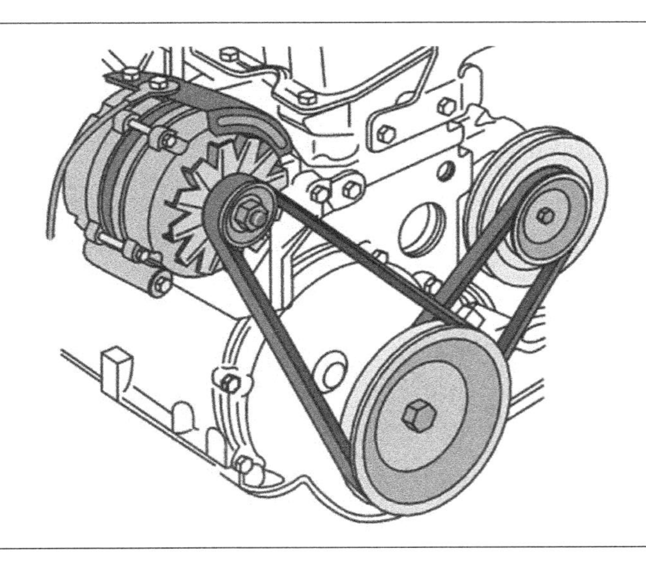

Figura 20.18 – Uso de correias em V [P].

Os sistemas de acionamento também passaram a utilizar tensores para aumentar o intervalo de troca da correia. Existem tensores concebidos por mola mais elemento de atrito plástico, e outros com sistema hidráulico.

O arranjo do sistema de acionamento de acessórios e agregados deve levar em consideração o espaço disponível na aplicação, priorizando a utilização dos acessórios que exijam maior potência no primeiro trecho de correia, próximo à polia do virabrequim, e assim sucessivamente, até a instalação no último trecho do tensor.

O ângulo de abraçamento da correia aos acessórios é fator decisivo para determinar a capacidade de transmissão de carga.

O tensor deve ser posicionado no último trecho, para permitir absorver melhor a acomodação da correia, aumentando sua eficiência e o intervalo de troca. O ângulo de abraçamento ideal é 180 graus, pois amplifica a reação do tensor.

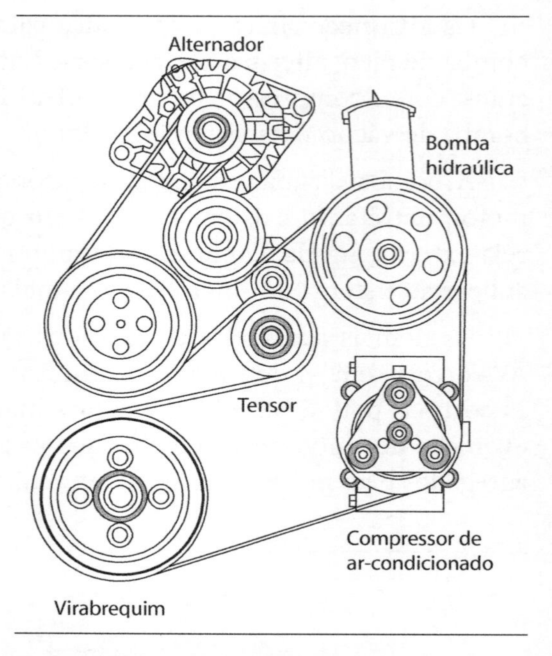

Figura 20.19 – Sistema de acionamento de agregados por correia micro V [Q].

20.11 Projeto do volante de inércia

O volante de inércia deve ser calculado para reduzir o grau de irregularidade do motor a combustão.

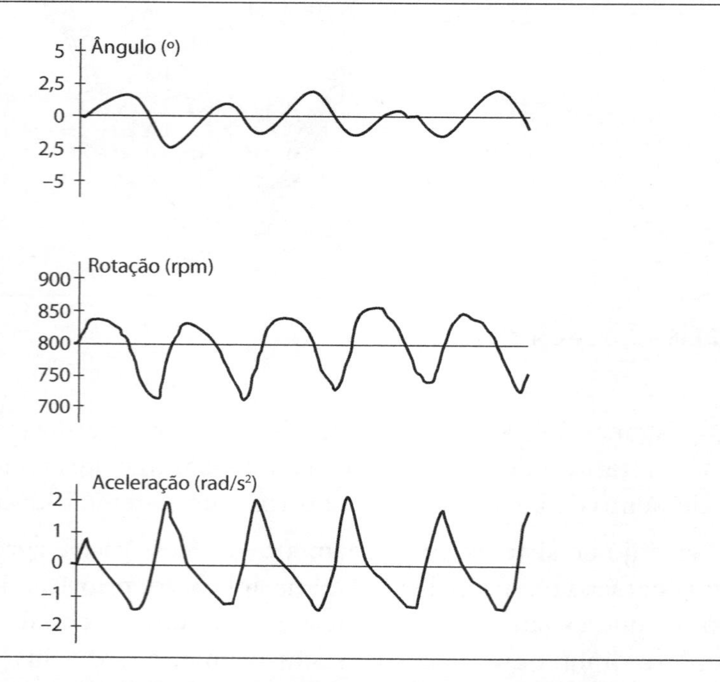

Figura 20.20 – Grau de irregularidade de um motor a combustão interna [R].

O número de cilindros influencia o grau de irregularidade, que será maior quanto menor for o número de cilindros. Consequentemente, o volante terá maior inércia quanto menor for o número de cilindros.

Tabela 20.4 – Grau de irregularidade *versus* número de cilindros.

Cilindros	1	2	3	4	6	8	∞
Grau de Irregularidade	10,3	4,5	3,5	2,0	1,7	1,5	1

A vibração do motor está diretamente ligada ao grau de irregularidade, e, por isso, é importante utilizar um volante de inércia adequado.

Em aplicações veículares, o principal objetivo da redução do grau de irregularidade é reduzir o ruído da caixa de câmbio denominado *rattle* (chocalho).

Os veículos mais sofisticados utilizam volantes de dupla inércia que reduzem drasticamente a vibração torcional que atua na caixa de câmbio.

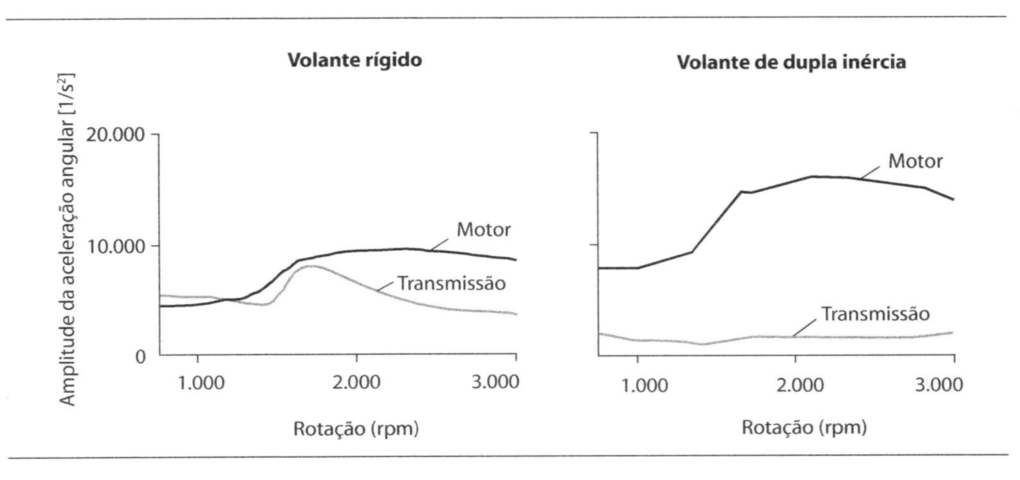

Figura 20.21 – Grau de irregularidade comparativa volante rigido x dupla inércia [R].

O efeito colateral do volante de dupla inércia é a redução da inércia primária, aumentando o aciclismo do motor, e que pode trazer efeitos indesejáveis, tais como ruído de engrenagens e excesso de vibração no sistema de correias.

20.12 Projeto do sistema de partida

Os motores a combustão interna necessitam de um sistema auxiliar de partida. O sistema de partida pode ser manual, pneumático ou elétrico.

Motores MIF de pequena cilindrada utilizam com maior frequência o sistema de partida manual, normalmente composto por uma corda e um sistema de roda livre.

Motores de partida pneumáticos são utilizados em motores que operaram em condições de risco de explosão, por exemplo, em minas de carvão.

A grande maioria dos motores utiliza motores elétricos, denominados motores de partida. Esses motores são acoplados, intermitentemente, por uma engrenagem com roda-livre (2), à cremalheira alojada no voltante do motor que avança e recua conforme o motor é energizado por um mecanismo denominado solenoide (6).

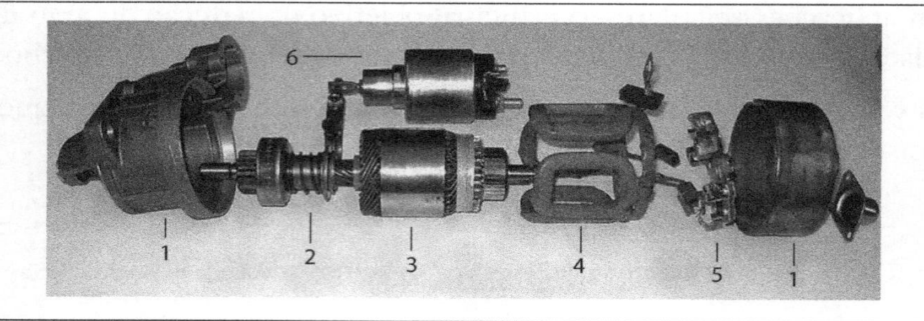

Figura 20.22 - Vista explodida de um motor de partida. Peças 1: mancais, 2: roda livre, 3: induzido, 4: bobina, 5: escovas, 6: solenoide [S].

O projeto do motor a combustão deve prever a utilização do motor de partida alocando espaço suficiente para sua instalação e manutenção. Sua instalação pode ser feita na carcaça do volante ou na carcaça da embreagem, definindo assim o sentido de giro do motor de partida.

Existem motores de partida com ou sem (*noseless*) mancal frontal, que poderão ser explorados no momento do projeto pela melhor solução para a aplicação. Os motores de partida sem mancal frontal, ou seja, nos quais a engrenagem do motor de partida fica em balanço, apresentam, em geral, maior ruído de partida.

A cilindrada unitária, o número de cilindros, taxa de compressão, número de dentes da cremalheira e rotação de marcha lenta são os principais dados para definir a potência e torque do motor de partida.

Os motores de partida foram, ao longo dos anos, tendo redução de tamanho e peso, graças à utilização de melhorias no projeto elétrico e à adoção de redutores, tanto lineares como planetários.

A necessidade de reduzir emissões e o consumo de combustível levou ao desenvolvimento de sistemas *Start Stop*. Alguns fabricantes adotaram um sistema inteligente, comandado pela própria central eletrônica ECU para gerenciar a partida, utilizando um motor de partida de concepção convencional. Foi também criada a opção de partida por meio do alternador, concebido especialmente com essa finalidade, que permite seu uso como motor elétrico. Os fabricantes desses sistemas informam economias de combustível de 8% quando em uso nos centros urbanos.

Figura 20.23 – Sistema *Start Stop* acionado por correia utilizando o alternador/motor [T].

20.13 Projeto de suportes e coxins

Os motores a combustão alternativos apresentam vibrações decorrentes do movimento alternado dos pistões e biela. No Capitulo 16, "Ruído e vibrações", são demonstrados os cálculos para se obterem as forças que dão origem às vibrações do motor.

Como estratégia para reduzir as vibrações, o desenvolvimento do motor pode prever a utilização de sistemas de balanceamento dinâmico, incorporados ao bloco do motor, que efetivamente apresentam os resultados mais eficazes, embora elevem o custo de fabricação.

Em função da aplicação, a vibração transmitida pelo motor pode ser considerada importante ou não ao conjunto. No caso de aplicações veículares e marítimas, o projeto de fixação ou "coxinização" do motor tem papel fundamental para o conforto dos passageiros.

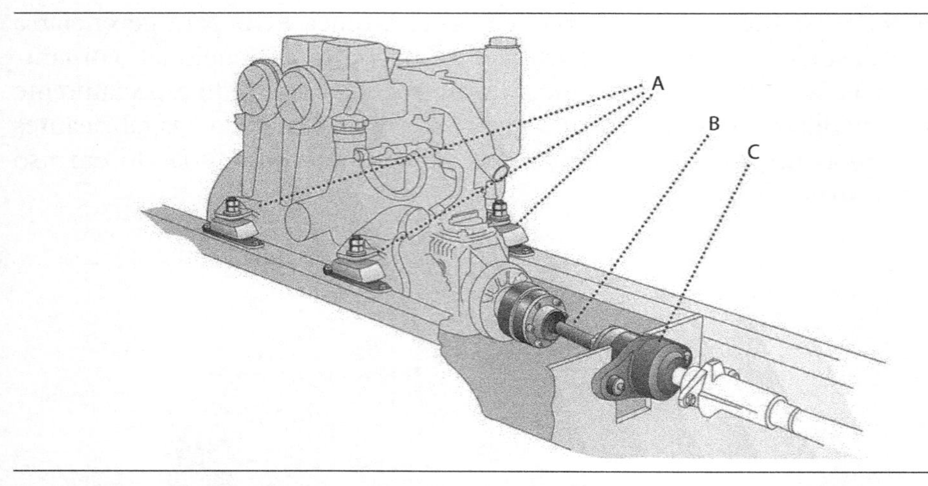

Figura 20.24 – Projeto de coxins e absorvedores de vibração [U].

Simultaneamente ao conforto, os suportes e coxins do motor devem ser projetados para suportar as forças aplicadas, seja pela própria vibração do motor, seja por causa dos efeitos externos, como as acelerações impostas pela rodagem do veículo.

O desenvolvimento estrutural dos veículos, para suportarem a vida útil, fez com que os fabricantes estabelecessem diversos testes de campo que simulassem o mundo real. Na pistas de testes, diversas rodagens em trechos com as seguintes denominações: *cobblestones* (pedras de rio), *Belgian blocks* (paralelepípedos), *body twist* (Figura 20.25), *chuck holes* e *pot holes* (buracos), *washboard* (costeletas) e *slalom test*.

Figura 20.25 – Teste de campo. À esquerda, *body twist* e, à direita, *pot holes* [V].

A simulação acompanhou esses testes, trazendo tais pistas para modelos computacionais. Assim, previamente à construção de um modelo real, é possível determinar cargas decorrentes da aceleração agindo no motor, e, portanto, realizar cálculo de elementos finitos para definir os suportes do motor, bem como, o composto ideal para os coxins.

20.14 Protótipo virtual

O avanço da engenharia de simulação abrangendo o veículo, o motor e todos os seus sistemas e subsistemas permite que sejam contruídos protótipos virtuais. Os modelos matemáticos podem ser acoplados na busca de otimização de desempenho, ruído, vibração, custo, peso, tamanho ou outra característica a ser definida.

A indústria da simulação tornou-se a base do projeto e desenvolvimento de motores a combustão interna. Empresas especializadas em consultorias das mais diversas funcionalidades e finalidades nasceram dessa necessidade.

Os fornecedores de componentes e subsistemas do motor se especializaram e desenvolveram programas computacionais ou adquiriram programas comerciais alocando profissionais a pesquisa para realizar estudos focados nos seus produtos, reduzindo drasticamente o tempo de desenvolvimento, aumentando a confiabilidade e diminuindo o risco de falhas.

20.15 Pesquisa e desenvolvimento do produto

Apesar de todo o avanço na área de simulações, a contrução de protótipo físico e a fase de pesquisa e desenvolvimento experimental é fundamental.

Durante a fase de projeto, protótipos parciais, de subsistemas e finalmente do motor completo devem ser construídos.

Os protótipos de subsistemas, por exemplo, do trem de válvulas, auxiliam na verificação de características próprias do sistema e que haverá dificuldade de entender quando submetido a outros efeitos simultâneos. Conforme o exemplo do trem de válvulas, realizando testes com o sistema independente do motor, será possível verificar o comportamento dinâmico das válvulas, a tendência de rotação em função da rotação do motor, mensurar forças, acelerações e o desgaste.

É recomendável que, para cada um dos sistema abordados anteriormente, seja construído um protótipo físico.

A prototipagem rápida vem ajudando a indústria a acelerar esse processo, sendo possível obter peças representativas de forma e composição para validar essas primeiras fases do projeto. A prototipagem rápida permite a construção de componentes em plástico, borracha e metais em geral.

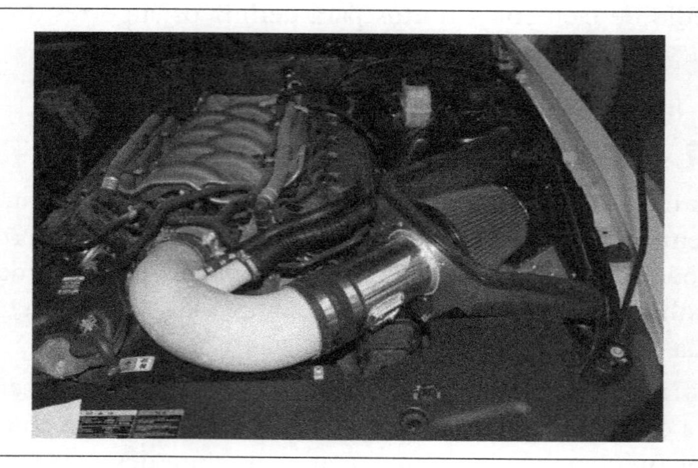

Figura 20.26 – Prototipagem rápida do duto de entrada de ar [W].

Para componentes do motor básico, como bloco, cabeçote, pistões, anéis, biela, virabrequim, os protótipos são contruídos utilizando processos convencionais, em função da exigência de resistência similar ao do processo produtivo.

Cada montadora define o seu Processo de Desenvolvimento de Produto – PDP, em que fases e *gates* estabelecem o quanto representativo do processo de produção final é aceita a fabricação de protótipos para realização de testes de validação. Genericamente, adota-se o *Advanced product quality planning* (APQP) como padrão de desenvolvimento das empresas do setor automotivo e que são obrigadas a seguir a norma ISO/TS 16.949.

As cinco fases definidas para seguir o APQP são:

1) Planejamento e definição do programa.
2) Verificação do projeto e desenvolvimento do produto.
3) Verificação do projeto e desenvolvimento do processo.
4) Validação do produto e processo.
5) Lançamento, *feedback*, ações corretivas e de avaliação.

Na fase 1, são utilizados modelos conceituais, muitas vezes não funcionais, que têm por objetivo verificar dimensões, comportamento, embora, não haja regras determinando que não se possa iniciar esta fase utilizando-se peças de ferramental definitivo.

Na fase 2, os protótipos devem ter representatividade geométrica e de material, mas o processo de fabricação não é obrigatoriamente conforme processo definitivo de fabricação.

A partir da fase 3, o produto deve estar definido, incluindo suas especificações de fabricação. Ele necessita para a validação final de liberação para a produção ser obtida a partir de processo representativo do processo de produção. Nesse momento, o nome técnico dado aos componentes à serem testados é chamado de amostras com Processo de Aprovação de Peças de Produção (PPAP).

Durante o desenvolvimento de produto, diversas interações entre simulação e testes em dinamômetros são necessárias para otimizar o motor.

Cada componente, sistemas, subsistemas, é submetido a ensaios, em sua maioria definidos em normas internas das montadoras, fabricantes de motores e dos fornecedores.

Os principais testes realizados que podem eventualmente ter nomenclaturas diferentes, mas que obedecem aos mesmos objetivos são:

- *Overpressure* – Sobrepressão. Ensaio realizado em dinamômetro, utilizando uma pressão de combustão com um percentual acima do valor nominal estabelecido em projeto para verificar a resistência e o desgaste de pistões, anéis, pinos, bronzinas, virabrequim, juntas de cabeçote, cabeçote, válvulas e bloco.
- Durabilidade acelerada. Ensaio realizado em dinamômetro, utilizando ciclos de condições de cargas parciais, plena carga, regime de rotação lenta, de torque máximo e de potência máxima, simulando uma condição urbana de uso do motor em regimes extremos. Esse ensaio impõe aos componentes do motor básico ciclos de fadiga de alto e baixo ciclo e procuram correlacionar a vida útil do motor (veículos leves 250 mil km e pesados de 800 mil km) a um número limitado de horas em torno de 500 horas para veículos leves e 2.000 horas para pesados.
- Choque térmico. Ensaio em que o motor é submetido a um ciclo de aquecimento a plena carga até que a temperatura do líquido de arrefecimento chegue próxima ao limite máximo e em um tempo curto determinado em norma, esse líquido seja totalmente substituído por um líquido de arrefecimento a temperatura de 25 °C. O objetivo desse ensaio é verificar o projeto da junta de cabeçote, cabeçote, bloco e sua fixação, bem como pistões e anéis.

A atividade de pesquisa e desenvolvimento dispende cerca de 24 a 36 meses para que as melhorias e os ajustes no projeto cheguem a um resultado harmonioso de desempenho, durabilidade, manufaturabilidade, custos que permitam aos engenheiros liberar o motor para a produção em série.

20.16 Lançamento do produto e pós-venda

O desafio de planejar, projetar, desenvolver, otimizar e lançar o motor envolve um grande dispêndio de esforço, raciocínio e conhecimento técnico.

O lançamento do produto ao mercado é o marco máximo de toda atividade das equipes envolvidas nesse trabalho.

Nesse momento, os dados de laboratório são confrontados pelas revistas especializadas, clientes e departamento de pós-venda e passam a gerar demandas para a evolução do produto.

Os dados coletados em campo servem de entrada para melhorias, correções de projeto e de métodos para o próprio desenvolvimento do motor.

Dessa forma, estabelece-se um ciclo virtuoso de evolução permanente da engenharia, do conhecimento técnico, dos processos de simulação, pesquisa e desenvolvimento, cabendo mais uma vez ao engenheiro estar atento e atualizado para acompanhar essa evolução.

EXERCÍCIOS

1) Qual é a principal premissa que o engenheiro deve seguir ao iniciar um projeto de um motor a combustão interna?

---

2) Qual é a atual eficiência termodinâmica máxima de um MIE e MIF?

---

3) Como é denominado e quais são as etapas, segundo a norma ISO TS 16.949, do processo de desenvolvimento de produtos e componentes para atender à indústria automotiva?

Referências bibliográficas

1. BRUNETTI, F. *Motores de Combustão Interna*. Apostila, 1992.
2. DOMSCHKE, A. G. LANDI, F. R. *Motores de combustão interna de embolo*. São Paulo: Dpto. de Livros e Publicações do Grêmio Politécnico da USP, 1963.
3. TAYLOR, C. F. *Análise dos motores de combustão interna*. São Paulo: Blucher, 1988.
4. VAN WYLEN, G. J.: SONNTAG, R. E. *Fundamentos da termodinâmica clássica*. São Paulo: Blucher, 1976.
5. BOSCH. *Automotive Handbook*.
6. BARROS, J. E. M. *Estudo de motores de combustão interna aplicando análise orientada a objetos*. Tese (Doutorando em Engenharia Mecânica). – UFMG, Belo Horizonte, 2003.
7. MADUREIRA, O. M. *A adequação do motor ao veículo*. Mauá: CEMO, 1986.
8. TABOREK, J. *Mechanism of vehicles*. Machine Design, 1957.
9. *IATF – International automotive task force*. ISO TS 16949: 2009.

Figuras

Agradecimentos às empresas/aos sites:

A. Rwth Aachen Univesity.

B. Wisconsin Engine Research Consultant.

C. FEV Single Cylinder Engine.

D. Wikimedia Commons – Swirl and Tumbl.

E. Ansys Fluent.

F. ATZ Online – May-2008.

G. Manufacturing World Online.

H. Catia Community.

I. Design World Online.

J. FEV Making the Vehicle Quieter.

K. Mahle.

L. Vibtor.com.

M. Toyota Corolla Camshaft System.

N. Engine Performance Tech.

O. Cummins Engines.

P. Oficina Brasil.

Q. Ford Motors Company.

R. Luk Volante de Dupla Inércia.

S. Bosch Motor de Partida.

T. Valeo Start Stop.

U. GKN Coxins.

V. Daimler India – Pot Holes.

W. 3D Systems – Prototipagem Rápida.

21

Veículos híbridos

Atualização:
Fernando Luiz Windlin
Fernando Fusco Rovai
Wanderlei Marinho da Silva

21.1 Introdução

A busca por maior economia de combustível, redução dos níveis de emissões sem o sacrifício em desempenho, segurança, confiabilidade e a manutenção dos demais atributos aplicados aos veículos convencionais, tem tornado hoje a aplicação da tecnologia híbrida um dos maiores desafios da indústria automobilística. Este capítulo apresentará uma breve introdução às tecnologias híbridas atualmente em produção, trazendo informações desde o surgimento do avanço tecnológico, do espaço conquistado no mercado ao comportamento da sociedade frente às mudanças, assim como o perfil do comprador e a necessidade de incentivos governamentais.

O veículo híbrido tem duas fontes de energia para movimentá-lo. Geralmente são veículos que usam o motor elétrico (ME) como uma fonte alternativa de energia, além do motor a combustão interna (MCI), e assim conseguem aumentar a potência, melhorar a economia de combustível e diminuir a poluição atmosférica.

Tradicionalmente, um veículo é considerado híbrido quando um ME auxiliar é instalado, esse conceito, porém está mudando, uma vez que os ambientalistas consideram híbrido todo veículo projetado exclusivamente para obter menor consumo de combustível. A Comissão Internacional de Eletrotécnica (IEC) define o veículo híbrido como aquele no qual a energia de propulsão é disponibilizada por dois ou mais tipos de fonte.

Neste capítulo, será considerado veículo híbrido aquele equipado com um ME e um MCI como meios de propulsão.

Cabe aqui também a apresentação de algumas nomenclaturas normalmente utilizadas para os tipos de sistemas de propulsão alternativos:

- Sistemas híbridos elétricos (HEV).
- Sistemas com célula de combustível (FCV).
- Sistemas "puro" elétricos à bateria (EV).
- Híbrido convencional: baterias carregadas quando o MCI é acionado.
- Híbrido *plug-in*: baterias alimentadas pela rede elétrica.

21.2 Histórico

Os veículos elétricos com baterias surgiram no século XIX. Uniram os conhecimentos disponíveis sobre o conceito do "automóvel" com os recém-inventados ME (1834) e as baterias recarregáveis (1859).

Em 1874, o inglês David Salomons criou um dos primeiros modelos funcionais. Duas características ficaram ressaltadas logo nesse pioneiro modelo, era silencioso, apresentava bom desempenho, mas uma autonomia muito reduzida. A Figura 21.1 apresenta o primeiro veículo híbrido desenvolvido em 1903, por Ferdinand Porsche.

Figura 21.1 – Lohner-Porsche – 1903.

O primeiro registro de um carro híbrido ocorre em 1898, elaborado por Ferdinand Porsche. O carro usava um MCI que gerava energia para um ME tracionar as rodas. No ano seguinte, o veículo ganhou tração integral com o uso de quatro ME.

Até a primeira década do século XX, os veículos elétricos com baterias representavam uma concorrência real aos convencionais de combustão interna. Um dos maiores mercados eram os Estados Unidos, onde uma frota com mais de 20 mil unidades foi empregada, principalmente nos serviços urbanos de entrega, polícia e táxi. Até o ano de 1910, surgiram mais de 50 empresas para fabricar veículos elétricos. A Figura 21.2 apresenta uma publicidade da The Ohio Electric Car Company.

Outra importante demonstração da maturidade dessa tecnologia foi dada em 1899. Em uma estrada de terra em Paris, o belga Camille Jenatzy tornou-se o piloto mais rápido do mundo ao levar seu carro elétrico "La Jamais Contente" a uma velocidade máxima de 105,9 km/h. Já em 1900, outro belga chamado Pipper, projetou um veículo no qual o ME era acoplado axialmente ao MCI. Essa patente foi usada pela empresa belga Auto-Mixte, para a comercialização desse veículo entre 1906 e 1912.

O americano H. Piper patenteou, em 1905, um veículo híbrido que chegava a 40,2 km/h com um ME assistindo um MCI. E assim, sucessivamente a tecnologia híbrida foi ganhando espaço entre os inventores até meados dos anos 1910. Os veículos elétricos começaram a perder a concorrência para os de combustão interna a partir da segunda década do século XX. A expansão dos postos de gasolina, o maior custo da eletricidade e a produção em massa do Modelo T por Henry Ford (1913) foram fatores decisivos nesse processo.

Figura 21.2 – The Ohio Electric Car Company.

No século passado, por volta dos anos 1960, retornou o interesse no desenvolvimento de sistemas de propulsão elétrica e híbrida. A princípio, a preocupação com fontes alternativas de energia era relacionada ao crescente aumento do preço do petróleo e aos embargos dos países árabes, com isso, várias montadoras desenvolveram veículos híbridos e testaram conceitos durante os anos 1970, 1980 e 1990. Entre os anos 1970 e 1990, podem ser destacados os seguintes aspectos históricos:

- Lançamento do Programa – Paul Brown – USA (1978). "Queremos reduzir a dependência da nação em relação ao petróleo estrangeiro. O setor de transportes é o maior usuário dos derivados de petróleo. Reduzir o uso de petróleo nesse setor irá reduzir nossa dependência em relação ao petróleo importado e terá um impacto positivo em nossa economia. Se o público passar a usar veículos elétricos em substituição aos veículos a gasolina, a Nação usará menos petróleo."
- Legislação na Califórnia: ZEV – *Zero Emission Vehicles.*
- Queima do petróleo é mais eficiente em usinas termoelétricas do que em um MCI.

Os argumentos contrários ao carro elétrico:

- Poluição do automóvel é reduzida, mas aumenta a poluição nas usinas termoelétricas.
- Preço das baterias.
- Tipo de bateria a ser empregada.
- Visão do consumidor: por que comprar um veículo mais lento e de baixa autonomia.
- Consórcio de fabricantes de baterias.

A preocupação, porém, mudou, pois a partir dos anos 1980, adicionou-se ao problema do petróleo a preocupação ambiental. A não poluição tornou-se uma premissa nos novos desenvolvimentos.

Figura 21.3 – Toyota Prius – melhor carro do ano 2004.

No entanto nenhuma tecnologia era comercialmente viável, até que duas montadoras lançaram em 1997 seus veículos-conceito híbridos no mercado: a Toyota com o Prius, apresentado em 1995 no Salão do Automóvel do Japão, e a Audi com o Audi – Duo A4 apresentado em 1995. Esses lançamentos marcam a produção em série dos veículos híbridos. A Figura 21.3 apresenta uma fotografia do Toyota Prius.

Em 1999, a Honda lança seu modelo Insight fabricado nos Estados Unidos e em 2002 lança o modelo híbrido do Civic. Surpreendendo a todos, o Prius da Toyota ganhou todos os prêmios de melhor carro do ano em 2004 nos Estados Unidos.

A Figura 21.4 apresenta a evolução do veículo elétrico – híbrido.

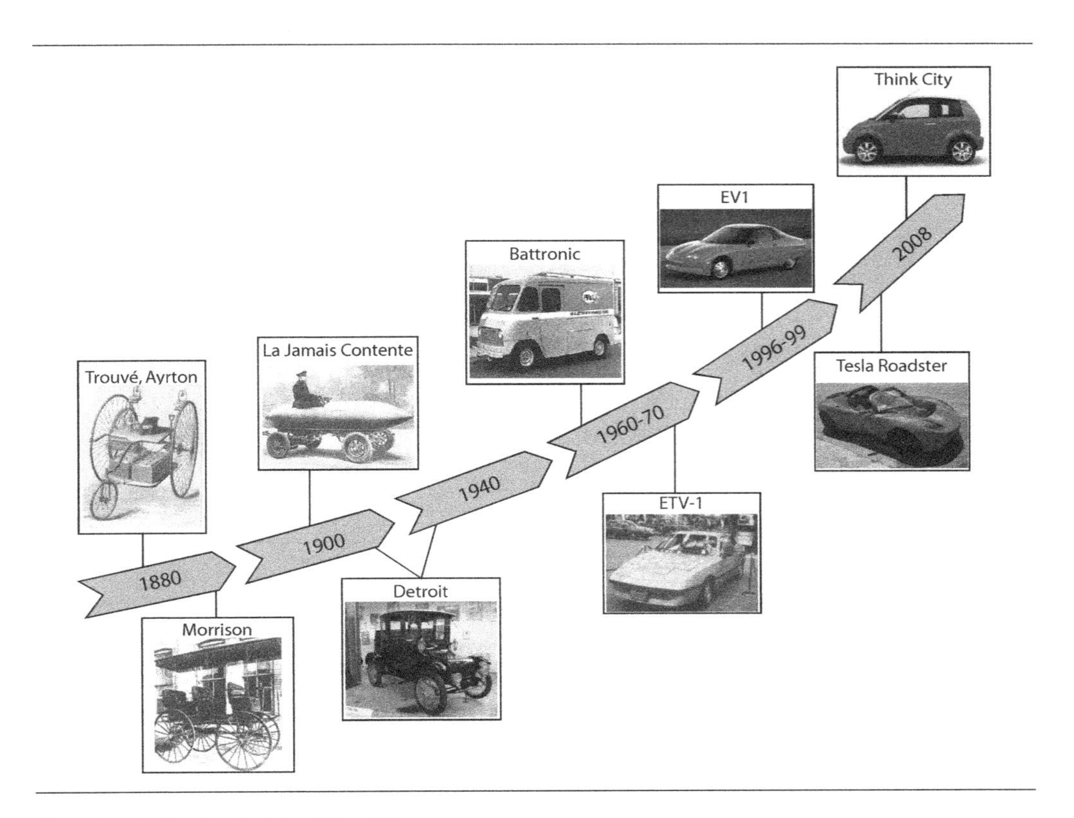

Figura 21.4 – Evolução histórica [B].

21.3 Mercado atual

O sucesso do lançamento do veículo híbrido pela Toyota e Honda estimulou outras montadoras a iniciar suas produções. Nos Estados Unidos e no Japão, o modelo híbrido foi bem recebido e suas vendas hoje não param de crescer. Tem-se como regra geral, um acréscimo na ordem de 30% no custo de um carro híbrido em comparação com um carro convencional. O veículo pesa mais e existem ainda dificuldades técnicas para a instalação das baterias. Os carros mais baratos no mercado americano, hoje, são o Insight e o Civic da Honda que são vendidos por aproximadamente US$ 20 mil. A Figura 21.5 apresenta o motor do Honda Insight.

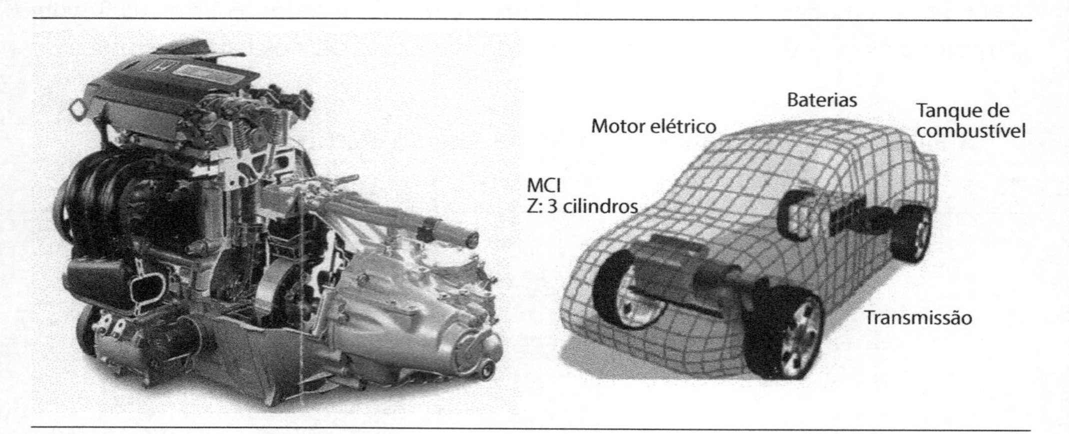

Figura 21.5 – Motor do Honda Insight.

A Tabela 21.1 apresenta uma comparação entre os veículos Honda e Toyota.

Tabela 21.1 – Comparativo entre os veículos Honda e Toyota.

Parâmetros		Insight	Prius
Estrutura do carro híbrido		**Paralelo puro**	**Série paralelo**
Massa	kg	850	1.250
Potência MCI	kW	50	53
	cv	68	72
Potência ME	kW	10	33
Capacidade de corrente da bateria	Ah	6,5	6,5
Tensão da bateria	V	144	274
Aceleração de 0 a 100 km/h	s	12,0	13,4
Consumo de combustível	km/L	29,5	20,4
Emissões de CO_2	g/km	80	114

O volume de veículos híbridos atualmente em produção é considerado ínfimo se comparado com o mercado mundial que gira na ordem de 55 a 60 milhões de veículos/ano. No ano de 2010 foi atingida a marca de meio milhão de veículos híbridos nos Estados Unidos.

A Tabela 21.2 apresenta a evolução de modelos e vendas de veículos híbridos nos Estados Unidos, enquanto as Tabelas 21.3 e 21.4 apresentam para o mesmo mercado as participações das versões híbridas para diferentes montadoras e modelos comercializados.

Tabela 21.2 – Vendas nos Estados Unidos.

Ano	Modelos	Vendas
2004	4	88.000
2005	10	205.749
2006	18	260.000
2010	30	500.000

Tabela 21.3 – Vendas por montadora – base 2010.

Fabricante	Híbridos	Total	% Híbridos
Toyota	14.157	216.417	6,7
Honda	3.773	143.217	2,6
Ford	1.138	365.410	0,3

Tabela 21.4 – Vendas por montadora e modelo – base 2010.

Fabricante	Modelo	Híbridos	Total	% Híbridos
Toyota	Highlander	2.564	14.223	18,0
	Rx400h	2.262	9.065	25,0
Honda	Civic	2.329	28.008	8,3
	Accord	1.370	36.129	3,8
Ford	Escape	1.138	18.245	6,2

Alguns países têm sistematicamente liberado incentivos à compra de veículos híbridos, conforme apresenta a Figura 21.6.

Os Estados Unidos têm aplicado subsídios de forma substancial para incrementar a venda e o desenvolvimento dos modelos híbridos, por meio da *Energy Policy Act – 2005*:

- Veículos híbridos de 2006 a 2010 possibilitam desconto de até US$ 3,4 mil do Imposto de Renda – IR (60 mil veículos de cada fabricante).
- Híbridos *plug in* com bateria acima de 4 kWh permitem descontar do IR US$ [2,5 mil + 417 × (Energia – 4k Wh)], até um máximo de US$ 7,5 mil (250 mil veículos por fabricante).
- A Califórnia reduz tributos estaduais de até US$ 5 mil e inclusive subsidia instalação elétrica domiciliar para carregamento dos híbridos.

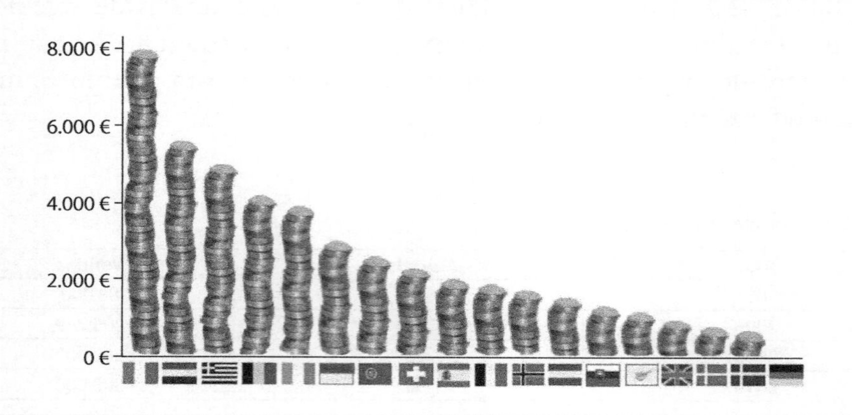

Figura 21.6 – Incentivos [D].

A entrada desses produtos vem ocorrendo em nichos de mercado de carros potentes e mais caros, nos quais o custo da tecnologia pode ser absorvido. A Figura 21.7 apresenta a evolução da venda desses veículos.

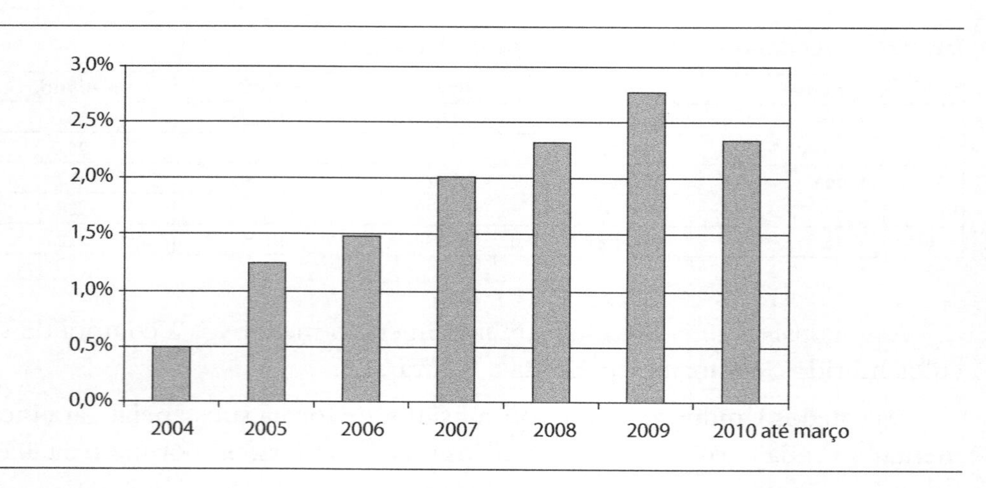

Figura 21.7 – Evolução percentual de vendas nos Estados Unidos – veículos classe C [B].

21.4 Tendências

Existem muitas razões que apontam para o sucesso da fabricação de veículos híbridos nos próximos anos. No entanto, os principais motivos estão ligados aos incentivos econômicos, em decorrência do preço do petróleo e dos incentivos governamentais impostos pelos limites de emissões de CO_2 na atmosfera, além de uma crescente consciência ambiental por parte da população. A tendência imediata desse sucesso reflete no volume de vendas e no volume de fabricação.

A Europa espera uma participação de híbridos no mercado na ordem de 2% em 2015, o que significa um volume de 400 mil unidades, basicamente graças às legislações de emissões para baixo consumo de combustível. Um aumento de volume também é esperado por meio de alianças globais para a utilização de tecnologias comuns para componentes e projetos dessas aplicações, como, por exemplo, o fato de a Ford ter adquirido o direito de participação no programa híbrido da Volvo, principalmente para a atuação no mercado americano. A Nissan, por exemplo, ira utilizar sob licença o *know-how* do Prius II no Altima, ajudando dessa forma a Toyota a recuperar parte dos investimentos feitos; a General Motors e a Mercedes anunciaram o desenvolvimento de carros híbridos em conjunto. A Figura 21.8 apresenta os planos da Ford para os próximos anos.

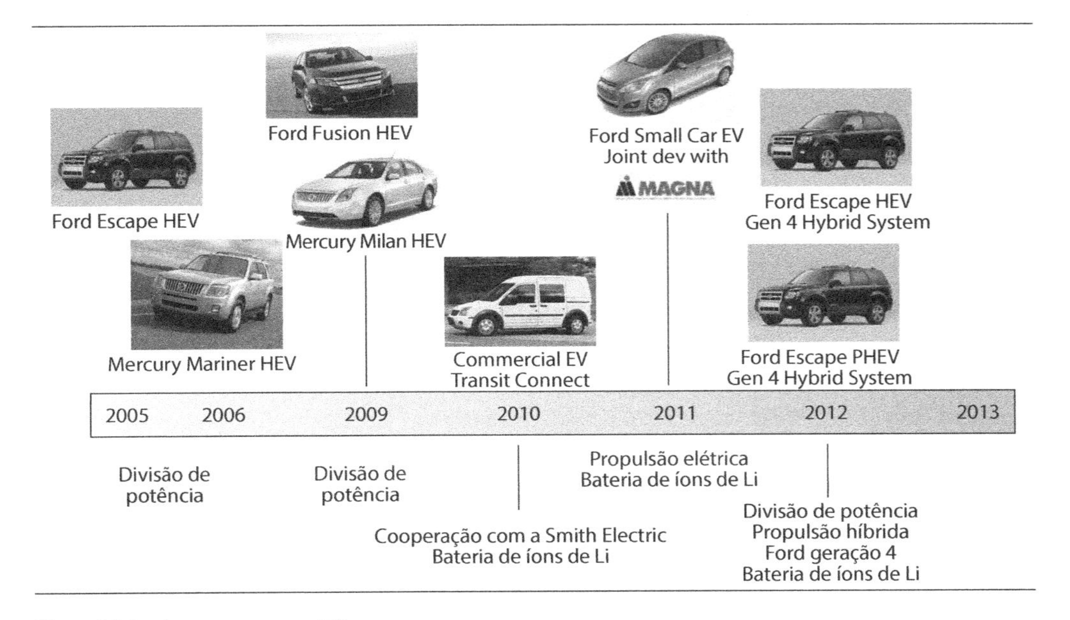

Figura 21.8 – Lançamentos [C].

É notório um crescimento efetivo na participação das aplicações híbridas partindo de 1,8% em 2010 até 7,7% em 2025. Nota-se também que o Japão é o principal mercado para essa aplicação, no qual é esperada uma participação de 26% em 2025. Há quem arrisque uma previsão mais otimista, a Booz Allen Hamilton, empresa de consultoria e estratégia global de desenvolvimento, prevê um *market-share* de 80% em 2015.

A Figura 21.9 apresenta as metas de redução de CO_2 para a atmosfera, proposta na Europa para os anos 2015 e 2020.

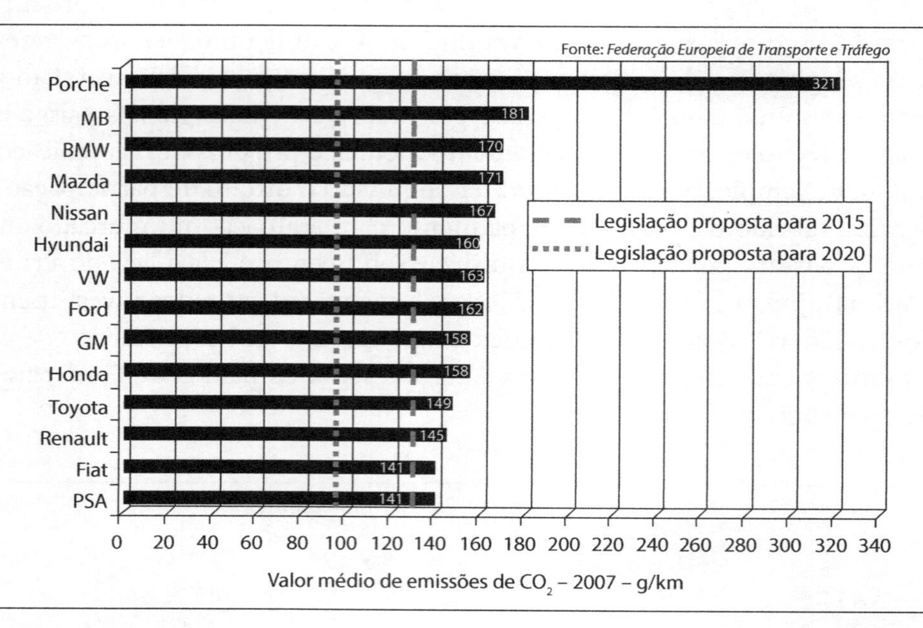

Figura 21.9 – Valores atuais e projetados de CO_2 [D].

21.5 Evolução tecnológica

Desde que Ferdinand Porsche fez o primeiro carro híbrido muita coisa mudou. Avançados estudos foram realizados e continuam com a finalidade de melhorar a instalação de um motor elétrico no veículo para seu funcionamento ser otimizado. Hoje existem diferentes tipos de sistemas com tecnologia de freios regenerativos, ME menores e mais eficientes, pneus remodelados para atender às necessidades específicas, baterias recarregáveis e controles computadorizados integrando ME e MCI. Nota-se uma melhoria potencial na economia de combustível, na operação do MCI e uma otimização na sua eficiência térmica média devida à utilização da regeneração de energia durante os processos de frenagem e desaceleração do veículo. Existem atualmente três tipos de sistemas híbridos:

21.5.1 Sistema em série

Nesta configuração o MCI é utilizado como um gerador provendo potência para o ME e para a bateria. O MCI não é acoplado mecanicamente às rodas, podendo assim ser controlado, gerando dessa forma a otimização da eficiência térmicas atingindo o controle dos níveis de emissões, independentemente das condições de dirigibilidade do veículo. A Figura 21.10 apresenta esquematicamente esse sistema.

O arranjo em série dos componentes de um sistema híbrido requer dois ME e um MCI. Um ME atua como gerador, enquanto o outro, como motor. Neste sistema:

- O MCI não está ligado mecanicamente à transmissão.
- O MCI carrega a bateria por meio do alternador e/ou fornece diretamente através do alternador a energia para o ME.
- Isso significa que a saída de potência necessária para mover o veículo é transferida exclusivamente do ME para a transmissão.

Vantagens:

- O MCI é operado virtualmente em modo estacionário, isto é, na maior parte do tempo na faixa de melhor eficiência térmica.
- A falta de ligação mecânica significa que o motor elétrico pode ser instalado separado do MCI.

Desvantagens:

- As múltiplas conversões de energia.
- As associadas perdas de eficiência.

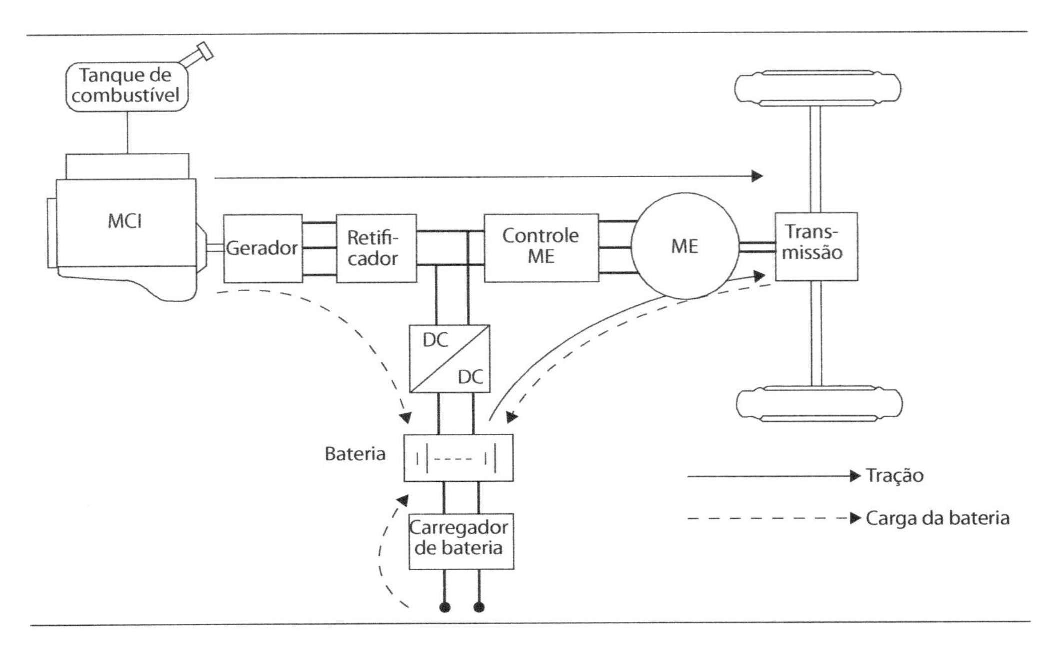

Figura 21.10 – Sistema série [A].

21.5.2 Sistema em paralelo

A expressão "híbrido em paralelo" refere-se a um arranjo dos componentes em que o ME e o MCI são capazes de transferir a sua potência para as rodas. Nessa configuração, o MCI é mecanicamente acoplado às rodas, podendo suprir a potência requerida. O ME é montado em paralelo ao MCI de forma que este possa acrescentar o torque necessário para o seu funcionamento. O MCI poderá então conduzir o ME como um gerador, carregando dessa forma a bateria. Esse sistema não requer um gerador como no sistema em série. A Figura 21.11 apresenta esquematicamente esse sistema, enquanto a Figura 21.12 apresenta um MCI ciclo Diesel acoplado ao ME em um sistema paralelo.

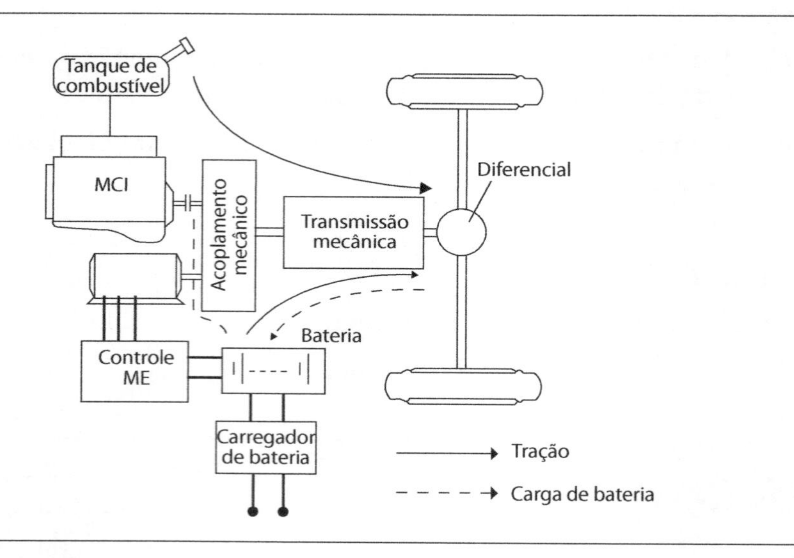

Figura 21.11 – Sistema paralelo [A].

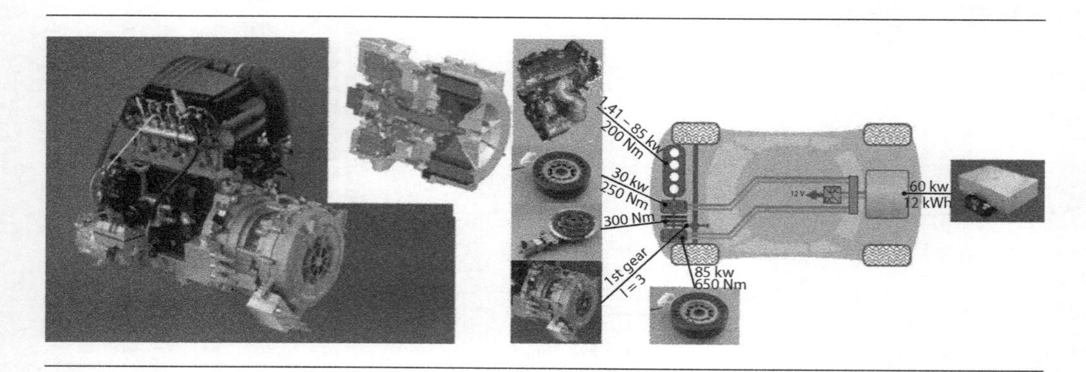

Figura 21.12 – Sistema paralelo – MCI Diesel [D].

21.5.3 Sistema combinado série – paralelo

Neste caso são utilizadas as características dos sistemas série e paralelo em conjunto, requerendo ambas as funções: um gerador e um motor. A potência mecânica do MCI é dividida por meio de uma engrenagem planetária no pacote em série (do MCI para o gerador) e no pacote em paralelo (do MCI para as rodas). O Toyota Prius é um exemplo dessa aplicação, conhecida como sistema duplo, ou *split power*. A Figura 21.13 apresenta um diagrama do sitema combinado.

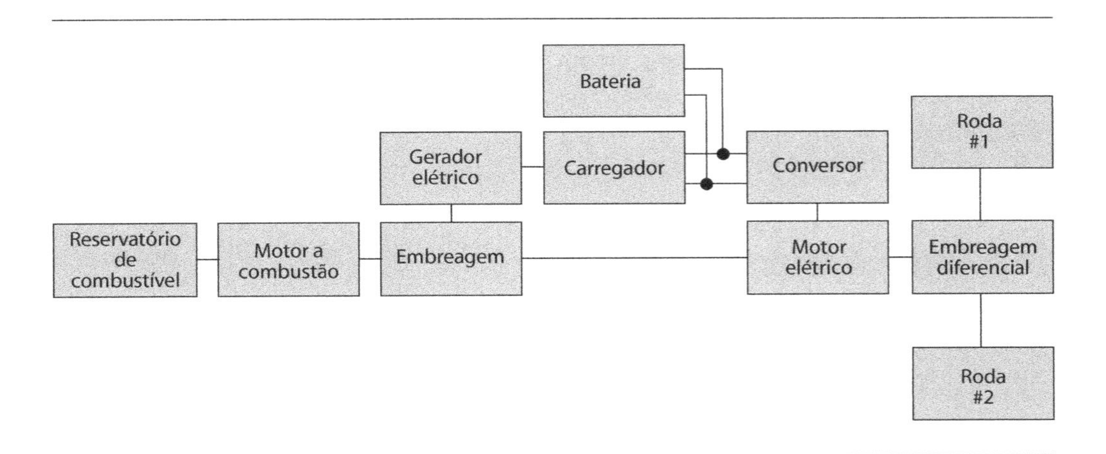

Figura 21.13 – Sistema combinado [A].

Além das três classificações apresentadas aqui, podem ser encontradas ainda:

21.5.4 Híbrido médio

Este sistema é combinado com as estratégias de operação arranque/parada, ou *start-stop operation "boosting"* (suporte do MCI a partir do ME no arranque e aceleração), e frenagem regenerativa, esse é usualmente designado como um sistema híbrido médio. Uma combinação com a desativação de cilindros do MCI permite a propulsão elétrica por um período muito limitado.

Em um híbrido médio o ME pode ser flangeado diretamente ao eixo virabrequim do MCI. A potência elétrica de saída de suporte de até 20 kW é fornecida para sistemas híbridos médios. Essa potência é usada principalmente para arranque e aceleração a baixas velocidades do motor.

21.5.5 Híbrido forte

Os sistemas híbridos fortes permitem propulsão puramente elétrica e assim condução sem emissões gasosas no tráfego urbano. Eles apresentam potências elétricas significativamente superiores aos sistemas micro-híbridos e híbridos médios. Geralmente estão no intervalo de 50 a 200 kW.

A saída de potência pode também ser adicionada nos intervalos de velocidade de rotação superior do MCI, permitindo a propulsão elétrica sem o MCI por um período de tempo limitado.

A implementação de um sistema híbrido forte envolve mais investimento inicial que no caso dos outros sistemas híbridos. Em primeiro lugar, o sistema elétrico do veículo deve ser adaptado para as necessárias correntes e tensões e, em segundo lugar, são necessários componentes adicionais como embreagens e transmissões para assegurar a propulsão puramente elétrica. Um exemplo típico de um híbrido forte é o sistema misto, como o usado pela Toyota, ou o sistema de dois modos, um desenvolvimento resultante da cooperação entre GM, Daimler e o grupo BMW.

21.6 Funcionamento básico

Os veículos híbridos funcionam com um MCI e são também capazes de converter energia em eletricidade, que é armazenada em uma bateria até que o ME entre em funcionamento, tracionando o veículo, economizando assim a energia requerida pelo MCI. Essa forma de operação permite que o MCI seja mais eficiente, use menos combustível e, assim, produza menos gases poluentes. Logo, o ME é usado quando o MCI está com baixa eficiência, isto é, acelerando, subindo rampas ou quando em baixa rotação. O esquema básico de um veículo híbrido é apresentado na Figura 21.14.

Alguns tipos de veículos híbridos também são capazes de, em uma parada, desligar o MCI e, assim que o pedal de aceleração é acionado, o motor é religado, economizando combustível (*start stop system*). Diferentemente dos veículos elétricos, os veículos híbridos não precisam ser conectados às fontes externas de eletricidade, podendo utilizar somente energia proveniente do MCI e da frenagem regenerativa.

A combinação de duas fontes de energia é mais eficiente que o MCI ou o ME por si só. Os veículos híbridos são configurados em diversas maneiras, combinando o que o MCI tem de melhor com o ME auxiliar, melhorando a economia de combustível sem sacrificar dirigibilidade e desempenho.

Pode-se concluir que o MCI quando entra em ação é para consumir combustível de maneira eficiente, pois ele desliga em semáforos e em baixa velocidade. Funciona sozinho em velocidades elevadas ao passo que o ME funciona sozinho na arrancada, em velocidades abaixo de 40 km/h e quando o veículo para. Em uma freada, o MCI se desliga automaticamente e o ME é ativado, usando a força da inércia para recarregar as baterias (neste caso, o ME funciona como um gerador).

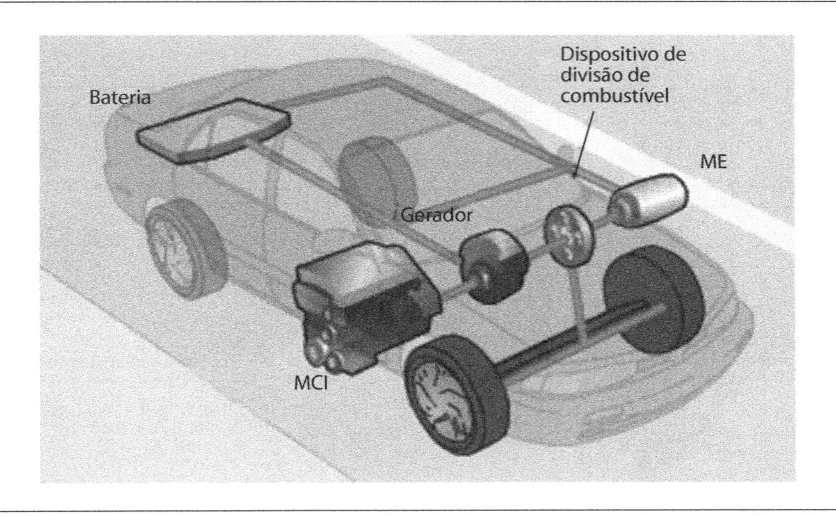

Figura 21.14 – Esquema básico de um veículo híbrido.

21.7 Gerenciamento do sistema híbrido

Os veículos híbridos podem atingir até três vezes a média atual de economia de combustível, ou seja, aproximadamente 34 km/L, sem perda de desempenho, conforto ou qualidade, e sem acréscimo de custo perceptível ao usuário final. O gerenciamento da potência é realizado de cinco maneiras diferentes:

1) Provendo potência diretamente para as rodas somente por meio do MCI.
2) Provendo potência diretamente para as rodas somente por meio do ME.
3) Provendo potência por ambos os motores: MCI e ME simultaneamente.
4) Por carregamento na bateria usando parte do MCI para acionamento do ME como um gerador, sendo que o restante da potência do MCI é usado para acionamento direto nas rodas.
5) Por desaceleração do veículo, deixando com que as rodas acionem o ME como um gerador que proverá carga necessária para a bateria, neste caso conhecido como frenagem regenerativa.

Como exemplos os de configuração básica apresentados na Figura 21.15, podem ser citados os seguintes componentes aplicados:

1) MCI com injeção direta de combustível GDI e potência no entorno de 55 kW.

Figura 21.15 – Componentes do sistema [D].

2) ME com 20 kW contínuo e 40 kW de pico de potência.
3) Bateria de 40 kW, 2kWh (*vide* Figura 21.16).
4) Transmissão manual de cinco velocidades.
5) Peso total do veículo na ordem de 1.100 kg.

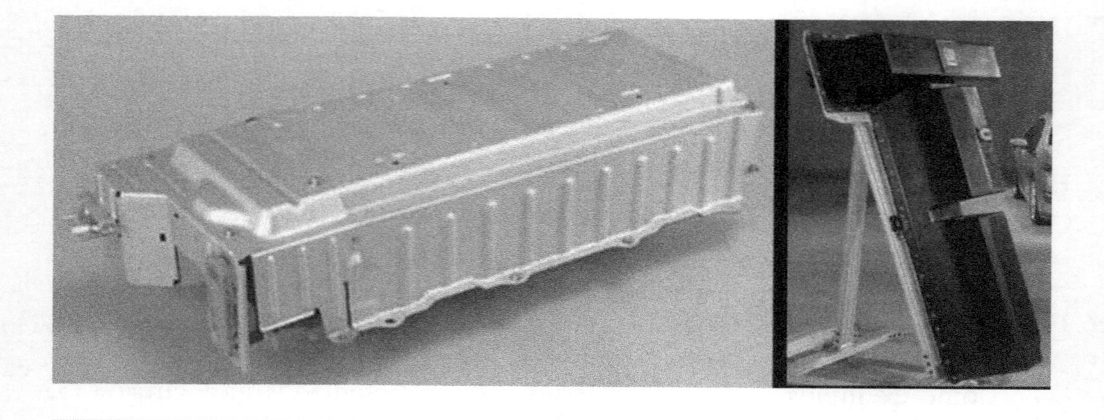

Figura 21.16 – Baterias [A].

21.7.1 Estratégias dos veículos híbridos – gestão de energia

As características do sistema são influenciadas pelas variáveis de entrada:

- Posição do pedal do acelerador.
- Posição do pedal do freio, velocidade do veículo e estado de carga da bateria.

As interfaces entre o condutor e o sistema de propulsão do veículo são o pedal do acelerador e o pedal do freio. As ordens do condutor são transferidas para a unidade de controle híbrida por meio da posição do pedal. Em alguns sistemas, o condutor tem também a possibilidade de comutar manualmente para um modo puramente elétrico.

A velocidade do veículo é determinada continuamente e enviada como variável de entrada para a unidade de controle do sistema híbrido. A velocidade do veículo é uma variável importante no cálculo da propulsão.

A unidade de controle da bateria envia continuamente os dados das variáveis funcionais da bateria para a unidade de controle do sistema híbrido. Essas variáveis influenciam a operação do sistema elétrico. O estado de carga da bateria comunicado é uma variável importante na divisão da potência de propulsão. Outra variável importante é a temperatura da operação da bateria, que influencia a capacidade de carga e descarga e/ou a capacidade do acumulador de energia.

21.7.2 Estratégias dos veículos híbridos – modos de operação

Dependendo do arranjo dos componentes do sistema híbrido (paralelo ou série), diferentes modos de operação podem ser usados para estender as vantagens da tecnologia híbrida.

Em alternativa aos modos de operação armazenados no sistema de controle, há também a possibilidade para o condutor de intervir pontualmente. Todas as estratégias têm em comum o objetivo de operar o conceito global tão perto quanto possível dentro da zona otimizada em relação ao consumo de combustível e emissões de gases de escapamento e de ruído.

21.7.3 Estratégias dos veículos híbridos – modos de operação e arranque

A aplicação desta estratégia não é exclusiva dos conceitos de veículos híbridos. Veículos convencionais que usam essa estratégia já foram implementados. Estes são modelos de carros compactos que são usados, sobretudo, em tráfego urbano (ex.: Audi A2 1.2 TDI, Opel Corsa Eco, Hyundai ECO Getz 1.1).

É baseada no fato do MCI ser desligado durante as fases de funcionamento em marcha lenta (exemplo: parada em semáforos), assim não produzindo emissões de gases de escape e ruído durante esse período. Em viagens com uma grande proporção de mínimo e muitas fases de para–arranca, usar uma estratégia de arranque/parada (*start stop system*) tem um efeito positivo no consumo de combustível e nas emissões de gases de escapamento associadas. Essa estratégia considera o uso de um ME adequadamente dimensionado que impulsiona o MCI ao regime de melhor eficiência térmica.

21.8 Tendências tecnológicas

Evoluções são notadas nas diversas combinações de "*powertrain*" (motor–transmissão), podendo ser baseadas em motores a gasolina, a diesel e a gás natural.

Os biocombustíveis são promissores. Além de ambientalmente corretos, a sociedade vibra com a possibilidade de uma economia sustentável principalmente quando local, não necessitando de altos investimentos em importações. Nesses casos, há aplicação do etanol, utilizada no Brasil a partir da cana-de--açúcar, e a aplicação do biodiesel, óleo extraído de vegetais, sendo renovável, biodegradável e não tóxica.

Os veículos híbridos, mesmo com toda a nova tecnologia aplicada, ainda sofrem com a concorrência de algumas tecnologias competitivas. A célula de combustível já virou realidade, mas ainda está muito longe de ser aplicada em grande escala. Estima-se que a viabilidade técnica das aplicações de veículos que utilizam células de combustível não será concretizada nos próximos dez anos, não importando o quanto se invista nem quanto tempo se dedique ou se esforce para tal. Esses veículos custam mais e existe uma maior dificuldade em relação ao transporte e armazenamento de hidrogênio, além da periculosidade envolvida.

21.9 Participação do governo

A maior preocupação do consumidor hoje nos Estados Unidos não é com a poluição ou economia do país e sim com custo e desempenho do veículo. Logo, o consumidor desse tipo de veículo tem uma característica bem definida. J. D. McManus, diretor-executivo da "*JD Power and Associates*", descreve o tipo de consumidor dos veículos híbridos como sendo pessoas de alto nível educacional, que recebem salários acima da média de compradores comuns, têm idade mais avançada que a média (~40 anos), e são, na maioria, mulheres. O próprio governo arrisca na definição do perfil desses compradores: os clientes ficam menos tempo no veículo, rodam quilometragens menores, planejam manter o carro por bastante tempo (acima de cinco anos), tendem a pagar mais pela aclamação ambiental e fazer algo pela redução da poluição, além de acreditarem realmente num grande acréscimo do preço dos combustíveis.

O sr. Sam Williams, moderador de um grupo de discussão na *internet* sobre o Toyota Prius há três anos, afirma que os proprietários desse veículo são pessoas mais interessantes, que discutem sobre assuntos diversos e tendem a ser mais corajosas que os proprietários de carros comuns.

Com base em duas pesquisas realizadas com proprietários de veículos híbridos, a primeira realizada pelo Oregon Environmental Council (OEC) e a segunda pelo site www.hybridcars.com, pode-se afirmar que 97% dos proprietários indicariam o carro para um amigo, o que mostra grande satisfação do cliente. As razões pela compra variam em quatro pontos, todos entre 70% e 80%, são eles: redução da dependência em relação ao petróleo importado, diminuição da poluição atmosférica, economia de combustível e tecnologia apelativa. A segunda pesquisa indica também por que os não proprietários comprariam tal produto, e as opções mais votadas são: economia de combustível e confiabilidade.

Contudo, o carro híbrido continua tendo uma imagem ruim relacionada ao baixo desempenho e preços elevados. A maioria da população acredita que o carro híbrido é inferior ao carro comum, mesmo que hoje já existam estudos comprovando alta qualidade dos veículos híbridos, somado a artigos na imprensa, divulgando valores.

A geração híbrida 2005 inclui carros potentes, velozes e luxuosos. O Accord Hybrid, da Honda, lançado em dezembro de 2004, tem 255 cavalos de potência, 15 a mais do que o mesmo modelo convencional. Isso permite que acelere de 0 a 100 km/h em apenas 6,5 segundos e atinja a velocidade de quase 300 km/h, com autonomia de 1.012 km com um tanque de combustível, ou seja, 200 a mais que o Accord a gasolina. Para mudar o conceito do consumidor, um alto investimento em *marketing* deve ser feito.

Alguns estados norte-americanos estabeleceram incentivos além do oferecido pelo governo federal, entre eles, tem-se permissão de trafegar em faixas especiais para veículos com lotação máxima sem que esteja totalmente ocupado, o não pagamento de estacionamento ou inspeção veicular, além do não pagamento das taxas de venda estadual.

O exemplo dos Estados Unidos mostra que ações do governo são essenciais e têm um papel importante no desenvolvimento e uso de veículos híbridos. Isso acontece, porque, nesse, caso o desenvolvimento envolvido é necessário para atingir a sociedade e não o consumidor ou a indústria.

A sociedade está necessitando resolver seu problema ambiental, e o desenvolvimento de veículos híbridos como fonte alternativa de condução é essencial, pois a poluição automobilística hoje representa 70% da poluição mundial.

Dessa poluição 90% é proveniente dos gases de escapamento produzidos pelos MCI e os outros 10% pela manufatura e extração de matéria-prima. Outro problema social é a dependência que os países ocidentais têm em relação ao petróleo, que é, em sua maioria, importado dos países árabes.

O custo de tal desenvolvimento é inicialmente muito alto e o valor agregado não representa nenhuma vantagem para o consumidor. A alta tecnologia aplicada e o baixo volume não permitem maior vantagem no preço. Nesse caso, a ação do governo quanto à introdução do produto no mercado é essencial, conforme está sendo feito pelos Estados Unidos.

O papel do governo está ligado a várias fases da implementação do veículo híbrido no mercado. O incentivo deve abranger tanto a fase inicial de pesquisa e desenvolvimento quanto a fabricação e, claro, a venda e o uso do veículo pelo consumidor.

Na fase inicial de pesquisa e desenvolvimento o incentivo deve ser primordialmente financeiro. Como, por exemplo, subsídios com possibilidade de benefícios sociais no futuro. Para os fabricantes, o interessante é estabelecer incentivos na promoção de uma tecnologia específica criada por eles, ou mesmo incentivos destinados às tecnologias para atingir objetivos governamentais, tais como a lei de emissões. Hoje, na Europa, é praticada a "lei do bom vizinho": são feitos acordos entre o fabricante e o governo, estabelecendo objetivos convenientes para ambos.

Para a introdução do novo produto no mercado é necessário seu reconhecimento pelas leis em vigor. Logo, são necessárias eventuais revisões na legislação estabelecida referente a venda, posse e uso do veículo novo, assim como revisão nos códigos de trânsito e rodagem. Deve ser prevista sua inclusão nos registros públicos e a especificação das taxas e impostos aplicados.

Os incentivos relacionados ao consumidor podem ser abrangentes. De um lado o governo pode tanto estimular quanto obrigar a compra de uma nova tecnologia, como também pode influenciar o consumidor a optar por algo ambientalmente correto ou mais eficiente energeticamente. Geralmente, essa influência vem de prêmios, campanhas e propagandas, implementação de transporte público alternativo, medidas fiscais e redução de taxas, legalização de certas restrições com o rodízio, centro pedagiado e regiões fechadas para veículos poluidores e áreas restritas de estacionamento.

21.10 Alternativa para o Brasil

A Figura 21.17 apresenta a taxa de emissão de CO_2 para diversos países. Cabe ressaltar a situação do Brasil e de São Paulo. Deste total, 41% advêm da área de transportes e 31%, da industrial.

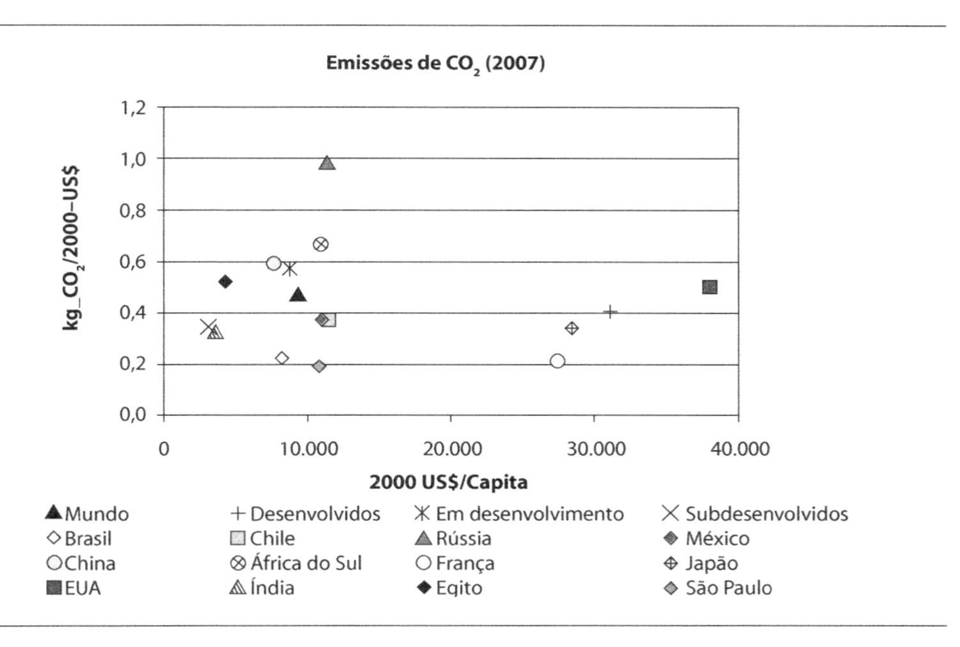

Figura 21.17 – Emissões de CO2 – Brasil – São Paulo.

O óleo diesel empregado nos transportes é o principal responsável por essa parcela como mostra a Figura 21.18.

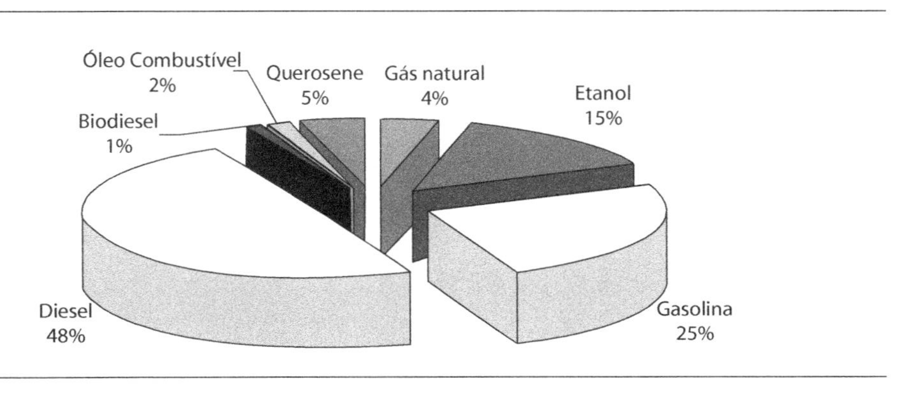

Figura 21.18 – Participação dos combustíveis nas emissões de CO_2 – Brasil.

Analisando o cenário brasileiro, têm-se as seguintes vantagens competitivas:

- Energia elétrica de origem renovável.
- Tarifas públicas sobre energia elevadas e possibilidade de subsídios por algum tempo.

Como desafios:

- O Brasil é um importador de tecnologia automotiva, exceto, em parte, no uso de biocombustíveis, em veículos de baixo custo e ônibus.
- Mercado limitado e de baixo poder aquisitivo (tecnologia barata e eficiência reduzida).

Diferentemente dos mercados europeu e norte-americano, o volume de vendas no mercado brasileiro está concentrado nos veículos de baixo custo, como apresenta a Tabela 21.5 e a Figura 21.19.

Tabela 21.5 – Segmentação do mercado de automóveis.

Segmentação	Brasil	Europa	Estados Unidos
A	Entrada – 1,0L	*Minicars*	*Minicars*
B	Pequenos/ Compactos	*Small*	*Subcompact/ Mini*
C	Médios	*Medium*	*Smal/ Compact*
D	Grandes	*Large*	*Mid Size*
E	Executivos	*Executive*	*Full Size*
F	Luxo	*Luxury*	*Luxury*

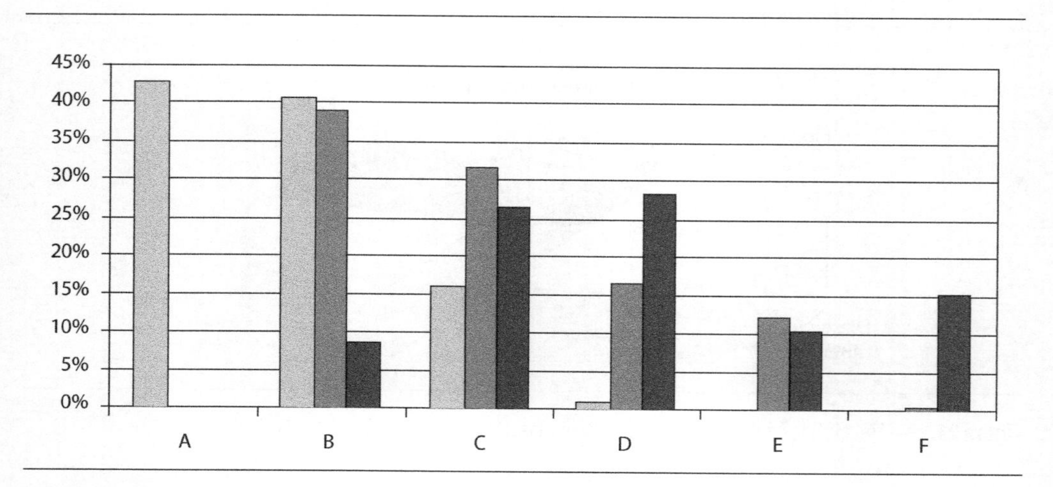

Figura 21.19 – Segmentação do mercado de automóveis.

Segundo Nigro F., diante da realidade brasileira, se analisada a relação custo/benefício, para um veículo classe C, a gasolina apresenta maior vantagem na redução total de CO_2. Embora o mercado de automóveis valorize aspectos muito mais complexos do que análises da relação custo/benefício, os "técnicos" acreditam que essa análise é fundamental para a avaliação real da alternativa na etapa de pós-subsídios.

Parâmetros de custo adotados para a simulação:

- Preço Veículo Convencional: US$ 17.245.
- Preço Veículo HEV: US$ 20.029.

Condições de rebatimento para a realidade brasileira:

- Preço Veículo: VBR (R$) ~ 3,7 × VUSA (US$).
- Preço Gasolina:

  GBR = 2,44 R$/L.

  GUSA = 0,76 US$/L.
- Preço Eletricidade residencial:

  ElBR: 0,44 R$/kWh.

  ElUSA: 0,10 US$/kWh.
- Emissão de CO_2 na geração de eletricidade (gCO_2/kWh):

  82 g no Brasil.

  586 g nos Estados Unidos.
- Emissão da gasolina A (ARB) – 95,61 gCO_2e/MJ.
- Emissão do etanol de cana incluindo "Mudanças Indiretas do Uso da Terra" – 38,2 gCO_2e/MJ (15 em SP).
- Consumo médio de gasolina C – 8,5L/100 km.
- No cálculo do retorno obtido de cada tecnologia, foi atribuído o valor de R$ 180/tCO_2 evitado (em 2020) e um custo de poluentes locais de R$ 0, 012/km (Externe).
- Admitiu-se que os custos de manutenção não se alteram com a introdução das novas tecnologias.

Ante a realidade de sucesso da tecnologia flex, não se buscou calcular os benefícios econômicos para o usuário, mas somente para o ambiente. A Figura 21.20 apresenta a estimativa do valor médio da quilometragem anual por veículo no Brasil, que será utilizado na comparação das diferentes tecnologias oferecidas.

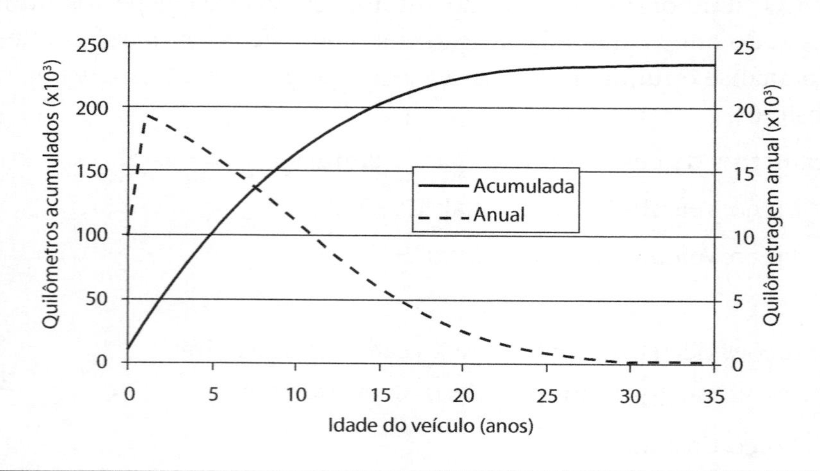

Figura 21.20 – Quilometragem dos veículos no Brasil. [3]

A Figura 21.21 indica as relações "vida toda" e 4,5 anos de uso do veículo para as alternativas tecnológicas disponíveis. A relação "vida toda" indica o benefício potencial para a sociedade, enquanto a relação 4,5 anos busca comparar as alternativas a partir da perspectiva do consumidor médio da classe C brasileira. No eixo y, encontra-se o quociente, valor da energia economizada e do CO_2 emitido, dividido pelo valor investido, que será denominado, retorno pelo investimento.

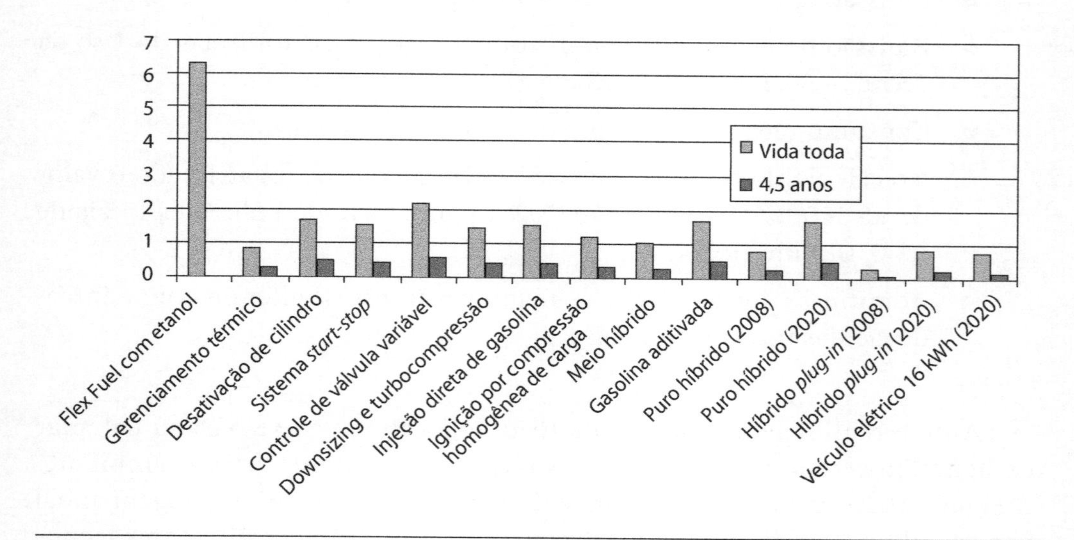

Figura 21.21 – Retorno pelo investimento.

Frente ao exposto, com os dados de 2010, observa-se que:

- A alternativa Flex faz mais sentido que as demais quanto ao retorno pelo investimento.
- Das alternativas ligadas à eletrificação, a de veículo híbrido em 2020 (economia de energia) aparece como mais promissora. Aplicações de uso mais intenso poderiam ter uma relação retorno/investimento favorável até para o usuário, desde que houvesse volume de mercado.
- Várias alternativas de aperfeiçoamento dos MCI Flex fazem sentido da perspectiva da sociedade, mas não do usuário médio.
- A análise realizada supôs a penetração das diversas tecnologias em veículos utilizando gasolina C.
- Quando se considera a penetração dos veículos Flex no mercado e o uso médio de etanol no país, a emissão líquida de CO_2 pela frota de veículos novos brasileira é cerca de 100 g/km (mudança de uso indireto da terra) ou 65 g/km (só direto). Tal fato reduz parte dos benefícios estimados pela modelagem para a redução de CO_2.
- Caminhões de entrega e ônibus urbanos, pelos perfis de uso, que aumentam a recuperação de energia na frenagem, são os principais candidatos a serem híbridos elétricos.
- Caminhões de recolhimento de lixo, por já utilizarem sistemas hidráulicos, poderão ser híbridos hidráulicos.
- Nesses casos, as possíveis reduções das emissões de CO_2 (95% do diesel é fóssil) e dos poluentes locais (cujo efeito na saúde pública é significativamente maior que o de veículos Otto com catalisador) deverão levar a relações custo/benefício mais favoráveis.
- Existe espaço para a implantação de políticas públicas que incentivem os consumidores no sentido de beneficiarem a sociedade como um todo (impactos ambiental e econômico positivos).

Cada país deve priorizar suas ações de acordo com sua realidade. É importante escolher alternativas tecnológicas que tragam benefícios ambientais e façam sentido econômico para o país. Das alternativas ligadas à eletrificação, a do veículo híbrido, pela característica de economia de energia, aparece como a mais promissora. É compatível com os biocombustíveis e pode possibilitar o avanço da tecnologia no Brasil.

EXERCÍCIOS

1) Vale a pena continuar usando baterias de 12 V nos veículos convencionais?

2) Qual o melhor motor para carros elétricos?

3) O veículo convencional a combustão interna é um carro híbrido?

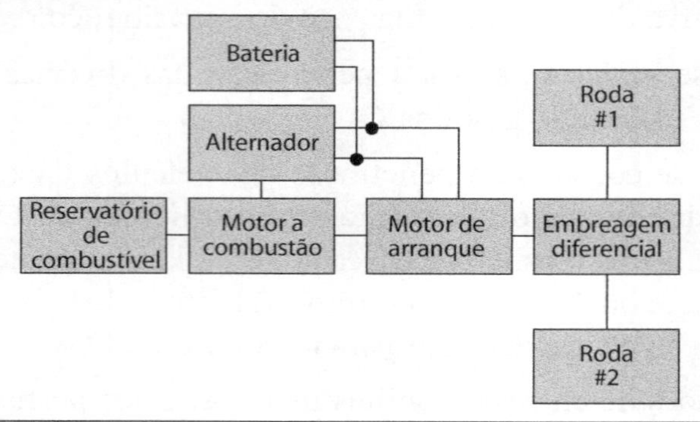

4) Como é classificada uma locomotiva diesel elétrica?

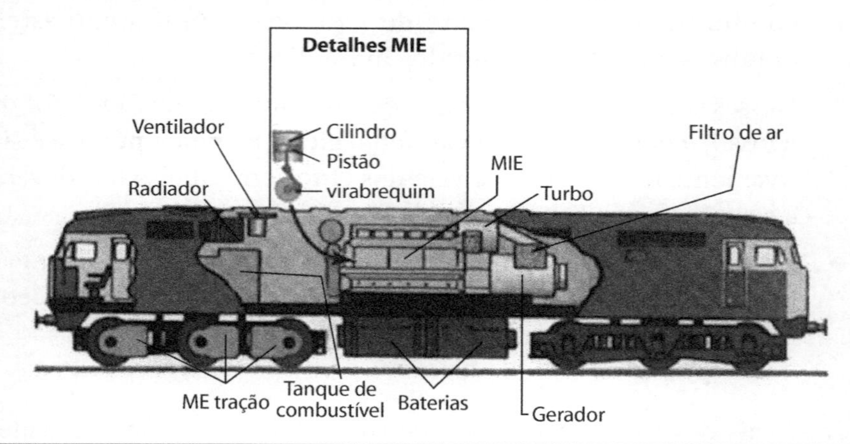

5) Como um carro híbrido gera energia elétrica?

6) Como um carro híbrido usa a energia elétrica para movimentação?

7) Como um carro híbrido administra a potência gerada?

8) Utilizando os meios de pesquisa disponíveis, compare a viabilidade de locação de veículos híbridos no mercado brasileiro frente à tecnologia flex fuel.

9) Utilizando os meios de pesquisa disponíveis, compare as vantagens da utilização de MCI ciclos Otto e Diesel em veículos híbridos.

10) Utilizando os meios de pesquisa disponíveis, compare os sistemas série e paralelo.

11) Identificar os sistemas HEV abaixo:

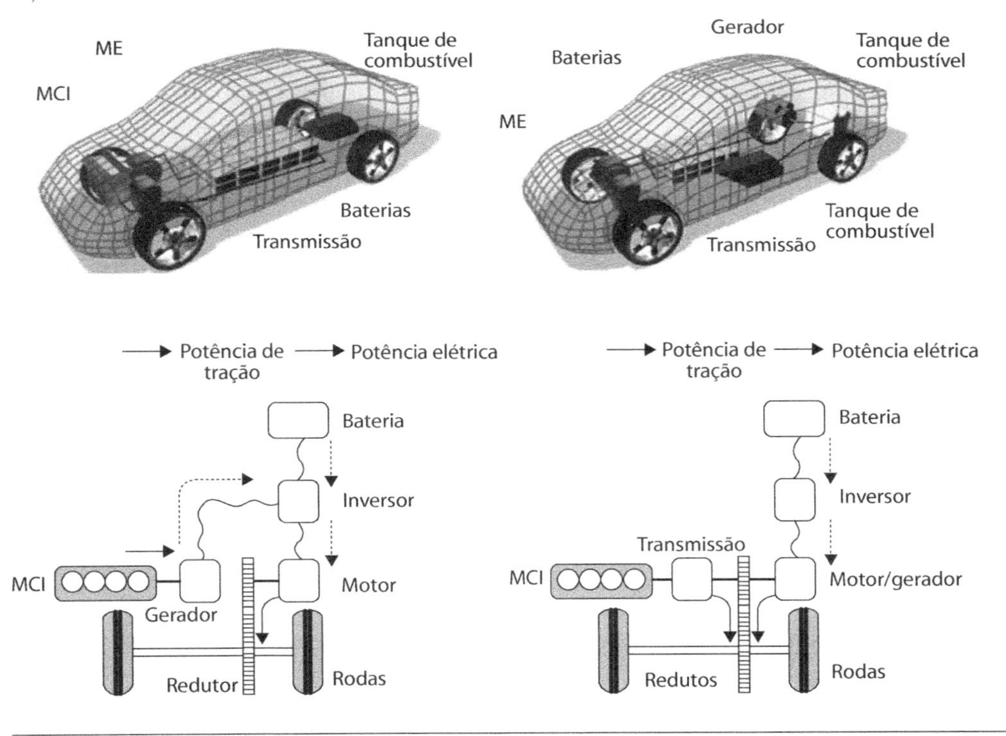

12) Identificar os sistemas HEV abaixo:

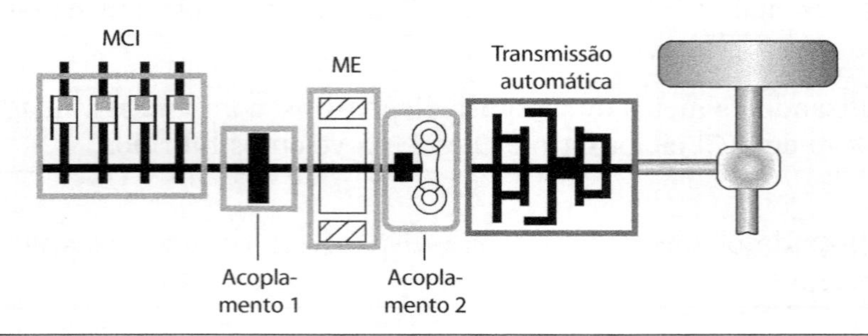

13) Utilizando os meios de pesquisa disponíveis, indique os veículos disponíveis no mercado, as características do MCI, do ME, da bateria e do sistema híbrido aplicado.

14) Indique os níveis de emissões e consumo de combustível para um mesmo modelo disponível nas versões convencional e híbrida.

Referências bibliográficas

1. QUEIROZ, J. *Introdução do veículo híbrido no Brasil:* evolução tecnológica aliada à qualidade de vida. Dissertação (Mestrado em Engenharia) à Escola Politécnica da Universidade de São Paulo, São Paulo, 2006.
2. ANFAVEA. Associação Nacional dos Fabricantes de Veículos Automotores. Disponível em: <http://www.anfavea.com.br/Index.html>.
3. AGÊNCIA NACIONAL DE PETRÓLEO. Dados sobre importação e exportação de Petróleo. Disponível em: <http://www.anp.gov.br>.
4. GOLDEMBERG, C. et al. *A evolução do carro elétrico*. IPEA – USP, 2002.
5. CETESB. Portal do Governo do Estado de São Paulo. Disponível em: <http://www.cetesb.sp.gov.br>.
6. MI, C. *Emerging technology of hybrid electric vehicles*. Universidade de Michigan, 2010.
7. COMBUSTION engine and electric drive. *AVL Congress*, 2009.
8. NIGRO, F. Veículos elétricos híbridos a etanol: alternativa para o Brasil? In: SEMINÁRIO DE VEÍCULOS ELÉTRICOS, 7. 2010, Rio de Janeiro. INEE. Disponível em: <http://www.inee.org.br>.
9. BOSCH Hybrids: start-stop to heavy duty hydraulic. 2009.
10. CAVALLARI, D. *Veículos elétricos com baterias:* haverá futuro frente aos híbridos e *fuel cell?* Uma análise do programa de ônibus "Linha Azul" em Portugal – SAE 2005-01-4172.

Figuras

Agradecimentos às empresas:

A. Robert Bosch.

B. Magneti Marelli.

C. Ford Motors Company.

D. AVL South América.